本书由公益性行业（农业）科研专项“农田杂草防控技术研究与示范（201303022）”“杂草抗药性监测及治理技术研究与示范（201303031）”“除草剂安全使用技术研究与示范（201203098）”，国家重点研发计划项目“豫南冬小麦化肥农药减施技术集成研究与示范（2017YFD0201703）”，河南省科技著作出版资助项目资助

中国麦田杂草防除技术
原色图解

李　美　鲁传涛　张玉聚　史素英　主编

河南科学技术出版社
·郑州·

图书在版编目（CIP）数据

中国麦田杂草防除技术原色图解/李美等主编. —郑州：河南科学技术出版社，2018.9
ISBN 978-7-5349-9291-9

Ⅰ. ①中… Ⅱ. ①李… Ⅲ. ①麦田-田间管理-除草-图解 Ⅳ. S451.22-64

中国版本图书馆CIP数据核字(2018)第166011号

出版发行：河南科学技术出版社
地址：郑州市经五路66号　　邮编：450002
电话：（0371）65737028　　65788613
网址：www.hnstp.cn
策划编辑：周本庆　李义坤
责任编辑：李义坤　曲　先
责任校对：张娇娇
整体设计：张　伟
责任印制：张艳芳
地图审图号：GS（2018）第5873号
地图编制：湖南地图出版社
印　　刷：河南省诚和印制有限公司
经　　销：全国新华书店
幅面尺寸：889 mm × 1194 mm　1/16　　印张：34.25　　字数：920千字
版　　次：2018 年 9 月第 1 版　　2018 年 9 月第 1 次印刷
定　　价：698.00元

《中国麦田杂草防除技术原色图解》
编委会

主　　编　李　美　鲁传涛　张玉聚　史素英

副 主 编　高兴祥　魏守辉　吴仁海　徐　英　程乐庆　房　锋　李　健　魏有海　王贵启　周小刚　郭青云　李　贵　陈　杰　卢宗志　孙作文　张悦丽　孙永忠　黄红娟　苏旺苍　徐洪乐　薛　飞　卞兆娟　张立军　马　丽　马　政　杨　帆　刘玉霞　王　健　王　敏　房新强　石淑英　范秀勤　王洪涛　王日营　刘冬霞　常永霞　杨新田　胡春梅　王小社　张晓丹　杨　洁　杨　飞　李宏伟　李坤鹏　张聪敏　朱继成　李玉红　贾爱云　张宏超　王付山　牛平平　周国有　周铁良　高洪泽　李西臣　秦海英　魏凤玲　周娟丽　高爱旗　程　星　王　丹　王　亚　郭　慧　杜怀全　陈禄廷　张杰锋　曾大庆　李光伟　丁明丽　李松子　胡缇荣　徐竹莲　孙明明　王志勋

编写人员　（按姓氏笔画排列）

丁明丽　马　丽　马　政　王　丹　王　健　王　敏　王　亚　王小社　王日营　王付山　王延玲　王志勋　王秀娟　王贵启　王秋红　王洪涛　王恒华　牛平平　卞兆娟　石淑英　卢宗志　史素英　白兴勇　朱继成　刘士国　刘玉霞　刘冬霞　刘学涛　许　贤　孙永忠　孙作文　孙明明　苏旺苍　杜怀全　李　贵　李　美　李　健　李广阔　李玉红　李西臣　李光伟　李志强　李宏伟　李坤鹏　李松子　李振博　杨　飞　杨　帆　杨　洁　杨建国　杨新田　吴仁海　张玉聚　张立军　张宏超　张杰锋　张晓丹　张悦丽　张聪敏　陈　杰　陈禄廷　范秀勤　周小刚　周国有　周铁良　周娟丽　房　锋　房新强　胡春梅　胡缇荣　秦海英　贾爱云　徐　英　徐竹莲　徐洪乐　高兴祥　高宗军　高洪泽　高爱旗　郭　慧　郭红甫　郭青云　职倩倩　黄红娟　常永霞　程　星　程乐庆　程松莲　鲁传涛　曾大庆　薛　飞　魏凤玲　魏有海　魏守辉

前　言

小麦是我国主要的粮食作物，常年种植面积在2300万hm^2左右。杂草危害是影响小麦产量和品质的重要因素之一。据统计，小麦田草害发生面积占小麦种植面积的80%~90%，占小麦种植面积的30%~40%。小麦田杂草的危害严重地影响着小麦的丰产与丰收。

我国地域辽阔，小麦田杂草有300余种，其中危害较重的有40余种。小麦自出苗至收获，始终有不同的杂草与其争水、争肥、争空间。据统计，在正常防除年份，全国每年因杂草危害损失小麦约40亿kg，损失率在 15%左右，草害严重的地块可导致小麦减产50%以上。由于我国各地的地理环境、自然条件、气候因素、耕作制度、品种类型、生产水平、除草剂的用药历史，导致不同区域间小麦田杂草群落差异非常大，防除特别困难。近年来，随着农村经济条件的改善和高效优质农业的发展，除草剂的生产与应用得到了快速的发展，市场需求不断增加；然而，除草剂是一个特殊商品，技术性和区域性较强，在使用中出现了药害、抗药性等诸多问题。

麦田杂草的防除技术和除草剂安全高效的应用技术研究，已经成为农业科研与生产中的关键课题。近年来，我们先后主持或参加了公益性行业（农业）科研专项“农田杂草防控技术研究与示范（201303022）”“杂草抗药性监测及治理技术研究与示范（201303031）”“除草剂安全使用技术研究与示范（201203098）”，国家重点研发计划项目“豫南冬小麦化肥农药减施技术集成研究与示范（2017YFD0201703）”等多项国家重点研发项目，开展了大量的小麦田杂草调查、杂草防除试验、抗药性治理与除草剂安全应用技术研究等工作。

《中国麦田杂草防除技术原色图解》是我们结合多年科研成果和实践经验，并在查阅了大量国内外文献资料的基础上编写而成的，旨在阐明麦田杂草的发生规律和除草剂的作用原理、应用技术，探索麦田杂草安全、有效的防除方法等，以便推动我国小麦的安全生产。

本书内容共包括四大部分，第一部分为小麦田杂草基础知识，系统介绍了农田杂草类型、种群与群落，小麦田杂草及其危害，中国小麦田主要杂草图谱与识别等，通过大量彩图展示我国小麦田主要杂草的识别特征；第二部分为中国小麦田除草剂使用技术与药害，系统介绍了除草剂的基础知识、使用技术、生物活性测定和评价方法，小麦田部分除草剂杀草谱测定以及小麦田除草剂的药害等；第三部分为中国小麦田除草剂的主要品种与应用技术，通过大量彩图、表格详细地描述了各类除草剂的除草特点、作用机制、除草效果等，详细介绍了除草剂的应用技术和注意事项；第四部分为中国小麦田杂草防除策略，系统介绍各类麦田杂草的发生规律、防除适期和防除策略，针对除草剂开展了杀草谱研究，针对恶性杂草开展了高效防除药剂筛选研究，全面介绍了小麦田杂草综合治理技术和田间除草剂喷洒技术。本书主要读者对象是各级农业技术科研人员、推广人员和除草剂生产销售人员；同时也可供农民技术员、种田大户参考使用。

在本书的编写过程中，得到了公益性行业（农业）科研专项“农田杂草防控技术研究与示范（201303022）”“杂草抗药性监测及治理技术研究与示范（201303031）”“除草剂安全使用技术研究与示范（201203098）”“豫南冬小麦化肥农药减施技术集成研究与示范（2017YFD0201703）”4个项目组专家的支持，同时也得到了中国农业科学院、河南省农业科学院、山东省农业科学院、河北省农林科学院、安徽省农业科学院等单位的大力支持，特此表示感谢。由于小麦田化学除草的技术性和区域性较强，建议读者在参考使用本书的过程中，先行试验示范，再推广应用，以免造成不必要的损失。

由于编著者水平有限，书中可能存在不当之处，恳请各位专家和广大读者批评指正。

编著者

2018 年 4 月

目 录

第一部分

小麦田杂草基础知识

第一章　农田杂草类型、种群与群落

杂草是指目的作物以外，使人类生产和生活环境受到妨碍和干扰的各种植物类群。主要为草本植物，也包括部分小灌木、蕨类及藻类。有些植物因生长在人类不需要其生长的处所而成为杂草，但在另一些场合则又可以成为有用的生物资源，如具有保持水土、增加土壤有机质、绿化环境、为野生和饲养动物提供食物、具有药用价值等作用，有的还是作物育种的种质资源。

一、农田杂草类型

杂草分类是进行杂草研究和杂草防除的基础。为便于应用，常根据各自的需要从不同的角度对杂草分门别类，常用的分类方法是按植物系统、生物学特性、除草剂防除类别及生态类型等进行分类。

（一）按植物系统分类

按植物系统分类即采用植物分类学的经典方法，根据植物的形态及繁殖等特性的相似性来判断其在进化上的亲缘关系，并根据这种亲缘关系的远近将某一植物纳入不同等级门、纲、目、科、属、种的分类系统中。这种分类法较为科学、系统和完善。

大多数杂草均属种子植物门的被子植物亚门，只有四叶萍、木贼、问荆等少数杂草属蕨类植物门。

（二）按生物学特性分类

根据杂草的营养方式，可将杂草分为异养型杂草和自养型杂草两大类。

1.异养型杂草　以其他植物为寄主，杂草已部分或全部失去以光合作用自我合成有机养料的能力，而营寄生或半寄生的生活，如菟丝子等。

2.自养型杂草　可进行光合作用，合成自身生命活动所需的养料，根据生活史长短可再分为多年生、二年生和一年生杂草。

（1）多年生杂草：营养繁殖能力发达是多年生杂草的重要特点，因而依据其营养繁殖方式可分为以下三种类型。

1）地下根繁殖型：如苣荬菜、刺儿菜和田旋花等。

2）地下茎繁殖型：如白茅、芦苇、狗牙根、野蓟等，以及块茎繁殖的香附子、扁秆藨草等。

3）地上茎繁殖型：如鳞茎繁殖的小根蒜、匍匐茎繁殖的空心莲子草。

多年生杂草主要以营养器官进行无性繁殖，但也可进行种子繁殖。如香附子、芦苇等，虽主要靠地下茎或块茎繁殖，秋天也能开花结果，产生种子。

（2）二年生杂草：也称越年生杂草，此类杂草需在两年内完成其整个生活史，如看麦娘、荠菜等，在当年秋季萌发至翌年夏季开花结籽，种子至秋季方可萌发。危害冬小麦，给冬小麦产量和品质造成巨大影响的杂草，大多数为此类杂草。

（3）一年生杂草：此类杂草可在一年内完成其从种子萌芽到种子产生的生活史，根据其生活史特点可分为以下三种类型。

1）越春型或春季一年生杂草：于冬、春季萌发，至夏季开花结果而完成一个生活周期，如看麦娘、碎米荠等。

2）越夏型或夏季一年生杂草：于春、夏季萌发，至秋季开花结实而死亡，如稗草、马唐和反枝苋等。

3）短生活史型：可在1~2个月的很短期间完成萌发、生长和繁殖的整个生活史，如上海地区的春蓼和小藜在3月上旬出苗，至5月即可开花结实而死亡。这种类型常为杂草对逆境的一种特殊适应。

（三）按除草剂防除类别分类

为了制定化学防除杂草的策略，按照除草剂控制杂草的类别，可以把杂草分为三大类：禾草（禾本科杂草）、莎草（莎草科杂草）和阔叶草（阔叶类杂草）。其简易区分方法如表1-1。

表 1-1　禾草、莎草和阔叶草的简易区分方法

类型	禾草	莎草	阔叶草
叶形	长条形	长条形	圆形或椭圆形
叶脉	与叶边平行	与叶边平行	网纹状
茎切面	圆或扁形	三角形	椭圆或方形
举例	雀麦、硬草	扁秆藨草、香附子	播娘蒿、猪殃殃

（四）按生态类型分类

根据杂草对其生长环境水分及热量的要求，可分为以下几种类型。

1. 水分

（1）水生杂草：或称喜水杂草，主要为危害水田作物的杂草。据其在水中的状态又可细分为以下几种：沉水杂草，如金鱼藻、菹草、苦草和矮慈姑；浮水杂草，如眼子菜、紫背萍、青萍、绿萍、荇菜和槐叶萍等；挺水杂草，如水莎草、野慈姑和芦苇等。

（2）湿性杂草：又称喜湿杂草，主要生长于地势低、湿度高的田内，在浸水田和旱田内均无法生长或生长不良，如石龙芮、看麦娘、茵草等。稻麦轮作田中危害小麦的杂草一般为此类杂草。

（3）旱生杂草：包括耐旱杂草和喜旱杂草，主要危害棉花、大豆、玉米、小麦等旱地作物，如节节麦、雀麦、马唐、婆婆纳等。小麦玉米旱轮作田主要为此类杂草。

2. 热量

（1）喜热杂草：生长在热带或发生于夏季的杂草，如龙爪茅、两耳草、含羞草、马齿苋和牛筋草等。

（2）喜温杂草：生长在温带或发生于春、秋季的杂草，如小藜、藜和狗尾草等。

（3）耐寒杂草：生长在高寒地区或于秋、冬季萌发的杂草，如野燕麦、节节麦、播娘蒿和鼬瓣花等。

二、农田杂草的种群和群落

（一）种群和群落

单纯一株杂草为一个个体。同种杂草的几个个体组成的群体叫种群。几个种群组成的群体叫群落。

（二）杂草群落动态

杂草种类、密度、分布和生长状况是杂草群落的四大构成因子。杂草种类决定杂草的群落性状，由一种杂草构成的群落是纯合群落，由多种杂草构成的群落则是混合群落。密度决定杂草群落的大小与强弱。每种杂草群落都有上限密度和下限密度。上限密度是杂草群体所能容纳的最高密度。下限密度是维持杂草世代延续所需的最低密度。群落中杂草植株的分布状况则主要影响群体的增长速率，一般情况下，均匀分布有利于个体生育和群体的增长。群落中个体生长状况主要反映在植株的健康程度、死亡率及叶龄等。

（三）杂草群落的调查及分析方法

杂草群落的调查应选择尽可能多的调查地块，调查地块在整个调查区域内尽量相对均匀分布，每个调查地块采用倒“W”形9点取样法，每点0.25 m^2，详细调查杂草种类、株数、株高及每种杂草的鲜草重，并详细记录调查地点、生育期、栽培方式、往年茬口、土壤质地及调查时间等（见杂草调查表1-2）。例如，山东省农业科学院植物保护研究所于2008年11月至2009年3月对山东省小麦田杂草的普查，选择了山东省17个地市的小麦田共计346个调查点，每个调查点呈三角形地，选择3大块（至少3个自然村）成片的地块，共计1 038个地块，每块地呈倒“W”形9点取样，共计9 342个调查点。

调查数据使用Excel软件表进行处理，采用相对优势度（RA）（relative abundance）进行分析。

相对优势度 $RA=(RD+RH+RU+RF)/4$

式中：

RD——相对密度（relative density），即某杂草的密度占总密度的比例；

RH——相对高度（relative height），即某杂草的总高度占样方中所有杂草高度的比例；

RU——相对均度（relative uniform），即某杂草出现的样方数占总样方数的比例；

RF——相对频度（relative frequency），即杂草出现的地块数占所调查地块数的比例。

（1）田间密度（D）：某种杂草的田间密度（株数/样方）为这种杂草在各调查田块样方中的平均密度之和与调查田块数之比。

$$D=\frac{\sum D_i}{n}\times 100\%$$

式中：

D——田间密度；

D_i——某种杂草在调查田块i中的平均密度（株数/样方）；

n——调查田块数。

（2）田间频率（F）：某种杂草的田间频率为这种杂草出现的田块数占总调查田块数的百分比。

$$F = \frac{\sum Y_i}{n} \times 100\%$$

式中：

F——田间频率；

n——调查田块数；

Y_i——某种杂草在调查田块i中出现与否，出现记为1，未出现记为0。

（3）田间均度（U）：某种杂草的田间均度为这种杂草在调查地块中出现的样方次数占总样方数的百分比。

$$U = \frac{\sum\sum X_i}{9n} \times 100\%$$

式中：

U——田间均度；

n——调查田块数；

X_i——某种杂草在调查样方i中出现与否，出现记为1，未出现记为0。

（4）平均株高（H）：某种杂草的平均株高为这种杂草在各调查田块样方中的平均株高之和与调查田块数之比。

$$H = \frac{\sum H_i}{n} \times 100\%$$

式中：

H——平均株高（cm）；

H_i——某种杂草在调查田块i中的平均株高（cm）；

n——调查田块数。

（四）影响杂草群落演替的因素

在生物和非生物因素的影响下，农田杂草群落不仅会在体积数量上随季节和年份的变动而发生量的增减，而且在结构上也会发生质的变化。表现在群落中各物种的优势度发生了变更，即群落演替。群落演替可以是内因自发的，也可以是外因引发的，由此分为自发群落演替和异发群落演替。自发群落演替是由于群落本身的生物因素如物种的遗传变异、种间竞争及生态适应性的提高与下降等引起的演替，在废弃的农田上常可见到这种群落演替。异发群落演替是由于外界生物或非生物因素而引起的，是农田杂草群落的一种主要演替方式。引起农田杂草异发群落演替的主要因素有以下几种。

1.杂草繁殖器官的传播　杂草繁殖器官尤其是种子的传播，是导致杂草群落演替的主要原因。风、水、收获机械跨区作业及人类的引种活动等常把一些杂草从一地传到另一地，使其在那里迅速定植、繁殖，从而改变当地杂草的群落构成。野燕麦就是通过饲用大麦的引种而在北爱尔兰蔓延并上升为当地优势杂草的。

2.土壤肥力　土壤肥力可通过改变杂草物种之间的竞争关系而使杂草群落发生演替。施氮肥可压制问荆及水芹等厌氮杂草，滋长群落中香附子、猪殃殃、繁缕及稗草等喜氮杂草。土壤缺磷时，反枝苋会很快从群落中消失。

3.土壤湿度　增加土壤湿度可导致杂草群落向以看麦娘、硬草、碎米荠等为主的喜湿杂草群落方向演替，干旱则会导致杂草群落向以节节麦、播娘蒿及马唐等为主的耐旱杂草群落方向演替。水田改旱田时，野老鹳草、碎米荠、看麦娘等种群会演变为次要杂草或在田间逐渐消失，节节麦、雀麦、麦家公等旱生杂草则会陆续演变成为主要杂草。

4.土壤pH值　土壤pH值的变动也会引起杂草群落变迁。随着土壤pH值的升高，酸模、反枝苋及大爪

表 1-2　杂草调查表

地点：　　　市（县）　　　（乡）镇　　　村　　　纬度：　　　经度：　　　海拔：　　　是否用了除草剂：

作物：　　　生育期：　　　栽培方式：　　　上年茬口：　　　当年前茬：　　　土壤质地：　　　肥力：　　　调查时间：　　　年　　月　　日

样点 / 项目 / 杂草名称	1			2			3			4			5			6			7			8			9		
	株数	高度	重量	株数	高度	重量	株数	高度	重量	株数	高度	重量	株数	高度	重量	株数	高度	重量	株数	高度	重量	株数	高度	重量	株数	高度	重量
荠菜																											
播娘蒿																											
猪殃殃																											
小花糖芥																											
麦家公																											
麦瓶草																											
雀麦																											
硬草																											
野燕麦																											
节节麦																											
看麦娘																											

草的种群将逐渐减少，问荆、繁缕和婆婆纳种群则逐渐增多。

5.轮作和种植制度　不同作物要求不同的播种期、群体密度、施肥灌水制度、土壤耕作制度、植物保护措施及收获期，这些因素对杂草群落无不产生影响。轮作时这些因素就会交替出现，从而通过改变农田生境而影响杂草群落的演替。轮作方式、轮作组合及轮作周期不同，对杂草群落的影响程度也不同，以中耕作物为主的轮作组合，可导致农田杂草向一年生杂草群落方向演替，而以禾谷类作物为主的轮作组合，则会导致农田杂草向看麦娘、野燕麦等禾草群落方向演替。

6.土壤耕作　不同杂草对土壤耕作的反应和忍耐能力不同。增加土壤耕作会导致杂草群落向短命杂草群落演变，而减少土壤耕作会使杂草群落向多年生群落变迁。

7.除草剂的使用　连续使用一种选择性除草剂是现代农田杂草演替的重要起因。我国黑龙江地区在20世纪60年代广泛使用2，4-D后，压制了阔叶杂草，也导致了20世纪70年代末至80年代初小麦田杂草明显向禾草类群落演替，迫使人们改施杀禾本科杂草的除草剂。杀禾本科杂草的除草剂的连续施用有效地压制了禾草，但又很快招致了阔叶杂草群落的回升，使得近年来卷茎蓼等杂草迅速蔓延为害。

第二章　小麦田杂草及其危害

一、小麦田杂草的危害

小麦田杂草是指在小麦田中发生危害的杂草。它是在长期适应小麦的栽培、耕作、气候、土壤等生态环境及人类社会活动条件下而生存下来的，从不同的方面危害小麦（图2-1和图2-2）。

图2-1　节节麦、雀麦共同危害小麦

图2-2 猪殃殃危害小麦

（一）杂草对小麦危害的主要表现

1. 与小麦争水、肥和光能等　杂草适应力强，根系庞大，耗费水肥能力极强。

2. 侵占地上和地下空间，影响小麦光合作用，干扰小麦生长　杂草与小麦生长在一起，侵占小麦生长所需的空间，使田间郁蔽，小麦生长空间变得拥挤，茎叶不能舒展，空气流动性差，易发生病害，并使发育受到抑制；遮挡阳光，使得小麦光合作用受到影响。在部分小麦田中，杂草种子数量往往超过小麦的播种量，加上杂草出苗早、生长速度快，易于造成草荒。

3.杂草是小麦病原菌、害虫的中间寄主　由于杂草的抗逆性强，不少是越年生或多年生植物，其生育期较长，所以病菌及害虫常常是先在杂草上寄生或过冬，在小麦长出后，再逐渐迁移到小麦上进行危害。如麦蚜，可在马唐、狗牙根、雀麦等杂草上寄生。

4.增加管理用工和生产成本　杂草愈多，花费在防除杂草上的用工量也愈多。据统计，我国农村大田除草用工量占田间劳动量的1/3~1/2。按平均每亩除草用工2个计，全国小麦播种面积约3.67亿亩，每年用于除草的用工量就需7.34亿个。此外，杂草还影响耕作效率，并延长有效工时。

5.降低小麦的产量和品质　由于杂草在土壤养分、水分、作物生长空间、病虫传播，妨碍小麦通风、透光、散热等方面直接或间接危害小麦，因此最终将影响小麦的产量和质量。据统计，在正常防除年份，全国每年因杂草危害损失小麦约40亿kg，损失率达15%左右，草害严重的地块可导致小麦减产50%以上。1984年北京市通县次渠乡（现通州区次渠镇）和南郊农场碱茅危害严重，发生面积约1 300 hm^2，造成减产30%以上。1990年，北京市顺义县（现顺义区）城关乡（现旺泉街道办事处）望泉寺村和板桥乡（现赵全营镇）板桥村菵草危害严重，发生面积约13 hm^2，造成绝产。1991年，北京市通县（现通州区）张辛庄村芦苇危害严重，发生面积约10 hm^2，几乎造成绝产。1997年，北京市密云县（现密云区）穆家峪乡达岩村和冯家峪乡看麦娘危害严重，发生面积约660 hm^2，平均减产38.7%，其中167 hm^2绝产。当大穗看麦娘密度每平方米超过1 000茎时，由于大穗看麦娘茎秆细弱，容易倒伏，可导致小麦随之倒伏，造成小麦产量损失严重，甚至绝收。近年来，雀麦、节节麦在黄淮海区域危害严重，发生面积约300 hm^2，并有迅速扩散蔓延的趋势，发生严重的地块造成减产50%以上。

6. 影响人畜健康　有些杂草如毒麦种子，若大量混入小麦，人食用含有4%毒麦的面粉就有中毒甚至致死的危险；误食了混有大量苍耳子的大豆加工品，同样会引起中毒；毛茛体内含有毒汁，牲口食用后易中毒。

（二）杂草对小麦造成的产量损失

我国冬小麦历年种植面积在2 300万hm^2左右，春小麦在150万hm^2左右，分布遍及全国各省（市、自治区），从广东南部到黑龙江北部，由江苏、浙江、山东至青藏高原和新疆，都有种植。杂草危害一直是影响小麦产量的主要因素之一。据统计，小麦田草害发生面积占小麦播种面积的80%~90%，危害较重的达1 000多万hm^2，占小麦播种面积的30%~40%。

小麦从播种至收获，始终与杂草互相竞争。我国小麦田杂草多达300余种，其中危害较重的有40余种，如播娘蒿、荠菜、猪殃殃、繁缕、婆婆纳、野燕麦、看麦娘、日本看麦娘、茵草、硬草、雀麦、棒头草、藜、小藜、打碗花、麦家公、香薷、酸模叶蓼、牛繁缕、大巢菜、萹蓄、遏蓝菜、卷茎蓼、田旋花、刺儿菜、芦苇、苣荬菜、白茅等。一些杂草植株高大，茎秆粗壮，枝繁叶茂，遮光力强，对小麦产量造成极大威胁，如野燕麦、播娘蒿和芦苇等；一些杂草植株虽比小麦的植株矮小，但数量多，同样能对小麦造成危害，影响产量，如看麦娘、婆婆纳和繁缕等；还有一些杂草能攀缘缠绕，生长后期覆盖于小麦植株之上，造成减产，如猪殃殃、打碗花和卷茎蓼等。

杂草危害程度与田间杂草的密度密切相关，田间杂草密度越大，小麦产量损失越重。据车晋滇报道，茵草密度为18株/m^2、36株/m^2、54株/m^2、72株/m^2时，小麦分别减产8.9%、10.7%、17.1%、22.4%；打碗花密度为18株/m^2、36株/m^2、54株/m^2、135株/m^2时，小麦分别减产6.6%、13.9%、16.6%、22.5%。据房锋等2016年报道，小麦亩播种量为13.5 kg时，当大穗看麦娘密度为10株/m^2、20株/m^2、40株/m^2、120株/m^2、240株/m^2、420株/m^2时，有效茎数分别为92茎/m^2、169茎/m^2、218茎/m^2、590茎/m^2、815茎/m^2、1 300茎/m^2，小麦产量损失率分别为4.6%、11.6%、21.3%、31.3%、52.3%、65.8%。

杂草的危害程度与小麦的种植密度也密切相关。据房锋等2015年报道，播娘蒿密度分别为10株/m^2、20株/m^2、40株/m^2、80株/m^2、160株/m^2、320株/m^2、640株/m^2，小麦亩播种量为4.5 kg时，可造成小麦减产29.1%、35.5%、40.3%、46.4%、68.0%、84.7%、97.5%；小麦亩播种量为9 kg时，可造成小麦减产13.4%、21.4%、27.9%、38.1%、48.5%、71.9%、87.9%；小麦亩播种量为13.5 kg时，小麦植株可有效抑制杂草的发生量，从而减轻危害，尽管播撒播娘蒿的种子很多，但最终能萌发危害的最高植株密度也只能达到320株/m^2，可造成小麦减产17.1%、17.4%、21.9%、31.3%、35.4%、64.9%。

房锋等报道了大穗看麦娘、播娘蒿对小麦造成的产量损失，主要是影响小麦的有效穗数，其次为穗粒数，对千粒重的影响最小或基本无影响。小麦的亩播种量为13.5 kg时，当大穗看麦娘密度为120株/m^2时，有效茎数为590茎/m^2，小麦有效穗数减少23.9%，穗粒数减少8.5%，小麦实测产量损失率为31.3%；当大穗看麦娘密度为210株/m^2时，有效茎数为680茎/m^2，小麦有效穗数减少28.4%，穗粒数减少9.2%，小麦实测产量损失率为38.7%；当大穗看麦娘密度为240株/m^2时，有效茎数为815茎/m^2，小麦有效穗数减少35.8%，穗粒数减少25.4%，小麦实测产量损失率为52.3%；当大穗看麦娘密度升至420株/m^2时，有效茎数为1 300茎/m^2，小麦有效穗数减少55.2%，穗粒数减少26.4%，小麦实测产量损失率为65.8%。小麦的亩播种量为9 kg时，当播娘蒿的密度为40株/m^2时，小麦有效穗数减少17.7%，穗粒数减少11.0%，小麦实测产量损失率为27.9%；当播娘蒿的密度为160株/m^2时，小麦有效穗数减少33.0%，穗粒数减少25.0%，小麦实测产量损失率为48.5%；当播娘蒿的密度为640株/m^2时，小麦有效穗数减少65.8%，穗粒数减少44.1%，小麦实测产量损失率为87.9%。

二、小麦田杂草的生物学特性及发生特点

（一）小麦田杂草的生物学特性

在人类长期的农业生产活动中，杂草作为防除对象，尽管被人们千方百计地防除，但还是生存了下来。其原因是杂草在与农作物竞争中以及各种环境条件的影响下，逐渐适应并形成了许多固有的生物学特性。概括起来，杂草具有以下生物学特性。

1.种子量大　杂草一生能产生大量种子来繁衍后代，如大穗看麦娘、播娘蒿、藜等，一株就可产生几十至几万粒种子。

2.繁殖方式复杂多样　杂草不但产生种子的量大，而且有些还具有无性繁殖的能力，如小蓟、打碗花、芦苇等杂草，地下根茎分枝生长快，在农田内开始发现时只有1~2株，可很快长成一大片。如人称“回头青”的香附子，锄完后没几天，会很快长出新枝。许多多年生杂草根茎被切断后能够再生。对此类地下根茎繁殖的杂草，不适当的中耕不但不能起到防除作用，反而促进了它们的繁殖和传播。

3.传播方式多样性　杂草的种子或果实有容易脱落的特性，有些杂草种子具有适应于散布的结构或附属物，借助外力可传播很远、分布很广。例如蒲公英（图2-3）、小飞蓬、苣荬菜、刺儿菜、泥胡菜等的种子长有长茸毛，可随风飞扬，飘至远方，也可随水流漂流，进入农田。苍耳、鬼针草等杂草种子有钩或黏性物质，易黏附人的衣服或者动物的毛皮，通过他们的活动传播。杂草种子也可随农具、交通工具远距离传播。耕作机械跨区作业和小麦种子调运也是杂草种子远距离传播的重要途径。

图2-3　蒲公英花序

4.种子具休眠特性　许多杂草种子成熟后并非立即发芽，而是要经过一定时间的休眠，在遇到适宜条件后才能发芽，从而避免了极端天气、环境条件的影响，增强了物种适生性。另外，如藜、小藜、麦瓶草等的种子在一般情况下发芽率较低，出苗不整齐，这也是一种保持生命延续的特性。再如藜的种子有两种类型：大种子表面平、褐色，只要条件允许就能立即出苗；小种子黑色，离开母体进入土壤后过两年才能发芽。苍耳种子，刺果内包有两粒种子，上部一粒种子要经过几个月或几年后才发芽，下部一粒种子遇适宜条件立即萌发。

5.种子寿命长　据报道，野燕麦、看麦娘、蒲公英、冰草、牛筋草种子可存活5年以上；杂草种子的“高寿”对于保存种源、繁衍后代有十分重要的意义。杂草种子的寿命与外界条件的关系很大。据试验，土壤中的水分状况对杂草种子的寿命影响最大，例如婆婆纳、猪殃殃的种子埋

藏在旱田里，4年后的死亡率分别为26.5%、60.0%，而埋在水田里的死亡率分别为69.8%、100%；日本看麦娘种子埋藏在旱田里2年后死亡率为72.3%，而埋在水田里的种子死亡率为100%。

6.出苗、成熟期参差不齐　大部分杂草出苗不整齐，例如黄淮海区小麦田的荠菜、小藜、婆婆纳等，除最冷的1~2月和最热的6~8月外，一年四季都能出苗；看麦娘、牛繁缕、早熟禾、大巢菜等在上海郊区于9月至翌年2~3月都能出苗，早出苗的于3月中旬开花，晚出苗的至5月下旬还能陆续开花，先后延续两个多月。即使同一植株杂草开花也不整齐，如禾本科杂草大穗看麦娘、早熟禾等，穗顶端先开花，随后由上往下逐渐开花，先开花的种子先成熟。一般主茎穗和早期分蘖先抽穗、开花，后期分蘖晚开花（图2-4）。牛繁缕、大巢菜属无限花序，4月上旬开始开花，到6月上旬，一边开花，一边结果，可延续3~4个月。

由于杂草开花、种子成熟的时间延续长，落地有早晚，因此它在田间的休眠、萌发也很不整齐，这给杂草的防除带来了很大困难。

图2-4　大穗看麦娘种子成熟早晚不一

7.杂草种子和作物种子大小形状相似　一些杂草种子和小麦种子大小形状相似，例如麦种内混有的野燕麦、节节麦种子，由于它们大小、形状、密度相近，风选、过筛都难以清除它们，可以随麦种的调运传播。

8.杂草的物候期和作物相似　小麦田杂草的出苗、成熟期和小麦相似，或在小麦生长期可以完成其生活史，例如黄淮海区的越年生杂草节节麦、大穗看麦娘（图2–4）等的出苗和成熟期与小麦均相似，一些春季萌发的一年生杂草如藜、小藜等部分种子也可以在小麦收获前成熟，这样就形成了小麦田相对固定的伴生杂草。

9.杂草的竞争力强　多数农田杂草利用光能、水资源和肥料效率高，分蘖或分枝多，生长速度快，竞争力强。只要有足够的生长空间，一株大穗看麦娘分蘖可达20~60个，能很快地占据生长空间。另外，在土壤干旱的情况下，大部分杂草比小麦显得更为耐旱；在草害严重的情况下，施肥只会促进杂草生长，加重杂草危害。

10.适应性和抗逆性强　多数杂草对环境的适应性和抗逆性比农作物强，在干旱、盐碱、土壤黏重等不良环境中小麦生长力明显降低，但节节麦等杂草却仍能正常生长，或者有的杂草种子休眠不出苗或缩短生育期，提前开花结实，以保证其种子的繁衍。

11.杂草拟态性　野燕麦和小麦幼苗形态很相似，人工除草时难以分辨，往往以假乱真，杂草未能除尽，反伤了作物。

12.杂草有多种授粉途径　杂草既能异花授粉，又能自花授粉，授粉的媒介有风、水、昆虫等，因此杂草具有远缘亲和性。自花授粉可以保证在单独、单株存在时仍可正常授粉结实，保证物种的延续生存。异花授粉有利于杂草创造新的变异和生命力强的变种、生态种，提高其生存的能力和机会。

（二）小麦田杂草发生的新特点

1.小麦田杂草发生呈越来越重的趋势

由于受耕作制度的调整、气候变暖、高肥水等高产栽培条件以及除草剂使用不当等诸多因素的影响，近年来小麦田杂草的危害呈越来越重的趋势。

姚万生等报道，小麦田杂草发生情况与20世纪80年代相比呈现越来越重的发展趋势。例如，陕西省小麦田主要杂草，如播娘蒿、猪殃殃和荠菜，20世纪80年代平均每平方米分布是2.37株、5.36株和2.37株，最多分别是62株、400株和55株，而现在平均每平方米分别是93株、84株和21株，最多分别是1 042株、1 246株和352株；再比如节节麦、婆婆纳和麦家公（田紫草），20世纪80年代平均每平方米分别是0.04株、1.11株和0.1株，最多分别是174株、41株和27株，而现在平均每平方米分别是19.5株、20株和16株，最多分别是256株、328株和339株。

其主要原因，一是小麦高产栽培水肥条件的改善，在促进小麦生长的同时也有利于杂草的蔓延；二是气候变暖，特别是秋冬变暖，使小麦田杂草出土早、数量大、长势旺，与小麦竞争性强，危害大；三是与普遍采用旋耕处理土地或免耕播种以及中耕、使用化学除草剂不及时也有关系。调查中发现，凡是采用翻耕技术，及时使用除草剂和早春及早进行中耕除草的田块，小麦田杂草就少，否则就特别严重。例如冬小麦播种时，采用旋耕或免耕技术的，每平方米内杂草一般达500株，有的甚至在1 000株以上，而采用翻耕技术的，每平方米内仅有杂草20多株，一般不超过100株。在化学除草剂使用上，普遍存在使用不适时的问题，有的使用得很晚，甚至到小麦拔节以后小麦已经长得很高了才使用，这样杂草不仅已经给小麦生长造成了影响，而且除草剂还会对小麦的正常生育造成严重威胁。

新疆维吾尔自治区植物保护站亦报道，小麦田杂草危害越来越重，以喀什地区近20年小麦田杂草长期定位观察结果为例，1995年、2005年调查区域小麦田杂草平均密度比1985年分别增长了213.0%和517.6%。2000年喀什小麦生态区小麦田杂草发生面积2.3万hm^2左右，2006年达到10.7万hm^2，6年间草害发生面积增长4.6倍。

2.小麦田杂草群落和优势种发生明显变化，禾本科杂草在部分地区发生越来越重　由于生产方式的改变、耕作制度的调整以及除草剂选择等诸多因素的影响，小麦田杂草草相和优势草种的群落组成也在不断地发生演变。自 20 世纪 80 年代以来，小麦田杂草群落的演化和种群变化日益受到我国杂草科学工作者的关注。

何翠娟等报道，上海小麦田杂草群落近20年时间发生了较大变化，由20世纪80年代初的禾本科和阔叶类杂草混生的格局演变成以禾本科杂草为主的格局。与20世纪80年代初相比，目前小麦田草相趋于简单化，主要由日本看麦娘、硬草、茼草、棒头草、大巢菜、猪殃殃、牛繁缕7种杂草构成，日本看麦娘、硬草、大巢菜从20世纪80年代初的次要杂草上升为主要杂草。江苏省盐城沿海麦区的主要杂草20世纪80年代以前为盐蒿、看麦娘、小蓟、波斯婆婆纳，近几年小麦田优势种杂草则演替为硬草、猪殃殃、荠菜和波斯婆婆纳，日本看麦娘和野燕麦的发生危害程度已显著下降。江苏省泰州市姜堰区经过近10年的变化，小麦田优势种已由1990年的看麦娘、野燕麦、大巢菜、繁缕演替为硬草、早熟禾、野老鹳草等，20世纪90年代初仅在田边、沟边发生的泽漆、茼草、棒头草等也已向田内扩散。硬草成为姜堰区小麦田密度最高、发生面积最大的恶性杂草。

山东、河南等地由于连续多年使用苯磺隆、2，4-滴等防除播娘蒿、荠菜、藜等阔叶杂草的除草剂，使大多数阔叶杂草得到控制，而难以防除的阔叶杂草猪殃殃、泽漆、打碗花、田旋花和刺儿菜，以及禾本科杂草节节麦和雀麦等成为当前小麦田的恶性杂草，发生、危害呈越来越重的趋势。

上海郊区自1985年以来减少了棉花、玉米等旱作面积，改种水稻。由于连年稻麦的连作，土壤水分高，杂草种群发生了一定的变化，喜湿、喜温杂草危害较重。目前上海地区小麦田主要杂草为看麦娘、茵草、日本看麦娘、棒头草、硬草、早熟禾、牛繁缕、猪殃殃、大巢菜、荠菜等。

车晋滇报道，20世纪80年代至90年代中期，北京市小麦田杂草群落组合主要以藜+小藜+荠菜+附地菜、藜+葎草+荠菜、打碗花+葎草+播娘蒿+小花糖芥、葎草+播娘蒿+离子芥、葎草+播娘蒿+麦瓶草等多元杂草群落组合为主。局部地区以碱茅、芦苇、看麦娘、看麦娘+荠菜等单元或少元杂草群落组合为主。据2007年调查，北京市小麦田杂草群落组合发生了变化，主要以播娘蒿+打碗花+荠菜+葎草、播娘蒿+打碗花+荠菜+麦家公、播娘蒿+荠菜+麦家公等多元杂草群落组合为主。局部地区以茵草、雀麦、播娘蒿+雀麦、播娘蒿+茵草、播娘蒿+荠菜等单元或少元杂草群落组合为主。

张朝贤等2007年报道，以节节麦为代表的恶性禾本科杂草传播迅速，已入侵河北省19万hm^2小麦田，成为河北省小麦高产、稳产的最大隐患。近几年，节节麦等禾本科杂草在整个黄淮海地区也逐渐上升为小麦田主要杂草。

李贵等2006年对比分析20世纪80年代以前及目前江苏省杂草群落现状，显示出江苏稻茬小麦田的硬草、棒头草和苏南稻茬小麦田的硬草、日本看麦娘等杂草的发生量有较大上升。

山西省植物保护植物检疫总站报道，近年来该省农田杂草优势种类发生了较大变化。主要表现在节节麦、野燕麦等禾本科恶性杂草逐渐上升为优势种。2003年以前，小麦田杂草以播娘蒿、婆婆纳、荠菜等阔叶杂草为优势种；2003年以后，由于防除阔叶类杂草除草剂的多年连续使用，使南部麦区杂草种类开始发生变化，节节麦、野燕麦、早熟禾等禾本科杂草逐渐成为优势种。由于麦种的调运，联合收割机的“南征北战”，使禾本科杂草的发生面积迅速扩大。2006年，节节麦等禾本科杂草的发生面积为2.7万hm^2，2008年扩大到13.3万hm^2，2010年为16万hm^2，2012年扩大为23.3万hm^2，已成为影响小麦生产的主要杂草种类，部分田块禾本科杂草数量已占杂草总量的50%以上。此外，近几年婆婆纳和麦家公的数量也急剧上升，个别小麦田内婆婆纳和麦家公已成为最主要的杂草种类，它们的数量可以占到杂草总数量的60%以上。

王亚红2004年报道，关中灌区小麦田杂草的演变由20世纪70年代以猪殃殃、荠菜、播娘蒿、王不留行等阔叶种群危害为主，转变为以阔叶和禾本科杂草混生的种群，禾本科杂草中蜡烛草、节节麦、多花黑麦草等成为优势种群，危害明显加重。导致杂草优势种群演变的原因主要有引种频繁、单一除草剂的长期使用、单一耕作制度和粗放栽培措施的影响、除草剂使用技术方面存在的问题和农业综合措施的放松等五方面。

周小刚等通过对2000年小麦田主要杂草的发生实况与20世纪80年代后期调查结果的分析比较，田间草相变化最为明显的是川西平原区小麦免耕田，20世纪80年代田间次要杂草通泉草、碎米荠、大巢菜、早熟禾、扬子毛茛，在近年种群上升很快，田间发生量大，在某些田块成为优势种群。这与栽培方式的改变及常年使用克无踪、草甘膦有很大关系。因多年连续使用苯磺隆，很多麦区猪殃殃、大巢菜、野芥菜对其敏感性降低，防除效果明显下降。因多年连续使用精噁唑禾草灵，很多麦区原以看麦娘、棒头草为主要禾本科杂草，现以早熟禾为主要禾本科杂草。原本在四川省局部小麦田发生的茵草、毒麦、多年生黑麦草等杂草有逐渐蔓延、扩大危害的趋势。

3. 小麦田杂草抗药性呈快速发展态势　随着小麦田苯磺隆、2，4-滴、精噁唑禾草灵等的长时间应用，小麦田多种杂草相继出现了不同程度的抗药性。山东省农业科学院植物保护研究所高兴祥等从山东省冬小麦主产区小麦田采集播娘蒿种子 37 份，在温室内采用盆栽整株剂量－反应测定法，测定播娘蒿对苯磺隆的抗性水平。

由数据（表2-1）可以看出，山东省大部分地区播娘蒿对苯磺隆均产生了不同程度的抗性，全省测定的37个播娘蒿生物型中，敏感生物型仅有8个，占总生物型的21.62%；低抗性生物型有9个，占24.32%；中抗性生物型有15个，占总生物型的40.54%；高抗性生物型有5个，占总生物型的13.51%。在高抗性生物型中，鲁西南平洼区分布有3个，分别为菏泽市鄄城县旧城镇（抗性指数547.67）、菏泽市单县郭村镇（抗性指数237.33）、菏泽市巨野县田桥镇（抗性指数374.67）；鲁西北平原区分布有1个，为德州市齐河县表白寺镇（抗性指数80.33）；鲁北滨海区分布有1个，为滨州市邹平县韩店镇（抗性指数1 120.67），这也是整个山东省的最高抗性点。

从不同地区来看（不同区域采样点抗性程度见表2–2），鲁西南平洼区和鲁西北平原区抗性程度发生最重，共采集了13个播娘蒿生物型，无敏感生物型，2个低抗性生物型，7个中抗性生物型，4个高抗性生物型（其中，3个分布在鲁西南平洼区，菏泽市鄄城县旧城镇、菏泽市单县郭村镇、菏泽市巨野县田桥镇抗性指数分别达到547.67、237.33、374.67，鲁西北平原区的德州市齐河县表白寺镇抗性指数为80.33），中、高抗生物型占总生物型的84.62%；其次，鲁中山区和胶东丘陵区抗性较重，共采集11个播娘蒿生物型，其中3个敏感生物型，2个低抗性生物型，6个中抗性生物型，无高抗性生物型，中、高抗性生物型占总生物型的54.55%；其他区域如鲁北滨海区、胶潍河谷平原区和鲁南山区抗性程度较轻，共采集13个生物型，其中敏感性生物型5个，低抗性生物型5个，中抗性生物型2个，1个高抗性生物型，中、高抗性生物型占总生物型的23.08%。

综合来看，山东省境内播娘蒿抗性水平比较严重，中、高抗性生物型占总生物型的54.05%。从图2-5来看，抗性程度高的区域主要分布在平原地区，该区域小麦为冬季主要作物且连续多年使用除草剂；与此对应的山区，小麦面积较小且使用除草剂较小的区域播娘蒿抗性程度就低。

表 2-1　山东省不同地区播娘蒿对苯磺隆抗药性水平测定

		采集地点	回归方程	相关系数	GR_{50}（95% 置信区间）g a.i./hm^2	抗性指数 R/S
胶东丘陵区	威海市	文登市米山镇	y=0.942 8x+6.175 0	0.980 4	0.57（0.42~0.77）	9.50
	青岛市	平度市门村镇	y=1.299 2x+6.589 2	0.991 9	0.60（0.42~0.77）	10.00
		莱西市望城镇	y=0.829 4x+5.737 5	0.955 7	1.29（0.65~3.36）	21.50
	烟台市	招远市大秦家镇	y=0.628 5x+6.420 1	0.996 7	0.06（0.02~0.10）	1.00
		海阳市朱吴镇	y=1.208 2x+6.192 9	0.968 6	1.03（0.58~2.14）	17.17
		莱州市程郭镇	y=1.116 9x+6.067 5	0.975 1	1.11（0.64~2.25）	18.50
	日照市	东港区秦楼镇	y=1.062 5x+6.801 7	0.970 9	0.20（0.14~0.27）	3.33
		莒县刘家官庄镇	y=0.886 2x+5.677 8	0.919 2	1.72（0.70~8.72）	28.67
鲁西南平洼区	济宁市	曲阜市姚村镇	y=0.790 0x+6.061 6	0.973 6	0.45（0.32~0.64）	7.50
		金乡县鸡黍镇	y=0.751 8x+5.881 4	0.967 5	0.67（0.47~0.98）	11.17
		鱼台县王庙镇	y=1.419 7x+6.565 7	0.949 5	0.79（0.36~2.11）	13.17
		金乡县鱼山镇	y=1.080 2x+5.996 6	0.994 3	1.20（0.90~1.65）	20.00
		汶上县郭仓镇	y=1.090 1x+6.486 1	0.979 7	0.43（0.33~0.57）	7.17
	菏泽市	曹县倪集镇	y=0.756 5x+5.843 3	0.938 0	0.77（0.33~2.09）	12.83
		鄄城县旧城镇	y=0.978 7x+3.515 6	0.989 3	32.86（24.41~44.03）	547.67
		单县郭村镇	y=0.753 6x+4.130 6	0.985 3	14.24（9.03~20.84）	237.33
		巨野县田桥镇	y=0.858 6x+3.839 3	0.997 3	22.48（15.75~31.12）	374.67
鲁南山区	枣庄市	滕州市洪绪镇	y=1.032 6x+6.472 9	0.987 5	0.38（0.28~0.50）	6.33
		薛城区常庄镇	y=0.782 1x+6.243 7	0.953 8	0.26（0.09~0.55）	4.33
	临沂市	河东区相公镇	y=1.008 6x+6.528 3	0.938 4	0.31（0.10~0.67）	5.17
		莒南县相邸乡	y=0.545 5x+5.999 2	0.974 3	0.15（0.07~0.25）	2.50
		苍山县车辋镇	y=1.039 1x+6.522 8	0.942 6	0.34（0.12~0.76）	5.67
	莱芜市	莱城区苗山镇	y=0.867 1x+6.146 4	0.978 1	0.48（0.34~0.66）	8.00

续表

		采集地点	回归方程	相关系数	GR_{50}（95% 置信区间）g a.i./hm^2	抗性指数 R/S
鲁中山区	泰安市	岱岳区徐家楼镇	$y=0.677\,0x+6.039\,5$	0.994 0	0.29（0.18~0.44）	4.83
		新泰市楼德镇	$y=1.199\,3x+6.091\,5$	0.958 6	1.23（0.63~3.24）	20.50
		岱岳区夏张镇	$y=1.001\,4x+4.700\,7$	0.993 5	1.99（0.79~3.67）	33.17
	济南市	平阴县玫瑰镇	$y=0.939\,5x+6.222\,2$	0.974 8	0.50（0.37~0.68）	8.33
胶潍河谷平原区	潍坊市	青州市五里镇	$y=0.648\,7x+6.117\,5$	0.908 6	0.19（0.02~0.57）	3.17
		昌乐县尧沟镇	$y=0.910\,1x+5.761\,5$	0.968 2	1.46（1.05~2.16）	24.33
		安丘市关王镇	$y=0.883\,2x+6.528\,7$	0.935 2	0.19（0.04~0.44）	3.17
		诸城市吕标镇	$y=0.758\,6x+5.976\,2$	0.975 9	0.52（0.36~0.74）	8.67
鲁西北平原区	德州市	齐河县表白寺镇	$y=0.425\,9x+5.135\,1$	0.903 7	4.82（2.23~17.27）	80.33
		德城区黄河涯镇	$y=0.748\,6x+5.845\,5$	0.961 7	0.74（0.52~1.09）	12.33
		宁津县宋家镇	$y=0.990\,6x+5.615\,9$	0.947 2	2.39（1.16~8.34）	39.83
	聊城市	高唐县姜店镇	$y=0.824\,8x+5.759\,5$	0.900 7	1.20（0.50~4.52）	20.00
鲁北滨海区	滨州市	邹平县韩店镇	$y=1.011\,3x+3.151\,7$	0.982 4	67.24（50.26~93.12）	1 120.67
	东营市	广饶县石村镇	$y=0.727\,5x+6.971\,7$	0.947 2	0.06（0.01~0.11）	1.00

表 2-2　山东省不同地区保护性耕作田主要杂草的优势度

采集地点	样品数	敏感生物型（1 ≤ R/S<5）	抗性生物型（R/S ≥ 5）			中、高抗生物型 百分率 /%
			低抗性（5 ≤ R/S<10）	中抗性（10 ≤ R/S<50）	高抗性（R/S ≥ 50）	
胶东丘陵区	7	2	1	4	0	57.14
胶潍河谷平原区	4	2	1	1	0	25.00
鲁北滨海区	2	1	0	0	1	50.00
鲁中山区	4	1	1	2	0	50.00
鲁南山区	7	2	4	1	0	14.29
鲁西南平洼区	9	0	2	4	3	77.78
鲁西北平原区	4	0	0	3	1	100.00
总计	37	8	9	15	5	54.05

图2-5 山东省不同区域小麦田播娘蒿抗性水平分布

崔海兰2009年通过整株测定法比较了采自11省（市）播娘蒿种群对苯磺隆的敏感（抗）性，结果表明，有42个种群对苯磺隆表现敏感；有19个种群具有低水平抗药性，抗性指数在1~10；有19个种群具有中等水平的抗药性，抗性指数在10~100；有11个种群具有较高水平的抗药性，其抗性指数在100以上。其中采自河北省和陕西省的部分种群的抗药性水平最高，抗性指数达到1 000以上。

彭学刚等2008年采用温室盆栽法分别测定7个省14个县市14块小麦田的猪殃殃潜在抗药性生物型和邻近非耕地敏感生物型对苯磺隆的抗性水平。结果表明，除河北石家庄、山西太原、陕西周至、山东泰安采集点小麦田猪殃殃生物型对苯磺隆仍处于敏感状态外，其他地区小麦田猪殃殃均产生了不同程度的抗药性，抗性指数在1.6~4.3，其中河南许昌采集点抗药性最高，抗性指数达4.3；安徽太和、陕西华县采集点抗药性最低，抗性指数均为1.6。

吴小虎等2011年报道，冬小麦田杂草麦家公对苯磺隆产生了不同程度的抗药性，其中胶州麦家公生物型抗性水平最高，抗性指数为12.8。交互抗性测定结果表明，胶州抗性麦家公生物型对其他乙酰乳酸合成酶（ALS）抑制剂噻吩磺隆和苄嘧磺隆已产生不同程度的交互抗性，其中对噻吩磺隆的抗性指数达到3.11。

刘宝祥等2008年报道，不同年限连续使用精噁唑禾草灵的小麦田茵草对精噁唑禾草灵均产生一定的抗药性。连续施药3和5年的小麦田茵草抗性指数（R.I.）分别为5.27、8.01，处于低水平抗性；连续施药9年的小麦田茵草抗性指数为21.59，处于中等水平抗性；连续使用精噁唑禾草灵8年的小麦田茵草抗性指数在3叶1心期为6.49，抗性较低，1叶1心期为12.24，抗性其次，5叶1心期为27.12，抗性较高。

艾萍2011年报道，江苏、上海等地区的小麦田茵草采集于2009年17个不同种群中，有14个茵草种群对精噁唑禾草灵产生了不同程度的抗药性，其中江苏句容小麦田茵草种群具有极高的抗性水平，相对抗性指数为174.42。交互抗性及多抗性的研究表明：句容小麦田茵草种群对芳氧基苯氧基丙酸酯类（简称

AOPP）、环己烯酮类（简称CHD）及其他药剂已产生了不同程度的交互抗药性。

郭峰2011年报道，河南、湖北、江苏等地日本看麦娘已经对精噁唑禾草灵产生不同程度的抗药性，并对从未使用过的炔草酯产生了交互抗性。练湖、宜兴种群抗性最高，对精噁唑禾草灵的抗性指数分别为35.64、14.58，对炔草酯的抗性指数分别为16.03、10.18。黄集、化河种群的抗药性略低于宜兴种群，对精噁唑禾草灵的抗性指数分别为8.38、4.03，对炔草酯的抗性指数分别为6.17、5.81。大庙、咸阳、济南种群对精噁唑禾草灵的抗性指数分别为2.74、2.52、2.11，抗性水平较低。金水闸、杨林尾、大刘对精噁唑禾草灵的抗性指数均低于2.00，为敏感生物型。试验结果还表明，野燕麦种群对精噁唑禾草灵及炔草酯没有产生抗性，但野燕麦不同种群对两种除草剂的敏感性存在显著差异。

炔草酯为最近几年小麦田新登记推广的除草剂品种。陈保桦为探讨中国野燕麦群体是否已对除草剂炔草酯产生抗药性，于2008~2010年连续3年在河南、安徽、江苏的部分小麦区进行野燕麦群体采集，选用瑞士先正达公司生产的炔草酯15%可湿性粉剂（麦极），采用温室整株植物测定法检测野燕麦群体对炔草酯抗药性的发生情况。试验结果表明，在2008年的抗性检测中，河南、安徽、江苏3省的抗性植株比例分别为6.94%、8.00%、11.22%；2009年的抗性检测结果为7.14%、7.06%、12.37%；而2010年试验所得出的抗性植株所占各群体比例分别为7.44%、7.62%、11.50%。结果表明，野燕麦群体对炔草酯已产生不同程度低水平抗药性。其中，江苏采样群体的抗药性比重最高，不同年度群体均超过10%。

杂草对除草剂产生抗药性以后会造成以下几个严重问题：①抗性优势杂草无法控制，导致小麦产量损失；②农民盲目加大使用剂量，对小麦及后茬作物如花生等产生药害，并造成农产品和环境污染；③在高选择压下，诱发杂草抗性水平急剧增加；④不合理的使用技术严重影响除草剂的使用寿命；⑤交互抗性造成尚未推广或新推广的除草剂退出市场。杂草抗性逐渐成为我国杂草防除中要重点解决的问题。

4. 耕作措施对小麦田杂草产生的影响　免耕、旋耕、耙耕、深松等保护性耕作措施在我国已得到大面积推广应用，其控制土壤风蚀水蚀和沙尘污染、提高土壤肥力和抗旱节水能力以及节能降耗和节本增效的功效已被认可。不同耕作方式不仅对杂草多样性、杂草群落组成有显著影响，而且影响作物的生长发育（陈欣，2000 年）。

小麦播种前浅旋耕代替了传统的深翻方式，致使大量落地的杂草种子集中在0~10 cm的浅土层，而传统的深翻措施可将杂草种子耕翻到20~30 cm的土层。试验数据表明，不同土层的杂草萌发危害各不相同，0~5 cm土层的杂草种子大多数均可萌发危害，10 cm以下土层的杂草种子萌发出土数量少。目前广泛推广的秸秆还田浅旋耕或者免耕深松的耕作方式，使得杂草种子多数存留在表土层，有利于杂草萌发危害。对除草剂的使用也有极大影响。姚万生等报道，冬小麦播种时采用旋耕或免耕技术的，每平方米内杂草一般达500多株，有的甚至在1 000株以上；而采用翻耕技术的，每平方米内仅有杂草20多株，一般不超过100株。

田欣欣等2011年报道，在连续5年秸秆全量还田的免耕、旋耕、耙耕、深松和常规耕作试验田中，在未除草条件下，免耕、深松的杂草总密度显著提高；而在除草条件下，杂草密度显著下降。免耕、深松、常规耕作在未除草条件下优势杂草种类为播娘蒿、荠菜，旋耕、耙耕条件下的优势杂草为播娘蒿；而除草后各处理的优势杂草均只有播娘蒿。耙耕、常规耕作措施在未除草条件下杂草群落具有较高的物种丰富度和均匀度。无论采用哪种耕作措施，除草均能提高冬小麦产量，其中以深松耕作结合除草处理的小麦产量最高。

戴晓琴等2011年报道，华北地区小麦生长早期，免耕有降低小麦田杂草总密度和优势种播娘蒿密度的趋势，但差异并不显著；相对于传统耕作，免耕秸秆覆盖和不覆盖处理可使总杂草生物量显著降低，其中播娘蒿生物量分别降低了57%和73%；免耕也使播娘蒿单株质量降低了27%~53%；免耕秸秆覆盖和不覆盖处理使播娘蒿的株高分别比传统耕作降低了25%和19%；但一般情况下，耕作方式并没有显著影响离子芥和麦家公生长；相对于分次施肥，集中施肥杂草生物量降低了21%~68%，播娘蒿生物量降低了58%~65%，麦家公生物量降低了91%；免耕在一定程度上抑制了某些杂草的生长，但追肥促进了杂草的快速生长。

高宗军等2011年报道，与旋耕相比，小麦收获后免耕及覆盖秸秆可显著降低麦家公、播娘蒿的发生密度、株高及鲜重，显著增加荠菜的发生密度、株高及鲜重；旋耕秸秆还田对荠菜的影响不显著，可降低麦家公、播娘蒿的发生密度，但有使其单株平均株高、鲜重增加的趋势。

5. 气候因素变化对杂草发生动态产生了很大的影响　山东省小麦常年播种时间在 10 月 1 日至 10 月 7 日之间，但最近几年暖冬，为了避免小麦越冬前生长过于旺盛，使得小麦播种期后延，目前山东省小麦播种时间在 10 月 5 日至 10 月 15 日之间，早晚不一。另外，小麦播种前后经常会遇到干旱。这两个因素使得小麦田杂草越冬前出苗期延长，出苗早晚不一，给冬前杂草防除带来很大难度。

三、小麦田杂草的发生规律

小麦田杂草发生特点是种子成熟后有90%左右能自然落地并随着农事耕作等播入土壤。杂草发生量的多少和发生期的迟早与小麦的播种期、土壤状况关系较大，还因杂草的种类、气候条件、耕作措施、栽培管理等因素而有差异，一般随小麦出苗而相继发生。

（一）影响杂草种子萌发、出苗的因素

山东省农业科学院植物保护研究所和河南省农业科学院植物保护研究所对华北麦区的主要杂草野燕麦、大穗看麦娘、多花黑麦草、猪殃殃、播娘蒿、大巢菜和荠菜等进行了种子萌发、出苗规律研究，结果如下。

1. 温度对杂草种子萌发的影响　对大多数小麦田杂草来说，10~20 ℃为种子最佳萌发温度范围，在 5~20 ℃温度区间，萌发速度和温度呈正相关，随着温度的升高，萌发速度加快，在 20~35 ℃，随着温度的升高，萌发起始时间逐渐后延，萌发率也逐渐降低。节节麦种子的萌发温度范围为 5~35 ℃，最佳发芽温度范围为 15~25 ℃，在此范围内有 92%~97% 的种子发芽；当温度低于 5 ℃或者高于 35 ℃时，节节麦的萌发率显著降低，30 天后累计萌发率仅有 15% 左右。猪殃殃和播娘蒿种子的发育起点温度为 3 ℃，最适温度 8~15 ℃，到 20 ℃萌发明显减少，25℃则不能萌发。野燕麦的发育起点温度为 8 ℃，15~20 ℃为最适温度，25 ℃萌发明显减少，40℃则不能发芽。大穗看麦娘种子最佳萌发温度范围为 10~20 ℃，萌发率在 60.0%~80.0%（图 2-6，图 2-7）。麦瓶草种子萌发对温度要求有着较宽的范围，在光照：黑暗为 12 h ∶ 12 h 条件下，5~35 ℃均能萌发，但萌发率均不高，在 1%~43%；麦瓶草萌发的最适温度范围为 15~30 ℃，15 ℃条件下萌发速度最快，试验第 28 d 时萌发率为 32%；温度为 5 ℃、10 ℃、35 ℃时，麦瓶草种子萌发较慢，分别在第 27 d、第 13 d 和第 9 d 时才见萌发，萌发率较低，分别为 1%、10% 和 21%。当温度为 25 ℃时，萌发率最高，为 43%。随着全球气候变暖，暖冬天气十分有利于杂草的萌发，这也是近年来杂草发生趋重的原因。

2. 湿度对杂草种子萌发的影响　小麦田土壤含水量 20%~60% 为大多数杂草萌发适宜湿度，低于 10% 则不利于萌发。因此，小麦播种期干旱与否直接影响杂草种子的萌发，播种期干旱会延迟杂草种子在田间的萌发。水分胁迫对不同杂草影响也存在差异，对多花黑麦草和大穗看麦娘的萌发影响较大，多花黑麦草随水分渗透压的降低，种子萌发率刚开始略有上升，而后显著降低；大穗看麦娘随着水分渗透压的降低，种子萌发率呈直线下降（图 2-8）。小麦播种期的墒情或播种前后的降水量是决定杂草发生量的主要因素之一。但试验数据表明，节节麦种子萌发受水分渗透压变化影响较小，当遇到干旱或缺水的情况下，节节麦种子能够比其他杂草种子或者小麦种子更容易萌发（图 2-9）。

3. 酸碱度对杂草种子萌发的影响　不同杂草种子对土壤酸碱度的耐受程度各不相同。节节麦种子在 pH 值为 3.0~10.0 环境条件下萌发率均超过 92%（图 2-10），说明节节麦种子的萌发对酸碱度有着宽泛的适应性，使节节麦能够适应更多类型的土壤，并且可以侵入多种生境。大穗看麦娘种子萌发喜欢偏碱性的环境，当 pH 值为 8.0 时，萌发率最高，为 89.0%；当 pH 值为 7.0 时，萌发率为 81.0%。当 pH 值小于 8.0 时，

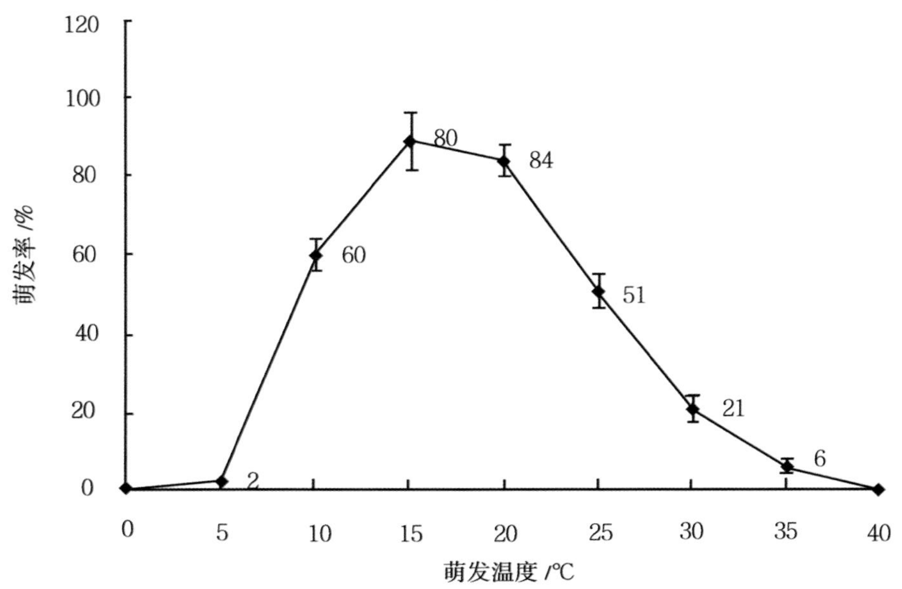

图2-6　不同温度条件下大穗看麦娘种子萌发率

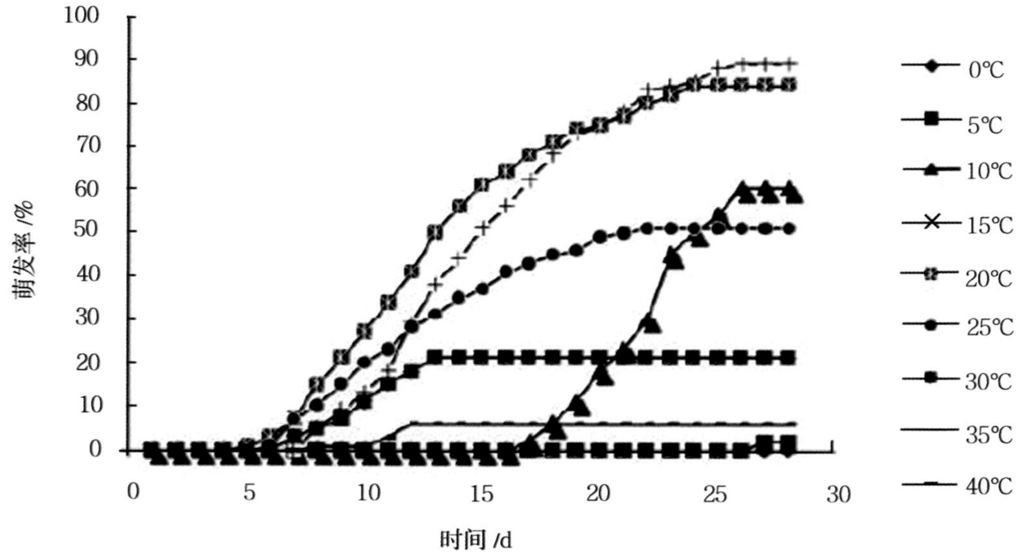

图2-7　不同温度条件下大穗看麦娘种子萌发过程

随着 pH 值的降低，种子萌发率迅速降低，当 pH 值为 4.0 时，种子萌发完全受到抑制，不能萌发；当 pH 值大于 8.0 时，随着 pH 值的升高，种子萌发率同样迅速降低，pH 值为 10.0 时，萌发率为 57.0%（图 2–11）。多花黑麦草适应性强，对酸碱度的要求不严格，从强酸性（pH=3.0）到强碱性（pH=10.0）的环境都可以萌发，最适萌发 pH 值为 5.0~10.0，萌发率均在 95% 以上，强酸环境（pH 值为 3.0~4.0）下萌发率略有降低。

4. 光照对杂草种子萌发的影响　研究结果表明，不同杂草种子的萌发受光照的影响各不相同。大穗看麦娘种子萌发对不同光照时间具有广泛的适应性。如图 2-12 所示，在全天 24 h 光照条件下萌发率为 80.0%，全天 24 h 黑暗条件下萌发率为 87.5%，其他 5 组光照 8 h、光照 10 h、光照 12 h、光照 14 h、光照

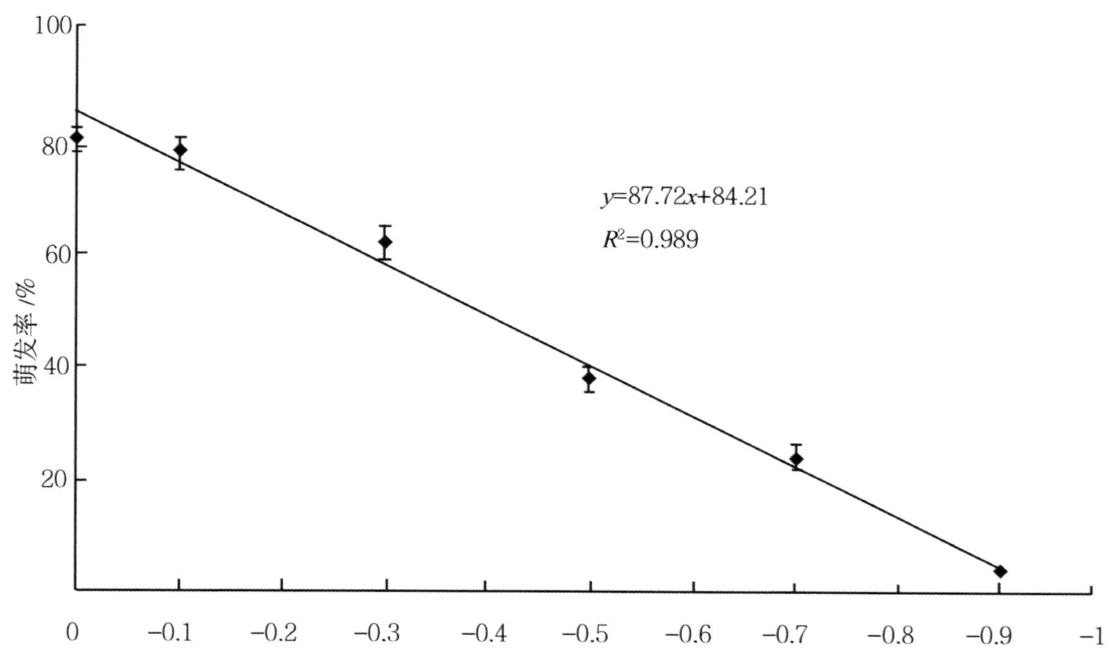

图2-8 不同水分条件下大穗看麦娘种子萌发率

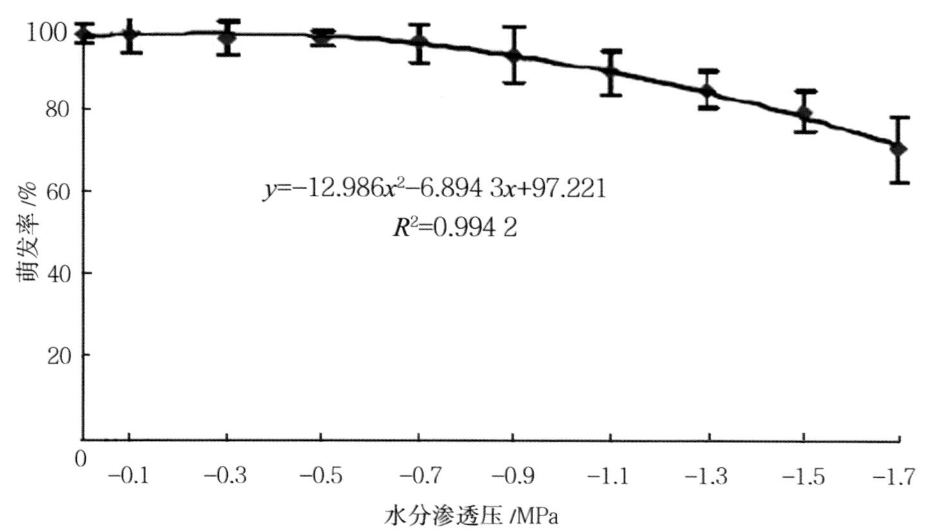

图2-9 不同水分条件下节节麦种子萌发率

16 h 处理，萌发率分别为 86.0%、83.5%、89.5%、82.0%、89.5%，无显著差异。黑暗及变光条件对多花黑麦草种子萌发的影响不大，萌发率均在 80%~90%，全光照情况下萌发率显著下降，约为 55%。

5. 盐胁迫对杂草种子萌发的影响　节节麦种子萌发率和 NaCl 溶液的浓度呈负相关，当 NaCl 溶液浓度为 120 mmol/L 时，萌发率大于 90%；当 NaCl 溶液浓度为 160 mmol/L 时，萌发率约为 80%；当 NaCl 溶液浓度为 400 mmol/L 时，萌发率仍能达到 65% 以上（图 2-13）。试验数据说明节节麦种子萌发有较强的耐盐性。即使土壤为盐碱地，节节麦仍能够有一定的萌发率。大穗看麦娘种子萌发率随 NaCl 溶液浓度的增高呈现逐渐降低趋势，在蒸馏水中萌发率为 83.0%；当 NaCl 溶液浓度为 50 mmol/L 时，种子萌发率即

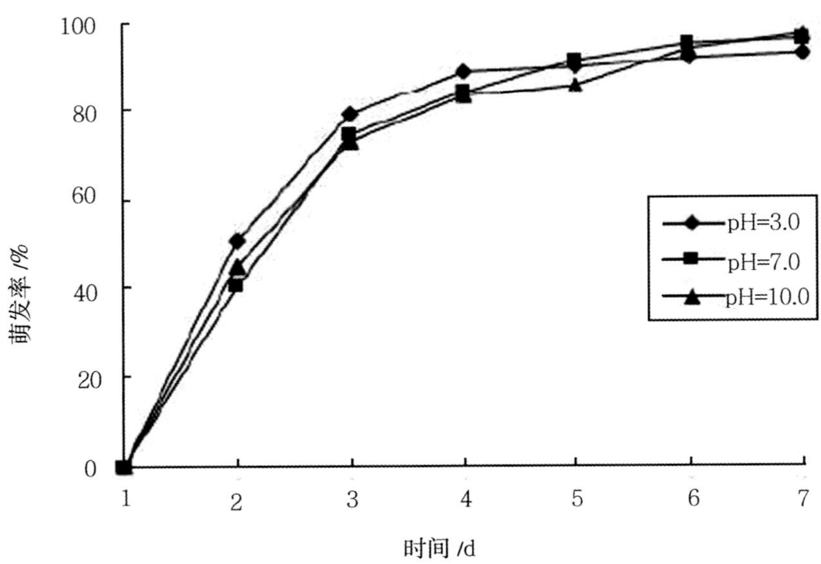

图2–10 pH值对节节麦种子萌发的影响

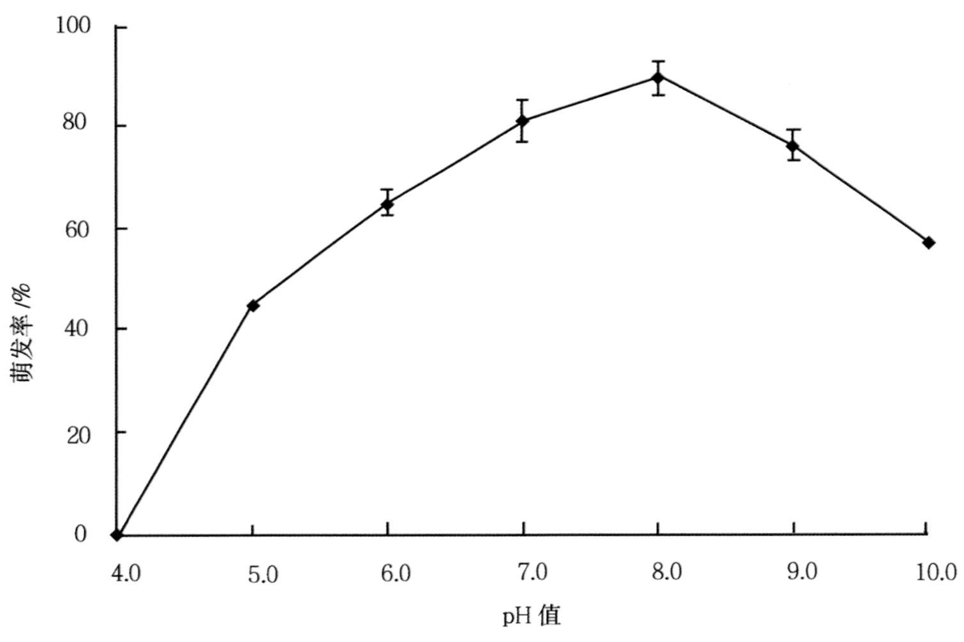

图2–11 pH值对大穗看麦娘种子萌发率的影响

显著下降，为 68.0%；当 NaCl 溶液浓度为 250 mmol/L 时，萌发率为 0，即种子不萌发（图 2–14）。

6. 土壤覆盖深度对杂草种子出苗的影响 不同杂草种子的出苗深度与杂草种子的大小有关，往往种子越小，适宜出苗深度越浅；种子越大，生长力越强（图 2–15）。从杂草种类上看，同等大小的种子，阔叶杂草种子适宜出苗深度较浅，禾本科杂草种子适宜出苗深度较深。野燕麦的出苗能力强，最适出苗深度为 0.5~16 cm，出苗率达到 80%~100%，在土壤深度为 20 cm 时仍有较高的出苗率，出苗率为 75%，在地表时出苗率最低，为 30% 左右（图 2–16）。其次为节节麦，最适出苗深度 0.5~8 cm，10 cm 时显著降低，14 cm 仍有少量出苗，16 cm 以下几乎不出苗。大穗看麦娘种子在土壤表面（0 cm）时出苗率仅为 14.3%，而处于 0.5 cm 土层深的种子出苗率迅速达到 86.4%。当土层深度在 0.5~3.0，出苗率均大于 76.4%，各深度处理之间差异不显著。当播种深度大于 3.0 cm 时，随着播种深度的加深，大穗看麦娘种子出苗率显著下降。当播种深度为 5.0 cm 时，出苗率为 42.1%；当播种深度为 8.0 cm 时，出苗率仅为 10.7%；当播种深度为 10.0 cm 时，种子则不能出苗。猪殃殃适宜出苗深度浅，0.5~4.0 cm 是最有利于猪殃殃种子出苗的土壤深度，最终出苗率在 80%~90%；5~6 cm 的深度出苗率显著降低，最终出苗率在 20%~30%；高于 7 cm 的深度则不能出苗。麦家公种子出苗率较低，最适出苗深度为 0.5~6.0 cm，出苗率在 30%~45%；当深度大于 6.0 cm 时，出苗率迅速降低，当深度大于 10.0 cm 时，麦家公种子不能出苗。雀麦种子的出苗率较

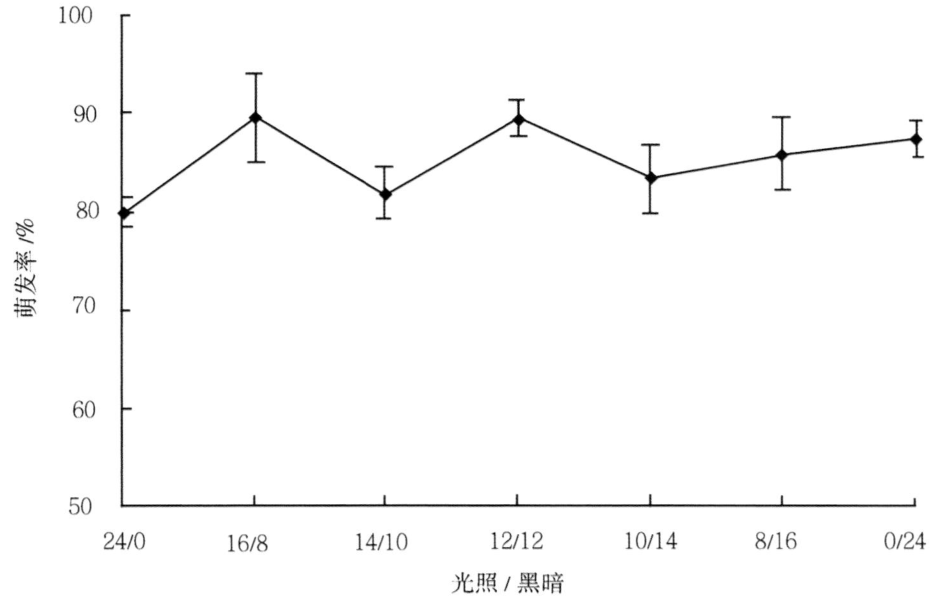

图2-12　不同光照条件下大穗看麦娘种子萌发率

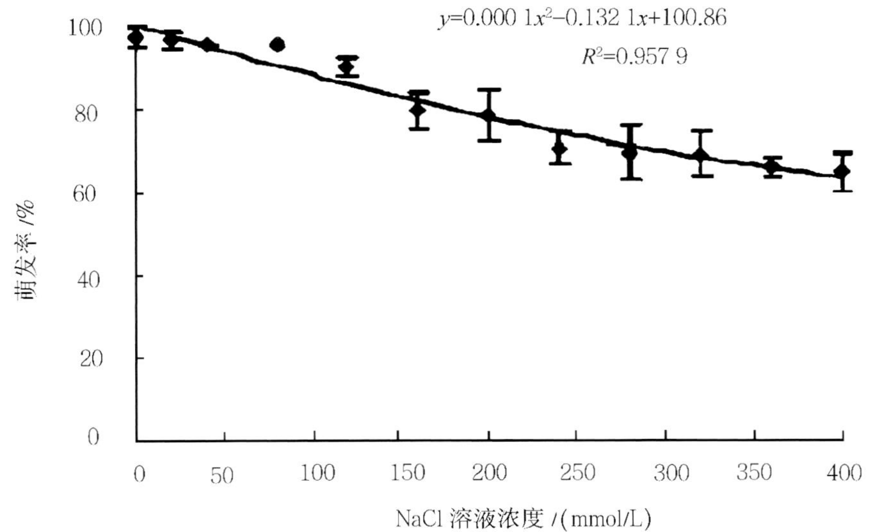

图2-13　NaCl溶液浓度对节节麦种子萌发的影响

高，雀麦种子最适宜的出苗深度为 0.5~3.5 cm，出苗率为 76%~85%。4~6 cm 出苗率大幅下降，出苗率为 20%~35%；8 cm 有少量出苗，出苗率为 3%；10 cm 土层以下不能出苗，地表 0 cm 的种子出苗率较低，为 15%（图 2–17）。播娘蒿的出苗能力较弱，最适出苗深度为 0.5 cm，出苗率达到 60%。其次为 0 cm，出苗率在 55% 左右；在土壤深度大于 0.5 cm 时迅速降低，当深度大于 2.0 cm 时，播娘蒿种子不能出苗。由此可以看出，旋耕、免耕技术的应用，有利于杂草的出苗、危害，这也是杂草危害逐年加重的原因之一。

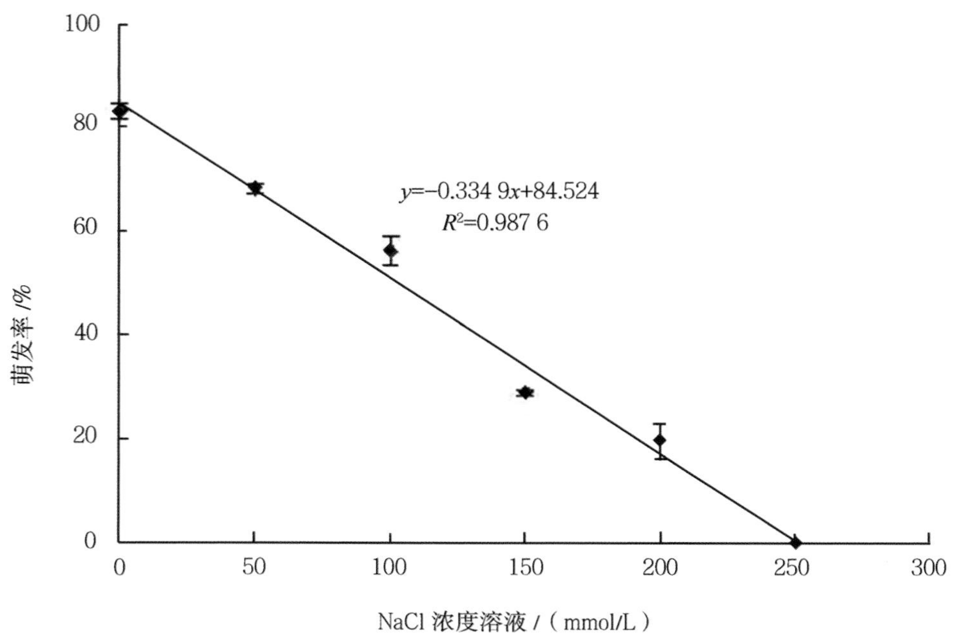

图2–14　盐分胁迫对大穗看麦娘种子萌发率的影响

图2–15　不同杂草种子不同土层深度出苗试验

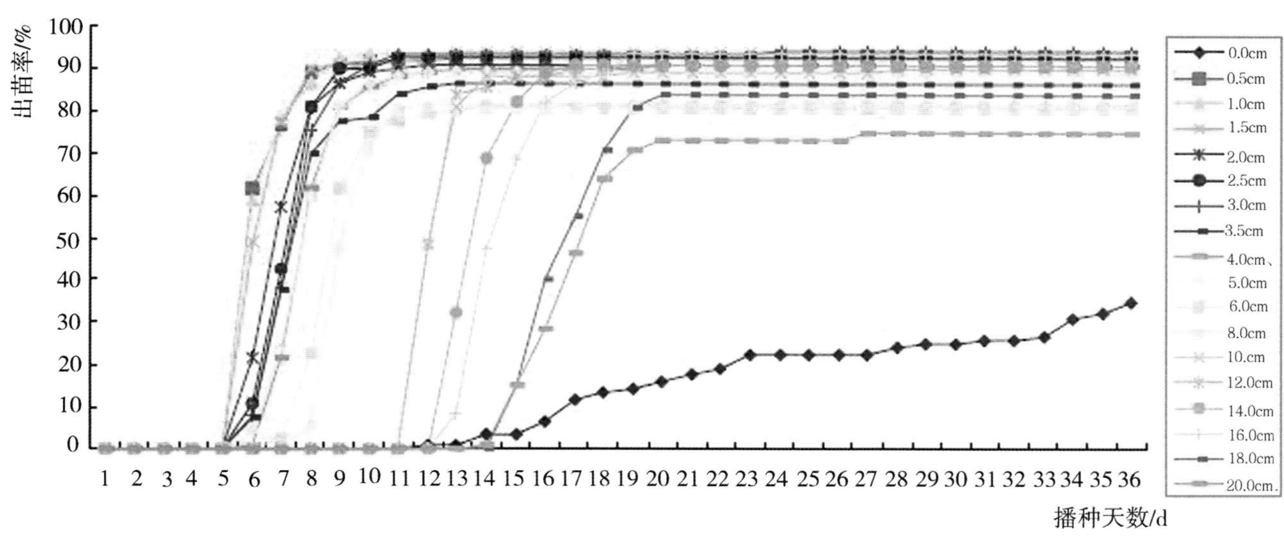

图2–16 土层深度对野燕麦出苗影响

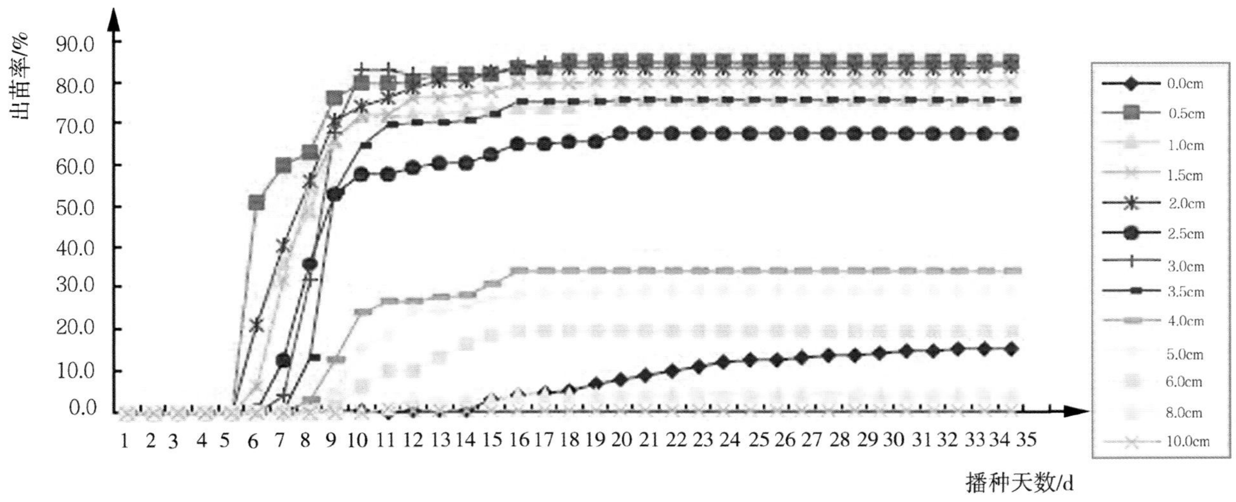

图2-17 土层深度对雀麦出苗影响

7. 小麦播期对杂草出苗的影响　杂草种子与小麦相同，随农田耕翻犁耙，在土壤疏松通气良好的条件下萌发出苗较好。小麦田杂草一般比小麦出苗晚 10~18 d。其中猪殃殃比小麦出苗晚 15 d，出苗高峰期在小麦播种后 20 d 左右；播娘蒿比小麦出苗晚 9 d，出苗高峰期不明显，但与土壤表土墒情有关；大巢菜出苗期在小麦播后 12 d 左右，15~20 d 为出苗盛期；荠菜在小麦播后 11 d 进入出苗盛期；野燕麦比小麦晚出苗 5~15 d。大穗看麦娘在小麦播后 7~10 d 开始萌发，20~40 d 为出苗高峰期，至 11 月下旬出苗量占全年出苗总量的 97.1%（图 2-18）。小麦田杂草的发生量与小麦的播期密切相关，一般情况下，小麦播种早，杂草发生量大；反之则少。

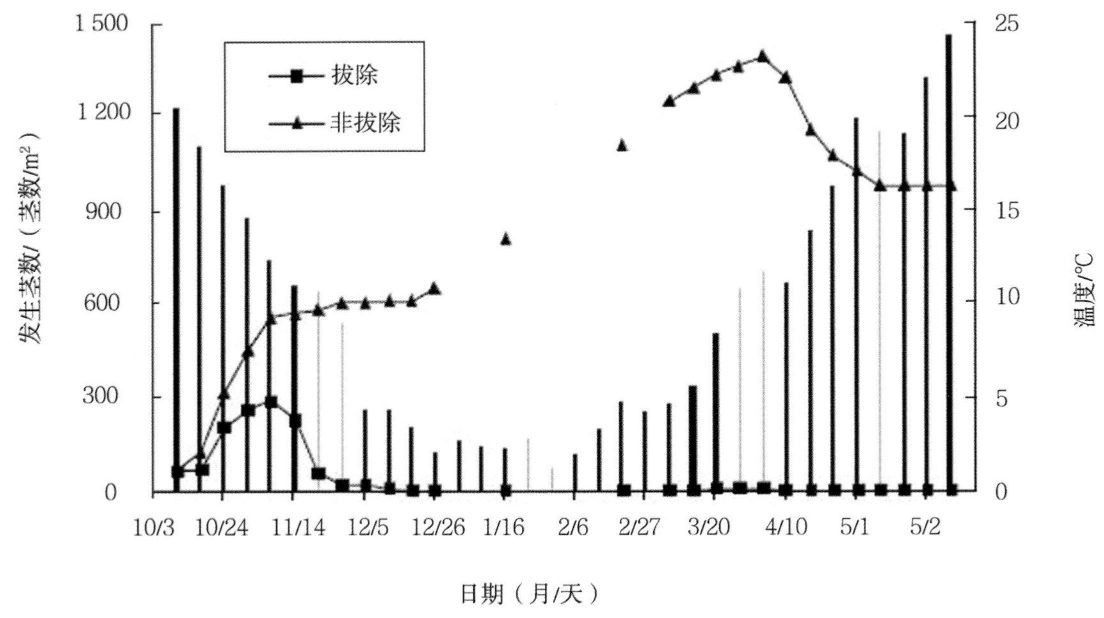

图2-18 大穗看麦娘在冬小麦田的发生动态（济南）

（二）冬小麦田杂草发生规律

1. 冬小麦田杂草的出苗生长动态　黄淮冬小麦区和北部冬小麦区，危害小麦田最重的是越年生杂草，在田间萌芽出土的高峰期一般以冬前为多，只有个别种类在翌年返青期还可以出现一次小高峰。大多数杂草出苗高峰期在小麦播种后 15 d 左右至播种后 35 d，即 10 月下旬到 11 月中旬，此期间出苗杂草占越年生杂草总数的 95%~98%（图 2-19、图 2-20、图 2-21），至翌年 3 月上中旬，还有少量杂草出苗。10 月中旬到 11 月下旬为猪殃殃和大巢菜出苗高峰期，年前出苗数占总数的 95%~98%，年后 3 月下旬到 4 月上

图2-19 11月中旬婆婆纳在小麦田萌发和危害状况（山东）

旬还有少量出苗；野燕麦、播娘蒿和宝盖草等几乎全在年前出苗，呈现“一炮轰”现象，年后一般不再萌发出苗。

3月下旬至4月上中旬，春季一年生杂草，如藜、小藜、泥胡菜、葎草等，以及部分多年生杂草如刺儿菜、打碗花等，开始萌发出土，此时小麦多处于拔节期，已占据了田间生长空间。此期萌发的杂草大多分布在小麦垄间，对小麦产量的影响相对较小，但对于前期小麦长势差或缺苗断垄较重的地块影响较大（图2-22、图2-23）。

图2-20　11月中旬看麦娘在小麦田萌发和危害状况（山东）

图2-21　11月中旬杂草复合群落在小麦田萌发和危害状况（山东）

图2-22　5月中旬藜、小藜、葎草在小麦田危害状况（山东）

图2-23　5月下旬刺儿菜等在小麦田危害状况（山东）

黄淮海冬小麦区主要杂草萌发出苗特点见表2-3。

表 2-3 黄淮海冬小麦区主要杂草萌发出苗特点

杂草名称	繁殖方式	种子出苗深度（最适深度）/cm	秋天出苗期（第一出苗高峰）	春天出苗期（第一出苗高峰）	春天出苗期（第二出苗高峰）
播娘蒿	种子	1~7（1~3）	9~10 月（10 月中下旬最多）	3~4 月少量	4~5 月
荠菜	种子	1~5（1~3）	10~11 月（10 月中下旬最多）	3~4 月少量	3~5 月
雀麦	种子	0.5~3.5	10~11 月	3~4 月少量	4~5 月
节节麦	种子	0.5~8.0	10~11 月	3~4 月少量	4~5 月
麦家公	种子	0.5~6.0	10~11 月	3~4 月少量	4~5 月
麦瓶草	种子	0.5~3.5	10~11 月	3~4 月少量	4~5 月
猪殃殃	种子	0.5~4.0	9~11 月（11 月中旬最多）	3~4 月少量	4~5 月
看麦娘	种子	0~3（0.6~2）	10~11 月	3~4 月少量	4~5 月
硬草	种子	0.1~2.4	10 月	3~4 月少量	4 月中旬 ~ 5 月下旬
野燕麦	种子	0~20（0.5~8）	9~10 月	3~4 月少量	4~5 月
日本看麦娘	种子	0~3	10~11 月	3~4 月少量	4~5 月
大穗看麦娘	种子	0~8.0（0.5~3.0）	9~10 月（10 月中下旬最多）	3~4 月少量	4~5 月
萹蓄	种子	0~4		3~4 月	5~10 月
牛繁缕	种子	0~3（0~1）	9~10 月（10 月下旬 ~11 月上旬最多）	3~4 月少量	4~5 月
婆婆纳	种子	0~3	10~11 月	3~4 月少量	3~5 月
小蓟	种子、根茎	0~5	7~10 月大量发生	3~4 月少量	5~6 月
打碗花	种子、根茎			3~4 月	5~8 月
泽漆	种子	0~3	10~11 月	3~4 月少量	4~5 月
宝盖草	种子	1~3	9~11 月（10 月下旬最多）	2~3 月	5~6 月
大巢菜	种子	0~3	10~11 月	3~4 月少量	4~5 月

以播娘蒿、大穗看麦娘为例，介绍黄淮海区小麦田杂草出苗及生长如下（试验中小麦播种时间是10月3日）：

（1）播娘蒿、大穗看麦娘田间出苗动态：播后1周左右播娘蒿和小麦同时开始出苗，截至11月中旬为播娘蒿出苗高峰期，之后出苗量逐渐下降，最高值出现在10月下旬至11月上旬，周平均气温在14.8~13.5 ℃。播娘蒿在每周拔除处理中出苗最高的达到每周54.0株/m^2，占全年出苗量的25.6%。随着周平均气温的下降，播娘蒿出苗量也逐渐减少，到12月中旬周平均气温降至4.8 ℃以下，冬前出苗结束，冬前出苗量占全年出苗总量的96.7%。在调查后不拔除处理中，冬前播娘蒿最大密度为172株/m^2，是整个生长季节播娘蒿株密度最大值。翌年1~2月，周平均气温在2.3~3.8 ℃，无播娘蒿出苗，个别已出苗播娘蒿死亡，株密度从172.0株/m^{2}降至136.0株/m^2。3月上旬至3月下旬，随着气温的升高，周平均气温在4.4~7.9 ℃，播娘蒿开始有零星出苗，占全年出苗总量的3.3%。进入4月后至成熟期，气温回升至9.5 ℃之上，无播娘蒿出苗。在调查播娘蒿不拔除处理中，随着播娘蒿和小麦返青及株高和分蘖的迅速增加，播娘蒿株密度由146.0株/m^{2}小幅度降低至130.0株/m^2。由图2–24可以看出，播娘蒿的出苗和温度密切相关。播娘蒿出苗主要集中在10月下旬至11月上旬，年前出苗量占全年总出苗量的96.7%，春后出苗量占总量比例较小，所以田间化学防除应在冬前杂草基本出齐后即11月中下旬至12月上旬进行。调查后不拔除处理出苗最高密度占调查后拔草处理总量的81.5%，说明播娘蒿种群内部对其出苗存在着制约机制。

上茬作物夏玉米收获前，大穗看麦娘在田间有少量出苗，但随着小麦播种前土地耕作，大部分出苗的大穗看麦娘死亡或者被掩埋。小麦播种后至11月下旬，周平均气温从18.5 ℃降至9.0 ℃，在每周拔除杂草处理中大穗看麦娘出苗量较大，累计出苗1 193株/m^2，占整个生长季出苗量的97.1%，为大穗看麦娘出苗高峰期。其中出苗最多的一周在11月上旬，周平均气温为12.2 ℃，共出苗291株/m^2，占整个生长季出苗量的23.7%。之后随着气温的迅速降低，大穗看麦娘的出苗量也迅速减少。至12月中旬，周平均气温降至3.3 ℃以下，大穗看麦娘冬前出苗结束。翌年1~2月，周平均气温在2.7~4.2 ℃，无大穗看麦娘出苗；3月周平均气温升至4.7 ℃，大穗看麦娘有零星出苗，4月出苗结束。在每周调查但不拔除处理中，从整个生长季调查数据可以看出，从10月上旬至翌年4月上旬大穗看麦娘田间发生茎数一直在升高，最高值在4月上旬，可达1 393.0茎/m^2。从4月上旬至成熟期，大穗看麦娘和小麦均处于拔节快速生长期，随着杂草种内竞争及与小麦生长的竞争，部分大穗看麦娘开始凋亡，大穗看麦娘茎密度由1 393.0茎/m^{2}降低至976.0茎/m^2。

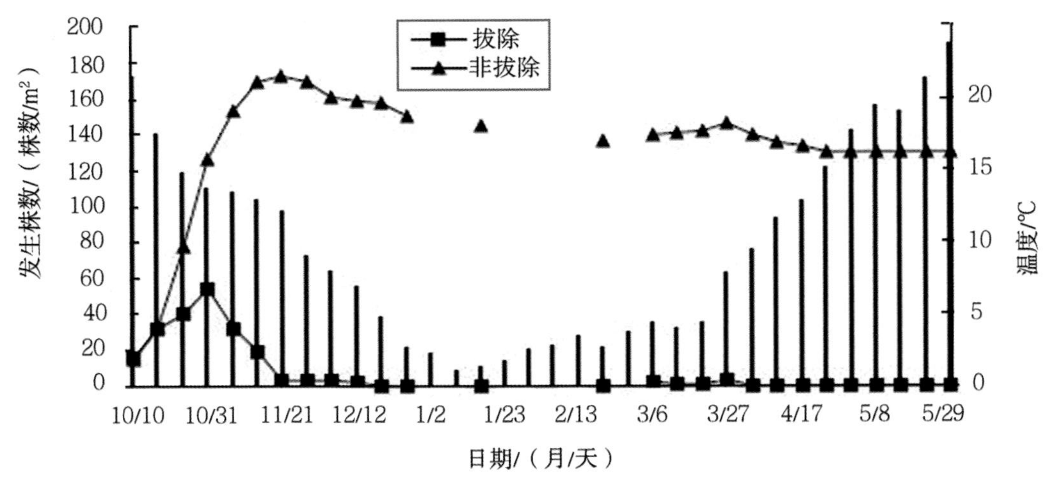

图2-24 播娘蒿田间发生动态（济南）

（2）大穗看麦娘的分蘖动态：由图2–25可以看出，小麦播后1个月，约11月上旬，大穗看麦娘和小麦均开始出现分蘖。12月下旬，周平均温度降至2.0 ℃，二者分蘖分别为每株2.8个和3.4个。从翌年1月到4月上中旬，周平均温度从2.7℃升至11.8 ℃，二者分蘖结束，分别从每株2.8个和3.4个增长到9.2个和7.2个，大穗看麦娘每株分蘖数超过小麦分蘖数2.0个。此后，随着大穗看麦娘和小麦的快速生长，部分分蘖未能成为有效分蘖，5月上中旬大穗看麦娘和小麦的有效分蘖趋于稳定，每株分别为6.3个和3.2个，大穗看麦娘每株分蘖数多于小麦3.1个。由图2-25同时可知，大穗看麦娘分蘖能力强于小麦，二者分蘖趋势基本一致，和温度密切相关。

（3）播娘蒿、大穗看麦娘的株高动态：播娘蒿和小麦植株高度的变化趋势整体一致（图2-26），小麦播种后到12月下旬，周平均气温从21.5 ℃降至2.6 ℃，播娘蒿和小麦平均株高分别为7.5 cm和18.0 cm。翌年1~2月，周平均气温在2.3~3.8 ℃，二者越冬期间由于低温冻害等原因，平均株高较年前有显著降低，3月上旬周平均温度达到4.4 ℃左右开始生长，3月下旬周平均气温上升至7.9 ℃，开始快速生长。4月上旬后，播娘蒿的平均株高开始超过小麦。到5月中旬，二者平均株高趋于稳定，到收获期周平均气温为23.6 ℃，播娘蒿平均株高达到115.6 cm，高出同时期小麦平均株高43.4 cm。

大穗看麦娘和小麦出苗后的植株高度生长趋势一致（图2-27），播后至12月中旬，平均株高分别达到8.7 cm和15.3 cm。12月中旬后，周平均气温降至3.3 ℃，大穗看麦娘和小麦株高均变化缓慢；翌年1~2月，周平均气温在1.2~4.8 ℃，大穗看麦娘和小麦处于越冬期，叶片披散，紧贴地面，基本停止生长，进入越冬期。由于低温冻害等原因，平均株高较越冬期前略有降低，分别为7.2 cm和14.3 cm。3月中旬，周平均温度达到5.5 ℃，大穗看麦娘和小麦开始返青生长，此时大穗看麦娘和小麦株高分别为7.8 cm和16.2 cm。3月下旬，周平均气温上升至8.4℃，二者均开始拔节快速生长。4月中旬，平均株高分别为49.5 cm和48.0 cm，大穗看麦娘开始超过小麦。5月上旬，周平均气温为19.9 ℃，二者平均株高趋于稳定，至5月下旬收获期，周平均气温为24.3 ℃，大穗看麦娘平均株高达到75.6 cm，高出同时期小麦平均株高2.5 cm（图2-27）。

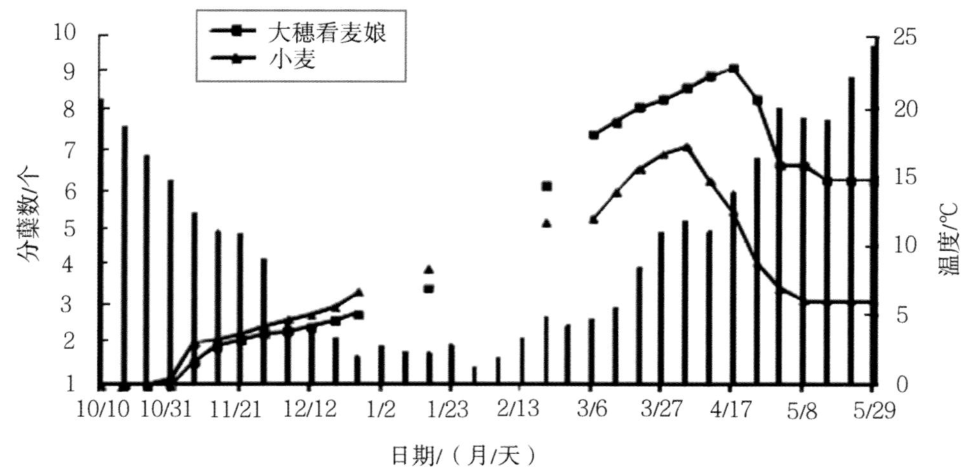

图2-25 大穗看麦娘在小麦田分蘖动态（济南）

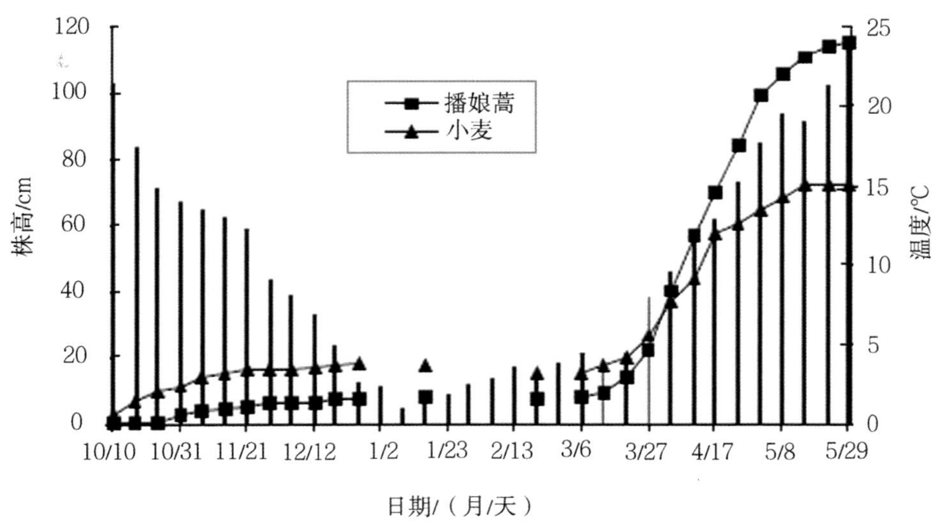

图2-26 播娘蒿在小麦田株高变化（济南）

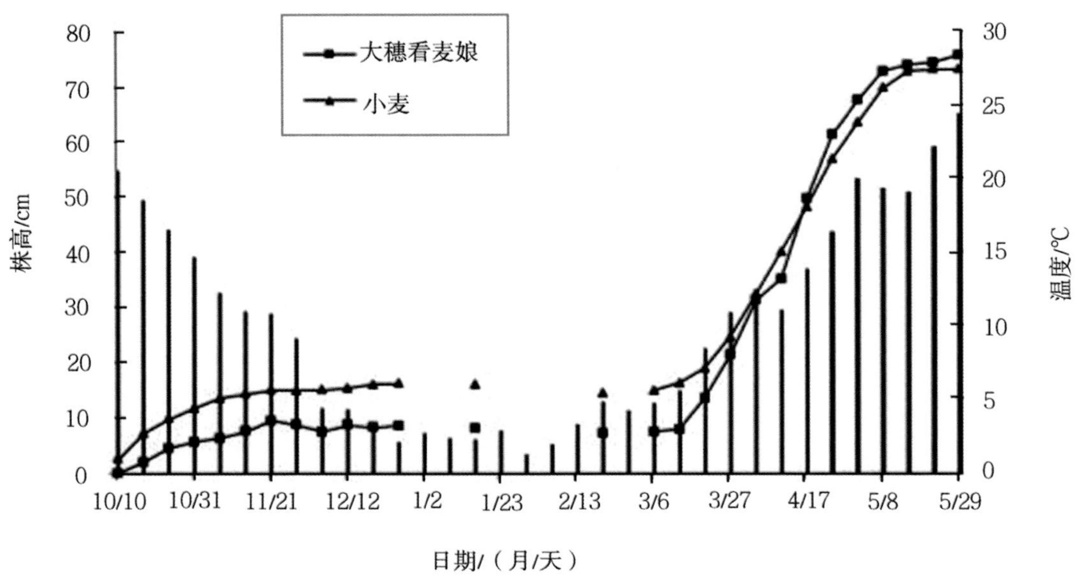

图2-27 大穗看麦娘在小麦田株高变化（济南）

（4）播娘蒿、大穗看麦娘的鲜重动态：由图2–28可知播娘蒿鲜重的变化情况，从出苗到12月中旬，播娘蒿单茎平均鲜重低于小麦单茎平均鲜重，年前播娘蒿和小麦的单茎平均鲜重变化缓慢，12月上旬越冬前期，播娘蒿单茎平均鲜重为0.52 g，小麦单茎平均鲜重约为0.63 g。12月中旬播娘蒿的单茎平均鲜重为0.78 g，开始超过小麦单茎平均鲜重0.70 g。翌年3月下旬至4月上旬以后，周平均气温升至7.9~9.5 ℃，播娘蒿和小麦单茎平均鲜重迅速增加，差距逐步拉大。5月上旬，周平均气温为19.4 ℃，单茎平均鲜重达到最大值，分别为50.2 g和12.62 g，单茎播娘蒿为单茎小麦平均鲜重的4倍。

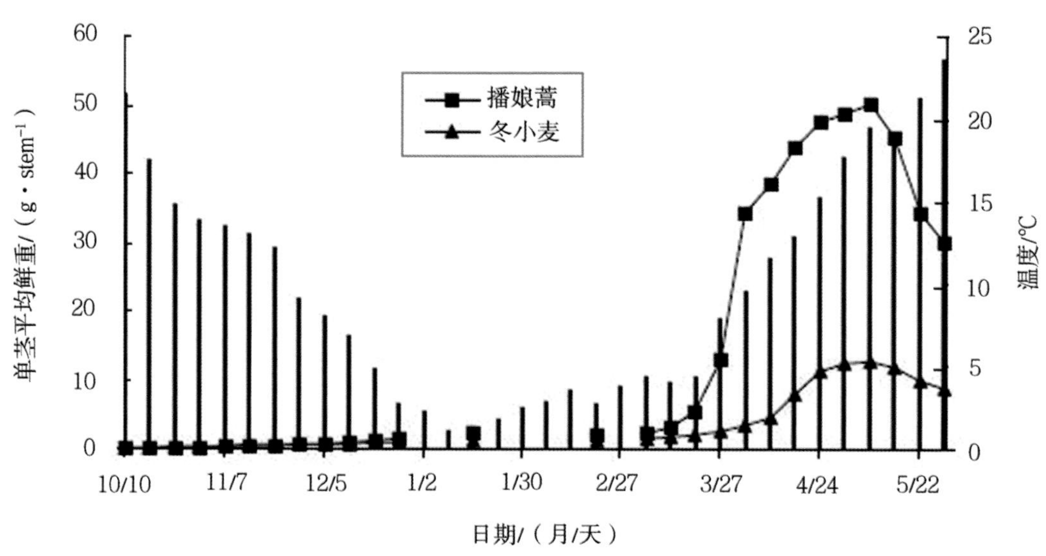

图2-28 播娘蒿在小麦田鲜重变化（济南）

从出苗至翌年2月下旬，大穗看麦娘和小麦单茎平均鲜重增长缓慢，至2月下旬大穗看麦娘单茎平均鲜重约为0.3 g，小麦单茎平均鲜重约为1.7 g。3月上旬至5月上旬，周平均气温迅速从4.7 ℃升至19.9 ℃，大穗看麦娘单茎和小麦单茎的平均鲜重迅速增加，差距逐步拉大。5 月上旬大穗看麦娘单茎和小麦单茎平均鲜重达到最大值，分别为1.7 g和12.6 g，单茎小麦为单茎大穗看麦娘平均鲜重的7.4倍。之后，随着大穗看麦娘和小麦的逐渐成熟，植株水分逐渐减少，单茎平均鲜重均显著降低，分别降至1.1 g和9.5 g（图2-29）。

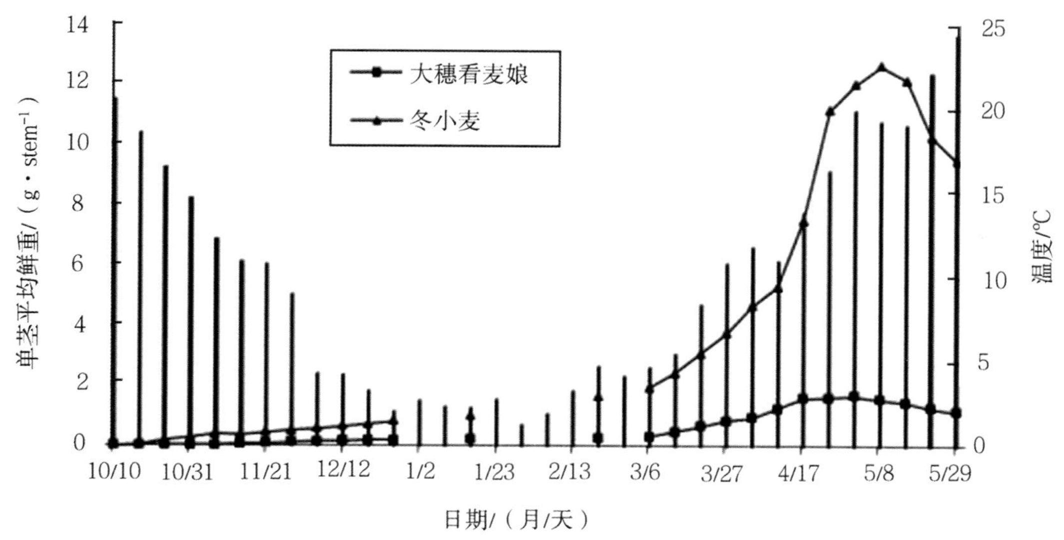

图2-29　大穗看麦娘在小麦田鲜重变化（济南）

周小刚等报道，四川省冬小麦田杂草的发生受地理环境、气象因素、耕作制度等影响。小麦田杂草有冬前和冬后两个出苗高峰。杂草冬前出苗数量的多少取决于播种期、温度和雨水。早茬小麦田，播种后气温较高，雨水较多，杂草冬出苗数量则多；晚茬小麦田，播种后气温降低，雨水也减少，所以杂草出苗数量较少，冬后及翌春杂草的发生取决于降水量和茬口，雨量适宜，杂草的发生量就大。晚茬小麦田由于冬前未能形成发生高峰，一般到春季发生量较多；而早茬小麦田，由于杂草在冬前已形成一个发生高峰，所以春季发生量则小。

近年来随着耕作方式的改变，小麦田杂草发生规律也随之改变。免耕田杂草伴随小麦的生长而生长，小麦播种后，杂草开始萌发。一般有两个发生高峰：在小麦播后2~3周有一个出苗高峰，在小麦播后6~7周，又有一个小高峰。杂草发生量依次为禾本科杂草 > 通泉草 > 繁缕 > 扬子毛茛 > 碎米荠 > 其他阔叶杂草（图2-30）。免耕覆盖秸秆田杂草在小麦播种1周后开始出苗，播后3周达到出苗高峰，但杂草总体发生量较小（图2-31）。翻耕田杂草同样有两个发生高峰：小麦播后2周有一个出苗高峰，小麦播后6周有一个小高峰。翻耕田杂草出苗总量在三种耕作方式中是最大的，杂草发生量依次为繁缕 > 禾本科杂草 > 通泉草 > 扬子毛茛 > 碎米荠 > 其他阔叶杂草（图2-32）。

江苏省冬小麦田杂草发生消长规律（饶娜等，2007年）大体上可分为两高两低，尤以禾本科杂草在田间发生密度较高时更为明显。所谓两高，即冬前和冬后各有一个出草高峰期；两低，即越冬期和4月以后各有一个茎蘖下降期。冬前出土杂草主要有猪殃殃、播娘蒿、荠菜、野燕麦、狗尾草、刺儿菜、婆婆纳、泽漆、藜、蓼、马齿苋等。春季（3月上中旬），播娘蒿、荠菜、野燕麦、泽漆、婆婆纳、棒头草、繁缕等发生严重。

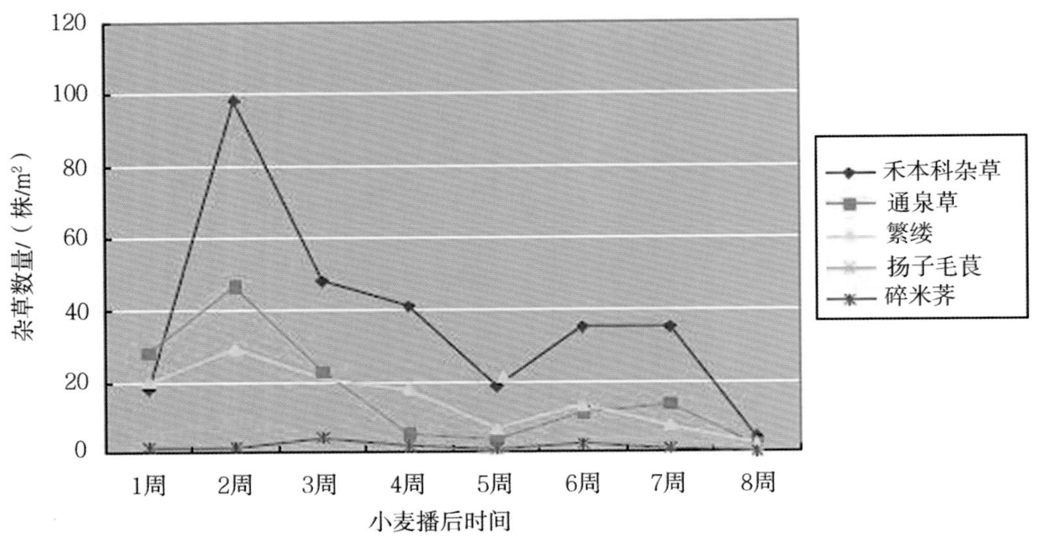

图2-30　免耕小麦田杂草发生规律（四川，周小刚等）

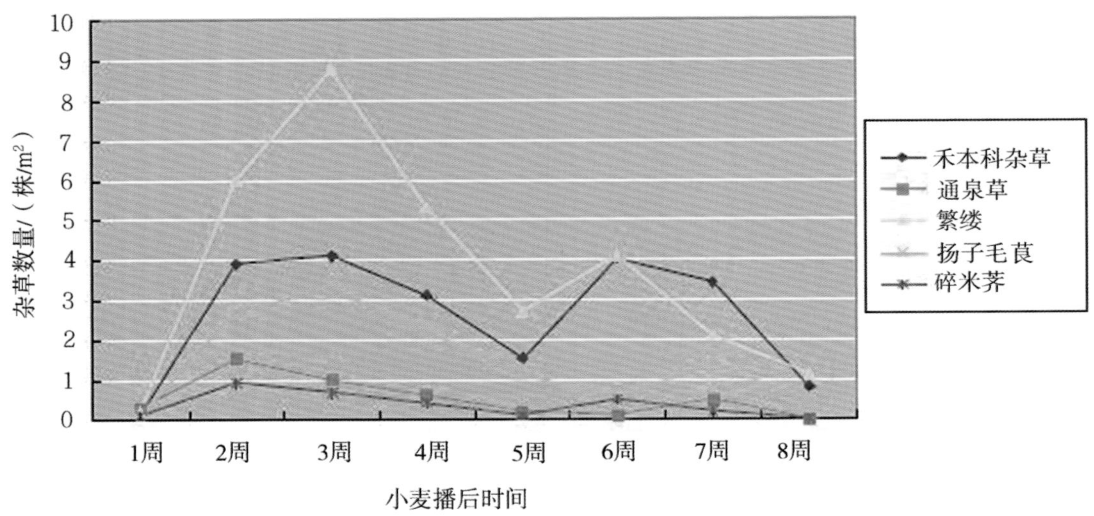

图2-31　免耕覆盖秸秆小麦田杂草发生规律（四川，周小刚等）

湖北省小麦田中猪殃殃常与大巢菜、播娘蒿、独行菜、婆婆纳、卷耳、荠菜、牛繁缕、看麦娘等构成混生群落。10月下旬播种小麦，猪殃殃于播后7 d左右开始出苗，11月中旬为出苗高峰期。翌年3月底至4月初为始花期，4月上旬为盛花期，5月上旬种子基本成熟，全生育期为180~200 d。出苗至分枝出现在播种后15~50 d。12月上旬猪殃殃在小麦田中占杂草总数的47.8%~65.5%，至12月底可达80%。前期生长缓慢，越冬植株不超过5 cm，子叶期长达50 d，翌年2月底前植株高不超过10 cm，仅占全生育期植株高度的11.5%~14.5%。3月上旬至4月初生长最快，占全生育期植株高度的54.3%~65%，4月下旬停止生长。

冬小麦田杂草一般有4~5个月的越夏休眠期，期间即便给以适当的温、湿度也不萌发，到秋季小麦播种时，随着麦苗逐渐萌发出苗。

（三）春小麦田杂草发生规律

春小麦田杂草的发生气温和降水量密切相关，早春气温高，降水多，化雪解冻早，杂草发生早

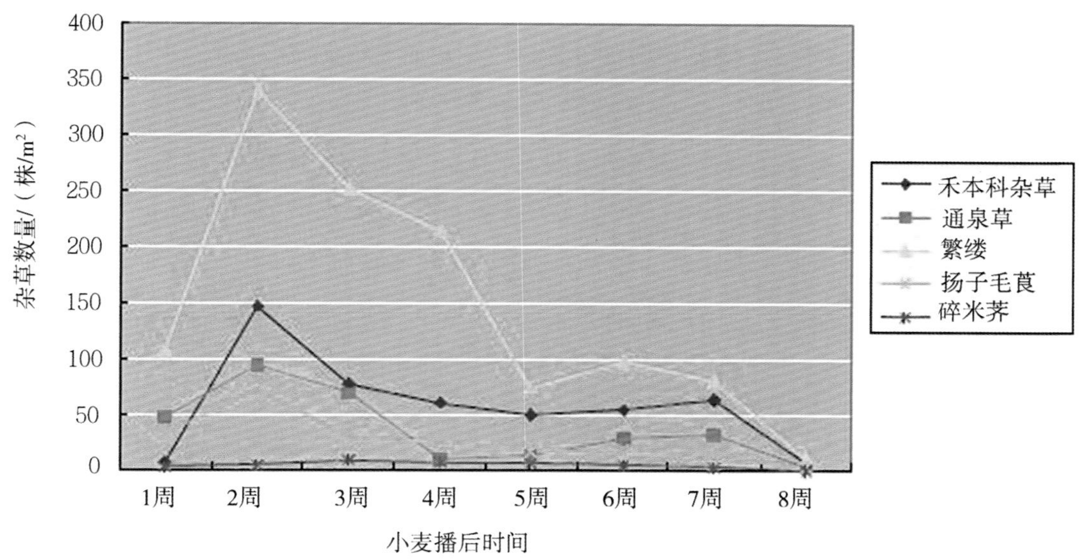

图2-32 翻耕小麦田杂草发生规律（四川，周小刚等）

而重；反之，晚而轻。不同地区小麦田播种期不同，相应的小麦田杂草的发生也略有不同。魏有海等2013年报道了青海省春小麦田的主要杂草藜、猪殃殃、萹蓄、卷茎蓼的出苗规律，结果显示：青海川水地区春小麦田杂草4月中旬出苗，6月中下旬结束，出苗历期50 d左右，出苗高峰期在5月中下旬（图2-33）；脑山地区春小麦田杂草4月下旬出苗，6月上中旬结束，出苗历期40 d左右，高峰期在5月上中旬（图2-34，图2-35）。薄蒴草在青海省环湖农业区出苗始期为4月下旬，7月初结束出苗，出苗持续期60~90 d；4月下旬至5月上旬为出苗高峰期，出苗率达86.2%；5月5日为出苗最高期。小麦田杂草出苗最适深度1~2 cm，出苗最深5.0 cm，最浅0.3 cm。

朱玉斌等2008年报道，宁夏固原小麦田主要杂草自4月20日开始出苗，至6月30日出苗结束，出苗时期延续春、夏两季，长达70多天。出苗后生长缓慢，5月中旬生长速度加快，遇降水其株高、鲜重呈快速增长，6月20日进入高峰期，至7月初生长速度逐渐减慢，达到一恒定状态，其株高、株数不再增加，鲜重下降。此时，小麦进入蜡熟期（图2-36）。

马丽荣（2006年）报道，小麦低、中、高密度处理田间杂草动态变化较为相似，第1次出苗高峰在4月下旬至5月中上旬，第2次出苗高峰在6月中上旬，第2次主要是出苗较晚的狗尾草和反枝苋的集中出苗期。

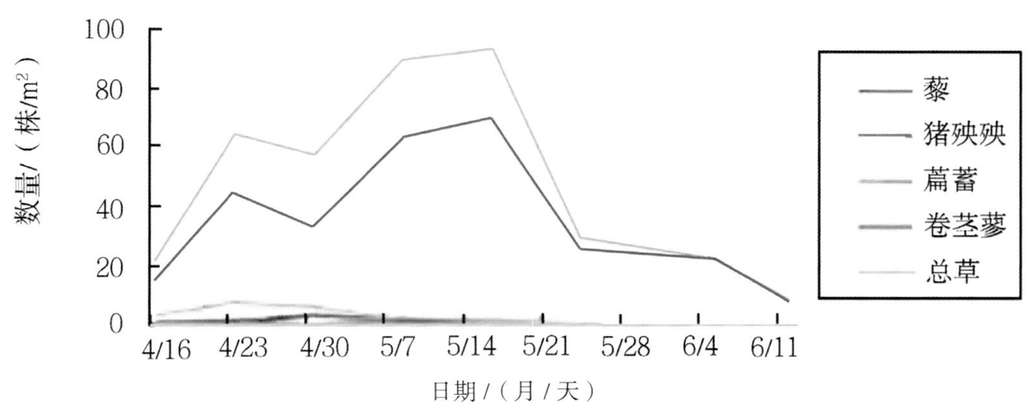

图2-33 青海川水地区春小麦田杂草出苗规律（魏有海等，2013年）

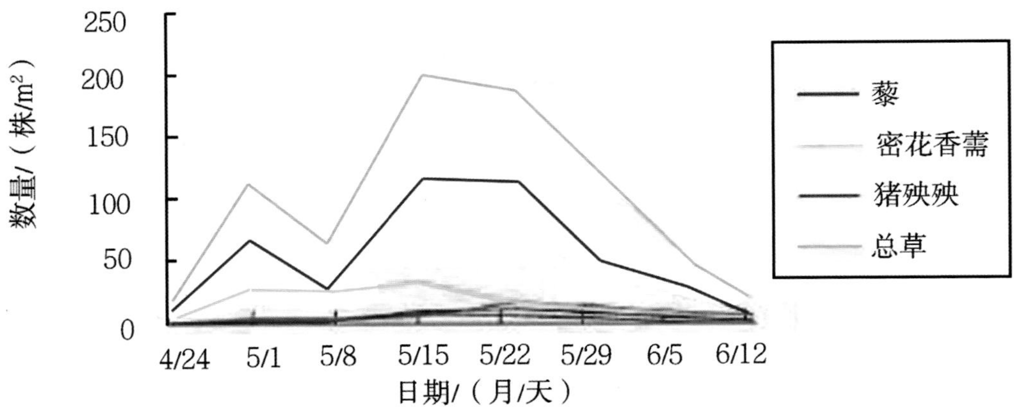

图2-34 青海脑山地区春小麦田杂草出苗规律（魏有海等，2013年）

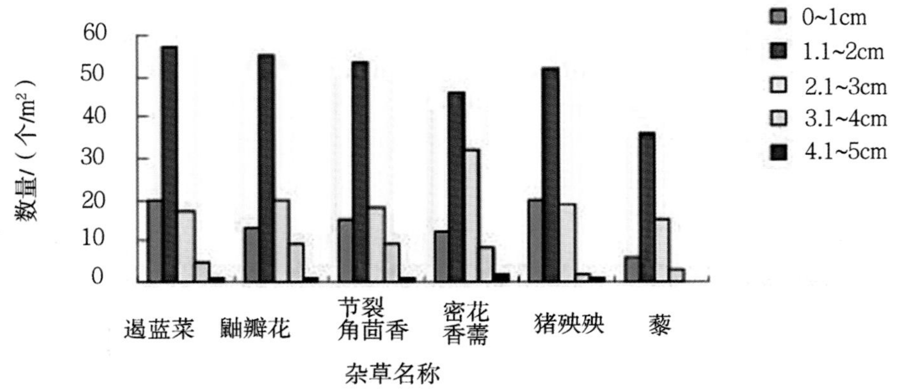

图2-35 青海脑山地区春小麦田杂草种子出苗深度（魏有海等，2013年）

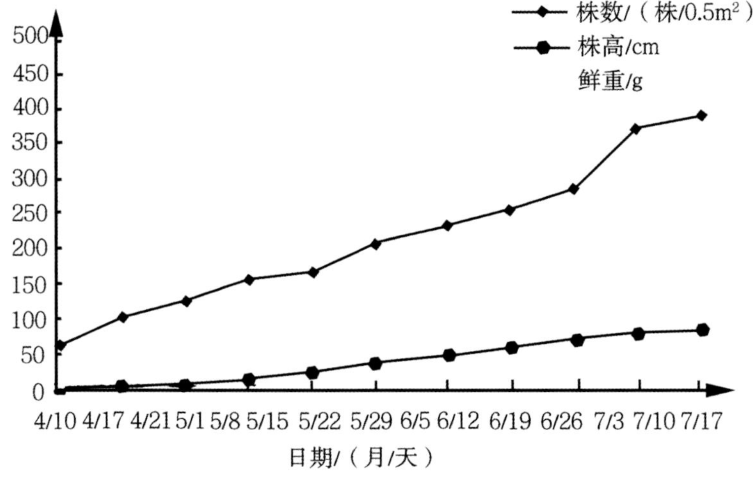

图2-36 宁夏固原小麦田主要杂草消长曲线图（朱玉斌等，2008年）

四、小麦田杂草的主要种类和分布

赵广才（2010年）在综合分析中国小麦种植区划应用的情况下，根据地理环境、自然条件、气候因素、耕作制度、品种类型、生产水平、栽培特点以及病虫害情况等对小麦生产发展的影响，在2010年重新对小麦种植区域分布进行了划分。将全国小麦自然区域划分为4个主区，即北方冬麦区、南方冬麦区、春麦区和冬春小麦区。进一步划分为10个亚区，即北部冬麦区、黄淮冬麦区、长江中下游冬麦区、西南冬麦区、华南冬麦区、东北春麦区、北部春麦区、西北春麦区、新疆冬春麦区和青藏春冬麦区。各亚区分区如图2-37所示。杂草全生育期一直伴随着小麦生长，其发生分布特点亦与地理环境、自然条件、气候因素、小麦的耕作制度等密不可分，因此杂草的区域分布应与小麦的种植区域分布一致。现对各亚区划分、环境特点、耕作特点及杂草群落组成概述如下。

（一）黄淮冬麦区

黄淮冬麦区位于黄河中下游，北部和西北部与北方冬麦区相连，南部以秦岭—淮河为界，西沿渭河河谷直抵西北春麦区，东临海滨，包括山东全省、河南除信阳地区以外全部、河北中南部、江苏和安徽两省的淮河以北地区、陕西关中平原、山西西南以及甘肃天水地区。全区除山东省中部及胶东半岛、河南省西部有局部丘陵山地，山西渭河下游有晋南盆地外，大部分地区属黄淮平原，地势低平，坦荡辽阔。本区气候适宜，是我国生态条件最适宜小麦生长的地区。本区种植制度是以冬小麦为中心的轮作方式，以一年两熟为主，即冬小麦-夏作物。丘陵、旱地以及水肥条件较差的地区，多实行两年三熟，即春作物-冬小麦-夏作物的轮换方式，间有少数地块实行一年一熟，与小麦倒茬的作物主要有玉米、谷子、豆类、花生、棉花等。本区地域辽阔，小麦播期参差不齐，西部丘陵、旱塬地区多在9月中下旬播种，华北平原地区则于9月下旬至10月上中旬播种；淮北平原一般在10月上中旬播种。成熟期由南向北逐渐推迟，淮北平原于5月底至6月初成熟，其他地区多在6月上旬成熟。黄淮冬麦区为小麦主产区，小麦面积及总产量分别占全国45%及51%以上。面积和总产量在各麦区中均居全国第一位，冬小麦在该区各省所占耕地面积的比例在49%~60%，为全区的主要作物。

该区小麦田杂草种类繁多，不同地区杂草群落组成复杂多变，危害程度也不尽相同。据调查，草害危害面积达74%~90%，其中，中等以上危害面积达50%~80%。

山东省农业科学院植物保护研究所杂草研究室采用GPS定位，分别于2008~2009年和2013年11月~2014年3月系统调查了整个黄淮海区域及其部分周边地区冬小麦田杂草群落分布现状（包括山东省、河南省、河北省全省和陕西省、山西省、安徽省、江苏省相关地区）。数据表明，小麦田杂草种类繁多，有70余种，隶属于21科54属。其中，禾本科、菊科和十字花科种类最多，禾本科杂草15种，菊科杂草12种，十字花科杂草10种。主要阔叶杂草种类有播娘蒿、荠菜、猪殃殃、麦瓶草、小花糖芥、麦家公、泽漆、繁缕、牛繁缕、婆婆纳、打碗花、宝盖草、刺儿菜、大巢菜、离子芥、萹蓄、狼紫草、野豌豆、王不留行、田旋花、问荆、通泉草、鳍蓟、离蕊芥、独行菜等；主要禾本科杂草种类有雀麦、节节麦、野燕麦、多花黑麦草、大穗看麦娘、看麦娘、日本看麦娘、硬草、菵草、早熟禾、蜡烛草、碱茅、芦苇、鹅观草、白茅等。危害最重的优势杂草为播娘蒿、荠菜、猪殃殃、雀麦、节节麦、婆婆纳、泽漆、麦家公、麦瓶草、野燕麦、看麦娘、打碗花等。从总体上看，阔叶杂草的危害更普遍，但禾本科杂草发展、扩散、蔓延速度很快。

旱茬（以小麦玉米轮作田为主）小麦田：阔叶杂草播娘蒿、荠菜和猪殃殃等在整个黄淮海区域分布均广泛，多为各省阔叶杂草的前三位（猪殃殃在河北省和山西省分布面积小）。此外，婆婆纳在河南、安徽、江苏北部、山西和陕西等地发生面积均较大；泽漆主要分布在河南和安徽北部，在山东和陕西也

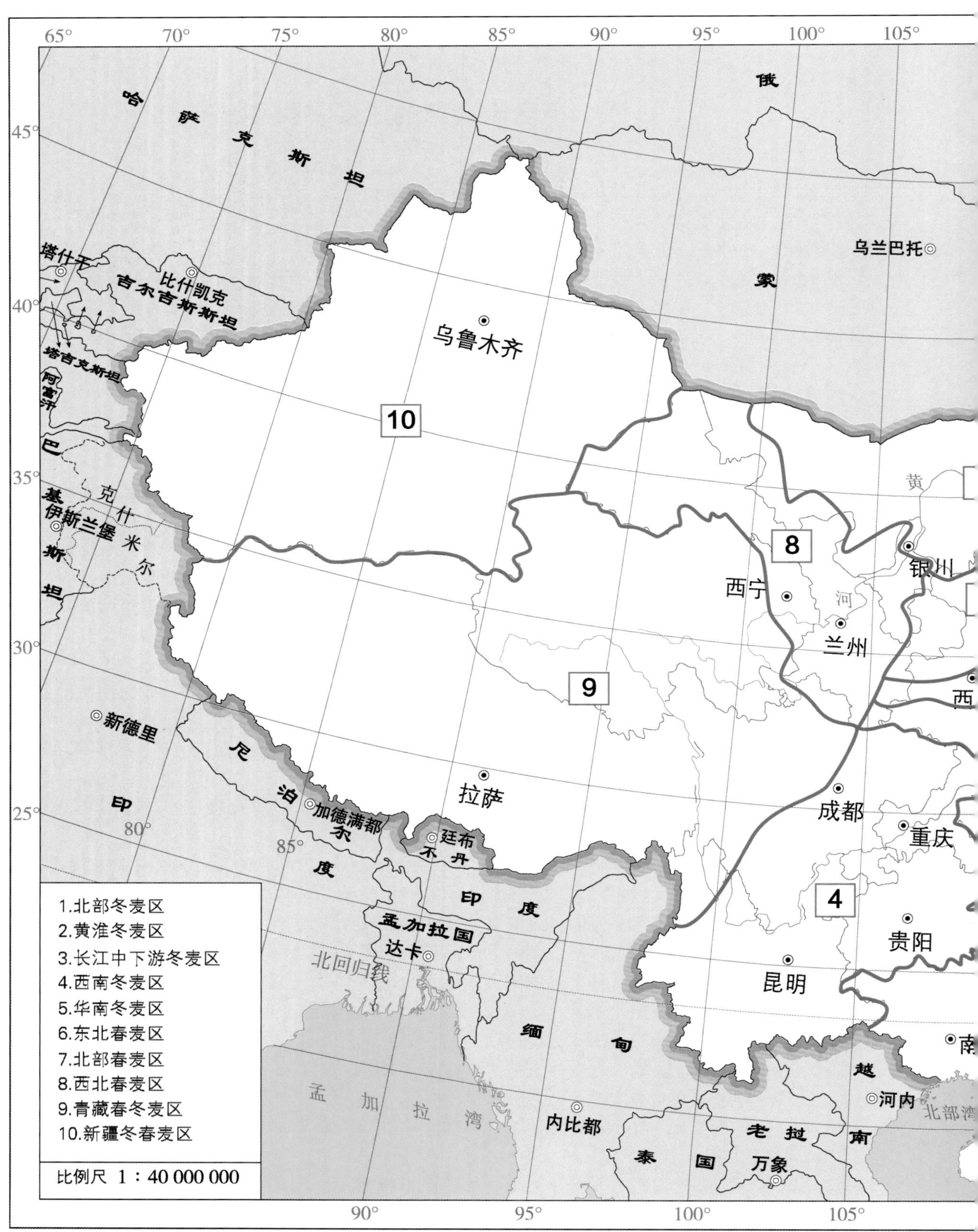

图2-37 我国小麦各亚区分区

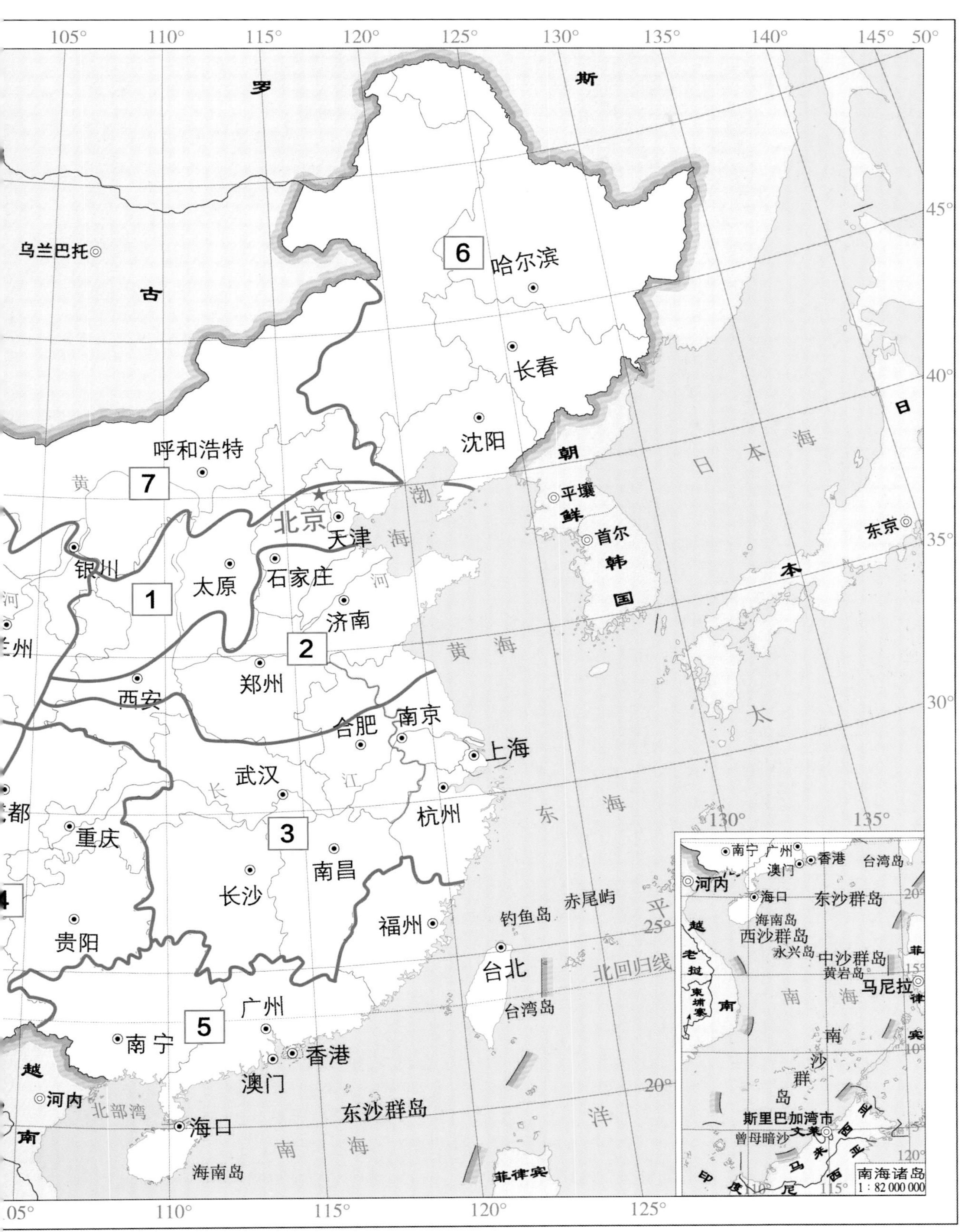

罗
斯
乌兰巴托
古
6
哈尔滨
长春
沈阳
呼和浩特
7
北京
天津
银川
1
太原
石家庄
济南
2
郑州
西安
合肥
南京
上海
武汉
杭州
3
重庆
南昌
长沙
贵阳
福州
5
广州
南宁
香港
澳门
河内
海口
海南岛
东沙群岛
台北
台湾岛
钓鱼岛
赤尾屿
北回归线
北部湾
朝
平壤
鲜
首尔
韩
国
日本海
日
本
东京
渤海
黄海
东海
南海
太平洋
菲律宾
南海诸岛
1∶82 000 000

有区域性分布；麦家公、麦瓶草主要在河北、山东、陕西和山西分布；刺儿菜、打碗花在河南、山东、陕西、安徽、江苏北部等地均有大面积分布；野芥菜主要分布在河南。禾本科杂草节节麦、雀麦主要分布在陕西、山西、山东、河南北部和河北南部；野燕麦主要分布在河南全省、陕西省、安徽省阜阳市和山东省的鲁西南地区；此外，大穗看麦娘、多花黑麦草等在部分区域发生也较重。

水稻茬小麦田：河南北部开封等地主要杂草为硬草、看麦娘和窄叶豌豆；河南南部信阳地区主要为看麦娘、猪殃殃和稻槎菜等；山东省济宁、临沂等地主要杂草与河南北部相近，主要为看麦娘、日本看麦娘、菵草、碎米荠、通泉草等；江苏、安徽淮河以北小麦田杂草主要为看麦娘、猪殃殃、荠菜、繁缕和日本看麦娘等。

对比往年调查结果，小麦田杂草群落发生明显变化。该区除草剂大面积推广以前，以阔叶杂草为主，随着2，4-滴和磺酰脲类除草剂苯磺隆的长时间应用，该区杂草群落发生了较大的变化，逐渐演变为单、双子叶杂草混合发生，雀麦、节节麦、多花黑麦草、大穗看麦娘等禾本科杂草与播娘蒿、荠菜等混合发生的区域越来越大，危害程度逐年加重；恶性杂草如节节麦、大穗看麦娘、猪殃殃、麦家公、泽漆、婆婆纳、宝盖草等发生也逐年加重，呈快速扩散蔓延的严峻态势。

不同区域、不同地块优势杂草群落结构复杂，主要有以下几种群落结构：播娘蒿+荠菜；雀麦+播娘蒿+荠菜；雀麦+节节麦+播娘蒿；猪殃殃+泽漆；播娘蒿+藜+打碗花；播娘蒿+藜+萹蓄；田旋花+荠菜+萹蓄；播娘蒿+野燕麦+婆婆纳；猪殃殃+野燕麦+婆婆纳；播娘蒿+田旋花+葎草；野燕麦+大巢菜；看麦娘+菵草+通泉草；看麦娘+硬草+碎米荠；猪殃殃+繁缕+看麦娘+藜+大巢菜；播娘蒿+节节麦+荠菜；播娘蒿+蜡烛草+婆婆纳；播娘蒿+藜+刺儿菜；播娘蒿+荠菜+麦瓶草+麦家公；猪殃殃+宝盖草；野燕麦+猪殃殃；播娘蒿+刺儿菜+棒头草+泽漆；播娘蒿+荠菜+野燕麦；播娘蒿+麦家公等。另外，很多地块由于喷施除草剂防除了部分敏感杂草，难防、恶性杂草如猪殃殃、雀麦、节节麦、硬草、婆婆纳等形成单一群落。

杂草的分布、群落构成、危害程度等与地理环境、耕作方式、轮作制度、用药历史，以及不同区域种子调拨、耕作机械跨区作业等密切相关。由于小麦田轮作习惯、种植制度及土壤、水肥情况各不相同，黄淮冬麦区内不同行政区域间小麦田杂草群落差异非常大，现将杂草发生的具体情况分别叙述如下。

1. 山东省各区杂草群落分布　山东省是我国4个沿海省市区之一，地处黄河下游，介于北纬34° 22′ ~38° 15′（岛屿达38° 23′ N），东经114° 19′ ~122° 43′ 。位于北半球中纬度地带，南北最宽处距离约420 km，东西最长处距离约700 km。山东省属于暖温带季风气候区，气候温和，四季分明。全省年平均气温11 ~14 ℃，年平均降水量550~950 mm，无霜期沿海地区180 d以上，内陆地区220 d以上。

山东省农业科学院植物保护研究所杂草研究室调查结果显示，山东省小麦田杂草有69种，隶属于21科54属。其中，禾本科、菊科和十字花科种类最多，禾本科杂草为15种，菊科杂草为11种，十字花科杂草为8种，三者占整个杂草种类的49.28%；其次是石竹科和旋花科。

山东省小麦田的优势杂草有播娘蒿、荠菜、猪殃殃、雀麦、节节麦、麦瓶草、小花糖芥、麦家公、看麦娘、打碗花等10种。

刺儿菜、泽漆、繁缕、牛繁缕、菵草、硬草、野燕麦、日本看麦娘、宝盖草、多花黑麦草、藜、泥胡菜、阿拉伯婆婆纳、蚤缀、大穗看麦娘等15种杂草在山东省某些地区普遍发生，因为这些杂草属于区域性优势杂草，适应性强，繁殖也快，所以只要发生就会对小麦造成很大的危害。

另外，棒头草、蜡烛草、篱打碗花、早熟禾、毛打碗花、小藜、香附子、委陵菜、苦苣菜、夏至草、齿果酸模、野豌豆、酢浆草、风花菜、小飞蓬、田旋花、附地菜、葎草、王不留行、蒲公英、萹蓄、碎米荠、窄叶豌豆、南茼菜、野洋姜、鼠曲草、通泉草、芦苇、鹅观草、堇菜、苦菜、苦苣菜、苣荬菜、豨莶、盐芥、大巢菜、碱茅、辣蓼、独荇菜、艾蒿、野老鹳草、荔枝草、大车前、扁秆藨草等44种杂草在山东省很小的局部地区发生且对小麦危害较小。

3月后，藜、小藜、萹蓄、打碗花、刺儿菜等春季萌发杂草发生危害较重。

根据山东省不同区域地貌特点、气候特性等方面的差异，按照顾耘的方法将山东省分为7个区域，分别为胶东丘陵区、胶潍河谷平原区、鲁北滨海区、鲁中山区、鲁南山区、鲁西南平洼区和鲁西北平原区。

山东省小麦田各区域划分详见图2-38。

图2-38 山东省小麦田区域划分（顾耘，1995年）

从山东省小麦田杂草的综合优势度数据（表2-4）可以看出：播娘蒿、荠菜是各地区小麦田的主要优势杂草，优势度分别高达20.68、15.49，且在各地区优势度均达10以上，其次为猪殃殃、雀麦、麦瓶草、小花糖芥、麦家公、看麦娘、节节麦、打碗花等（图2-39~图2-42）。山东省各地区由于气候、种植方式等因素不同，小麦田杂草分布有较大的差异，但山东省小麦田杂草群落基本上以这10种杂草为主。各地区杂草群落结构分布如下。

表 2-4 山东省小麦田主要杂草的优势度

杂草种类	胶东丘陵区	鲁南山区	胶潍河谷平原区	鲁中山区	鲁西南平洼区	鲁西北平原区	鲁北滨海区	全省综合
播娘蒿	20.61	14.66	21.00	16.64	11.20	26.88	33.45	20.68
荠菜	18.81	13.34	17.27	14.03	15.35	16.60	10.51	15.49
猪殃殃	1.51	18.25	3.56	10.82	17.35	7.03	1.91	8.29
雀麦	7.78	0.60	9.96	6.35	2.17	8.46	18.02	7.66
麦瓶草	3.02	2.61	10.40	7.48	3.09	8.61	4.52	5.24
小花糖芥	4.36	3.24	5.32	5.36	2.92	3.90	2.69	3.90
麦家公	4.45	5.75	8.36	3.33	2.94	0.15	2.67	3.82

续表

杂草种类	胶东丘陵区	鲁南山区	胶潍河谷平原区	鲁中山区	鲁西南平洼区	鲁西北平原区	鲁北滨海区	全省综合
看麦娘	10.06	5.87	1.79	0.39	0.96	0.26	2.87	3.56
节节麦	0.08	0.55	1.47	5.68	1.68	8.03	4.80	3.08
打碗花	1.75	2.10	4.79	4.10	5.77	3.81	0.17	2.94
刺儿菜	1.77	2.43	2.14	2.64	2.48	0.72	0.85	1.95
泽漆	0.04	8.36	0.00	0.84	4.61	0.06	0.18	1.88
蚤缀	3.18	0.95	2.59	4.27	1.01	0.00	0.00	1.70
泥胡菜	2.22	1.19	1.57	1.33	0.49	1.06	3.06	1.66
繁缕	2.32	2.10	1.52	0.24	3.42	0.00	0.00	1.38
藜	1.66	0.33	0.49	0.29	0.18	4.63	1.26	1.27
阿拉伯婆婆纳	0.16	3.42	0.07	1.28	3.01	0.05	0.00	1.08
野燕麦	0.14	0.15	0.26	1.18	4.14	0.46	0.44	0.99
宝盖草	1.20	0.21	1.25	1.69	1.29	0.75	0.40	0.96
附地菜	2.53	0.58	0.71	0.31	0.15	0.12	0.23	0.91
小飞蓬	2.75	0.32	0.97	0.42	0.09	0.22	0.43	0.91
牛繁缕	1.10	1.80	0.37	0.76	1.20	0.00	0.57	0.89
硬草	0.00	0.00	0.00	2.03	2.17	1.08	0.54	0.78
王不留行	0.04	0.27	1.08	1.34	0.00	1.45	1.65	0.74
苦菜	0.33	0.37	0.61	1.68	0.29	0.72	0.34	0.71
萵草	0.00	1.53	0.51	0.15	2.15	0.00	0.90	0.66
日本看麦娘	0.00	2.23	0.00	0.29	0.23	0.00	0.48	0.46
多花黑麦草	1.24	0.00	0.00	0.00	1.50	0.00	0.00	0.45
早熟禾	0.00	1.44	0.00	0.15	0.33	0.00	0.00	0.26
棒头草	0.00	0.00	0.00	0.00	1.69	0.00	0.00	0.23
蜡烛草	0.00	0.22	0.01	0.05	1.37	0.09	0.00	0.23
大穗看麦娘	0.00	0.00	0.00	0.90	0.00	0.66	0.00	0.22
碱茅	0.00	0.00	0.00	0.00	0.00	0.00	1.21	0.16

注：表中所列为优势度在0.5以上的杂草；另外，后7种杂草虽全省优势度未达0.5，但在局部地区优势度较高。

胶东丘陵区（主要包括烟台、威海、青岛、日照等地）：烟台、威海、青岛3地受海洋气候影响，湿度较大，小麦上茬作物多为玉米、春花生、大豆，且多为小麦、玉米、春花生等作物轮作或两年三作。日照地区小麦前茬为水稻、玉米、春花生等，所以小麦田杂草相对较少、危害较轻，杂草以播娘蒿、荠菜、看麦娘、雀麦为主。此外，小花糖芥、麦家公、繁缕、泥胡菜、多花黑麦草等也有较大面积分布。

鲁南山区（主要包括枣庄、临沂等地）：大部分为山区，部分为平原，多数地区为小麦、玉米轮作。临沂的部分地区种植稻麦轮作，该区域杂草种类和数量均多，除常规的播娘蒿和荠菜发生较重外，猪殃殃发生也较重，这3种杂草的优势度均超过13；另外，主要分布在枣庄地区的泽漆优势度也高达8.36。此外，麦家公、看麦娘、小花糖芥、日本看麦娘、刺儿菜等也有较大面积分布。

胶潍河谷平原区（主要指潍坊地区）：此区域大部分为平原，但该区域除种植冬小麦外，还有大量的蔬菜大棚等存在，所以小麦田杂草种类、数量等均较低，优势度超过10的杂草有播娘蒿、荠菜和麦瓶草；另外，麦家公的发生量也较大，优势度为8.36。此外，小花糖芥、猪殃殃、打碗花等分布也较广。

图2-39 节节麦危害小麦

图2-40 雀麦危害小麦

图2-41 猪殃殃、麦家公等危害小麦

图2-42 大穗看麦娘危害小麦

鲁中山区（包括济南、泰安、莱芜、淄博及滨州的南部地区）：此区域主要为小麦、玉米轮作，杂草种类和数量等均较多，除播娘蒿、荠菜、猪殃殃为优势杂草外，雀麦、麦瓶草、节节麦等发生也较重。

鲁西南平洼区（主要包括菏泽和济宁地区）：水源丰富，降水量多，菏泽地区和济宁的部分地区为小麦、玉米轮作，在济宁部分地区有部分稻麦轮作区。该区域杂草发生种类最多，数量也较大，猪殃殃分布广，杂草优势度依次为猪殃殃、荠菜、播娘蒿、打碗花、泽漆、野燕麦；另外，部分地区分布有硬草、茵草、多花黑麦草、棒头草、蜡烛草等。

鲁西北平原区（主要包括德州和聊城两地）：典型的平原区，主要为小麦、玉米轮作，部分地区与棉花轮作，杂草种类和数量均较少，杂草主要以播娘蒿、荠菜、麦瓶草、雀麦、节节麦、猪殃殃为主。该区是山东省节节麦的主要分布区域。

鲁北滨海区（主要包括东营和滨州的北部地区）：大部分地区为滩涂盐碱地，小麦、玉米轮作或小麦、棉花轮作，杂草数量少且主要以播娘蒿、雀麦、荠菜等为主，相比其他地区，该区域碱茅发生较重。

杂草群落的形成受自然地理环境、农田生态条件及管理方式等多方面因素的综合影响。山东省农业科学院植物保护研究所调查的结果表明，从发生优势度来看，播娘蒿和荠菜为小麦田的传统优势杂草，在山东省大面积分布；此外，猪殃殃、雀麦、麦瓶草、小花糖芥、麦家公、看麦娘、节节麦、打碗花等杂草也为山东省小麦田的主要杂草，其中近几年发展较为迅速且难以防除的节节麦主要分布在鲁西北平原区。除这些优势杂草外，山东各地区小麦田杂草的发生有较大的差异，主要与轮作方式、自然地理环境及杂草管理方式有关，如鲁西南平洼地区因为水源丰富，降水量多，主要是小麦、玉米轮作，所以杂草种类最多（47种），且发生数量大，该区域除常规的播娘蒿、荠菜、猪殃殃发生较重外，其他如泽漆、婆婆纳、野燕麦、繁缕等发生也较重；鲁中山区和鲁南山区虽然地处山区，但基本为小麦、玉米轮作，仅黄河滩涂部分和临沂部分区域为小麦、水稻轮作，杂草发生种类和数量均较多；胶东丘陵地区（除水稻茬小麦田）大部分为玉米、春花生、小麦轮作或两年三作，所以杂草种类处于中等，为42种，发生密度也处于中等；胶潍河谷平原区虽然地处平原且水浇条件好，但该区域物种丰富，冬季除小麦外还有大量的保护地蔬菜种植，所以其杂草种类、杂草数量等均少，香农指数和均匀度指数略高于胶东丘陵区、鲁西北平原区和鲁北滨海区，明显低于其他地区；鲁西北平原区和鲁北滨海区中部分地区为小麦、棉花轮作，且鲁北滨海区盐碱地面积大，所以杂草种类最少、发生量也最小，香农指数和均匀度指数均明显低于其他地区。

对比调查数据可以看出，山东省小麦田杂草种群变化和群落演替非常明显。单子叶杂草种类越来越多，发生危害逐年加重。蒋仁棠和王金信在20世纪90年代的调查结果表明，禾本科杂草仅稻麦轮作区看麦娘和盐碱涝洼麦区有碱茅危害。目前，除了上述两种禾本科杂草仍持续危害以外，雀麦在全省普遍发生，节节麦在山东西半部分普遍发生，且发生较重。另外，多花黑麦草、野燕麦、蜡烛草、棒头草、日本看麦娘在局部地区危害严重，稻麦轮作区硬草、茵草发生危害严重；另外，猪殃殃、打碗花等恶性杂草危害逐年加重。以前山东省小麦田猪殃殃、打碗花危害不重，且杂草总数量不多，而现在猪殃殃、打碗花已上升为山东省普遍发生且危害严重的杂草。另外，双子叶杂草泽漆、婆婆纳等在部分地区也上升为优势杂草（图2-43、图2-44）。

2. 河南省各区杂草群落分布　河南省地处亚热带和暖温带的过渡地带，属大陆季风性气候，年日照 2 000~2 600 h，日照百分率 49%~58%，无霜期 190~230 d，日均温度超过 10 ℃的活动积温全年为 4 200~4 900 ℃。河南省土地面积 16.7 万 km^2，其中海拔在 200 m 以下的河谷盆地和平原占到 56%，海拔在 200~600 m 的丘陵岗地占 18%，海拔 600 m 以上的山地占 26%。山地主要集中在西部地区，中、东部基本上是广阔平原，适宜作物种植。

根据河南省不同区域地貌特点、气候特性等方面的差异，按照孙海潮的方法将河南省分为6个区域，分别为豫北平原区、豫中南平原区、豫东平原区、豫西南丘陵区、豫西丘陵区和豫南平原区（划分区域详见图2-45）。

图2-43 杂草复合群落危害小麦（1）

图2-44 杂草复合群落危害小麦（2）

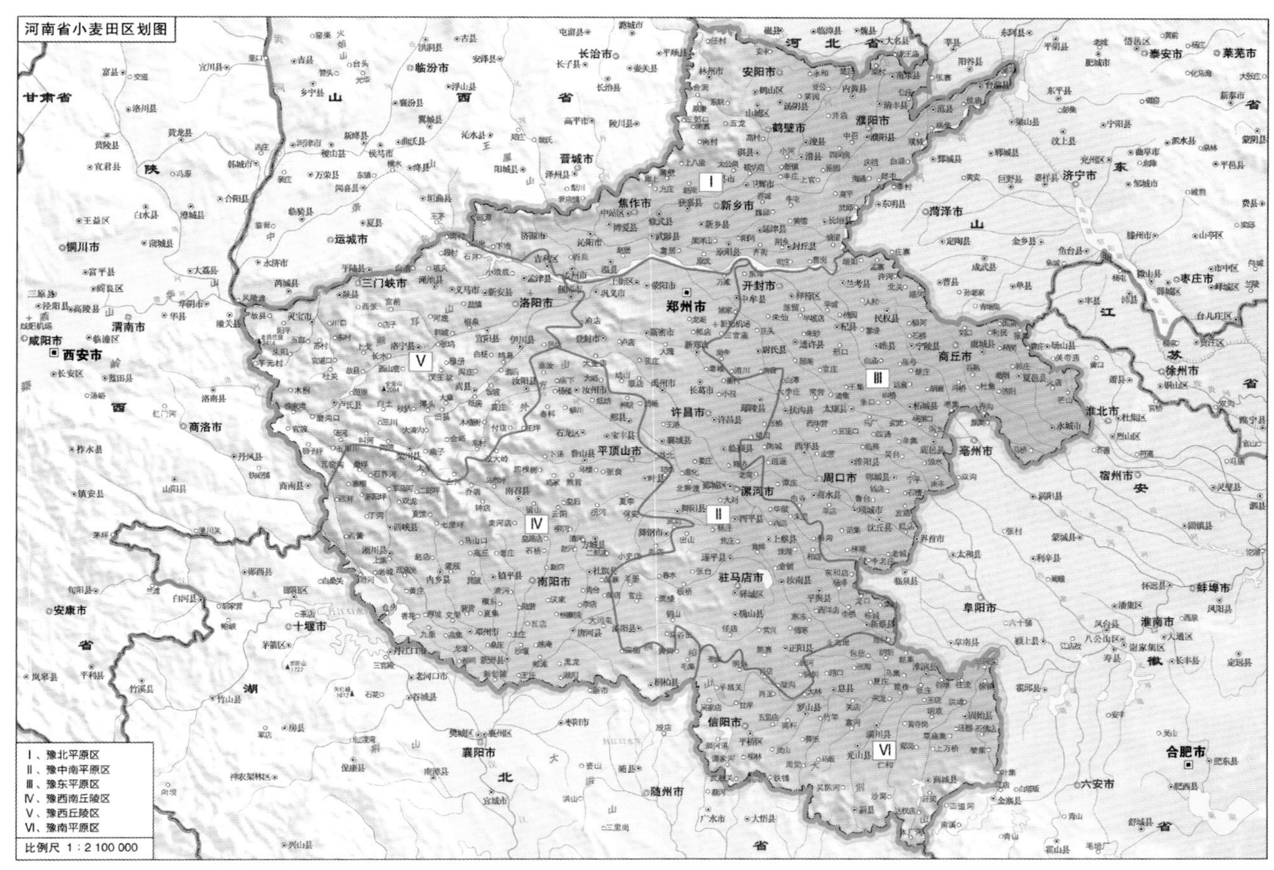

图2-45　河南省小麦田区域划分图

山东省农业科学院植物保护研究所于2013年11~12月调查的资料表明，河南省小麦田杂草有66种，隶属于22科57属，其中菊科、禾本科和十字花科种类最多，菊科杂草13种，禾本科杂草10种，十字花科杂草9种，三者占整个杂草种类的48.48%；其次是石竹科和旋花科。

河南省小麦田的优势杂草有猪殃殃、荠菜、播娘蒿、野燕麦、泽漆、婆婆纳等6种（图2-46~图2-50）。看麦娘、刺儿菜、打碗花、野芥菜、麦瓶草、稻槎菜、繁缕、节节麦等8种杂草在河南省某些地区普遍发生，因为这些杂草适应性强，繁殖快，在发生区域对小麦造成的危害大，属于区域性优势杂草。另外，多花黑麦草、麦家公、窄叶野豌豆、宝盖草、小花糖芥、早熟禾、硬草、藜、野老鹳草、焯菜、毛打碗花、薤白、雀麦、臭荠、大刺儿菜、田旋花、蚤缀、牵牛花、水花生、艾蒿、大穗看麦娘、狗舌草、篱打碗花、地梢瓜、黄花蒿、香附子、抱茎苦荬菜、小藜、苦苣菜、蜡烛草、牛繁缕、簇生卷耳、碎米荠、泥胡菜、附地菜、小飞蓬、委陵菜、鹅观草、乌蔹莓、独荇菜、蓼、豨莶、酢浆草、齿果酸模、苦菜、通泉草、辣蓼、王不留行、风花菜、大车前、蒲公英等51种杂草在河南省发生数量少、频度低，部分杂草仅在局部地区发生且对小麦危害较小（表2-5）。

表 2-5　河南省小麦田主要杂草的优势度

杂草种类	豫北平原区	豫中南平原区	豫东平原区	豫西南丘陵区	豫西丘陵区	豫南平原区	全省综合
猪殃殃	27.01	14.68	18.51	23.46	4.50	16.11	17.38
荠菜	12.12	11.07	10.07	7.14	21.04	4.07	10.92
播娘蒿	17.27	12.87	8.56	5.98	8.18	0.00	8.81

续表

杂草种类	豫北平原区	豫中南平原区	豫东平原区	豫西南丘陵区	豫西丘陵区	豫南平原区	全省综合
野燕麦	4.10	7.60	19.22	18.69	0.00	2.18	8.63
泽漆	0.75	8.33	6.75	9.77	8.13	0.00	5.62
婆婆纳	2.37	6.51	4.27	7.33	10.23	2.10	5.47
看麦娘	0.00	0.14	3.55	0.00	0.87	28.2	5.46
刺儿菜	4.63	2.91	2.86	8.85	0.00	1.01	3.38
打碗花	4.33	1.50	1.99	5.55	3.61	0.19	2.86
野芥菜	0.23	4.41	0.53	4.29	0.85	5.56	2.65
麦瓶草	5.79	0.71	0.24	0.25	6.67	0.00	2.28
稻槎菜	0.00	0.00	0.00	0.00	0.00	13.54	2.26
繁缕	0.67	3.80	5.66	0.13	0.40	2.61	2.21
节节麦	11.14	0.11	0.91	0.00	0.00	0.00	2.02
多花黑麦草	0.00	0.51	0.00	0.00	7.67	2.81	1.83
麦家公	3.94	1.95	2.10	0.50	2.35	0.00	1.81
窄叶野豌豆	0.12	2.32	2.10	0.19	1.48	3.21	1.57
宝盖草	0.83	3.29	2.56	1.17	0.99	0.00	1.47
小花糖芥	0.05	0.72	0.77	0.00	5.77	0.00	1.22
早熟禾	0.00	6.06	0.60	0.00	0.00	0.33	1.17
硬草	0.11	0.00	4.99	0.00	1.67	0.00	1.13
藜	2.31	0.56	0.25	0.36	2.34	0.16	1.00
野老鹳草	0.00	0.92	0.03	0.77	0.00	4.21	0.99
焊菜	0.00	0.00	0.18	0.00	0.00	5.38	0.93
毛打碗花	0.02	0.00	0.00	2.47	0.63	0.58	0.61
薤白	0.00	0.67	0.00	0.00	2.94	0.00	0.60
雀麦	0.21	2.35	0.10	0.00	0.93	0.00	0.60
臭荠	0.00	0.23	0.00	0.00	0.00	2.66	0.48
大刺儿菜	1.19	0.14	0.23	0.67	0.00	0.25	0.41
田旋花	0.00	0.00	0.00	0.00	2.32	0.00	0.39
蚤缀	0.00	0.00	0.00	0.20	2.09	0.00	0.38
水花生	0.00	0.02	0.00	0.00	0.00	1.35	0.23

注：表中所列为优势度在0.5以上的杂草；后5种杂草虽全省优势度未达0.5，但在局部地区优势度较高。

河南省各地区由于气候、种植方式等因素不同，小麦田杂草分布有较大的差异。各地区杂草群落结构分布如下。

豫北平原区（包括新乡、安阳、鹤壁、濮阳、焦作和济源等地）：豫北平原区由黄河冲积平原和太行山前平原组成，东接山东，北界河北，基本上以小麦-玉米轮作为主，小麦田杂草草相与山东西南部和河北南部相近。该区域除常规杂草猪殃殃、播娘蒿、荠菜分布广泛外，也是河南省节节麦的主要分布区域，优势度高达11.14。此外，麦瓶草、打碗花、刺儿菜、野燕麦、麦家公、婆婆纳等也有较大面积分布。

图2-46 婆婆纳危害小麦

图2-47 猪殃殃危害小麦

图2-48 野燕麦危害小麦

图2-49 播娘蒿危害小麦

图2-50 小麦生长后期猪殃殃攀爬在小麦之上

豫中南平原区（包括郑州、许昌、漯河和驻马店等地）：此区域杂草种类多，发生数量也相对均匀，野芥菜开始在该区域大面积分布。从综合优势度比较，除猪殃殃、播娘蒿、荠菜优势度达到10.0以上外，泽漆、野燕麦、婆婆纳、早熟禾、野芥菜、繁缕、宝盖草等也有较大面积分布。

豫东平原区（包括周口、商丘和开封三地）：此区域东接安徽省，也是大面积小麦平原区，除开封市有少量小麦-水稻轮作区外，大部分为小麦-玉米轮作区，野燕麦在该区域大面积分布，优势度超过猪殃殃，占到第一位，野燕麦和猪殃殃的优势度分别达到19.22和18.51。此外，荠菜、播娘蒿、泽漆、繁缕、硬草、婆婆纳和看麦娘优势度也在3.00以上；其中，开封市小麦-水稻轮作区小麦田杂草主要以看麦娘、硬草和碎米荠为主。

豫西南丘陵区（包括南阳和平顶山）：此区域和豫东平原区相似，野燕麦和猪殃殃是最主要的杂草，优势度分别为18.69和23.46，泽漆、刺儿菜、婆婆纳、荠菜、播娘蒿、打碗花分布面积广泛，综合优势度均在5.00以上。此外，野芥菜在该区域分布面积也不小。

豫西丘陵区（包括洛阳和三门峡两市）：该区域以山区为主，小麦种植面积小，杂草分布相对单一，荠菜在该区域是最主要的杂草，优势度达21.04，婆婆纳、播娘蒿、多花黑麦草、麦瓶草、小花糖芥也广泛分布。

豫南平原区（主要指信阳市）：该区域地处淮河上游、大别山北麓，属于亚热带冬小麦草害区，气候属亚热带和暖温带气候，年平均气温在15 ℃以上，年降水量在1 000 mm以上。南北气候交错，主要以小麦-水稻轮作为主，部分区域为小麦-玉米轮作。从全区域来看，看麦娘、猪殃殃、稻槎菜优势度最高，均在10.0以上。此外，野芥菜、野老鹳草、荠菜、窄叶野豌豆分布面积也较大。从不同轮作区域看，小麦–玉米轮作区，小麦田杂草主要为猪殃殃、野芥菜、荠菜、臭荠和野燕麦；小麦–水稻轮作区，小麦田杂草主要以看麦娘、猪殃殃、稻槎菜为主，水花生也在该区域有分布。

杂草群落的组成受当地自然气候条件和施肥、轮作等管理方式等方面综合因素的影响。调查结果数据表明，猪殃殃在河南省已上升为分布最广的小麦田杂草，播娘蒿和荠菜作为传统的小麦田优势杂草，在河南省仍然占据前三名位置。此外，野燕麦、泽漆、婆婆纳等3种杂草基本在各区域均有大面积分布，其中野燕麦在豫东平原区和豫西南丘陵区分布广泛，在豫北平原区、豫中南平原区也有较大面积分布，在豫南区和豫西丘陵区分布较少；泽漆除在豫南平原区和豫北平原区分布较少外，在其他区域分布广。看麦娘、刺儿菜、打碗花、野芥菜、麦瓶草、稻槎菜、繁缕、节节麦等8种杂草在局部区域发生也很严重，其中看麦娘、稻槎菜主要分布在水稻–小麦轮作区，节节麦主要分布在豫北平原区。不同区域杂草分布均有一定差别，与以前报道的小麦田杂草群落的分布主要与轮作方式和自然地理环境条件有关，例如河南省水稻–小麦轮作区主要集中在豫南平原区，其他区域主要是玉米–小麦轮作，所以豫南平原区杂草草相与其他区域差异很大，看麦娘、猪殃殃、稻槎菜是该区域的主要杂草种类，系统聚类分析也表明该区域与其他地区草相存在很大差异。

河南省小麦田杂草群落的分布资料报道得不多，且仅有的资料也是报道河南局部地区小麦田，全省详细的杂草分布未见报道。本文调查结果与河南省局部区域资料报道对比来看，基本吻合，如尚富德1998年报道豫东平原区的开封地区小麦田杂草以猪殃殃、播娘蒿、荠菜和野燕麦为主；王鸿升2005年报道的豫南地区旱茬小麦田以播娘蒿、猪殃殃、野芥菜和荠菜为主，水稻茬小麦田以看麦娘为主，豫北平原区以播娘蒿、荠菜和野燕麦为主等；乔利2012年报道的河南信阳地区以猪殃殃、看麦娘、荠菜、婆婆纳为主等。但对比数据同时也可以看出，杂草群落相比以前也存在的演替现象，如节节麦是近几年发展起来的一种恶性禾本科杂草，因其生命力强且目前未有有效除草剂进行防除而危害巨大，现在已在豫北平原区广泛分布，在豫中南区和豫东平原区也已有零星发生；雀麦虽然在河南省分布面积不大，但也是近几年发展起来的恶性禾本科杂草之一。

从地理位置来看，河南省地处黄淮海区域中心地带，北部与山东省、河北省、山西省为界，南部与湖北省、安徽省相邻。河南省北部平原区小麦田杂草与相邻的山东省（高兴祥等，2014年）、河北省（李秉华等，2013年）、山西省类似，除猪殃殃、播娘蒿、荠菜广泛分布外，节节麦也是这些区域的主要杂草；河南省中部区域禾本科杂草以野燕麦为主，这也与安徽西部、山东西南部一致；河南省南部平原区主要以水稻–小麦轮作种植为主，杂草也以看麦娘、猪殃殃等为主，这与江苏省、湖北省的草相一致。

3. 河北省中南部杂草群落分布　河北省是我国小麦生产的主产省份之一，常年播种面积 3 800 万 ~4 000 万亩，总产约 120 亿 kg，占粮食产量的 36% 以上，播种面积和总产量均居全国第三位。河北省小麦种植地域分布广，全省除张家口、承德两市高寒干旱地区仅种植少量春小麦以外，其余市均大面积生产冬小麦。主要分布在邯郸、邢台、石家庄、保定、衡水、沧州、廊坊、唐山和秦皇岛等地区。

河北省农林科学院粮油作物研究所报道，河北省小麦田杂草约有16科58种，主要有播娘蒿、荠菜、麦瓶草、麦家公、泽漆、猪殃殃、繁缕、雀麦、节节麦、野燕麦、硬草、菵草、看麦娘、藜、葎草、鸭跖草、萹蓄、打碗花、刺儿菜等；冀中南地区禾本科杂草发生严重，主要有节节麦、雀麦、日本看麦娘、看麦娘、野燕麦等，且发生危害范围在逐年扩大。

山东省农业科学院植物保护研究所2013年11月和2014年3月调查了河北省中南部区域，调查结果表明，小麦田杂草种类相对较少，共有杂草30余种。从综合优势度来看，播娘蒿、荠菜、雀麦、节节麦、麦家公、小花糖芥、麦瓶草和藜为优势杂草，其中播娘蒿、荠菜、雀麦和节节麦发生数量大（表2-6）。其中，石家庄市主要杂草为雀麦、荠菜、播娘蒿、节节麦、小花糖芥、麦家公；衡水市主要杂草为播娘蒿、雀麦、节节麦、荠菜、麦家公、麦瓶草；邢台市主要杂草为雀麦、播娘蒿、节节麦、荠菜；邯郸市主要杂草为节节麦、播娘蒿、荠菜、雀麦等。

表 2-6　河北省南部小麦田主要杂草优势度

杂草种类	邢台市	石家庄市	邯郸市	衡水市
播娘蒿	33.80	24.58	32.87	28.44
荠菜	10.03	25.26	12.37	8.77
雀麦	34.29	32.45	8.82	23.32
节节麦	14.68	10.74	33.48	18.15
麦家公	1.47	1.65	1.68	7.68
小花糖芥	0.22	4.24	1.79	4.40
麦瓶草	0.22	0.00	1.53	4.85
藜	0.21	0.00	0.76	2.48
泥胡菜	0.00	0.43	0.54	1.05
大穗看麦娘	0.00	0.00	0.11	0.00

4. *陕西省杂草群落分布*　姚万生等 2008 年报道，关中一年两熟地区，包括 4 市 25 个县（区），小麦田杂草分为 14 科 42 种，在关中东部，对小麦危害比较严重的杂草主要有播娘蒿、节节麦、荠菜、蜡烛草、婆婆纳、刺儿菜等，其次有猪殃殃、麦家公、田旋花、泽漆、离子芥等。在关中西部，对小麦危害比较严重的杂草主要有猪殃殃、播娘蒿、荠菜、节节麦、婆婆纳、麦家公等，其次有蜡烛草、离子芥、野燕麦、泽漆、刺儿菜等。陕南稻麦轮作区以猪殃殃、繁缕、看麦娘、藜、大巢菜等为主。关中西部杂草群落组成，不同县（区）、不同田块也有较大差别。而大部分田块也多为单种优势杂草群落，主要有猪殃殃群落、播娘蒿群落、节节麦群落、荠菜群落和麦家公群落等；其次是双种优势杂草群落，主要有猪殃殃 + 婆婆纳群落、播娘蒿 + 荠菜群落和猪殃殃 + 荠菜群落等；再次是多种优势杂草群落，主要有麦家公 + 荠菜 + 猪殃殃群落等。

山东省农业科学院植物保护研究所2013年11月调查资料表明，陕西省小麦田节节麦发生严重，综合优势度位于第一位，其次荠菜、猪殃殃、蜡烛草、播娘蒿和婆婆纳分布面积也很大，麦家公、野燕麦、刺儿菜、打碗花、雀麦和泽漆在不同区域也有一定数量的分布（表2-7）。陕西省优势杂草为节节麦、荠菜、猪殃殃、蜡烛草、播娘蒿、婆婆纳、麦家公、野燕麦、刺儿菜、打碗花、雀麦、泽漆。其中，渭南市主要杂草为节节麦、播娘蒿、猪殃殃、麦家公、婆婆纳、荠菜；西安市主要杂草为荠菜、猪殃殃、节节麦、婆婆纳、播娘蒿、蜡烛草；宝鸡市主要杂草为野燕麦、节节麦、婆婆纳、播娘蒿、荠菜；咸阳市主要杂草为节节麦、猪殃殃、婆婆纳、播娘蒿、刺儿菜；华阴市主要杂草为蜡烛草、荠菜、播娘蒿、雀麦、婆婆纳。

表 2-7　陕西省旱茬小麦田主要杂草优势度

杂草种类	渭南市	西安市	宝鸡市	咸阳市	华阴市	全省综合
节节麦	30.77	15.19	12.37	32.95	0.00	18.26
荠菜	6.97	24.15	8.05	1.76	20.15	12.22
猪殃殃	10.75	23.28	7.93	11.06	4.70	11.54
蜡烛草	2.76	4.76	8.00	3.50	32.29	10.26
播娘蒿	10.79	11.22	8.64	7.77	9.78	9.64
婆婆纳	7.39	13.34	9.85	8.16	5.47	8.84

续表

杂草种类	渭南市	西安市	宝鸡市	咸阳市	华阴市	全省综合
麦家公	8.58	0.00	3.86	7.19	2.67	4.46
野燕麦	1.21	0.00	16.06	2.60	0.00	3.97
刺儿菜	2.49	0.23	4.61	7.67	0.90	3.18
打碗花	3.10	2.08	7.20	2.31	0.66	3.07
雀麦	1.49	0.00	1.93	3.47	5.76	2.53
泽漆	0.65	0.82	2.52	4.10	3.01	2.22

5. 山西省杂草群落分布 山东省农业科学院植物保护研究所2013年11月调查资料表明，山西省小麦田杂草分布和陕西省有点类似，播娘蒿、节节麦和荠菜位于前三位。此外，雀麦、婆婆纳、麦家公等危害也较重。优势杂草主要为播娘蒿、节节麦、荠菜、雀麦、婆婆纳、麦家公、繁缕、宝盖草（图2–51）、多花黑麦草（图2–52）、苦苣菜、猪殃殃。其中，运城市主要杂草为播娘蒿、荠菜、节节麦、婆婆纳、雀麦、麦家公、宝盖草；临汾市主要杂草为节节麦、雀麦、播娘蒿、荠菜、麦家公、宝盖草、婆婆纳等（表2–8）。

图2-51 宝盖草危害小麦

图2-52　多花黑麦草危害小麦

表 2-8　山西省旱茬小麦田主要杂草优势度

杂草种类	运城市	临汾市	河津市	全省综合
播娘蒿	26.42	17.69	19.68	21.26
节节麦	18.57	28.16	9.85	18.86
荠菜	7.96	6.33	25.86	13.38
雀麦	3.68	19.90	8.14	10.57
婆婆纳	15.30	1.78	0.00	5.69
麦家公	5.92	5.47	0.00	3.80
繁缕	0.00	0.63	9.01	3.21
宝盖草	3.78	2.14	1.96	2.63
多花黑麦草	0.00	0.00	7.16	2.39
苦苣菜	1.07	0.20	5.89	2.39
猪殃殃	0.00	0.00	7.07	2.36

6.安徽省北部杂草群落分布　山东省农业科学院植物保护研究所2013年11月调查资料表明，安徽省旱茬小麦田猪殃殃和播娘蒿是明显的优势杂草，居于前两位，此外刺儿菜、荠菜、泽漆、婆婆纳发生面积也较大，野燕麦主要分布在靠近河南的阜阳市。此外，安徽省水稻后茬小麦主要分布在江淮之间，杂草以繁缕、日本看麦娘和猪殃殃为主。优势杂草主要为猪殃殃、播娘蒿、刺儿菜、荠菜、泽漆、婆婆纳。其中，宿州市：猪殃殃、播娘蒿、泽漆、刺儿菜、婆婆纳、麦家公；淮北市：播娘蒿、猪殃殃、荠菜、泽漆、宝盖草、婆婆纳；亳州市：猪殃殃、播娘蒿、泽漆、刺儿菜、荠菜、宝盖草、婆婆纳；蚌埠市：猪殃殃、播娘蒿、繁缕、刺儿菜、日本看麦娘；阜阳市：猪殃殃、播娘蒿、野燕麦、刺儿菜、婆婆纳、日本看麦娘（表2-9）。

表2-9　安徽省北部旱茬小麦田主要杂草优势度

杂草种类	宿州市	蚌埠市	淮北市	亳州市	阜阳市	安徽省北部旱茬小麦田综合
猪殃殃	33.87	26.29	16.69	44.91	22.83	28.92
播娘蒿	23.56	14.17	24.96	19.18	21.67	20.71
刺儿菜	5.01	7.87	4.61	5.25	6.71	5.89
荠菜	3.57	4.89	13.52	4.90	1.39	5.66
泽漆	7.77	0.72	9.93	7.74	1.89	5.61
婆婆纳	4.70	3.32	5.73	2.73	6.67	4.63
宝盖草	0.24	0.00	7.80	4.05	3.55	3.13
野燕麦	0.08	0.00	0.00	0.00	13.38	2.69
麦家公	4.38	4.57	2.20	1.56	0.43	2.63
日本看麦娘	0.00	6.39	1.86	0.00	4.54	2.56
繁缕	0.26	9.20	0.00	0.00	2.61	2.41
窄叶豌豆	3.44	5.50	0.73	0.74	1.40	2.36

7.江苏省北部杂草群落分布　山东省农业科学院植物保护研究所2013年11月对江苏省淮河以北小麦田杂草进行了调查，调查资料表明，江苏省淮河以北小麦田优势杂草主要为播娘蒿、猪殃殃、婆婆纳、荠菜、硬草、看麦娘、刺儿菜、日本看麦娘、繁缕、雀麦。其中，连云港市：播娘蒿、荠菜、猪殃殃、繁缕；徐州市：猪殃殃、播娘蒿、荠菜、婆婆纳、繁缕、雀麦；宿迁市：看麦娘、猪殃殃、荠菜、雀麦、日本看麦娘、繁缕；淮安市：硬草、看麦娘、猪殃殃、日本看麦娘、荠菜、播娘蒿、繁缕；盐城市：婆婆纳、播娘蒿、刺儿菜、猪殃殃。

表2-10　江苏省淮河以北旱茬小麦田主要杂草优势度

杂草种类	连云港市	徐州市	宿迁市	淮安市	盐城市	苏北旱茬小麦田综合
播娘蒿	11.28	12.57	1.53	3.62	28.84	11.57
猪殃殃	7.94	22.24	14.21	9.43	3.38	11.44
婆婆纳	1.55	5.92	2.81	0.00	32.74	8.60
荠菜	10.11	10.84	12.89	5.39	0.00	7.85
硬草	2.05	0.00	0.00	34.13	0.00	7.24
看麦娘	1.98	0.61	21.72	10.42	1.06	7.16
刺儿菜	4.73	2.86	2.26	2.24	9.97	4.41

续表

杂草种类	连云港市	徐州市	宿迁市	淮安市	盐城市	苏北旱茬小麦田综合
日本看麦娘	0.00	1.53	10.29	7.50	0.00	3.86
繁缕	6.61	4.85	4.48	2.81	0.00	3.75
雀麦	1.71	3.57	12.84	0.00	0.00	3.62

江苏淮河以北旱茬小麦田杂草主要以播娘蒿、猪殃殃、婆婆纳、荠菜、硬草和看麦娘为主，其次刺儿菜、日本看麦娘、繁缕和雀麦发生也较重（表2-10）。水稻茬小麦田杂草以看麦娘、猪殃殃、荠菜和繁缕为主，其次茵草主要分布在连云港市，播娘蒿分布在盐城市和徐州市，硬草在连云港市、淮安市和宿迁市分布也较多（表2-11）。

表 2-11 江苏省淮河以北水稻茬小麦田主要杂草优势度

杂草种类	连云港市	盐城市	淮安市	宿迁市	徐州市	苏北稻茬小麦综合
看麦娘	20.72	28.60	20.08	16.35	12.81	19.71
猪殃殃	2.68	22.17	15.81	17.87	34.41	18.59
荠菜	24.08	3.61	16.75	11.06	9.58	13.02
繁缕	3.95	1.86	23.70	23.39	3.00	11.18
日本看麦娘	0.00	11.64	9.18	14.21	9.91	8.99
茵草	26.10	0.00	0.00	0.00	0.00	5.22
播娘蒿	0.00	16.40	0.00	0.00	8.74	5.03
硬草	13.97	0.00	4.95	5.71	0.00	4.92
婆婆纳	3.35	1.92	2.44	0.00	10.27	3.60
野老鹳草	0.00	1.95	2.15	7.44	2.21	2.75
狗舌草	0.00	4.38	0.00	1.50	0.00	1.18

8. *黄淮海地区稻茬小麦田杂草发生特点及群落结构* 山东省农业科学院植物保护研究所 2013 年 11 月调查资料表明，黄淮海地区稻麦轮作的小麦田杂草综合优势度见表 2-12。可以看出，看麦娘、硬草、猪殃殃、繁缕、稻槎菜、荠菜是综合优势度最高的 6 种杂草，其中看麦娘、硬草和猪殃殃的优势度分别高达 29.09、10.27、9.39，繁缕、稻槎菜、荠菜和日本看麦娘的优势度在 5.12~6.16。综合优势度高的这 6 种杂草又各自有各自的分布特点，看麦娘在各区域发生均很严重（图 2-53）；硬草主要分布在河南省北部沿黄稻麦轮作区、山东省临沂库灌稻麦轮作区、山东省沿黄稻麦轮作区和苏北稻麦轮作区，相反地，在河南省南部稻麦轮作区和山东省济宁滨湖稻麦轮作区分布少；猪殃殃主要分布在苏北稻麦轮作区和河南省南部稻麦轮作区；繁缕、荠菜和日本看麦娘主要分布在苏北稻麦轮作区和济宁滨湖稻麦轮作区；稻槎菜主要在河南省南部稻麦轮作区发生。此外，野老鹳草、碎米荠、通泉草、茵草、委陵菜和早熟禾在局部区域发生也较重。黄淮海地区中六大稻麦轮作区小麦田杂草分布总体差异较大，各区域杂草群落结构分布如下：

江苏省苏北稻麦轮作区（包括徐州、连云港、宿迁、淮安和盐城等地）：苏北稻麦轮作区气候属于南温带，稻茬麦面积逐年扩大，现在已占整个江苏省的50.8%，基本上以水稻-小麦轮作为主，少部分地块为玉米-小麦轮作，该区域杂草发生密度大，除禾本科杂草看麦娘、硬草、日本看麦娘发生严重外，阔叶杂草猪殃殃、牛繁缕和荠菜分布也很广泛。此外茵草、大巢菜、波斯婆婆纳也有分布。

河南省南部稻麦轮作区（主要包括信阳市和南阳市部分区域）：此区域稻麦田面积大，占整个河南省稻麦田的75%以上，杂草发生也很严重，主要以看麦娘、稻槎菜和猪殃殃为主，其次为繁缕、日本看麦娘、野老鹳草、通泉草、多花黑麦草，分布面积也不小。

河南省北部沿黄稻麦轮作区（包括新乡、濮阳和开封等地的沿黄地区）：此区域与山东省、河北省搭界，稻茬麦面积相对较小，杂草以看麦娘和硬草为主，其次为大巢菜、苦菜、狗舌草、碎米荠和委陵菜。

山东省济宁滨湖稻麦轮作区（包括济宁市郊、鱼台、嘉祥、微山，枣庄市的台儿庄区、滕州等县市）：本区濒临南四湖，沿湖四周地势低洼。小麦田杂草中硬草和菵草危害占绝对地位，其次委陵菜、石龙芮、打碗花也有较大面积分布。

山东省临沂库灌稻麦轮作区（包括临沂市郊、郯城、莒县、莒南、沂南、日照市郊等县市）：该区域看麦娘分布面积广，其次繁缕、荠菜、日本看麦娘也为主要杂草。

山东省沿黄稻麦轮作区（包括菏泽、济南、滨州、东营的沿黄区域）：该区域小麦田杂草以硬草、看麦娘为主，其次为石龙芮、野老鹳草、碎米荠和委陵菜。

表 2-12 黄淮海地区稻茬小麦田主要杂草的优势度

杂草种类	苏北稻麦轮作区	河南省南部稻麦轮作区	河南省北部沿黄稻麦轮作区	山东省临沂库灌稻麦轮作区	山东省济宁滨湖稻麦轮作区	山东省沿黄稻麦轮作区	黄淮海稻麦轮作区
看麦娘	19.71	38.44	27.68	44.67	1.21	21.12	29.09
硬草	8.32	0.00	28.29	0.00	48.55	35.65	10.27
猪殃殃	18.59	11.08	0.00	1.20	0.00	0.00	9.39
繁缕	11.18	2.92	1.74	7.64	0.00	0.11	6.16
稻槎菜	0.38	20.31	3.50	0.00	1.65	2.35	6.04
荠菜	13.02	0.00	0.00	7.37	0.00	0.15	5.82
日本看麦娘	8.99	2.50	0.00	7.20	0.00	0.22	5.12
野老鹳草	2.75	3.92	0.00	3.55	0.00	5.12	3.01
碎米荠	0.00	0.00	7.02	7.52	0.32	8.25	2.54
大巢菜	3.20	1.20	10.32	0.00	0.00	0.00	2.08
通泉草	0.25	6.50	0.00	0.00	0.56	1.25	1.94
菵草	4.22	0.00	0.00	0.00	5.56	0.00	1.78
委陵菜	0.34	0.00	5.39	2.94	4.73	5.98	1.77
早熟禾	3.50	0.00	0.00	0.50	0.50	0.00	1.30
狗舌草	1.18	0.91	6.20	1.06	0.00	0.42	1.29
石龙芮	0.00	0.00	0.00	1.90	4.05	8.96	1.25
波斯婆婆纳	2.58	0.89	0.00	0.00	0.00	0.42	1.13
多花黑麦草	0.00	4.22	0.00	0.00	0.00	0.00	1.12
泥胡菜	0.35	1.18	3.03	1.04	2.30	1.11	1.07
窄叶豌豆	0.32	0.35	0.00	2.80	3.64	0.25	1.02
蔊菜	0.23	2.74	0.00	0.72	0.00	0.00	0.95
荔枝草	0.19	0.36	0.00	1.64	3.36	0.00	0.71
苦菜	0.00	0.00	7.87	0.92	0.00	0.00	0.71
牛繁缕	0.19	0.40	0.00	1.72	0.00	0.32	0.54
风花菜	0.00	0.00	0.00	2.11	0.00	1.68	0.53

注：表中所列为优势度在0.5以上的杂草；后5种杂草虽全省优势度未达0.5，但在局部地区优势度较高。

图2-53 看麦娘危害小麦

（二）北部冬麦区

本区东起辽东半岛南部的旅大地区，沿燕山南麓进入河北省长城以南的冀东平原，包括河北省保定和沧州地区，向西跨越太行山经黄土高原的山西省中部与东南部及陕西省北部的渭北高原和延安地区，进入甘肃省陇东地区，以及京、津两市。本区包括河北长城以南的平原地区，山西中部及东南部，陕西北部，辽宁及宁夏南部，甘肃陇东和京、津两市。全境地势复杂，东部为沿海低丘，中部是华北平原，西部为沟壑纵横、峁梁交错的黄土高原。其中，陕西和山西部分有山区、塬地，还有晋中、上党和陕北盆地。全区海拔通常在500 m左右。本区位于我国冬小麦北界，实行两年三熟制的面积比较大，主要方式是冬小麦-夏玉米（或夏谷、糜、黍、豆类），荞麦-春玉米（或高粱、谷子、豆类、荞麦、薯类）等，春播作物收获后，秋播小麦，小麦收获之后夏种早熟作物或早熟品种。也有一些地区实行小麦与其他作物套种。一年两熟则主要在肥水条件较好地区，麦收之后复种夏玉米、豆类、谷子、糜子、荞麦等，以夏玉米为主。小麦播期一般在9月中旬至10月上旬，从北向南逐渐推迟，但多数集中在9月下旬至10上旬。近年来由于气候变暖，播期较传统普遍推迟。其中，京津一带及河北省中北部水浇地区，为了增加全年粮食总产量，推广夏玉米晚收、小麦晚播技术，扩种生育期较长的夏玉米品种，小麦播期相应延迟到10月上旬至10月中旬。旱薄地则播种较早。成熟期多为6月中下旬，少数地区晚至7月上旬。从南向北逐渐推迟。

该区小麦田杂草种类繁多，不同地区杂草群落组成复杂多变，小麦田草害较严重。该区小麦田主要杂草种类有播娘蒿、荠菜、藜、萹蓄、麦家公、麦瓶草、刺儿菜、节节麦、雀麦、野燕麦、圆叶牵牛、裂叶牵牛、打碗花、离子芥、灰绿藜、卷茎蓼、旱蓼、本氏蓼、刺儿菜、大刺儿菜、苍耳、田旋花、独行菜、葎草、碱茅、看麦娘等（图2-54）。主要小麦田杂草群落有：播娘蒿+荠菜，播娘蒿+藜+萹蓄，播娘蒿+藜+打碗花，雀麦+播娘蒿+独行菜，雀麦+节节麦+播娘蒿，田旋花+荠菜+萹蓄，播娘蒿+野燕麦+小藜，播娘蒿+田旋花+牵牛，播娘蒿+葎草+打碗花，野燕麦+卷茎蓼，播娘蒿+节节麦+荠菜，播娘蒿+藜+刺儿菜，播娘蒿+荠菜+麦瓶草+麦家公，播娘蒿+荠菜+野燕麦，播娘蒿+麦家公等。

图2-54 萹蓄危害小麦

本生态区内不同行政区划内杂草群落情况如下：

北京地区：中国农业科学院植物保护研究所报道，目前小麦田主要杂草有茵草、早熟禾、播娘蒿、荠菜、藜、萹蓄、麦家公、刺儿菜、圆叶牵牛、裂叶牵牛、打碗花等。北京市植物保护站2012年报道，北京地区小麦田杂草有78种，以播娘蒿危害为主，局部地区雀麦、葎草、打碗花、卷茎蓼等危害较重。

天津市：毕俊昌等2011年报道，小麦田常见杂草共18科43种，对全市小麦生产造成危害的杂草共8科23种，主要以多种阔叶杂草或禾本科杂草与阔叶杂草混生为主。优势种类主要包括播娘蒿、荠菜、打碗花、葎草、小藜、萹蓄、灰绿碱蓬、牛繁缕等，出现频率分别为100%、64.8%、20.4%、16.9%、20.6%、

33.6%、16.4%、12.3%。常见的群落有播娘蒿+荠菜+打碗花，播娘蒿+荠菜+牛繁缕，荠菜+葎草+灰绿碱蓬等。局部地区以播娘蒿、雀麦、菵草等少元杂草群落组合为主。山东省农业科学院植物保护研究所2013年11月调查资料表明，天津市主要杂草为大穗看麦娘、播娘蒿、荠菜、麦家公等。

河北省北部区域属于北部冬麦区域，山东省农业科学院植物保护研究所2013年11月调查资料表明，播娘蒿、荠菜、雀麦、麦家公、大穗看麦娘、小花糖芥、泥胡菜、麦瓶草、节节麦和藜居于前10位，其中播娘蒿、荠菜和雀麦发生数量多，属于绝对的优势杂草，大穗看麦娘在保定市、天津市等发生也较多（表2-13）。其中，唐山市主要杂草为荠菜、播娘蒿、小花糖芥；廊坊市主要杂草为播娘蒿、荠菜、麦瓶草、麦家公；沧州市主要杂草为播娘蒿、雀麦、荠菜、麦家公、小花糖芥；保定市主要杂草为雀麦、播娘蒿、荠菜、大穗看麦娘、节节麦等。

表 2-13　河北省中北部及天津市小麦田主要杂草优势度

杂草种类	沧州市	廊坊市	保定市	天津市	唐山市
播娘蒿	36.00	49.93	28.65	25.08	23.79
荠菜	17.77	41.47	21.26	16.08	59.80
雀麦	25.47	0.00	33.87	14.78	1.48
麦家公	11.71	1.22	1.46	0.00	0.00
大穗看麦娘	0.00	0.00	6.48	8.20	0.00
小花糖芥	3.45	0.00	2.14	0.00	5.70
泥胡菜	0.18	1.00	0.00	3.22	5.26
麦瓶草	2.66	4.83	0.39	0.00	0.00
节节麦	0.00	0.00	4.85	0.00	0.00
藜	1.60	0.00	0.00	0.36	0.00

（三）长江中下游冬麦区

本区地处长江中下游，北抵淮河，西至鄂西、湘西丘陵地区，东至海滨，南至南岭，包括上海、浙江、江西全部，江苏、安徽、湖北、湖南部分地区，以及河南信阳地区，该地区水热资源丰富，自然降水充沛，种植制度多为一年两熟以至三熟，两熟制以稻-麦或麦-棉为主，间有小麦-杂粮的种植方式，三熟制主要为稻-稻-麦（油菜）或稻-稻-绿肥，丘陵旱地区以一年两熟为主，后茬种植为玉米、花生、芝麻、甘薯、豆类、杂粮、麻类、油菜等。小麦适播期为10月下旬至11月中旬，但播种方式多样，旱茬麦多为机器条播，播种期偏早，稻茬麦播种方式则因水稻收获期不同而异，水稻收获早的小麦播种方式有板茬机器撒播或机器条播，水稻收获偏晚的则在水稻收获前人工撒种套播，但目前建议推广机器条播。小麦成熟期在5月底前后（北部地区）或略早（南部地区）。

该生态区小麦田主要杂草有看麦娘、日本看麦娘、牛繁缕、繁缕、硬草、菵草、早熟禾、长芒棒头草、大巢菜、猪殃殃、藜、蓼、春蓼、雀舌草、碎米荠、稻槎菜、黏毛卷耳、婆婆纳、刺儿菜、荠菜、萹蓄、苣荬菜、泥胡菜、野老鹳草、野豌豆、酸模叶蓼、通泉草、蔊菜、毛茛、羊蹄、泽漆、蛇床、一年蓬、小飞蓬等（图2-55~图2-58）。看麦娘危害面积约333万hm^2，严重危害面积67万hm^2；牛繁缕危害面积在67万hm^2以上。

图2-55　泽漆危害小麦

该生态区小麦田杂草在秋、冬、春季均能萌发生长，但萌发高峰期在秋末冬初。各行政区杂草发生基本情况如下：

江苏省植物保护植物检疫站2012年调查，小麦田主要杂草有46种。娄远来、王开金等报道，苏南丘陵地区和太湖地区杂草以日本看麦娘、看麦娘、稻槎菜、牛繁缕和棒头草等为主，沿海旱茬小麦田以黏毛卷耳、婆婆纳、刺儿菜、猪殃殃等为优势杂草，苏北稻茬小麦田的杂草优势种为硬草和棒头草，旱茬小麦田的主要杂草是播娘蒿和麦家公。扬州大学园艺与植物保护学院报道，扬州市小麦田主要杂草有硬草、菵草、猪殃殃、大巢菜、荠菜、牛繁缕。其中多数地区硬草在稻茬小麦田中占绝对优势，部分田块可形成单一优势种杂草群落。

上海农业技术推广服务中心2012年报道，上海市小麦田主要杂草有53种，主要有看麦娘、日本看麦娘、野燕麦、菵草、硬草、棒头草、早熟禾、藜、蓼、雀麦、荠菜、大巢菜、猪殃殃、婆婆纳、刺儿菜、萹蓄、苣荬菜、羊蹄、泽漆、蛇床、一年蓬、小飞蓬、通泉草、蔊菜、毛茛。

浙江省冬小麦作物田主要杂草是看麦娘、菵草、早熟禾、棒头草、野燕麦、繁缕、牛繁缕、雀舌草、碎米荠、猪殃殃、大巢菜、一年蓬、婆婆纳、卷耳、蚤缀、水蓼、稻槎菜、石龙芮、羊蹄。

图2-56 野老鹳草危害小麦

湖北省植物保护总站2012年报道，小麦田杂草共有20科90种，危害较重的杂草主要有野燕麦、猪殃殃、婆婆纳、野芥菜、牛繁缕、棒头草、茵草、硬草、稻槎菜、大巢菜、看麦娘、荠菜、通泉草、刺儿菜、野老鹳草等。鄂北岗地的优势杂草种类依次为野燕麦、猪殃殃、日本看麦娘、大巢菜、野老鹳草、婆婆纳、牛繁缕、广布野豌豆，江汉平原的优势杂草种类依次为棒头草、猪殃殃、野燕麦、牛繁缕、早熟禾、茵草、婆婆纳、野芥菜，鄂东地区的优势杂草种类依次为猪殃殃、野燕麦、稻槎菜、早熟禾、茵草、看麦娘、通泉草。另外，小麦田栽培、轮作方式也直接影响小麦田杂草的种类，旱田麦的优势杂草种类主要有猪殃殃、婆婆纳、野芥菜、牛繁缕、荠菜、大巢菜、早熟禾、广布野豌豆、野老鹳草等；水田麦的优势杂草种类主要有猪殃殃、野燕麦、棒头草、牛繁缕、茵草、硬草、看麦娘、日本看麦娘、早熟禾、稻槎菜、通泉草、婆婆纳、野老鹳草等。

安徽省植物保护总站2011年调查结果表明，小麦田杂草主要有35种，看麦娘、日本看麦娘、野燕麦、猪殃殃、大巢菜、荠菜、野老鹳草、刺儿菜、田旋花、播娘蒿、牛繁缕、节节麦、早熟禾、茵草、婆婆纳、稻槎菜、碎米荠、棒头草、雀麦、卷耳、宝盖草、糖芥、遏蓝菜、麦家公、泽漆、麦瓶草、王不留行、蚤缀。

河南省南部信阳地区土壤黏重、有机质含量较高、保水力强、湿度较大。山东省农业科学院植物保护研究所2013~2014年度调查资料表明，该区以稻麦轮作田为主，小麦田主要杂草为看麦娘、稻槎菜、猪殃殃、繁缕、牛繁缕、窄叶豌豆、野老鹳草、婆婆纳、焊菜等。

图2-57 菵草危害小麦

图2-58 繁缕危害小麦

（四）西南冬麦区

本区位于长江上游，在我国西南部，地处秦岭以南，川西高原以东，南以贵州省界以及云南南盘江和景东、保山、腾冲一线与华南冬麦区为界，东抵湖南、湖北省界。包括贵州、重庆全部，四川、云南大部（四川省除阿坝、甘孜州南部部分县以外；云南省泸西、新平至保山以北，迪庆、怒州以东）、陕西南部（商洛、安康、汉中）和甘肃陇南地区。全区地形、地势复杂。本区作物以水稻为主，其次是小麦、玉米、甘薯、棉花、油菜、蚕豆及豌豆等。农业区域内海拔差异较大，热量分布不均，种植制度多样，有一年一熟、一年两熟、一年三熟等多种方式。如在云贵高原，海拔2 400 m以上的高寒地区，以一年一熟为主，主要作物有小麦、马铃薯、玉米、荞麦等，小麦与其他作物轮作。小麦既可秋种，也可春播，但产量低且不稳定；海拔1 400~2 400 m的中暖层地带，熟制为一年两熟或两年三熟，主要作物有水稻、小麦、油菜、玉米、蚕豆等，轮作方式以小麦-水稻或小麦-玉米一年两熟制为主；海拔在1 400 m以下的低热地区，主要作物有水稻、小麦、玉米、甘薯、油菜、烟草等。熟制可为一年三熟，轮作方式以稻-稻-麦为主。在四川盆地西部平原地区，以水稻-小麦或油菜一年两熟为主。在四川盆地浅丘陵地区，以小麦、玉米、甘薯三熟套作最为普遍。陕南地区以一年两熟为主，主要种植方式有小麦（油菜）-水稻或小麦（油菜）-玉米（豆类）。甘肃陇南地区多为一年两熟，间有两年三熟，极少一年三熟。其中，一年两熟主要为小麦-玉米或小麦-马铃薯，主要作物有小麦、玉米、马铃薯、豆类、油菜、胡麻、中药材等。适播期因地势复杂而很不一致。高寒山区为8月下旬至9月上旬；浅山区为9月下旬至10月上旬，略有提早；丘陵区多为10月中旬至10月下旬，有些在10 下旬至11 月上旬，如四川盆地丘陵旱地小麦，春性品种最佳播期为10月底至11月上旬，弱春性或海拔较高的地区提前3~5 d；平川地区一般10月下旬至11月上旬，最晚不过11月20日，全区播期前后延伸近3个月。成熟期在平原、丘陵区分别为5月上、中、下旬；山区较晚，在6月下旬至7月上中旬。小麦田主要杂草种类有繁缕、猪殃殃、看麦娘、茵草、播娘蒿、荠菜、野油菜、藜、小藜、雀麦、婆婆纳、牛繁缕、早熟禾、雀舌草、大巢菜、泥胡菜、小飞蓬、野燕麦、酸模叶蓼、棒头草、萹蓄、田旋花、通泉草等（图2-59~图2-61）。

本生态区内各行政区划杂草发生情况：周小刚等报道，四川地处中国西南内陆，地势西高东低，西部为山地、高原，东部为四川盆地，地跨亚热带至亚寒带气候带。麦类种植面积133.3万hm^2左右，以冬小麦为主，有少量春小麦、大麦（包括饲用大麦、啤酒大麦、裸大麦即青稞）。因四川地域宽广，气候条件、土壤类型差异较大，故小麦田杂草种类及分布情况亦有较大差异（表2-14）。四川省小麦田杂草种类有80种以上，分属20余科，以禾本科、菊科、十字花科、石竹科杂草种类居多。川西平原区水旱轮作小麦田以猪殃殃、看麦娘、棒头草、繁缕为优势种群，大巢菜、通泉草、扬子毛茛、荠菜、碎米荠、野芥菜为亚优势种群。局部小麦田中早熟禾成为优势杂草，很难防除。丘陵区水旱轮作小麦田以看麦娘、猪殃殃、繁缕为优势种群，棒头草、大巢菜、扬子毛茛、碎米荠为亚优势种群。丘陵区旱生小麦地以繁缕、猪殃殃为优势种群，看麦娘、田旋花、早熟禾、卷耳、扬子毛茛、大巢菜为亚优势种群。川西高原麦区遭受野燕麦危害十分严重，一般每公顷有野燕麦2.6万~23.6万株，影响产量50%以上，大爪草、密花香薷、猪殃殃、尼泊尔蓼、藜在局部地方危害较重。

表 2-14　四川稻茬小麦田杂草的相对多度（陈庆华，周小刚等）

杂草种类	田间密度 *MD*（株/m^2）	田间均度 *U*（%）	田间频度 *F*（%）	相对密度 *RD*	相对均度 *RU*	相对频度 *RF*	相对多度 *RA*
早熟禾	45	70	83	60.84	31.57	14.65	107.06
看麦娘	38	36	83	51.38	16.24	14.65	82.26
棒头草	34	36	100	45.97	16.24	17.65	79.85
猪殃殃	15	36	100	20.28	16.24	17.65	54.17
繁缕	10	36	58	13.52	16.24	10.24	39.99

续表

杂草种类	田间密度 *MD*（株 /m²）	田间均度 *U*（%）	田间频度 *F*（%）	相对密度 *RD*	相对均度 *RU*	相对频度 *RF*	相对多度 *RA*
通泉草	12	15	58	16.22	6.77	10.24	33.23
扬子毛茛	7	9	58	9.46	4.06	10.24	23.76
野油菜	8	9	33	10.82	4.06	5.82	20.70
碎米荠	6	8	33	8.11	3.61	5.82	17.54
大巢菜	2	8	58	2.70	3.61	10.24	16.55
鼠曲草	2	3	25	2.70	1.35	4.41	8.47
黄鹌菜	1	1	25	1.35	0.45	4.41	6.22
酸模	1	1	25	1.35	0.45	4.41	6.22
艾蒿	0.41	1	16	0.55	0.45	2.82	3.83
荠菜	0.11	1	16	0.15	0.45	2.82	3.42
卷耳	0.11	1	16	0.15	0.45	2.82	3.42
蚤缀	0.04	1	16	0.05	0.45	2.82	3.33
小飞蓬	0.04	1	8	0.05	0.45	1.41	1.92
婆婆纳	0.04	1	8	0.05	0.45	1.41	1.92
稻槎菜	0.04	1	8	0.05	0.45	1.41	1.92

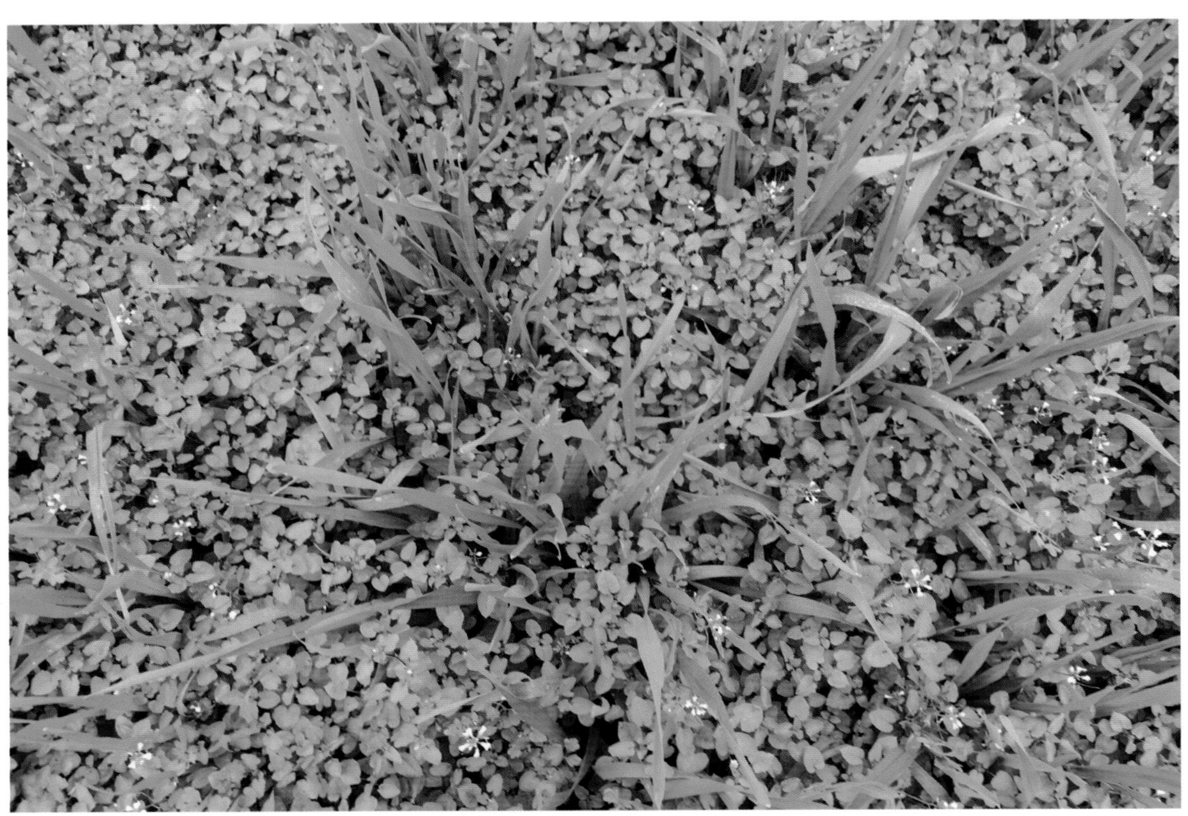

图2-59 繁缕危害小麦（四川，周小刚提供）

图2-60 禾本科、阔叶杂草混生危害小麦（四川，周小刚提供）

图2-61 野芥菜危害小麦（四川，周小刚提供）

贵州省植物保护植物检疫站2012年报道，贵州省优势杂草为猪殃殃、雀舌草、大巢菜、小巢菜、繁缕、牛繁缕、早熟禾、看麦娘等。

四川省植物保护站2012年报道，小麦田主要危害杂草有30多种。其优势种有繁缕、猪殃殃、看麦娘、茵草、播娘蒿、荠菜、野油菜、藜、小藜、雀麦、婆婆纳、大巢菜、泥胡菜等，占小麦田杂草总量的90%以上。小麦田杂草密度一般每平方米300~500株，多的在1 000株以上。稻茬小麦田以看麦娘为主，一般占杂草总量的80%以上。

重庆市植物保护植物检疫站2012年报道，小麦田杂草有52种，主要杂草种类有看麦娘、藜、繁缕、猪殃殃、空心莲子草、黄鹌菜、荠菜、毛茛、雀舌草、婆婆纳、小飞蓬、早熟禾、野燕麦、酸模叶蓼、牛繁缕、小藜、棒头草、萹蓄、田旋花、通泉草、泥胡菜等。

云南省小麦田常见杂草有看麦娘、日本看麦娘、棒头草、早熟禾、野燕麦、牛繁缕、小藜、茵草、猪殃殃、繁缕、播娘蒿、大巢菜、藜、田旋花等。

（五）华南冬麦区

本区位于我国南部，西与缅甸接壤，东抵东海之滨和台湾省，南至海南省并与越南和老挝交界，北以武夷山、南岭为界横跨闽、粤、桂以及云南省南盘江、新平、景东、保山、腾冲一线，包括福建、广东、广西、台湾、海南五省（区）全部及云南省南部的德宏、西双版纳、红河等州部分县。本区地形复杂，有山地、丘陵、平原、盆地，而以山地和丘陵为主，种植制度以一年三熟为主，多数为稻-稻-麦（油菜），部分地区有水稻-小麦或玉米-小麦一年两熟，少有两年三熟。小麦播期通常在11月上中旬，少数在10月下旬播种。成熟期一般在3月初至4月中旬，从南向北逐渐推迟。该区耕地面积约占总土地面积的10%，水稻是本区的主要作物，小麦所占比重较小，小麦田面积只占全国的1.6%左右。

图2-62　稻麦轮作田杂草复合危害

该区小麦田的主要杂草种类有看麦娘、日本看麦娘、雀麦、早熟禾、野燕麦、棒头草、黑麦草、雀舌草、猪殃殃、牛繁缕、婆婆纳、碎米荠、酸模叶蓼、大巢菜、荠菜、山苦荬、泥胡菜、酢浆草、泽漆、田旋花、麦瓶草、藜、小藜、萹蓄、齿果酸模、打碗花、遏蓝菜、稻槎菜、宝盖草、节节菜等。

福建省植物保护植物检疫站2012年报道，福建省小麦田主要杂草有看麦娘、日本看麦娘、雀麦、早熟禾、野燕麦、雀舌草、猪殃殃、牛繁缕、婆婆纳、碎米荠、酸模叶蓼、大巢菜、荠菜、山苦荬、泥胡菜、酢浆草、泽漆、田旋花、麦瓶草、藜、小藜、萹蓄、稻槎菜等。

云南省小麦田主要杂草有野燕麦、看麦娘、日本看麦娘、藜、齿果酸模、蓼、牛繁缕、繁缕、播娘蒿、猪殃殃、大巢菜、小藜、棒头草、田旋花、苣荬菜、打碗花、遏蓝菜、泥胡菜、菵草、黑麦草、早熟禾、红花月见草、酢浆草、南苜蓿、草木樨、荠菜、碎米荠、宝盖草、节节菜等。

（六）东北春麦区

本区位于我国东北部，北部和东部与俄罗斯交界，东南部和朝鲜接壤，西部与内蒙古毗邻，包括黑龙江、吉林两省全部，辽宁省除南部沿海地区以外的大部分及内蒙古东北部。本区地形、地势复杂，境内东、西、北部地势较高，中南部属东北平原，地势平缓。海拔一般为50~400 m，山地最高1 000 m左右。土地资源丰富，土层深厚，适于大型机具作业，尤以黑龙江省为最。全区为中温带向寒温带过渡的大陆性季风气候，冬季漫长而寒冷，夏季短促而温暖。本区大体呈现北部高寒、东部湿润、西部干旱的气候特征。本区主要作物有玉米、春小麦、大豆、水稻、马铃薯、高粱、谷子等。种植制度主要为一年一熟，春小麦多与大豆、玉米、谷子、高粱倒茬。小麦播种期为3月中旬至4月下旬，拔节期为4月下旬至6月初，抽穗期为6月初至7月中旬，成熟期从7月初至8月中旬，表现为从南向北、从东向西逐渐推迟。

该生态区小麦田主要杂草有野燕麦、藜、灰绿藜、滨藜、萹蓄、鸭跖草、鼬瓣花、柳叶刺蓼、狼把草、苣荬菜、田旋花、稗草、大刺儿菜、卷茎蓼、香薷、铁苋菜、离蕊芥、芦苇、香薷、反枝苋、刺儿菜、苍耳、苘麻、问荆、野薄荷、龙葵、垂梗繁缕、麦家公、猪殃殃、猪毛菜等（图2-63、图2-64）。田间杂草4~5月出苗，7~9月开花结实，多数种子在土壤中越冬。

黑龙江省麦类作物田杂草有33种197种。黑龙江农垦总局植物保护站报道，黑龙江垦区小麦田主要杂草有稗草、卷茎蓼、藜、鸭跖草、鼬瓣花、柳叶刺蓼、狼把草、苣荬菜、酸模叶蓼、香薷、反枝苋、刺儿菜、苍耳、苘麻、问荆、野燕麦、大刺儿菜等。王宇等2000年报道，黑龙江北部主要杂草有鸭跖草、香薷、卷茎蓼、问荆、野燕麦、铁苋菜、野薄荷、刺儿菜、鼬瓣花、藜、稗草、苣荬菜、垂梗繁缕等。

内蒙古主要杂草种类为野燕麦、鼬瓣花、卷茎蓼、苣荬菜、萹蓄、猪毛菜、酸模叶蓼、迷果芹、芦苇、刺菜、田旋花、打碗花、苍耳等。内蒙古呼伦贝尔市小麦田杂草有41科166属322种。常见的一年生阔叶杂草有灰绿藜、西伯利亚滨藜、中亚滨藜、野滨藜、灰绿碱蓬、猪毛菜、小藜、荠菜、裂边鼬瓣花、猪殃殃、麦家公、酸模叶蓼、柳叶刺蓼、卷茎蓼、苋菜、苍耳、天蓝苜蓿、薄蒴草、密花香薷；多年生阔叶杂草主要有苣荬菜、刺儿菜、田旋花和大刺儿菜等；禾本科杂草主要有野燕麦、匍匐冰草、狗尾草、茅香、稗和芦苇等。

图2-63　芦苇危害小麦

图2-64　苣荬菜危害小麦

（七）北部春麦区

全区地处大兴安岭以西，长城以北，西至内蒙古伊盟及巴盟，北邻蒙古国，包括河北、陕西两省长城以北地区及山西北部。本区大体位于我国大兴安岭以西，长城以北，西至内蒙古巴彦淖尔市、鄂尔多斯市和乌海市。全区以内蒙古自治区为主，包括内蒙古的锡林郭勒、乌兰察布、呼和浩特、包头、巴彦淖尔、鄂尔多斯及乌海等一盟六市，河北省张家口市、承德市全部，山西省大同市、朔州市、忻州市全部，陕西省榆林长城以北部分县。本区地处内陆，东南季风影响微弱，为典型的大陆性气候，冬寒夏暑，春季多风，气候干燥，日照充足。地形、地势复杂，由海拔3~2 100 m的平原、盆地、丘陵、高原、山地组成。主要作物有小麦、玉米、马铃薯、糜子、谷子、燕麦、谷类、甜菜等。种植制度以一年一熟为主，间有两年三熟。小麦在旱地则主要与豌豆、燕麦、谷子、马铃薯轮作。在灌溉地区则多与玉米、蚕豆、马铃薯等轮作，小麦播种期自3月中旬始至4月中旬，拔节期在5月下旬至6月初，抽穗在6月中旬至7月初，成熟期在7月下旬至8月下旬，从南向北逐渐推迟。内蒙古自治区植物保护植物检疫站2012年报道，内蒙古自治区小麦田杂草有43种，主要为反枝苋、藜、酸模叶蓼、苍耳、田旋花、车前、马齿苋、刺儿菜、猪殃殃、苣荬菜、萹蓄、繁缕、稗草、马唐、狗尾草、芦苇、野燕麦等。

（八）西北春麦区

本区位于黄土高原、内蒙古高原和青藏高原三大高原的交会地带，北接蒙古，西邻新疆，西南以青海省西宁和海东地区为界，东部则与内蒙古巴彦淖尔市、鄂尔多斯市和乌海市相邻，南至甘肃南部，包括内蒙古的阿拉善盟，宁夏全部，甘肃的兰州、临夏、张掖、武威、酒泉区全部以及定西、天水和甘南自治州部分县，青海省西宁市和海东地区全部及黄南、海南州的个别县。本区处于中温带内陆地区，属大陆性气候。冬季寒冷，夏季炎热，春季多风，气候干燥，日照充足，昼夜温差大。本区主要由黄土高原和内蒙古高原组成，海拔1 000~2 500 m，多数为1 500 m左右。本区土壤类型主要为棕钙土及灰钙土，结构疏松，易风蚀沙化，土地贫瘠，水土流失严重。本区主要作物为春小麦，其次为玉米、高粱、糜子、谷子、大麦、豆类、马铃薯、油菜、青稞、燕麦、荞麦等，经济作物有甜菜、胡麻、棉花等。宁夏灌区还有水稻种植。种植制度为一年一熟，轮作方式主要是豌豆、扁豆、糜子、谷子等和小麦轮种。低海拔灌溉地区有其他作物与小麦间、套、复种的种植方式。春小麦通常在3月中旬至4月上旬播种，5月中旬至6月初拔节，6月中旬至6月下旬抽穗，7月下旬至8月中旬成熟。西北春麦区内各行政区划杂草发生情况如下：

甘肃小麦田主要杂草包括野燕麦、田旋花、藜、苣荬菜、猪殃殃、细穗密花香薷、离子芥、雀麦、卷茎蓼、播娘蒿、雀麦、遏蓝菜等。小麦田杂草发生面积每年达50多万hm^2。

宁夏农林科学院植物保护研究所报道宁夏引黄灌区小麦田主要杂草有野燕麦、小藜、萹蓄、苣荬菜、田旋花、狗尾草、卷茎蓼、反枝苋，中部干旱区小麦田主要杂草有灰绿藜、苦荬菜、赖草、打碗花、银灰旋花、虎尾草、狗尾草，南部山区小麦田主要杂草有野燕麦、灰绿藜、田旋花、苦荬菜、打碗花、猪殃殃、独行菜、虎尾草、狗尾草等。宁夏农技推广中心2012年报道，宁夏小麦田杂草有82种，其中优势杂草15种，即藜、灰绿藜、萹蓄、刺儿菜、猪殃殃、野燕麦、苣荬菜、荠菜、田旋花、独行菜、卷茎蓼、细穗密花香薷、麦瓶草、打碗花、问荆等。

青海省农林科学院植物保护研究所魏有海等报道，青海省西宁、海东地区主要杂草种类有67种，隶属于25科，其中优势杂草有密花香薷、猪殃殃、野燕麦、藜、苣荬菜、大刺儿菜6种。区域性优势杂草有卷茎蓼、薄蒴草、萹蓄、狗尾草、节裂角茴香5种。常见杂草有赖草、鹅绒委陵菜、尼泊尔蓼、宝盖草、旱雀麦、西伯利亚蓼、泽漆、田旋花、问荆、小蓝雪花、微孔草、苦苣菜、鼠掌老鹳草、遏蓝菜、天山千里光、早熟禾、野胡萝卜等17种。一般杂草有黄花蒿、芦苇、野艾蒿、糙苏、蒲公英、离蕊芥、二裂叶委陵菜、野芥菜、飞廉、大巢菜、野油菜、宝塔菜、海州香薷、荠菜、繁缕、早开堇菜、大籽蒿、青海苜蓿、多花黑麦草、甘青老鹳草、旱稗、 菊叶香藜、甘肃马先蒿、野荞麦、茵陈蒿、朝天委陵菜、灰绿藜、白刺、鼬瓣花、露蕊乌头、夏至草、披针叶黄花、野薄荷、狼紫草、冬葵、车前、酸模叶蓼、反枝苋等38种。不同地理环境优势杂草略有区别。湟中地区优势杂草种类有猪殃殃、密花香薷、藜、野燕麦、大刺儿菜、芦苇、尼泊尔蓼，民和地区优势杂草种类有狗尾草、藜、萹蓄、野燕麦、田旋花、卷茎蓼、大刺儿菜，平安地区优势杂草种类有野燕麦、猪殃殃、苣荬菜、大刺儿菜、赖草、卷茎蓼、密花香薷、萹蓄、泽漆，化隆地区优势杂草种类有薄蒴草、猪殃殃、野燕麦、卷茎蓼、苣荬菜、密花香薷，大通地区优势杂草种类有野燕麦、猪殃殃、藜、大刺儿菜、问荆、密花香薷，刚察地区优势杂草种类有密花香薷、西伯利亚蓼、薄蒴草、藜、微孔草、旱雀麦、苣荬菜、野胡萝卜。

青海为典型的立体农业种植结构，境内多民族聚居，气候条件、土壤地理环境不同，种植习惯、管理水平各异，农田杂草的发生种类和群落组成差别较大（表2-15），湟中县保护性耕作农田杂草群落组成为猪殃殃+密花香薷+藜+野燕麦+大刺儿菜+芦苇+尼泊尔蓼；民和县由狗尾草+藜+萹蓄+野燕麦+田旋花+卷茎蓼+大刺儿菜等优势种群组成；野燕麦+猪殃殃+苣荬菜+大刺儿菜+赖草+卷茎蓼+密花香薷+萹蓄+泽漆组成平安县保护性耕作农田杂草群落；化隆县杂草群落由薄蒴草+猪殃殃+野燕麦+卷茎蓼+苣荬菜+密花香薷组成；大通县则以野燕麦+猪殃殃+藜+大刺儿菜+问荆+密花香薷组成；刚察县由密花香薷+西伯利亚蓼+薄蒴草+藜+微孔草+旱雀麦+苣荬菜+野胡萝卜组成。不同地区田间群落中优势种群差异较大，除密花香薷、猪殃殃、野燕麦、藜、苣荬菜、大刺儿菜6种杂草在全省保护性耕作田普遍发生危害以外，湟中地区芦苇、尼泊尔蓼，民和地区狗尾草、萹蓄、田旋花，平安地区赖草、泽漆、萹蓄，大通地区问荆，化隆地区薄蒴草，刚察地区薄蒴草、西伯利亚蓼、微孔草、鹅绒委陵菜、野胡萝卜，在本地区危害严重，是当地保护性耕作田优势杂草种群之一，在其他调查地区很少或未见发生。

表 2-15　青海不同地区保护性耕作农田主要杂草的优势度（魏有海等）

杂草名称	湟中	民和	平安	化隆	大通	刚察	全省综合
密花香薷	9.18	4.75	6.83	7.93	6.37	12.94	8.00
猪殃殃	10.09	1.79	9.76	12.98	10.75	2.06	7.91
野燕麦	7.37	6.10	10.11	8.90	13.25	1.04	7.80
藜	7.41	12.02	2.98	4.56	7.09	8.84	7.15
苣荬菜	2.95	2.24	8.77	8.66	4.49	6.53	5.61
大刺儿菜	6.46	5.23	7.36	3.92	6.99	2.17	5.36
卷茎蓼	3.28	5.58	7.06	8.77	3.41	0	4.68
薄蒴草	1.53	0	0	14.20	1.60	10.02	4.56
萹蓄	1.04	8.80	6.68	4.58	3.60	0.93	4.27
狗尾草	0	12.31	0	0	0	0	2.05
节裂角茴香	3.26	4.55	4.35	1.42	3.16	3.46	3.37
赖草	4.62	2.66	7.12	1.99	0	1.39	2.96
鹅绒委陵菜	0.76	0	0.40	0	4.47	7.80	2.24
尼泊尔蓼	5.35	1.09	1.06	3.04	1.19	0.85	2.10
宝盖草	1.10	2.05	3.36	1.70	4.35	0	2.09
旱雀麦	0.82	0.02	0.56	0	3.78	7.28	2.08
西伯利亚蓼	0.11	0	0	0	0	12.12	2.04
泽漆	3.46	1.99	5.15	0.57	0.00	0	1.86
田旋花	1.57	5.92	1.06	0	2.17	0	1.79
问荆	2.41	0.66	0.00	0	6.69	0	1.63
小蓝雪花	0	2.19	2.32	1.97	0	0	1.08
微孔草	0.48	0.21	0.45	0	0	8.44	1.60
苦苣菜	4.89	1.27	1.31	0.48	0.90	0	1.48
鼠掌老鹳草	1.95	0.92	0.67	0	4.89	0	1.41
遏蓝菜	1.14	0.02	0	0	3.36	3.36	1.31
天山千里光	0	3.90	0	0	0	0	0.65
早熟禾	0.82	0.51	0	2.78	3.51	0.00	1.27
野胡萝卜	0	0	0	0	0	5.91	0.99
黄花蒿	0.98	0	0.36	4.21	0	0	0.93
芦苇	5.49	0	0	0	0	0	0.92
野艾蒿	0.39	0	0.80	0	1.82	1.04	0.68
糙苏	0	0	0	4.09	0	0	1.02
蒲公英	0	2.70	0	0	0	0	0.45
离蕊芥	0.13	0	0	0	0	3.81	0.66
二裂叶委陵菜	0.44	1.39	1.98	0	0	0	0.64

续表

杂草名称	湟中	民和	平安	化隆	大通	刚察	全省综合
野芥菜	3.16	0.51	0	0	0	0	0.61
飞廉	1.27	0.39	0	1.62	0	0	0.55
大巢菜	0	0.75	0.76	0	0	0	0.25
野油菜	0.35	0.89	1.40	0	0	0	0.44
宝塔菜	0.26	0.66	1.18	0	0.44	0	0.42
海州香薷	0.60	0.58	1.33	0	0	0	0.42
荠菜	1.15	1.28	0	0	0	0	0.41
繁缕	1.14	0.22	0.43	0	0.49	0	0.38
早开堇菜	0	1.01	0.41	0	0	0	0.23
大籽蒿	0	0.59	0	0.66	0	0	0.21

注：表中所列为综合优势度在0.2以上的杂草。

（九）新疆冬春小麦区

本区位于我国西北边疆，处于亚欧大陆中心。全区只有新疆维吾尔自治区，是全国唯一的以单个省（自治区）划为小麦亚区的区域。本区四周高山环绕，海洋湿气受到阻隔，属典型的温带大陆性气候。冬季严寒，夏季酷热，降水量少，阳光充足。全区南北自然条件差异大，小麦品种类型多，包括春性、弱冬性、冬性和强冬性的品种，故有北疆和南疆之分。春小麦播种期在4月上旬至中旬，拔节期为5月中旬初至下旬初，抽穗期为6月中旬初至下旬初，成熟期为7月下旬至8月中旬初，表现由南向北逐渐推迟。北疆种植制度以一年一熟为主，主要作物有小麦、玉米、棉花、甜菜、油菜等，以小麦与其他作物轮作。个别冷凉山区种植作物单一，小麦连年重茬种植。南疆阿克苏、喀什、和田地区主要种植春小麦。冬小麦播种期一般在9月下旬至10月上旬，拔节期在3月底至4月初，抽穗期在4月底至5月初，成熟期在6月中旬至下旬。春小麦播种期一般为3月初至4月初，但开春早的吐鲁番地区2月底即可播种；冷凉山区可能延迟到4月中旬。拔节期一般在5月上旬，最晚至5月中旬初；抽穗期在6月初至中旬；成熟期一般在7月上旬至下旬，个别地区（伊犁地区的昭苏等地）在8月下旬成熟。南疆热量条件好，种植制度虽以一年两熟为主，以小麦套种玉米或复种玉米为主，或冬小麦之后复种豆类、糜子、水稻及蔬菜作物。也有两年三熟制，冬小麦后复种夏玉米，翌春再种棉花。新疆小麦播种面积在100万hm^2左右，小麦种植面积为全国的4.5%左右。

该区杂草危害面积在33万hm^2以上。郭文超等对新疆的调查表明，小麦田杂草分属于24科107种，常见杂草有46种，危害较重的有播娘蒿、藜、野燕麦、田旋花、萹蓄、芦苇、麦瓶草（图2-65）等。

新疆南部和田、喀什地区以及北部的伊犁河谷区域、昌吉州等地的大部分区域处于海拔相对较低的盆地边缘绿洲平原和河谷地区，此区域小麦田杂草群落基本以双子叶阔叶杂草为主，以单子叶禾本科杂草为辅。如喀什绿洲平原区域双子叶杂草占杂草总量的84.9%，其中优势杂草为播娘蒿、灰绿藜、田旋花、萹蓄；单子叶禾本科杂草占杂草总量的15.1%，优势种群为野燕麦、稗草、狗尾草、芦苇等。以新疆南部喀什地区的塔什库尔干县以及新疆北部伊犁河谷的昭苏县春麦区为代表的高海拔、无霜期短的地区，小麦田杂草则以单子叶杂草为主，如伊犁河谷地区昭苏县春麦区小麦田杂草以野燕麦、狗尾草为优势种群，占总量的70%以上。高海拔的山地与海拔相对低的绿洲平原之间的过渡区域小麦田单、双子叶杂草所占的比例基本相同，如新疆北部伊犁河谷的尼勒克县春小麦田以块茎香豌豆、野燕麦、苦苣菜三种杂草为优势种群，块茎香豌豆、野燕麦和苦苣菜相对多度分别为54.9%、52.3%和46%；新疆南部喀什疏附县的部分小麦田主要杂草以播娘蒿、野燕麦为主。另外，同一区域春小麦田与冬小麦田、旱作与水浇小麦田之间杂草群落结构均存在差异。例如新疆昌吉州奇台县旱作小麦田杂草主要种类有小蓟、苦蒿、田旋花、灰绿藜等，相同区域的水浇地小麦田杂草主要有播娘蒿、野荞麦、灰绿藜、小蓟、麦家公、田旋花、萹蓄、猪殃殃等；伊犁河谷冬小麦主要杂草有灰绿藜、萹蓄等，占杂草总量的69%，而相同区域的春小麦田主要以块茎香豌豆、野燕麦、苦苣菜等杂草为优势种群，春小麦田杂草危害重于冬小麦田。新疆建设兵团报道，兵团小麦田主要杂草有播娘蒿、芦苇、灰绿藜（图2-66）、稗草、猪殃殃、荠菜、田旋花、野燕麦、硬草、看麦娘、野豌豆等。

图2-65　麦瓶草

图2-66　灰绿藜危害小麦（新疆，李广阔提供）

（十）青藏春冬麦区

本区位于我国西南部，包括西藏自治区全部，青海省除西宁市及海东地区以外的大部，甘肃省西南部的甘南州大部，四川省西部的阿坝、甘孜州以及云南省西北的迪庆州和怒江州部分县。青藏麦区小麦面积常年在14.7万hm^2左右，是全国小麦面积最小的麦区，其中春小麦面积占本区小麦面积的66%以上。除青海省全部种植春小麦外，四川省阿坝、甘孜州及甘肃省甘南州也均以春小麦为主，而西藏自治区冬小麦面积大于春小麦面积。全区属青藏高原，是全国面积最大和海拔最高的高原，高海拔、强日照、气温日差较大是本区的主要特点。小麦主要分布的地区，青海省一般在海拔2 600~3 200 m的高原，而西藏则大部分在海拔2 600~3 200 m的河谷地。本区种植的作物有春小麦、冬小麦、青稞、豌豆、蚕豆、荞麦、水稻、玉米、油菜、马铃薯等，以春、冬小麦为主。主要为一年一熟，小麦多与青稞、豆类、荞麦换茬。青藏高原南部的峡谷低地可实行一年两熟或两年三熟。一般春小麦播期在3月下旬至4月中旬，拔节期在6月上旬至中旬，抽穗期在7月上旬至中旬，成熟期在9月初至9月底。冬小麦一般9月下旬至10月上旬播种，翌年5月上旬至中旬拔节，5月下旬至6月中旬抽穗，8月中旬至9月上旬成熟，为全国冬小麦生育期最长的地区。该区小麦种植面积占全国的0.5%左右。

该区小麦田主要常见杂草有薄蒴草、野燕麦、卷茎蓼、田旋花、藜、密花香薷、野荞麦、刻叶刺儿菜、猪殃殃、苣荬菜、野芥菜、萹蓄、大巢菜、遏蓝菜等。

魏有海等报道，青海省环湖农业区小麦田优势杂草有西伯利亚蓼、野燕麦、苣荬菜、刻叶刺儿菜、薄蒴草、苦荬菜、旱雀麦、野胡萝卜等。

魏有海等报道，柴达木盆地小麦田杂草有18科52属60种。其中，野燕麦、萹蓄、苦苣菜、藜、藏蓟、苣荬菜6种杂草为柴达木盆地小麦田优势杂草。赖草、芦苇、早熟禾、野油菜等4种杂草为区域性优势杂草。离蕊芥、阔叶独行菜、西伯利亚滨藜、灰绿藜、狗尾草、野艾蒿、蒙山莴苣、自生青稞、大巢菜、二裂叶委陵菜、白刺、密花香薷、雀麦、白香草木樨等14种杂草为小麦田常见杂草。此外，一般杂草有36种，如三脉紫菀、猪殃殃、节裂角茴香、车前、田旋花、猪毛菜、卷茎蓼、蒲公英、泽漆、天山千里光、鼠掌老鹳草、宝盖草、问荆、野芥菜、飞廉、遏蓝菜、荠菜、菊叶香藜、黄花苜蓿、反枝苋、薄蒴草、繁缕、枸杞、旱雀麦、西伯利亚蓼、披针叶黄华、独行菜、野薄荷、微孔草、黄花棘豆、羊茅、西北针茅、阿尔泰紫菀、鹅绒委陵菜、黄芪、雾冰藜等（表2-16）。

表 2-16　柴达木盆地小麦田主要杂草的优势度（魏有海等）

杂草名称	德令哈	都兰	格尔木	乌兰	综合
野燕麦	33.48	25.30	11.69	7.97	19.61
萹蓄	34.51	8.16	11.54	23.90	19.53
苦苣菜	10.82	35.50	3.11	10.32	14.94
藜	7.99	14.93	6.99	25.24	13.79
藏蓟	9.59	12.85	4.25	20.64	11.83
苣荬菜	18.86	4.30	0	23.31	11.62
赖草	1.28	10.80	16.89	10.67	9.91
芦苇	0	0	34.70	3.62	9.58
早熟禾	2.50	10.13	11.36	5.62	7.40
野油菜	3.91	14.87	0	10.59	7.34
离蕊芥	9.09	9.75	0	0	4.71
阔叶独行菜	9.46	1.92	0	6.00	4.35
西伯利亚滨藜	1.72	13.38	0	0	3.78

续表

杂草名称	德令哈	都兰	格尔木	乌兰	综合
灰绿藜	0	1.56	0	12.84	3.60
狗尾草	9.36	0	5.02	0	3.60
野艾蒿	8.58	2.47	0	2.22	3.32
蒙山莴苣	0	12.06	0	0.93	3.25
自生青稞	0	6.62	5.45	0	3.02
大巢菜	7.07	0	1.80	1.69	2.64
二裂叶委陵菜	2.50	0.87	0	3.79	1.79
白刺	0	6.20	0	0	1.55
密花香薷	4.49	0	0	0.79	1.32
雀麦	0	5.26	0	0	1.32
白香草木樨	0	4.35	0	0	1.09
三脉紫菀	3.55	0	0	0	0.89
猪殃殃	1.73	0	0	0.98	0.68
车前	2.56	0	0	0	0.64
节裂角茴香	1.25	0.76	0	0	0.50

注：表中所列为综合优势度在0.5及以上的杂草。

主要参考文献

［1］艾萍. 小麦田菵草对精噁唑禾草灵抗药性的初步研究［D］. 南京：南京农业大学，2011.

［2］毕俊昌，冯学良，孙彦辉，等. 天津市麦田杂草群落构成调查及化学防除技术［J］.天津农业科学，2011，17（4）：71-73.

［3］曹慧，钟永玲. 当前小麦市场形势分析及后期展望［J］. 农业展望，2011，（5）：7-11.

［4］车晋滇. 北京市麦田杂草群落演替与防除技术［J］. 杂草科学，2008，（2）：26-30.

［5］陈保桦，张娟，伊布，等. 野燕麦群体对麦极抗药性的研究［J］. 中国农学通报，2011，18：255-259.

［6］陈欣，王兆骞，唐建军. 农业生态系统杂草多样性保持的生态学功能［J］. 生态学杂志，2000，19（4）：50-52.

［7］褚建君，李扬汉. 菵草生物学特性及其可利用性探讨［J］. 杂草科学，2002，（1）：1-4.

［8］崔海兰. 播娘蒿对苯磺隆的抗药性研究［D］. 北京：中国农业科学院，2009.

［9］戴晓琴，欧阳竹，李运生. 耕作措施和施肥方式对麦田杂草密度和生物量的影响［J］. 生态学杂志，2011，（2）：234-240.

［10］房锋，高兴祥，魏守辉，等. 麦田恶性杂草节节麦在中国的发生发展［J］. 草业学报，2015，24（2）：194−201.

［11］房锋，李美，高兴祥，等. 麦田播娘蒿发生动态及其对小麦产量构成因素的影响［J］. 中国农业科学，2015，48（13）：2559-2568.

［12］房锋，张朝贤，黄红娟，等. 麦田节节麦发生动态及其对小麦产量的影响［J］. 生态学报，

2014，34（14）：3917-3923.

[13] 高宗军，李美，高兴祥，等. 不同耕作方式对农田环境及冬小麦生产的影响［J］. 中国农学通报，2011，27（1）：36-41.

[14] 高宗军，李美，高兴祥，等. 不同耕作制度对冬小麦田杂草群落的影响［J］. 草业学报，2011，20（1）：15-31.

[15] 高兴祥，李美，房锋，等. 山东省小麦田杂草组成及群落特征防除［J］. 草业学报，2014，23（5）：92-98.

[16] 高兴祥，李美，房锋，等. 河南省小麦田杂草组成及群落特征防除［J］. 麦类作物学报，2016，36（10）：1402-1408.

[17] 高兴祥，李美，高宗军，等. 山东省小麦田播娘蒿对苯磺隆的抗性测定［J］. 植物保护学报，2014，41（3）：373-378.

[18] 郭峰. 日本看麦娘、野燕麦对精噁唑禾草灵及炔草酯的抗药性研究［D］. 中国农业科学院硕士论文，2011.

[19] 郭文超，张淳，李新唐，等. 新疆麦田杂草种类、分布危害及其综合防治技术［J］. 新疆农业科学，2008，45（4）：676-681.

[20] 何翠娟，周伟军，金燕. 上海市麦田杂草的发生、危害现状和防除对策［J］. 上海交通大学学报：农业科学版，2004，4（22）：393-399.

[21] 浑之英，袁立兵，王莎，等. 河北省保定市麦田禾本科杂草发生情况调查［J］. 河北农业科学，2011，15（1）：41-43，59.

[22] 蒋仁棠，谈文瑾，唐吉燕，等. 山东省麦田杂草发生及其化学防除策略研究［J］. 杂草科学，1991，（4）：3-5.

[23] 李慈厚，李红阳，李洪山. 盐城沿海农业区麦田杂草群落演替及控治对策［J］. 杂草科学，2003，（1）：28-30.

[24] 李贵，吴竞仑. 江苏省小麦田禾本科杂草发生趋势及防除策略思考［J］. 杂草科学，2006，（4）：9-10.

[25] 李美，高兴祥，李健，等. 黄淮海冬小麦田杂草发生现状、防除难点及防控技术［J］. 山东农业科学，2016，48（11）：119-124.

[26] 李扬汉. 中国杂草志［M］. 北京：中国农业出版社，1998.

[27] 李香菊，王贵启，吕德滋. 小麦不同种植密度及种植方式对杂草生长的控制作用研究［C］. 面向21世纪中国农田杂草可持续治理——第六次全国杂草科学学术研讨会论文集，1999，131-136.

[28] 刘宝祥，张锁荣. 麦田茵草对精噁唑禾草灵的抗药性研究［J］. 江苏农业科学，2008，（4）：124-126.

[29] 娄远来，薛光，邓渊钰. 江苏省稻茬麦田杂草分布与危害［J］. 江苏农业科学，1998，（2）：36-37.

[30] 马丽荣. 兰州引黄灌区小麦和玉米田杂草群落及生态位研究［D］. 兰州：甘肃农业大学，2006.

[31] 彭学岗，王金信，段敏，等. 中国北方部分冬麦区猪殃殃对苯磺隆的抗性水平［J］. 植物保护学报，2008，（5）：458-462.

[32] 田欣欣，薄存瑶，李丽，等. 耕作措施对冬小麦田杂草生物多样性及产量的影响［J］. 生态学报，2011，31（10）：2768-2775.

[33] 苏毅，傅凯廉，刘金才. 河北中部麦田杂草的发生规律及其化学防除技术研究［J］. 河北农业大学学报，1989，12（1）：94-99.

[34] 孙健，王金信，张宏军，等. 抗苯磺隆猪殃殃乙酰乳酸合成酶的突变研究[J]. 中国农业科学，2010，43（5）：972-977.
[35] 王开金，强胜. 江苏南部麦田杂草群落发生分布规律的数量分析[J]. 生物数学学报，2005，20（1）：107-114.
[36] 王开金，强胜. 江苏省长江以北地区麦田杂草群落的定量分析[J]. 江苏农业学报，2002，18（3）：147-153.
[37] 王宇，黄春艳，朱玉芹，等. 黑龙江省北部小麦田杂草调查[J]. 黑龙江农业科学，2000，（2）：12-13.
[38] 魏有海，郭青云，郭良芝，等. 青海保护性耕作农田杂草群落组成及生物多样性[J]. 干旱地区农业研究，2013，31（1）：219-225.
[39] 韦永保. 单季籼型杂交稻与小麦轮作区麦田禾本科杂草出土规律调查[J]. 杂草科学，2011，29（4）：40-41.
[40] 吴小虎，王金信，刘伟堂，等. 山东省部分市县麦田杂草麦家公对苯磺隆的抗药性[J]. 农药学学报，2011，（6）：597-602.
[41] 饶娜，董立尧，李俊，等. 江苏省麦田杂草的发生、危害及防除研究进展[J]. 杂草科学，2007，（1）：13-15，48.
[42] 张殿京，陈仁霖. 农田杂草化学防除大全[M]. 上海：上海科学技术文献出版社，1992.
[43] 张玉聚，李洪连，张振臣，等. 农业病虫草害防治新技术精解之中国农田杂草防治原色图解[M]. 北京：中国农业科学技术出版社，2010.
[44] 张凤海，胡兰英. 麦田硬草的发生特点及防除途径探讨[J]. 杂草科学，1998，（1）：42-43.
[45] 王兆龙，马式廉，黄奔立，等. 硬草主要生物学特性及防除途径的研究[J]. 植物保护学报，1993，20（4）：363-368.
[46] 杨爱国，张银贵，尹祝生. 姜堰市麦田杂草发生特点与防除对策[J]. 杂草科学，2004，（4）：31.
[47] 姚万生，雷树武，薛少平. 关中地区麦田杂草危害状况及防除对策[J]. 干旱地区农业研究，2008，（4）：121-124.
[48] 王金信[. 山东省麦田杂草发生及其化学防除[J]. 农药，1998，37（2）：11-12，19.
[49] 王丽英，郑晓东. 山西省麦田化学除草现状及综合防治对策[J]. 农业技术与装备，2011，（22）：14-15.
[50] 王亚红. 陕西关中灌区麦田杂草发生现状及防除技术研究[D]. 西安：西北农林科技大学，2004.
[51] 魏守辉，强胜，马波，等. 不同作物轮作制度对土壤杂草种子库特征的影响[J]. 生态学杂志，2005，24（4）：385-389.
[52] 许艳丽，李兆林，李春杰. 小麦连作、迎茬和轮作对麦田杂草群落的影响[J]. 植物保护，2004，30（4）：26-29.
[53] 张朝贤，倪汉文，魏守辉，等. 杂草抗药性研究进展[J]. 中国农业科学，2009，42（4）：1274-1289.
[54] 张朝贤，李香菊，黄红娟，等. 警惕麦田恶性杂草节节麦蔓延危害[J]. 植物保护学报，2007，34（1）：103-106.
[55] 赵广才. 中国小麦种植区域的生态特点[J]. 麦类作物学报，2010，30（4）：684-686.
[56] 赵广才. 中国小麦种植区划研究（一）[J]. 麦类作物学报，2010，30（5）：886-895.
[57] 赵广才. 中国小麦种植区划研究（二）[J]. 麦类作物学报，2010，30（6）：1140-1147.
[58] 朱玉斌，何建国，王玲，等. 麦田杂草消长危害调查与防治技术研究[J]. 甘肃科技，2008，24（22）：183-184.

第三章　中国小麦田主要杂草图谱与识别

一、蓼科 Polygonaceae

茎节通常肿胀。单叶，互生，具托叶鞘，圆筒形，膜质。花两性，整齐、簇生或由花簇组成穗状、头状、总状或圆锥花序。瘦果，胚常呈“S”形弯曲。

本科约50属1 120种，主要分布于北温带。我国有13属230多种，分布于各省（区）。

（一）萹蓄 *Polygonum aviculare* L.

【别名】　地蓼、猪牙菜。

【识别要点】　成株高10~40 cm，常有白色粉霜。茎自基部分枝，平卧、斜上或近直立。叶互生，具短柄或近无柄；叶片狭椭圆形或线状披针形；托叶鞘抱茎，白色膜质，顶端撕裂状，下部褐色。花小，常数朵簇生于叶腋；花被5片深裂，边缘白色或淡红色。瘦果卵状三棱形，密被由小点组成的细条纹（图3-1）。

【生物学特性】　一年生草本，种子繁殖。种子发芽的适宜温度为10~20 ℃，适宜土层深度为1~4 cm。在我国中北部地区，集中于3~4月出苗，5~9月开花结果。6月以后果实渐次成熟，种子落地，经越冬休眠后萌发。

【分布与危害】　分布于全国各地，北方更为普遍。

图3-1A　花|图3–1B　植株|图3–1C　幼苗|图3–1D　花序

（二）酸模叶蓼 *Polygonum lapathifolium* L.

【别名】 菟酸子。

【识别要点】 茎直立或斜上。高40~90 cm，基部有分枝，无毛。叶互生，具短柄；叶片宽披针形或披针形，先端急尖，基部楔形，上部带有黑褐色新月形斑点，两面沿中脉生短硬毛，全缘，有缘毛；托叶鞘筒状，无毛。穗状花序顶生或腋生，花绿白色或淡红色。瘦果宽卵形，双凹，熟时深褐色（图3-2）。

【生物学特性】 一年生草本，花期6~8月，果期7~9月。

【分布与危害】 分布于全国各地。生于农田、路旁、沟渠等处；主要危害小麦、棉花、豆类、蔬菜和幼林。

图3-2A 花序|图3-2B 单株

（三）绵毛酸模叶蓼 *Polygonum lapathifolium* var. *salicifolium* Sibth.

【识别要点】 本变种与正种酸模叶蓼的形态特征很近似，主要区别是变种的叶下面密生灰白色绵毛，绵毛脱落后常具棕黄色小点（图3–3）。

【生物学特性】 种子繁殖，一年生草本。种子发芽的适宜温度为15~20 ℃，适宜土层深度为2~3 cm。多次开花结实，东北地区及黄河流域4~5月出苗，花果期7~9月。种子经冬天休眠后萌发。

【分布与危害】 分布于黑龙江、辽宁、河北、山东、山西、江苏、安徽、湖北、广东等省。是危害水稻、小麦、棉花、豆类的常见杂草，为一种适应性较强的农田及非农田杂草。

图3–3A 单株 | 图3–3B 花序 | 图3–3C 幼苗

（四）卷茎蓼 *Fallopia convolvulus* (L.) A．Love

【别名】 荞麦蔓。

【识别要点】 子叶椭圆形，先端急尖，基部楔形，具短柄。下胚轴发达，表面密生极细的刺状毛，上胚轴亦发达，下段被子叶柄相连合成的“子叶管”所包裹，呈六棱形，棱角上密生极细的刺状毛。初生叶1片，卵状三角形，边缘微波状，基部心状箭形，具长柄，托叶鞘白色，膜质。茎缠绕，细弱，有不明显的条棱，粗糙或疏生柔毛。叶互生；叶片卵形，成株长3~6cm，宽2~5cm。先端渐尖，基部宽心形，无毛或沿脉和边缘疏生短毛。下面沿叶脉具小突起，边缘全缘，具小突起。叶柄长1.5~5cm，沿棱具小突起。托叶鞘膜质，长3~4mm，偏斜，无缘毛。花果期6~9月。总状花序顶生或腋生。花稀疏排列，下部间断，有时成花簇。苞片长卵形，顶端尖，每苞具2~4花。花梗细弱，比苞片长，中上部具关节。花被5深裂，淡绿色，边缘白色，花被片长椭圆形，外面3片背部具龙骨状突起或狭翅，被小突起，果时稍增大。雄蕊8枚，比花被短。花柱3个，极短，柱头头状。瘦果椭圆形，具3棱，长约3 mm，黑色，密被小颗粒，无光泽，包于宿存花被内（图3-4）。

【生物学特性】 一年生缠绕草本。生于山坡草地、山谷灌丛、沟边湿地等处。种子繁殖。

【分布与危害】 东北、华北、西北、西南、华中均有分布。青海、四川分布较广，发生量小，个别地方较多。

图3-4A 单株

图3-4B 花序 | 图3-4C 幼苗

二、藜科 Chenopodiaceae

草本，具泡状粉。花小，单被；雄蕊对萼；子房2~3心皮结合，子房1室，基底胎座。胞果，胚弯曲。

主要分布于温、寒带的滨海或含盐分多的地区。我国产39属186种，全国分布，尤以西北荒漠地区为多。

（一）藜 *Chenopodium album* L.

【别名】 灰菜、落藜。

【识别要点】 茎直立，高60~120 cm。叶互生，菱状卵形或近三角形，基部宽楔形，叶缘具不整齐锯齿；花两性，数个花集成团伞花簇，花小（图3-5）。

【生物学特性】 种子繁殖。适应性强，抗寒、耐旱，喜肥、喜光。从早春到晚秋可随时发芽出苗。适宜的发芽温度为10~40 ℃，适宜的土层深度在4 cm以内。3~4月出苗，7~8月开花，8~9月成熟。

种子落地或借外力传播。每株结种子可达22 400粒，种子经冬眠后萌发。

【分布与危害】 全国各地都有分布。是农田重要杂草，发生量大、危害严重，密度在1.45~1.83株/m^2时应防除。

图3-5A 单株

图3-5B 花序

图3-5C 幼苗

（二）小藜 *Chenopodium serotinum* L.

【别名】 灰条菜、小灰条。

【识别要点】 茎直立，高20~50 cm。叶互生，具柄；叶片长卵形或长圆形，边缘有波状锯齿，叶两面疏生粉粒，短穗状花序，腋生或顶生（图3-6）。

【生物学特性】 种子繁殖、越冬，一年两代。在河南省内，第一代3月出苗，5月开花，5月底至6月初果实渐次成熟；第二代随着秋作物的早晚不同，其物候期不一，通常7~8月发芽，9月开花，10月果实成熟，成株每株产种子数万至数十万粒。生殖力强，在土层深处能保持10年以上仍有发芽能力，被牲畜食后排出体外还能发芽。

【分布与危害】 除西藏外，全国各地均有分布。部分小麦、玉米、花生、大豆、棉花、蔬菜等作物受害较重。生长快，密度大，强烈地消耗地力，为农田主要杂草。

图3-6A 花序	图3-6B 果实
图3-6C 单株	图3-6D 幼苗

（三）灰绿藜 *Chenopodium glaucum* L.

【别名】 灰灰菜、翻白藤。

【识别要点】 高10~30 cm，分枝平卧或斜升，有绿色或紫红色条纹。叶互生，长圆状卵圆形至披针形，叶缘具波状齿，上面深绿色，下面有较厚的灰白色或淡紫色白粉粒。花序排列成穗状或圆锥状；花被3~4片，浅绿色，肥厚，基部合生（图3-7）。

【生物学特性】 种子繁殖，一年生或二年生草本。种子发芽的最低温度为5 ℃，最适温度15~30 ℃，最高温度40 ℃；适宜土层深度在3 cm以内。在河南，果园、小麦田3月发生，5月见花，6月果实渐次成熟；棉田5月出苗，菜地6~7月屡见幼苗。花、果期7~10月。

【分布与危害】 分布于东北、华北、西北等地。适生于轻盐碱地。发生量大，危害重，为果园、小麦田和秋熟作物田主要杂草。

图3-7A 单株

图3-7B 花序

三、苋科 Amaranthaceae

一年生或多年生草本。叶互生，全缘，无托叶。花小，两性，为单一或圆锥形的穗状、聚伞状、头状花序；苞片和2小苞片干膜质。果实为胞果，胚弯曲。

本科约65属850种，分布很广。我国有13属，约50种；其中，杂草5属17种。

（一）绿苋 *Amaranthus viridis* L.

【别名】 皱果苋。

【识别要点】 高20~30 cm，茎直立，常由基部散射出3~5个分枝。叶卵形至卵状椭圆形，先端微凹，有一小芒尖，叶面常有“V”字形白斑，背面淡绿色。花小，腋生穗状花序，或再集成大型顶生圆锥花序。胞果扁圆形（图3-8）。

【生物学特性】 一年生草本，种子繁殖。3~4月为苗期，花期6~10月，7月果实逐渐成熟，一株可产种子2万多粒。

【分布与危害】 分布广泛，适应能力强，为农田主要杂草。

图3-8A 幼苗 | 图3-8B 穗

图3-8C 单株

（二）反枝苋 *Amaranthus retroflexus* L.

【别名】 人苋菜、西风谷、野苋菜。

【识别要点】 高20~80 cm，全株有短柔毛，苞片顶端针刺状；茎直立，单一或分枝。叶菱状卵形或椭圆状卵形，先端锐尖或微凹，基部楔形，全缘或波状缘；花序圆锥状，较粗壮，顶生或腋生，由多数穗状花序组成，花被5片，雄蕊5枚。胞果扁卵形至扁圆形（图3-9）。

【生物学特性】 一年生草本，种子繁殖。华北地区早春萌发，4月初出苗，4月中旬至5月上旬为出苗高峰期；花期7~8月，果期8~9月；种子边成熟边脱落，借风传播。适宜发芽温度为15~30 ℃，通常发芽深度多在2 cm以内；生活力强，种子量大，每株可产种子达几万粒，种子埋于土层深处10年以上仍有发芽能力。

【分布与危害】 分布广泛，适应性强，喜湿润环境，也比较耐旱。为农田主要杂草。

图3-9A 单株
图3-9B 幼苗
图3-9C 穗

四、石竹科 Caryophyllaceae

草本。茎通常于节部膨大。单叶对生，全缘，基部常连合，有时具膜质托叶。花常两性，整齐，常组成聚伞花序；萼片4~5片，宿存；花瓣4~5片，稀无花瓣，蒴果。

广布全球，约80属2 000种。我国有30属，约400种，主要杂草有11种。大多发生和分布于我国亚热带和温带地区，且多是越冬性杂草，有些种类在我国危害较为严重。

（一）蚤缀 *Arenaria serpyllifolia* L.

【别名】 小无心菜、鹅不食草、卵叶蚤缀、无心菜。

【识别要点】 高10~30 cm，茎丛生，叉状分枝，下部平卧，上部直立。叶小对生，卵形，无柄，先端尖，具睫毛，全缘，无柄；聚伞花序疏生枝端；花瓣5片，全缘无裂齿，倒卵形，白色（图3-10）。

【生物学特性】 一年生或越年生草本。种子繁殖，幼苗或种子越冬。出苗期多在11月左右，亦可延迟至翌年春季，花期4~5月，果期5月。种子边成熟边落入土壤。

【分布与危害】 分布于全国。生于小麦田、油菜田、果园、菜地等。尤以沙性土壤发生密度大，如河滩地。有一定危害。

图3-10A 花

图3-10B 单株

（二）球序卷耳 *Cerastium glomeratum* Thuill.

【别名】 婆婆指甲菜、黏毛卷耳。

【识别要点】 茎高20~35 cm，被白色柔毛。叶倒卵形或卵圆形，质薄，长0.5~1.2 cm，宽0.4~1 cm，先端圆形或急尖，基部楔形或圆形，边缘具缘毛，两面疏被长柔毛。聚伞花序多花，幼时密集成头状；花梗于花时长1~3（5）mm，被腺毛；萼片披针形，长4~5 mm，先端尖，有狭膜质边缘，被腺毛；花瓣白色，基部楔形，与萼片近等长，先端2裂；雄蕊10枚，花丝短于花瓣，花药淡黄色；子房卵圆形，长约2 mm，花柱5个，长约1.5 mm。蒴果圆筒形，种子卵圆形而略扁，表面有疣状突起（图3-11）。

【生物学特性】 二年生或有时一年生草本。苗期11月至翌年2月，花果期4~5月。一般早于夏收作物20 d左右果熟开裂，种子脱落，同时植株枯萎。以种子繁殖。

【分布与危害】 喜生于干燥疏松的土壤，在长江流域，发生于丘岗地及沿江冲积土形成的平原，尤其是冲积平原上麦棉轮作的旱地危害较严重，是该地区发生量最大的杂草。分布于江苏、浙江、福建、江西、湖南、台湾和西藏等省区。

图3-11A 花序

图3-11B 单株

（三）簇生卷耳 *Cerastium caespitosum* Gilib

【识别要点】 高10~30 cm，茎单一或簇生，有短柔毛。茎生叶匙形或倒卵状披针形，先端急尖，基部渐狭成柄，中上部叶近无柄，狭卵形至披针形，长1~3 cm，宽3~10 cm，两面均贴生短柔毛，叶缘有睫毛。二歧聚伞花序顶生；花梗密生长腺毛，花后顶端下弯，苞片叶状，萼片5片，花瓣5片，白色。子房长圆形，花柱5个。蒴果圆柱形，种子褐色，卵圆形，有疣状突起（图3-12）。

【生物学特性】 越年生或一年生草本。种子繁殖。种子及幼苗越冬，花期4~7月，果期5~8月。

【分布与危害】 分布于全国各地。适生于较湿润的环境。为农田常见杂草。有时形成小片群丛，危害小麦田、菜地及果园等。

图3-12A 单株

图3-12B 幼苗

（四）牛繁缕 *Stellaria aquatica*（L.）Scop.

【别名】 鹅儿肠、鹅肠菜。

【识别要点】 茎带紫色，茎自基部分枝，上部斜立，下部伏地生根。叶对生，卵形或宽卵形，先端锐尖。聚伞花序顶生；花梗细长，萼片5片，基部略合生，花瓣5片，白色，顶端2深裂达基部；花柱5个。蒴果卵形或长圆形；种子近圆形，深褐色（图3-13）。

【生物学特性】 一至二年生或多年生草本。以种子和匍匐茎繁殖。在黄河流域以南地区多于冬前出苗，黄河流域以北地区多于春季出苗。花果期5~6月。牛繁缕的繁殖能力也比较强，平均一株结籽1 370粒左右。

【分布与危害】 分布几乎遍及全国，是长江流域夏熟作物的恶性杂草。喜潮湿，全国稻作地区的稻茬夏熟作物田均有发生和危害。在旱作地区水浇条件较好的小麦田发生危害也较重。

图3-13A 单株

图3-13B 幼苗

图3-13C 花

（五）麦瓶草 *Silene conoidea* L.

【别名】 米瓦罐、净瓶。

【识别要点】 有腺毛，茎单生或叉状分枝，节部略膨大。叶对生，基部连合，基生叶匙形，茎生叶长圆形或披针形。花序聚伞状顶生或腋生；花萼筒状，结果后逐渐膨大成葫芦形，有纵脉30条；花瓣5片，粉红色（图3-14）。

【生物学特性】 越年生或一年生草本。种子繁殖。9~10月间出苗，早春出苗数量较少。花果期4~6月。

【分布与危害】 为华北和西北地区夏熟作物田的主要杂草。

图3-14A 单株 | 图3-14B 花 | 图3-14C 幼苗

（六）拟漆姑 *Spergularia marina*（L.）Besser

【别名】　牛漆姑草。

【识别要点】　株高10~20（30）cm。茎细弱，铺散，多分枝，枝上部生柔毛。叶线形，肉质。花单生叶腋；花瓣5片，白色或淡红色，雄蕊5枚。蒴果卵形，成熟时3瓣裂；种子多数，近卵形，褐色（图3-15）。

【生物学特性】　一年生草本。花期4~7月，果期5~9月。种子繁殖。

【分布与危害】　适生于较低湿的沙质轻盐碱土上。常侵入麦类、玉米、大豆、蔬菜等作物田和果园危害，属于一般性杂草。分布于广东及华北、西北、华中各省区。

图3-15A　花

图3-15B　群体

（七）繁缕 *Stellaria media*（L.）Villars

【别名】 鹅肠草。

【识别要点】 茎自基部分枝，常假二叉分枝。平卧或近直立。叶片卵形，基部圆形，先端急尖，全缘，下部叶有柄，上部叶较小，具短柄。花单生于叶腋或疏散排列于茎顶；萼片5片；花瓣5片，白色，2深裂几达基部，花柱3个。蒴果卵圆形（图3-16）。

【生物学特性】 一年生或二年生草本。种子繁殖。种子发芽最适宜温度为12~20 ℃；最适宜土层深度为1 cm，最深限于2 cm。冬小麦田9~11月集中出苗，4月开花结实，5月渐次成熟，种子经2~3个月休眠后萌发。繁缕较耐低温，种子繁殖量大、生活力强，每株可结籽500~2 500粒；浅埋的种子可存活10年以上，深埋的可存活60年以上。

【分布与危害】 分布于我国各地。主要危害小麦、油菜等。

图3-16A 花 | 图3-16B 单株

图3-16C 群体

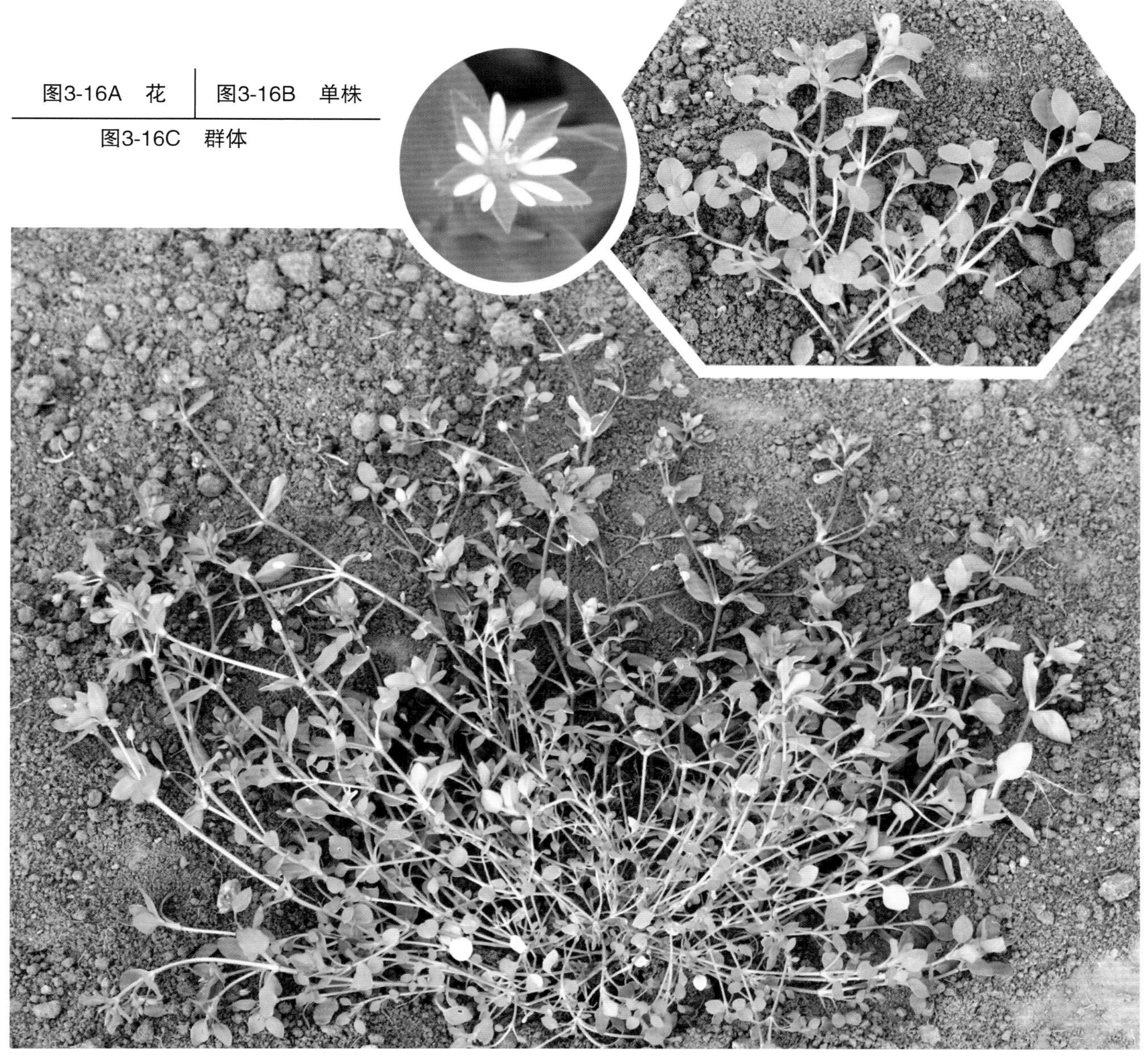

（八）雀舌草 *Stellaria alsine* Grimm.

【别名】 天蓬草、葶苈子。

【识别要点】 高15~30 cm。茎细弱，有多数疏散分枝，无毛。叶无柄，长圆形至卵状披针形，长5~25 mm，宽2~5 mm，顶端锐尖，基部渐狭，全缘或浅波状，无毛或仅基部边缘疏生缘毛。花白色，排成顶生二歧聚伞花序，花少数，或有时单生叶腋；花梗细，长5~15 mm，宽约1 mm，边缘膜质；花瓣5片，稍短于萼片或等长，顶端2深裂几达基部。蒴果与宿萼等长或稍长，顶端6裂（图3-17）。

【生物学特性】 二年生草本。苗期11月，花果期4~7月。果后即枯，种子散落土壤中。种子繁殖。

【分布与危害】 常生于河岸、路边、水田边或旱田内，喜在湿润的土壤内生长。是稻茬油菜田及小麦田的主要危害性杂草之一，在长江流域以南地区的夏熟作物田中发生量较大，危害较重。分布于东北、华北、华中、华东及华南等省区。

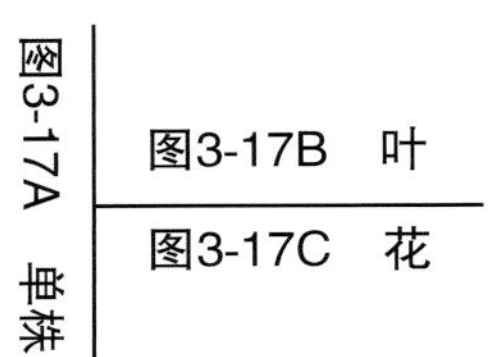

图3-17A 单株

图3-17B 叶

图3-17C 花

（九）王不留行 *Vaccaria hispanica*（Mill.）Rauschert

【别名】 麦蓝菜。

【识别要点】 高30~70 cm，全株光滑无毛。茎直立，茎节处略膨大，上部二叉状分枝。叶无柄，线状披针形至卵状披针形，先端渐尖，基部圆形或近心形，略抱茎，背面中脉隆起。聚伞花序顶生，花瓣5片，淡红色。花萼卵状圆锥形，基部膨大，顶端狭，棱绿色，棱间绿白色，萼齿小，顶端急尖。蒴果卵形，基部4室，顶端4齿裂（图3-18）。

【生物学特性】 一至二年生草本。种子繁殖。

【分布与危害】 分布于整个北方地区及西南高海拔地区。主要危害麦类、油菜。在我国局部地区（如黄淮海地区）对小麦危害较重。

图3-18A 单株 | 图3-18B 幼苗

五、十字花科 Cruciferae

草本，单叶羽裂，无托叶。花两性，萼片4片，花瓣4片，呈十字形花冠，4强雄蕊，侧膜胎座，具假隔膜。角果。

本科有300余属，约3 200种，主产北温带，尤以地中海区域分布较多。我国有95属425种，其中29属46种和1变种为杂草，全国各地均有分布。

（一）播娘蒿 *Descurainia sophia*（L.）Webb. ex Prantl

【别名】 米米蒿、麦蒿。

【识别要点】 高30~100 cm，上部多分枝。叶互生，下部叶有柄，上部叶无柄，2~3回羽状全裂。总状花序顶生，花多数；萼片4片，直立；花瓣4片，淡黄色。长角果（图3-19）。

【生物学特性】 一年生或二年生草本。种子繁殖。种子发芽适宜温度为8~15℃。在冬小麦区，10月中下旬为出苗高峰期，4~5月种子渐次成熟落地。繁殖能力较强。

【分布与危害】 分布于华北、东北、西北、华东地区及四川等地。播娘蒿较耐盐碱，可生长在pH值较高的土地上。在华北地区是危害小麦的主要恶性杂草之一。据统计，在密度为10株/m^{2}时，产量损失达13.2%。

图3-19A 单株 | 图3-19B 幼苗 | 图3-19C 花序

（二）荠菜 *Capsella bursa-pastoris*（L.） Medic.

【别名】 荠荠菜。

【识别要点】 茎直立，有分枝，高20~50 cm。基生叶莲座状，羽状分裂；茎生叶狭披针形至长圆形，基部抱茎，边缘有缺刻或锯齿。总状花序顶生和腋生；花瓣4片，白色。短角果，倒心形（图3-20）。

【生物学特性】 种子繁殖。种子和幼苗越冬，一年生或二年生草本。华北地区10月（或早春）出苗，翌年4月开花，5月果实成熟。种子经短期休眠后萌发。种子量很大，每株种子可达数千粒。

【分布与危害】 遍布全国。适生于较湿润而肥沃的土壤，亦耐干旱，是华北地区小麦田的主要杂草，形成单优势种群落或与播娘蒿一起形成群落。大量发生时，密布地面，强烈地抑制作物生长，危害率达16.94%。

图3-20A 单株 | 图3-20B 花 | 图3-20C 果 | 图3-20D 幼苗

（三）碎米荠 *Cardamine hirsuta* L.

【识别要点】 高6~30 cm，茎基部分枝，下部呈淡紫色。基生叶有柄，奇数羽状复叶，顶生小叶圆卵形。总状花序顶生，萼片4片，绿色或淡紫色；花瓣4片，白色。长角果狭线形（图3-21）。

【生物学特性】 种子繁殖，越年生或一年生杂草。冬前出苗，花期2~4月，种子4~6月成熟。

【分布与危害】 主要分布于长江流域和黄淮海区稻麦轮作田。生于较湿润、肥沃的农田中，为油菜、小麦田主要杂草。

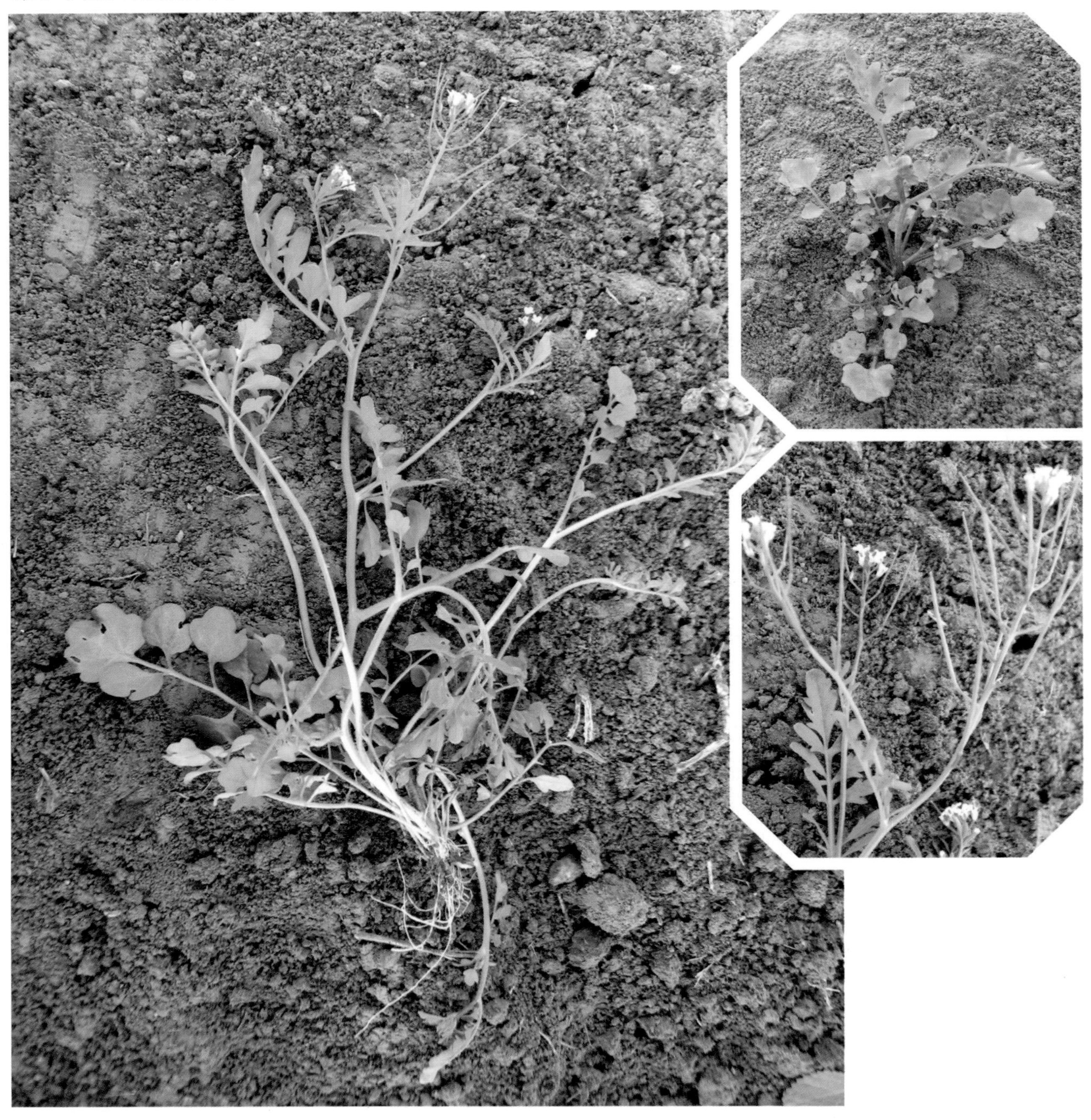

图3-21A 单株　图3-21B 幼苗　图3-21C 花

（四）弯曲碎米荠 *Cardamine flexuosa* With.

【识别要点】 高10~30 cm，茎直立，从基部多分枝，上部稍呈“之”字形弯曲，下部通常被柔毛。叶为奇数羽状复叶，基生叶少，顶生小叶菱状卵形，3齿裂，后干枯；茎生叶长2.5~9 cm，有柄，小叶4~6对，顶生小叶稍大，卵形，长0.4~3 cm，宽3~15 mm；侧生小叶卵形或线形，长3~6 mm，宽2~4 mm；小叶全缘或有1~3圆裂，有缘毛。总状花序有花10~20朵，花梗长约5 mm，萼片长圆形，长约2 mm，绿色或带淡紫色，边缘膜质，花瓣白色，倒卵状楔形，长3~4 mm，先端钝或截形。长角果线形，斜展，扁平，长1~2 cm，直径约1 mm，无毛，与果序轴近于平行排列，果序轴左右弯曲。果梗长约5 mm。种子1行，长圆形，扁平，长约1 mm，平滑，褐色，顶端有极窄的翅（图3-22）。

【生物学特性】 一年生或二年生草本。花期3~5月，果期4~6月。种子繁殖。

【分布与危害】 喜生于沟边湿地、草丛中或村落空地、路旁及农田中，常成片生长，出现单优势种群落。为常见之夏收作物田杂草，轻度危害麦类、油菜及蔬菜等作物。分布几乎遍及全国。

图3-22A 单株 | 图3-22B 花序 / 图3-22C 幼苗

（五）遏蓝菜 *Thlaspi arvense* L.

【别名】 败酱草。

【识别要点】 茎直立，高10~60 cm，全体光滑无毛，呈鲜绿色。单叶互生，基生叶有柄，倒卵状长圆形，茎生叶长圆状披针形或倒披针形，先端钝圆，基部抱茎，两侧箭形，缘具稀锯齿。总状花序顶生；花瓣4片，白色，花瓣先端圆或微凹。短角果倒卵形或近圆形（图3-23）。

【生物学特性】 一年生或二年生草本。苗期冬季或迟至春季，花期3~4月，果期5~6月，种子陆续从成熟果实中散落于土壤。

【分布与危害】 遍布全国，华北及西北、东北地区为其重发区。旱地发生较多，为夏熟作物田主要杂草之一。

图3-23A 单株

图3-23B 花

图3-23C 幼苗

（六）离子芥 *Chorispora tenella*（Pall.）DC.

【别名】 水萝卜棵、离子草、红花荠菜。

【识别要点】 高15~40 cm，茎自基部分枝，枝斜上或呈铺散状。基生叶和茎下部的叶长椭圆形或长圆形，羽状分裂；上部叶近无柄，叶片披针形，边缘有稀齿或全缘。总状花序顶生，萼片4片，绿色或暗紫色；花瓣4片，淡紫色至粉红色，线形（图3-24）。

【生物学特性】 种子繁殖，越年生或一年生杂草。黄河中下游地区9~10月出苗，花果期为翌年3~8月，种子5月即渐次成熟，经夏季休眠后萌发。种子繁殖。

【分布与危害】 分布于华北、东北等地区。生于较湿润、肥沃的农田中，为夏熟作物田杂草，主要危害麦类。

图3-24A 单株

图3-24B 花

图3-24C 幼苗

（七）离蕊芥 *Malcolmia africana* （L.）R. Br.

【别名】 千果草、涩荠菜、涩荠。

【识别要点】 高20~35 cm，全株密生星状硬毛，茎基部分枝。基生叶有柄，叶片卵形、狭长圆形或披针形，边缘具疏齿或全缘；上部叶片无柄，狭小，全缘。总状花序顶生，萼片4片，狭长圆形，密生白毛；花瓣4片，粉红色至淡紫色。长角果圆柱状，通常具分叉毛（图3-25）。

【生物学特性】 越年生或一年生草本，种子繁殖。幼苗或种子越冬，春季也有少量出苗，3月中下旬见花，4~5月果实逐渐成熟开裂；种子经短期休眠后即可萌发。

【分布与危害】 淮河以北分布比较普遍，尤以华北地区发生较重，喜沙碱地，耐干旱。在华北沙地小麦田受害较重。

图3-25A 单株

图3-25B 花 | 图3-25C 幼苗

（八）小花糖芥 *Erysimum cheiranthoides* L.

【别名】 桂竹糖芥、野菜子。

【识别要点】 高15~50 cm。基生叶莲座状，无柄，大头羽裂；茎生叶披针形或线形，先端急尖，基部渐狭，全缘或具波状疏齿，两面具三叉毛。总状花序顶生，花淡黄色。长角果（图3–26）。

【生物学特性】 种子繁殖，幼苗或种子越冬。10月出苗，春季发生较少，花期4~5月，果期5~8月。种子休眠后萌发。

【分布与危害】 除华南地区外，全国均有分布。为夏收作物田常见杂草，对麦类及油菜有轻度危害。

图3–26A 单株

图3–26B 幼苗

（九）印度蔊菜 *Rorippa indica*（L.） Hiern

【别名】 印菜、葶苈、野油菜。

【识别要点】 株高15~50 cm，茎直立，粗壮，有或无分枝，常带紫红色。基生叶和下部叶有柄，大头羽状分裂，长（4）7~15 cm，宽1~2.5 cm，顶裂片较大，卵形或长圆形，先端圆钝，边缘有不整齐牙齿，侧裂片2~5对，向下渐小，全缘，两面无毛；上部叶长圆形，无柄。总状花序顶生，花小，直径2.5 mm，黄色，萼片长圆形，长2~4 mm；花瓣匙形，基部渐狭成短爪，与萼片等长。长角果圆柱形，斜上开展，稍弯曲，长1~2 cm，宽1~1.5 mm，成熟时果瓣隆起，果梗长2~5 mm；种子多数，每室2行，细小，扁卵形，一端微凹，褐色（图3-27）。

【生物学特性】 一年生或二年生草本。花期4~6月，果期6~8月。种子繁殖。

【分布与危害】 生于农作物地中、田埂、路边、果园等处，为旱作物地常见杂草，对蔬菜等农作物有轻度危害。分布于山东、河南、陕西、甘肃、江苏、浙江、福建、江西、湖南、广东、台湾、四川、云南等省区。

图3-27A 花果

图3-27B 单株

（一〇）细子蔊菜 *Rorippa cantoniensis*（Lour.）Ohwi

【别名】 广州蔊菜。

【识别要点】 植株光滑无毛，高10~25（40）cm，茎直立或呈铺散状分枝，有时带紫红色。基生叶有柄，羽状深裂或浅裂，长（2）4~7 cm，宽1~2 cm，裂片4~6对，边缘具钝齿，顶端裂片较大；茎生叶无柄，羽状浅裂，基部略呈耳状抱茎，边缘有不整齐锯齿。总状花序顶生；花黄色，近无梗，单生于叶状苞片腋部；萼片宽披针形，长1.5~2 mm，宽约1 mm；花瓣倒卵形，稍长于萼片，基部渐狭成爪；雄蕊6枚，近等长，花丝线形，柱头短，头状。短角果圆柱形，长6~8 mm，宽1.5~2 mm，裂瓣无脉，平滑，果柄极短；种子数量极多，细小，扁卵形，红褐色（图3-28）。

【生物学特性】 二年生草本。花期3~4月，果期4~6月。种子繁殖。

【分布与危害】 生于田边路旁、山沟、河边或潮湿地，为夏收作物田常见杂草，能危害麦类、油菜及蔬菜等农作物，发生量小，危害较轻。广布于华北、华中、华东、华南地区以及辽宁、四川、云南、台湾等省区。

图3-28A 单株 | 图3-28B 果

（一一）无瓣蔊菜 *Rorippa dubia*（Pers.）H. Hara

【别名】 野油菜、蔊菜。

【识别要点】 高10~50 cm。茎多分枝，直立或铺散，无毛，具明显的纵条纹。基生叶和茎下部叶有柄，羽状分裂或不裂，长2~10 cm，顶生裂片宽卵形，侧生裂片小；上部叶无柄，卵形或宽披针形，先端渐尖，基部渐狭，稍抱茎，边缘具不整齐锯齿，稍有毛。总状花序顶生；萼片长圆形，长约2 mm，有时呈淡紫色；花瓣黄色，匙形，与萼片等长或稍长。长角果线形，长2~2.5（3.5）cm；果梗长4~5 mm，纤细；种子2列，多数细小，卵形，褐色，有皱纹（图3-29）。

【生物学特性】 一年生草本。花期4~6月，果熟期5~7月。

【分布与危害】 分布于华中、华东、西南、华南地区。生于较湿润的田边、路旁或农田中。主要危害蔬菜、豆类、薯类等作物。

图3-29A 单株 | 图3-29B 果

（一二）独行菜 *Lepidium apetalum* Willd.

【别名】 鸡积菜、辣根菜。

【识别要点】 高10~30 cm，多分枝，全体黄色腺毛。叶互生，无柄；茎下部叶狭匙形或长椭圆形，全缘或上端具疏齿；茎上部叶条形，有疏齿或全缘。总状花序顶生，结果时伸长，花小，数多；萼片4片，花瓣4片，白色，退化成狭匙形或线形。短角果近圆形（图3-30）。

【生物学特性】 越年生或一年生草本。种子繁殖。以幼苗或种子越冬，春季也有少量出苗，4~5月开花，5~6月果实逐渐成熟开裂；种子经短期休眠后即可萌发。

【分布与危害】 分布于华北、东北、西北及西南各地。部分小麦田受害较重。

图3-30A 单株 | 图3-30B 果

（一三）北美独行菜 *Lepidium virginicum* L.

【别名】 独行菜。

【识别要点】 茎直立，高20~50 cm，上部分枝。基生叶倒披针形，羽状分裂，边缘有锯齿，叶柄长1~1.5 cm。茎上部叶倒披针形或线形，有短柄。总状花序顶生，花瓣白色。短角果近圆形；种子卵形，边缘有窄翅（图3-31）。

【生物学特性】 一年生或二年生草本。花期4~5月，果期6~7月。种子繁殖。

【分布与危害】 多生于干燥地、荒地及田边，为果园、路埂常见杂草，发生量小，危害轻。全国各地均有分布。

图3-31A 单株 | 图3-31B 花果

（一四）密花独行菜 *Lepidium densiflorum* Schrad

【识别要点】 成株茎直立，高10~40 cm，通常于上部分枝，具疏生柱状短柔毛。基生叶有长柄，叶片长圆形或椭圆形，长1.5~3.5 cm，宽5~10 mm，先端急尖，基部楔形，边缘有不规则深锯齿状缺刻，稀羽状分裂；下部及中部茎生叶长圆状披针形或披针形，有短柄，边缘有锐锯齿，茎上部叶线形，近无柄，具疏锯齿或近全缘，全部叶下面均有柱状短柔毛，上面无毛。总状花序，花多数，密生，果期伸长；萼片卵形，长约0.5 mm；花瓣无或退化成丝状，仅为萼片长度的1/2；雄蕊2枚；花柱极短。短角果圆状倒卵形或广倒卵形，微缺，有翅，无毛（图3-32）。

【生物学特性】 一年生或二年生草本。通常种子于夏季发芽，形成莲座状幼苗越冬，花期5~6月，果期6~7月。种子繁殖。

【分布与危害】 生于海滨、沙地、田边及路旁，为路埂一般性杂草，发生量小，危害轻。我国分布于东北地区。原产于北美洲，传播至朝鲜、日本、欧洲等地。

图3-32A 单株 | 图3-32B 果

（一五）盐芥 *Thellungiella salsuginea*（Pall.）O. E. Schulz

【识别要点】 高10~35（45）cm，茎于中上部分枝，分枝向上，光滑，有时在下部有盐粒，基部淡紫色。基生叶近莲座状，早枯，具柄，叶片卵形或长圆形，全缘；茎生叶无柄，叶片长圆状卵形，下部叶长约1.5 cm，先端急尖，基部箭形，抱茎，全缘或具不明显小齿。总状花序呈伞房状；花小，白色，萼片卵圆形，长1.5~2 mm，有白色膜质边缘，花瓣长圆状倒卵形，长2.5~3.5 mm，先端钝圆。长角果线形，长1~2 cm，略弯曲，果梗丝状，长4~6 mm，斜向上开展，使角果向上直立，种子黄色，椭圆形，长约0.5 mm（图3-33）。

【生物学特性】 一年生草本。花期4~5月。种子繁殖。

【分布与危害】 生于土壤盐渍化的农田边、沟旁和山区，为果园和路埂一般性杂草，发生量小，对小麦、油菜、棉花有轻度危害。分布于内蒙古、河南、山东、新疆和江苏等省区。

图3-33A 单株 | 图3-33B 花

（一六）蚓果芥 *Torularia humilis*（C. A. Meyer）O. E. Schulz

【识别要点】 高10~30 cm，有小分枝毛和单毛。茎铺散和上升，多分枝。叶椭圆状倒卵形，长0.5~3 cm，宽1~6 mm，下部叶呈莲座状，具长柄，上部叶具短柄，先端圆钝，基部渐狭，全缘或具数个疏齿牙。总状花序顶生；花梗长3~5 mm；花直径5 mm；萼片4片，直立，矩圆形，长2 mm，外面有分枝毛；花瓣4片，白色或淡紫红色，倒卵形，长4~5 mm，宽2~2.5 mm，先端圆形，基部具爪。长角果条形，长1~2 cm，宽约1 mm，直或弯曲，有分枝毛或无毛，先端具短喙；果梗长4~6 mm；种子椭圆形，长1 mm，淡褐色（图3-34）。

【生物学特性】 一年生或二年生草本。种子繁殖。

【分布与危害】 分布于河北、山西、陕西、甘肃、青海等省。生于山坡，为一般性杂草。

图3-34 单株

六、豆科 Leguminosae

草本或木本。叶互生，常有小托叶，叶片多为羽状或三出复叶。花两侧对称，萼片5片，具萼管，蝶形花冠。荚果。

本科共有约650属18 000种，为被子植物中仅次于菊科及兰科的3个最大的科之一，广布于全世界。我国有172属1 485种，全国各省区均有分布。主要杂草有18种。

（一）大巢菜 *Vicia sativa* L.

【别名】 救荒野豌豆。

【识别要点】 常以叶轴卷须攀附，高25~50 cm，茎上具纵棱。偶数羽状复叶，具小叶4~8对，椭圆形或倒卵形，先端截形，凹入，有细尖，基部楔形，叶顶端变为卷须；托叶戟形。花1~2朵，腋生，萼钟状，萼齿5个；花冠紫色或红色。荚果（图3-35）。

【生物学特性】 一年生或二年生蔓性草本。苗期11月至翌年春，花果期3~6月。种子或根芽繁殖。

【分布与为害】 遍布全国。长江流域麦区危害较大。

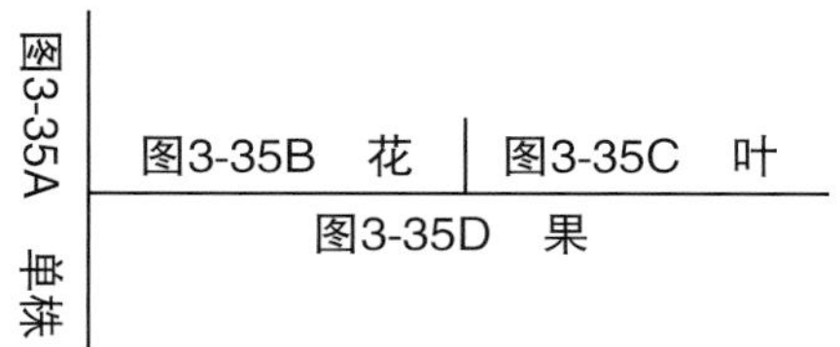

图3-35A 单株

图3-35B 花 | 图3-35C 叶

图3-35D 果

（二）小巢菜 *Vicia hirsuta*（L.）S. F. Gray.

【别名】 雀野豆。

【识别要点】 株高10~30（50）cm，茎纤细，有棱，基部分枝，无毛或疏被柔毛。偶数羽状复叶，长5~6 cm，有分枝卷须；托叶半边戟形，下部裂片分裂为2个线形齿；小叶8~16 mm，线状长圆形或倒披针形，长5~15 mm，宽1~4 mm，先端截形，微凹，有短尖，基部楔形，两面无毛。总状花序腋生，有2~5朵花，花长约3.5 mm，花梗长约1.5 mm，花序轴及花梗均有短柔毛；萼钟状，长约3 mm，外面疏被柔毛，萼齿5个，披针形，长约1.5 mm，被短柔毛；花冠白色或淡紫色。子房密被褐色长硬毛，无柄，花柱上部周围被柔毛。荚果长圆形，扁，被黄色长柔毛，含种子1~2粒；种子近球形，稍扁（图3-36）。

【生物学特性】 一年生蔓性草本。花期4~6月，果期5~7月。种子繁殖。

【分布与危害】 生于旱作地、路边、荒地；在有些地区对小麦及豆类等作物造成比较严重的危害，其种子常混杂在粮食如豆类种子中传播蔓延，是长江以南小麦田重要的杂草之一。我国陕西、江苏、安徽、浙江、江西 、台湾、河南、湖北、湖南、四川、云南等省均有分布。

图3-36A 单株

图3-36B 花

图3-36C 叶

图3-36D 果

（三）窄叶野豌豆 *Vicia sativa* subsp. *nigra* （L.） Ehrh.

【识别要点】 茎蔓生，有分枝。偶数羽状复叶，总叶柄顶端为卷须，小叶8~12对，近对生，狭长圆形或线形，长10~25 mm，宽2~5 mm，先端截形，有短尖。花腋生，单生或有2朵，花冠红色。荚果条形（图3-37）。

【生物学特性】 一年生或二年生草本。花期4~5月，果期5~6月。

【分布与危害】 为夏收作物田主要杂草之一。常和大巢菜混生成群，局部地区小麦田发生严重。分布于长江流域及其以北各省区。

图3-37A 单株 | 图3-37B 花 | 图3-37C 果

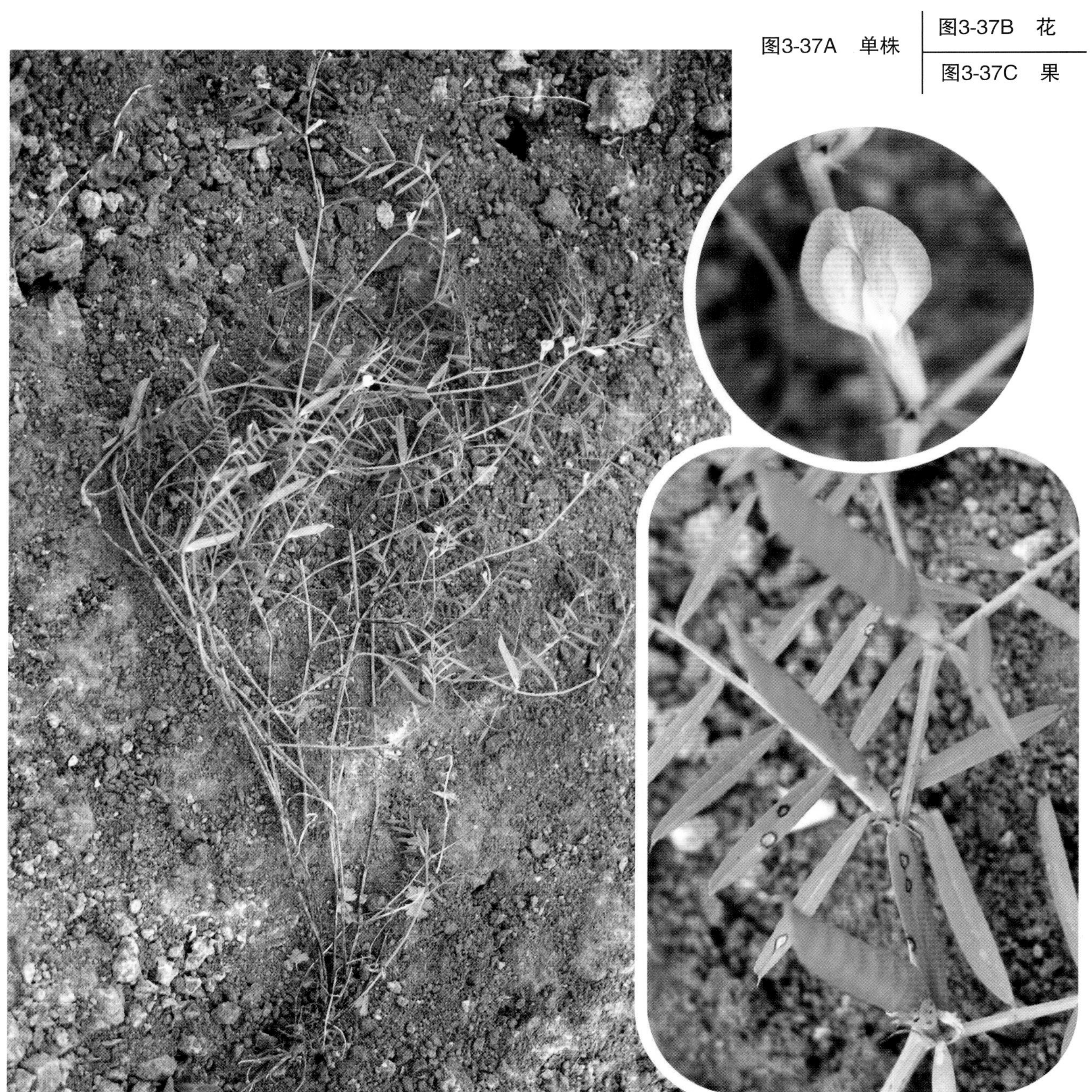

（四）四籽野豌豆 *Vicia tetrasperma* （L.） Schreb.

【别名】 乌喙豆。

【识别要点】 全株被疏柔毛，茎纤细，有棱，多分枝。偶数羽状复叶，有卷须，小叶3~6对，线状长椭圆形。花小，紫色或带蓝色，1~2朵组成腋生总状花序。荚果长圆形，扁平，无毛，内含种子4粒（图3-38）。

【生物学特性】 一年生草本。花期3~4月。种子繁殖。

【分布与危害】 生于小麦田、油菜田，常与大巢菜、小巢菜等杂草混生，发生量小。分布于河南、陕西、长江流域各省以及四川、云南等省。

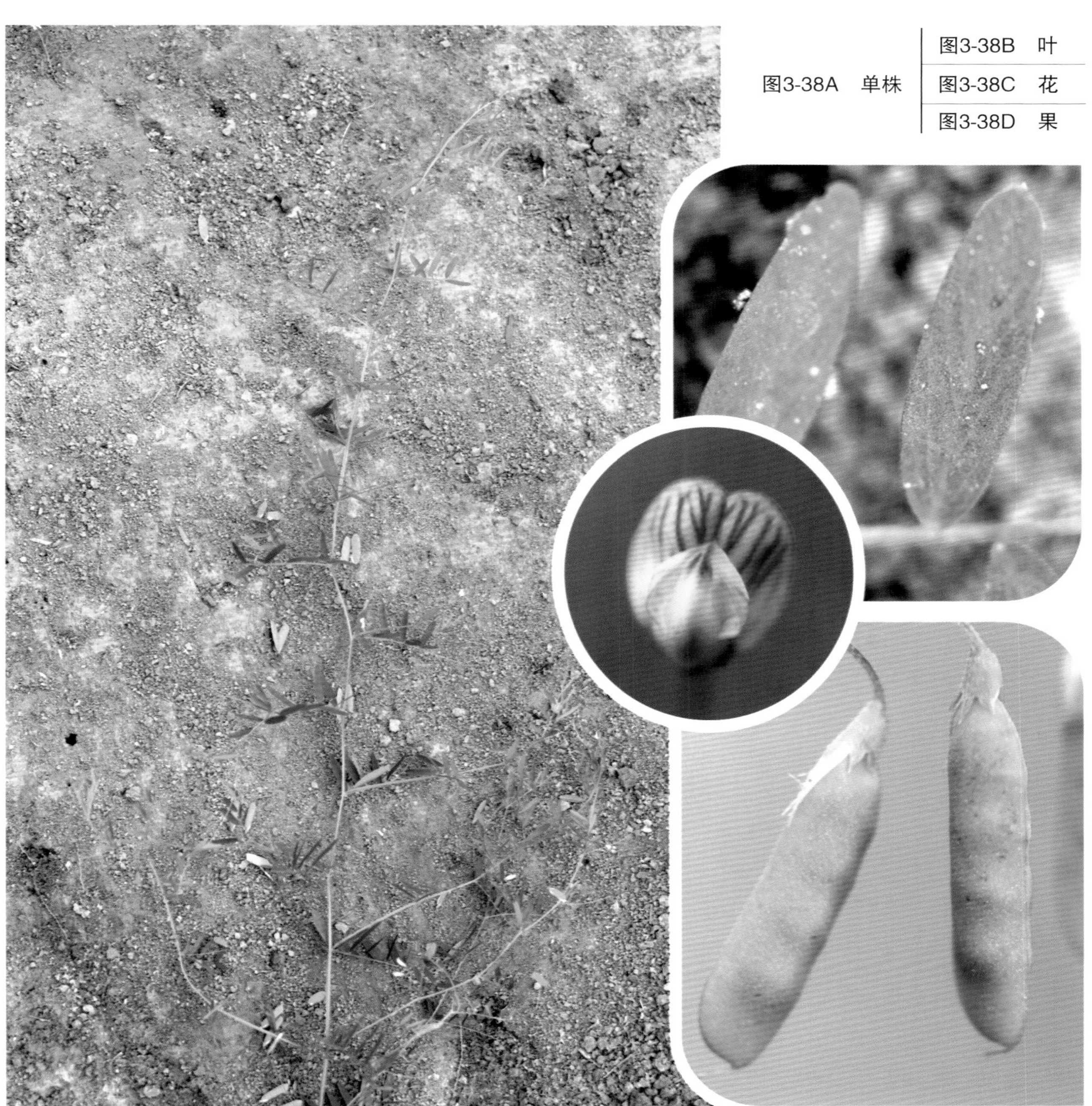

图3-38A 单株　图3-38B 叶　图3-38C 花　图3-38D 果

（五）大花野豌豆 *Vicia bungei* Ohwi

【别名】 三齿草藤、山黧豆。

【识别要点】 株高10~30（92）cm。茎细弱，四棱，多分枝，无毛或具疏长毛。偶数羽状复叶，有卷须，小叶4~10片，长圆形或狭倒卵状长圆形，长7~25 mm，宽3~7 mm，先端截形或微凹，具小凸尖，基部钝圆或宽楔形，叶背被疏柔毛；托叶多歪斜，长2~3 mm，有锐齿。总状花序腋生，长于叶，花2~4朵，序轴及花梗有疏柔毛；萼斜钟状，长7~8 mm，萼齿5个，宽三角形，上面2齿较短，疏生长柔毛；花冠蓝紫色，旗瓣倒卵状披针形，长达23 mm，先端圆而凹，翼瓣长约18 mm，有柄及耳，龙骨瓣长约15 mm，有柄；子房具长柄，疏生短毛，花柱顶端周围有柔毛。荚果长圆形，略膨胀，长3~4 cm，宽6~8 mm，黄褐色，具柄；含3~8粒种子，种子近球形，深褐色，无光泽（图3-39）。

【生物学特性】 一年生或越年生蔓性草本。花期5~7月，果期6~8月。种子繁殖。

【分布与危害】 分布于东北、华北地区和山东、河南、陕西、甘肃、四川等地。生于农田边、路旁或湿草地。果园、菜地、苗圃或小麦田中常见，多为小片群落。

图3-39A 单株 | 图3-39B 花 | 图3-39C 果

（六）广布野豌豆 *Vicia cracca* L.

【识别要点】 茎有微毛，高60~120 cm。羽状复叶，有卷须；小叶8~24片，狭椭圆形或狭披针形，长10~30 mm，宽2~8 mm，先端突尖，基部圆形，表面无毛，背面有短柔毛；叶轴有淡黄色柔毛，托叶披针形或戟形，有毛。总状花序腋生，与叶同长或稍短；萼斜钟形，萼齿5个，上边2齿长，有疏生短柔毛，花冠紫色或蓝色；旗瓣提琴形，长8~15 mm，宽4.5~6.5 mm，先端圆，微凹，翼瓣与旗瓣等长，爪长4.6 mm；子房具长柄，无毛，花柱上部周围被黄色腺毛。荚果长圆形，褐色，膨胀，两端急尖，长1.5~2.5 mm；种子3~5粒，黑色（图3-40）。

【生物学特性】 多年生蔓性草本。华北地区花期6~8月，果期8~9月。种子繁殖。

【分布与危害】 生于山坡草地、田边、路旁或灌丛中。分布于东北、华北地区及陕西、甘肃、四川、贵州、浙江、安徽、湖北、江西、福建、广东、广西等省区。

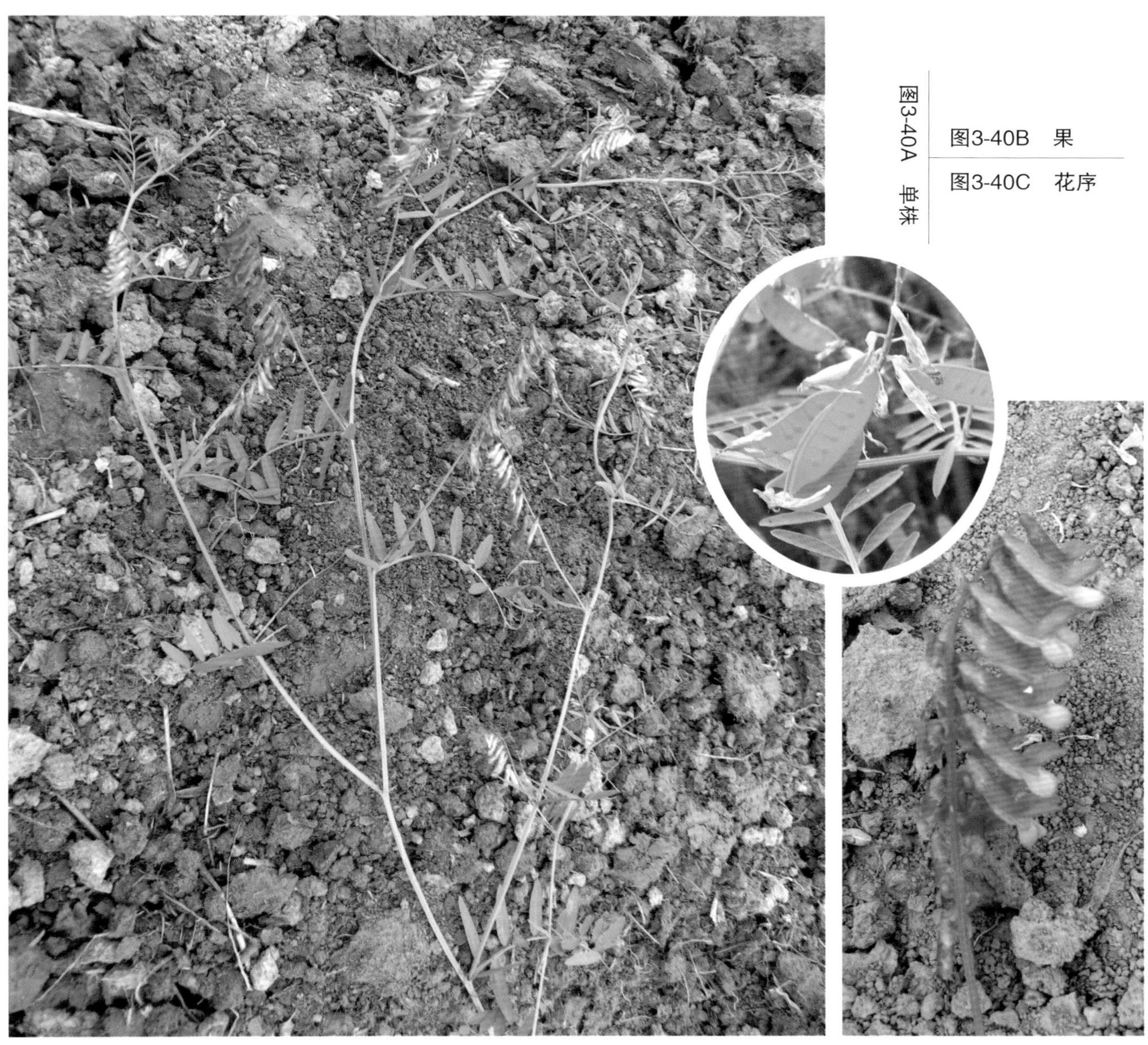

图3-40A 单株

图3-40B 果

图3-40C 花序

（七）野豌豆 *Vicia sepium* L.

【识别要点】 多年生草本，高30~100 cm。茎有疏柔毛。羽状复叶，顶端有卷须；小叶8~14片，卵状矩圆形或卵状披针形，长7~20 mm，宽5~10 mm，先端急尖，有短尖头，基部圆形，两面有稀疏短柔毛；叶轴有疏毛；托叶戟形，边缘有4个粗齿。总状花序腋生，花常2~6朵密生，总花梗短；花梗有黄色疏毛；花萼钟状，萼齿5个，尖锐，有黄色疏柔毛；花冠红色或紫色；子房无毛，具短柄，花柱顶端背部有一丛淡黄色髯毛。荚果棕褐色，矩圆形，长1.5~2.5 cm，两端尖，基部具短柄；种子2~4粒，扁圆球形，黑色（图3-41）。

【生物学特性】 多年生草本。花期5~6月，果期6~8月。种子繁殖。

【分布与危害】 分布于云南、四川、贵州等省。

图3-41A 花
图3-41B 叶
图3-41C 单株

（八）山黧豆 *Lathyrus quinquenervius*（Miq.）Litv. ex Kom.

【别名】 五脉香豌豆。

【识别要点】 茎及枝具明显狭翅，高10~40 cm。羽状复叶；小叶2~6片，披针形，长3.5~8.5 cm，先端急尖，有小尖头，基部圆形，上面无毛，下面有白色柔毛，有5条明纵脉，叶轴具翅，顶端有卷须，幼时有柔毛，托叶线状，基部戟形。总状花序腋生，花3~7朵，花梗有短柔毛，萼钟状，萼齿5个，三角形，有柔毛，花冠红紫色。子房有黄色长硬毛，子房无柄，花柱里面有白色髯毛。荚果圆柱状或稍扁，内含1~3粒种子（图3-42）。

【生物学特性】 多年生攀缘草本。花期6~8月，中南地区花期4月。

【分布与危害】 分布于东北、华北、中南、西南地区。生于田边、草地或山坡，为新垦地中常见的杂草，对小麦、大豆等作物危害较重。

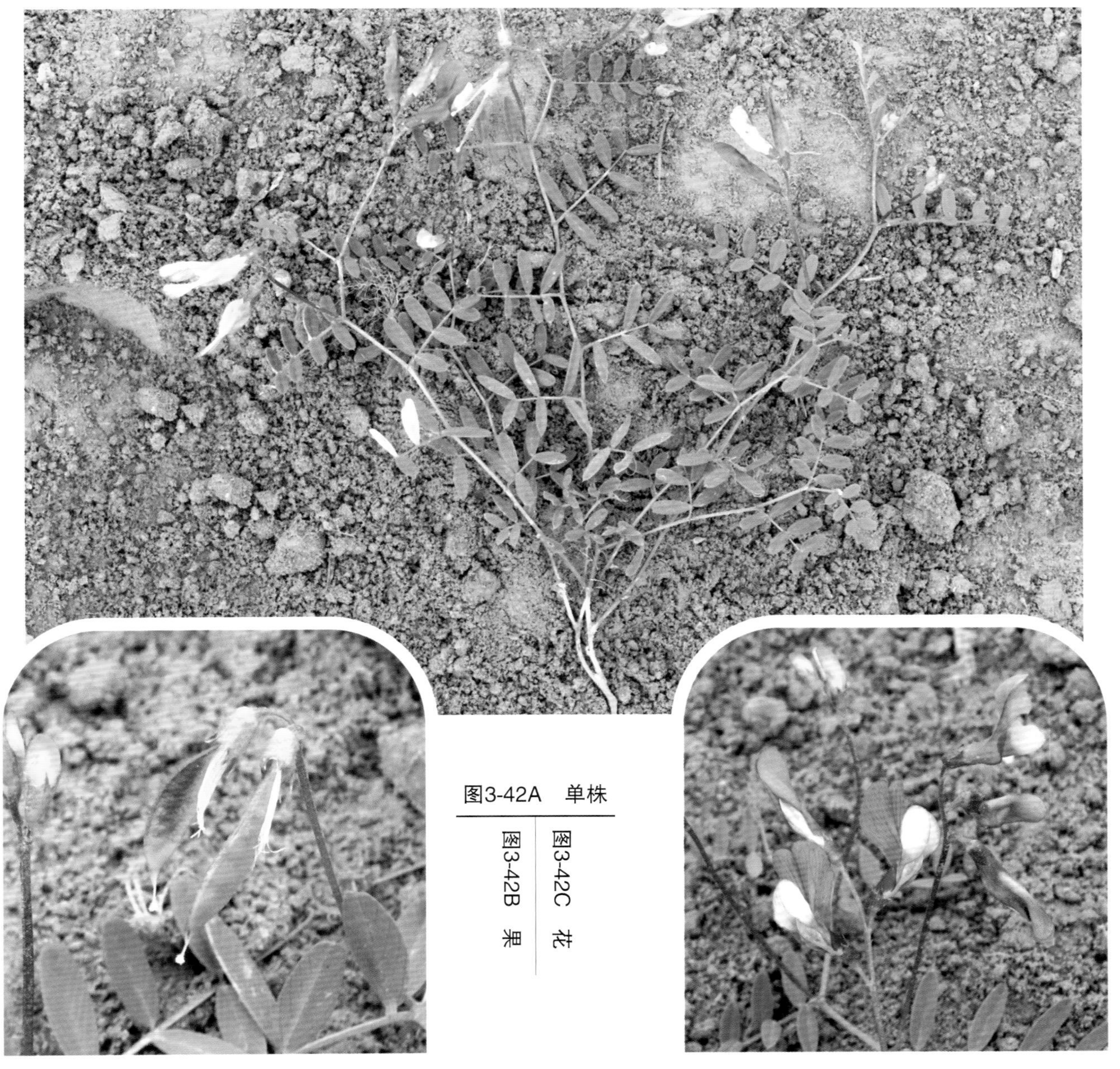

图3-42A 单株

图3-42B 果

图3-42C 花

（九）紫云英 *Astragalus sinicus* L.

【别名】 翘摇、红花菜、乌苕子、苕翘、米布袋。

【识别要点】 茎直立或匍匐，高10~40 cm，无毛。奇数羽状复叶；小叶7~13片，倒卵形或宽椭圆形，先端凹或圆形，基部楔形，两面被白色长毛，长5~20 mm，宽5~12 mm；托叶卵形。总状花序近伞形，总花梗长3.5~15 cm。萼钟状，萼齿三角形，有长毛；花冠紫色或白色，旗瓣卵形，基部楔形，顶端圆形，微缺，长11 mm，翼瓣稍短，长8 mm，龙骨瓣与旗瓣等长；子房无毛，有短柄。荚果线状长圆形，微弯，长1~2 cm，上有隆起的网脉，成熟时黑色，无毛。种子棕色，光滑无毛（图3-43）。

【生物学特性】 一年生或二年生草本。花期2~6月，果期3~7月。种子繁殖。

【分布与危害】 生于溪边、山坡及路边。为栽培植物，常逸为夏收作物田杂草。分布于云南、贵州、四川、湖南、湖北、江西、广东、广西、福建、台湾、浙江、江苏、陕西等省区。

图3-43A 单株 | 图3-43B 花序 / 图3-43C 果

（一〇）少花米口袋 *Gueldenstaedtia verna*（Georgi.）Boriss.

【别名】　地丁。

【识别要点】　根圆锥状。茎短缩，在根颈处丛生。奇数羽状复叶，小叶长椭圆形至披针形，托叶三角形，基部合生。伞形花序腋生，有2~5朵花，花萼钟状，上面2个萼齿较大，花冠紫色。荚果圆柱状（图3-44）。

【生物学特性】　多年生草本，种子及根繁殖。冬前出苗较多，花期4~5月，果期5~6月。

【分布与危害】　分布于华北地区。

图3-44A　单株
图3-44B　果
图3-44C　花
图3-44D　幼苗

（一一）狭叶米口袋 *Gueldenstaedtia stenophylla* Bunge

【识别要点】 茎缩短，叶在根颈丛生。根圆锥状。奇数羽状复叶，小叶7~19片，长椭圆形或线形，长6~35 mm，宽1~6 mm，先端锐尖或钝，基部圆形或宽楔形，全缘；两面密生白色短柔毛；托叶宽三角形或三角形，外被有疏长柔毛。总花梗从叶丛中抽出，长5~10 cm，伞形花序，具花2~3朵；每花1枚苞片，萼下有2枚小苞片。萼钟状，被长柔毛，5 mm，萼齿5个，上2个萼齿较大。花冠粉红色或淡紫色，旗瓣小，圆形，长6~8 mm，翼瓣长7 mm，龙骨瓣长4.5 mm。荚果圆筒形，无假隔膜，长1.4~1.8 cm；种子肾形，有凹点，具光泽（图3-45）。

【生物学特性】 多年生草本。3月自根茎萌生，4~5月开花，5~7月结果。根茎萌生及种子繁殖。

【分布与危害】 多生于河滩沙质地、阳坡草地、旱作物田边、路旁等处，为一般性杂草。分布于东北、华北地区及河南、陕西、甘肃、江苏、江西等地。

图3-45A 单株　图3-45B 果　图3-45C 幼苗

（一二）长柄米口袋 *Gueldenstaedtia harmsii* Ulbr.

【识别要点】 根圆锥状。茎缩短，在根颈丛生。托叶三角形或狭三角形，外面有白色长柔毛；小叶9~19片，卵形或椭圆形，长2~13 mm，宽1.5~7 mm。伞形花序有5~8朵花，总花梗长10~23 cm，常为叶长的1倍；花萼钟状，密生长柔毛，上2萼齿较大；花冠紫色，旗瓣宽卵形或近圆形，长12 mm，翼瓣长约10 mm，宽约3 mm，龙骨瓣短，长6 mm；子房圆筒状，密生长柔毛，花柱内卷。荚果圆筒形，无假隔膜，长约2 cm；种子肾形，有凹点，有光泽（图3-46）。

【生物学特性】 多年生草本。根茎萌生及种子繁殖。

【分布与危害】 分布在陕西南部、河南西部。生于海拔2 000 m以下的山坡、草地。

图3-46A 单株 | 图3-46B 果 | 图3-46C 花

（一三）小苜蓿 *Medicago minima* Lam.

【别名】 野苜蓿。

【识别要点】 茎自基部多分枝，铺散，长15~50 cm，有角棱，被柔毛。三出复叶，顶小叶较大，倒卵形，长5~10 mm，宽5~7 mm，先端圆或微凹，上部边缘具锯齿，下部全缘，两面均有毛，两侧小叶略小；小叶柄细，长约5 mm，有毛；托叶斜卵形，先端尖，基部具疏齿。花有1~8朵集生成头状的总状花序，腋生；花萼钟状，萼齿5个，披针形，密被毛；花冠黄色。荚果盘曲成球状，棱背上具3列长刺，刺端钩状，含种子数粒。种子肾形，两侧扁，不平，长1.2~2.2 mm，宽0.8~1.3 mm，厚0.5~0.8 mm，淡黄色，近光滑，有光泽（图3-47）。

【生物学特性】 一年生或越年生杂草。9~10月或早春出苗。花期4~6月，种子于5月即渐次成熟，种子繁殖，经3~4个月休眠后萌发。

【分布与危害】 喜生于湿润沙质壤土，耐旱。为丘陵及山区的路埂杂草，生长在田埂、路旁及荒地。分布于西北地区及河南、江苏、湖北、湖南、四川等省区。

图3-47A 单株 | 图3-47B 幼苗 | 图3-47C 果

（二）乳浆大戟 *Euphorbia esula* L.

【别名】 猫儿眼。

【识别要点】 全株无毛，高15~35（45）cm，有白色乳汁。根茎发达；茎直立，下部带淡紫色，通常多数丛生，稀单一，分枝具细纵条纹。营养枝上的叶密生，花茎上的叶互生，叶线状披针形，有时为倒披针形，无柄，全缘，先端钝，微凹或有细凸尖。总状花序多歧聚伞状，顶生，通常3~5枝伞梗呈伞状，每枝伞梗再2~3（4）回分叉；苞片对生，宽心形或心状肾形，先端短骤凸，下部苞片大，上部苞片小，有无性枝。杯状花序，总苞无毛，顶4裂；腺体4个，位于裂片之间，肾形或新月形，两端呈短角状。子房广椭圆形，具3纵槽。蒴果卵球形，无毛，表面稍具皱纹（图3-50）。

【生物学特性】 多年生草本。花期4~6月，果期5~7月。以根茎和种子繁殖。

【分布与危害】 生于干燥沙质地、草原、干山坡及山沟内。为果园、茶园和路边一般性杂草，危害不重，在内蒙古草原有成片生长。分布于我国东北、华北、西北、华中、华东及西南地区，朝鲜、日本、美国、蒙古、俄罗斯及其他一些欧洲国家也有分布。

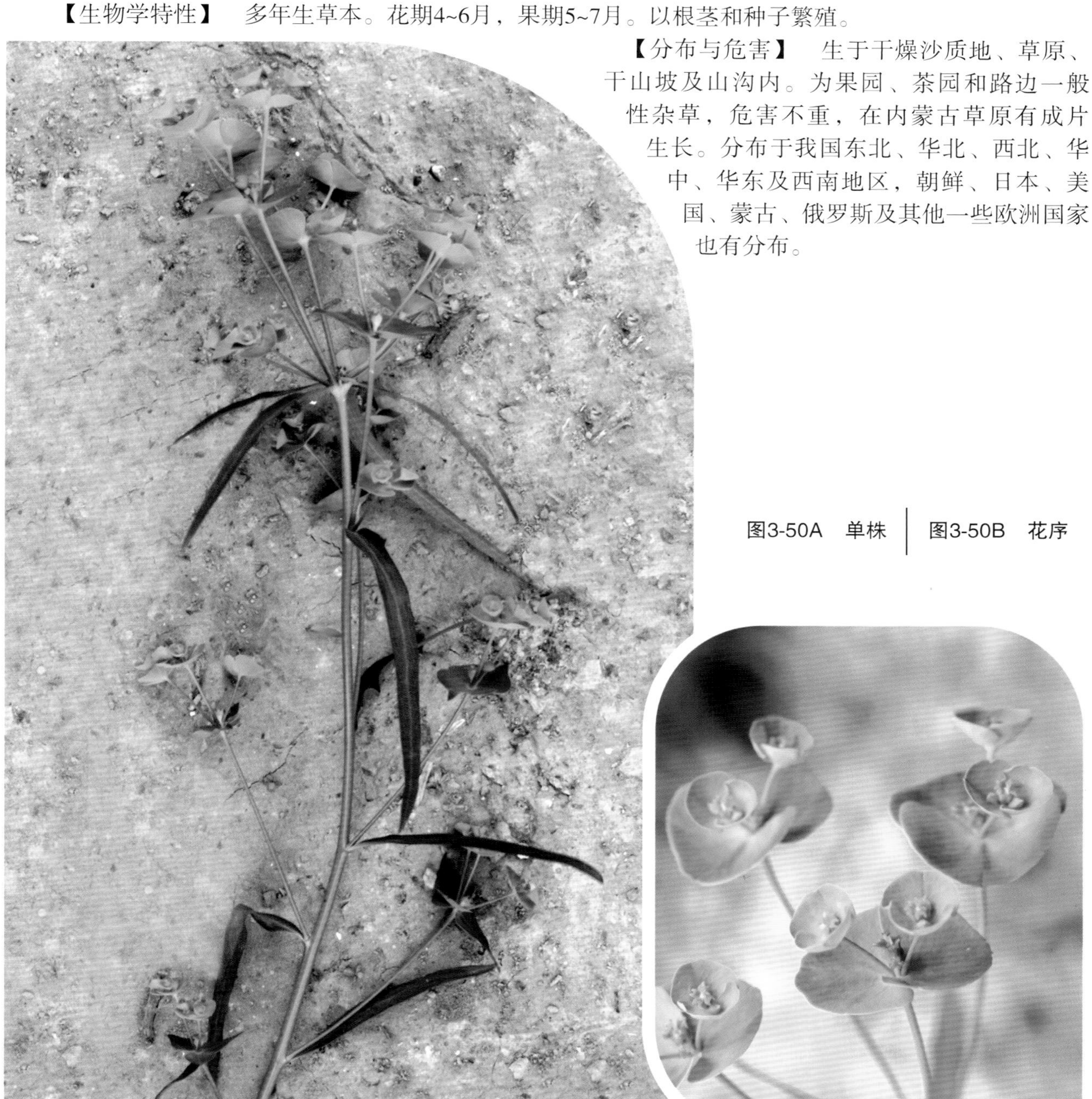

图3-50A 单株 | 图3-50B 花序

（三）甘遂 *Euphorbia kansui* Liou ex Ho

【识别要点】 茎直立，高25~40 cm，基部多分枝，并常有细小不育枝，全体无毛，含乳汁；根长，稍弯曲，部分呈串球状，有时呈长椭圆形，外皮棕褐色。叶互生，近无柄；叶片披针形，长2~5 cm，宽4~10 mm，全缘，无毛。顶生总花序有5~9枝伞梗，其下腋生者单一，每枝伞梗再二叉状分枝；苞片三角状宽卵形，全缘，黄绿色；杯状花总苞钟状，先端4裂，腺体4个，生于裂片之间的外缘，呈新月形，黄色；花单性，雌雄同序，无花被；雄花仅有1枚雄蕊；子房3室，花柱3个，柱头2裂。蒴果近球形（图3-51）。

【生物学特性】 多年生草本。根芽和种子繁殖。

【分布与危害】 生于荒坡草地及果园、苗圃，为一般性杂草。分布于陕西、甘肃、河南、山西等省区。

图3-51A 单株

图3-51B 幼苗

图3-51C 花序

（四）地锦 *Euphorbia humifusa* Willd.

【别名】 红丝草、地锦草。

【识别要点】 含乳汁。茎纤细，匍匐，长10~30 cm，近基部多分枝，带紫红色。叶对生，长圆形，先端钝圆，基部偏斜。杯状花序单生于叶腋；总苞倒圆锥形，顶端4裂，裂片长三角形，膜质。花单性，雌雄同序，无花被。蒴果三棱状球形（图3-52）。

【生物学特性】 一年生草本。华北地区4~5月出苗，花期6~7月，果期7~10月。种子繁殖。1株可产种子数百至数千粒。种子经冬眠萌发，在土壤深层的种子若干年后仍能发芽。

【分布与危害】 除广东、广西外，遍布全国，局部地区有危害。适生于较湿润、肥沃的土壤，亦耐干旱。

图3-52A 花果

图3-52B 单株

八、旋花科 Convolvulaceae

本科多为缠绕性草本，汁液多为乳状。叶互生，单叶，无托叶。花两性，辐射对称，萼片5片，宿存。蒴果。

本科约58属1 650种，广布全球，主产于美洲和亚洲的热带和亚热带。我国有20属129种，南北均有分布。常见杂草有6种。

（一）田旋花 *Convolvulus arvensis* L.

【别名】 箭叶旋花。

【识别要点】 具直根和根状茎。直根入土深，根状茎横走。茎蔓性，长1~3 m，缠绕或匍匐生长。叶互生，有柄；叶片卵状长椭圆形或戟形。花序腋生，有花1~3朵，具细长梗，苞片2枚，线形，远离花萼；萼片5片，花冠漏斗状，红色。蒴果卵状球形或圆锥形（图3–53）。

【生物学特性】 多年生缠绕草本。花期5~8月，果期6~9月。地下茎及种子繁殖。地下茎深达30~50 cm。秋季近地面处的根茎产生越冬芽，翌年出苗。

【分布与危害】 分布于东北、华北、西北地区及四川、西藏等省区。为旱作物地常见杂草，近年来在华北地区危害较严重，已成为难除的杂草之一。

图3-53A 植株

图3-53B 花

图3-53C 幼苗

（二）打碗花 *Calystegia hederacea* Wall.ex Roxb.

【别名】 小旋花。

【识别要点】 具白色根茎，茎蔓生缠绕或匍匐分枝。叶互生，具长柄；基部的叶全缘，近椭圆形，先端钝圆，基部心形；茎中上部的叶三角状戟形，中裂片披针形或卵状三角形，顶端钝尖，基部心形，侧裂片戟形、开展，通常二裂。花单生于叶腋，花梗具角棱，萼片5片，花冠漏斗状，淡红色或淡紫色。蒴果卵圆形（图3-54）。

【生物学特性】 多年生蔓性草本。华北地区4~5月出苗，花期7~9月，果期8~10月。以地下茎茎芽和种子繁殖。田间以无性繁殖为主，地下茎质脆易断，每个带节的断体都能长出新的植株。

【分布与危害】 分布于全国。适生于湿润、肥沃的土壤，亦耐瘠薄、干旱，由于地下茎蔓延迅速，在有些地区成为恶性杂草。

图3-54A 群体

图3-54B 幼苗

九、紫草科 Boraginaceae

多为草本，单叶互生，全缘，无托叶。花顶生，花萼近全缘或5齿裂，花冠管状，4~8裂。

我国有47属294种，遍布全国，以西南地区为多。常见杂草有 9 种。

（一）麦家公 *Lithospermum arvense* L.

【别名】 田紫草。

【识别要点】 高20~40 cm，茎直立或斜升，茎的基部或根的上部略带淡紫色，被糙状毛。叶倒披针形或线形，顶端圆钝，基部狭楔形，两面被短糙状毛，叶无柄或近无柄。聚伞花序，花萼5裂至近基部，花冠白色或淡蓝色，筒部5裂。小坚果（图3-55）。

【生物学特性】 一年生草本。秋冬或翌年春出苗，花果期4~5月。种子繁殖。

【分布与危害】 分布于北部地区。生于丘陵、低山坡地。在淮河流域及华北地区部分小麦田发生数量较大，危害较重。

图3-55A 花

图3-55B 幼苗

图3-55C 单株

（二）狼紫草 *Anchusa arrvensis* subsp. *orientalis*（L.）Nordh.

【别名】 水私利。

【识别要点】 高20~40 cm，有长硬毛。基生叶具柄，叶片匙形、倒披针形或线状长圆形；茎上部的叶渐小，无柄，边缘有微波状的小牙齿。聚伞花序，花生于苞腋或腋外，有短梗；花萼5片，花冠蓝色（图3-56）。

【生物学特性】 二年生或一年生草本。秋季或次年早春出苗，花果期4~7月，5月下旬即渐次成熟落地。种子繁殖。

【分布与危害】 分布于西北、华北地区。生于丘陵或低山地农田，为夏收作物田常见杂草，数量较多，危害较重。

图3-56A 单株
图3-56B 花

（三）附地菜 *Trigonotis peduncularis*（Trevir.）Steven ex Palib.

【别名】 地胡椒、鸡肠草、地铺圪草。

【识别要点】 茎常自基部分枝，枝纤细，有时微带紫红色，被短糙伏毛，直立或斜升，高5~35 cm。基生叶有长柄，叶片匙形、椭圆形或椭圆状卵形，长1~2 cm，宽5~15 mm，先端钝或尖，基部狭窄，全缘，两面均有短糙伏毛，茎中部的叶柄短或近无柄，中部以上叶渐变小。花序生于枝顶，果期伸长，长达20 cm，无苞叶或仅在基部有1~3片苞叶，花萼5深裂，裂片长圆形或披针形，先端尖锐，花冠直径1.5~2 mm，淡蓝色，5裂，裂片卵圆形，先端钝，喉部附属物5个，黄色，雄蕊5枚，内藏；子房4裂。小坚果4个，三角状锥形，棱尖锐，长度不到1 mm，疏生短毛或无毛，黑色，光亮，具短柄，向一侧弯曲（图3-57）。

【生物学特性】 二年生或一年生草本。秋季或早春出苗。花期3~6月，果实于5~7月成熟落地。种子繁殖。

【分布与危害】 生于平原、丘陵较湿润的农田、路旁、荒地或灌丛中，在肥沃湿润的农田中常见大片草丛。危害夏收作物、蔬菜及果树，在局部农田发生量大，危害较重。分布于华北、东北、西北、西南、华东、华中地区及广西、福建等省区；欧洲东部、日本、朝鲜和俄罗斯远东地区也有分布。

图3-57A 单株 | 图3-57B 幼苗 | 图3-57C 花

（四）鹤虱 *Lappula myosotis* V. Wolf

【别名】 蓝花蒿、赖毛子、黏珠子。

【识别要点】 茎高20~40 cm，被糙毛，多分枝。基生叶长圆状匙形，全缘，基部有长柄，两面密被白色基盘的长糙毛，茎生叶较短而狭，叶片披针形、倒披针形或线形，无叶柄。聚伞花序顶生，果时延伸，长达10~20 cm，苞片披针形、披针状线形至线形；花具短梗；花萼5深裂，果期开展，长达3.5~5 mm；花冠比萼片稍长，淡蓝色，檐部直径约3 mm，喉部具5个长圆形的附属物，雄蕊5枚，内藏，子房4深裂，柱头扁球形。小坚果4个，卵形，长约2.5 mm，具小瘤状突起，沿棱有2行近等长的锚状刺，第1行刺长达1.5~2 mm，第2行刺通常直立（图3-58）。

【生物学特性】 一年生草本。春季出苗，花期4~6月，果期6~7月。种子繁殖。

【分布与危害】 生于河滩、干旱草地、草坡或路旁，农田以近地边较多。沙质地农田常见，但数量不多，危害不重。分布于东北、华北地区及甘肃、宁夏等省区；亚洲北部和欧洲也有分布。

图3-58A 花 | 图3-58B 果

图3-58C 单株

（五）紫筒草 *Stenosolenium saxatile*（Pall.）Turcz.

【识别要点】 根圆柱状，细长，淡紫红色或紫红色。茎自基部分枝，高15~25 cm，密生开展的白色硬毛。叶无柄，基生叶和下部叶披针形或倒披针状线形，上部的叶披针状线形，长2~4 cm，宽3~7 mm，两面密生糙毛。聚伞花序顶生，密生糙毛，苞片叶状，披针形，长约1 cm，花具短梗，花萼5深裂，裂片线形，花冠紫色、堇色或白色，筒部细长，基部具毛环，喉部无附属物，檐部直径约7 mm，5裂，雄蕊5枚，在花冠筒中部之上螺旋状着生，子房4裂，花柱顶端二裂，每分枝有1个球形柱头（图3-59）。

【生物学特性】 多年生草本。种子和根芽繁殖。根芽早春或晚秋萌发，花期4~5月，果期6~7月。

【分布与危害】 生于平原、丘陵、低山的荒地、路旁或田间，多见于沙质地，极耐旱。部分农田、果园及苗圃常见，但数量不多，危害不重。分布于东北、华北地区及甘肃等省区；蒙古及俄罗斯的西伯利亚也有分布。

图3-59A 单株 | 图3-59B 花

（六）微孔草 *Microula sikkimensis* (C. B. Clarke) Hemsl.

【别名】 野菠菜。

【识别要点】 成株株高6~80 cm。茎直立或渐升，常自基部起分枝，被开展的刚毛，有时混生稀疏糙伏状毛。基生叶和茎下部叶具长柄，卵形、狭卵形至宽披针形，长4~12 cm，宽0.7~4.4 cm。顶端急尖、渐尖，稀钝，基部圆形或宽楔形。中部以上叶渐变小，具短柄至无柄，狭卵形或宽披针形，基部渐狭，边缘全缘，两面有短伏毛，下面沿中脉有刚毛，上面还散生带基盘的刚毛。花果期5~9月。花序短而密集，直径0.5~1.5 cm，有时稍伸长，长约2 cm，生茎顶端及无叶的分枝顶端。基部苞片叶状，其他苞片小，长0.5~2 mm；花梗短，密被短糙伏毛。花萼长2 mm，果期长达3.5 mm，5裂近基部；裂片线形或狭三角形，外面疏被短柔毛和长糙毛，边缘密被短柔毛，内面有短伏毛。花冠蓝色或蓝紫色，檐部直径5~11 mm，无毛，裂片近圆形；筒部长2.5~4 mm，无毛，附属物低梯形或半月形，长约0.3 mm，无毛或有短毛。小坚果卵形，长2~2.5 mm，宽约1.8 mm，有小瘤状突起和短毛，背孔位于背面中上部，狭长圆形，长1~1.5 mm，着生面位于腹面中央（图3-60）。

【生物学特性】 一年生草本。生于山地草坡、灌丛林边、田间路旁。种子繁殖。

【分布与危害】 分布于陕西西南部、甘肃、青海、四川西部、云南西北部、西藏东部和南部地区。青海广布，危害严重。川西北较常见，海拔1 900~4 500 m。局部危害较重。

图3-60A 单株

图3-60B 幼苗

图3-60C 花

十、唇形科 Labiatae

多为直立草本，植物体含挥发性芳香油，茎四棱，叶对生或轮生。轮伞花序，唇形花冠，雄蕊4枚，2长2短，或上面2枚不育。子房上位。果实常由4个小坚果组成。

本科约200属，3 500余种，广布全球，但以东半球为主，特别是地中海及中亚地区；我国有99属800余种，全国均有分布。常见杂草13种，是园田及路埂杂草，对多种农作物有不同的危害。

（一）佛座 *Lamium amplexicaule* L.

【别名】 宝盖草。

【识别要点】 高10~30 cm。基部多分枝。叶对生，下部叶具长柄，上部叶无柄，圆形或肾形，边缘具深圆齿，两面均疏生小糙状毛。轮伞花序6~10朵花；花萼管状钟形，萼齿5个，花冠紫红色（图3-61）。

【生物学特性】 一年生或二年生草本。10月出苗，翌年花期3~5月，果期6~8月。种子繁殖。

【分布与危害】 华北、华东、华中、西北、西南等地区有分布。为夏收作物田常见杂草，部分地区对麦类、油菜等危害较重。

图3-61A 单株　图3-61B 花　图3-61C 幼苗

（二）多花筋骨草 *Ajuga multiflora* Bunge

【识别要点】 株高6~20 cm。茎直立，不分枝，密被灰白色绵毛状长柔毛。基生叶具柄，上部叶无柄，叶片长圆形至卵圆形，长1.5~4 cm，宽1~1.5 cm，先端钝或微急尖，基部楔形，抱茎，边缘有波状圆齿，具缘毛，两面被柔毛状糙伏毛。轮伞花序向上密集成连续的穗状聚伞花序，苞叶大，向上渐小，呈卵形或披针形，花梗极短，被柔毛，花萼钟形，长5~7 mm，外面被绵毛状长柔毛，内面无毛；花冠蓝紫色或蓝色，二唇形，冠筒内面近基部有毛环，上唇短，直立，先端2裂，下唇伸长，宽大，3裂，中裂片扇形，侧裂片长圆形。雄蕊4枚，2强，伸出，花丝粗壮，具长柔毛，花柱细长，超出雄蕊，先端2浅裂，裂片细尖。小坚果倒卵状三棱形，背部具网状皱纹，腹部中间隆起，果脐大，边缘被微柔毛（图3-62）。

【生物学特性】 多年生草本。花期4~5月，果期5~6月。种子繁殖。

【分布与危害】 我国分布于东北地区及河北、山东、安徽、江苏等省，俄罗斯远东地区、朝鲜也有分布。生于开阔的山坡荒草丛、河边草地或灌丛中，为果园及路埂一般性杂草，发生量很小，不常见。

图3-62 单株

（三）风轮菜 *Clinopodium chinense*（Benth.）O. Ktze.

【识别要点】 茎基部匍匐，节上生不定根，高可达1 m，具细条纹，密被短柔毛及腺微柔毛。叶卵圆形，长2~4 cm，宽1.3~2.6 cm，先端急尖或钝，基部阔楔形，边缘具圆齿状锯齿，上面绿色，密被平伏短硬毛，下面灰白色，被疏柔毛；叶柄长3~8 mm，密被疏柔毛。轮伞花序总梗极多分枝，多花密集，常偏向于一侧，苞叶叶状，苞片针状，无明显中肋，花萼狭管状，二唇3/2式，常紫红色，长约6 mm，脉13条，外被长柔毛及腺微柔毛，花冠小，长不及1 cm，紫红色，上唇直伸，先端微缺，下唇3裂，中裂片稍大，雄蕊4枚，花药2室，药室近水平叉开，花柱先端不相等，2浅裂，裂片扁平。花盘平顶。小坚果倒卵形，长约1.2 mm，宽约0.9 mm，黄褐色，有三条不明显的纵条纹，果脐着生于基部，呈蝶翅状（图3-63）。

【生物学特性】 多年生草本。花期5~8月，果期8~10月。以匍匐茎进行营养繁殖及种子繁殖。

【分布与危害】 分布于山东、浙江、江苏、安徽、江西、福建、台湾、湖南、湖北、广东、广西、云南等省区。生于山坡、草丛、路旁、沟边、灌丛、林下，旱作物田、蔬菜地、苗圃均有发生，危害轻。

图3-63A 单株

图3-63B 花

（四）光风轮菜 *Clinopodium confine*（Hance）O. Ktze.

【别名】　邻近风轮菜、四季草。

【识别要点】　植株多茎，铺散基部生不定根。茎四棱形，无毛或疏被微柔毛。叶卵圆形，长8~22 mm，宽5~17 mm，先端钝，基部圆形或阔楔形，叶缘具圆齿状锯齿，两面均无毛，叶柄长2~10 mm。轮伞花序通常多花密集，近球形，直径达1~1.3 cm；苞叶叶状，花梗长1~2 mm，被微柔毛。花萼管状，萼筒等宽，外面无毛，内面喉部被小疏柔毛，唇形花冠，粉红至紫红色，稍超出花萼，长约4 mm，上唇直伸，先端微缺，下唇3裂，中裂片较大，雄蕊4枚，内藏，前对能育，后对退化，花柱先端2浅裂，裂片扁平，花盘平顶，子房无毛。小坚果卵球形，长0.8 mm，褐色，表面具网纹，背面稍拱凸，腹面稍内弯，果脐心脏形，黑褐色（图3-64）。

【生物学特性】　二年生草本。花期4~6月，果期7~8月。种子繁殖。

【分布与危害】　分布于安徽、江苏、浙江、江西、湖北、福建、广东、广西、海南、台湾、四川、贵州、云南、西藏等省区。喜阴湿，较耐贫瘠，生于路边、山坡、荒地，为果园、茶园、路埂常见杂草，发生量小，危害轻。

图3-64A　花 | 图3-64B　单株

（五）夏至草 *Lagopsis supina*（Steph.ex Willd.）Ikonn-Gal.

【别名】 灯笼棵、白花夏枯草。

【识别要点】 成株株高15~45 cm。茎直立或上升，密被有倒向微小的伏毛，常于基部分枝。叶近圆形或卵形，掌状3深裂，基部心形或楔形，裂片边缘有牙齿或圆齿，两面绿色，均被短柔毛及腺点。轮伞花序，花萼管状钟形，萼齿5枚，三角形，先端具刺；花冠白色，稍伸出萼筒，外部被短柔毛，上唇直立，全缘，下唇3浅裂。小坚果长卵形或倒卵状三棱形（图3-65）。

【生物学特性】 二年生或一年生草本。种子繁殖。种子于当年萌发，产生具莲座状叶的植株越冬，翌年才开花结果。花期3~4月，果期5~6月。

【分布与危害】 分布广泛。在菜园、田边生长较多，危害较轻。

图3-65A 单株 | 图3-65B 幼苗 | 图3-65C 花序

（六）荔枝草 *Salvia plebeia* R. Br.

【别名】 雪见草、虾蟆草。

【识别要点】 茎直立，高15~90 cm，被疏柔毛。叶长圆状披针形，先端钝或急尖，基部圆形或楔形，边缘有圆齿、牙齿或尖锯齿，两面被疏毛。轮伞花序。茎和枝端密集成总状或总状圆锥花序，苞片细小，披针形，花萼钟形，长约2.7 mm，外面被疏柔毛和金黄色腺点，唇形花冠，紫色至蓝色。小坚果倒卵圆形，直径0.4 mm，褐色，成熟时干燥，光滑（图3-66）。

【生物学特性】 一年生或二年生草本。花期4~5月，果期6~7月。种子繁殖。

【分布与危害】 为夏收作物田及路埂常见杂草，轻度危害麦类、油菜和蔬菜等农作物。除新疆、甘肃、青海及西藏外，几分布于全国各地。

图3-66A 单株

图3-66B 幼苗

图3-66C 花序

十一、玄参科 Scrophulariaceae

叶对生，少数互生或轮生，无托叶。花两性，花萼4~5裂，花冠合瓣，4~5裂。多为蒴果。

本科约200属3 000种，广布于全世界。我国约60属634种，分布于南北各地，西南部发生较多。常见杂草有11种。

(一)婆婆纳 *Veronica polita* Fr.

【识别要点】 茎自基部分枝成丛，纤细，匍匐或向上斜升。叶对生，具短柄；叶片三角状圆形，边缘有稀钝锯齿。总状花序顶生；苞片叶状，互生，花生于苞腋，花梗细长，比苞片略短；花萼4片，深裂，花冠淡紫色，有深红色脉纹。蒴果近肾形（图3-67）。

【生物学特性】 越年生或一年生杂草。9~10月出苗，早春发生数量极少，花期3~5月，种子于4月渐次成熟，经3~4个月的休眠后萌发。种子繁殖。

【分布与危害】 主要分布于中南各省区，在华北等地也有分布。喜湿润肥沃的土壤。主要危害小麦、油菜、蔬菜、果树等作物。

图3-67A 花

图3-67B 单株

（二）阿拉伯婆婆纳 *Veronica persica* Poir.

【别名】 波斯婆婆纳。

【识别要点】 茎基部多分枝，下部伏生地面。叶在茎基部对生，上部互生，卵圆形及肾状圆形，缘具钝锯齿。花有柄，花梗长于苞片，有的超过1倍；花萼4片深裂，裂片狭卵形，宿存；花冠淡蓝色，有放射状深蓝色条纹。蒴果近肾形（图3-68）。

【生物学特性】 二年生或一年生草本。秋、冬季出苗，偶尔延至翌年春季，种子繁殖。花期3~4月，果期4~5月。

【分布与危害】 为夏熟作物田杂草，分布于全国各地，尤其以河南危害最重。防除也较为困难。

图3-68A 花	图3-68B 单株
图3-68C 群体	图3-68D 幼苗

（三）通泉草 *Mazus pumilus* (Burm.f.) Steenis.

【识别要点】 主根伸长，垂直向下或短缩；须根纤细，散生或簇生。茎高5~30 cm，且斜倾，通常无匍匐茎，分枝多而披散，少不分枝。基生叶有柄，叶片倒卵形至匙形，边缘具不规则的粗钝锯齿，基部楔形，下延至柄呈翼状；茎生叶对生或互生，少数与基生叶相似，2~4对或更多。总状花序顶生，常在近基部生花，花稀疏，花梗在果期长达10 mm，上部的较短；萼裂片与萼筒近等长；花冠紫色或蓝色，上唇短直，2裂，裂片尖，下唇3裂，中裂片倒卵圆形；子房无毛。蒴果球形（图3-69）。

【生物学特性】 一年生草本。花果期长，4~10月相继开花结果。种子繁殖。

【分布与危害】 遍布全国，喜生潮湿的环境，危害小。

图3-69A 花

图3-69B 单株

（四）匍茎通泉草 *Mazus miquelii* Makino

【识别要点】 主根短缩，须根多数，纤维状丛生。茎有直立茎和匍匐茎，直立茎倾斜上升，高10~15 cm，匍匐茎花期发出，长达15~20 cm，节上生根或否。基生叶常多数呈莲座状，倒卵状匙形，有长柄，连柄长3~7 cm，边缘具粗锯齿，有时近基部缺刻状羽裂。茎生叶多互生，在匍匐茎上的多对生，具短柄。总状花序顶生，花稀疏，下部的花梗长达2 cm，越向上越短。花萼钟状漏斗形，长7~10 mm，萼齿与萼筒等长，披针状三角形。花冠紫色或白色，有紫斑，长1.5~2 cm，上唇短而直立，2裂，下唇3裂片突出，倒卵圆形，中片最小，喉部有2条隆起，上有棕色斑纹，并被短白毛，花冠易脱落；子房无毛。蒴果卵形至倒卵形或球形微扁，绿色，稍伸出萼管，开裂，种子细小而多数（图3-70）。

【生物学特性】 多年生小草本。花果期2~9月。以匍匐茎和种子繁殖。

【分布与危害】 生于田边、路旁湿地、荒地及疏林中。为一般性杂草。分布于江苏、浙江、安徽、江西、湖南、台湾等省区。

图3-70A 花

图3-70B 单株

（五）毛果通泉草 *Mazus spicatus* Vant.

【别名】 穗花通泉草。

【识别要点】 高10~30 cm，全株具白色或浅锈色长柔毛。主根短。茎圆柱形，基部常木质化并多分枝，直立或倾斜状上升，着地部分常生根。基生叶少数，早枯萎；茎生叶对生或上部的互生，倒卵形至倒卵状匙形，膜质，连柄长1~5 cm，宽0.5~2 cm，顶端钝圆，基部渐狭成带翅的叶柄，边缘有粗锯齿。总状花序顶生，长达15~20 cm，花稀疏；苞片钻形；花萼钟状，果期长达8 mm，5中裂，裂片披针形，急尖，萼脉明显；花冠白色或淡紫色，长8~12 mm，上唇2裂，裂片急尖，下唇3裂，中裂片突出，卵圆形，顶端微凹，子房被长硬毛。蒴果小，卵球形，淡黄色，被长硬毛；种子细小多粒，表面有细网纹（图3-71）。

【生物学特性】 多年生草本。花期5~6月，果熟期7~8月。

【分布与危害】 分布于湖北、湖南、陕西、四川、贵州等省区。

图3-71A 花

图3-71B 单株

十二、茜草科 Rubiaceae

茎直立、匍匐或攀缘，有时枝有刺。单叶，对生或轮生，有托叶。花两性，萼筒与子房合生，花冠筒状或漏斗状。坚果或蒴果。

全世界约有5 000种，遍布全国，常见杂草有5种。

（一）猪殃殃 *Galium Spurium* L.

【识别要点】　茎四棱形，茎和叶均有倒生细刺。叶6~8片轮生，线状倒披针形，顶端有刺尖。聚伞花序顶生或腋生，有花3~10朵；花小，花萼细小，花瓣黄绿色，4裂。小坚果（图3-72）。

【生物学特性】　种子繁殖，以幼苗或种子越冬，二年生或一年生蔓状或攀缘状草本。多于冬前9~10月出苗，亦可在早春出苗；4~5月现蕾开花，果期4~9月。果实落于土壤或随收获的作物种子传播。

【分布与危害】　分布广泛。为夏熟旱作物田恶性杂草。在华北及淮河流域地区麦田和油菜田大面积发生和危害。攀缘作物，不仅和作物争阳光和空间，而且可引起作物倒伏，造成更大的减产，并且影响作物的收割。

图3-72A　花
图3-72B　枝
图3-72C　幼苗
图3-72D　果
图3-72E　群体

（二）茜草 *Rubia cordifolia* L.

【识别要点】 植株攀缘；根紫红色或橙红色；茎、枝有明显的4棱，棱上有倒生小刺；多分枝。叶通常4片轮生，卵形至卵状披针形，先端渐尖，基部圆形或心形，上面粗糙，下面脉上叶缘和叶柄均生有倒生小刺；叶柄长。聚伞花序排列成大而疏松的圆锥花序，顶生和腋生；花小，黄白色（图3-73）。

【生物学特性】 多年生攀缘性草质藤本。华北地区花果期6~9月。种子及根茎繁殖。

【分布与危害】 分布于我国大部分地区。适应性较强，在旱作物地及果园常见，尤对果树危害较重，缠绕在果树上可使其因生长不良而减产。

图3-73A 果

图3-73B 单株

十三、菊科 Compositae

单叶互生，少数对生或轮生，无托叶。具总苞的头状花序，瘦果。

本科约1 600属24 000种，广布于全世界，主要分布于温带地区，热带较少。我国有248属2 300多种，南北各地均产。我国常见杂草有61种。

（一）大蓟 *Cirsium japonicum* Can.

【识别要点】 成株茎直立，株高40~100 cm，具纵条棱，近无毛或疏被蛛丝状毛，上部有分枝，中部叶长圆形、椭圆形至椭圆状披针形，先端钝形，有刺尖，边缘有缺刻状粗锯羽状浅裂，有细刺，上面绿色，背面被蛛丝状毛。雌雄异株，头状花序多数集生于顶部，排列成疏松的伞房状；总苞钟形，总苞片多层，外层短，披针形，内层较长，线状披针形；雌管状，花冠紫红色，花冠管长度为檐部的4~5倍，花冠深裂至檐部的基部。瘦果倒卵形或长圆形（图3-74）。

【生物学特性】 多年生草本。花果期6~9月。在水平生长的根上产生不定芽，进行无性繁殖或种子繁殖。

【分布与危害】 分布于东北、华北地区及陕西、甘肃、宁夏、青海、四川、江苏等省区。常危害夏收作物（麦类、油菜和马铃薯）及秋收作物（玉米、大豆、谷子和甜菜等），也在牧场及果园危害，在耕作粗放的农田中发生量大、危害重，很难防除，尤其在北方地区危害更大。

图3-74A 幼苗

图3-74B 单株

（二）小蓟 *Cirsium arvense* var. *integrifolium* Wimm. & Grab.

【别名】 刺儿菜。

【识别要点】 根状茎细长。茎直立，株高20~50 cm。单叶互生，无柄，缘具刺状齿，叶椭圆状或披针形，全缘或有浅齿裂，两面被白色蛛丝状毛。雌雄异株，雄株头状花序较小，雌株花序则较大，总苞片多层，具刺；花冠紫红色（图3-75）。

【生物学特性】 多年生草本。在我国中北部，最早于3~4月出苗，5~6月开花、结果，6~10月果实渐次成熟。种子借风力飞散。实生苗当年只进行营养生长，翌年才能抽茎开花。以根芽繁殖为主，种子繁殖为辅。

【分布与危害】 全国均有分布和危害，以北方最为普遍。

图3-75A 单株

图3-75B 花

图3-75C 根

图3-75D 幼苗

（三）鼠曲草 *Laphangium affine* （ D. Don ）Tzvelev

【别名】 佛耳草。

【识别要点】 株高10~50 cm。茎直立，簇生，基部常有匍匐或斜上的分枝。茎、枝、叶均密生白色绵毛。叶互生，基部叶花期枯萎，上部叶和中部叶匙形或倒披针形，长2~7 cm，宽4~12 mm，顶端有小尖，基部渐狭并下延，无柄，全缘。头状花序多数，在顶端密集成伞房状；总苞球状钟形，直径约3 mm；总苞片3层，金黄色，干膜质，顶端钝，外层宽卵形，内层长圆形；花黄色，外围雌花花冠丝状，中央两性花管状。瘦果椭圆形，长约0.5 mm，有乳头状突起；冠毛污白色（图3-76）。

【生物学特性】 二年生草本。秋季出苗，翌年春季返青，4~6月为花果期。以种子繁殖。

【分布与危害】 生于旱作物地、水稻田边、路旁、荒地。在收割后的农田中亦常见。但主要危害夏收作物（麦类、油菜、马铃薯）和蔬菜，但发生量小，危害轻。分布于华东、华中、华南、西南地区及河北、陕西、河南、山东、台湾等省区。

图3-76A 花

图3-76B 单株

（四）秋鼠曲草 *Pseudognaphalium hypoleucum*（DC.）Hilliard & B.L. Burtt

【别名】 下白鼠曲草。

【识别要点】 株高30~60 cm。茎直立，叉状分枝，茎、枝被白色绵毛和密腺毛。茎下部叶花期枯萎，中上部叶较密集，线形或线状披针形，长4~5 cm，宽2.5~7 mm，基部抱茎，全缘，上面绿色，有糠秕状短毛，下面密被白色绵毛，上部叶渐小。头状花序多数，在茎或枝顶密集成伞房状，花序梗长2~4 mm，密生白色绵毛；总苞球状钟形，长约4 mm，宽6~7 mm；总苞片5层，干膜质，金黄色，先端钝，外层苞片短，有白色绵毛，内层无毛；花黄色，外围雌花丝状，短于花柱，中央两性花管状，裂片5枚。瘦果长圆形，有细点；冠毛污黄色（图3-77）。

【生物学特性】 一年生或二年生草本。花果期8~12月。种子繁殖。

【分布与危害】

生于山坡、草地、林缘和路旁。常危害果树及茶树，也生于田边及路埂上，但发生量很小，不常见，是一般性杂草。分布于华东、华中、华南、西南地区及陕西、河南、甘肃、台湾等省区。

图3-77A 花 ｜ 图3-77B 单株

（五）细叶鼠曲草 *Gnaphalium japonicum* Thunb.

【别名】 白背鼠曲草、天青地白。

【识别要点】 成株株高8~28 cm。茎纤细，1~10个簇生，密生白色绵毛。基部叶莲座状，花期存在，线状倒披针形，长2.5~10 cm，宽4~7 cm，先端具小尖头，基部渐狭，全缘，上面绿色，被疏绵毛或无毛，下面密被白色茸毛，茎生叶向上渐小，基部有小叶鞘。头状花序多数，在茎顶端密集成球状，在其下方有等大呈放射状的小叶，总苞钟状，直径约5 mm；总苞片3层，红褐色，干膜质，先端钝，外层总苞片宽椭圆形，内层狭长圆形，外围雌花丝状，中央两性花管状，5齿裂，上部粉红色，花全部能结实。子实瘦果长圆形，有细点，冠毛白色（图3-78）。

【生物学特性】 多年生草本。花期1~7月。主要以种子繁殖。

【分布与危害】 为田埂、路旁的常见杂草，也见于旱作物地、果园及山坡草地，但发生量很小。分布于我国华东、华中、西南地区及台湾等省区；朝鲜、日本也有分布。

图3-78A 单株 | 图3-78B 花

（六）匙叶鼠曲草 *Gnaphalium pensylvanicum* Willd.

【识别要点】 成株茎直立或斜升，高30~45 cm，被白色绵毛。下部叶无柄，倒披针形或匙形，长6~10 cm，宽1~2 cm，全缘或微波状，背面被灰白色的绵毛，中部叶倒卵状长圆形或匙状长圆形，长2.5~3.5 cm，上部叶小，与中部叶同形。头状花序多数，长3~4 mm，宽约3 mm，数个成束簇生，再排列成顶生或腋生，紧密的穗状花序；总苞片2层，污黄色或麦秆黄色，内层与外层近等长，背面均被绵毛；外围雌花多数，花冠丝状；中央两性花少数，花冠筒状，檐部5浅裂，无毛。子实瘦果长圆形，长约0.5 mm，有乳头状突起，冠毛绢毛状，污白色，易脱落，长2.5 mm，基部连合（图3-79）。

【生物学特性】 一年生或二年生草本。花期12月至翌年5月。种子繁殖。

【分布与危害】 多生于路边或耕地上，耐旱性强。危害夏收作物（麦类、油菜、马铃薯）、蔬菜、果树及茶树，但发生量小，危害轻，是一般性杂草。我国分布于浙江、江西、湖南、福建、广东、广西、台湾、四川和云南等省区；美洲南部、非洲南部、澳大利亚及亚洲热带地区也有分布。

图3-79A 花 | 图3-79B 单株

（七）多茎鼠曲草 *Gnaphalium polycaulon* Pers.

【识别要点】　茎多分枝，下部匍匐或斜升，高10~25 cm，具纵细纹，密生白色绵毛。下部叶倒披针形，长2~4 cm，宽4~8 cm，基部渐狭，下延，无柄，顶端通常短尖，全缘，两面被白色绵毛，中部和上部叶较小，倒卵状长圆形或匙状长圆形，顶端具短尖头或中脉延伸成刺状，头状花序多数，在茎及枝顶端或上部叶腋密集成穗状花序，无梗；总苞卵状，总苞片数层，淡黄色；小花淡黄色，异形，花冠丝状，有3个小齿。瘦果圆柱形（图3-80）。

【生物学特性】　二年生草本。春季开花。以种子繁殖。

【分布与危害】　常生长在田边、荒地及路旁。危害夏收作物、蔬菜、果树等，但发生量小，危害轻。分布于华南、浙江、江西、湖南、福建、台湾、云南等省区。

图3-80　单株

（八）飞廉 *Carduus crispus* L.

【别名】 丝毛飞廉。

【识别要点】 株高40~150 cm。茎直立，有条棱，上部或头状花序下方有蛛丝状毛或蛛丝状绵毛。下部茎生叶椭圆形、长椭圆形或倒披针形，长5~18 cm，宽17 cm，羽状深裂或半裂，侧裂片7~12对，边缘有大小不等的三角形刺齿，齿顶及齿缘有浅褐色或淡黄色的针刺。全部茎生叶两面异色，上面绿色，沿脉有稀疏多细胞长节毛，下面灰绿色或浅灰白色，被薄蛛丝状绵毛，基部渐狭，两侧沿茎下延成茎翼，茎翼边缘齿裂，齿顶及齿缘有针刺。头状花序通常3~5个集生于分枝顶端或茎端；头状花序小，总苞卵形或卵球形，直径1.5~2（2.5）cm；中、外层总苞片狭窄。花红色或紫色，长1.5 cm，花冠5深裂，裂片线形。瘦果稍压扁，楔状椭圆形，长约4 mm，顶端斜截形，有软骨质果缘，无锯齿。冠毛多层，白色，不等长，呈锯齿状，长达1.3 cm，顶端扁平扩大，基部连合成环，整体脱落（图3-81）。

【生物学特性】 二年生或多年生草本。花果期4~10月。以种子繁殖。

【分布与危害】 生于荒野、路旁、田边等处，较耐干旱，为小麦田和路埂常见的杂草。全国各地均有分布。

图3-81A 单株

图3-81B 花

图3-81C 茎

图3-81D 幼苗

（九）苦苣菜 *Sonchus oleraceus*（L.）L.

【别名】 苦菜、滇苦菜。

【识别要点】 根纺锤状。茎中空，直立，株高50~100 cm，下部光滑，中上部及顶端有稀疏腺毛。叶片柔软无毛，长椭圆状倒披针形，羽状深裂或提琴状羽裂，裂片边缘有不规则的短软刺状齿至小尖齿；基生叶片基部下延成翼柄，茎生叶片基部抱茎，叶耳略呈戟形。头状花序，花序梗常有腺毛或初期有蛛丝状毛；总苞钟形或圆筒形，绿色；舌状花黄色。瘦果倒卵状椭圆形，每面有3条细纵肋，具横皱纹（图3-82）。

【生物学特性】 一年生或二年生草本。花果期3~10月。种子繁殖。

【分布与危害】 分布于全国。为果园、桑园、茶园和路埂常见杂草，发生量小，危害轻。

图3-82A 花

图3-82B 单株

（一〇）野塘蒿 *Erigeron bonariensis* L.

【别名】 香丝草。

【识别要点】 茎高30~80 cm，被疏长毛及贴生的短毛，灰绿色。下部叶有柄，披针形，边缘具稀疏锯齿；上部叶无柄，线形或线状披针形，全缘或偶有齿裂。头状花序直径0.8~1 cm，再集成圆锥状花序；总苞片2~3层，线状披针形，具软毛和长睫毛；外围花白色，雌性，细管状，中央花两性，管状，微黄色，顶端5齿裂。瘦果长圆形，略有毛；冠毛污白色，刚毛状（图3-83）。

【生物学特性】 一年生或二年生草本。苗期在秋、冬季或翌年春季，花果期6~10月。种子繁殖。

【分布与危害】 生长于荒地、田边及路旁，常于桑园、茶园及果园中为害，发生量大，危害重，是区域性的恶性杂草，也是路埂、宅旁及荒地发生数量大的杂草之一。分布于陕西、甘肃、长江流域及黄淮等地。

图3-83A 花

图3-83B 幼苗

图3-83C 单株

（一一）泥胡菜 *Hemistepta lyrata*（Bunge）Bunge

【识别要点】 成株株高30~80 cm。茎直立，具纵棱，有白色蛛丝状毛或无。基生叶莲座状，有柄，倒披针状椭圆形或倒披针形羽状分裂；顶裂片较大，三角形，有时3裂，侧裂片7~8对，长椭圆状倒披针形，上面绿色，下面密被白色蛛丝状毛；中部叶椭圆形，先端渐尖，无柄，羽状分裂；上部叶线状披针形至线形。头状花序多数，于茎顶排列成伞房状。总苞球形，总苞片5~8层；外层卵形，较短，中层椭圆形，内层条状披针形；背部顶端下有1枚紫红色鸡冠状的附片。花冠管状，紫红色，筒部远较冠檐为长（约5倍），裂片5枚。瘦果圆柱形略扁平（图3-84）。

【生物学特性】 一年生或二年生草本植物。通常9~10月出苗，花果期翌年5~8月。种子繁殖。

【分布与危害】 分布于全国。常侵入夏收作物（麦类和油菜）田中危害，在长江流域的局部农田危害严重。是发生量大、危害重的恶性杂草。

图3-84A 单株
图3-84B 花
图3-84C 根
图3-84D 幼苗

（一二）稻槎菜 *Lapsanastrum apogonoides*（Maxim.）J. H. Pak & K. Bremer

【识别要点】 植株细柔，高10~20 cm，叶多于基部丛生，有柄，羽状分裂，长4~10 cm，宽1~3 cm，顶端裂片最大，近卵圆形，顶端钝或短尖，两侧裂片向下逐渐变小；茎生叶较小，通常1~2 cm，有短柄或近无柄。头状花序果时常下垂，常再排成稀疏的伞房状；总苞椭圆形，长约5 mm，内层总苞片5~6枚，长约4.5 mm；小花全部舌状，两性，结实，花冠黄色。瘦果椭圆状披针形，长4~5 mm，多少压扁，上部收缩，顶端两侧各具钩刺1枚，背腹面各有5~7肋，无冠毛（图3-85）。

【生物学特性】 一、二年生草本。在长江流域，于秋、冬季出苗，花果期翌年4~5月，果实随熟随落。以种子繁殖。

【分布与危害】 生于田野、荒野及沟边，为夏熟作物田杂草。多发生于稻-麦或稻-油菜轮作田。在初春，麦类和油菜等作物生长前、中期，大量发生，危害重，是区域性的恶性杂草。我国分布于华东、华中、华南、华北地区及四川、贵州等省区；日本、朝鲜也有分布。

图3-85A 花 | 图3-85B 根
图3-85C 单株 | 图3-85D 幼苗

十四、牻牛儿苗科 Geraniaceae

一年生或多年生草本或亚灌木。叶互生或对生，单叶分裂或复叶，有托叶。花两性，辐射对称或稍两侧对称，单生或为伞状花序；花萼4~5片，宿存，分离至中部或在背面有时与花梗连合成距状；花瓣5片，稀4片，通常覆瓦状排列。果实为蒴果。

本科约11属750种，广布于热带和亚热带地区，我国有4属67种，常见杂草2种。

（一）牻牛儿苗 *Erodium stephanianum* Willd.

【别名】 太阳花、老鸦嘴。

【识别要点】 根直立，细圆柱形，株高15~45 cm，多自基部分枝，分枝常平铺地面或稍斜升，有节，被柔毛。叶对生，长卵形或长圆状三角形，长约6 cm，二回羽状深裂至全裂，羽片5~9对，基部下延，小裂片线形，全缘或有1~3个粗齿，叶柄长4~6 cm。托叶线状披针形。伞形花序腋生，总梗细长，5~15 cm，常有2~5朵花，花柄长2~3 cm，萼片长圆形，长6~7 mm，先端有长芒，花瓣淡紫蓝色，倒卵形，长不超过萼片，花丝短，仅5枚有花药。蒴果长约4 cm，顶端有长喙，成熟时5个果瓣与中轴分离，喙部呈螺旋状卷曲；种子条状长圆形，褐色（图3-86）。

【生物学特性】 多年生草本。冬前出苗，花果期7~9月。种子成熟时蒴果卷裂，种子被弹射到他处。以种子和幼苗越冬。种子繁殖。

【分布与危害】 常生于山坡草地或河岸沙地。为常见的果园、茶园及路埂杂草，发生量较大，危害较重，偶侵入小麦田或秋季田地。我国分布于东北、华北、西北、西南（云南西部）地区和长江流域；朝鲜、俄罗斯、印度也有分布。

图3-86A 群体 | 图3-86B 花 | 图3-86C 果

（二）野老鹳草 *Geranium carolinianum* L.

【识别要点】 株高20~50 cm。茎直立或斜升，有倒向下的密柔毛，有分枝。叶圆肾形，宽4~7 cm，长2~3 cm，下部互生，上部对生，5~7深裂，每裂又3~5裂，小裂片线形，先端尖，两面有柔毛，下部叶有长达10 cm的叶柄，上部的叶柄等于或短于叶片。花对生于茎端或叶腋，花梗常数个集生成伞形花序，花序柄短或无柄；花柄长1~1.5 cm，有腺毛（腺体早落），萼片宽卵形，有长白毛，果期增大，长5~7 mm；花瓣淡红色，与萼片等长或略长；雄蕊全部具药。蒴果长约2 cm，先端有长喙，成熟时裂开，5片果瓣向上卷曲，种子宽椭圆形，表面有网纹（图3-87）。

【生物学特性】 一年生或越年生草本。花果期4~8月。种子繁殖。

【分布与危害】 喜生于荒地、路旁草丛中，为夏收作物田中常见的杂草。危害麦类及油菜等作物，近几年危害有加重趋势。我国分布于长江流域、黄淮海区域，江西、四川及云南等地，美洲也有分布。

图3-87A 单株

图3-87B 花、叶

图3-87C 花、果

图3-87D 幼苗

十五、蔷薇科 Rosaceae

草本、灌木或小乔木，有时攀缘状；叶互生，常有托叶；花两性，辐射对称，花托中空，花被即着生于其周缘；萼片4~5片，有时具副萼，花瓣4~5片。

全世界约有3 300种。我国分布广泛，有900余种，常见杂草有6种。

（一）龙芽草 *Agrimonia pilosa* Ledeb.

【别名】 仙鹤草。

【识别要点】 茎高（30）50~100 cm。根状茎褐色，短圆柱状，有时分枝，着生细长的须根，茎直立，绿色，老时带紫色，上部分枝，全株被柔毛。叶互生，羽状复叶，叶柄长1~2 cm。小叶5~11片，下部的渐小，二小叶间常附有小叶数对，上部3对小叶稍同大，椭圆形或卵圆状长椭圆形，长3~6 cm，宽1.5~3.5cm，先端尖，基部楔形，边缘有尖锯齿，两面均疏生长柔毛，下面密布细小的黄色腺点，上面腺点较少。托叶绿色，有疏齿牙，总状花序顶生，长10~20 cm，花多，黄色，直径6~9 mm，近无梗，苞片细小，常3裂，萼片倒圆锥形，花后增大，长3 mm，有纵沟，副萼多数，钩状刺形，花瓣5片，倒卵形，长3~6 mm，先端微凹，雄蕊10枚或更多。萼裂片宿存，瘦果小，倒圆锥形，藏于萼筒内（图3-88）。

【生物学特性】 多年生草本。花期8~9月，果期9~10月。以越冬芽和种子繁殖。

【分布与危害】 生于荒野、田埂和路边，为果园、桑园、茶园和路埂常见杂草，发生量小，危害轻。我国各地、日本、俄罗斯、朝鲜均有分布。

图3-88A 花

图3-88B 幼苗

图3-88C 单株

（二）蛇莓 *Duchesnea indica*（Andrews）Focke

【识别要点】 具匍匐茎，长30~100 cm，铺地生长，有柔毛。三出复叶；小叶片菱状卵形或倒卵形，边缘具钝锯齿，两面散生柔毛或上面近无毛；叶柄长1~5 cm；托叶卵状披针形，有时3裂，被柔毛。花单生叶腋，花梗长3~6 cm，被柔毛，花瓣黄色，长圆形或倒卵形，先端微凹或圆钝，与萼片近等长。雄蕊短于花瓣。瘦果，长圆状卵形，暗红色；瘦果多数，着生在半球形花托上（图3-89）。

【生物学特性】 多年生匍匐草本。花期4~7月，果期5~10月。以匍匐茎和种子繁殖。

【分布与危害】 适生于潮湿环境，山沟、水边、果园、苗圃、田埂、路旁常见。分布于辽宁以南各省区。

图3-89A 果 | 图3-89B 单株

图3-89C 群体

图3-89D 幼苗

图3-89E 花

（三）朝天委陵菜 *Potentilla supina* L.

【识别要点】 株高10~50 cm，茎平铺或倾斜伸展，分枝多，疏生柔毛。羽状复叶，基生叶有小叶7~13片，小叶倒卵形或长圆形，边缘有缺刻状锯齿，上面无毛，下面微生柔毛或近无毛，具长柄。茎生叶与基生叶相似，有时为三出复叶，叶柄较短或近无柄。花单生于叶腋；有花梗，被柔毛；花黄色，花柱圆锥状，下粗上细。瘦果卵形（图3-90）。

【生物学特性】 二年生或一年生草本。华北地区越年生的3~4月返青，5月始花，花期较长，花、果期5~9月。种子繁殖。

【分布与危害】 分布于东北地区及内蒙古、新疆、河北、河南、甘肃、山西、陕西、山东、四川、安徽、江苏等省区。适生于水边、沙滩地；为旱地、果园杂草，危害小麦、棉花、蔬菜、花生、果木等，极为常见，但危害不重。

图3-90A 单株 | 图3-90B 幼苗

（四）匍枝委陵菜 *Potentilla flagellaris* Willd. ex Schlecht.

【识别要点】 茎匍匐，幼时有长柔毛，渐脱落。基生叶为掌状复叶；小叶5片，稀3片，菱状倒卵形，基部楔形，先端渐尖，边缘有不整齐的浅裂，上面幼时有柔毛，后脱落近无毛；背面沿叶脉有柔毛；叶柄长4~7 cm，微生柔毛；茎生叶与基生叶相似，小叶片较小。花单生于叶腋，花黄色，花瓣5片，花柱下部细，上部膨大。瘦果长圆状卵形（图3-91）。

【生物学特性】 多年生草本。春季萌发，花期4~7月，果期6~9月，冬季地上部分枯萎。种子、根茎及匍匐枝繁殖。

【分布与危害】 常生长在水田边、田埂、麦地及茶山、果园等处，与作物、果树、茶树争夺水肥，对其产量有一定影响。分布于黑龙江、河北、山东、山西、江苏等省。

图3-91A 花

图3-91B 单株

（五）鹅绒委陵菜 *Potentilla anserina* L.

【别名】 蕨麻、人参果、卓老沙曾、朱玛。

【识别要点】 高约7 cm。根向下延长，有时在根的下部长成纺锤形或椭圆形块根，在高寒地区肉质膨大。匍匐茎细长，常红色，疏生长柔毛，节上生根，着地长出新植株，外被伏生或半开展疏柔毛，或脱落几无毛。基生叶为间断羽状复叶，有小叶6~11对。小叶对生或互生，无柄或顶生小叶有短柄，最上面一对小叶基部下延与叶轴会合，基部小叶渐小，呈附片状；小叶片通常椭圆形、倒卵状椭圆形或长椭圆形，长1~2.5 cm，宽0.5~1 cm。顶端圆钝，基部楔形或阔楔形，边缘有多数尖锐锯齿或呈裂片状，上面绿色，被疏柔毛或脱落几无毛，下面密被紧贴银白色绢毛。叶脉明显或不明显。茎生叶与基生叶相似，唯小叶对数较少。基生叶和下部茎生叶托叶膜质，褐色，和叶柄连成鞘状，外面被疏柔毛或脱落几无毛；上部茎生叶托叶草质，多分裂。花果期6 ~ 9月。花单生于叶腋；花梗长2.5~8 cm，被疏柔毛。花直径1.5~2 cm；萼片三角卵形，顶端急尖或渐尖，副萼片椭圆形或椭圆状披针形，常2~3裂，稀不裂，与副萼片近等长或稍短。花瓣黄色，倒卵形，顶端圆形，比萼片长1倍。花柱侧生，小枝状，柱头稍扩大。瘦果卵形或椭圆形，具洼点，褐色，背部有槽（图3-92）。

【生物学特性】 多年生草本。生于河岸、路边、山坡、草地等处。匍匐茎芽及种子繁殖。

【分布与危害】 分布于北方、西南地区。四川广布，海拔4 100 m以下较常见，青海东部、川西北发生量大，危害较重。

图3-92A 幼苗 | 图3-92B 成株

图3-92C 茎 | 图3-92D 花

十六、禾本科 Gramineae

草本，须根。茎圆形，节和节间明显。叶二列，叶片包括叶片和叶鞘，叶鞘抱茎，鞘常为开口。穗状或圆锥花序，颖果。

我国有225属，约1 200种，分布于全国。杂草有95属216种，常见38种。

（一）看麦娘 *Alopecurus aequalis* Sobol.

【别名】 麦娘娘、棒槌草。

【识别要点】 株高15~40 cm。秆疏丛生，基部膝曲。叶鞘短于节间，叶舌薄膜质。圆锥花序，灰绿色，小穗长2~3 mm，芒长1~3 mm，花药橙黄色（图3-93）。

【生物学特性】 越年生或一年生草本。苗期11月至翌年2月，花、果期4~6月。种子繁殖。

【分布与危害】 适生于潮湿土壤，主要分布于中南各省。主要危害稻茬小麦田、油菜等。看麦娘繁殖力强，对小麦易造成较重的危害。

图3-93A 穗 | 图3-93B 幼苗

图3-93C 单株

（二）日本看麦娘 *Alopecurus japonicus* Steud.

【识别要点】 成株高20~50 cm。须根柔弱；秆少数丛生。叶鞘松弛，其内常有分枝；叶舌薄膜质，叶片质地柔软、粉绿色。圆锥花序圆柱状，花药通常白色，长1 mm，小穗长圆状卵形，长5~6 mm，芒长8~12 mm。颖果半圆球形（图3-94）。

【生物学特性】 一年生或二年生草本，其基本生物学特性与看麦娘相似。以幼苗或种子越冬。在长江中下游地区，10月下旬出苗，冬前可长出5~6叶，越冬后于翌年2月中下旬返青，3月中下旬拔节，4月下旬至5月上旬抽穗开花，5月下旬开始成熟。子实随熟随落，带稃颖漂浮水面传播。种子繁殖。

【分布与危害】 主要分布于华东、中南地区的湖北、江苏、浙江、广西及西北地区的陕西等地，在华北的稻麦轮作田中危害较重。多生长于稻区中性至微酸性黏土或壤土的低湿小麦田。也危害油菜。近几年在长江流域麦田中，日本看麦娘对除草剂产生了较强的抗性，抗性日本看麦娘防除较困难。

图3-94A 穗

图3-94B 幼苗

图3-94C 单株

（三）大穗看麦娘 *Alopecurus myosuroides* Huds.

【别名】 鼠尾看麦娘。

【识别要点】 秆直立，基部常膝曲，高10~50（80） cm，直径约2 mm。叶鞘无毛；叶舌膜质，流苏状，长2~4 mm；叶片线形至披针形，长5~15（20） cm，宽2~8 mm，两面均微粗糙；圆锥花序紧密，圆柱形，长4~12 cm，宽3~6 mm，分枝极短，成熟期花序一般高过小麦；小穗披针形，含1朵小花，长5~7 mm，宽1.9~2.3 mm，几无柄，草黄色或稍带紫色；外稃与颖近相等，具4~5脉，先端钝；芒自稃体近基部伸出，芒长6~10 mm，芒柱扭转；内稃缺。花药初期白色，逐渐变为浅褐色，长约2 mm（图3-95）。

【生物学特性】 一年生或二年生草本。以幼苗或种子越冬。子实随熟随落，带稃颖漂浮水面传播。种子繁殖。

【分布与危害】 主要分布于华北地区，为外来入侵杂草，危害逐年加重。

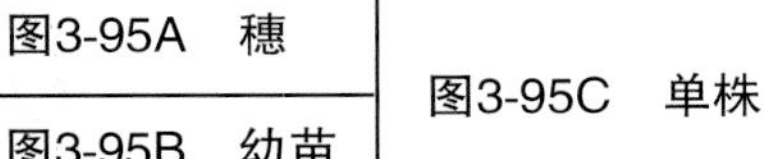

图3-95A 穗

图3-95B 幼苗

图3-95C 单株

（四）菵草 *Beckmannia syzigachne*（Steud.）Fernald.

【识别要点】 秆丛生，直立，不分枝，株高15~90 cm。叶鞘无毛，多长于节间；叶片阔条形，叶舌透明膜质。圆锥花序，狭窄，分枝稀疏，直立或斜生；小穗两侧压扁，近圆形，灰绿色（图3-96）。

【生物学特性】 一年生或越年生草本。冬前或早春出苗，4~5月开花，5~6月成熟。种子繁殖。

【分布与危害】 主要分布于长江流域。为稻茬小麦田主要杂草，在局部地区成为恶性杂草。

图3-96A 籽

图3-96B 幼苗

图3-96C 单株

（五）雀麦 *Bromus japonicus* Thunb. ex Murr.

【识别要点】 须根细而稠密。秆直立、丛生，株高30~100 cm。叶鞘紧密抱茎，被白色柔毛，叶舌透明膜质，顶端具不规则的裂齿；叶片均被白色柔毛，有时背面脱落无毛。圆锥花序开展，向下弯曲，分枝细弱；小穗幼时圆筒状，成熟后压扁，颖披针形，具膜质边缘。颖果背腹压扁，呈线状（图3-97）。

【生物学特性】 越年生或一年生草本。早播小麦田10月初发生，10月上中旬出现高峰期。花、果期5~6月。种子经夏季休眠后萌发，幼苗越冬。种子繁殖。

【分布与危害】 主要分布于我国长江、黄河流域。近几年，在黄淮海区域分布普遍，上升为优势杂草，部分小麦田受害较重。

图3-97A 穗　图3-97B 幼苗　图3-97C 单株

（六）旱雀麦 *Bromus tectorum* L.

【别名】 水燕麦、益火（藏名）。

【识别要点】 一年生禾草。秆直立，平滑，成株高13~50 cm，具3~4节。叶鞘闭合，具柔毛，后渐脱落；叶舌膜质，常呈撕裂状，长约2 mm； 高圆锥花序开展，长5~15 cm，须根细弱。分枝糙，多弯曲，常呈撕裂，分枝细弱。叶片被柔毛，长5~9 cm，宽2~4 mm。小穗含4 ~ 7朵小花，长约2.5 cm(芒除外)，幼时绿色，成熟变紫色；颖披针形，边缘薄质，第一颖具1~3脉，长6~8 mm，第二颖具3~5脉，长10~11 mm，外稃长约13mm，粗糙或生柔毛，具7脉，边缘与先端膜质，芒细直，自二裂片间伸出，略长于稃体； 内稃短于外稃，脊上具纤毛，颖果贴生于稃内。花果期7~9月（图3-98）。

【生物学特性】 一年生或越年生草本。生于山坡、河滩、田边、高山灌丛、林缘。种子繁殖。

【分布与危害】 青海、甘肃、西藏、云南、四川有分布；青海生于海拔2 300 ~ 4 000m的山坡、河滩、高山灌丛、林缘，是农田重要的杂草，危害青稞、油菜、小麦等作物，致作物产量损失严重。

图3-98A 成株

图3-98B 穗

图3-98C 田间为害

（七）耿氏假硬草 *Pseudosclerochloa kengiana*（Ohwi）Tzvel.

【识别要点】 秆直立或基部卧地，株高15~40 cm，节较肿胀。叶鞘平滑，有脊，下部闭合，长于节间；叶舌干膜质，先端截平或具裂齿。圆锥花序较密集而紧缩，坚硬而直立，分枝孪生，1长1短，小穗，粗壮而平滑，直立或平展，小穗柄粗壮（图3-99）。

【生物学特性】 一年生或二年生草本。秋、冬季或迟至春季萌发出苗，花果期4~5月。种子繁殖。

【分布与危害】 分布于安徽、江苏、河南、山东等省区。在潮湿土壤中发生量较大。

图3-99A 单株

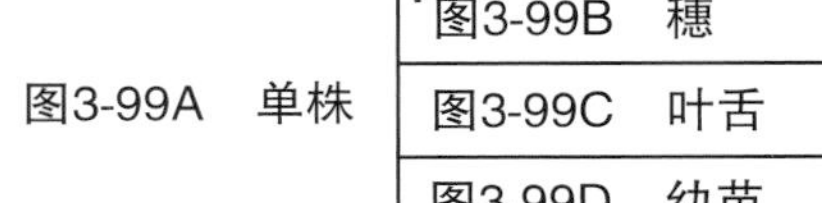

图3-99B 穗

图3-99C 叶舌

图3-99D 幼苗

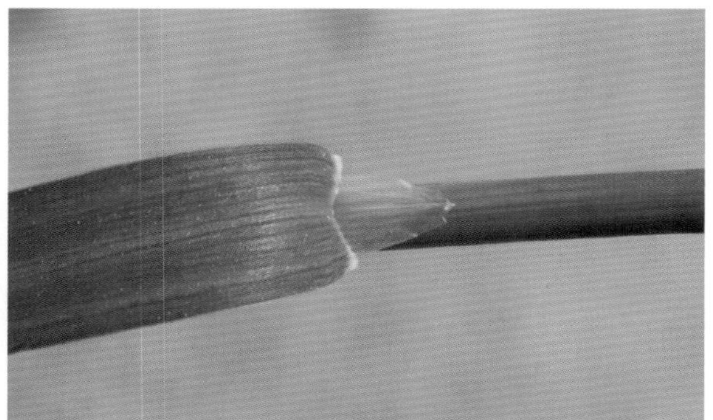

（八）早熟禾 *Poa annua* L.

【别名】 小鸡草。

【识别要点】 植株矮小，秆丛生，直立或基部稍倾斜，细弱，株高7~25 cm。叶鞘光滑无毛，常自中部以下闭合，长于节间，或在中部短于节间；叶舌薄膜质，圆头形，叶片柔软，先端船形。圆锥花序开展，每节有1~3个分枝；分枝光滑。颖果纺锤形（图3-100）。

【生物学特性】 二年生草本。苗期为秋季、冬初，北方地区可迟至翌年春季萌发，一般早春抽穗开花，果期3~5月。种子繁殖。

【分布与危害】 分布于全国。为夏熟作物田及蔬菜田杂草，亦常发生于路边、住宅旁。对局部地区蔬菜及小麦和油菜田危害较重。

图3-100A 穗 | 图3-100B 幼苗
图3-100C 单株

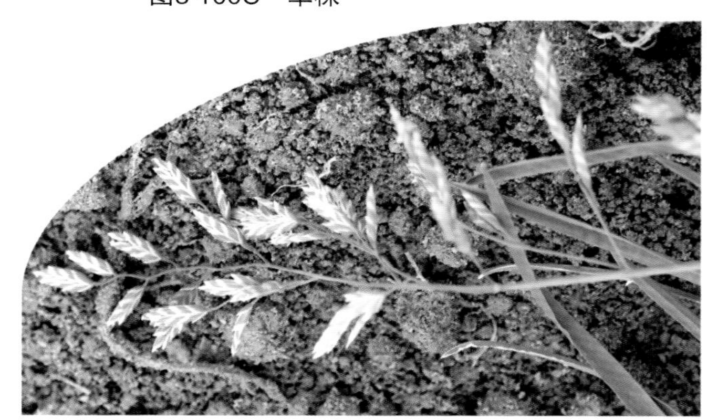

（九）棒头草 *Polypogon fugax* Ness ex Steud.

【识别要点】 成株秆丛生，光滑无毛，株高15~75 cm。叶鞘光滑无毛，大都短于或下部长于节间；叶舌膜质，长圆形，常2裂或顶端呈不整齐的齿裂；叶片扁平，微粗糙或背部光滑。圆锥花序穗状，长圆形或兼卵形，较疏松，具缺刻或有间断；小穗灰绿色或部分带紫色；颖几相等，长圆形，全部粗糙，先端2浅裂；芒从裂口伸出，细直，微粗糙，长1~3 mm。颖果椭圆形（图3-101）。

【生物学特性】 一年生草本，以幼苗或种子越冬。种子繁殖。

【分布及危害】 除东北、西北地区外，几乎分布于全国各地。多发生于潮湿地。为夏熟作物田杂草，主要危害小麦、油菜、绿肥和蔬菜等。

图3-101A 穗
图3-101B 幼苗
图3-101C 单株
图3-101D 叶舌

（一〇）长芒棒头草 *Polypogon monspeliensis*（Linn.）Desf.

【识别要点】 茎秆光滑无毛，株高20~80 cm。叶鞘疏松抱秆，叶舌长4~8 cm，两深裂或不规则破裂；表面及边缘粗糙，背面光滑。穗圆锥形花序呈棒状；颖倒卵状长圆形，粗糙，脊与边缘有细纤毛，顶端两浅裂，裂口伸出细长芒，长3~7 mm。颖果倒卵状椭圆形（图3-102）。

【生物学特性】 一年生或二年生草本。苗期秋冬季或迟至翌年春季；花果期4~6月。

【分布与危害】 几乎遍布全国，以西南地区及长江流域的局部地区危害较重。为夏熟作物田杂草，低洼田块发生数量大，有时形成纯种群，危害性更大。

图3-102A 幼苗 | 图3-102B 穗

图3-102C 单株

（一一）鬼蜡烛 *Phleum paniculatum* Huds.

【别名】 假看麦娘、蜡烛草。

【识别要点】 株高15~50 cm，秆丛生，直立或斜上，具3~4节。叶片扁平，多斜向上生；叶鞘短于节间，叶舌膜质。圆锥花序紧密，呈圆柱状，幼时绿色，成熟后变黄；小穗楔形，长2~3 mm；颖具0.5 mm的尖头。颖果瘦小（图3-103）。

【生物学特性】 越年生或一年生草本。秋季或早春出苗，春、夏季抽穗成熟。种子繁殖。

【分布与危害】 分布于我国长江流域和山西、河南、陕西等地。多生于潮湿处、小麦田中。

图3-103A 幼苗
图3-103B 穗
图3-103C 单株

（一二）星星草 *Puccinellia tenuiflora*（Griseb.）Scribn. et Merr.

【识别要点】　秆丛生，直立或基部膝曲上升，高30~60 cm，直径约1 mm，具3~4节，顶生者远长于叶片；叶舌膜质，长约1 mm，先端截平；叶片条形，常内卷。圆锥花序长10~20 cm，疏松开展，主轴平滑；每节有2~3个分枝，下部裸露，细弱平展，微粗糙；小穗柄短而粗糙，小穗长3~4 mm，含2~4朵小花，带紫色；草绿色后变为紫色，颖质近膜质，第一颖约6 mm，具1脉，第二颖长于第一颖，3脉；外稃先端钝，基部略生微毛，具不明显的5条脉，内稃等长于外稃，平滑无毛或脊上有数个小刺；花药线形，长1~1.2 mm（图3-104）。

【生物学特性】　多年生或越年生草本。以种子繁殖。

【分布与危害】　分布于东北、华北地区及陕西等省，生于较低洼湿润处，为低湿小麦田常见杂草，部分小麦田受害较重。

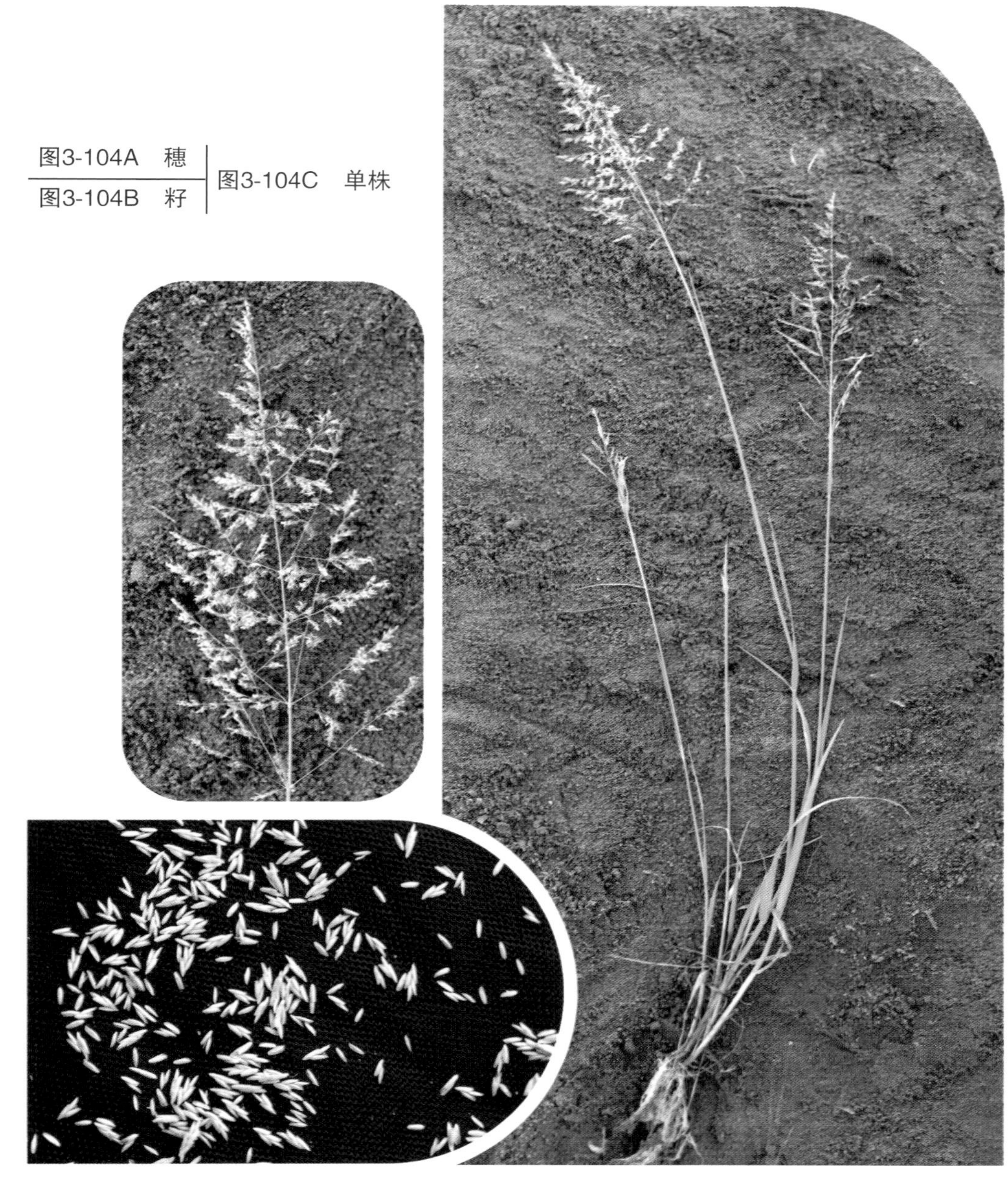

图3-104A　穗
图3-104B　籽
图3-104C　单株

（一三）芦苇 *Phragmites australis*（Cav.）Trin. ex Steud.

【识别要点】 具粗壮匍匐根状茎，黄白色，节间中空，每节生有一芽，节上生须根。高100~300 cm，可分枝，节下通常具白粉。叶鞘圆筒形，无毛或具细毛，叶舌有毛；叶片扁平，光滑或边缘粗糙。圆锥花序顶生，稠密，棕紫色，微向下垂头，下部枝腋间具白柔毛；小穗通常含4~7朵花。颖果椭圆形（图3-105）。

【生物学特性】 多年生高大草本，根茎粗壮，横走地下，在沙质地可超过10 m，4~5月发芽出苗，8~9月开花，以种子、根茎繁殖。

【分布与危害】 几乎遍布全国。北方低洼地区农田发生普遍，多生于低湿地或浅水中，尤以新垦农田危害较重。为水稻田及管理粗放旱田杂草。

图3-105A 穗
图3-105B 幼苗
图3-105C 单株

（一四）纤毛鹅观草 *Elymus ciliaris* （Trinius ex Bunge） Tzvel.

【识别要点】 根须状；秆单生或成疏丛，直立，高40~80 cm，平滑无毛，常被白粉，具3~4节，基部的节呈膝曲状；叶鞘平滑无毛，除上部二叶鞘外，其余均较节间为长；叶片扁平，长10~20 cm，宽3~10 mm，两面均无毛，边缘粗糙；穗状花序直立或稍下垂，小穗轴节间长1~1.5 mm，贴生短毛；颖椭圆状披针形，先端具短尖头，两侧或一边常具齿，具有明显而强壮的5~7条脉，边缘与边脉上具纤毛。内稃与颖果贴生，不易分离（图3-106）。

【生物学特性】 多年生草本。春、夏季抽穗。种子繁殖。

【分布与危害】 生于农田地边、路旁、沟边、林地或草丛中。偶入农田，危害不重，近几年有向麦田蔓延危害的趋势。广布于我国南北各地。

图3-106A 穗

图3-106B 单株

（一五）鹅观草 *Elymus kamoji*（Ohwi）S. L. Chen

【识别要点】 根须状，秆丛生，直立或基部倾斜，高30~100 cm，叶鞘光滑，长于节间或上部的较短，外侧边缘常具纤毛；叶舌纸质，截平，叶片扁平，光滑或较粗糙。穗状花序，下垂，小穗绿色或带紫色，长13~25 mm（芒除外），有3~10朵小花，颖卵状披针形至长圆状披针形（图3-107）。

【生物学特性】 早春抽穗。种子繁殖为主。多年生草本。

【分布与危害】 多生于山坡或湿地，为一般性杂草。除新疆、青海、西藏等地外，分布几遍全国。

图3-107A 穗 ｜ 图3-107B 植株

（一六）黑麦草 *Lolium perenne* L.

【别名】 多年生黑麦草。

【识别要点】 杆成疏丛，质地柔软，基部常斜卧，高30~60 cm。叶鞘疏松，通常短于节间；叶舌短小，叶片质地柔软，被微柔毛，长10~20 cm，宽3~6 mm。穗状花序长10~20 cm，宽5~7 mm，穗轴节间长5~10（20） mm；小穗有7~11朵小花，长1~1.4 cm，宽3~7 mm；小穗轴节间长约1 mm，光滑无毛；颖短于小穗，通常较长于第一小花，具5条脉，边缘狭膜质，外稃披针形，质地较柔软，具脉，基部有明显基盘，顶端通常无芒，或在上部小穗具有短芒，第一小花外稃长7 mm，内稃与外稃等长，脊上生短纤毛。颖果矩圆形，长2.8~3.4 mm，宽1.1~1.3 mm，棕褐色至深棕色，顶端具茸毛，腹面凹，胚卵形，长占颖果的1/6~1/4（图3-108）。

【生物学特性】 多年生草本。种子或分根繁殖。

【分布与危害】 分布于欧洲、非洲北部、亚洲热带、北美洲及大洋洲。生于草原、牧场、草坪和荒地。为我国引种作牧草，一般性杂草。为赤霉病和冠锈病寄主。

图3-108A 单株

图3-108B 穗

（一七）多花黑麦草 *Lolium multiflorum* Lam.

【识别要点】 秆多数丛生，直立，高50~130 cm。叶鞘较疏松；叶舌长4 mm；叶片长10~15 cm，宽3~5 mm。穗状花序长15~30 cm，宽5~8 mm，穗轴节间长7~13 mm（下部者可达20 mm）；小穗长10~18 mm，宽3~5 mm，有10~15朵小花；小穗轴节间长约1 mm，光滑无毛；颖质地较硬，具狭膜质边缘，具5~7条脉，长5~8 mm，通常与第一小花等长；上部小花可无芒，内稃约与外稃等长，边缘内折，脊上具微小纤毛。颖果倒卵形或矩圆形，长2.6~3.4 mm，宽1~1.2 mm，褐色至棕色（图3-109）。

【生物学特性】 一年生草本。种子繁殖。果期6~7月。

【分布与危害】 多生于草地上，为我国引种作牧草。为赤霉病和冠锈病的寄主。近几年，扩散蔓延到麦田危害，在山东、河南部分小麦田危害严重，防除较困难，应警惕其成为麦田恶性杂草。

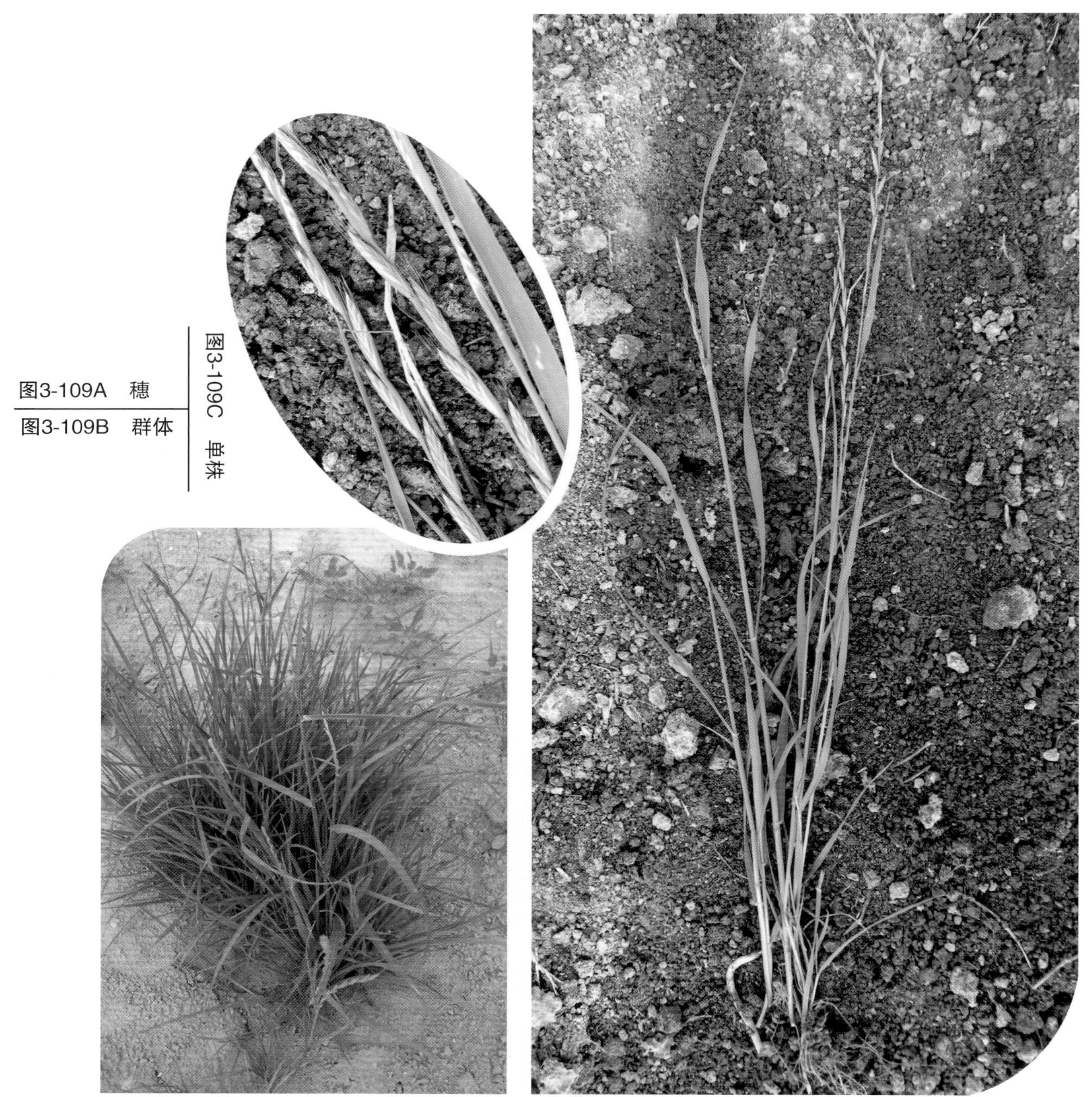

图3-109A 穗

图3-109B 群体

图3-109C 单株

（一八）野燕麦 *Avena fatua* L.

【别名】 燕麦草。

【识别要点】 株高30~120 cm。单生或丛生，叶鞘长于节间，叶鞘松弛；叶舌膜质透明。圆锥花序，开展，长10~25 cm；小穗长18~25 mm，花2~3朵（图3-110）。

【生物学特性】 越年生或一年生草本。秋、春季出苗，4月抽穗，5月成熟。生长快，强烈抑制作物生长。种子繁殖。

【分布与危害】 分布于全国，以西北、东北地区危害最为严重，近几年在河南及山东部分地区危害严重。适生于旱作物地，为小麦田重要杂草。

图3-110A 穗
图3-110B 幼苗
图3-110C 单株

（一九）节节麦 *Aegilops tauschii* Coss.

【识别要点】 须根细弱。秆高20~40 cm，丛生，基部弯曲，叶鞘紧密包秆，平滑无毛而边缘有纤毛；叶舌薄膜质，长0.5~1 mm；叶片微粗糙，腹面疏生柔毛。穗状花序圆柱形，含小穗（5）7~10（13）枚，长约10 cm（包括芒），成熟时逐节脱落；小穗圆柱形，长约9 mm，含3~4（5）朵小花，颖革质，长4~6 mm，通常具7~9条脉（有时达10条脉以上），先端截平而有1或2枚齿；外稃先端略截平而具长芒，芒长0.5~4 cm，具5条脉，脉仅在先端显著；第1外稃长约7 mm，内稃与外稃等长，脊上有纤毛。颖果暗黄褐色，表面乌暗无光泽，椭圆形至长椭圆形（图3-111）。

【生物学特性】 一年生草本。花果期5~6月。种子繁殖。

【分布与危害】 耐干旱，喜生于旱作物田或草地，在黄淮海地区已发展成为麦田恶性杂草，危害程度逐年加重。在其他地区亦有分布。

图3-111A 单株

图3-111B 穗

图3-111C 幼苗

第二部分

中国小麦田除草剂使用技术与药害

第四章　除草剂的基础知识

一、除草剂的类型与分类

随着除草剂生产与应用的不断发展，新型除草剂不断涌现，应用于农田的除草剂种类也越来越多，为便于科学地应用除草剂，应将除草剂进行科学的分类。对于除草剂的分类，有许多方法，如根据选择性、施用方法、化学结构及作用机制等分类。

（一）按除草剂的选择性分类

依据除草剂对杂草的选择性作用方式，可将除草剂分为选择性除草剂和灭生性除草剂。

（1）选择性除草剂：除草剂在不同的植物间具有选择性，即能毒害或杀死杂草而不伤害作物，甚至只毒杀某种或某类杂草，而不损害作物和其他杂草。凡具有这种选择性作用的除草剂称为选择性除草剂，如2甲4氯钠盐、灭草松、氯氟吡氧乙酸等。

（2）灭生性除草剂：这类除草剂对植物缺乏选择性或选择性小，草苗不分，“见绿就杀”。这类除草剂一般不能直接用于作物生长期的农田，如草甘膦、草铵膦等。

（二）按输导性能分类

根据除草剂在植物体内输导性的差异，可以将除草剂分为触杀型除草剂和输导型除草剂。

（1）触杀型除草剂：此类除草剂接触植物后不在植物体内传导，只限于对接触部位的伤害。在应用这类除草剂时应注意喷施均匀，如唑草酮、吡草醚、辛酰溴苯腈等。

（2）输导型除草剂：这类除草剂被植物茎叶或根部吸收后，能够在植物体内输送到其他部位，甚至遍及整个植株。如氯氟吡氧乙酸、2，4-滴异辛酯、苯磺隆等。

（三）按使用方法分类

按使用方法的不同除草剂可以分为土壤处理剂和茎叶处理剂。

（1）土壤处理剂：以土壤处理法施用的除草剂称为土壤处理剂。这类除草剂是通过杂草的根、胚芽鞘或下胚轴等部位吸收而发挥除草作用，如乙草胺、氟噻草胺等。

（2）茎叶处理剂：以茎叶处理法施用的除草剂称之为茎叶处理剂。这类除草剂一般能为杂草的茎叶或根系吸收，如唑草酮、苯磺隆、唑啉草酯等。

有些除草剂既有土壤活性又有茎叶活性，既可作土壤处理剂又可作茎叶处理剂，如异丙隆、扑草净、吡氟酰草胺等。

（四）按化学结构分类

依据除草剂的化学结构分类，小麦田除草剂可以分为如下一些类型：芳氧苯氧丙酸类、苯基吡唑啉类、磺酰脲类、三唑啉酮类、三唑嘧啶类等，见表4-1。

（五）按除草剂的作用机制分类

依据除草剂的作用机制，小麦田常用除草剂分类见表4-1。

表 4-1 小麦田常用除草剂按作用机制、化学结构分类

除草剂的作用机制	除草剂的化学结构	除草剂种类
乙酰辅酶A羧化酶（ACCase）抑制剂	芳氧苯氧丙酸类	精噁唑禾草灵、炔草酯、禾草灵
	环已烯酮类	三甲苯草酮（肟草酮）
	苯基吡唑啉类	唑啉草酯
乙酰乳酸合成酶（ALS）抑制剂或乙酰羟酸合成酶（AHAS）抑制剂	磺酰脲类	苯磺隆、噻（吩）磺隆、苄嘧磺隆、磺酰磺隆、氯吡嘧磺隆、甲基碘磺隆钠盐、甲基二磺隆、单嘧磺隆、氯磺隆、醚苯磺隆、单嘧磺酯、氟唑磺隆、酰嘧磺隆
	三唑嘧啶磺酰胺类	双氟磺草胺、啶磺草胺、唑嘧磺草胺
光合作用光系统Ⅱ（PS Ⅱ）抑制剂	三嗪类	扑草净
	脲类	异丙隆、绿麦隆
	腈类	溴苯腈、辛酰溴苯腈
	苯并噻二唑类	灭草松
原卟啉原氧化酶（PPO）抑制剂	三唑啉酮类	唑草酮、唑酮草酯
	二苯醚类	乙羧氟草醚
	吡唑类	吡草醚
类胡萝卜素植烯饱和酶（PDS）抑制剂	嘧啶甲酰胺类	吡氟酰草胺
	呋喃酮类	呋草酮
脂肪酸（细胞分裂）（VLCFAs）抑制剂	酰胺类	氟噻草胺、乙草胺
	其他类	砜吡草唑
脂类合成－非乙酰辅酶A羧化酶抑制剂	硫代氨基甲酸酯	苄草丹
人工合成的植物生长素	苯氧羧酸类	2，4-滴丁酯（目前已禁用）、2，4-滴异辛酯、2，4-滴丁酸钠、2甲4氯钠、2甲4氯胺
	芳香基吡啶甲酸类	氟氯吡啶酯
	苯甲酸类	麦草畏
	吡啶羧酸类	氯氟吡氧乙酸、氨氯吡啶酸、二氯吡啶酸

二、除草剂的选择性

农田应用的除草剂必须具有良好的选择性，即在一定用量与使用时期范围内，能够防除杂草而不伤害作物；除草剂种类、作用方式的不同，形成了多种方式的选择性。

（一）形态选择性

除草剂对植物的杀伤程度取决于它们进入植物体的数量，以及传导和代谢除草剂的速度和广度。作

物和杂草在形态上有的差异很大。不同种类的植物根系分布状况、分蘖节和地上部生长点的位置、叶片表皮组织、输导组织等均存在差异。一些除草剂利用植物的形态结构差异来杀死杂草，而使作物不受伤害。

（1）叶片特性：由叶片进入植物体内的除草剂首先必须吸附在叶片上，然后才能被吸收或渗入组织内发挥药效作用。叶片特性对作物能起一定程度的保护作用，如小麦、水稻等禾谷类作物的叶片狭长，与主茎间角度小，向上生长。因此，除草剂雾滴不易黏着于叶表面，而阔叶杂草的叶片宽大，在茎上近于水平展开，能存留较多的药液雾滴，有利于吸收。

（2）生长点位置：禾谷类作物生长点位于植株基部并被叶片包被，不能直接接触药液，而阔叶杂草的生长点裸露于植株顶部及叶腋处，直接接触除草剂雾滴，极易受害。

（3）植物输导组织结构：单、双子叶植物输导组织结构的差异也可引起对一些激素型除草剂的不同反应。

不同种植物形态差异造成的选择性有局限，安全幅度较窄。

（二）生理选择性

生理选择性是不同植物对除草剂吸收及其在体内运转差异造成的选择性。

不同种植物及同种植物的不同生育阶段对除草剂的吸收不同；叶片角质层特性、气孔数量与开张程度、茸毛等均显著影响除草剂的吸收。角质层特性因植物种类、叶龄及环境条件而异，幼嫩叶片及遮阴处生长的叶片角质层比老龄叶片及强光下生长的叶片薄，易吸收除草剂；气孔数量因植物而异，其开张程度则因环境条件而变化，同种植物的同一叶片，其下表皮气孔数远超过上表皮，前者是后者的10倍以上，气孔大小相差很大，凡是气孔数多而大、开张程度大的植物易吸收除草剂。除草剂在不同种植物体内运转速度的差异是其选择性因素之一，易吸收与输导除草剂的植物对除草剂常表现敏感。如2，4-滴在阔叶植物体内的运转速度与数量远超过禾本科作物，所以阔叶植物对2，4-滴比较敏感。

（三）生物化学选择性

生物化学选择性是除草剂在不同植物体内通过一系列生物化学变化造成的选择性，大多数这样的变化是酶促反应。

（1）钝化作用：这类除草剂本身对植物有毒害作用，但是经植物体内酶或其他物质的作用，则能钝化而失去其活性。由于除草剂在不同植物中的代谢钝化反应速度与程度的差别，从而产生了选择性。比如氯磺隆与小麦体内的葡萄糖迅速轭合，形成5-糖苷轭合物，所以能安全地用于小麦田。这种钝化作用有时是快速的氧化还原反应、水解反应或谷胱甘肽结合作用等，使得除草剂丧失活性，从而获得对作物的安全性。

（2）活化机制：2甲4氯丁酸在荨麻等敏感性阔叶杂草体内通过氧化作用转变为2甲4氯，从而使杂草受害死亡，但在三叶草、芹菜体内由于不存在氧化作用，即使吸收除草剂也不受害；2，4-滴丁酸在一些阔叶草体内也是通过氧化作用转变为2，4-滴使其死亡的，但在大豆体内不能产生此种反应，故不受害。

（四）时差选择性

利用某些除草剂残效期短、见效快、选择性差的特点，非选择性除草剂采用不同的施药时间来防除杂草，称为时差选择性。例如，草甘膦用于作物播种、移栽或插秧之前，杀死已萌发的杂草，而这种除草剂在土壤中很快失活或钝化。因此，可以安全地播种或移栽作物。

（五）位差选择性

一些除草剂对作物具有较强的毒性，施药时可利用杂草与作物在土壤内或空间中位置的差异而获得选择性。

1. 土壤位差选择性　利用作物和杂草的种子或根系在土壤中位置的不同，施用除草剂后，使作物种子或根系不接触除草剂而杀死杂草，保护作物安全。

（1）播后苗前土壤处理法：在作物播种后出苗前用药，利用除草剂仅固着在表土层，不向深层淋溶的特性，杀死或抑制表土层中能够萌发的杂草种子，作物种子因有覆土层保护，可正常发芽生长。但以下情况可导致位差选择性的失败：①浅播的小粒种子作物（如谷子、部分蔬菜）易造成药害；②一些淋溶性强的除草剂，药剂易达到作物种子层，产生药害（如扑草净）；③沙性、有机质含量低的地块易使除草剂向下淋溶，造成作物药害；④低洼地块降雨后容易积水，易造成作物药害。需要注意的是，分布在较深土层的大粒种子杂草，利用土壤位差选择性对其防除效果一般较差。

（2）深根作物生育期土壤处理法：利用除草剂在土壤中的位差，杀死表层浅根杂草而无害于深根作物。果树等根系庞大，入土深而广，难以接触和吸收施于土表的除草剂；一年生杂草种子小，在表土层发芽（处于药土层）故易吸收除草剂。

2.空间位差选择性　一些行距较宽且作物与杂草有一定高度比的作物田或果园、橡胶园等，可采用定向喷雾或保护性喷雾措施，使除草剂只喷到杂草上，而作物接触不到药液或仅仅是非要害部位接触到药液，这一施药方法称为作物生育期行间定向喷雾处理法。如草铵膦用于防除果园、玉米田、棉花田行间杂草。

（六）除草剂利用保护物质或安全剂而获得的选择性

选择性较差的除草剂可以通过添加保护物质或安全剂而获得选择性。例如，用活性炭处理作物种子或种植时施入种子周围，可以使种子免遭除草剂的药害。除草剂的安全剂可以避免或减缓一些毒性强的除草剂对作物的毒害。如防除小麦田禾本科杂草的除草剂精噁唑禾草灵本身对小麦不安全，添加了安全剂解草唑后，提高了其对小麦的安全性。

综上所述，这些选择性就决定了除草剂在施用时应注意以下事项：

（1）每种除草剂都有特定应用作物，如莠去津可用于玉米田，但用于小麦田会造成小麦的药害。要做到正确地选择除草剂，首先要选择已经在小麦田登记的可以使用的除草剂，做到既可以防除小麦田杂草又对小麦安全；其次，注意标签标识，选择正规厂家生产的“三证”（农药登记证、农药生产许可证、农药标准证号）俱全的品种。

（2）每种除草剂均有特定的防除对象。如氯氟吡氧乙酸仅可以防除部分阔叶杂草，如猪殃殃、繁缕等，但对麦家公、麦瓶草效果差，对禾本科杂草无效；精噁唑禾草灵仅可以防除部分禾本科杂草，如看麦娘、硬草等，对节节麦、雀麦和阔叶杂草无效。

（3）每种除草剂必须在特定的条件下使用。如氟噻草胺必须在小麦播后苗前或杂草苗后早期且土壤墒情较好的情况下使用，才能保证除草效果；氯氟吡氧乙酸在杂草茎叶期使用，喷药时温度要在10 ℃以上，温度过低，效果显著下降。

（4）每种除草剂必须在特定的用量下使用。如7.5%啶磺草胺WG每亩（667 m^2）推荐使用9~12 g，加入专用助剂使用，用药量超过13.5 g/亩就有明显的药害症状，小麦叶色变浅或黄化，生长略受抑制；用药量24 g/亩以上就会造成小麦有一定程度的减产。

因此，除草剂的除草效果和对作物的安全性是相对的，只有针对杂草选对除草剂、对症施药，而且要在特定时间、特定条件、特定用量下科学施用，才能达到理想的除草效果和对作物安全。

三、除草剂的作用机制

除草剂被杂草吸收和在体内运转并与作用靶标结合后，通过干扰与抑制植物的生理代谢而造成杂草的死亡，其中包括光合作用、细胞分裂、蛋白质及脂类生物合成等，这些生理过程往往由不同的酶系统所引导；除草剂通过对靶标酶的抑制，从而干扰杂草的生理作用。不同类型除草剂会抑制不同的靶标位点（靶标酶）的代谢反应，只有在对这些除草机制充分了解的基础上，才能做到除草剂的合理应用；同时，除草剂的作用机制也是除草剂合理混用与轮用的理论基础。

（一）抑制光合作用

光合作用是绿色植物吸收太阳光的能量，同化二氧化碳和水，制造有机物质并释放氧的过程。光合作用是高等绿色植物特有的赖以生存的重要生命过程。光合作用是在植物叶绿体上进行的，它包括光反应和暗反应两个过程，光反应是在光照条件下，在基粒片层（光合膜）上进行的；暗反应是在暗处（也可以在光下），由若干酶所催化进行的化学反应，是在基质（叶绿体的可溶部分）中进行的。光合作用是光反应和暗反应的综合。整个光合作用过程大致可以分为三个大的过程：光能的吸收、传递和转换成电能的过程；电能转换为活跃化学能的过程；活跃化学能转变为稳定化学能的过程（图4-1）。

1. 原初反应　光能的吸收、传递和转换过程是通过原初反应完成的。聚光色素吸收光能后，通过诱导共振方式传递到作用中心，作用中心色素分子的状态特殊，能引起由光激发的氧化过程，使电荷分离，将光能转换为电能，送给原初电子受体。

2. 电子传递和光合磷酸化　电能转变为活跃化学能是通过电子传递和光合磷酸化完成的，电能经过一系列电子传递体传递，通过水的光解和光合磷酸化，最后形成腺苷三磷酸（ATP）和烟酰胺腺嘌呤二核苷酸磷酸（NADP），把电能转变为活跃化学能，把化学能储存于这两种物质之中。

叶绿体中包括两个光系统，光系统Ⅰ的光反应是长波长反应，其主要特征是NADP的还原。当光系统Ⅰ的作用中心色素分子P700吸收光能而激发后，反电子供给F_d，在NADP还原酶的参与下，F_d把$NADP^+$还原为NADPH。光系统Ⅱ的光反应是短波光反应，其主要特征是水的光解和放氧。其作用中心的色素分子（可能是P680）吸收光能，把水分解，夺取水中的电子供给光系统Ⅰ。连接着两个光反应之间的电子传递是由几种排列紧密的物质完成的，各种物质具有不同的氧化还原电位，这一系列互相衔接着的电子传递物质称为电子传递链。光合链中的电子传递体是质体醌、细胞色素等。

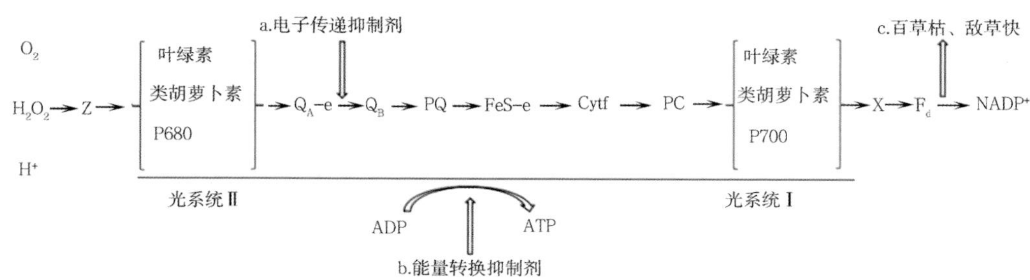

图4-1　光合作用抑制剂的作用部位

光系统Ⅱ所产生的电子，即水解释放出的电子，经过一系列的传递，在细胞色素链上引起了ATP的形成，同时把电子传递到光系统Ⅰ，进一步提高了能位，从而使H^+还原NADP为$NADPH_2$，在这个过程中，电子传递是一个开放的通路，故称为非循环式光合磷酸化。

光系统Ⅰ产生的电子经过铁氧化还原蛋白和细胞色素B563等后，只引起ATP的形成，而不放O_2，不伴随其他反应，这个过程中电子经过一系列传递后降低了能位，最后经过质体蓝素重新回到原来的起点，故称为循环式光合磷酸化。光合作用过程中磷酸化与电子传递是偶联的，它们是通过一种颗粒蛋白来实现的。

作用于光系统Ⅰ的除草剂有联吡啶类除草剂，生产中应用的很多除草剂作用于光系统Ⅱ，抑制电子传递。

（1）作用于光系统Ⅰ（PSⅠ）的除草剂：作用于光系统Ⅰ的除草剂有联吡啶类除草剂。

联吡啶类除草剂可以被植物茎与叶迅速吸收，但传导性差，是一种触杀性除草剂。在光照条件下，处理后数小时植物便枯黄、死亡；而在黑暗条件下，死亡较慢或几乎不受影响，再置于光照条件下，植物非常迅速地死亡。杂草中毒症状见图4-2和图4-3。生产中施药不当，如误用、飘移到作物上会迅速产生药害，重者可致作物死亡，药害症状如图4-4所示。

图4-2　百草枯防除牛筋草的中毒症状（4 h后叶片开始出现失水、失绿和灰白色斑块，8 h、24 h叶片干枯）

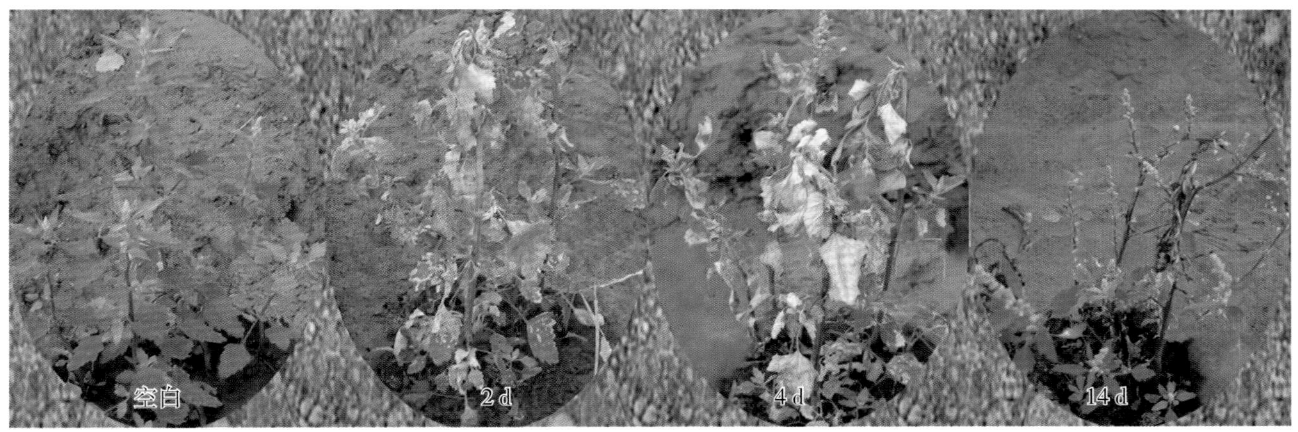

图4-3　百草枯防除藜的中毒症状（2 d后叶片基本枯死，个别枝心叶和未受药叶片未死，4 d后未受药心叶开始发芽，14 d后全株生长明显恢复）

图4-4　田间施药时，百草枯飘移到玉米叶片上的药害症状（下部受害叶片出现斑状药害，严重时可致全株枯死）

（2）作用于光系统Ⅱ（PSⅡ）的除草剂：小麦田作用于光系统Ⅱ的除草剂主要类别和代表品种如下。①均三氮苯类：扑草净等；②取代脲类：绿麦隆、异丙隆等；③腈类：溴苯腈、辛酰溴苯腈等；④苯并噻二唑类：灭草松等。

杂草受害后的典型症状是叶片失绿、坏死与干枯死亡。该类除草剂多数既有土壤活性，又有茎叶活性，腈类和苯并噻二唑类主要为茎叶活性。该类除草剂土壤处理不抑制种子发芽，在植物出苗见光后才产生中毒症状死亡，如图4-5 ~ 图4-8所示。生产中施药不当或误用、飘移到其他非靶标作物上会产生严重药害，重者可致作物死亡，如图4-9所示。

图4-5　莠去津芽前施药防除牛筋草的中毒症状（杂草正常发芽出苗，出苗见光后从叶尖和叶缘处开始黄化，后逐渐枯死）

图4-6　莠去津芽前施药防除苘麻出苗见光后中毒症状（出苗见光后叶片黄化，全株逐渐枯死）

图4-7 异丙隆生长期施药防除野燕麦的中毒表现过程（7 d后从叶缘开始失水萎蔫、叶色淡黄，10 d后叶片大量黄化、从叶缘开始枯黄，14 d后叶片大量枯黄、干枯、死亡）

图4-8 灭草松防除打碗花（药后10 d，基部叶片干枯死亡，心叶未死，萌发出新芽）

图4-9 在玉米芽前喷施过量嗪草酮的药害症状（玉米正常出苗，苗后叶片黄化，从叶尖和叶缘开始枯死）

3. 碳同化　活跃化学能转变为稳定化学能是通过碳同化完成的，碳同化是将 ATP 和 $NADPH_2$ 中的活跃化学能转换为储存在碳水化合物中的稳定化学能，在较长的时间内供给生命活动的需要，由于这一过程不需要光照，因此也称为暗反应。碳同化的生化途径有 3 条，即卡尔文循环、C4 途径和景天酸代谢。其中，卡尔文循环是碳同化的主要形式。有一些除草剂对这一系统的酶有直接的抑制作用，也将严重地干扰植物的光合作用。

（1）类胡萝卜素生物合成抑制剂：如哒嗪酮类的氟草敏等，能够抑制催化八氢番茄红素向番茄红素转换过程的去饱和酶（脱氢酶），从而抑制类胡萝卜素的生物合成。有一些除草剂也能抑制类胡萝卜素的生物合成，但具体作用点不清楚。有些文献报道是双萜生物合成抑制剂，如三唑类除草剂杀草强（amitrole）、噁唑烷二酮类的异噁草酮。类胡萝卜素在光合作用过程中发挥着重要作用，它可以收集光能，同时还有防护光照伤害叶绿素的功能。

4-羟基苯基丙酮酸双加氧酶抑制剂（简称HPPD抑制剂），如三酮类除草剂的磺草酮、异噁唑类除草剂的异噁唑草酮等。该酶可以催化4-羟基苯基丙酮酸转化为2，5-二羟基乙酸，HPPD抑制剂通过抑制HPPD的合成，导致酪氨酸（tyrosine）和生育酚（α-tocopherol）的生物合成受阻，从而影响类胡萝卜素的生物合成。另外，类胡萝卜素植烯饱和酶（PDS）抑制剂，如吡氟酰草胺和呋草酮，也影响类胡萝卜素的生物合成。

HPPD抑制剂和PDS抑制剂与类胡萝卜素生物合成抑制剂的作用症状相似。该类除草剂施药后药害表现迅速，杂草中毒后失绿、黄化、白化，而后枯萎死亡。杂草具体中毒症状如图4-10和图4-11所示，作物药害症状见图4-12。

图4-10　异噁草酮施药后马唐的中毒表现过程（4 d后新叶失绿、黄化、开始出现白化；5~10 d后大量叶片白化，并出现紫色；14 d后大量叶片白化，伴有紫色，开始出现枯萎、死亡）

（2）原卟啉原氧化酶（PPO）抑制剂：在叶绿素生物合成过程中，在其合成血红素或叶绿素的支点上有一个关键性的酶，即原卟啉原氧化酶，通过对该酶的抑制可以导致叶绿素的前体物质——原卟啉Ⅸ的大量瞬间积累，导致细胞质膜破裂、叶绿素合成受阻，而后植物叶片细胞坏死，叶片发褐、变黄、快速死亡。

小麦田主要除草剂类型及代表品种：①二苯醚类，如乙羧氟草醚等；②三唑啉酮类，如唑草酮、唑酮草酯等；③吡唑类，如吡草醚等。

该类除草剂主要起触杀作用，受害植物的典型症状是产生坏死斑，特别是对幼嫩分生组织的毒害作用较大。对于茎叶施用的除草剂，主要是叶片斑点性坏死。接触除草剂的部分出现症状而死亡，茎叶处理除草剂田间施药后，会出现接触除草剂的杂草老叶干枯，但杂草生长点仍然存活，后期复发生长的状况。如图4-13 ~ 图4-16所示。

空白　不同剂量药剂处理

图4-11　磺草酮生长期施药不同剂量防除香附子21 d的中毒症状（施药剂量偏低时，香附子发出新叶，基本恢复生长；剂量较大时，香附子基本死亡；剂量大时，香附子地上部分全部死亡，地下部分也彻底死亡，基本上达到了根治香附子的目的）

图4-12　在玉米播后芽前施用过量的异噁唑草酮的药害症状（玉米正常出苗，苗后叶片失绿、白化，从叶尖和叶缘处开始逐渐枯萎死亡）

图4-13 乙羧氟草醚施药后猪殃殃的中毒死亡过程（2 d后茎叶大量失绿、黄化，部分叶片枯黄；6 d后茎叶大量失绿、枯黄；14 d后茎叶大量枯死，未受药心叶长出新叶；20 d后恢复生长）

图4-14 在花生播后芽前，遇持续高温高湿天气，喷施噁草酮后药害症状（苗后茎叶发黄，叶片出现斑点性黄褐斑，重者可致叶片枯死；轻者有少量枯黄斑）

图4-15 唑草酮对小麦的触杀性药害症状

图4–16　唑草酮用药后的情况（药后20 d，杂草基部叶片干枯，心叶复发生长）

（二）抑制氨基酸生物合成

氨基酸生物合成过程是植物体的重要生命过程，目前作用于这类过程的除草剂有以下两类，即抑制芳香族氨基酸的生物合成和抑制支链氨基酸的生物合成。

1. 抑制芳香族氨基酸的生物合成　莽草酸途径是一个重要的生化代谢路径，一些芳香族氨基酸如色氨酸、酪氨酸、苯丙氨酸和一些次生代谢产物如类黄酮、花色素苷（anthocyanins）、植物生长素（auxins）、生物碱（alkaloids）的生物合成都与莽草酸有关。在这类物质的生物合成过程中，5- 烯醇式丙酮酸基莽草酸 -3- 磷酸合成酶（5-enolpyruvyl shikimate-3-phosphate synthase，简称 EPSP synthase）发挥着重要的作用。草甘膦可以抑制 5- 烯醇式丙酮酸基莽草酸 -3- 磷酸合成酶，从而阻止芳香族氨基酸的生物合成，是该类典型的除草剂。

草甘膦主要抑制杂草分生组织的代谢和生物合成过程，使植物生长受抑制，最终死亡。受害后的杂草首先失绿、黄化，随着黄化而逐渐生长停滞、枯萎而死亡。从施药到完全死亡所需时间较长，一般情况下需要7~10 d，如图4–17和图4–18所示。

2. 抑制支链氨基酸的生物合成　支链氨基酸如亮氨酸、异亮氨酸、缬氨酸是蛋白质生物合成中的重要组成成分。这些支链氨基酸的生物合成开始阶段的重要酶为乙酰乳酸合成酶（ALS）或乙酰羟基酸合成酶（AHAS），ALS 可将两分子的丙酮酸催化缩合生成乙酰乳酸，AHAS 可将一分子丙酮酸与 α- 丁酮酸催化缩合生成乙酰羟基丁酸。很多除草剂可以抑制乙酰乳酸合成酶（ALS）或乙酰羟基酸合成酶（AHAS），从而导致氨基酸合成受阻，植物生长受抑而死亡。抑制乙酰乳酸合成酶的小麦田除草剂主要有以下几类。

（1）磺酰脲类：苯磺隆、噻吩磺隆、苄嘧磺隆、磺酰磺隆、氯吡嘧磺隆、甲基碘磺隆钠盐、甲基二磺隆、单嘧磺隆、甲磺隆、氯磺隆、醚苯磺隆、单嘧磺酯、氟唑磺隆、酰嘧磺隆等。

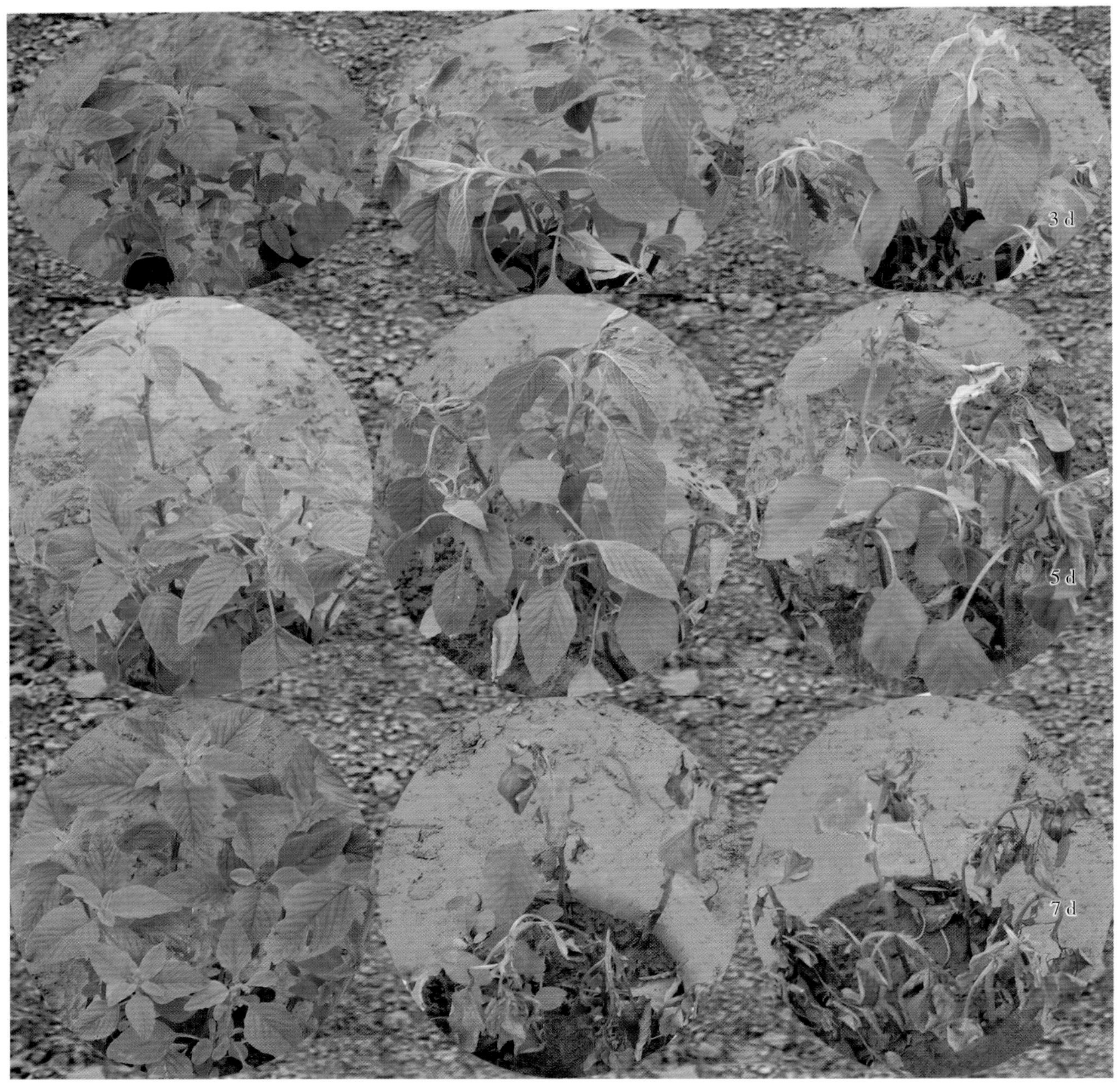

图4-17 草甘膦施药后反枝苋的中毒死亡过程（3 d后叶片黄化、心叶黄萎，生长受抑；5 d后叶片黄化、枯萎，生长受抑；7 d后植株基本枯死）

（2）三唑并嘧啶磺酰胺类：双氟磺草胺、唑嘧磺草胺、啶磺草胺等。

抑制乙酰乳酸合成酶的除草剂主要抑制杂草生物合成的过程，植物生长受抑制，最终死亡。受害后的杂草根、茎、叶生长停滞，生长点部位失绿、黄化，生长逐渐停滞、枯萎死亡。该类除草剂对杂草作用迅速，施药后很快抑制杂草生长，但从施药到完全死亡所需时间较长，一般情况下需要10~30 d，如图4-19~图4-23所示。

图4-18 草甘膦在玉米苗小或喷施到玉米叶片后10天的药害症状（玉米心叶黄化、生长受抑制，逐渐枯萎死亡）

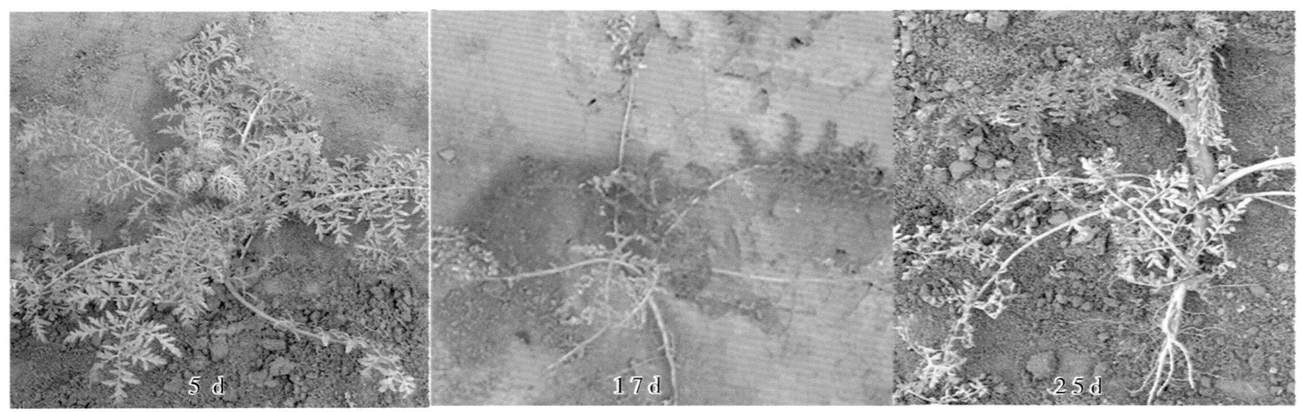

图4-19 噻吩磺隆施药后播娘蒿的中毒死亡过程（5 d后杂草生长点部位失绿、黄化；17 d后叶片黄化并伴有紫色，部分叶片死亡，生长受抑制；25 d后叶片枯黄，逐渐枯死）

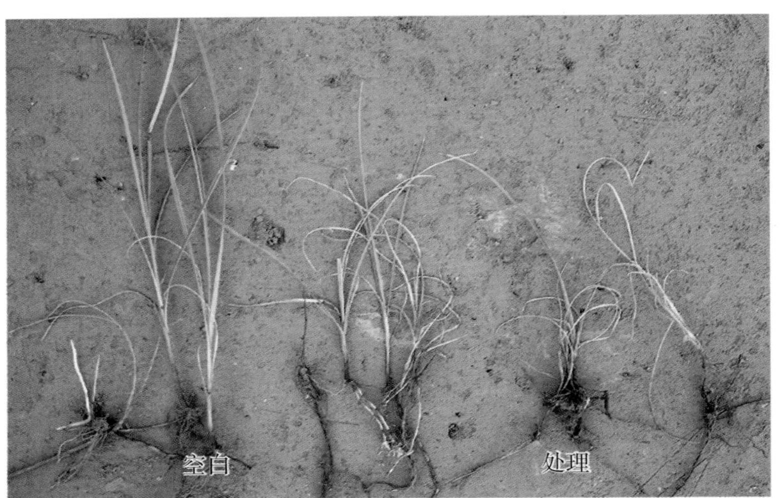

图4-20　生长期施用砜嘧磺隆防除香附子18 d后的中毒症状（茎、叶逐渐枯萎死亡，各处理生长均受到明显抑制）

图4-21　在玉米芽前施用过量噻吩磺隆对玉米的药害症状（玉米生长明显受到抑制，心叶黄化、矮缩）

图4-22　苯磺隆药后15 d，猪殃殃、荠菜黄化

图4-23　双氟磺草胺药后15 d，猪殃殃黄化，生长明显受抑制

（三）干扰内源生长素

植物体内含有多种生长素，它们对协调植物的生长、发育、开花与结果具有重要的作用，人工合成的植物生长素是具有天然植物激素作用的物质。人工合成的植物生长素在进入植物体后会打破原有的天然植物激素的平衡，因而严重影响植物的生长发育。这类除草剂的作用特点是低浓度时对植物有刺激作

用，高浓度时则对植物产生抑制作用。由于植物不同器官对除草剂的敏感程度及药量积累程度的差别，受害植物常可见到刺激与抑制同时存在的症状，导致植物产生扭曲与畸形。小麦田主要除草剂种类有以下几种：①苯氧羧酸类，如2，4-滴丁酯、2，4-滴异辛酯、2，4-滴丁酸钠盐、2甲4氯钠盐、2甲4氯胺盐等；②苯甲酸类，如麦草畏等；③吡啶羧酸类，如氯氟吡氧乙酸、氨氯吡啶酸、二氯吡啶酸等；④芳香基吡啶甲酸类，如氟氯吡啶酯等。

苯氧羧酸类和苯甲酸类除草剂的作用途径类似于吲哚乙酸（IAA），微量的2，4-滴可以促进植物的伸长，而高剂量时则使分生组织的分化被抑制，伸长生长停止，植株产生横向生长，导致根、茎膨胀，堵塞输导组织，从而导致植物死亡。

吡啶羧酸类如二氯吡啶酸、氯氟吡氧乙酸等，也具有生长激素类除草机制，至于其具体作用机制尚不清楚。

最近研究发现，喹啉羧酸衍生物，如二氯喹啉酸、氯甲喹啉酸，可以有效地促进乙烯的生物合成，导致大量脱落酸的积累，以致杂草气孔缩小、水蒸发减少、CO_2吸收减少、植物生长减慢，有趣的是二氯喹啉酸可以有效地防除稗草，氯甲喹啉酸可以有效地防除猪殃殃。另外，草除灵等也是通过干扰植物激素而发挥除草作用的。

植物生长素类除草剂主要是诱导植物致畸，致使根、茎、叶、花和穗的生长产生明显的畸形变化，并使其逐渐枯萎、死亡。植物受该类除草剂的药害后症状持续时间较长，而且生育初期所受的影响，直到植物抽穗后仍能显现出来。受害植物不能正常生长，敏感组织出现萎黄、生长发育缓慢、萎缩死亡，如图4-24~图4-28所示。

图4-24　2，4-滴异辛酯施药后播娘蒿的中毒死亡过程（2 d后杂草畸形卷缩，生长受抑制；5 d后植株严重畸形卷缩，生长受抑制；7 d后开始逐渐枯萎；17 d后植株卷缩、枯死）

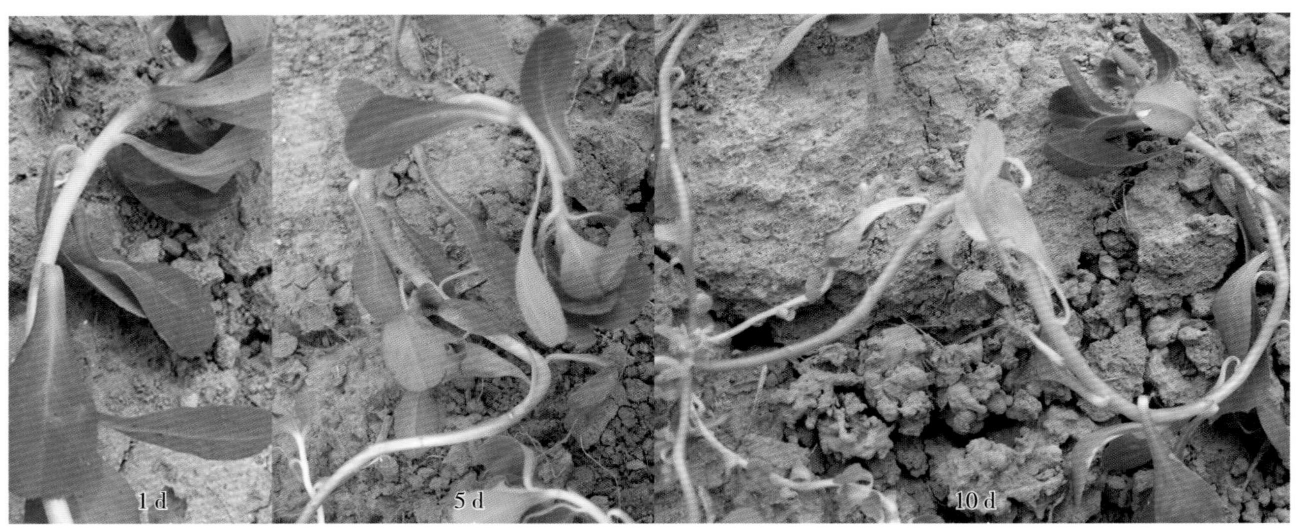

图4-25　2，4-滴异辛酯施药后泽漆的中毒死亡过程（1 d后植株畸形卷缩，生长受抑制；5 d后畸形卷缩、枯黄；10 d后开始逐渐卷缩，枯萎死亡）

图4-26　在小麦开始拔节期，过晚喷施2，4-滴丁酯的药害症状（麦穗畸形，发育不良）

图4-27　2甲4氯在小麦田喷施后，播娘蒿叶片扭曲、畸形，麦家公症状不明显

图4-28 氯氟吡氧乙酸药后10 d，猪殃殃扭曲、畸形、黄化，生长受到明显抑制

（四）抑制脂类的生物合成

植物体内脂类是膜的完整性与机能以及一些酶活性所必需的物质，其中包括线粒体、质体与胞质脂类，每种脂类都是通过不同途径合成的。目前，影响脂类合成的除草剂有5类：①芳氧苯氧丙酸类；②环己烯酮类；③苯基吡唑啉类；④硫代氨基甲酸酯类；⑤酰胺类。其中，芳氧苯氧丙酸类、环己烯酮类、苯基吡唑啉类除草剂抑制乙酰辅酶A羧化酶的活性，进而抑制脂肪酸的合成，从而导致脂类合成受抑制，硫代氨基甲酸酯类和酰胺类主要抑制脂肪酸的生物合成。

1. 乙酰辅酶A羧化酶抑制剂

芳氧苯氧丙酸类、环己烯酮类等除草剂的主要作用机制是抑制乙酰辅酶A羧化酶，乙酰辅酶A羧化酶（ACCase）是催化脂肪酸合成中起始物质乙酰辅酶A生成丙二酸单酰辅酶A的酶。

$$\text{乙酰-CoA}+HCO_3^-+\text{ATP}\xrightarrow{\text{ACCase}}\text{丙二酸单酰-CoA}+\text{ADP}+\text{Pi}$$

小麦田主要除草剂品种有以下几类。①芳氧苯氧丙酸类：精噁唑禾草灵、炔草酯、禾草灵等；②环己烯酮类：三甲苯草酮（肟草酮）等；③苯基吡唑啉类：唑啉草酯；④乙酰辅酶A羧化酶（ACCase）抑制剂类除草剂被杂草茎叶吸收，并传导到顶端以至整个植株，积累于植物体的分生组织区，抑制乙酰辅酶A羧化酶，使脂肪酸合成停止，细胞的生长分裂不能正常进行，所有含脂结构（细胞膜、细胞质膜和蜡质等）被破坏，最终导致植株死亡。它的主要作用部位是植物的分生组织，一般于施药后48 h即开始出现药害症状，生长停止、心叶和其他部位叶片变紫变黄，最明显的症状是叶片基部坏死、茎节腐烂，而后逐渐枯萎死亡。

2.脂肪酸合成抑制剂

硫代氨基甲酸酯类和酰胺类等除草剂的主要作用机制是抑制脂肪酸的生物合成，小麦田除草剂品种主要有酰胺类如氟噻草胺、乙草胺等；其他类如砜吡草唑等。

这类除草剂影响植物种子的发芽和生长，主要是土壤封闭除草剂，施药后在土表难以直接观察死草症状。

（五）抑制细胞分裂

二硝基苯胺类和磷酰胺类除草剂是直接抑制细胞分裂的化合物。二硝基苯胺类除草剂的氟乐灵和磷酰胺类的胺草磷是抑制微管的典型代表，它们与微管蛋白结合并抑制微管蛋白的聚合作用，造成纺锤体微管丧失，使细胞有丝分裂停留于前期或中期，产生异常多型核。氨基甲酸酯类除草剂作用于微管形成中心，阻碍微管的正常排列。同时，它还通过抑制RNA的合成从而抑制细胞分裂。

氨基甲酸酯类具有抑制微管组装的作用，氯乙酰胺类具有抑制细胞分裂的作用。另外，二苯醚类中的环庚草醚，氧乙酰胺类的苯噻酰草胺，乙酰胺类的双苯酰草胺、萘丙胺，哒嗪类的氟硫草定等类除草剂也有抑制细胞分裂的作用。

该类除草剂的主要作用机制是抑制细胞分裂，根尖分生组织内细胞变小或伸长区细胞未明显伸长，特别是皮层薄壁组织中细胞异常增大、胞壁变厚，从而影响植物种子的发芽和生长；由于细胞极性丧失，细胞内液泡形成逐渐增强，因而在最大伸长区开始放射性膨大，从而造成通常所看到的根尖呈鳞片状。该类除草剂主要是土壤封闭除草剂，其作用症状就是杂草种子不能发芽而坏死，药害症状是抑制幼芽的生长和次生根的形成，具体药害症状是根短而粗，无次生根或次生根稀疏而短，根尖肿胀成棒头状，芽生长受到抑制，下胚轴肿胀，受害植物芽鞘肿胀、接近土表处出现破裂，植物出苗畸形、缓慢死亡，如图4-29和图4-30所示。

图4-29　地乐胺在杂草芽前施药后药害症状（马唐幼芽畸形卷缩，不能正常发芽出苗生长而卷缩死亡）

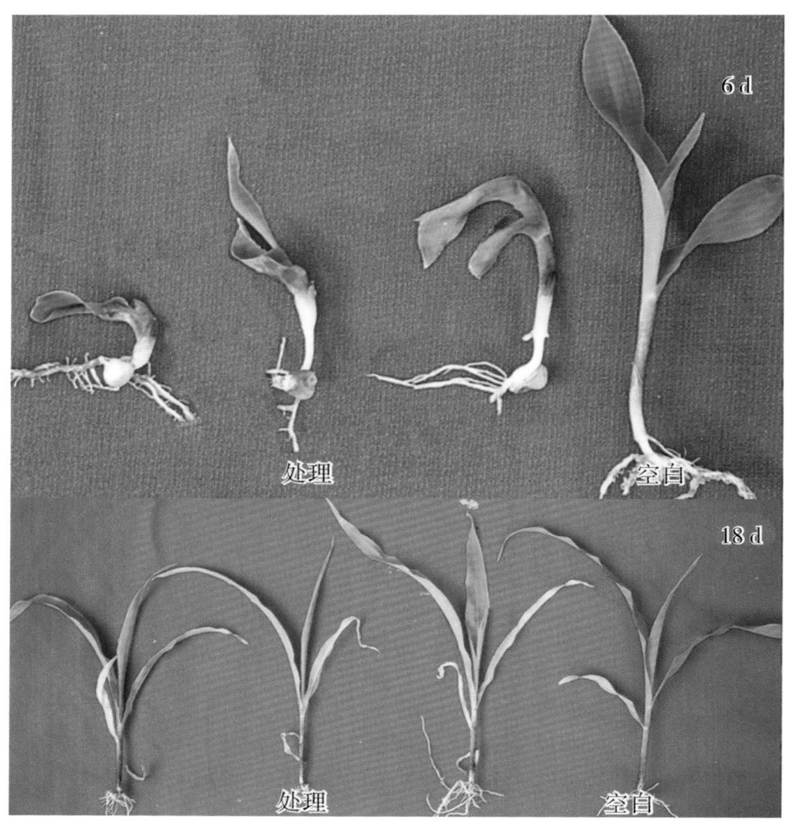

图4-30 在玉米播后芽前，过量喷施二甲戊乐灵后的药害症状（6 d后出苗稀疏、根系发育受抑制，茎叶矮小、卷缩、畸形，生长受到严重抑制；18 d后受害玉米生长受抑，根系发育受抑制，茎叶矮小、卷缩、畸形。一般轻度药害可以恢复，重者严重矮化、矮缩）

四、除草剂的吸收与运转

除草剂必须被杂草吸收和在体内运转并与作用靶标结合后，才能发挥其生理与生物化学效应，干扰杂草的代谢，导致杂草死亡。因此，杂草对除草剂的吸收与运转状况往往会影响除草剂的杀草效果。

（一）杂草对除草剂的吸收

吸收作用是发挥除草剂活性的首要步骤。激发吸收活性机制所需的条件：①温度系数要高；②对代谢抑制剂敏感；③吸收速度与外界浓度成非线性函数关系；④类似结构化合物，对吸收产生竞争。

1. 杂草对土壤处理除草剂的吸收　施于土壤中的除草剂通常溶于土壤溶液中，以液态或者以气态通过杂草根或幼芽组织而被吸收。影响吸收的因素有：①土壤特性，特别是土壤有机质含量与土壤含水量；②化合物在水中的溶解度；③除草剂的浓度；④根系体积及不定根在土壤中所处的位置。

（1）根系吸收：杂草根系是吸收土壤处理除草剂的主要部位。根系一般不含角质层，且以相对多的游离间隙形成较大的吸附表面，因此根系对除草剂的吸收比叶片容易。土壤溶液中的除草剂分子或离子接触分生组织区的根毛后，通过扩散作用进入根内。当根从土壤中吸收水分和矿物质时，除草剂中的水溶性化合物等极易随水分进入植物体。在土壤干旱时，吸收作用就差。根系吸收与除草剂浓度成直线相关，开始阶段吸收迅速，其后逐步下降。从开始吸收到最大值所需时间因除草剂品种及杂草种类而异。施药后在杂草吸收的初期阶段，保证土壤含水量可以促进吸收，从而提高除草效果。

除草剂进入根内的途径有非共质体途径、共质体途径与非共质体–共质体途径。非共质体途径是除草剂由细胞壁向木质部运转，这种途径要求除草剂通过凯氏带再依次进入细胞壁、木质部；共质体途径是除草剂最先进入细胞壁，然后进入表皮与皮层细胞的原生质中，再通过胞间连丝进入内皮层、中柱及韧皮部；非共质体–共质体途径基本与共质体途径相同，但除草剂也可通过凯氏带，再进入细胞壁，后进入木质部。

（2）幼芽吸收：杂草萌芽后出苗前，幼芽组织接触含有除草剂的土壤溶液或气体时，便能吸收除草剂。幼芽是吸收土壤处理除草剂（特别是土表处理除草剂）的重要部位，如酰胺类除草剂就是以幼芽吸收为主。通常，禾本科杂草主要通过幼芽的胚芽鞘吸收，而阔叶杂草则以幼芽的下胚轴吸收为主。不同种类植物对除草剂吸收的差异是一些除草剂具有选择性的原因之一。

2.茎叶处理除草剂的吸收　茎叶处理除草剂主要通过叶片吸收而进入植株内部。药液雾滴的特性、大小及其覆盖面积对吸收有显著影响，除草剂雾滴从叶表面到达表皮细胞的细胞质中需通过如下几个阶段：①渗入蜡质（角质）层。②渗入表皮细胞的细胞壁。③进入质膜。④释放于细胞质中。

角质层是由覆盖于叶片表皮细胞的蜡质形成的，它是一种均匀、连续、少孔隙的半透性膜，不溶于水及大多数有机溶剂，其组成与结构导致其既具有亲脂特性，也具有亲水特性。除草剂通过角质层的扩散途径有三：①通过分子间隙渗入。②水溶性物质通过类脂片状体间充水的果胶通道移动。③油类与油溶性物质直接通过角质层的蜡质部分移动。除草剂渗入角质层是一种物理过程，直接受植株含水量、pH值、载体表面张力、雾滴大小、除草剂分子的特性以及角质层构造与厚度等因素的影响。首先，除草剂的极性是一个关键因素，极性部位通过韧皮部向其他部位运转。极性中等的除草剂分子比非极性或高度极性的分子易于渗入角质层，完全非极性的分子积累于角质层的蜡质成分中而不能通过，极性过强的除草剂分子与水具有高度亲和性，也不易渗入。其次，未解离的除草剂分子比其离子易渗入。极性与非极性除草剂进入叶片的通道，叶片表皮细胞的外细胞壁与角质层之间没有明显界线，渗入角质层的除草剂是通过外壁胞质连丝而通过细胞壁的，通常水溶性物质易通过细胞壁，而亲脂性物质渗入细胞壁要比通过角质层更为困难。空气湿度及叶片含水量直接影响亲水性除草剂的吸收。在空气湿度大或植物叶片含水量高的情况下，2甲4氯钠等除草剂的溶液喷到叶片上，药液能立即与叶片角质层的孔道中的水分连续接触，很快进入植物体。相反，在干旱条件下，角质层的小孔充满了空气，除草剂受空气的阻隔，不能与细胞水分连续接触。因此，除草剂进入植物体就大大减少，影响除草剂效果的发挥。

通过细胞壁的除草剂分子或离子被吸附于质膜外表面，再通过扩散作用穿过质膜或借助于质膜内陷形成小泡而通过细胞吸入进入细胞质中。水溶性分子通过质膜的速度与其分子大小呈负相关，脂溶性分子通过质膜的速度与其脂溶性呈正相关，与分子大小无关。通过质膜的除草剂停留于细胞质或液泡中，或者再通过胞质流动向植株其他部位运转。

此外，气孔可作为一部分除草剂进入叶片的特殊通道，即有少量除草剂溶液可通过气孔进入叶片内。气孔渗入机制比较复杂，涉及一系列因素，如表面张力、雾滴接触角、气孔壁的作用以及环境条件等。

3.影响除草剂吸收的因素　植物体的构造、除草剂的特征以及环境条件等对除草剂的吸收传导影响均很大，因此使用时要特别注意。

（1）植物自身因素：①植物的种类：单子叶植物茎与叶的居间分生组织是除草剂传导的重要障碍。如2，4-滴在不同植物中吸收与传导各异，在双子叶植物内吸收、传导速度和数量远远大于禾本科植物。2，4-滴在菜豆体内的传导非常迅速并积累于嫩芽中，而在禾本科作物体内传导很差，例如在甘蔗生长点中药剂的含量比菜豆低10倍。②植物的生育期：植物的生育期对除草剂的吸收与传导有显著的影响，例如，同种植物幼苗吸收与传导的速度比老年植物吸收与传导速度快得多。植物越老，角质层就越厚且硬化，越不利于吸收和传导。如在生长5周的田旋花植株内，2，4-滴的传导比生长7~16周的植株迅速。③叶片结构：植物叶片结构对除草剂的吸收与传导有显著的影响，例如，植物叶片表皮细胞外壁的厚度与结构不影响苯氧羧酸类除草剂的吸收，而角质层的厚度与结构对其吸收则有很大的影响。苯氧羧酸类除草剂的钠盐、钾盐亲脂性差，对角质层的渗透作用差，特别是介质呈碱性时。

（2）药剂特性的影响：通常，角质层的蜡质是疏水胶体，无极性，而构成细胞壁的纤维素则是亲水胶体，具有极性。极性中等的除草剂分子能迅速渗入角质层。而完全无极性的分子，会沉积于蜡质成分中难以通过，极性过强的分子对水及其他极性物质具有高度亲和性，难以迅速渗入角质层中。

（3）环境条件：

1）温度：通常情况下，随温度上升，植物对除草剂的吸收与传导作用增强。当温度从18 ℃上升至30 ℃时，阔叶叶片吸收2，4-滴的数量显著增多。同样在高温条件下，2，4-滴在菜豆植株内的吸收与传导作用也大大增强。Johnson和Young 2002年报道，提高温度，硝磺草酮对苍耳等的活性提高2~3倍。

2）湿度：高湿条件下能促进气孔开放，防止叶片表面药液雾滴迅速干涸并影响角质层的水合作用，因此有利于除草剂的吸收与传导。例如，当空气相对湿度为95%时，注射于菜豆茎内的2，4-滴有41%进行了传导；而相对湿度为20%时，仅有23%进行了传导。Goddard 等报道，当相对湿度从50%提高到90%时，硝磺草酮对滑叶马唐和高羊茅的活性提高4~18倍。

3）土壤湿度：土壤湿度对除草剂的吸收与传导也有一定的影响。例如，小麦田灌水后24~48 h，每公顷用2，4-滴钠0.5 kg的防除效果与灌水后2周、用药1 kg和灌水后3周、用药1.5 kg的效果相同。说明土壤湿度低，植物组织含水分少，减慢了药剂向生长点的传导。李香菊等报道，用药前后土壤干旱，可以使除草剂杀草速度变慢，除草效果明显降低。李美等报道了200 g/L啶磺草胺·氟氯吡啶酯水分散粒剂在不同条件下施用除草效果，结果表明施药前后长期干旱会显著降低杂草的死亡率，浇水解除旱情后可显著提高杂草防效，浇水后杂草株防效从63.7%~81.6%提高到94.7%~98.8%。

4）光照：光强和光质对植物吸收与传导除草剂也有影响。例如在光照下，2，4-滴进入植物叶片的速度比黑暗中快。随着光强增加，进入的速度加快。通常苯氧羧酸类除草剂在暗中的植物叶片中不传导。但不同植物对光照要求不一样。

5）溶液浓度：茎叶处理时，药剂溶液浓度如果过高，会对植物组织发生触杀性的伤害而不利于植物的吸收和传导。植物对除草剂的吸收和传导，需要适宜的溶液浓度。

6）pH值：在pH值为2~10范围内，2，4-滴进入植物叶片的数量随pH值下降而增多。在2，4-滴溶液中加入一定量的酸性肥料，能大大促进植物的吸收速度，从而提高除草效果。用pH值高的井水或其他碱性水配制除草剂溶液时，很多药剂由于溶液呈碱性而导致除草效果下降。

7）添加剂：表面活性剂是常用的一种添加剂，在提高除草剂的除草效果上一直起着至关重要的作用，一般通过提高除草剂在杂草叶片表面湿润、分散、黏着、渗入与传导等起作用。其作用是扩大除草剂喷雾滴与叶片表面之间的接触面积，便于展着防止液滴迅速干涸，延长吸收时间，并可缩小液滴与叶片表面之间的空气间隙，促进除草剂通过空气间隙的移动。此外，在除草剂渗入角质层时表面活性剂作为一种潜溶剂或稳定剂，能促进除草剂进入开放的气孔。如GF–2607是一种非离子表面活性剂，主要作用是降低药液表面张力，帮助药液在目标作物表面湿润和展布。李美等报道，添加助剂不仅可以提高200 g/L啶磺草胺·氟氯吡啶酯水分散粒剂对杂草的作用速度，使杂草表现受害症状速度加快、程度加重，而且添加助剂可以提高200 g/L啶磺草胺·氟氯吡啶酯水分散粒剂对杂草的最终株防效和鲜重防效。如部分表面活性剂在0.01%~0.1%浓度范围内，水溶液的表面张力下降显著；高浓度时，它溶解于角质成分中，对皮组织有毒害作用。表面活性剂能促进2，4-滴铵盐、钠盐及异丙酯在大豆与玉米植株内的吸收与传导。此外，油类也有助于药剂向叶片的渗透。二甲基亚砜是一种广泛应用于除草剂溶液中的有效添加剂，用作载体时2，4-滴盐类向叶片渗透的作用比用水作载体时提高10倍，湿润剂也能提高2，4-滴盐类水溶液的活性5倍。铵与磷酸盐离子能促进2，4-滴对植物产生最大的渗透作用。

（二）除草剂在杂草体内的运转

被杂草吸收的除草剂分子或离子，通过蒸腾流、光合产物流与胞质流在植株内进行运转。

根吸收的除草剂进入木质部后，通过蒸腾流向叶片运转，停留于叶组织或通过光合产物流再向其他部位运转。例如，根吸收的茅草枯进入木质部后，通过蒸腾流向上运转至叶片，而后从木质部进入韧皮组织，再通过光合产物流向下运转至根部，到达根部后再进入蒸腾流向叶片运转，此种循环持续进行至除草剂被降解或杂草死亡为止。

叶片吸收的除草剂进入叶肉细胞后，通过共质体途径从一个细胞向另一个细胞移动，而后进入维管组织。水溶性除草剂还可通过维管束鞘的伸展，直接穿过叶脉进入维管组织。通常，除草剂在共质体对植物发生毒害作用，而非共质体则为除草剂提供广阔的储存处。除草剂在植物体内运转速度与蒸腾流及光合产物流近似，通过蒸腾流的运转速度为9 m/h，通过光合产物流的运转速度为10~100 cm/h。后者的运转主要在强光下进行，这种运转直至糖类合成停止。

除草剂在植物体内通过共质体与非共质体运转。一些光合作用抑制剂被叶片吸收后，运转较短的距离，便可达到其作用靶标，如氟磺胺草醚、三氟羧草醚等，这样的除草剂作用迅速，药害症状出现较快。而大多数除草剂，不论是土壤处理剂或茎叶处理剂，如三氮苯类、脲类以及苯氧羧酸类等，在植物体内均需进行长距离运转才能到达其作用靶标而发挥杀草效应，这类除草剂的运转要经木质部与韧皮部的非共质体与共质体途径，其药效发挥比较缓慢。

在正常条件下，由木质部运转的除草剂不能从被处理的叶片向外传导，而由韧皮部运转的除草剂则能向植株的各部位传导。除草剂在韧皮部是通过活的韧皮组织进行运转，所以不能把它快速杀伤，否则将阻碍其运转功能。草甘膦的优点就在于高浓度时对叶片的直接伤害作用很缓慢。有时，一种除草剂分次用低剂量进行处理，其除草效果往往优于一次性高剂量处理。大多数传导性茎叶处理除草剂在被叶片吸收的数量中，仅有少部分从处理部位通过韧皮部向其他部位运转。限制除草剂通过韧皮部向作用靶标运转的原因有：①除草剂不能进入维管组织或不适于进入韧皮部。②除草剂不能进行长距离运转。③受除草剂本身的物理化学特性及其加工剂型、毒性状况、环境条件和解毒作用中的代谢反应等因素的影响。

五、除草剂的消解

作为人工合成的化学除草剂，在农业生产中施用后，在防除杂草的同时，必然进入生态环境中。了解除草剂在环境中的归趋，不仅有利于其安全使用，而且对于防止其在环境中蓄积与污染也是十分重要的。通常，除草剂施用后，通过物理、化学与生物学途径逐步消解。

（一）光解

施于植物及土壤表面的除草剂，在日光照射下进行光化学分解，此种光解作用是由波长为40~400 nm的紫外光引起的。光解速度由除草剂类型、品种及其分子结构，紫外光供应量，除草剂分子对光的吸收容量及温度所决定。

大多数除草剂溶液都能进行光解，其所吸收的主要是220~400 nm的光谱。不同类型除草剂的光解速度差异很大，二硝基苯胺类除草剂，特别是氟乐灵最易光解，其他各类除草剂光解缓慢。为防止光解，喷药后应耙地，将药剂混拌于土壤中。

（二）挥发

挥发是除草剂，特别是土壤处理剂消失的重要途径之一。挥发性强弱与化合物的物理特性，特别是饱和蒸汽压密切相关，同时也受环境条件制约。饱和蒸汽压高的除草剂，其挥发性强。二硝基苯胺类除草剂品种的饱和蒸汽压最高，其次是硫代氨基甲酸酯类除草剂。这些除草剂喷洒于土表后，会迅速挥发，丧失活性，而挥发的气体还易伤害敏感作物。同一品种的酯类比盐及酸挥发性强，如2，4-滴丁酯用于小麦田除草时，由于挥发而易于伤害小麦田附近的向日葵、瓜类、蔬菜及树木。

在环境因素中，温度与土壤湿度对除草剂挥发的影响最大。温度上升，饱和蒸汽压增大，挥发增强。土壤湿度高，有利于解吸附作用，使除草剂易于释放于土壤溶液中成为游离态，故易汽化而挥发。例如，在30 ℃条件下将氟乐灵喷洒于土表，土壤湿度1%时，24 h内挥发量占施用量的17%；土壤湿度

14%，挥发量42%；土壤湿度33%，挥发量高达94%。

高挥发性除草剂如氟乐灵、灭草猛等，喷药后应立即耙地，将其混拌于土壤中，以防止或延缓其挥发。此外，也可通过喷灌使药剂下渗；或将高挥发性品种加工成缓释剂，如将氟乐灵加工成淀粉胶囊剂，以控制其挥发。

（三）土壤吸附

吸附作用与除草剂的生物活性及其在土壤中的残留与持效期有密切关系。除草剂在土壤中主要被土壤胶体吸附，其中有物理吸附与化学吸附。物理吸附是一种结合作用，除草剂分子及土壤胶体表面组成成分的特性不变，它是分子间或偶极子短距离的相互作用，这种吸附一般在黏土、矿物外表面上发生，易于进行解吸附作用。化学吸附是除草剂与胶体表面牢固地结合，其中有离子交换吸附、加质子吸附、氢键吸附与配位复合吸附等，这种吸附需要能量，解吸附作用缓慢。

土壤对除草剂的吸附一方面决定于除草剂分子结构，另一方面决定于土壤有机质与黏粒含量，脲类、均三氮苯类、硫代氨基甲酸酯类等许多类型除草剂在土壤中易被吸附，而磺酰脲类与咪唑啉酮类除草剂不易被吸附；土壤有机质与黏粒含量高的土壤对除草剂吸附作用强。在土壤处理除草剂的使用中，应当考虑使土壤胶体对除草剂的吸附容量达到饱和。因此，单位面积用药量应随土壤有机质及黏粒含量的多少而增减，也可进行灌溉，以促进除草剂进行解吸附作用而提高除草效果。

（四）淋溶

淋溶是除草剂在土壤中随水分移动而在土壤剖面的分布，除草剂在土壤中的淋溶决定于其特性与水溶度，土壤组成、有机质含量、pH值、透性以及水流量等。水溶度高的品种易淋溶，同种化合物的盐类比酯类淋溶性强；土壤机械组成不同，导致其表面积差异很大，黏粒与有机质含量高的土壤对除草剂吸附作用强，使其不易淋溶；反之，沙质土及沙壤土透性强，吸附作用差，有利于淋溶。土壤pH值主要通过影响吸附及除草剂与土壤成分进行的化学反应而间接影响除草剂的淋溶，磺酰脲类除草剂在土壤中的淋溶随pH值上升而增强，故在碱性土中比酸性土易于淋溶。

淋溶性强的除草剂易渗入土壤剖面下层，不仅降低除草效果，而且易在土壤下层积累或污染地下水。在利用位差选择性时，由于淋溶使除草剂进入作物种子所在土层，易造成药害，因此，应根据除草剂品种水溶度及移动性强弱、土壤特性及其他影响水分移动的有关因素，确定最佳施药方法与单位面积用药量，以提高除草效果，并防止对土壤及地下水的污染。

（五）化学分解

化学分解是除草剂在土壤中消解的重要途径之一，其中包括氧化、还原、水解以及形成非溶性盐类与络合物。氧化与还原作用包括电子（负电荷）从一种反应物转移至另一种反应物，形成带电荷的化合物；水解作用是水的离子（H^+或OH^-）进入除草剂分子，而除草剂分子结构中的原子或原于团被—OH置换，磺酰脲类除草剂在酸性土壤中就是通过水解作用而逐步消失的。

当土壤中高价金属离子Ca^{2+}、Mg^{2+}、Fe^{2+}等含量高时，一些除草剂能够与这些离子反应，形成非溶性盐类；有的除草剂则与土壤中的钴、铜、铁、镁、镍形成稳定的络合物而残留于土壤中。

（六）生物降解

除草剂的生物降解包括土壤微生物降解与植物吸收后在其体内的降解。

（1）微生物降解：微生物降解是大多数除草剂在土壤中消失的最主要途径。真菌、细菌与放线菌参与降解。在微生物作用下，除草剂分子结构进行脱卤、脱烷基、水解、氧化、环羟基化与裂解、硝基还原、缩合以及形成轭合物，通过这些反应使除草剂活性丧失。

不同分子结构的除草剂抗降解能力差异较大，降解过程也不同，如卤取代基数及取代位影响脂肪微生物降解，随着卤取代基数增加，降解速度下降；分子结构中的氨基甲酰基易于降解，因而氨基甲酸酯类除草剂易于降解消失。土壤湿度、温度、pH值、有机质含量等显著影响除草剂的微生物降解，适宜的高温与土壤湿度促进降解，一些长残效性除草剂如莠去津与西玛津在我国南方地区由于环境条件适于其降解，故持效期比东北地区短。同一除草剂品种在同等用药量情况下，由于气候条件特别是温度与降水的变化，也会造成年际间持效期长短的差异。因此，不同地区必须深入了解除草剂的降解速度与半衰期，以便合理使用并正确安排后茬作物。

（2）植物代谢：被作物与杂草吸收的除草剂，通过一系列生物代谢而消失，这些代谢反应包括氧化、还原、水解、脱卤、置换、酰化、环化、同分异构、环裂解及结合，其中主要反应是氧化、还原、水解与结合。除草剂在植物体内的代谢过程与其分子结构中对酶及化学分解敏感的功能团或反应基团有关，这类功能团或反应基团都是芳香环与杂环中的取代基，代谢过程可分为以下两个阶段：

第1阶段是代谢作用的最重要阶段，氧化、还原与水解往往是影响除草剂毒性与选择性的重要反应，通过引入功能基团如—OH、—NH_2、—SH、—COOH等，降低化合物的毒性，增强极性。这种代谢作用是酶促反应或非酶反应，如氧化、还原与水解是酶促反应，而联吡啶类除草剂的光化学还原以及氯-均三氮苯类除草剂在玉米等抗性植物根内由苯并噁嗪酮诱导的水解作用则是非酶反应。

第2阶段通常是合成过程。结合作用是重要反应，通过此反应使除草剂毒性显著下降，形成的产物具有高度水溶性，但不移动，这一阶段的代谢系酶促反应，如谷胱甘肽-S-转移酶、尿苷二磷酸葡糖转移酶。通常，除草剂往往与植物体内低相对分子质量的物质如葡萄糖、氨基酸、谷胱甘肽等结合，有的除草剂则与细胞大分子特别是细胞质或膜束缚蛋白形成复合物。

除草剂或其代谢产物与植物组织成分如木质素、蛋白质、多糖等的缔合物往往形成束缚性残留物，此种残留因除草剂类型与品种、植物种类及其组织与器官而异。通常，除草剂在植物体内主要残留于木质素、肽、单宁、淀粉、纤维素与球蛋白中，而除草剂的结合部位则是蛋白质或细胞膜的类脂成分及原生质中的蛋白质与核酸。目前，束缚性残留量引起人们的较大关注，因为它们能释放并保持生物活性，从而对农业生态系统产生一定影响；由于束缚性残留量用常规分析方法难以测出，所以在研究除草剂在环境中的归趋时，应加以考虑。

第五章　除草剂的使用技术

一、除草剂品种的选择

杂草防除的目的不是杀死所有杂草，而是人为干扰生态平衡，防止杂草危害，促进作物良好发育。而使用除草剂的目的是选择性控制杂草，减轻或消除其危害，以实现作物的高产与稳产。

杂草与作物的生境、生育习性十分近似，除草剂应用难度相对较大；这不同于杀虫剂和杀菌剂，害虫、病害与植物的差异则很大，因而除草剂与其他农药比较，对于选择性的要求更为严格；但是，除草剂对人、畜的毒性远比杀虫剂与杀菌剂低，故在使用中，对人畜的安全性相对较高。

杂草与作物生长于同一农田生态环境中，其生长与发育受土壤环境及气候因素的影响。因此，为了取得最大的防除效果，应根据杂草与作物种类、生育阶段与状况，结合环境条件与除草剂特性，采用适宜的使用技术与方法。在使用除草剂时，必须考虑以下几个问题：

（1）正确选用除草剂品种。由于不同除草剂品种作用特性、防除对象不同，所以应根据作物种类以及田间杂草发生、分布与群落组成，选用适宜的除草剂品种。

（2）根据除草剂品种特性、杂草生育状况、气候条件及土壤特性，确定单位面积最佳用药量。

（3）选用最佳使用技术，达到喷洒均匀、不重喷、不漏喷。因此，喷药前应调节好喷雾器，特别是各个喷嘴流量应保持一致，使喷雾器处于最佳工作状态。

（4）做好喷药计划，应根据地块面积大小、作物与杂草状况，排出喷药顺序。

（5）由于连年使用单一除草剂品种时，杂草群落发生演替，逐步产生抗药性，故应结合作物种类及轮作类型，设计不同类型与品种的除草剂交替轮换使用。

（6）虽然除草剂对人畜的毒性低，但一些溶剂与载体的毒性却远超过化合物本身，故使用中应注意安全保护问题。

二、除草剂的使用方法

除草剂使用方法与技术因品种特性、剂型、作物及环境条件而异，生产中选择使用方法时，首先应考虑防除效果及对作物的安全性，其次要求经济、使用方法简便易行。

（1）播前混土：主要适用于易挥发与光解的除草剂，一般在作物播种前施药，并立即采用圆盘耙或旋转锄交叉耙地，将药剂混拌于土壤中，然后耢平、镇压，再进行播种，混土深度4~6 cm。我国东北地区国有农场大豆地施用氟乐灵与灭草猛多采用此种方法。

（2）播后苗前施用：凡是通过根或幼芽吸收的除草剂往往在播后苗前施用，即在作物播种后，将药剂均匀喷洒于土表，如大豆、油菜、玉米等作物使用甲草胺、乙草胺、异丙甲草胺，玉米、高粱与糜子施用莠去津等多采用此种使用方法。喷药后，如遇干旱，可进行浅混土以促进药效的发挥，但耙地深度不能超过播种深度。

（3）苗后茎叶喷雾：与土壤处理比较，茎叶喷雾受土壤类型、有机质含量的影响相对较小，可看草施药，机动灵活；但不像土壤封闭除草剂有一定的持效期，多数茎叶处理除草剂持效期较短或没有持效期，所以只能杀死已出苗的杂草。因此，施药适期是一个关键问题。施药过早，大部分杂草尚未出土，难以收到较好的防除效果；施药过晚，作物与杂草长至一定高度，相互遮蔽，不仅杂草抗药性增强，而且阻碍药液雾滴均匀附着于杂草上，使防除效果下降。喷液量直接影响茎叶喷雾的效果，触杀性除草剂的喷液量比内吸、传导性除草剂要严格得多，一般用水量为30~40 kg/亩，加水过多药效降低，加水过少易于发生药害。

（4）苗后全田喷雾和定向喷雾：常用的喷药方法是全田喷雾，即全田不分杂草多少，依次全面处理，这种施药方法应注意喷雾的连接问题，防止重喷与漏喷；其次是苗带喷药与行间定向喷雾，与全面喷雾比较，可节省用药量1/3~1/2，保护作物安全。但需改装或调节好喷嘴及喷头位置，使喷嘴对准苗带或行间。特别是要注意部分除草剂，易于对作物茎叶或根系产生药害，施药时要戴上防护罩、选择无风的晴天，将药剂喷施到地面杂草上，切勿飘移到作物茎叶或有特别要求的部位。

三、影响除草剂药效的因素

除草剂是具有生物活性的化合物，其药效的发挥既决定于杂草本身，又受制于环境条件与使用方法。

（一）杂草

作为除草剂防除对象的杂草，其生育状况、叶龄及株高对药效的影响很大。土壤处理剂往往是防除杂草幼芽，如丙草胺、乙草胺等，施用后，杂草在萌芽过程中接触药剂，受害而死亡。有的土壤处理剂如光合作用抑制剂利谷隆、绿麦隆等，主要通过杂草的根系吸收，对杂草发芽出苗没有影响，杂草出苗见光后逐渐死亡，一般对幼芽和幼苗高效，杂草较大时药效下降。因此，一旦杂草出苗后，再施用土壤处理剂，药效便显著下降。

茎叶处理剂的药效与杂草叶龄及株高关系密切。一般杂草在幼龄阶段，根系少，次生根尚未充分发育，耐药性差，对药剂敏感；随着植株生育，对除草剂的耐药性增强，因而药效下降。如小麦田应用甲基二磺隆防除节节麦时，节节麦叶龄是喷药的主要依据，超过3叶1心期，效果便显著下降；其他如炔草酯、唑磺草胺等防除看麦娘时，在杂草2~5叶期喷药效果最好。

另外，目前生产上很多杂草对部分除草剂产生了抗药性，如播娘蒿、荠菜等对苯磺隆的抗药性，日本看麦娘、看麦娘等对精噁唑禾草灵等的抗药性等，这些抗性杂草使得原来对其高效的除草剂变为低效或无效。

（二）施药方法

正确的用量、施药方法及喷雾技术是发挥药效的基本保证，由于除草剂类型及品种不同。其用量与施用方法差异较大，磺酰脲类除草剂用量仅0.7~2 g/亩，禾大壮与甲草胺用量则达133~266 g/亩，特别是土壤处理剂因土壤有机质含量及组成不同，用量显著不同。生产中应根据药剂特性、杀草机制、杂草类型及生育期以及环境条件，选择适宜的用量与施药方法。

茎叶处理剂的药效在很大程度上取决于雾滴沉降规律及其在叶片上的覆盖面积，其所要求的雾滴密度比土壤处理剂及杀虫剂、杀菌剂大，低容量喷雾的良好覆盖面积为80%，这就需要喷雾器械及喷雾技术的改进与提高，从安全、经济及节能考虑，要求喷雾系统能准确地将药剂施于靶标上，尽量减少雾滴飘移，以确保除草剂更精确地施用，从而提高药效和降低成本。因为新开发的像磺酰脲类这样的超高效除草剂，对施药部位和控制非靶沉落的精度要求进一步提高，这更需要改进施药器械的性能并研制出能精确施药的新技术。在这样的要求下，研制出了控制雾滴喷雾器与静电喷雾器，前者可消除小于150 μm的雾滴以减少脱靶飘移，消除大于300 μm的雾滴，以造成低容量的良好覆盖；后者是用高伏静电使除草剂颗粒带电，将其压向靶标，使叶面上雾滴附着明显增加，并改善带电液滴穿入植物覆盖层的能力，喷液量可少于67 mL/亩。目前，正在进行传感器的开发研究，即在田间施药时，可连续检测土壤有机质含量，反射光通过光的干涉过滤器进入光电晶体管，把反射光变换成与土壤有机质含量成比例的电量，这样在田间喷药时，通过微机把放大信号准确地送到步进电机中来自动控制施用量。

（三）土壤条件

土壤条件不仅直接影响土壤处理剂的杀草效果，而且对茎叶处理剂也有影响。土壤有机质与黏粒对除草剂吸附强烈使其难以被杂草吸收，从而降低药效；土壤含水量的增多又会促使除草剂进行解吸附而有利于杂草对药剂的吸收，从而提高药效。

土壤条件不同，会造成杂草生育状况的差异，在水分与养分充足的条件下，杂草生育旺盛，组织柔嫩，对除草剂敏感性强，药效提高；在干旱、瘠薄条件下，植物本身通过自我调节作用，抗逆性增强，叶表面角质层增厚，气孔开张程度小，不利于除草剂吸收，使药效下降。

（四）气候条件

各种气象因子相互影响，它们既影响作物与杂草的生育，同时也影响杂草对除草剂的吸收、传导与代谢，这些影响是在生物化学水平上完成的，并且以植物的大小、形状和生理状态等变化而表现出来，如气候因子通过影响雾滴滞留、分布、展布、吸收等而影响除草剂活性的发挥与药效。

1. 温度　温度是影响除草剂药效的重要因子，在较高温度条件下，杂草生长迅速，雾滴滞留增加；温度通过对叶表皮的作用，特别是通过对叶片可湿润性的毛状体体积大小的影响而影响雾滴滞留。此外，温度也显著促进除草剂在植物体内的传导，如在高温条件下，草甘膦迅速向匍匐冰草的根茎及植株顶端传导，而在根茎中积累的数量最大。高温促使蒸腾作用增强，有利于根吸收的除草剂沿木质部向上传导。在低温与高湿条件下，往往使除草剂的选择性下降。

2. 湿度　空气湿度显著影响叶片角质层的发育，从而对除草剂雾滴在叶片上的干燥、角质层水化以及蒸腾作用产生影响。在高湿条件下，雾滴的挥发能够延缓，水势降低，促使气孔开放，有利于对除草剂的吸收。叶片高含水量可使叶片内的水连续体接近叶表面，为除草剂分子进入质体创造一个连续通路，进而进入共质体。由于原生质中膨压较高，导致原生质流活性增强，从而加快除草剂在韧皮部筛管中的传导。

3. 光照　光照不仅为光合作用提供能量，而且光强、波长及光照时间也影响植物茸毛、角质层厚度与特性、叶形和叶的大小以及整个植株的生育，并使除草剂雾滴在叶面上的滞留及蒸发产生变化。此外，光照通过影响光合作用、蒸腾作用、气孔开放与光合产物的形成而影响除草剂的吸收与传导，特别是抑制光合作用的除草剂与光照更有密切关系。在强光下，光合作用旺盛，形成的光合产物多，有利于除草剂的传导及其活性的发挥。

4. 降水　大多数茎叶处理除草剂在喷雾后遇大雨，往往造成雾滴被冲洗而降低药效。由于除草剂品种不同，降水对药效的影响存在一定差异，通常降水对除草剂乳油及浓乳剂的影响比水剂与可湿性粉剂小，对大多数易被叶片吸收的除草剂影响小，如茅草枯在喷药后 5 min 内大部分药剂已被吸收，喷药后 15 min 降水对 2，4- 滴丁酯基本上没有影响，喷药后 24 h 降雨对草甘膦药效没有影响。

5. 其他　风速、介质反应、露水等对除草剂药效均有影响。

四、除草剂的复配应用方法

（一）除草剂混用的概念

将两种或两种以上的除草剂混配在一起应用的施药方式，称为除草剂混用。

除草剂的混用包括三种使用形式：①除草混剂，是由两种或两种以上的有效成分、助剂、填料等按一定配比，经过一系列工艺加工而成的农药制剂。它是由农药生物学专家进行认真配比筛选、农药化工专家进行混合剂型研究，并由农药生产工厂经过精细加工、包装而成的一种商品农药，农民可以依照商品的标签直接应用。②现混现用，习惯上简称除草剂混用，是农民在施药现场，针对杂草的发生情况，依据一定的技术资料和施药经验，临时将两种或多种除草剂混合在一起，并立即喷洒的施药方式，这种施药方式带有某些经验性，除草效果不够稳定。③桶混剂，是介于除草混剂和现混现用之间的一种施药方式。它是农药生产厂家加工与包装而成的一种容积相对较大、标签上注明由大量农药应用生物学家提供的最佳除草剂混用配方，农民在施药现场临时混合在一起喷洒的施药方式。在这三种除草剂混用方式中，除草混剂具有稳定的除草效果，但一般价格较贵、使用成本较高；除草剂现混现用可以减少生产环节，降低应用成本，但除草效果不稳定，且往往降低除草效果、产生药害；除草剂桶混具有除草混剂的应用效果，同时应用方便、施药灵活、成本低廉，是以后除草剂应用的发展方向。

（二）除草剂混用的意义

除草剂混用是杂草综合治理中的重要措施之一，通过除草剂的混用可以扩大除草谱、提高除草效果、延长施药适期、降低药害、减少残留活性、延缓除草剂抗药性的发生与发展，是提高除草剂应用水平的一项重要措施。

1. 扩大杀草谱　各种除草剂的化学成分、结构及理化性质都是有区别的，因此它们的杀草能力及范围也不一样。例如，苯氧羧酸类除草剂防除双子叶杂草效果突出，氨基甲酸酯类除草剂对单子叶杂草的毒力高；即使是同类除草剂，其杀草能力及范围也不完全相同，这些除草剂间混用均可不同程度地扩大杀草谱。一般说来，同类除草剂间混用也可以扩大杀草谱，但杀草谱扩大范围较小；而不同类除草剂间混用往往可以明显扩大杀草谱范围。

甲基二磺隆对小麦田节节麦、雀麦等禾本科杂草防除效果较好，但对播娘蒿、荠菜等阔叶杂草防除效果差；双氟磺草胺则对阔叶杂草防除效果好，对禾本科杂草无效；二者复配后可以同时防除田间禾本科和阔叶杂草，扩大了杀草谱。

目前农业生产中推广的除草混剂几乎都有扩大杀草谱的作用，而且许多混剂品种能够防除某些作物田中的几乎所有主要杂草，对作物十分安全，只用一种除草剂就能达到灭草增产效果。

2. 提高除草效果　许多除草剂混用后具有明显的增效作用。这些具有增效作用的除草剂混用配方多数是由不同类型的除草剂组成的，也有一些同类型的除草剂混用产生增效作用。利用除草剂混用的增效作用能提高除草效果，降低单位面积上的用药量，减少用药成本。

3. 延长施药适期　当两种或两种以上对杂草不同生育期有防除效果的除草剂混用时，有延长施药适期的作用。例如，杀草丹 – 西草净颗粒混剂，杀草丹在水稻插秧后 4~10 d，稗草 1.5 叶期以前施用才能获得良好的除草效果；西草净的施药适期是在插秧后 5~10 d，而杀草丹 – 西草净颗粒混剂的施药适期可以延长到插秧后 6~15 d。

4. 降低对作物的药害　很多除草剂在作物和杂草之间选择性较差，用药时稍不注意就可能对作物产生药害，有的除草剂通过与其他除草剂混用可以提高它们在作物和杂草之间的选择性，提高对作物的安全性。例如，嗪草酮是豆田出苗前用的除草剂，它的水溶性较大，易被豆苗吸收，土壤 pH 值较高、沙性较大时易产生药害；而氟乐灵和嗪草酮混用，在增加除草效果的同时，对大豆还表现出拮抗作用，保护大豆免受嗪草酮的药害。丁草胺 – 甲氧除草醚混剂对稗草增效作用显著，对水稻没有增毒作用；与各成分单独施用相比，在增加除草效果的同时，提高了对水稻的安全性，消除了单用甲氧除草醚时水稻叶鞘变褐的现象。

5. 减少残留活性　一些除草剂在常用剂量下具有很长的残效期，会影响下茬作物的安全生长，这个问题可以通过除草剂混用来解决。例如，莠去津是用于玉米田的优良除草剂，对玉米安全，对大多数杂草均具有较好的除草效果。但是，它的残留活性较长，用 1~2 kg/hm^2 即会对下茬作物产生影响；而甲草胺、乙草胺、利谷隆等与莠去津混用，可以减少莠去津的用药量，显著减轻对下茬作物产生的药害。

6. 延缓除草剂抗药性的发生和发展　混合使用具有不同作用方式的除草剂被看作是避免、延缓和控制杂草产生抗药性的最基本的方法。使用一定配比的混用除草剂可以明显降低抗药性杂草的出现频率，降低选择压，从而达到降低除草剂抗药性发生与发展的目的。

（三）除草剂混用后的联合作用方式

两种或两种以上除草剂混用，对杂草的防除效果可以增加或降低，混用后的联合作用方式主要表现为以下三个方面。

1. 加成作用　加成作用为两种或两种以上除草剂混用后的药效表现为各药剂单用效果之和。一般化学结构类似、作用机制相同的除草剂混用时，多表现为加成作用。生产中这类除草剂的混用，主要考虑各品种间的速效性、残留活性、杀草谱、选择性及价格等方面的差异，将这些品种混用可以取长补短、增加效益。

2. 增效作用　两种或两种以上除草剂混用后的药效大于各药剂单用效果之和。一般化学结构不同、作用机制不同的除草剂混用时，表现为增效作用的可能性大。生产中这类除草剂的混用，可以提高除草效果，降低除草剂用量。

3. 拮抗作用　两种或两种以上除草剂混用后的药效低于各药剂单用效果之和。生产中这类除草剂的混用，对杂草的防除效果下降，有时还会加重药害，生产中此种情况发生应注意避免。

（四）除草剂间混用品种的选择

除草剂混用具有很多优越性，它是合理应用除草剂和提高除草剂应用水平的最有效手段。

两种除草剂能否混用，最好做一次兼容性试验。试用时以水为载体，将要混合的除草剂依次加入，顺序应为水剂、可湿性粉剂、悬浮剂、乳剂，每加入一种药剂要充分搅拌，静置30 min，如乳化、分散、悬浮性能良好即可混用。除草剂间混用品种的选择应考虑以下几个方面的因素：①两种或两种以上除草剂间混用时，除草剂相互之间应具有增效作用或加成作用，还必须物理、化学性能兼容，混用后不能出现沉淀、分层、凝结现象。②两种或两种以上除草剂间混用时，除草剂相互之间不能产生拮抗作用，混用后对作物的药害不易增加。③混用的除草剂品种最好为不同类除草剂，或具有不同的作用机制，以最大限度地提高除草效果，最大限度地延缓抗药性的发生与发展。④混用的除草剂品种间杀草谱应有所不同或对杂草的生育阶段敏感性不同。⑤混用的除草剂品种间应尽可能考虑速效性和缓效性相结合、持效期长和持效期短相结合、土壤中易扩散和难扩散的相结合、作用部位不同的除草剂品种相结合。⑥混用除草剂的品种选择和用药量的确定，应根据田间杂草种类、发生程度、土壤质地、土壤有机质含量、作物种类、作物生育状况等因素综合确定。

除草剂混用后的除草效果，受各方面因素的影响，在大面积应用前，应按不同比例、不同用量先进行试验、示范，或在具体的技术指导下进行。最好是先进行温室盆栽生物活性测定，明确药剂间的联合作用方式。具有增效作用或加成作用的药剂组合，还可以通过室内生测筛选最佳配比，达到最经济、安全、有效的目的。

第六章　除草剂生物活性测定及评价方法

一、除草剂室内生物活性测定及评价方法

（一）除草剂室内生物活性测定试验技术概要

除草剂生物活性测定与除草剂的开发和使用同时产生，经过长期不懈的创新、完善，被广泛地应用于除草剂的发现、活性测定以及作用特性和应用技术等研究。

室内生物活性评价试验是承接农药前期活性筛选和后期田间应用技术完善的重要环节，规范除草剂生物活性试验方法的目的在于为田间试验和应用优化做技术支撑。

除草剂的室内试验方法很多。主要利用活的生物体，如植物（主要是栽培植物和田间杂草）、单细胞藻类或其器官、组织细胞等在生长、形态以及生理等方面对不同作用类别的化学物质的反应来确定除草活性的有无和大小。常用的试验方法有：盆栽法、培养皿法、小杯法、高粱法、玉米根长法、稗草中胚轴法；萝卜子叶法、黄瓜幼苗形态法、小麦去胚乳法、燕麦法、菜豆叶片法、叶鞘滴注法、浮萍法、小球藻法、光合呼吸仪测定法等；以及处理后有丝分裂指数、光合、呼吸、蒸腾、膜透性、酶活力、叶绿素含量等生理生化指标，以评价活性大小的方法。除盆栽法以外的其他方法主要应用于除草剂新化合物高通量筛选中以及用于测定除草剂的作用特性，包括吸收传导性、环境影响因子、残留活性、土壤吸附、淋溶、持效期、残留等研究；不同化学结构类型或不同作用机制的除草剂，可以采用不同的试验方法。植物整株盆栽法，由于其试验结果最接近田间应用情况，是定性或定量测定除草剂活性最为有效的方法，其获得的结果与田间自然环境条件的活性结果较为接近，可以直接用以指导田间用药及确定药剂使用技术，广泛地应用于新除草剂活性评价、混配配比筛选、仿制品种及其混剂的除草活性、作物选择性、杀草谱评价等，为最常用的试验方法。本部分内容重点介绍植物整株盆栽生物测定法。

植物整株盆栽生物测定法需要遵守的原则：针对测定药剂的应用范围选择代表性的2~6种主要杂草作为测试靶标，根据药剂特性选择芽前或芽后早期土壤喷雾处理或苗后一定植物叶龄的茎叶喷雾处理，喷雾设施的喷头雾滴、压力、速度等条件要相对稳定，要求在温室内对处理前后的试验材料统一培养和管理。

下面对应用最广的植物整株盆栽生物测定法进行介绍。

1. 试验材料的准备

（1）杂草种子采集、后处理和杂草种子保存：杂草种子成熟时，田间采集各类杂草自然成熟的种子。将采集的种子晾晒、去皮、过筛，留下干净、饱满一致的种子，保持阴凉、干燥，在自然条件下放置 3~5 个月以度过其滞育期。取少量种子置于室内自然条件下保存，方便使用；剩余种子置于冰箱 4 ℃保存，延长种子保存时间。

（2）试验用土壤：收集未施药地块20 cm以上地表壤土。试验用土为收集到的地表壤土与培养基质按2∶1比例混合均匀。

（3）所需器具：铲子、筛子、簸箕、牛皮纸袋、医用搪瓷盘、医用乳胶手套、口罩、药匙、玻璃

棒、各种规格花盆、量筒、烧杯、移液器等。

（4）试验仪器：冰箱、天平、喷雾塔等。

（5）试验设施：植物培养架、人工气候室或温室等。在试验中，环境条件（如土壤、光照、温度、湿度等）不仅影响靶标生物的生理状态，也影响药剂的吸收、输导及药效的发挥。所以在进行试验时，应在具有控制条件的系统中，如人工气候室或温室等室内条件下进行，温室一般以处理当季作物及杂草试验为主，同一试验的同种杂草应放在同一条件下进行培养，以保证所有处理在相对一致的环境下测试，结果具有重现性和可比性。

2. 试验设计

（1）试验靶标选择：根据试验目的选择试验靶标植物，一般来讲应选择：①在分类学上、经济上或地域上有一定代表性的栽培植物或杂草等；②对药剂敏感性符合要求，且对药剂的反应便于定性、定量测定，达到剂量–反应相关性良好；③易于培养、繁育和保存，能为试验及时提供相对标准一致的试验材料。

进行除草剂对作物安全性试验时，应至少选择三种常规生产用品种，对比其安全性差异。

测定除草剂活性时主要选择杂草为试验测试植物。选择春夏旱作物田、水稻田和冬季作物田主要发生的重要杂草种类，具体见表6-1。

表 6-1　除草剂室内生物测定试验常用靶标杂草

类别	禾本科杂草	阔叶杂草	莎草科杂草
冬季作物田（小麦、大蒜、圆葱、油菜、蔬菜、草坪等）	看麦娘、日本看麦娘、节节麦、雀麦、大穗看麦娘、多花黑麦草、菵草、棒头草、早熟禾等	播娘蒿、荠菜、繁缕、猪殃殃、婆婆纳、卷耳、大巢菜、稻槎菜等	香附子等
春夏旱作物（玉米、大豆、棉花、花生、蔬菜、草坪等）	马唐、稗草、狗尾草、牛筋草等	反枝苋、苘麻、藜、铁苋菜、马齿苋、青葙、鸭跖草、苍耳、龙葵等	碎米莎草、香附子等
水稻（移栽）田	稗草、千金子等	眼子菜、鳢肠、丁香蓼、鸭舌草、浮萍等	异型莎草、水莎草等
水稻（直播）田	稗草、马唐等	鳢肠、铁苋菜、马齿苋等	异型莎草、碎米莎草等

（2）试验药剂选择。

1）除草剂活性测定：试验药剂采用原药（母药）时，对照药剂采用已登记注册且生产上常用的原药。对照药剂的化学结构类型或作用方式与试验药剂相同或相近。试验药剂采用制剂时，对照药剂采用该产品原药及已登记注册且生产上常用的制剂。

2）除草剂安全性测定：采用制剂进行试验。

（3）施药方法：根据药剂特性选择适当的施药方法，一般为播后苗前土壤处理或苗后茎叶处理。

由于生物的复杂性、多样性，常会产生一些难以预料的结果，所以在设计和进行除草剂生物活性试验研究时，在靶标、条件因子和试验方法完善的情况下，必须掌握以下原则：试验室必须设立空白对照、不含有效成分的对照，以排除偶然性误差，取得可信的试验数据。另外，生物测定试验的对象是靶标作物，其种群中个体之间的大小、生理状态以及反应程度等均存在一定差异。因此，在试验时，应有一定的数量并设置重复，减轻个体反应程度的差异，以保证其代表性和结果的可靠性。

3. 试验材料的培养　将混好的试验用土装满花盆的4/5，整齐摆放在医用搪瓷盘内。在搪瓷盘内加水，让水从花盆底部向上渗透，使土壤完全润湿。根据种子大小，将适量杂草种子均匀撒播于塑料花盆内。播娘蒿、荠菜、看麦娘等小粒杂草种子，在播撒完种子的塑料花盆内均匀覆盖 1~2 mm 厚的过筛细土，厚度以将种子全部覆盖为准；节节麦、野燕麦等大粒杂草种子，覆盖 5~10 mm 厚的过筛细土。土壤处理可以于播后苗前进行土壤喷雾处理，茎叶处理试验待杂草长至适龄，一般为 2~3 叶期，挑选株数、株高等均匀一致的做试验处理。

小麦田杂草培养：应放在适宜其生长的光照、温度条件下进行培养。小麦生长季节，如黄淮海区每年的10月下旬至翌年3月中旬，小麦田杂草可置于带有暖气的温室中培养，直接将花盆放在装有15 cm厚土层的培养盒内培养，温度保持在5~25 ℃，自然光照；其他时间置于人工气候室中，花盆放在医用搪瓷盘内培养，光照时间：黑暗时间=12 h：12 h，杂草萌发前设置温度为15 ℃，萌发后昼、夜温度分别为25 ℃和20 ℃。定期从底部加水，保持土壤湿润。

4. 药剂处理　药剂处理一定要保持各处理间均匀一致，一般采用压力恒定的配备有扇形喷头的精准喷雾塔进行喷雾，喷头高度距离培养植物 50 cm。每个药剂配制 5~8 个系列浓度，喷药时由低量至高量依次喷施；更换药剂时彻底清洗喷雾器械，以免药剂间相互影响。

5. 试验观察、结果调查和记录　喷药后定期观察杂草或作物生长发育情况，表现受害时间、症状等。其中，调查方法有视植物受害症状及程度的综合评价目测法（表 6-2 ）和根长、鲜重、干重、株高、分枝（蘖）数、枯死株数、叶面积等的定量化指标测定。

表 6-2　除草活性和作物安全性目测法评价标准

植物毒性（%）	除草剂活性综合评语（对植株抑制、畸形、白化、死亡等影响程度）	作物安全性综合评语（对植株抑制、畸形、白化、死亡等影响程度）
0	同对照，无活性	同对照，无影响，安全
10	稍有影响，活性很低	稍有影响，药害很轻
20~40	有影响，活性低	有影响，药害明显
50~70	明显影响生长，有活性	明显影响生长，药害严重
80	严重影响生长，部分死亡，活性好	严重影响生长，药害较严重
90	严重影响生长，大部分死亡，残余植株少，活性很好	严重影响生长，大部分死亡，药害非常严重
95	严重影响生长，植株基本死亡，残余植株很少，活性很好	植株基本死亡，药害非常严重
100	全部死亡	全部死亡

小麦田杂草试验数据调查，土壤处理一般药后40~50 d进行，茎叶处理一般药后20~30 d进行，分别剪取各盆杂草地上部分，称量鲜重。称量干重更加科学、准确，不过相对麻烦一些，要求将剪下的各盆杂草，放入牛皮纸袋中，标记好各处理编号，放入65 ℃干燥箱中，干燥72 h，然后分别称重。

小麦安全性试验数据调查，由于小麦生长相对较快，比杂草调查时间相对短一些，土壤处理一般药后25~30 d进行，茎叶处理一般药后15~20 d进行，分别剪取各盆小麦地上部分，称量鲜重；对株高有影响的，量取各处理小麦株高。

由于试验结果与药剂、靶标、测试条件等多种因素相关，故在记录和评价活性时，要有详细的试验原始记录，并随试验报告一起归档保存。原始记录应记载药剂的特性、剂型、含量、生产日期、样品提供者、配制过程、施药方法、靶标生育期、培养条件、喷雾速度压力、雾滴情况等基础数据，以及处理后的试验材料、培养条件及管理方法，结果调查方法与调查结果等。

6. 试验结果的评价和数据处理　除草剂室内生物活性测定因试验内容、性质以及所用靶标生物等不同，选用相应的药效试验结果的调查评价方法以及数据记录和处理方法等。

对于试验得到的大量数据，通过计算机如DPS数据统计分析软件的处理发现其内在关系与规律，如建立相关系数$r \geqslant 0.9$的剂量–反应相关模型，如果采用鲜重或干重的话，可获得GR_{90}（除草剂抑制杂草生长90%的量，herbicide rate causing 90% growth reduction）或GR_{50}、GR_{10}等数据；如果采用死亡或存活的植株数量计算的话，可获得LD_{90}（除草剂导致杂草死亡90%的量，herbicide rate causing 90% plant mortality）或LD_{50}、LD_{10}等数据，除草剂用量以g/hm^2（克有效成分/公顷）为剂量单位。也可以进行在P=0.05或0.01水平上的活性差异显著性分析等，正确阐述试验结果的科学性。

以药剂对主要敏感杂草的有效剂量GR_{90}或GR_{50}作为除草剂活性评价指标，各不同处理间活性对比建议以GR_{50}为准，因为GR_{50} 相对稳定，而GR_{90}则受最高剂量的影响大，波动比较大。以药剂对应用作物的抑制率不超过10%时的最高安全剂量GR_{10}为作物安全性评价指标。除草剂对作物的选择性指数=作物的GR_{10} / 杂草的GR_{90}，选择性指数数值越大，对作物越安全。一般来说，选择性系数为$GR_{10}/GR_{90}\geqslant 2$时，认为药剂具有一定选择性，可以进行田间试验。

7. 结论和讨论　根据试验的研究目的和性质，需要在结论部分给出客观的结论，并进行相关讨论。如得出什么结论，与试验目标的对应性。

（二）除草剂单剂室内生物活性测定方法及实例

1. 除草剂单剂室内活性测定操作程序

（1）试验靶标：根据药剂杀草谱选择培养生育期一致的有代表性敏感杂草，其种子发芽率应在80%以上。

（2）试验设计：

1）试验药剂：试验药剂采用原药（母药），并注明通用名、商品名或代号、含量和生产厂家。

2）对照药剂：试验药剂采用原药（母药）时，对照药剂采用已登记注册且生产上常用的原药。对照药剂的化学结构类型或作用方式与试验药剂相同或相近。

试验药剂采用制剂时，对照药剂采用该产品原药及已登记注册且生产上常用的制剂。

3）药剂配制：用电子天平称取定量的原药，分别加入2倍量的合适的溶剂（丙酮、N，N-二甲基甲酰胺、二甲基亚砜等）至完全溶解，加入专用乳化剂，最后用0.1%吐温80水溶液将上述原药稀释至所需剂量。

4）试验处理：根据试验要求设置5~8个系列浓度，另设空白对照，每个处理重复4次。

（3）施药方法：选择未施药地块地表土（沙壤土）装至花盆4/5处，采用底部渗灌的方式使土壤完全湿润，将杂草种子均匀撒播在土壤表面，根据种子大小覆土，采用底部渗灌方式浇水。土壤处理播种24 h后，茎叶处理杂草2~3叶期，采用自动控制喷洒系统，扇形喷头，结合喷头压力、流量等，按实际喷药面积（1.1 m^2）喷洒50 mL药液（折合亩用水量30 L），调试好运行速度，将待处理的塑料盆均匀排列在喷雾台上，均匀喷雾处理。喷雾压力0.35 MPa，扇形喷头流量800 mL/min。由低量至高量依次喷施，喷雾后转移到温室或人工气候室进行培养，除喷雾后1~2 d内不补水外，定期以底部渗灌方式补水，以保持土壤湿度。

（4）调查、记录和测量方法：

1）调查方法、时间和次数：施药后详细记录杂草的受害症状（如生长抑制、失绿、畸形等）。根据杂草长势，在药效表现最好时进行调查，一般土壤处理于药后30~50 d，茎叶处理于药后20~30 d，称量各处理杂草地上部分鲜重，计算鲜重防效。

2）计算方法：按下列公式计算各处理的鲜重防效。

$$\text{鲜重防效（\%）}=\frac{\text{空白对照处理鲜草重量}-\text{药剂处理鲜草重量}}{\text{空白对照处理鲜草重量}}\times 100\%$$

并用DPS统计软件对药剂剂量的对数值与杂草鲜重防效的概率值进行回归分析，计算相关系数和GR_{50}、GR_{90}（分别为抑制杂草生长50%或90%时，除草剂的用量）及95%置信区间。

（5）试验报告：进行数据处理，完成试验报告，试验报告至少应包括试验目的，试验材料与方法，试验结果与分析，试验药剂评价等内容。

2. 除草剂单剂室内活性测定实例（41%氟噻草胺悬浮剂防除小麦田一年生杂草室内活性测定试验报告）

（1）试验目的：山东省农业科学院植物保护研究所在人工气候室条件下，研究了41%氟噻草胺悬浮剂土壤处理防除小麦田一年生杂草活性室内测定试验效果，为41%氟噻草胺悬浮剂的合理应用提供科学依据。

（2）试验条件：

1）供试杂草：雀麦（*Bromus japonicus* T.）、大穗看麦娘（*Alopecurus myosuroides* Huds.）、猪殃殃（*Galium aparine* L.）、播娘蒿［*Descurainia sophia*（L.）Webb. ex Prantl］。

2）试验条件及试验材料的培养：在山东省农业科学院植物保护研究所人工气候室中进行试验试材的培养，杂草出苗前控制温度15 ℃，出苗后昼夜温度分别设定为25 ℃、20 ℃，光照时间：黑暗时间=12 h：12 h。将定量的雀麦、大穗看麦娘、播娘蒿和猪殃殃种子播于直径为9 cm的塑料盆中，覆土1~2 mm，放入装有水的搪瓷盘中，让水逐渐渗入，播种后第2 d土壤喷雾处理，晾晒1 d后，转移入人工气候室中培养。

3）其他条件：除喷药后24 h内不补水外，其他时间定期以盆钵底部渗灌方式补水，以保持土壤湿度。

（3）试验设计：

1）药剂与处理：

A.供试药剂：41%氟噻草胺悬浮剂、95.8%氟噻草胺原药、50%异丙隆可湿性粉剂。

B.供试药剂药液配制：用电子天平称取定量的95.8%氟噻草胺原药，用专用乳化剂溶解后，加入2倍量的N，N-二甲基甲酰胺至完全溶解，最后用0.1%吐温80水溶液将上述原药配成1%母液，根据所设剂量梯度稀释；制剂直接加水稀释使用。

C.试验剂量设计：按照药剂除草特性设计生测用量如下：41%氟噻草胺悬浮剂、95.8%氟噻草胺原药一年生杂草设有效成分30 g/hm^2、60 g/hm^2、120 g/hm^2、240 g/hm^2、480 g/hm^2、960 g/hm^2，50%异丙隆可湿性粉剂一年生杂草设有效成分75 g/hm^2、150 g/hm^2、300 g/hm^2、600 g/hm^2、1 200 g/hm^2、2 400 g/hm^2。

2）施药方式：

A.施药方法：杂草播后苗前土壤处理，按精准喷雾塔实际喷药面积使用ASS-4化学农药实验自动控制喷洒系统，喷雾系统实际喷药面积（1.1 m^2，兑水50 mL，折合亩用水量30 L）。喷雾压力0.3 MPa，扇形喷头，流量800 mL/min。由低量至高量依次喷施。每处理重复4次。

B.施药时间和次数：试验于杂草播后1 d进行，共施药1次。

（4）调查、记录和测量方法：

1）杂草调查方法、时间和次数：施药后详细记录杂草出苗及受害症状（如生长抑制、失绿、畸形等）。于施药后30 d，称量各处理，计算鲜重防效。

2）计算方法：按下列公式计算各处理的鲜重防效。

$$\text{鲜重防效（\%）}=\frac{\text{空白对照处理鲜草重量}-\text{药剂处理鲜草重量}}{\text{空白对照处理鲜草重量}}\times 100\%$$

并用DPS统计软件对药剂剂量的对数值与防效的概率值进行回归分析，计算相关系数和GR_{50}、GR_{90}及95%置信区间。

（5）结果与分析：

1）41%氟噻草胺悬浮剂对试验杂草的除草活性：施药后调查，41%氟噻草胺悬浮剂对试验杂草雀麦、大穗看麦娘、猪殃殃、播娘蒿均有很好的效果，低剂量处理出苗后略扭曲，生长缓慢，有一定的抑制生长作用，较高剂量处理露土后即扭曲停止生长，而后逐渐死亡。药后30 d，41%氟噻草胺悬浮剂对雀麦、大穗看麦娘、猪殃殃和播娘蒿均有很好的效果。调查原始数据、防效见表6-3~表6-5，用DPS统计软件对药剂剂量的对数值与防效的概率值进行回归分析结果见表6-6。41%氟噻草胺悬浮剂对雀麦、大穗看麦娘、猪殃殃、播娘蒿的GR_{50}值分别为33.15 g/hm^2、26.33 g/hm^2、68.08 g/hm^2、32.96 g/hm^2；GR_{90}值分别为144.87 g/hm^2、123.23 g/hm^2、217.15 g/hm^2、150.81 g/hm^2。

表 6-3 试验各处理杂草鲜重防效结果表（药后 30 d）

药剂	用量（g/hm²）	雀麦		大穗看麦娘		猪殃殃		播娘蒿	
		鲜重（g）	防效（%）	鲜重（g）	防效（%）	鲜重（g）	防效（%）	鲜重（g）	防效（%）
41% 氟噻草胺悬浮剂	30	1.43	49.11	1.55	53.38	1.55	38.61	1.03	47.44
	60	0.88	68.75	0.75	77.44	0.85	66.34	0.63	67.95
	120	0.45	83.93	0.38	88.72	0.53	79.21	0.28	85.90
	240	0.13	95.54	0.13	96.24	0.20	92.08	0.05	97.44
	480	0.00	100.00	0.03	99.25	0.05	98.02	0.05	97.44
	960	0.00	100.00	0.00	100.00	0.00	100.00	0.00	100.00
95.8% 氟噻草胺原药	30	1.48	47.32	1.60	51.88	1.65	34.65	1.30	33.33
	60	1.05	62.50	0.83	75.19	1.23	51.49	0.53	73.08
	120	0.43	84.82	0.55	83.46	0.53	79.21	0.28	85.90
	240	0.13	95.54	0.15	95.49	0.23	91.09	0.13	93.59
	480	0.00	100.00	0.03	99.25	0.13	95.05	0.03	98.72
	960	0.00	100.00	0.00	100.00	0.00	100.00	0.00	100.00
50% 异丙隆可湿性粉剂	75	2.33	16.96	3.13	6.02	2.38	5.94	1.78	8.97
	150	2.03	27.68	2.90	12.78	2.48	1.98	1.43	26.92
	300	1.28	54.46	2.45	26.32	2.58	−1.98	0.50	74.36
	600	0.78	72.32	1.30	60.90	2.40	4.95	0.25	87.18
	1 200	0.65	76.79	0.90	72.93	2.05	18.81	0.05	97.44
	2 400	0.43	84.82	0.58	82.71	1.78	29.70	0.00	100.00
CK	—	2.80	—	3.33	—	2.53	—	1.95	—

表 6-4 试验药剂对禾本科杂草除草活性室内测定试验原始数据（g/ 盆）

药剂	用量（g/hm²）	雀麦				大穗看麦娘			
		Ⅰ	Ⅱ	Ⅲ	Ⅳ	Ⅰ	Ⅱ	Ⅲ	Ⅳ
41% 氟噻草胺悬浮剂	30	1.5	1	1.6	1.6	1.5	2	1.1	1.6
	60	0.9	1.1	0.5	1	1	0.9	0.6	0.5
	120	0.5	0.6	0.5	0.2	0.4	0.3	0.6	0.2
	240	0.5	0	0	0	0	0	0.1	0.4
	480	0	0	0	0	0	0	0	0.1
	960	0	0	0	0	0	0	0	0
95.8% 氟噻草胺原药	30	2.1	1.2	1	1.6	2.1	1.6	1.5	1.2
	60	1.2	1	1.1	0.9	0.6	0.8	0.9	1
	120	0.6	0.5	0.4	0.2	0.4	0.6	0.2	1
	240	0	0.5	0	0	0	0	0.4	0.2
	480	0	0	0	0	0	0	0.1	0
	960	0	0	0	0	0	0	0	0

续表

药剂	用量（g/hm²）	雀麦				大穗看麦娘			
		Ⅰ	Ⅱ	Ⅲ	Ⅳ	Ⅰ	Ⅱ	Ⅲ	Ⅳ
50% 异丙隆可湿性粉剂	75	2.6	3	2.5	1.2	3.2	3.6	3.2	2.5
	150	1.6	2	2.4	2.1	2.9	3.3	2.2	3.2
	300	1.2	1.1	1.2	1.6	2.5	2.6	3.1	1.6
	600	0.6	0.5	1	1	1.2	1.5	1.5	1
	1 200	0.6	0.5	0.9	0.6	0.6	1.4	0.4	1.2
	2 400	0.2	0.4	0.6	0.5	0.6	1	0.5	0.2
CK	—	2.2	3.2	2.9	2.9	3.9	3.5	2.3	3.6

表 6-5　试验药剂对阔叶杂草除草活性室内测定试验原始数据（g/ 盆）

药剂	用量（g/hm²）	猪殃殃				播娘蒿			
		Ⅰ	Ⅱ	Ⅲ	Ⅳ	Ⅰ	Ⅱ	Ⅲ	Ⅳ
41% 氟噻草胺悬浮剂	30	2.1	1.6	1.5	1	1	1.6	0.6	0.9
	60	1	0.9	0.5	1	0.5	0.9	0.6	0.5
	120	0.4	0.1	1	0.6	0.4	0.3	0.2	0.2
	240	0.1	0	0.5	0.2	0.2	0	0	0
	480	0	0	0.2	0	0	0	0.2	0
	960	0	0	0	0	0	0	0	0
95.8% 氟噻草胺原药	30	1.5	1.6	1.5	2	2	1.1	1.1	1
	60	1	1.2	1.2	1.5	0.5	0.6	0.4	0.6
	120	0.9	0.6	0.2	0.4	0.3	0.5	0.2	0.1
	240	0	0.2	0.1	0.6	0.3	0	0	0.2
	480	0	0	0.3	0.2	0	0	0.1	0
	960	0	0	0	0	0	0	0	0
50% 异丙隆可湿性粉剂	75	2.6	2.2	2.1	2.6	2.1	1.5	1.6	1.9
	150	3.1	2.5	2.2	2.1	2	1.5	1.2	1
	300	2.5	2.2	2.6	3	0.4	0.9	0.5	0.2
	600	2.4	2.5	2.2	2.5	0.3	0.2	0	0.5
	1 200	2.2	2.2	1.5	2.3	0	0	0.2	0
	2 400	1.6	2	1.6	1.9	0	0	0	0
CK	—	2.4	2.6	3	2.1	1.6	2.2	2.1	1.9

表 6-6　试验药剂对试验杂草的室内除草活性

杂草	药剂	回归方程（y）	相关系数（r）	GR_{50}（95% 置信区间）（g/hm²）	GR_{90}（95% 置信区间）（g/hm²）
雀麦	41% 氟噻草胺悬浮剂	y=1.957 4+2.001 0x	0.950 3	33.15（21.24~45.21）	144.87（121.42~170.60）
	95.8% 氟噻草胺原药	y=1.727 6+2.093 1x	0.953 3	36.60（24.47~48.69）	149.88（127.07~175.12）
	50% 异丙隆可湿性粉剂	y=1.538 9+1.381 2x	0.978 8	320.54（262.48~385.22）	2 714.83（1 980.93~4 135.86）

续表

杂草	药剂	回归方程（y）	相关系数（r）	GR_{50}（95% 置信区间）（g/hm^2）	GR_{90}（95% 置信区间）（g/hm^2）
大穗看麦娘	41% 氟噻草胺悬浮剂	y=2.284 5+1.911 8x	0.961 9	26.33（15.01~38.21）	123.23（99.62~147.58）
	95.8% 氟噻草胺原药	y=2.351 2+1.822 9x	0.957 6	28.38（16.94~40.32）	143.25（117.88~171.37）
	50% 异丙隆可湿性粉剂	y=0.063 6+1.788 7x	0.988 8	575.15（494.50~677.60）	2 994.02（2 256.27~4 314.41）
猪殃殃	41% 氟噻草胺悬浮剂	y=0.336 6+2.544 1x	0.953 7	68.08（0.48~157.99）	217.15（27.42~322.34）
	95.8% 氟噻草胺原药	y=1.724 5+1.921 0x	0.928 6	50.71（37.68~63.60）	235.63（201.3~271.13）
	50% 异丙隆可湿性粉剂	—	—	—	—
播娘蒿	41% 氟噻草胺悬浮剂	y=2.054 4+1.940 5x	0.943 4	32.96（21.08~45.03）	150.81（126.36~178.23）
	95.8% 氟噻草胺原药	y=1.477 4+2.197 4x	0.959 1	40.10（27.80~52.20）	153.58（131.50~178.10）
	50% 异丙隆可湿性粉剂	y=2.883 7x−1.748 9	0.972 8	218.94（186.46~250.29）	609.16（542.15~694.53）

2）95.8%氟噻草胺原药对试验杂草的除草活性：95.8%氟噻草胺原药施药后，雀麦、大穗看麦娘、猪殃殃和播娘蒿的表现症状与41%氟噻草胺悬浮剂基本相同，同剂量处理效果基本相当，差异不明显。药后30 d，调查原始数据、防效见表6-3~表6-5，用DPS统计软件对药剂剂量的对数值与防效的概率值进行回归分析结果见表6-6。95.8%氟噻草胺原药对雀麦、大穗看麦娘、猪殃殃和播娘蒿的GR_{50}值分别为36.60 g/hm^2、28.38 g/hm^2、50.71 g/hm^2、40.10 g/hm^2；GR_{90}值分别为149.88 g/hm^2、143.25 g/hm^2、235.63 g/hm^2、153.58 g/hm^2。

3）50%异丙隆可湿性粉剂对试验杂草的除草活性：施药后，50%异丙隆可湿性粉剂处理4种杂草均能萌发出土，除低剂量处理外，其余各剂量处理对播娘蒿效果相对较好，30 d调查时高剂量处理杂草几乎全部扭曲后死亡，对雀麦、大穗看麦娘效果较差，低剂量处理出苗生长基本正常，较高剂量处理出苗后外叶干枯，但后期能够部分恢复生长；对猪殃殃效果差，仅高剂量有一定的抑制生长作用，效果差。调查原始数据、防效见表6-3~表6-5，用DPS统计软件对药剂剂量的对数值与防效的概率值进行回归分析结果见表6-6。可以看出50%异丙隆可湿性粉剂对雀麦、大穗看麦娘、播娘蒿效果相对较好，GR_{50}值分别为320.54 g/hm^2、575.15 g/hm^2、218.94 g/hm^2；GR_{90}值分别为2 714.83 g/hm^2、2 994.02 g/hm^2、609.16 g/hm^2。对猪殃殃防效太差，无法求得GR_{50} 和GR_{90}值。

4）三种药剂除草活性对比分析：氟噻草胺为新登记在小麦上的土壤处理除草剂，主要防除一年生杂草。特选择在小麦上登记使用的、有土壤处理活性，且杀草谱相近的异丙隆为对照药剂。氟噻草胺的制剂、原药以及异丙隆三种药剂GR_{50}与GR_{90}值比较总结见表6–7。试验结果可以看出，氟噻草胺对单、双子叶杂草均有效，制剂和原药除草活性差别不大，对试验4种杂草的GR_{50}值在26.33~68.08 g/hm^2，GR_{90}值在123.23~235.63 g/hm^2，对猪殃殃的活性略差于其他3种杂草；氟噻草胺对试验4种杂草雀麦、大穗看麦娘、猪殃殃和播娘蒿的除草活性显著高于异丙隆（对雀麦、大穗看麦娘、播娘蒿GR_{50}值分别为320.54 g/hm^2、575.15 g/hm^2、218.94 g/hm^2；GR_{90}值分别为2 714.83 g/hm^2、2 994.02 g/hm^2、609.16 g/hm^2；对猪殃殃近无效）。

表 6-7 试验药剂对杂草的室内毒力

杂草	药剂	GR_{50}（g/hm^2）	GR_{90}（g/hm^2）
雀麦	41% 氟噻草胺悬浮剂	33.15	144.87
	95.8% 氟噻草胺原药	36.60	149.88
	50% 异丙隆可湿性粉剂	320.54	2 714.83

续表

杂草	药剂	GR_{50}（g/hm²）	GR_{90}（g/hm²）
大穗看麦娘	41% 氟噻草胺悬浮剂	26.33	123.23
	95.8% 氟噻草胺原药	28.38	143.25
	50% 异丙隆可湿性粉剂	575.15	2 994.02
猪殃殃	41% 氟噻草胺悬浮剂	68.08	217.15
	95.8% 氟噻草胺原药	50.71	235.63
	50% 异丙隆可湿性粉剂	—	—
播娘蒿	41% 氟噻草胺悬浮剂	32.96	150.81
	95.8% 氟噻草胺原药	40.10	153.58
	50% 异丙隆可湿性粉剂	218.94	609.16

（6）综合评价：

1）本试验结果表明：41%氟噻草胺悬浮剂土壤处理对小麦田一年生杂草有较高的活性，对雀麦、大穗看麦娘、猪殃殃和播娘蒿均有很好的防效。41%氟噻草胺悬浮剂对雀麦、大穗看麦娘、猪殃殃、播娘蒿的GR_{50}值在26.33~68.08 g/hm²，GR_{90}值在123 .23~217.15 g/hm²。41%氟噻草胺悬浮剂除草效果与95.8%氟噻草胺原药除草效果基本相当。

2）41%氟噻草胺悬浮剂对雀麦、大穗看麦娘、猪殃殃和播娘蒿的除草活性高于对照药剂异丙隆。

3）本结论仅为人工气候室盆栽试验结果，建议通过田间试验加以验证。

（三）除草剂对作物安全性活性测定方法及实例

1. 除草剂对作物安全性活性测定操作程序

（1）试验靶标：选择除草剂应用对象作物，记录作物品种及种子来源。根据药剂杀草谱选择培养、生育期一致的有代表性的敏感杂草，其种子发芽率应在80%以上。

（2）试验设计：

1）试验药剂：试验药剂采用制剂，并注明通用名、商品名或代号、含量和生产厂家。

2）药剂配制：用电子天平称取定量的制剂，直接溶于水中，稀释至所需剂量。

3）试验处理：根据试验要求设置5~7个系列浓度，另设空白对照，每个处理重复4次。

（3）施药方法：选择未施药地块地表壤土装至花盆4/5处，采用底部渗灌的方式使土壤完全湿润，将种子均匀撒播在土壤表面，根据种子大小覆土，杂草种子覆土1~2 mm，作物种子覆土2~3 cm。土壤处理播种24 h后处理，茎叶处理在杂草或作物2~3叶期处理。采用自动控制喷洒系统，扇形喷头，结合喷头压力、流量等，按实际喷药面积药液（折合亩用水量30 L），调试好运行速度，将待处理的塑料盆均匀排列在喷雾台上，均匀喷雾处理。喷雾压力0.4 MPa，扇形喷头流量800 mL/min。由低量至高量依次喷施，喷雾后转移到温室或人工气候室进行培养，除喷雾后1~2 d内不补水外，定期以底部渗灌方式补水，以保持土壤湿度。

（4）调查、记录和测量方法：

1）杂草调查方法、时间和次数：施药后详细记录杂草的受害症状（如生长抑制、失绿、畸形等）。根据杂草长势，在药效表现最好时进行调查，一般土壤处理于药后30~50 d，茎叶处理于药后20~30 d，称量各处理杂草地上部分鲜重，计算鲜重防效。

2）作物调查：施药后，调查各处理作物有无药害症状，若有则详细记录药害症状、等级，根据作物长势，在药害表现症状比较稳定时进行调查，一般土壤处理于药后30~50 d，茎叶处理于药后20~30 d，测量作物株高或鲜重，计算株高抑制率或鲜重抑制率，以明确试验药剂对作物的安全性。

3）计算方法：按下列公式计算各处理的鲜重防效。

$$鲜重防效（\%）=\frac{空白对照处理鲜草重量-药剂处理鲜草重量}{空白对照处理鲜草重量}\times 100\%$$

并用DPS统计软件对药剂剂量的对数值与杂草鲜重防效的概率值进行回归分析，计算相关系数和GR_{50}、GR_{90}（分别为抑制杂草生长50%或90%时除草剂的用量）及95%置信区间。

用DPS统计软件对药剂剂量的对数值与作物鲜重抑制率的概率值进行回归分析，计算相关系数和GR_{10}，并采用下列公式与杂草的GR_{90}求出选择性指数。

$$选择性指数=作物的GR_{10}/杂草的GR_{90}$$

（5）试验报告：进行数据处理，完成试验报告，试验报告至少应包括试验目的、试验材料与方法、试验结果与分析、试验药剂评价等内容。

2. 除草剂对作物安全性活性测定实例（100 g/L 氟氯吡啶酯・唑草酮乳油对小麦安全性室内测定试验报告）

（1）试验目的：山东省农业科学院植物保护研究所在人工气候室条件下，采用盆栽试验方法，研究100 g/L氟氯吡啶酯・唑草酮乳油对小麦安全性室内测定，为药剂的合理使用提供科学依据。

（2）试验条件：

1）供试杂草：猪殃殃（*Galium aparine* L.）、播娘蒿［*Descurainia sophia*（L.） Webb. ex Prantl］、荠菜［*Capsella bursapastoris*（L.） Medic.］。

2）供试作物：小麦品种为郑麦379、良星99、济麦22。

3）试验条件及试验材料的培养：在山东省农业科学院植物保护研究所人工气候室中进行试验材料的培养，昼、夜温度分别设置为20 ℃和18 ℃，光照时间：黑暗时间=12 h：12 h。将定量的猪殃殃、播娘蒿、荠菜和小麦种子播于直径为9 cm的塑料盆中，覆土1~2 mm，小麦覆土2 cm，放入装有水的搪瓷盘中，让水逐渐渗入，等水渗到土表后转移入人工气候室待用。

4）其他条件：除喷药后1~2 d不能浇水外，定期以底部渗灌方式补水，以保持土壤湿度。

（3）试验设计：

1）药剂与处理：

A.供试药剂：100 g/L氟氯吡啶酯・唑草酮乳油。

B.供试药剂药液配制：用移液器量取定量的药品，直接加入水中，采用倍量稀释法稀释至所需剂量备用。

C.试验处理：根据该药剂的除草活性设计生测用量如下。

杂草生测试验，100 g/L氟氯吡啶酯・唑草酮乳油剂量：设有效成分0.25 g/hm^2、0.5 g/hm^2、1 g/hm^2、2 g/hm^2、4 g/hm^2、8 g/hm^2。

小麦安全性试验，100 g/L氟氯吡啶酯・唑草酮乳油剂量：1 ga.i./hm^2、2 ga.i./hm^2、4 ga.i./hm^2、8 ga.i./hm^2、16 ga.i./hm^2、32 ga.i./hm^2。

2）施药方式：

A.施药方法：试验于猪殃殃1轮复叶期，播娘蒿、荠菜2~4叶期，小麦2叶1心期茎叶均匀喷雾处理。采用ASS-4型自动控制喷洒系统，扇形喷头，结合喷头压力、流量等，按实际喷药面积（1.1 m^2）喷洒50 mL药液（折合亩用水量30 L），调试好运行速度，将待处理的塑料盆均匀排列在喷雾台上，均匀喷雾处理。喷雾压力0.4 MPa，扇形喷头流量800 mL/min。由低量至高量依次喷施。每处理重复4次。

B.施药时间和次数：试验于2016年5月24日进行，施药1次。

（4）调查、记录和测量方法：

1）杂草调查方法、时间和次数：施药后详细记录杂草的受害症状（如生长抑制、失绿、畸形等）。25 d后称量各处理杂草地上部分鲜重，计算鲜重防效。

2）作物调查：施药后，调查各处理小麦有无药害症状，若有则详细记录药害症状、等级，药后

20 d，测定各处理小麦鲜重，计算鲜重抑制率，以明确试验药剂对小麦的安全性。

$$鲜重防效（\%）= \frac{空白对照处理鲜草重量-药剂处理鲜草重量}{空白对照处理鲜草重量} \times 100\%$$

并用DPS统计软件对药剂剂量的对数值与杂草鲜重防效的概率值进行回归分析，计算相关系数和GR_{50}、GR_{90}及95%置信区间。

用DPS统计软件对药剂剂量的对数值与小麦鲜重抑制率的概率值进行回归分析，计算相关系数和GR_{10}，并采用下列公式与杂草的GR_{90}求出选择性指数。

$$选择性指数=作物的GR_{10}/杂草的GR_{90}$$

（5）结果与分析：

1）100 g/L氟氯吡啶酯·唑草酮乳油对猪殃殃、荠菜、播娘蒿的室内生测效果试验。

施药后观察，100 g/L氟氯吡啶酯·唑草酮乳油对试验供试杂草猪殃殃、播娘蒿、荠菜均有较好的效果，杂草心叶黄化，而后逐渐干枯死亡。药后20 d调查，除低剂量处理播娘蒿、荠菜黄化，死亡率低外，其余各剂量处理杂草几乎全部死亡，仅剩个别植株存活。用DPS统计软件对药剂剂量的对数值与防效的概率值进行回归分析结果见表6-8。100 g/L氟氯吡啶酯·唑草酮乳油对猪殃殃、荠菜、播娘蒿的GR_{50}值分别为0.33 g/hm²、1.51 g/hm²、0.74 g/hm²；GR_{90}值分别为1.50 g/hm²、4.80 g/hm²、3.23 g/hm²。

表 6-8　100 g/L 氟氯吡啶酯·唑草酮乳油对杂草的防效结果

杂草＼指标	回归式	相关系数	GR_{50}（g/hm²）	GR_{90}（g/hm²）
猪殃殃	y=5.940 2+1.946 3 x	0.953 4	0.33（0.23~0.43）	1.50 （1.27~1.77）
荠菜	y=4.545 5+2.549 3 x	0.956 2	1.51（1.28~1.73）	4.80 （4.20~5.59）
播娘蒿	y= 5.263 4+2.000 8 x	0.922 3	0.74 （0.60~0.87）	3.23 （2.72~3.96）

2）100 g/L氟氯吡啶酯·唑草酮乳油对小麦的安全性：药后观察，与空白对照比较，100 g/L氟氯吡啶酯·唑草酮乳油各剂量处理郑麦379、良星99、济麦22均生长正常。调查数据略。采用DPS统计软件对药剂剂量的对数值与小麦鲜重抑制率的概率值进行回归分析、相关系数和GR_{10}值见表6-9~表6-11，可以看出试验药剂100 g/L氟氯吡啶酯·唑草酮乳油茎叶处理对小麦品种郑麦379、良星99、济麦22鲜重的GR_{10}均大于试验所设最高剂量32 g/hm²。

表 6-9　100 g/L 氟氯吡啶酯·唑草酮乳油对小麦（郑麦 379）鲜重的影响

药剂用量（g/hm²）	小麦长势	鲜重（g）	鲜重抑制率（%）
1	好，生长正常	15.53	–1.64
2	好，生长正常	15.98	–4.58
4	好，生长正常	15.25	0.16
8	好，生长正常	15.63	–2.29
16	好，生长正常	16.03	–4.91
32	好，生长正常	15.48	–1.31
CK	生长正常	15.28	—
回归式（y=）	—	—	—

续表

药剂用量（g/hm^2）	小麦长势	鲜重（g）	鲜重抑制率（%）
相关系数（r）	—	—	—
GR_{10}（g a.i./hm^2）	—	＞32	—

表 6-10　100 g/L 氟氯吡啶酯·唑草酮乳油对小麦（良星 99）鲜重的影响

药剂用量（g/hm^2）	小麦长势	鲜重（g）	鲜重抑制率（%）
1	好，生长正常	11.65	4.70
2	好，生长正常	12.25	–0.20
4	好，生长正常	11.78	3.68
8	好，生长正常	12.23	0.00
16	好，生长正常	11.88	2.86
32	好，生长正常	12.43	–1.64
CK	生长正常	12.23	—
回归式（y=）	—		—
相关系数（r）	—		—
GR_{10}（g a.i./hm^2）	—		＞32

表 6-11　100 g/L 氟氯吡啶酯·唑草酮乳油对小麦（济麦 22）鲜重的影响

药剂用量（g/hm^2）	小麦长势	鲜重（g）	鲜重抑制率（%）
1	好，生长正常	10.28	0.00
2	好，生长正常	10.45	–1.70
4	好，生长正常	9.80	4.62
8	好，生长正常	10.65	–3.65
16	好，生长正常	9.95	3.16
32	好，生长正常	10.58	–2.92
CK	生长正常	10.28	—
回归式（y=）	—		—
相关系数（r）	—		—
GR_{10}（g a.i./hm^2）	—		＞32

3）100 g/L氟氯吡啶酯·唑草酮乳油对小麦和杂草的选择性指数：试验结果表明，在人工气候室条件下，100 g/L氟氯吡啶酯·唑草酮乳油对试验杂草猪殃殃、荠菜、播娘蒿有很好的防效，GR_{90}值分别为1.50 g/hm^2、4.80 g/hm^2、3.23 g/hm^2；该药正常剂量使用对小麦安全，对郑麦379、良星99、济麦22鲜重的GR_{10}均大于试验所设最高剂量32 g/hm^2。100 g/L氟氯吡啶酯·唑草酮乳油对小麦和杂草之间的选择性指数计算结果见表6-12。小麦不同品种郑麦379、良星99、济麦22和杂草之间的选择性指数均远大于6.67（表6-12）。

表 6-12 100 g/L 氟氯吡啶酯·唑草酮乳油对小麦和杂草之间的选择性指数

试验材料指标	郑麦 379	猪殃殃	荠菜	播娘蒿
作物的 GR_{10}（g/hm^2）	>32	—	—	—
杂草的 GR_{90}（g/hm^2）	—	1.50	4.80	3.23
选择性指数	—	>21.33	>6.67	>9.91
指标	良星 99	猪殃殃	荠菜	播娘蒿
作物的 GR_{10}（g/hm^2）	>32	—	—	—
杂草的 GR_{90}（g/hm^2）	—	1.50	4.80	3.23
选择性指数	—	>21.33	>6.67	>9.91
指标	济麦 22	猪殃殃	荠菜	播娘蒿
作物的 GR_{10}（g/hm^2）	>32	—	—	—
杂草的 GR_{90}（g/hm^2）	—	1.50	4.80	3.23
选择性指数	—	>21.33	>6.67	>9.91

（6）综合评价：

1）100 g/L氟氯吡啶酯·唑草酮乳油茎叶处理对猪殃殃、荠菜、播娘蒿等效果均优，对一年生杂草猪殃殃、荠菜、播娘蒿的GR_{90}分别为1.50 g/hm^2、4.80 g/hm^2、3.23 g/hm^2。

2）100 g/L氟氯吡啶酯·唑草酮乳油对小麦的安全性较好，正常剂量使用对小麦安全，对郑麦379、良星99、济麦22鲜重的GR_{10}均大于试验所设最高剂量32 g/hm^2。

3）100 g/L氟氯吡啶酯·唑草酮乳油对小麦和杂草之间有较好的选择性，小麦不同品种郑麦379、良星99、济麦22和杂草之间的选择性指数均远大于6.67。

4）本报告仅为人工气候室盆栽的试验结果，人工气候室内湿度、温度等与田间环境存在较大差距，还需田间试验进一步验证。

附：原始数据（略）。

（四）除草剂混用配比筛选及评价方法

选择有效的室内生测混剂筛选试验方法、正确的靶标杂草和评价方法，是混剂研究成功的关键一环。目前最有效的方法是温室盆栽法，根据混用的目的或实际需要选择正确的杂草靶标以及根据药剂的特点建立正确的评价方法，阐明其混用的合理性和科学性。除草剂混用后的联合作用类型评价方法主要有以下几种。

1.Gowing 法 Gowing（1960）提出了一种除草剂混用联合类型的评价方法。具体是首先测定单剂及混剂对靶标杂草的防效，再通过单剂的实测防效计算出混剂的理论防效，将其与混剂的实测防效相比来评价联合作用类型。理论防效计算公式为

$$E_0=X+\frac{Y\times(100-X)}{100}$$

X：用量为P时A的杂草防效的百分数；Y：用量为Q时B的杂草防效的百分数；E_0：用量为$P+Q$时$A+B$的理论防效；E：各处理的实测防效。当$E-E_0>5\%$时，说明混配产生增效作用；当$E-E_0<-5\%$时，说明混配产生拮抗作用；当$E-E_0$值介于$-5\%\sim5\%$时，说明混配产生加成作用。

该方法试验设计和数据处理简单，尤其适合评价杀草谱互补型除草剂的联合作用类型，明确配比的合理性，但仅能对两种除草剂的混用进行配比的合理评价。

2.Colby 法

Colby（1976）法是 Gowing 法的公式变形。

Colby 法理论防效计算公式为

$$E_0=100-（A\times B\times C\times\cdots\times n）/100^{n-1}$$

注：分母为100^{n-1}，n为混配除草剂品种数量；A、B、C…分别为各种除草剂的杂草存活率的百分数；E_0表示计算的理论杂草防效；E表示不同配比混用的实际杂草防效。

当$E-E_0>5\%$时为增效作用；当$E-E_0$介于$-5\%\sim5\%$时为加成作用；当$E-E_0<-5\%$时，说明产生拮抗作用。

Colby法是评价除草剂混用效果的快速而实用的方法，尤其适合评价杀草谱互补型除草剂的联合作用类型，明确配比的合理性。且2种以上除草剂的混用测定也可应用该法进行评价。

3. 等效线法　该法的测定步骤：①分别求出两个单剂的 GR_{50}（或 GR_{90}，推荐使用 GR_{50}，因为 GR_{50} 值更为稳定，受单一剂量影响小）；②连线两轴上 GR_{50}（或 GR_{90}），作为理论上两种除草剂混用的等效线；③求出各混用的 GR_{50}（或 GR_{90}）；④在坐标图中标出混用的 GR_{50}（或 GR_{90}）的各点，若混用后 GR_{50}（或 GR_{90}）各点均在 AB 线之下，则为增效作用，在其上则为拮抗作用，接近于等效线则为加成作用。详见图 6-1 和图 6-2。

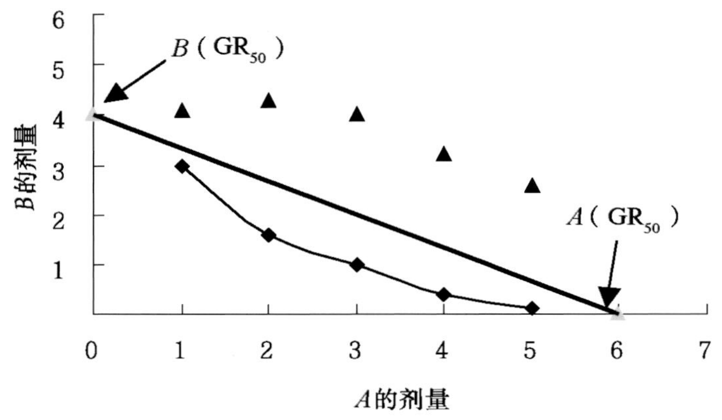

图6-1　具有单边效应的凸形线

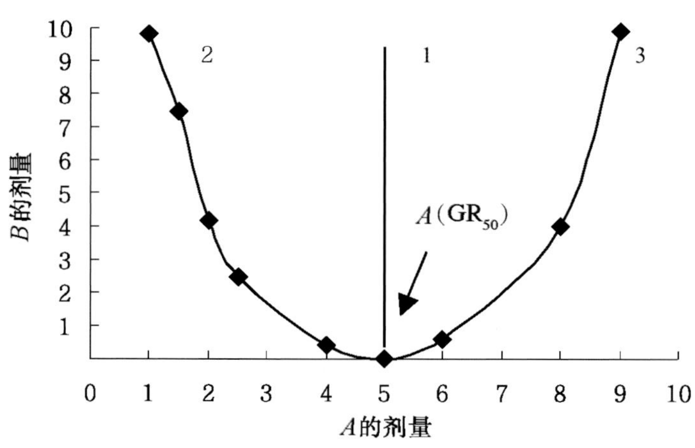

图6-2　具有双边效应的凸形线

本法比较准确，适于室内测定，不仅能评价二元除草剂混剂的联合作用类型，还能确定最适宜的配比。当混剂具有增效作用时，绘出增效作用等效线，向等效线引斜率等于-1的切线，其切点就是药量最小或药价最低的混剂药量坐标点。但该法试验规模较大，且只能对二元除草剂混用进行测定，同时要求被测定的组成混剂的各个单剂对同一靶标杂草均有较好的活性，否则会产生单边效应，不适于评价杀草谱互补型的除草剂混配。

4.交互作用图解法　在试验中，先确定组分A或组分B单用时防效为50%或90%的剂量，然后假设两种药剂表现为加成作用，则A的剂量增减可以通过B的剂量来弥补。如可采用A，1/4A+3/4B，1/2A +1/2B，3/4A+1/4B，B等不同配比处理。AB直线为二剂加成作用的准线，若混用后防效各点均在准线之上，表示增效，反之即为减效。此法的优点是在田间或室内易于进行，设计简单，最少用3个处理就可看出结果。但此法对二重药剂的增效不能因其比例的不同而变化。

5.孙云沛的共毒系数法　孙云沛于1950年提出用毒力指数比较供试药剂间的相对毒力，是经典的杀虫剂混配联合毒力评价方法，也可用于除草剂混配联合毒力评价。具体是先以常规方法测定组成混剂的各单剂及混剂的GR_{50}（或GR_{90}）值，再以其中的某个单剂为标准药剂计算各单剂的毒力指数（标准药剂的毒力指数为100），混剂的实测毒力指数及理论毒力指数，最后计算共毒系数。计算公式为

$$\text{毒力指数}=\text{标准药剂的}GR_{50}\text{（或}GR_{90}\text{）}/\text{被测药剂的}GR_{50}\text{（或}GR_{90}\text{）}\times 100$$

混剂的理论毒力指数=A的毒力指数×A在混剂中的比例（%）+ B的毒力指数×B在混剂中的比例（%）+ C的毒力指数× C在混剂中的比例（%）+…

$$\text{混剂的共毒系数}=\text{混剂的毒力指数实测值}/\text{混剂的毒力指数理论值}\times 100$$

目前，联合作用类型的判断标准为共毒系数在80~120时为加成作用，明显小于80时为拮抗作用，明显大于120时为增效作用。

本方法可对二元及多元除草剂混用后的不同混用配比进行筛选，结果较为准确、可靠。但该方法的试验处理较多、规模较大，且需要在正式试验进行各单剂设计3~5个剂量的预试验，再以此为基础设计合理的剂量范围进行配方筛选测定。

除草剂混用的各种评价方法均有其优缺点，在实际中进行配方筛选试验时根据混用的目的、单剂的杀草谱及作用特点选择正确的靶标杂草及评价方法是十分重要的，若靶标试验材料及评价方法不恰当则影响配方筛选结果的可靠性和合理性。

如何选择评价方法？以组成混剂的各单剂是否对同一种靶标杂草均有明显的生物活性为标准，可以分为两种情况：①杀草谱相近型。原则上介绍的5种评价方法均可，但以等效线法和共毒系数法较好，既能测定出混用后的联合作用类型，还可筛选出相对较好的混用配比，但需要的试验处理较多，试验规模较大。Gowing法、Colby法和交互作用图解法以较少的处理即可评价混用的联合作用类型，但这三种方法不同混配组合的变化较少，用来筛选最佳混用配比效果会略差，但能有效评判已知配方的合理性。若为三元除草剂的混用则可采用共毒系数法或Colby法进行测定。②杀草谱互补型。原则上不宜采用等效线法和交互作用图解法；试验时可以选择至少两种代表杂草分别进行混用联合作用的评价。应用Gowing法或Colby法多剂量组合处理进行评价比较有效，若为三元混用则用Colby法较好。

值得注意的是，现在很多除草剂混剂基本上是市场上大量应用的常规除草剂品种之间的混配，其配比由研发生产厂家根据药剂特点和市场开发前景直接提出，需要验证配比的合理性和测定混剂的除草活性，基本明确田间使用剂量、施药时期和方式等使用技术。在试验中，如果发现该混剂对田间的某种主要杂草的活性明显低于同剂量下单剂的除草活性，说明具有明显的拮抗作用，需通过田间试验验证后决定取舍。如果混剂的任一单剂是新品种，其混剂的配比既没有生物活性试验数据，也没有进行过农药的登记，那么需要对该混剂严格进行合理的配比筛选和评价。

（五）除草剂混用配比筛选实例

1.Gowing 法实例（甲基二磺隆与氟唑磺隆混配联合作用室内测定试验报告）

（1）试验目的：山东省农业科学院植物保护研究所在人工气候室条件下，采用盆栽试验方法，研究甲基二磺隆与氟唑磺隆混用的除草效果，并用Gowing法评价二者混用后的联合作用类型，为合理混用及配方选择提供科学依据。

（2）试验条件：

1）供试杂草：雀麦（*Bromus japonicus* T.）、节节麦（*Aegilops squarrosa* L.）、猪殃殃（*Galium aparine* L.）、麦家公（*Lithospermum arvense* L.）。

2）试验条件及试验材料的培养：在山东省农业科学院植物保护研究所人工气候室中进行试验材料的培养，杂草出苗前控制温度15 ℃，出苗后昼、夜温度分别设定为25 ℃、20 ℃，光照时间：黑暗时间=12 h：12 h。将定量的猪殃殃、麦家公、雀麦、节节麦种子播于直径为9 cm的塑料盆中，覆土1~2 mm，放入装有水的搪瓷盘中，让水逐渐渗入，等水渗到土表后转移入人工气候室待用。

3）其他条件：除喷药后1~2 d不能浇水外，定期浇水，以保持土壤湿度。

（3）试验设计：

1）药剂与处理：

A.供试药剂：93%甲基二磺隆（mesosulfuron–methyl）原药、95%氟唑磺隆（flucarbazone-sodium）原药。

B.供试药剂药液配制：用电子天平分别称取定量的甲基二磺隆、氟唑磺隆原药，加入专用乳化剂溶解后，再加入2倍的N，N–二甲基甲酰胺至完全溶解，用0.1%吐温80水溶液稀释备用。

C.试验剂量设计：每药剂单剂根据对试验杂草的各自特性及两单剂之间厂家建议配比设置剂量（有效成分）如下：甲基二磺隆设2.5 g/hm^2、5 g/hm^2、10 g/hm^2、20 g/hm^2；氟唑磺隆设5 g/hm^2、10 g/hm^2、20 g/hm^2、40 g/hm^2。每种药剂不同剂量两两混用得不同混配剂量。

具体试验设计剂量见表6–13。

表 6-13　供试药剂防除杂草试验剂量设计（单位：g/hm^2）

氟唑磺隆	甲基二磺隆				
	0	2.5	5	10	20
0	0+0	0+2.5	0+5	0+10	0+20
5	5+0	5+2.5	5+5	5+10	5+20
10	10+0	10+2.5	10+5	10+10	10+20
20	20+0	20+2.5	20+5	20+10	20+20
40	40+0	40+2.5	40+5	40+10	40+20

2）施药方式：

A.施药方法：试验于雀麦、节节麦2叶1心期，猪殃殃1轮复叶期，麦家公3~5叶期茎叶均匀喷雾处理。

采用ASS-4型自动控制喷洒系统，扇形喷头，结合喷头压力、流量等，按实际喷药面积（1.1 m^2）喷洒50 mL药液（折合亩用水量30 L），调试好运行速度，将待处理的塑料盆均匀排列在喷雾台上，均匀喷雾处理。喷雾压力0.4 MPa，扇形喷头流量800 mL/min。由低量至高量依次喷施。每处理重复4次。

B.施药时间和次数：试验于2016年10月14日进行，均施药1次。

（4）调查、记录和测量方法：

1）杂草调查方法、时间和次数：施药后详细记录杂草的受害症状（如生长抑制、失绿、畸形等）。30 d后称量各处理杂草地上部分鲜重，计算鲜重防效。

2）药效计算方法：试验结果用Gowing法评价混用后的联合作用类型。

Gowing法理论防效计算式为

$$E_0=X+\frac{Y\times(100-X)}{100}$$

式中，X、Y分别为两单剂的实测防效值（%），E为不同配比混用的实测防效值（%），E_0为理论防效值（%）。当$E-E_0$介于–5%~5%时为加成作用，$E-E_0$>5%时为增效作用，$E-E_0$<–5%时为拮抗作用。

（5）结果与分析：甲基二磺隆对禾本科杂草雀麦效果好，对节节麦也有很好的效果，对阔叶杂草猪殃殃、麦家公效果差于雀麦效果，施药后杂草黄化抑制生长明显，后期均有较好的效果；氟唑磺隆对雀麦效果好，施药后杂草黄化干枯后死亡，对猪殃殃和麦家公效果一般，差于甲基二磺隆，对节节麦效果差。二者复配后，优势互补，对节节麦效果属于增效，氟唑磺隆增强了甲基二磺隆对节节麦的效果，对其他杂草效果也很好。

1）甲基二磺隆与氟唑磺隆混用对雀麦、节节麦的联合毒力：甲基二磺隆对雀麦效果优且作用速度快，施药后杂草黄化，抑制生长，而后逐渐死亡，对节节麦效果也较好，但差于雀麦；氟唑磺隆对雀麦效果好，施药后杂草黄化，抑制生长，后期效果较好，对节节麦效果较差，有轻微的黄化和抑制生长作用。二者复配后整体目测效果较好，作用速度和最终效果都好于甲基二磺隆单用，初步判断混配对节节麦应该属于增效作用，对雀麦至少属于加成作用。药后30 d，原始数据调查结果略，各处理鲜重防效见表6-14。

用Gowing法计算各不同混用组合的理论防效，并与实测防效相比较，判断其混用后对雀麦、节节麦的联合作用类型，计算结果见表6-14。对雀麦、节节麦实测防效与理论防效的差值在0~11.5%，全部为正值，属于加成且略有增效作用，尤其对节节麦表现明显的增效作用。综合防效和$E-E_0$值，防除雀麦，推荐甲基二磺隆5~20 g/hm^{2}与氟唑磺隆20~40 g/hm^{2}复配，即二者以1：（1~8）配比效果较好，在此配比范围内作用类型为加成作用，综合防效均为100%；防除节节麦，推荐甲基二磺隆10~20 g/hm^{2}与氟唑磺隆20~40 g/hm^{2}复配，即二者以1：（1~4）配比效果较好，加入氟唑磺隆能明显提高甲基二磺隆对节节麦的防效。

表 6-14 甲基二磺隆与氟唑磺隆混用对雀麦、节节麦防效结果

药剂	剂量（g/hm^2）	雀麦			节节麦		
		鲜重防效 E（%）	理论防效 E_0（%）	$E-E_0$（%）	鲜重防效 E（%）	理论防效 E_0（%）	$E-E_0$（%）
甲基二磺隆	2.5	63.3	—	—	31.3	—	—
	5	84.4	—	—	60.1	—	—
	10	92.7	—	—	73.2	—	—
	20	100.0	—	—	87.4	—	—
氟唑磺隆	5	45.0	—	—	9.1	—	—
	10	60.6	—	—	18.7	—	—
	20	87.2	—	—	39.9	—	—
	40	97.2	—	—	58.1	—	—
甲基二磺隆＋氟唑磺隆	2.5+5	88.1	79.8	8.3	49.0	37.6	11.4
	2.5+10	89.9	85.5	4.4	46.5	44.1	2.3
	2.5+20	95.4	95.3	0.1	70.2	58.7	11.5
	2.5+40	100.0	99.0	1.0	74.7	71.2	3.5
	5+5	91.7	91.4	0.3	71.7	63.7	8.0
	5+10	97.2	93.8	3.4	73.2	67.6	5.6
	5+20	100.0	98.0	2.0	79.8	76.0	3.8
	5+40	100.0	99.6	0.4	88.4	83.3	5.1
	10+5	100.0	96.0	4.0	79.8	75.7	4.1
	10+10	100.0	97.1	2.9	85.9	78.2	7.7
	10+20	100.0	99.1	0.9	89.9	83.9	6.0
	10+40	100.0	99.8	0.2	94.9	88.8	6.1
	20+5	100.0	100.0	0.0	97.0	88.5	8.5
	20+10	100.0	100.0	0.0	93.9	89.7	4.2
	20+20	100.0	100.0	0.0	99.0	92.4	6.6
	20+40	100.0	100.0	0.0	100.0	94.7	5.3

2）甲基二磺隆与氟唑磺隆混用对猪殃殃、麦家公的联合毒力：甲基二磺隆对猪殃殃、麦家公效果均较好，施药后杂草黄化，抑制生长，后期逐渐死亡。氟唑磺隆对猪殃殃、麦家公有一定的效果，但效果差于甲基二磺隆。二者复配后，效果目测较好，初步目测判断二者复配防除猪殃殃、麦家公应该属于加成作用。药后30 d，原始数据调查结果略，各处理鲜重防效见表6-15。

甲基二磺隆和氟唑磺隆二者以不同比例混合后，用Gowing法计算各不同混用组合的理论防效，并与实测防效相比较，判断其混用后对猪殃殃、麦家公的联合作用类型见表6-15，结果表明二者混用对猪殃殃、麦家公实测防效与理论防效的差值在–0.5%~7.1%，属于加成作用，个别有增效作用。综合防效和$E–E_0$值，推荐甲基二磺隆10~20 g/hm^{2}加入氟唑磺隆20~40 g/hm^{2}复配，即二者以1：（1~4）的范围内复配，在此配比内作用类型基本为加成作用，对猪殃殃、麦家公均有较好的防除效果，防效均在88.1%以上。

表 6-15　甲基二磺隆与氟唑磺隆混用对猪殃殃、麦家公防效结果

药剂	剂量（g/hm^2）	猪殃殃			麦家公		
		鲜重防效 E（%）	理论防效 E_0（%）	$E–E_0$（%）	鲜重防效 E（%）	理论防效 E_0（%）	$E–E_0$（%）
甲基二磺隆	2.5	45.8	—	—	32.5	—	—
	5	62.0	—	—	47.5	—	—
	10	74.6	—	—	76.3	—	—
	20	87.3	—	—	94.4	—	—
氟唑磺隆	5	14.8	—	—	13.1	—	—
	10	48.6	—	—	28.1	—	—
	20	62.0	—	—	42.5	—	—
	40	87.3	—	—	60.0	—	—
甲基二磺隆 + 氟唑磺隆	2.5+5	54.2	53.8	0.4	45.6	41.4	4.3
	2.5+10	73.2	72.1	1.1	55.0	51.5	3.5
	2.5+20	78.9	79.4	–0.5	64.4	61.2	3.2
	2.5+40	95.8	93.1	2.7	75.6	73.0	2.6
	5+5	71.8	67.6	4.2	56.9	54.4	2.5
	5+10	82.4	80.5	1.9	62.5	62.3	0.2
	5+20	89.4	85.5	3.9	76.9	69.8	7.1
	5+40	100.0	95.2	4.8	81.3	79.0	2.3
	10+5	81.7	78.4	3.3	83.1	79.4	3.7
	10+10	87.3	87.0	0.3	87.5	82.9	4.6
	10+20	92.3	90.4	1.9	88.1	86.3	1.8
	10+40	97.9	96.8	1.1	93.1	90.5	2.6
	20+5	90.8	89.2	1.6	100.0	95.1	4.9
	20+10	94.4	93.5	0.9	100.0	96.0	4.0
	20+20	98.6	95.2	3.4	100.0	96.8	3.2
	20+40	100.0	98.4	1.6	100.0	97.8	2.2

综合氟唑磺隆与甲基二磺隆混用对4种杂草的防除效果和$E-E_0$值，甲基二磺隆和氟唑磺隆二者复配在1：（1~4）的范围内选择配比效果较好。

（6）综合评价：

1）本试验结果表明，甲基二磺隆对禾本科杂草雀麦效果好，对另一禾本科杂草节节麦和阔叶杂草猪殃殃、麦家公也有较好的效果；氟唑磺隆对雀麦效果好，对猪殃殃也有较好的效果，对节节麦、麦家公有一定的效果，但效果较差。二者复配后防除节节麦表现为明显增效作用，对雀麦也属于增效作用，对猪殃殃、麦家公基本属于加成作用，二者混用是可行的。

2）节节麦现在是小麦田最恶性的杂草之一，目前只有甲基二磺隆对其有较好的效果，本实验表明氟唑磺隆单用虽然对节节麦效果差，但能提高甲基二磺隆对节节麦的防效，这也是这两者复配的最大优点。

3）防除杂草建议二者混用在甲基二磺隆：氟唑磺隆为1：（1~4）的范围内选择配比，效果较好。生产中可考虑经济成本、安全性及田间药效试验结果，选择适宜的配比。

4）本试验为人工气候室盆栽的试验结果，还需经过田间试验加以验证。

附：原始数据（略）。

2.Colby 法（甲基二磺隆、双氟磺草胺与 2 甲 4 氯异辛酯混配联合作用室内测定试验报告）

（1）试验目的：山东省农业科学院植物保护研究所在人工气候室条件下，采用盆栽试验方法，研究甲基二磺隆、双氟磺草胺与2甲4氯异辛酯混用的除草效果，并用Colby法评价三者混用后的联合作用类型，为合理混用及配方选择提供科学依据。

（2）试验条件：

1）供试杂草：雀麦（*Bromus japonicus* T.）、大穗看麦娘（ *Alopecurus myosuroides* H.）、猪殃殃（*Galium aparine* L.）、播娘蒿［*Descurainia sophia* （L.） Webb. ex Prantl］。

2）试验条件及试验材料的培养：在山东省农业科学院植物保护研究所人工气候室中进行试验材料的培养，杂草出苗前设定温度15 ℃，出苗后昼、夜温度分别设定为25 ℃和20 ℃，设置光照时间：黑暗时间为12 h：12 h。将定量的雀麦、大穗看麦娘、猪殃殃、播娘蒿种子播于直径为9 cm的塑料盆中，覆土1~2 mm，放入装有水的搪瓷盘中，让水逐渐渗入，等水渗到土表后转移入人工气候室待用。

3）其他条件：除喷药后1~2 d不能浇水外，定期以底部渗灌方式补水，以保持土壤湿度。

（3）试验设计：

1）药剂与处理：

A.供试药剂：93%甲基二磺隆（mesosulfuron-methyl ）原药、97%双氟磺草胺（florasulam）原药、92%2甲4氯异辛酯（MCPA-isooctyl ）原药。

B.供试药剂药液配制：用电子天平分别称取定量的甲基二磺隆、双氟磺草胺、2甲4氯异辛酯原药，先加入专用乳化剂溶解，再加入2倍的N，N-二甲基甲酰胺至完全溶解，用0.1%吐温80水溶液稀释成1%母液备用。

C.试验剂量设计：每药剂单剂根据对试验杂草的各自特性及三种单剂之间厂家建议配比设置剂量如下：甲基二磺隆设2.5 g/hm^2、5 g/hm^2、10 g/hm^2，双氟磺草胺设1.5 g/hm^2、3 g/hm^2、6 g/hm^2，2甲4氯异辛酯设75 g/hm^2、150 g/hm^2、300 g/hm^2。每种药剂不同剂量混用得不同混配剂量。具体试验设计剂量见表6-16、表6-17。

2）施药方式：

A.施药方法：试验于雀麦、大穗看麦娘2叶1心期，猪殃殃一轮复叶期，播娘蒿3~5叶期茎叶均匀喷雾处理。

采用ASS-4型自动控制喷洒系统，扇形喷头，结合喷头压力、流量等，按实际喷药面积（1.1 m^2）喷洒50 mL药液（折合亩用水量30 L），调试好运行速度，将待处理的塑料盆均匀排列在喷雾台上，均匀喷雾处理。喷雾压力0.4 MPa，扇形喷头流量800 mL/min。由低量至高量依次喷施。每处理重复4次。

B.施药时间和次数：试验于2016年10月14日进行，施药1次。

（4）调查、记录和测量方法：

1）杂草调查方法、时间和次数：施药后详细记录杂草的受害症状（如生长抑制、失绿、畸形等）。30 d后称量各处理杂草地上部分鲜重，计算鲜重防效。

2）药效计算方法：试验结果用Colby法评价混用后的联合作用类型。

Colby法理论防效计算式为

$$E_0=100-(A\times B\times C\times\cdots\times n)/100^{n-1}$$

注：分母为100^{n-1}，n为混配除草剂品种数量；A、B、C…分别为各种除草剂的杂草存活率的百分数；E_0表示计算的理论杂草防效；E表示不同配比混用的实际杂草防效。

当$E-E_0>5$时为增效作用，当$E-E_0$介于$-5\%\sim5\%$时为加成作用，当$E-E_0<-5\%$时为拮抗作用。

（5）结果与分析：施药后观察，甲基二磺隆茎叶处理对禾本科杂草雀麦、大穗看麦娘效果好，施药后杂草逐渐黄化，而后干枯死亡，试验所设剂量下效果均很好，对阔叶杂草播娘蒿也有较好的效果，对猪殃殃效果略差于其他杂草；双氟磺草胺对阔叶杂草猪殃殃、播娘蒿均有很好的效果，且低剂量处理效果也很好，施药后杂草逐渐黄化，而后干枯死亡，但对禾本科杂草雀麦、大穗看麦娘无效；2甲4氯异辛酯对阔叶杂草播娘蒿有很好的效果，施药后播娘蒿扭曲黄化，而后逐渐死亡；对猪殃殃效果较差，施药后杂草虽然也扭曲，但效果不好，对禾本科杂草雀麦、大穗看麦娘无效。三者复配后优势互补，对猪殃殃等杂草的作用速度加快，对雀麦、大穗看麦娘、猪殃殃、播娘蒿均有很好的效果。

1）甲基二磺隆、双氟磺草胺与2甲4氯异辛酯混用对雀麦、大穗看麦娘的联合毒力：甲基二磺隆对雀麦、大穗看麦娘效果优，施药后叶片黄化，抑制生长，而后逐渐死亡；双氟磺草胺和2甲4氯异辛酯对雀麦、大穗看麦娘无效。三者复配后对雀麦、大穗看麦娘总体效果均较好，在甲基二磺隆用量一定的情况下，加入双氟磺草胺和2甲4氯异辛酯，目测对效果没有影响甚至还略有提高，目测判断三者复配后至少属于加成作用。药后30 d，原始数据调查结果略，各处理鲜重防效见表6-16。

用Colby法计算各不同混用组合的理论防效，并与实测防效相比较，判断其混用后对雀麦、大穗看麦娘的联合作用类型，计算结果见表6-16。对雀麦、大穗看麦娘实测防效与理论防效的差值在0~6.1%，均在0以上，说明三者混用对雀麦、大穗看麦娘均属于加成并略有增效作用。

综合防效和$E-E_0$值，防除雀麦、大穗看麦娘，在甲基二磺隆5~10 g/hm^{2}时，加入一定量的双氟磺草胺和2甲4氯异辛酯，对总体效果无影响或略有提高。

2）甲基二磺隆、双氟磺草胺与2甲4氯异辛酯混用对猪殃殃、播娘蒿的联合毒力：甲基二磺隆对播娘蒿效果较好，施药后7 d杂草逐渐黄化、干枯、死亡，对猪殃殃有效，但低剂量效果差；双氟磺草胺对猪殃殃、播娘蒿效果均优，虽然杂草死亡速度略慢，但3个试验剂量下后期效果均优；2甲4氯异辛酯对播娘蒿效果优，杂草表现症状速度快，很快黄化死亡，对猪殃殃效果较差。

三者混配后对播娘蒿和猪殃殃效果均优。施药后10 d观察，甲基二磺隆对播娘蒿效果很好，黄化严重，对猪殃殃效果略差于播娘蒿；双氟磺草胺对猪殃殃和播娘蒿效果均优，杂草黄化、抑制生长明显；2甲4氯异辛酯对播娘蒿优，扭曲黄化死亡，对猪殃殃效果差，但三者复配后对播娘蒿和猪殃殃均优，2甲4氯异辛酯虽然对猪殃殃效果差，但在双氟磺草胺和甲基二磺隆基础上加上2甲4氯异辛酯，能加快猪殃殃的黄化死亡速度。初步目测判断三者复配防除猪殃殃、播娘蒿至少属于加成作用。药后30 d，原始数据调查结果略，各处理鲜重防效见表6-17。

从试验结果（表6-17）可以看出，用Colby法计算各不同混用组合的理论防效，并与实测防效相比较，判断其混用后对猪殃殃、播娘蒿的联合作用类型，结果表明三者混用对猪殃殃、播娘蒿实测防效与理论防效的差值在0~7.7%，属于加成且略有增效作用。综合防效和$E-E_0$值，防除猪殃殃、播娘蒿，在甲基二磺隆5~10 g/hm^2、双氟磺草胺3~6 g/hm^{2}与2甲4氯异辛酯150~300 g/hm^{2}即按1∶（0.3~1.2）∶（15~60）比例复配效果较好，杂草防效均为100%。

综合甲基二磺隆、双氟磺草胺与2甲4氯异辛酯混用对雀麦、大穗看麦娘、猪殃殃、播娘蒿的防除效果和$E-E_0$值，防除雀麦、大穗看麦娘、猪殃殃和播娘蒿，在甲基二磺隆∶双氟磺草胺∶2甲4氯异辛酯=1∶（0.3~1.2）∶（15~60）的范围内选择较好。

表 6-16　甲基二磺隆、双氟磺草胺与 2 甲 4 氯异辛酯混用对禾本科杂草防效结果

药剂	剂量（g a.i./hm²）	雀麦			大穗看麦娘		
		鲜重防效 E（%）	理论防效 E_0（%）	$E-E_0$（%）	鲜重防效 E（%）	理论防效 E_0（%）	$E-E_0$（%）
甲基二磺隆	2.5	78.4	—	—	77.7	—	—
	5	85.3	—	—	87.0	—	—
	10	94.0	—	—	97.3	—	—
双氟磺草胺	1.5	0.9	—	—	3.3	—	—
	3	4.3	—	—	0.5	—	—
	6	0.0	—	—	1.6	—	—
2 甲 4 氯异辛酯	75	0.9	—	—	1.1	—	—
	150	–0.9	—	—	1.6	—	—
	300	–1.7	—	—	0.5	—	—
甲基二磺隆 + 双氟磺草胺 +2 甲 4 氯异辛酯	2.5+1.5+75	81.9	78.8	3.1	82.1	78.7	3.4
	2.5+1.5+150	81.9	78.4	3.5	83.7	78.8	4.9
	2.5+1.5+300	82.8	78.3	4.5	82.1	78.6	3.5
	2.5+3+75	82.8	79.6	3.2	82.1	78.1	4.0
	2.5+3+150	81.0	79.2	1.8	82.1	78.2	3.9
	2.5+3+300	81.9	79.0	2.9	78.8	78.0	0.8
	2.5+6+75	81.9	78.6	3.3	80.4	78.3	2.1
	2.5+6+150	81.9	78.3	3.6	79.9	78.4	1.5
	2.5+6+300	81.9	78.1	3.8	78.8	78.2	0.6
	5+1.5+75	87.1	85.6	1.5	89.7	87.5	2.2
	5+1.5+150	85.3	85.3	0.0	89.7	87.6	2.1
	5+1.5+300	88.8	85.2	3.6	90.8	87.5	3.3
	5+3+75	88.8	86.1	2.7	90.8	87.2	3.6
	5+3+150	88.8	85.9	2.9	90.8	87.2	3.6
	5+3+300	87.9	85.7	2.2	89.1	87.1	2.0
	5+6+75	87.9	85.5	2.4	89.7	87.3	2.4
	5+6+150	87.1	85.2	1.9	93.5	87.4	6.1
	5+6+300	86.2	85.1	1.1	88.6	87.2	1.4
	10+1.5+75	94.8	94.1	0.7	98.4	97.4	1.0
	10+1.5+150	95.7	94.0	1.7	98.9	97.4	1.5
	10+1.5+300	97.4	93.9	3.5	100.0	97.4	2.6
	10+3+75	97.4	94.3	3.1	97.8	97.3	0.5
	10+3+150	94.8	94.2	0.6	98.9	97.3	1.6
	10+3+300	98.3	94.1	4.2	100.0	97.3	2.7
	10+6+75	94.8	94.0	0.8	100.0	97.4	2.6
	10+6+150	98.3	93.9	4.4	100.0	97.4	2.6
	10+6+300	97.4	93.9	3.5	100.0	97.3	2.7

表 6-17　甲基二磺隆、双氟磺草胺与 2 甲 4 氯异辛酯混用对阔叶杂草防效结果

药剂	剂量（g a.i./hm²）	猪殃殃			播娘蒿		
		鲜重防效 E（%）	理论防效 E_0（%）	$E-E_0$（%）	鲜重防效 E（%）	理论防效 E_0（%）	$E-E_0$（%）
甲基二磺隆	2.5	37.9	—	—	43.5	—	—
	5	53.2	—	—	67.6	—	—
	10	78.2	—	—	88.0	—	—
双氟磺草胺	1.5	78.2	—	—	75.0	—	—
	3	91.1	—	—	91.7	—	—
	6	95.2	—	—	98.1	—	—
2 甲 4 氯异辛酯	75	8.9	—	—	75.0	—	—
	150	25.0	—	—	90.7	—	—
	300	46.0	—	—	94.4	—	—
甲基二磺隆 + 双氟磺草胺 + 2 甲 4 氯异辛酯	2.5+1.5+75	95.2	87.7	7.5	100.0	96.5	3.5
	2.5+1.5+150	96.0	89.9	6.1	100.0	98.7	1.3
	2.5+1.5+300	98.4	92.7	5.7	100.0	99.2	0.8
	2.5+3+75	100.0	95.0	5.0	100.0	98.8	1.2
	2.5+3+150	100.0	95.9	4.1	100.0	99.6	0.4
	2.5+3+300	100.0	97.0	3.0	100.0	99.7	0.3
	2.5+6+75	100.0	97.3	2.7	100.0	99.7	0.3
	2.5+6+150	100.0	97.7	2.3	100.0	99.9	0.1
	2.5+6+300	100.0	98.4	1.6	100.0	99.9	0.1
	5+1.5+75	98.4	90.7	7.7	100.0	98.0	2.0
	5+1.5+150	98.4	92.4	6.0	100.0	99.2	0.8
	5+1.5+300	98.4	94.5	3.9	100.0	99.5	0.5
	5+3+75	100.0	96.2	3.8	100.0	99.3	0.7
	5+3+150	100.0	96.9	3.1	100.0	99.7	0.3
	5+3+300	100.0	97.8	2.2	100.0	99.8	0.2
	5+6+75	100.0	97.9	2.1	100.0	99.8	0.2
	5+6+150	100.0	98.3	1.7	100.0	99.9	0.1
	5+6+300	100.0	98.8	1.2	100.0	100.0	0.0
	10+1.5+75	100.0	95.7	4.3	100.0	99.2	0.8
	10+1.5+150	100.0	96.4	3.6	100.0	99.7	0.3
	10+1.5+300	100.0	97.4	2.6	100.0	99.8	0.2
	10+3+75	100.0	98.2	1.8	100.0	99.7	0.3
	10+3+150	100.0	98.6	1.4	100.0	99.9	0.1
	10+3+300	100.0	99.0	1.0	100.0	99.9	0.1
	10+6+75	100.0	99.0	1.0	100.0	99.9	0.1
	10+6+150	100.0	99.2	0.8	100.0	100.0	0.0
	10+6+300	100.0	99.4	0.6	100.0	100.0	0.0

（6）综合评价：

1）本试验结果表明，甲基二磺隆茎叶处理对雀麦、大穗看麦娘效果优，对播娘蒿效果也较好，对猪殃殃效果差于以上杂草；双氟磺草胺对猪殃殃、播娘蒿效果优，对禾本科杂草雀麦、大穗看麦娘无效；2甲4氯异辛酯对播娘蒿效果优，对猪殃殃效果差，但加入双氟磺草胺中加快猪殃殃受害速度，对禾本科杂草雀麦、大穗看麦娘无效。三者复配后，优势互补，对猪殃殃等阔叶杂草的作用速度加快，前期表现为明显的增效作用，对雀麦、大穗看麦娘、猪殃殃、播娘蒿均有很好的效果，属于加成并有增效作用，三者混用是可行的。

2）防除雀麦、大穗看麦娘、猪殃殃和播娘蒿，甲基二磺隆：双氟磺草胺：2甲4氯异辛酯在1：（0.3~1.2）：（15~60）的范围内选择较好。生产中可考虑经济成本、安全性及田间药效试验结果，选择适宜的配比。

3）本试验为人工气候室盆栽的试验结果，还需经过田间试验加以验证。

附：原始数据（略）。

3.等效线法（唑草酮与双氟磺草胺混用的联合作用测定试验报告）

（1）实验目的：河北省农林科学院粮油作物研究所对防除阔叶杂草的唑草酮和双氟磺草胺混用联合作用类型进行了测定。本试验采用等效线法，以猪殃殃、播娘蒿为供试靶标，测定了供试药剂混用的联合作用类型，并且确定了二者复配的最佳配比范围，以期为药剂合理使用提供依据。

（2）试验条件：

1）供试靶标：猪殃殃（*Galium aparine* L.）、播娘蒿［*Descurainia sophia*（L.）Webb. ex Prantl］。

以上杂草均为上年田间采集的杂草种子，已经通过休眠，种子发芽率80%以上。

2）培养条件：实验于2011年10月至12月在河北省农林科学院粮油作物研究所堤上试验站温室进行。培养温度分别为15~20 ℃、20~25 ℃（N/D），相对湿度60%~80%，自然光照。

采用直径为10 cm的盆钵，试验土壤定量装至盆钵的4/5处，采用盆钵底部渗灌方式使土壤完全湿润。于2011年10月18日将猪殃殃、播娘蒿种子均匀撒播于土壤表面，然后覆土0.3 cm。待杂草长至4叶期时，每盆钵间苗至10株杂草待用。

3）仪器设备：ASS-4型农药喷洒系统，万分之一电子天平。

（3）试验设计：

1）试剂：

A.试验药剂：90.9%唑草酮原药，98.7%双氟磺草胺原药。

B.对照药剂：无。

C.其他试剂：有机溶剂N，N-二甲基甲酰胺，乳化剂吐温80。

2）试验处理（表6-18）：

A.药剂配制过程：称取0.2 g唑草酮原药，加2 mL N，N-二甲基甲酰胺，然后用0.1%吐温80水溶液定容至200 mL，作为母液待用；称取0.05 g双氟磺草胺原药，加5 mL N，N-二甲基甲酰胺，然后用0.1%吐温80水溶液定容至500 mL，作为母液待用。最后，根据表6-18中各处理药剂用量添加两单剂相应体积的母液。

表 6-18 唑草酮与双氟磺草胺混用不同配比用药剂量

	唑草酮用药剂量（g/hm^2）					
	0	1	2	4	8	16
双氟磺草胺用药剂量（g/hm^2）	0.2	1+0.2	2+0.2	4+0.2	8+0.2	16+0.2
	0.4	1+0.4	2+0.4	4+0.4	8+0.4	16+0.4
	0.8	1+0.8	2+0.8	4+0.8	8+0.8	16+0.8
	1.6	1+1.6	2+1.6	4+1.6	8+1.6	16+1.6
	3.2	1+3.2	2+3.2	4+3.2	8+3.2	16+3.2

B.试验重复：每处理4次重复。

3）处理方式：

A.处理时间和次数：2011年11月22日，对杂草一次性用药。

B.使用器械和用药方法：ASS-1型农药喷洒系统（XR8003喷头，喷雾压力0.275 MPa，喷液量400 kg/hm^2），茎叶喷雾法。

（4）试验方法：采用等效线法分别进行除草剂两种单剂的系列剂量试验，求出两个单剂的ED_{50}或ED_{90}；以横轴和纵轴分别代表两个除草剂的剂量，在两轴上标出相应药剂ED_{50}或ED_{90}的位点并连线，即为两种除草剂混用的理论等效线。然后求出各不同混用组合的ED_{50}或ED_{90}，并在坐标图中标出。若混用组合的ED_{50}或ED_{90}各位点均在理论等效线之下，则为增效作用，在理论等效线之上则为拮抗作用，接近于等效线则为相加作用（NY/T1155.7—2006）。

（5）数据调查与统计分析：

1）调查方法：施药3周后，调查杂草地上部分鲜重（剪下杂草地上部分，分别称重），按照下式计算各处理的鲜重生长抑制率。

$$生长抑制率（\%）= \frac{对照鲜重-处理鲜重}{对照鲜重} \times 100\%$$

2）调查时间和次数：于施药3周后调查，共调查1次。

3）数据统计分析：采用DPS数据统计软件，分别求出两单剂及各混用组合的ED_{50}或ED_{90}，采用Excel作图分析。

4）其他情况：无。

（6）结果分析与讨论：

1）药剂评价：

A.唑草酮与双氟磺草胺混用不同配比对猪殃殃的鲜重防效（表6-19）：表6-19为唑草酮与双氟磺草胺不同混用配比对猪殃殃的鲜重生长抑制率。以双氟磺草胺和唑草酮为基准，变化唑草酮和双氟磺草胺的药量，以药剂浓度对数为横坐标，以猪殃殃鲜重生长抑制率概率值为纵坐标，采用回归分析法计算两单剂单用和混用下的ED_{50}（表6-20、表6-21），且以ED_{50}值作等效线图（图6-3）。从图6-3可以看出，唑草酮与双氟磺草胺混用的ED_{50}等效线位于二者复配的理论等效线之下，说明二者混用对猪殃殃的鲜重抑制率的联合作用属于增效作用。从图6-3可以看出，其混用的最佳配比在唑草酮1.8~0.9 g/hm^2的剂量下递减，与双氟磺草胺在0.8~5 g/hm^2的剂量下递增的范围内相互混用增效作用较大，即二者混用以唑草酮：双氟磺草胺=9：（4~50）的范围内选择配比效果较好。

表 6-19　唑草酮与双氟磺草胺混用不同配比对猪殃殃的鲜重防效

防效（%）		唑草酮用药剂量（g/hm^2）					
		0	1	2	4	8	16
双氟磺草胺用药剂量（g/hm^2）	0	0	35.13	40.60	60.26	61.83	66.60
	0.2	1.09	36.65	41.44	61.20	62.40	68.13
	0.4	7.50	39.82	44.37	63.14	64.28	69.72
	0.8	8.87	42.83	47.15	64.98	66.07	71.23
	1.6	15.32	45.69	49.79	66.73	67.76	72.67
	3.2	18.72	48.40	52.30	68.39	69.38	74.04

表 6-20　以双氟磺草胺为基准的 ED_{50} 值

唑草酮剂量（g/hm²）	回归方程	相关系数	双氟磺草胺 ED_{50}（g/hm²）
0	y=1.072 3x+3.705 3	0.929 0	16.12
1	y=0.249 7x+4.838 6	0.999 2	4.43
2	y=0.227 3x+4.946 6	0.999 4	1.72
4	y=0.161 1x+5.398 8	0.999 8	0.003
8	y=0.158 2x+5.428 1	0.999 8	0.002
16	y=0.143 8x+5.573 0	0.999 9	0.000 1

表 6-21　以唑草酮为基准的 ED_{50} 值

双氟磺草胺剂量（g/hm²）	回归方程	相关系数	唑草酮 ED_{50}（g/hm²）
0	y=0.717 6x+4.642 0	0.950 0	3.15
0.2	y=0.716 6x+4.671 5	0.952 3	2.87
0.4	y=0.683 1x+4.752 4	0.952 7	2.30
0.8	y=0.653 6x+4.827 9	0.953 1	1.83
1.6	y=0.627 3x+4.898 9	0.953 5	1.45
3.2	y=0.603 9x+4.965 9	0.953 8	1.14

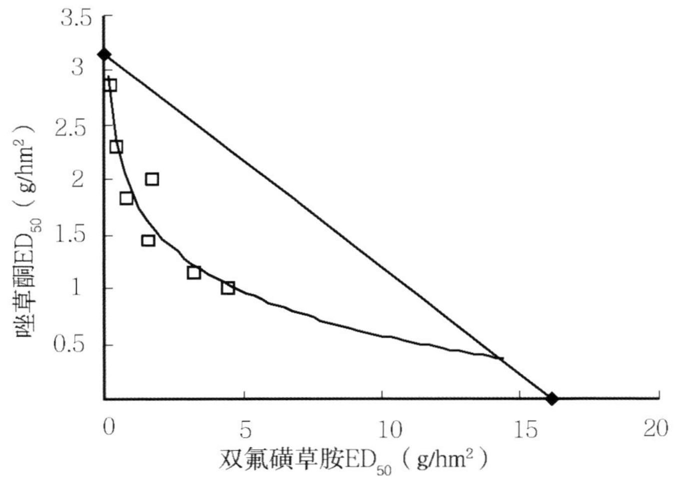

图6-3　唑草酮与双氟磺草胺复配对猪殃殃ED_{50}等效线

B.唑草酮与双氟磺草胺混用不同配比对播娘蒿的鲜重防效：表6-22为唑草酮与双氟磺草胺混用不同配比对播娘蒿的鲜重生长抑制率。以双氟磺草胺和唑草酮为基准，变化唑草酮和双氟磺草胺的药量，以药剂浓度对数为横坐标，以播娘蒿鲜重抑制率概率值为纵坐标，采用回归分析法计算两单剂单用和混用下的ED_{90}（表6-23、表6-24），且以ED_{90}值作等效线图（图6-4）。从图6-4可以看出，唑草酮与双氟磺草胺混用的ED_{90}等效线位于二者复配的理论等效线之下，说明二者混用对播娘蒿的鲜重抑制率的联合作用属于增效作用。从图6-4可以看出，其混用的最佳配比在唑草酮3~1.5 g/hm²的剂量下递减，与双氟磺草胺在1~5 g/hm²的剂量下递增的范围内相互混用增效作用较大，即二者混用以唑草酮：双氟磺草胺在3：（1~10）的范围内选择配比效果较好。

表 6-22 唑草酮与双氟磺草胺混用不同配比对播娘蒿的鲜重防效

防效（%）		唑草酮剂量（g/hm²）					
		0	1	2	4	8	16
双氟磺草胺剂量（g/hm²）	0	0	76.16	85.84	88.65	89.42	91.70
	0.2	23.84	77.62	86.80	89.78	90.99	92.13
	0.4	30.07	78.53	87.44	90.56	91.17	93.78
	0.8	50.52	80.68	88.35	91.04	92.06	94.42
	1.6	58.76	84.76	89.85	91.76	92.93	95.89
	3.2	65.64	86.35	90.50	92.68	93.42	97.00

表 6-23 以双氟磺草胺为基准的 ED_{90} 值

唑草酮剂量（g/hm²）	回归方程	相关系数	双氟磺草胺 ED_{90}（g/hm²）
0	y=0.987 4x+ 4.976 3	0.980 3	20.99
1	y=0.302 3x+ 5.936 9	0.974 7	13.80
2	y=0.170 3x+ 6.224 7	0.987 7	2.16
4	y=0.147 2x+ 6.367 9	0.991 7	0.26
8	y=0.151 1x+ 6.430 3	0.982 8	0.10
16	y=0.377 1x+ 6.668 6	0.989 8	0.09

表 6-24 以唑草酮为基准的 ED_{90} 值

双氟磺草胺剂量（g/hm²）	回归方程	相关系数	唑草酮 ED_{90}（g/hm²）
0	y=0.506 2x+ 5.820 7	0.938 1	8.14
0.2	y=0.509 0x+ 5.873 4	0.933 9	6.33
0.4	y=0.563 6x+ 5.888 6	0.954 5	4.98
0.8	y=0.553 4x+ 5.947 1	0.967 9	4.02
1.6	y=0.538 1x+ 6.055 4	0.981 0	2.63
3.2	y=0.587 0x+ 6.096 4	0.967 2	2.07

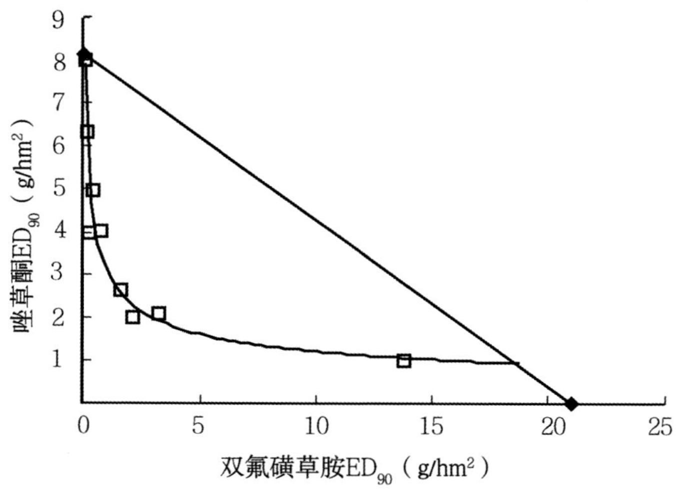

图6-4 唑草酮与双氟磺草胺复配对播娘蒿ED_{90}等效线

2）结果分析：

A.本试验结果表明，唑草酮、双氟磺草胺混配对猪殃殃、播娘蒿的鲜重抑制率的联合作用属于增效作用。防除猪殃殃，二者混用以唑草酮：双氟磺草胺在9：（4~50）的范围内选择配比效果较好；防除播娘蒿，二者混用以唑草酮：双氟磺草胺在3：（1~10）的范围内选择配比效果较好。唑草酮：双氟磺草胺=2：1，其配比在本试验验证的最佳配比范围内，说明此配比合理。

B.本试验只选择了猪殃殃和播娘蒿作为作用靶标进行了室内测定，而田间杂草种类较多且杂草叶龄也不一致，同时田间环境条件多变不易控制，所以上述配方尚需在大田条件下进行药效试验以便更准确地验证其合理性。

附：原始数据（略）。

4. 孙云沛共毒系数法（氟氯吡啶酯与唑草酮混配联合作用室内活性测定试验报告）

（1）试验目的：山东省农业科学院植物保护研究所在人工气候室条件下，采用盆栽试验方法，研究氟氯吡啶酯与唑草酮混用的除草效果，并用孙云沛的共毒系数法评价二者不同比例混用后的联合作用类型，为氟氯吡啶酯与唑草酮混用及配方选择提供科学依据。

（2）试验条件：

1）供试杂草：猪殃殃（*Galium aparine* L.）、播娘蒿［*Descurainia Sophia*（L.）Webb. ex Prantl］、荠菜［*Capsella bursapastoris*（Linn.）Medic.］。

2）试验条件及试验材料的培养：在山东省农业科学院植物保护研究所人工气候室中进行试验材料的培养，昼、夜温度分别设置为20 ℃和18 ℃，光照时间：黑暗时间=12 h：12 h。将定量的猪殃殃、播娘蒿、荠菜种子播于直径为9 cm的塑料盆中，覆土1~2 mm，放入装有水的搪瓷盘中，让水逐渐渗入，等水渗到土表后分别转移入人工气候室待用。

3）其他条件：除喷药后1~2 d不能浇水外，定期浇水，以保持土壤湿度。

（3）试验设计：

1）药剂与处理：

A.供试药剂：100%氟氯吡啶酯原药、90%唑草酮原药。

B.供试药剂药液配制：用电子天平称取定量的原药，分别加入2倍量的N，N-二甲基甲酰胺至完全溶解，加入专用乳化剂，最后用0.1%的吐温80水溶液将上述原药稀释至所需剂量。

C.试验设计：氟氯吡啶酯、唑草酮单剂及5个配比对各试验对象分别设6个剂量，另设空白对照，每个试验处理重复4次，处理药剂剂量详见表6-25。

表 6-25　供试药剂试验剂量设计

药剂	试验对象	剂量（g/hm^2）
氟氯吡啶酯	猪殃殃、荠菜、播娘蒿	0.25、0.5、1、2、4、8
唑草酮	猪殃殃、荠菜、播娘蒿	0.5、1、2、4、8、16
氟氯吡啶酯·唑草酮（4：1）	猪殃殃、荠菜、播娘蒿	0.25、0.5、1、2、4、8
氟氯吡啶酯·唑草酮（2：1）	猪殃殃、荠菜、播娘蒿	0.25、0.5、1、2、4、8
氟氯吡啶酯·唑草酮（1：1）	猪殃殃、荠菜、播娘蒿	0.25、0.5、1、2、4、8
氟氯吡啶酯·唑草酮（1：2）	猪殃殃、荠菜、播娘蒿	0.25、0.5、1、2、4、8
氟氯吡啶酯·唑草酮（1：4）	猪殃殃、荠菜、播娘蒿	0.25、0.5、1、2、4、8

2）施药方式：

A.施药方法：试验于猪殃殃1轮复叶期，播娘蒿、荠菜2~4叶期，茎叶均匀喷雾处理。采用ASS-4型自动控制喷洒系统，扇形喷头，结合喷头压力、流量等，按实际喷药面积（1.1 m^2）喷洒50 mL药液（折合亩用水量30 L），调试好运行速度，将待处理的塑料盆均匀排列在喷雾台上，均匀喷雾处理。喷雾压力0.4 MPa，扇形喷头流量800 mL/min，由低量至高量依次喷施。每处理重复4次。

B.施药时间和次数：试验于2016年5月24日进行，施药1次。

（4）调查、记录和测量方法：

1）调查方法、时间和次数：施药后详细记录杂草的受害症状（如生长抑制、失绿、畸形等）。25 d后称量各处理杂草地上部分鲜重，计算鲜重防效。

2）联合作用测定方法：试验结果用孙云沛的共毒系数法评价混用后的联合作用类型。

$$毒力指数=\frac{标准药剂的GR_{50}}{被测药剂的GR_{50}}\times 100 \qquad 混剂的共毒系数=\frac{混剂的毒力指数实测值}{混剂的毒力指数理论值}\times 100$$

混剂的毒力指数理论值=*A*的毒力指数×*A*在混剂中的比例+*B*的毒力指数×*B*在混剂中的比例+ *C*的毒力指数×*C*在混剂中的比例

判定标准：共毒系数<80为拮抗作用，在80~120为加成作用，>120时为增效作用。

（5）结果与分析：药后观察，氟氯吡啶酯茎叶处理对猪殃殃、播娘蒿、荠菜均有较好的效果，对猪殃殃效果优，低剂量处理对播娘蒿、荠菜效果差，较高剂量处理效果较好，施药后杂草即扭曲明显，然后黄化，生长受到抑制，杂草死亡速度慢，后期效果较好；唑草酮的优势是作用速度快，施药后1 d猪殃殃、荠菜、播娘蒿即开始干枯死亡，但该药剂较低剂量后期有返青，虽然茎叶干枯，但从基部会长出新芽。两者复配后优势互补，既保留了唑草酮的快速性，又包含了氟氯吡啶酯的持效性，对猪殃殃、播娘蒿、荠菜效果均很好。

1）氟氯吡啶酯与唑草酮混用对猪殃殃的室内毒力及联合作用：药后观察，氟氯吡啶酯对猪殃殃有很好的效果，施药后猪殃殃就扭曲明显，但死亡速度略慢，后期有很好的效果；唑草酮作用速度快，施药后即开始干枯，但后期有返青。两种药剂不同比例混配后总体效果较好，配比4∶1、2∶1、1∶1、1∶2对猪殃殃目测效果基本相当，配比1∶4对猪殃殃效果略差。初步预计二者复配后对猪殃殃五个配比至少属于加成作用。从室内毒力测定试验结果（表6-26）可以看出，氟氯吡啶酯、唑草酮对猪殃殃的GR_{50}分别为0.33 g/hm^2、2.53 g/hm^2，氟氯吡啶酯、唑草酮按4∶1、2∶1、1∶1、1∶2、1∶4混用对猪殃殃的室内毒力GR_{50}分别为0.32 g/hm^2、0.38 g/hm^2、0.42 g/hm^2、0.53 g/hm^2、0.90 g/hm^2。用孙云沛的共毒系数法计算各不同混用组合对猪殃殃的共毒系数，试验结果表明，5个配比混配的共毒系数分别为124.84、122.29、139.01、148.15、120.48，均在120以上，属于增效作用。

表 6-26 氟氯吡啶酯与唑草酮混用对猪殃殃的室内毒力

药剂	毒力回归方程	相关系数（*r*）	GR_{50}（95% 置信区间）（g a.i./hm^2）	GR_{90}（95% 置信区间）（g a.i./hm^2）	共毒系数
氟氯吡啶酯	*y*=5.896 6+1.869 4*x*	0.930 7	0.33（0.23~0.43）	1.61（1.36~1.91）	—
唑草酮	*y*=4.422 1+1.433 8*x*	0.990 5	2.53（2.11~3.02）	19.81（14.43~30.19）	—
氟氯吡啶酯·唑草酮（4∶1）	*y*=5.838 3+1.697 8*x*	0.995 2	0.32（0.22~0.43）	1.82（1.53~2.22）	124.84
氟氯吡啶酯·唑草酮（2∶1）	*y*=5.782 6+1.860 5*x*	0.985 5	0.38（0.27~0.49）	1.85（1.58~2.22）	122.29
氟氯吡啶酯·唑草酮（1∶1）	*y*=5.707 7+1.886 3*x*	0.929 2	0.42（0.31~0.53）	2.01（1.72~2.41）	139.01
氟氯吡啶酯·唑草酮（1∶2）	*y*=5.430 1+1.581 5*x*	0.994 7	0.53（0.41~0.66）	3.45（2.81~4.47）	148.15
氟氯吡啶酯·唑草酮（1∶4）	*y*=5.104 2+2.250 9*x*	0.994 8	0.90（0.77~1.03）	3.33（2.84~4.04）	120.48

2）氟氯吡啶酯、唑草酮混用对荠菜的室内毒力及联合作用：药后观察，氟氯吡啶酯和唑草酮对荠菜均有较好的效果，低剂量处理效果差，较高剂量处理效果较好，两种药剂不同比例混配后总体效果较好，5个配比对荠菜目测效果基本相当。初步预计二者复配后对荠菜至少属于加成作用。从室内毒力测定试验结果（表6-27）可以看出，氟氯吡啶酯、唑草酮对荠菜的GR_{50}分别为0.92 g a.i./hm^2，2.58 g a.i./hm^2，氟氯吡啶酯、唑草酮按4∶1、2∶1、1∶1、1∶2、1∶4混用对荠菜的GR_{50}分别为0.74 g a.i./hm^2，0.82 g a.i./hm^2，0.89 g a.i./hm^2，1.16 g a.i./hm^2，1.26 g a.i./hm^2。用孙云沛的共毒系数法计算各不同混用组合对荠菜GR_{50}的共毒系数，试验结果表明，5个配比混配的共毒系数分别为142.69、142.83、152.40、138.88、150.46，均大于120，属于增效作用。

表 6-27 氟氯吡啶酯与唑草酮混用对荠菜的室内毒力

药剂	毒力回归方程	相关系数（r）	GR_{50}（95% 置信区间）（g a.i./hm^2）	GR_{90}（95% 置信区间）（g a.i./hm^2）	共毒系数
氟氯吡啶酯	y=5.082 0+2.262 7x	0.929 9	0.92（0.79~1.05）	3.39（2.89~4.11）	—
唑草酮	y=4.191 9+1.960 7x	0.991 1	2.58（2.24~2.97）	11.64（9.38~15.23）	—
氟氯吡啶酯·唑草酮（4：1）	y=5.288 2+2.197 8x	0.939 2	0.74（0.62~0.86）	2.83（2.43~3.39）	142.69
氟氯吡啶酯·唑草酮（2：1）	y=5.189 6+2.164 1x	0.997 5	0.82（0.69~0.94）	3.12（2.72~3.88）	142.83
氟氯吡啶酯·唑草酮（1：1）	y=5.117 7+2.222 1x	0.999 3	0.89（0.76~1.02）	3.34（2.84~4.05）	152.40
氟氯吡啶酯·唑草酮（1：2）	y=4.825 8+2.659 0x	0.922 0	1.16（1.03~1.30）	3.53（3.03~4.24）	138.88
氟氯吡啶酯·唑草酮（1：4）	y=4.828 5+1.720 5x	0.981 2	1.26（1.07~1.47）	6.99（5.45~9.60）	150.46

3）氟氯吡啶酯与唑草酮混用对播娘蒿的室内毒力及联合作用：药后观察，氟氯吡啶酯和唑草酮对播娘蒿均有较好的效果，低剂量处理效果差，较高剂量处理效果较好。配比4：1、2：1、1：1对播娘蒿目测效果较好，初步预计二者复配后对播娘蒿属于增效作用，配比1：2、1：4效果略差，初步预计二者复配后属于加成作用。各处理杂草鲜重防效详见表6–28。从室内毒力测定试验结果（表6–28）可以看出，氟氯吡啶酯、唑草酮对播娘蒿的GR_{50}分别为1.20 g/hm^2、2.15 g/hm^2，氟氯吡啶酯、唑草酮按4：1、2：1、1：1、1：2、1：4混用对播娘蒿的GR_{50}分别为1.12 g/hm^2、1.36 g/hm^2、1.10 g/hm^2、1.36 g/hm^2、1.59 g/hm^2。用孙云沛的共毒系数法计算各不同混用组合对播娘蒿GR_{50}的共毒系数，试验结果（表6–28）表明，5个配比混配的共毒系数分别为117.53、103.48、140.03、125.08、116.74，其中配比1：1、1：2大于120，属于增效作用，配比4：1、2：1、1：4在80~120，属于加成作用。

表 6-28 氟氯吡啶酯与唑草酮混用对播娘蒿的室内毒力

药剂	毒力回归方程	相关系数（r）	GR_{50}（95% 置信区间）（g/hm^2）	GR_{90}（95% 置信区间）（g/hm^2）	共毒系数
氟氯吡啶酯	y=4.809 7+2.391 1x	0.933 7	1.20（1.06~1.36）	4.13（3.48~5.07）	—
唑草酮	y=4.282 2+2.157 6x	0.914 8	2.15（1.87~2.46）	8.45（7.06~10.52）	—
氟氯吡啶酯·唑草酮（4：1）	y=4.908 1+1.900 3x	0.886 0	1.12（0.96~1.29）	5.28（4.28~6.87）	117.53
氟氯吡啶酯·唑草酮（2：1）	y=4.709 6+2.155 7x	0.987 4	1.36（1.19~1.55）	5.36（4.39~6.86）	103.48
氟氯吡啶酯·唑草酮（1：1）	y=4.903 4+2.249 1x	0.983 7	1.10（0.96~1.25）	4.10（3.45~5.07）	140.03
氟氯吡啶酯·唑草酮（1：2）	y=4.761 3+1.804 1x	0.922 0	1.36（1.17~1.57）	6.96（5.47~9.46）	125.08
氟氯吡啶酯·唑草酮（1：4）	y=4.627 0+1.842 8x	0.971 4	1.59（1.38~1.85）	7.90（6.14~10.90）	116.74

（6）综合评价：

1）室内毒力测定结果表明，氟氯吡啶酯对猪殃殃、播娘蒿、荠菜效果均很好，虽然施药后杂草即开始扭曲停止生长，但死亡速度较慢；唑草酮对荠菜、播娘蒿效果好，对猪殃殃也有较好的效果，且该药剂的优势是作用速度快，施药后1 d杂草即开始干枯死亡，该药剂的劣势就是后期杂草从基部部分返青。氟氯吡啶酯与唑草酮不同比例混配后结合两单剂优点，对猪殃殃、播娘蒿、荠菜作用速度快，且后期保持很好防除效果，且所有配比属于加成或增效作用，所以二者复配是可行的。

2）联合作用测定结果表明，氟氯吡啶酯与唑草酮不同配比混配（氟氯吡啶酯、唑草酮按4：1、2：1、1：1、1：2、1：4复配），对猪殃殃、播娘蒿、荠菜均属于增效或加成作用。综合来看，氟氯吡啶酯和唑草酮按前4个配比效果最好，推荐氟氯吡啶酯和唑草酮按（0.5~4）：1复配，生产中可以综合考虑药剂成本等进行综合设定配比。

3）本报告仅为人工气候室盆栽试验结果，二者复配田间表现效果如何，还需田间试验进一步验证。

附：原始数据（略）。

二、除草剂田间药效试验方法和调查

（一）除草剂田间药效试验准则及一般操作程序

1. 试验作物及栽培条件的选择　选择耕作条件（土壤类型、pH 值、有机质含量、墒情、肥力等）均匀一致，有水浇条件，管理细致，且符合当地的栽培习惯的田地。选择当地广泛种植的常规品种。记录作物种类和栽培类型，记载作物的播种量、播深和行距等栽培措施。并详细调查记录试验地前茬作物，前茬及当茬选用除草剂情况等，避免选择用过对后茬作物有药害作用的除草剂的地块，不能选择前茬用过长残效除草剂的地块做小区试验；不能选择河滩地、地势低洼地等地块；茎叶处理剂，不能选择病苗或弱苗做试验；如有灌溉，记下灌溉时间、水量和方法。

2. 防除对象　选地时详细询问试验地往年杂草发生情况，试验地须有各种有代表性的杂草种群，且杂草数量达到试验要求，分布要均匀一致，杂草群落组成必须同待测除草剂的杀草谱相一致（禾草、莎草、阔叶草，一年生、多年生），记录各种杂草的中文名及拉丁学名。非目标杂草应用机械或人工的方法拔除。若需要使用其他除草剂时，所用除草剂应与试验药剂、对照药剂无干扰作用，对作物安全。所有小区应均匀喷一遍。

3. 试验设计

（1）试验药剂：注明试验药剂的中文名、通用名、剂型含量和生产厂家，标记好试验审批号和试验协议号。试验药剂处理设低、中、高及中量的倍量四个剂量（设倍量是为了评价对作物的安全性）或根据协议规定的用药剂量设计试验。

（2）对照药剂：对照药剂须是已登记使用的除草剂，并在实践中证明有较好的药效和安全性的产品。试验药剂为单剂的，对照药剂选择已登记推广的同类产品，使用试验药剂的中量作为使用剂量；若该产品未曾登记推广过，可选择药剂类型和作用方式与试验药剂相近的产品作为对照药剂，并使用当地常用剂量和处理方法。试验药剂为复配制剂的，对照药剂选择复配制剂中已登记推广的单剂产品作为对照药剂，并使用当地常用剂量和处理方法，未登记的单品也应作为对照药剂；可根据需要另外设置当地常用药剂作为对照药剂。特殊情况可视试验目的而定。

试验应同时设人工除草和空白对照处理。

4. 小区安排　小区采用随机区组排列。提供原始数据的同时需提供田间小区分布图（同一处理的小区不能在同一横线或同一纵线上）。在有些情况下，可以进行邻近对照排列。特殊情况如防除多年生杂草的试验，为了避免多年生杂草覆盖分布不均匀的干扰，小区需要根据实际情况而采用相应的不规则排列，并加以说明。小区根据冬小麦垄宽划区设计，面积 20~30 m^2（不得少于 4 行作物），长方形，重复 4 次。小区收割测产，需根据所用收割工具适当选取收割面积。

随机区组排列（小区布置举例）如图6-5所示。

A	D	C	E
C	B	A	CK
E	CK	D	F
B	F	B	A
D	C	E	B
F	A	CK	D
CK	E	F	C

图6-5　小区布置

5.使用器械　选择生产中常用的器械，用压力稳定带扇形喷头的喷雾器进行施药，保证使药剂均匀分布到整个小区，或使药液准确、定向落到应该受药的地方，记录所用器械类型和操作条件（操作压力、喷头类型和高度、喷孔口径）。施药应保证药量准确，用药量偏差不应超±5%，并及时记载影响药效和杂草防除的持效期和选择性的因素。

6.使用剂量和用水量　按试验方案要求及标签注明的施药量和用水量进行施药。通常药剂的剂量以有效成分 g/hm^2 或商品量 g/667m^2 表示，用水量以 L/hm^2（升/公顷）或 kg/667m^2 表示。方案上没有说明用水量时，可根据试验药剂的作用方式、喷雾器类型，并结合当地经验确定用水量。

7.施药时间　按协议要求及标签说明进行。用药时间与杂草和作物的出苗时间有关。

如作物播种前（混土或不混土），作物播后芽前（混土或不混土），作物出苗后（杂草茎叶处理）。

记录每次施药的日期和时间、施药时杂草和作物的生长状态（出苗、生育期）。

施药时间如果在标签（或协议）上没有注明，应根据试验目的和试验药剂的作用特性进行试验。

8.使用方法　按试验方案要求及标签说明进行，常用喷雾法。施药应与当地科学的农业实践相适应。

划好小区后，应按照小区实际喷药面积计算出每个小区的用药量（包括对照药剂），每处理的第一个小区的用药量应是小区用药量加喷雾器中不能喷出的水中应该加入的药量。

画出小区分布图，校对无误后开始喷药。喷药前，应首先加清水喷一下，看一下用什么样的速度才能把小区的水量均匀喷布在整个小区中，然后根据按此速度进行喷药。

喷药时应从低剂量到高剂量依次喷施。

9.药液配制

（1）根据试验设计，确定小区用药量，按每亩兑水30~45 kg配制药液，土壤湿度适宜时兑水量为30 kg，土壤比较干旱时兑水量为45 kg。从低剂量至高剂量依次配制、喷施。

（2）液体制剂配制：根据计算好的用水量，先在清洗干净的喷雾器中加入少量清水，再选用适宜大小的医用注射器准确量取药剂，加入喷雾器中，再加入剩余的水量，充分混匀。

（3）固体制剂配制：根据用药量首先在实验室采用电子天平准确称取各处理小区用药量，放入质量好的自封口塑料袋中带到田间使用。固体制剂应二次稀释后使用，首先在装有药剂的自封口塑料袋中加入少量水，用手轻轻揉搓、挤压药剂颗粒，使药剂充分溶解。根据小区面积计算好用水量，先在清洗干净的喷雾器中加入少量清水，再将充分溶解的药剂加入喷雾器中，再在自封口塑料袋中加入少量水，冲洗2~3遍，使药剂全部转移入喷雾器中，再加入剩余的水量，充分混匀。

10.防除病虫和非靶标杂草所用农药的要求　如使用其他药剂，应选择对试验药剂、试验对象和作物无影响的药剂，并对所有小区进行均一处理，与试验药剂和对照药剂分开使用，使这些药剂的干扰控制在最低程度。记录这类药剂施用的准确数据（如名称、施药时间、剂量等）。

11.调查、记录和计算方法

（1）气象资料：查看天气预报，选择无降水、无风或微风天气进行试验；试验期间，应从试验地或最近的气象站获得降水（降水类型；降水量，以mm表示）、温度（日平均温度、最高和最低温度，以℃表示）、风力、阴晴、湿度等资料，特别是施药当天及前后10 d的气象资料。

（2）记录土壤类型（尽可能记录其成分）、有机质含量、土壤pH值和土壤湿度（如干湿度、积水）及耕作质量。

（3）田间管理资料：记录整地、浇水、施肥等情况，并记录数量。

（4）药后详细观察记录对邻近作物或非靶标生物等的影响。

（5）对试验作物安全性调查：观察药剂对作物有无药害，记录药害的类型和程度。可按下列要求记录：

1）详细记录造成药害的时间和症状（如生长抑制、失绿、枯斑、畸形等）。

2）同时观察药害和逆境因素（栽培方法、倒伏、病虫害的侵扰、长久高温或冷冻害等造成的伤害）之间的相互作用。

3）如果药害能被计数或测量，则用绝对数值表示，例如出现药害株率或植株高度等。

4）在其他情况下，可按下列两种方法估计药害的程度和频率。

A.按药害分级的方法，给每个小区药害定级打分，0~5级药害分级表见6-29。

表 6-29　除草剂药害分级标准（魏福香，1992）

药害分级	分级描述	症状
0	无	无药害症状，作物生长正常
1	微	微见症状，局部颜色变化，药斑占叶面积或叶鞘 10% 以下，恢复快，对生育无影响
2	小	轻度抑制或失绿，斑点占叶面积及叶鞘 1/4 以下，能恢复，推测减产 0~5%
3	中	对生育影响较大，畸形叶，株矮或枯斑占叶面积 1/2 以下，恢复慢，推测减产 6%~15%
4	大	对生育影响大，叶严重畸形，抑制生长或叶枯斑占叶面积 3/4 左右，难以恢复，推测减产 16%~30%
5	极	药害极重，死苗，减收 31% 以上

B.除草剂药害的计算方法

$$\text{药害指数}=\frac{\sum\text{各级级数}\times\text{株数}}{\text{调查总株数}\times\text{最高级数}}\times 100\%$$

冬小麦田土壤处理一般于施药后1~2周、3~4周和冬后返青期调查，观察冬小麦出苗、株高、叶色、叶片等有无药害症状；冬小麦齐苗后调查出苗情况，对出苗有影响的，每小区选取1 m双行调查小麦出苗数；有其他药害症状的，详细记录如植株扭曲畸形、叶片褪绿、黄化、抑制生长等药害症状类型及药害株率，对小麦株高等生长指标有影响的，在冬后小麦拔节初期每小区选取4点，每点调查5株小麦株高和叶片数。茎叶处理除草剂除出苗情况不进行调查外，其余指标同样进行调查。收获期，每小区实收测产或实收1 m^2进行测产，每小区单独收晒、称量，计算产量。

（6）杂草调查：

1）土壤处理剂：应记录施药是在作物播种前或播种后几天施药。

2）苗后茎叶处理剂：喷药前应调查作物的生育期，杂草的种类、生育期（记录各生育期杂草所占比例）及杂草的密度、主要杂草所占的比例等。

3）调查时间：一般在施药后1~2周 、3~4周以及对照区杂草生长旺盛期（至少2次）进行除草效果的调查。另外，应根据药剂作用速度的快慢，决定调查的时间。一般在除草剂效果发挥最好的时候进行第一次调查。

新药还要观察药剂的速效性和持效期。

冬小麦土壤处理和冬前茎叶处理一般于施药后1~2周、3~4周及返青期进行调查，施药后1~2周调查杂草的出苗或受害症状等，施药后3~4周及返青期采用绝对值（数测）调查法调查防效。

冬后茎叶处理于施药后3~7 d、2~3周、4~5周进行调查，施药后3~7 d调查杂草的受害症状等，施药后2~3周和4~5周采用绝对值（数测）调查法调查防效。

4）调查方法：每小区相对固定取4点，每点调查0.25 m^2，如果是垄作作物，应在中间行取1~2 m长进行调查。调查时应选择具有代表性的点进行。

绝对值调查法：记载杂草的实际株数或重量，单子叶杂草记载分蘖数。

估计值调查法：每个药剂处理区同邻近的空白对照区或对照带进行比较，估计相对杂草种群量。依据杂草总生长量（株数、覆盖度、高度和长势等指标）进行估计。可以用简单的百分比表示（100%为无草，95%为除草效果与空白对照相比达95%，0为与空白对照区杂草相等），还应记录空白对照区或对照带的杂草株数、高度、覆盖度的绝对值。估计方法快速、简单，其结果与绝对值调查法相互补充。

5）调查内容：茎叶处理应详细地描述造成杂草伤害的时间和症状（如生长抑制、失绿、枯斑、畸形等），以准确说明药剂的作用特点和作用方式。

调查每种主要杂草的残存株数，雀麦、野燕麦等禾本科杂草应以分蘖数计算残存杂草株数。分别记录每种杂草的残存株数，计算杂草株防效。用绝对值法调查。

最后一次调查，除调查残存杂草株数外，还应对杂草的地上部分的鲜重进行称重，计算杂草鲜重防效。用绝对值法调查。同时采用估计值法调查杂草总防除效果。

对非目标杂草或试验药剂不能防除杂草不做具体调查，但应做记录，以便于综合评价试验药剂的田间表现和适用范围。

鲜重调查的重要性：尤其对于激素类和抑制型除草剂，如2，4-滴、野燕枯等除草剂，杂草鲜重的调查十分重要。因为这类除草剂可以杀死小株的杂草，但对于大株杂草，主要是抑制其生长，使其丧失或减少与作物的竞争能力，不结实或少结实。如果只调查株数，杂草的株数并没有减少多少，不能真实地反映除草效果。

另外，鲜草重（g）的调查还可以看出一个除草剂持效期的长短，因为在最后一次调查时，除草剂的持效期已过，又出了不少杂草，但有株数，无重量。

（7）药效计算方法：

$$\text{株防效（\%）}=\frac{\text{对照区杂草数}-\text{处理区药后杂草残株数}}{\text{对照区杂草数}}\times 100\%$$

$$\text{鲜重防效（\%）}=\frac{\text{对照区鲜草重量}-\text{处理区鲜草重量}}{\text{对照区鲜草重量}}\times 100\%$$

如果田间杂草分布均匀，茎叶处理的试验也可直接采用上式进行杂草防效计算；当田间杂草分布不均时，鲜重防效仍采用上述公式进行计算，株防效则建议调查杂草基数，采用杂草基数进行校正计算，株防效如下。

$$\text{防治效果（株防效）（\%）}=\left(1-\frac{\text{对照区杂草基数}\times\text{处理区药后杂草残株数}}{\text{对照区杂草残株数}\times\text{处理区药前杂草基数}}\right)\times 100\%$$

12．结果分析及试验报告　用邓肯氏新复极差（DMRT）法对试验数据进行统计分析，特殊情况用相应的生物统计学方法。

对试验结果加以分析说明，提出应用效果评价（产品特性、关键应用技术、产品特点、适用时期和剂量、杀草谱、药效、药害）及经济效益评价（成本、增产、增效、品质）的结论性意见。试验报告应列出原始数据。

（1）药量：根据试验的结果，应说明该药适宜的施药剂量。

（2）时期：该药的适宜施药时期。

（3）防除对象：对主要杂草的效果，哪些杂草对药剂敏感，哪些杂草属中等敏感杂草，哪些杂草有一定耐药性等。

（4）安全性：对作物的安全性和关键应用技术等。

（5）长残效的除草剂品种：除进行当茬作物的试验外，还应进行对后茬主要作物影响的试验。

在当茬作物收获后，应保留原小区。原小区人工翻耕，每小区种植当地后茬主要作物，在无草的情况下，观察对各种作物的影响，有无影响作物的出苗。若有影响，应记录药害症状、药害程度等。若对作物的出苗、生长等无影响时，一般观察到作物生长中期即可。否则，一直观察到作物完全恢复生长为止。记录药害症状及恢复正常生长的时间。必要时应考种测产。

（二）小麦田除草剂田间药效试验实例

9%双氟磺草胺·唑草酮悬乳剂防除冬小麦田一年生阔叶杂草田间药效试验报告（返青期喷药）。

1. 试验目的　探讨某公司生产的9%双氟磺草胺·唑草酮悬乳剂防除冬小麦田一年生阔叶杂草的效果及对冬小麦的安全性，确定最佳使用剂量。

2. 试验条件

（1）作物和栽培品种的选择：冬小麦品种为济麦22，播种日期为10月11日，每亩播种量9 kg，行距20 cm。

（2）试验对象杂草的选择：荠菜［*Capsella bursapastoris*（Linn.）Medic.］、播娘蒿［*Descurainia sophia*（L.）Webb. ex Prantl］、猪殃殃（*Galium aparine* L.）、泽漆（*Euphorbia helioscopia* L.）、宝盖草（*Lamium amplexicaule* L.）等。

（3）栽培条件：试验冬小麦田设在山东省滕州市洪绪镇轴村进行，试验地面积200亩，周围作物为冬小麦。试验地为潮土，有机质含量12 g/kg，pH值6.1，冬小麦播种时施用50 kg配方肥（N：P：K=18：12：15），拔节期施10 kg尿素。施药时土壤墒情相对湿度（RH）60%~70%。

试验地势平整，管理一致，肥力及水浇条件较好。冬小麦越冬前和返青期各浇水一次。

试验地前茬种植玉米，所用除草剂为苯唑草酮+莠去津。

（4）其他条件：试验地冬小麦是在玉米收获后土壤翻耕之后播种，其他管理条件正常。

3. 试验设计和安排

（1）药剂：

1）试验药剂：9%双氟磺草胺·唑草酮（florasulam＋carfentrazone-ethyl）悬乳剂，40%唑草酮（carfentrazone-ethyl）水分散粒剂，10%苯磺隆（tribenuron-methyl）可湿性粉剂；50 g/L双氟磺草胺（florasulam）悬浮剂，设人工除草处理和空白对照处理。

2）供试药剂试验设计：见表6-30。

表 6-30　供试药剂试验设计

处理	药剂	施药剂量（$g/667m^2$）	有效成分量（g/hm^2）
1	9% 双氟磺草胺·唑草酮悬乳剂	15	20.25
2		20	27
3		25	33.75
4		40	54
5	40% 唑草酮水分散粒剂	4.5	27
6	10% 苯磺隆可湿性粉剂	15	22.5
7	50 g/L 双氟磺草胺悬浮剂	6	4.5
8	人工除草	—	—
9	空白对照	—	—

（2）小区安排：

1）小区排列（图6-6）：

1	2	3	4	5	6	7	8	9
3	4	5	6	7	8	9	1	2
5	6	7	8	9	1	2	3	4
7	8	9	1	2	3	4	5	6

图6-6　小区排列

2）小区面积和重复：

A.小区面积：20 m^2。

B.重复次数：4次重复。

（3）施药方法：

1）使用方法：于冬小麦田一年生阔叶杂草2~5叶期茎叶均匀喷雾处理。

2）施药器械：喷雾器械为"没得比"高级背负式喷雾器。

3）施药时间和次数：试验于2015年3月12日进行，共施药一次。施药时冬小麦处于返青期，长势良好；田间阔叶杂草2~5叶期，以一年生阔叶杂草荠菜、播娘蒿、猪殃殃、泽漆、宝盖草为主，其中猪殃殃占70%左右，泽漆、宝盖草株数相当，各占10%左右，荠菜、播娘蒿株数相当，共占10%左右。

4）使用容量：试验各处理按每公顷兑水450 L均匀喷雾。

（4）防除病虫和非靶标杂草药剂资料：试验田全为阔叶杂草，无禾本科杂草，整个试验期间未喷施其他除草剂。另外，在冬小麦播种时每亩用3%辛硫磷颗粒剂4 kg。冬小麦挑旗期和穗期用10%吡虫啉可湿性粉剂40 g/667m^2+40%毒死蜱乳油20 g/667m^2+40%戊唑醇·多菌灵悬浮剂60 g/667m^2+ 腐殖酸水溶肥50 g/667m^2共施药2次，预防冬小麦赤霉病、纹枯病、白粉病，防除蚜虫，促进冬小麦生长，预防干热风、早衰。

4. 调查、记录和测量方法

（1）气象及田间管理资料：

1）气象资料：试验于2015年3月12日进行。施药当天天气轻雾，西南风3~4级，气温3~12 ℃。试验前后10 d，平均气温8.3 ℃，总降水为1 mm。

2）田间管理资料：人工除草处理于施药当天进行。试验最后一次调查结束后，试验区剩余杂草进行人工拔除。

（2）杂草调查：

1）调查时间和次数：药前调查试验田杂草分布情况，药后15 d及药后30 d各调查一次，共调查三次。

2）杂草调查方法：采用绝对值（数测）调查法，药前每处理小区随机取4点，每点调查0.25 m^2，分别记录阔叶杂草种类和数量，药后15 d、药后30 d各调查一次，药后30 d同时进行鲜重调查，计算鲜重防效。

3）药效计算方法：依据农药田间药效试验准则（一）除草剂防治麦类作物地杂草（GB/T 17980.41—2000）进行。

试验结果用邓肯氏新复极差法进行方差分析。计算公式为

$$\text{株防效（\%）}=\frac{\text{对照区杂草数}-\text{处理区药后杂草残株数}}{\text{对照区杂草数}}\times 100\%$$

$$\text{鲜重防效（\%）}=\frac{\text{对照区鲜草重量}-\text{处理区鲜草重量}}{\text{对照区鲜草重量}}\times 100\%$$

（3）作物调查：

1）调查时间和次数：施药后10 d、15 d、30 d和收获期调查。

2）调查方法：施药后，观察冬小麦叶色、叶片等有无药害症状；若有则详细记录药害症状、药害株率，对株高有影响的调查株高，并记载药害症状减轻或消失时间，以明确试验药剂对冬小麦的安全性。

（4）对其他生物影响：施药后10 d、15 d、30 d和收获期观察试验药剂对非靶标生物的影响。

（5）作物产量和质量：收获期，每小区实收测产，并折算出每公顷产量（kg/hm^2），评价试验药剂对作物产量和质量的影响。

5. 结果与分析

（1）对作物的安全性：施药后观察，供试药剂9%双氟磺草胺·唑草酮悬乳剂施药后10 d时观察，高

量和倍量处理区小麦，部分叶片有斑点药害，但不影响小麦正常生长和后期产量。对照药剂唑草酮处理区也会出现此类受害症状，其他两种对照药剂未见受害。

冬小麦收获期测产结果见表6-31，由于喷施除草剂防除了试验田大部分杂草，减少了杂草对冬小麦营养和光照的竞争，且最后一次调查结束后整个试验区杂草进行了人工拔除，所以各药剂处理与人工除草相比，产量基本相当，无显著差异。

表 6-31　9% 双氟磺草胺・唑草酮悬乳剂防除冬小麦田一年生阔叶杂草对产量影响

试验处理	小区产量（kg）	折合产量（kg/hm²）	比人工除草（%）	差异显著性	
1	18.10	9 050.00	0.42	a	A
2	18.03	9 012.50	0.00	a	A
3	18.20	9 100.00	0.97	a	A
4	18.15	9 075.00	0.69	a	A
5	18.18	9 087.50	0.83	a	A
6	17.85	8 925.00	–0.97	a	A
7	18.10	9 050.00	0.42	a	A
8	18.03	9 012.50	—	a	A

（2）对其他生物的影响：施药后观察，对除阔叶杂草之外的非靶标生物无影响。

（3）除草效果：施药时试验田杂草分布均匀，主要以一年生阔叶杂草荠菜、播娘蒿、猪殃殃、泽漆、宝盖草为主，其中猪殃殃占70%左右，泽漆、宝盖草株数相当，各占10%左右，荠菜、播娘蒿株数相当，共占10%左右。

施药后观察，供试药剂9%双氟磺草胺・唑草酮悬乳剂对荠菜、播娘蒿、猪殃殃、泽漆效果均优，对宝盖草效果差。药后3~5 d观察，供试药剂各剂量处理区杂草出现不同程度叶片干枯症状，生长受到明显抑制；药后15 d调查时，供试药剂各处理区杂草大部分植株已干枯死亡，未死亡植株生长受到明显抑制；药后30 d调查时，试验区各药剂处理保持很好的杂草防效，效果较好。

施药后15 d调查结果详见表6-32，对照药剂40%唑草酮水分散粒剂对播娘蒿、猪殃殃、泽漆效果均较好，大部分植株干枯死亡，对荠菜、宝盖草效果略差；对照药剂10%苯磺隆可湿性粉剂对播娘蒿、猪殃殃效果好于荠菜、泽漆、宝盖草，杂草表现症状明显，杂草心叶黄化，停止生长，但死亡率低；对照药剂50 g/L双氟磺草胺悬浮剂对荠菜、播娘蒿、猪殃殃效果均较好，对泽漆、宝盖草效果差，杂草黄化，停止生长；供试药剂9%双氟磺草胺・唑草酮悬乳剂对荠菜、播娘蒿、猪殃殃、泽漆效果优，杂草几乎全部死亡，对宝盖草效果差于以上杂草。供试药剂9%双氟磺草胺・唑草酮悬乳剂每亩用15 g、20 g、25 g、40 g处理对荠菜、播娘蒿、猪殃殃、泽漆的杂草防效在97.2%~100.0%，对宝盖草的杂草防效在71.7%~95.7%，四个剂量对五种杂草的杂草总防效分别为96.0%、98.9%、98.0%、99.4%，明显高于对照药剂40%唑草酮水分散粒剂每亩用4.5 g处理、10%苯磺隆可湿性粉剂每亩用15 g处理、50 g/L双氟磺草胺悬浮剂每亩用6 g处理的杂草防效（分别为93.7%、59.3%、69.3%）。

表6-32　9%双氟磺草胺・唑草酮悬乳剂防除小麦田一年生阔叶杂草试验结果（防效%）——药后15 d

处理	荠菜			播娘蒿			猪殃殃			泽漆			宝盖草			总杂草		
1	100.0	a	A	100.0	a	A	100.0	a	A	97.2	a	A	71.7	ab	A	96.0	a	A
2	100.0	a	A	100.0	a	A	100.0	a	A	100.0	a	A	91.3	ab	A	98.9	a	A
3	100.0	a	A	100.0	a	A	100.0	a	A	100.0	a	A	84.8	ab	A	98.0	a	A
4	100.0	a	A	100.0	a	A	100.0	a	A	100.0	a	A	95.7	a	A	99.4	a	A
5	50.0	a	A	50.0	a	A	98.0	a	A	88.9	a	A	76.1	ab	A	93.7	a	A
6	50.0	a	A	62.5	b	A	65.9	a	A	36.1	a	A	41.3	b	A	59.3	b	B
7	75.0	a	A	75.0	ab	A	73.3	a	AB	55.6	a	AB	56.5	ab	A	69.3	b	B

药后30 d结果详见表6-33，试验区各药剂处理保持很好的杂草防效，效果较好。供试药剂9%双氟磺草胺·唑草酮悬乳剂每亩用15 g、20 g、25 g、40 g处理对荠菜、播娘蒿、猪殃殃、泽漆、宝盖草的杂草总株防效分别为94.0%、95.1%、96.7%、98.9%，鲜重防效分别为96.0%、95.1%、96.9%、99.3%，明显高于对照药剂40%唑草酮水分散粒剂每亩用4.5 g处理、10%苯磺隆可湿性粉剂每亩用15 g处理、50 g/L双氟磺草胺悬浮剂每亩用6 g处理的杂草防效（总防效分别为90.2%、71.9%、89.3%，鲜重防效分别为88.0%、73.2%、91.6%）。

表6-33 9%双氟磺草胺·唑草酮悬乳剂防除冬小麦田一年生阔叶杂草试验结果（防效%）——药后30 d

处理	荠菜	播娘蒿	猪殃殃	泽漆	宝盖草	总杂草	
	防效（%）	防效（%）	防效（%）	防效（%）	防效（%）	株防效（%）	鲜重防效（%）
1	100.0 a A	100.0 a A	100.0 a A	98.9 a A	61.0 a A	94.0 abc A	96.0 ab A
2	100.0 a A	100.0 a A	100.0 a A	98.9 a A	68.3 ab A	95.1 abc A	95.1 ab A
3	100.0 a A	100.0 a A	100.0 a A	100 a A	78.0 ab A	96.7 ab A	96.9 ab A
4	100.0 a A	100.0 a A	100.0 a A	100 a A	92.7 a A	98.9 a A	99.3 a A
5	61.5 a A	100.0 a A	93.5 a A	92.0 a A	76.8 ab A	90.2 bc A	88.0 b A
6	92.3 a A	90.9 a A	79.2 b B	47.1 b B	61.0 a A	71.9 a B	73.2 c B
7	100.0 a A	90.9 a A	98.9 a A	77.0 a AB	58.5 a A	89.3 a A	91.6 ab A

6. 综合评价　供试药剂9%双氟磺草胺·唑草酮悬乳剂于冬小麦田一年生阔叶杂草2~5叶期茎叶均匀喷雾处理，作用速度快，对荠菜、播娘蒿、猪殃殃、泽漆效果均优，对宝盖草效果差。施药后前期高量和倍量处理区小麦部分叶片有触杀性斑点药害，但不影响小麦正常生长和后期产量，可以在田间推广使用，建议田间推广每公顷用有效成分20.25~27 g（亩用制剂量15~20 g）为宜。

附：原始数据见表6-34~表6-37。

表6-34 9%双氟磺草胺·唑草酮悬乳剂防除冬小麦田一年生阔叶杂草原始数据

药剂处理	重复	药后15 d					药后30 d					
		荠菜	播娘蒿	猪殃殃	泽漆	宝盖草	荠菜	播娘蒿	猪殃殃	泽漆	宝盖草	鲜重（g）
1	Ⅰ	0	0	0	0	2	0	0	0	0	6	1.2
	Ⅱ	0	0	0	1	11	0	0	0	1	13	28.3
	Ⅲ	0	0	0	0	0	0	0	0	0	10	1.1
	Ⅳ	0	0	0	0	0	0	0	0	0	3	6.9
2	Ⅰ	0	0	0	0	1	0	0	0	1	4	10.4
	Ⅱ	0	0	0	0	3	0	0	0	0	12	30.5
	Ⅲ	0	0	0	0	0	0	0	0	0	5	10.0
	Ⅳ	0	0	0	0	0	0	0	0	0	5	6.9
3	Ⅰ	0	0	0	0	0	0	0	0	0	10	9.1
	Ⅱ	0	0	0	0	7	0	0	0	0	5	21.4
	Ⅲ	0	0	0	0	0	0	0	0	0	0	0.0
	Ⅳ	0	0	0	0	0	0	0	0	0	3	6.6
4	Ⅰ	0	0	0	0	1	0	0	0	0	6	8.1
	Ⅱ	0	0	0	0	1	0	0	0	0	0	0.0
	Ⅲ	0	0	0	0	0	0	0	0	0	0	0.0
	Ⅳ	0	0	0	0	0	0	0	0	0	0	0.0

续表

药剂处理	重复	药后 15 d					药后 30 d					
		荠菜	播娘蒿	猪殃殃	泽漆	宝盖草	荠菜	播娘蒿	猪殃殃	泽漆	宝盖草	鲜重（g）
5	Ⅰ	0	0	2	4	9	0	0	3	3	5	41.6
	Ⅱ	0	0	1	0	1	1	0	0	0	0	12.9
	Ⅲ	2	0	0	0	0	4	0	3	2	9	56.2
	Ⅳ	0	0	2	0	1	0	0	17	2	5	31.5
6	Ⅰ	0	1	5	7	10	0	0	17	20	10	112.2
	Ⅱ	2	0	14	8	8	1	1	10	12	3	28.3
	Ⅲ	0	2	46	8	5	0	0	21	12	11	68.1
	Ⅳ	0	0	22	0	4	0	0	26	2	8	108.2
7	Ⅰ	0	1	16	1	1	0	0	0	0	10	11.2
	Ⅱ	1	1	35	7	10	0	1	1	5	10	58.1
	Ⅲ	0	0	2	8	2	0	0	2	12	8	24.1
	Ⅳ	0	0	15	0	7	0	0	1	3	6	6.6
8	Ⅰ	1	4	32	8	15	2	3	52	25	28	251.0
	Ⅱ	1	2	62	14	18	9	6	88	15	30	425.0
	Ⅲ	1	1	76	10	2	1	1	83	35	10	209.0
	Ⅳ	1	1	85	4	11	1	1	133	12	14	299.0

注：猪殃殃、泽漆、宝盖草以主要分枝数调查。

表 6-35　9% 双氟磺草胺·唑草酮悬乳剂防除冬小麦田一年生阔叶杂草原始数据

试验处理	重复	小区产量（kg）	折合产量（kg/hm^2）	比人工除草（%）
1	Ⅰ	17.8	8 900	−1.2
	Ⅱ	18.4	9 200	2.1
	Ⅲ	18.2	9 100	1.0
	Ⅳ	18.0	9 000	−0.1
2	Ⅰ	18.3	9 150	1.5
	Ⅱ	18.1	9 050	0.4
	Ⅲ	18.0	9 000	−0.1
	Ⅳ	17.7	8 850	−1.8
3	Ⅰ	18.3	9 150	1.5
	Ⅱ	18.0	9 000	−0.1
	Ⅲ	18.6	9 300	3.2
	Ⅳ	17.9	8 950	−0.7
4	Ⅰ	18.2	9 100	1.0
	Ⅱ	18.6	9 300	3.2
	Ⅲ	18.0	9 000	−0.1
	Ⅳ	17.8	8 900	−1.2
5	Ⅰ	18.1	9 050	0.4
	Ⅱ	18.4	9 200	2.1
	Ⅲ	18.0	9 000	−0.1
	Ⅳ	18.2	9 100	1.0

续表

试验处理	重复	小区产量（kg）	折合产量（kg/hm²）	比人工除草（%）
6	Ⅰ	17.9	8 950	−0.7
	Ⅱ	18.3	9 150	1.5
	Ⅲ	17.7	8 850	−1.8
	Ⅳ	17.5	8 750	−2.9
7	Ⅰ	18.4	9 200	2.1
	Ⅱ	18.0	9 000	−0.1
	Ⅲ	17.9	8 950	−0.7
	Ⅳ	18.1	9 050	0.4
8	Ⅰ	17.9	8 950	—
	Ⅱ	18.2	9 100	—
	Ⅲ	17.7	8 850	—
	Ⅳ	18.3	9 150	85

表 6-36　施药当日试验地天气状况表（2015 年）

施药日期（月 / 日）	天气状况	风向与风力	温度（℃）	降水情况	其他气象因素
3/12	轻雾	西南风 3 ～ 4 级	3 ～ 12		—

表 6-37　9% 双氟磺草胺 · 唑草酮悬乳剂防除冬小麦田一年生阔叶杂草原始数据

日期（月 / 日）	药后 15 d			降水量 (mm)	天气	风向风力	其他气象因素
	荠菜	播娘蒿	猪殃殃				
3/2	9	14	4	—	多云	南风 3~4 级转西北风 4~5 级	—
3/3	2.5	9	−4	—	多云转晴	北风 3~4 级	—
3/4	1.5	6	−3	—	晴	微风	—
3/5	2.5	7	−2	—	多云	南风微风	—
3/6	4.5	10	−1	—	晴转多云	南风微风	—
3/7	7.5	13	2	—	晴转多云	南风微风	—
3/8	8	12	4	—	多云	南风转北风 3~4 级	—
3/9	1.5	9	−6	—	晴	北风 4~5 级	—
3/10	3	8	−2	—	晴	北风 3~4 级	—
3/11	6	13	−1	—	晴	北风转南风微风	—
3/12	7.5	12	3	—	轻雾	西南风 3~4 级	—
3/13	11	17	5	—	晴	西南风转东北风 3~4 级	—
3/14	10.5	16	5	—	多云	微风	—
3/15	13.5	18	9	—	多云	南风 3~4 级	—
3/16	13.5	17	10	—	多云	微风	—
3/17	11.5	14	9	1	小雨	东风 3~4 级	—
3/18	9	13	5	—	多云	北风微风	—

续表

日期（月/日）	药后 15 d			降水量 (mm)	天气	风向风力	其他气象因素
	荠菜	播娘蒿	猪殃殃				
3/19	12	16	8	—	多云转阴	北风转南风微风	—
3/20	13.5	20	7	—	多云	北风微风	—
3/21	13.5	20	7	—	多云	微风	—
3/22	13	21	5	—	晴转阴	微风	—

第七章　小麦田部分除草剂杀草谱测定

氟噻草胺、吡氟酰草胺、吡草醚、苄草丹等药剂均为最近几年在小麦田登记推广使用的药剂。这些药剂的杀草谱及对小麦的安全性如何，山东省农业科学院植物保护研究所近几年开展了大量的室内生物测定和田间药效试验。本部分内容就这些试验结果进行汇总、介绍，以期对这些药剂的科学使用起到积极的指导作用。

一、氟噻草胺的杀草谱及对小麦安全性的测定

氟噻草胺，通用名flufenacet，化学名称为4′-氟-N-异丙基-2-（5-三氟甲基-1，3，4-噻二唑-2-基氧）乙酰苯胺，是德国拜耳作物科学公司继成功开发苯噻草胺后又开发的一种氧乙酰替苯胺类除草剂，主要通过抑制细胞分裂与生长而发挥作用。适用于小麦、玉米、大豆、棉花等作物田防除各种一年生禾本科杂草及某些阔叶杂草，该品种已在欧洲、南美洲及亚洲多个国家获得登记，国外有氟噻草胺单剂及其与嗪草酮、吡氟酰草胺、甲氧磺草胺的复配专利。

国内朱秀等报道过氟噻草胺、吡氟酰草胺和呋草酮的复配制剂能有效地防除小麦田恶性杂草婆婆纳和伴生性杂草猪殃殃，对禾本科杂草野燕麦的防除效果较猪殃殃和婆婆纳稍差；路兴涛等也报道过这三者的复配制剂对小麦播后苗前土壤进行喷雾处理，发现对冬小麦田杂草猪殃殃、播娘蒿、硬草、菵草等有很好的防除效果。我国冬小麦田杂草种类丰富，一般在60种以上。所以本试验系统地研究了氟噻草胺对冬小麦田12种杂草的除草活性和对冬小麦的安全性。

（一）材料与方法

1.供试材料　供试药剂：91.8%氟噻草胺原药，由京博农化科技股份有限公司生产。供试杂草：阔叶杂草6种，猪殃殃、荠菜、播娘蒿、麦瓶草、麦家公和婆婆纳；禾本科杂草6种，雀麦、野燕麦、大穗看麦娘、节节麦、早熟禾、多花黑麦草。以上杂草均采自山东省境内，为本杂草研究室储藏。供试作物：济麦22、郑麦379和山农15号，均购于市场。主要仪器：ASS-4型农药自动控制喷洒系统。

2.除草生物活性测定

（1）材料培养：采用盆栽法，在人工气候室中进行试验材料的培养，杂草出苗前控制温度15 ℃，出苗后昼、夜温度分别设定为25 ℃、20 ℃，光照时间：黑暗时间为12 h：12 h。将定量的各种杂草种子播于直径为9 cm的塑料盆中，覆土1~2 mm，放入装有水的搪瓷盘中，让水逐渐渗入，播种后第2 d对土壤进行喷雾处理，晾晒1 d后，转移入人工气候室中培养。

（2）药剂处理：用电子天平称取定量的氟噻草胺原药，加入专用乳化剂和2倍量的N，N-二甲基甲酰胺至完全溶解，最后用0.1%的吐温-80水溶液将上述原药配成1%母液，根据所设剂量梯度稀释。施药剂量氟噻草胺设定为12.5 g/hm^2、25 g/hm^2、50 g/hm^2、100 g/hm^2、200 g/hm^2、400 g/hm^2（有效成分剂量，

下同），并设0.1%的吐温-80水溶液为空白对照，每个处理4次重复。采用ASS-4型农药自动控制喷洒系统，扇形喷头，结合喷头压力、流量等，按实际喷药面积（1.1 m^2）喷洒50 mL药液（折合每公顷用水量450 kg），调试好运行速度，将待处理的塑料盆均匀排列在喷雾台上，进行均匀喷雾处理。喷雾压力0.4 MPa，扇形喷头流量800 mL/min。由低量至高量依次喷施。

施药后详细记录杂草的受害症状（如生长抑制、失绿、畸形等）。于土壤处理施药后40 d称量各处理杂草地上部分鲜重，计算鲜重防效，并用DPS统计软件对药剂剂量对数值与防效的概率值进行回归分析，计算相关系数和对杂草鲜重抑制50%的有效剂量（GR_{50}）值、杂草鲜重抑制90%的有效剂量（GR_{90}）值及95%置信区间。

鲜重防效=（空白对照区杂草平均鲜重-处理区杂草平均鲜重）/空白对照区杂草平均鲜重×100%

3.作物安全性测定

（1）供试作物培养：方法同上，但作物播种后覆土厚度为2 cm。

（2）药剂处理：施药剂量氟噻草胺分别为50 g/hm^2、100 g/hm^2、200 g/hm^2、400 g/hm^2、800 g/hm^2、1 600 g/hm^2，并设0.1%的吐温-80水溶液为空白对照，每个处理4次重复。施药方法同上。

施药后，调查各处理作物出苗情况，有无药害症状，若有则详细记录药害症状、等级，土壤处理药后30 d，测量各处理作物株高，计算株高抑制率，以明确试验药剂对作物的安全性。并用DPS统计软件对药剂剂量对数值与作物鲜重抑制率的概率值进行回归分析，计算相关系数和对作物鲜重抑制10%的有效剂量（GR_{10}）。

株高抑制率=（空白对照区作物平均株高-处理区作物平均株高）/空白对照区作物平均株高×100%

选择性指数=作物的GR_{10}/杂草的GR_{90}

（二）氟噻草胺土壤处理对小麦田阔叶杂草的除草活性

氟噻草胺土壤处理施药后抑制杂草出苗，且出苗后杂草茎叶扭曲，影响其生长，而后逐渐死亡。

氟噻草胺土壤处理对6种阔叶杂草的除草活性详见表7-1，从表中可以看出，氟噻草胺土壤处理对阔叶杂草播娘蒿、荠菜、猪殃殃、麦瓶草、麦家公的防效均较好，其中对播娘蒿和麦瓶草的防效最好，其GR_{50}分别为34.76 g/hm^2、37.01 g/hm^2，GR_{90}分别为184.18 g/hm^2、200.44 g/hm^2；对麦家公的防效也很好，但低剂量的防效差，虽然GR_{90}值很好，但其GR_{50}偏高，GR_{50}和GR_{90}分别为64.52 g/hm^2、129.78 g/hm^2；对荠菜、猪殃殃的防效略差于以上3种杂草，GR_{50}分别为43.75 g/hm^2、64.94 g/ hm^2，GR_{90}分别为209.49 g/hm^2、274.10 g/hm^2；对另一种杂草婆婆纳的防效差，GR_{50}和GR_{90}分别为272.05 g/hm^2、557.92 g/hm^2。

表 7-1　氟噻草胺土壤处理对小麦田阔叶杂草的生物活性

供试杂草	回归方程	相关系数（*r*）	GR_{50}（95% 置信区间）（g/hm^2）	GR_{90}（95% 置信区间）（g/ hm^2）
播娘蒿	*y*=2.273 0+1.769 6*x*	0.893 5	34.76（28.23~41.38）	184.18（151.83~233.76）
荠菜	*y*=1.908 1+1.884 2*x*	0.989 7	43.75（36.81~50.96）	209.49（172.65~266.01）
猪殃殃	*y*=1.285 9+2.049 2*x*	0.994 7	64.94（56.56~74.33）	274.10（223.24~353.81）
麦瓶草	*y*=2.260 3+1.746 9*x*	0.990 9	37.01（30.27~43.92）	200.44（164.02~257.18）
麦家公	*y*=-2.641 8+4.222 7*x*	0.985 4	64.52（58.75~70.58）	129.78（115.60~149.78）
婆婆纳	*y*=-5.003 0+4.108 6*x*	0.841 5	272.05（215.57~379.80）	557.92（396.51~916.46）

（三）氟噻草胺土壤处理对小麦田禾本科杂草的除草活性

试验结果表明：氟噻草胺土壤处理对试验所供试的禾本科杂草中的早熟禾的防效最好，GR_{50}和GR_{90}分别为8.23 g/hm^2、51.03 g/hm^2；对雀麦、大穗看麦娘、多花黑麦草等均有很好的防效，GR_{50}为28.41~44.49 g/hm^2，GR_{90}分别为179.62 g/hm^2、265.78 g/hm^2、107.66 g/hm^2；对野燕麦和节节麦的防效差，GR_{50}分别为188.74 g/hm^2、220.62 g/hm^2，GR_{90}分别为367.65 g/hm^2、555.76 g/hm^2。详见表7-2。

表 7-2 氟噻草胺土壤处理对小麦田禾本科杂草的除草活性

供试杂草	回归方程	相关系数（r）	GR_{50}（95% 置信区间）（g/hm^2）	GR_{90}（95% 置信区间）（g/hm^2）
雀麦	y=2.254 5+1.786 3x	0.894 0	34.43（27.96~40.99）	179.62（148.49~227.01）
早熟禾	y=3.519 2+1.617 4x	0.930 4	8.23（4.02~12.00）	51.03（39.72~63.02）
大穗看麦娘	y=2.278 8+1.650 9x	0.987 7	44.49（36.87~52.53）	265.78（211.10~356.11）
野燕麦	y=−5.072 5+4.425 8x	0.939 8	188.74（160.76~233.79）	367.65（287.69~514.07）
多花黑麦草	y=1.780 5+2.215 0x	0.939 0	28.41（17.58~38.82）	107.66（82.77~151.32）
节节麦	y=−2.485 5+3.194 0x	0.931 3	220.62（182.02~285.49）	555.76（406.66~855.16）

（四）氟噻草胺对小麦安全性测定

氟噻草胺土壤处理对试验所试小麦的安全性较好，在试验所设剂量50 g/hm^2、100 g/hm^2、200 g/hm^2、400 g/hm^2下各小麦品种出苗及生长均正常，剂量为800 g/hm^2时，小麦出苗瘦一些，出苗后扭曲部分匍匐于地，虽然后期能够部分恢复生长，但对小麦株高还是会造成一定影响；当剂量为1 600 g/hm^2时，小麦出苗及后期生长均受害明显，对株高抑制较严重。氟噻草胺对3个小麦品种济麦22、郑麦379和山农15的GR_{10}分别为1 051.64 g/hm^2、1 235.72 g/hm^2、885.90 g/hm^2。

氟噻草胺对阔叶杂草播娘蒿、荠菜、猪殃殃、麦瓶草和麦家公的防效较好，所以在这5种杂草和小麦之间的选择性较好，选择性指数也为3.23~9.52，对婆婆纳和小麦之间的选择性指数较低，选择性指数为1.59~2.21。氟噻草胺对雀麦、早熟禾、大穗看麦娘和多花黑麦草的防效较好，所以在小麦与这些杂草之间的选择性指数也较高，选择性指数为3.96~24.22；在小麦和野燕麦、节节麦之间的选择性指数较低，选择性指数为1.59~3.36。详见表7-3。

表 7-3 氟噻草胺土壤处理对作物与杂草之间的选择性

		作物	播娘蒿	荠菜	猪殃殃	麦瓶草	麦家公	婆婆纳
阔叶杂草	GR_{90}	—	184.18	209.49	274.1	200.44	129.78	557.92
	济麦 22 GR_{10}	1 051.64	—	—	—	—	—	—
	选择性指数	—	5.71	5.02	3.84	5.25	8.10	1.88
	郑麦 379 GR_{10}	1 235.72	—	—	—	—	—	—
	选择性指数	—	6.71	5.90	4.51	6.17	9.52	2.21
	山农 15 GR_{10}	885.90	—	—	—	—	—	—
	选择性指数	—	4.81	4.23	3.23	4.42	6.83	1.59
		作物	雀麦	早熟禾	大穗看麦娘	野燕麦	多花黑麦草	节节麦
禾本科杂草	GR_{90}	—	179.62	51.03	265.78	367.65	107.66	555.76
	济麦 22 GR_{10}	1 051.64	—	—	—	—	—	—
	选择性指数	—	5.85	20.61	3.96	2.86	9.77	1.89
	郑麦 379 GR_{10}		—	—	—	—	—	—
	选择性指数	—	6.88	24.22	4.65	3.36	11.48	2.22
	山农 15 GR_{10}		—	—	—	—	—	—
	选择性指数	—	4.93	17.36	3.33	2.41	8.23	1.59

（五）讨论与结论

氟噻草胺在国外已应用多年，但在国内登记很少，只有德国拜耳作物科学公司登记氟噻草胺原药，也只有该公司登记了33%氟噻·吡酰·呋悬浮剂用于冬小麦田土壤处理防除一年生杂草。

结果表明：氟噻草胺杀草谱广，对小麦田阔叶杂草播娘蒿、荠菜、麦瓶草、麦家公、猪殃殃和禾本科杂草雀麦、早熟禾、大穗看麦娘、多花黑麦草等9种杂草的防效均较好，GR_{50}为8.23~64.94 g/hm^2，GR_{90}为51.03~274.10 g/hm^2，但对另外的3种杂草婆婆纳、节节麦和野燕麦的防效较差，GR_{50}为188.74~272.05 g/hm^2，GR_{90}为367.65~557.92 g/hm^2。氟噻草胺属于酰胺类除草剂中的氧乙酰替苯胺类，作用机制是抑制细胞分裂和生长，土壤处理后杂草出苗即扭曲影响生长，而后逐渐死亡。

目前黄淮海区域冬小麦田所用的除草剂主要还是茎叶处理剂。茎叶处理剂中杀草谱广的药剂不多，往往应用的是复配制剂，如防除阔叶杂草的主要还是双氟磺草胺、氯氟吡氧乙酸、苯磺隆、唑草酮等药剂及其复配制剂，防除禾本科杂草雀麦的主要是啶磺草胺、甲基二磺隆，防除禾本科杂草野燕麦、看麦娘等的药剂有炔草酯、精噁唑禾草灵等，但这些药剂均有一定的局限性，仅能防除部分杂草或者对部分杂草无效。随着除草剂的大量使用及新型农业的发展，小麦田草相越来越复杂，杂草种类越来越多，防除也越来越困难。本试验结果表明氟噻草胺作为一种新的小麦田除草剂，土壤处理对小麦安全性高，对小麦田的杀草谱也广，将会有很大的应用空间。

本试验是在人工气候室中完成的，气候室中的温度、湿度与田间存在着很大差异，但本试验结果表明氟噻草胺作为一种应用于小麦田的除草剂，具有很广的应用前景，为该除草剂及其复配制剂在田间的合理使用提供了重要的理论基础。

二、吡氟酰草胺的杀草谱及对小麦安全性的测定

吡氟酰草胺（diflufenican），又名吡氟草胺，属于吡啶酰胺类除草剂，持效期长，用于小麦、大麦或谷物类作物田，一般推荐用量为250 g/hm^2，用于苗前或苗后早期防除多种一年生禾本科杂草和阔叶杂草，包括猪殃殃、野萝卜、婆婆纳、野生堇菜、大穗看麦娘等。国外市场上吡氟酰草胺的使用以复配制剂为主，主要产品有Carat（吡氟酰草胺+呋草酮）和Bizon（吡氟酰草胺+呋草酮+异丙隆）。该药为选择性脂肪酸合成酶抑制除草剂，主要是抑制NADH和NADPH所依赖的烯酰酰基载体蛋白（acyl carrier protein，ACP）还原酶的活性；同时也通过对八氢番茄红素脱氢酶的抑制，阻碍类胡萝卜素的生物合成；施药后可被萌发幼苗的芽吸收，表现为植株白化，而后逐渐死亡；该药对小麦、大麦的安全性好。吡氟酰草胺专利保护期过后，近几年才在国内登记推广使用。国内对吡氟酰草胺活性的报道主要是其与其他药剂复配，如与扑草净（prometryn）、乙草胺（acetochlor）复配防除覆膜蒜田杂草；与噁草酮（oxadiazon）复配防除水稻田杂草；与2甲4氯钠（MCPA-sodium）复配及与氟噻草胺（flufenacet）和呋草酮（flurtamone）复配防除小麦田杂草等。吡氟酰草胺单剂对我国小麦田常见杂草的药剂特性、杀草谱和对小麦的安全性未见报道。小麦田杂草种类繁多，各个区域由于地理环境、气候特点及作物轮作、耕作模式的差异，优势杂草种类各不相同，且同一种杂草在不同地理环境、气候条件下，其生物学特性、耐药性等也存在较大差异。

（一）材料与方法

供试杂草和小麦品种：阔叶杂草，猪殃殃、荠菜、播娘蒿、麦瓶草和麦家公；禾本科杂草，雀麦、硬草、菵草、野燕麦、蜡烛草、大穗看麦娘、看麦娘、节节麦、早熟禾、碱茅、棒头草、多花黑麦草。以上杂草均采自山东省境内，为本杂草研究室储藏。小麦品种为济麦22、良星66和矮抗58，均购于市场。

供试药剂及仪器：98%吡氟酰草胺原药，由江苏常隆农化有限公司生产；3WPSH-500D型生测喷雾塔，由农业部南京农业机械化研究所生产。

1.材料培养　采用温室盆栽法，2013年11月~2014年2月在玻璃温室中进行试验材料的培养，温度15~25 ℃，自然光照。将定量的杂草种子播于直径为9 cm的塑料盆中，覆土1~2 mm，放入装有水的搪瓷盘中，让水逐渐渗入，等水渗到土表后转移入玻璃温室培养。苗前土壤处理在播后第2 d施药，茎叶处理施药时间根据杂草大小而定，播娘蒿、荠菜、麦瓶草、麦家公为3~4叶期；猪殃殃为1轮复叶期；禾本科杂草雀麦、硬草、菵草、野燕麦、蜡烛草、大穗看麦娘、看麦娘、节节麦为2叶1心期。

2.药剂处理　用电子天平称取定量的吡氟酰草胺原药，加入专用乳化剂和2倍量的N，N-二甲基甲酰胺至完全溶解，最后用0.1%的吐温-80水溶液将上述原药配成1%母液，根据所设剂量梯度稀释。吡氟酰草胺施药剂量为25 g/hm^2、50 g/hm^2、100 g/hm^2、200 g/hm^2、400 g/hm^2、800 g/hm^2（有效成分，下同），设0.1%的吐温-80水溶液为空白对照，每个处理4次重复。喷雾塔采用扇形喷头，结合喷头压力、流量等，按实际喷药面积（0.15 m^2）喷洒10 mL药液（折合每公顷用水量667 kg），将待处理的塑料盆均匀排列在喷雾台上，进行均匀喷雾处理。喷雾压力0.4 MPa，扇形喷头流量800 mL/min。

施药后详细记录杂草的受害症状（如生长抑制、失绿、畸形等）。于土壤处理施药后40 d，茎叶处理施药后25 d，称量各处理杂草地上部分鲜重，计算鲜重抑制率。并用DPS统计软件对药剂剂量对数值与鲜重抑制率的概率值进行回归分析，计算相关系数和杂草鲜重抑制50%的有效剂量（GR_{50}）值、杂草鲜重抑制90%的有效剂量（GR_{90}）值及95%置信区间。

鲜重防效=（空白对照区杂草平均鲜重-处理区杂草平均鲜重）/空白对照区杂草平均鲜重 × 100%

除草剂安全性测定参照农业部行业标准农药室内生物测定试验准则除草剂第8部分：作物安全性试验（茎叶喷雾法）（NY/T 1155.8—2007）和农药室内生物测定试验准则・除草剂・第6部分・对作物的安全性试验（土壤喷雾法）（NY/T 1155.6—2006）进行。小麦播种后覆土厚度为2 cm。吡氟酰草胺施用剂量分别为100 g/hm^2、200 g/hm^2、400 g/hm^2、800 g/hm^2、1 600 g/hm^2、3 200 g/hm^2，并设0.1%的吐温-80水溶液为空白对照，每个处理4次重复。施药方法同上。施药后，调查并详细记录药害的症状、等级，土壤处理施药后30 d，茎叶处理施药后20 d，测量各处理小麦地上部分鲜重，计算鲜重抑制率。并对药剂剂量对数值与鲜重抑制率的概率值进行回归分析，计算相关系数和对作物鲜重抑制10%的有效剂量（GR_{10}）值。

选择性指数=作物的GR_{10}/杂草的GR_{90}

选择性指数常用来评价除草剂对作物和杂草间的选择性，是综合判断除草剂优劣的重要指标，选择性指数越大，表示除草剂对作物越安全。

采用DPS 7.05版软件对试验数据进行统计分析。在除草活性测定试验中主要用DPS软件求杂草对药剂的GR_{50}和GR_{90}值，在小麦安全性试验中求小麦对药剂的GR_{10}值。

（二）吡氟酰草胺小麦田苗前土壤处理生物活性测定

吡氟酰草胺苗前土壤处理对阔叶杂草播娘蒿、荠菜的防效较好，GR_{50}分别为62.34 g/hm^2、22.57 g/hm^2，GR_{90}分别为171.17 g/hm^2、65.27 g/hm^2；杂草出土后即出现不同程度的白化受害症状，低剂量处理后期能够逐渐恢复，但较高剂量处理白化严重后死亡。该药对另外3种阔叶杂草麦家公、猪殃殃和麦瓶草的防效略差，高剂量有较强的抑制作用，但死亡率较低，GR_{50}分别为251.50 g/hm^2、115.96 g/hm^2、293.86 g/hm^2，GR_{90}分别为744.20 g/hm^2、716.32 g/hm^2、1 830.06 g/hm^2（表7-4）。

吡氟酰草胺苗前土壤处理对小粒种子禾本科杂草早熟禾、菵草、碱茅、蜡烛草、棒头草和看麦娘均有很好的防除效果，高剂量处理亦白化后逐渐死亡，GR_{50}在15.96~75.95 g/hm^2，GR_{90}在81.13~ 253.83 g/hm^2；对大穗看麦娘也有一定的防效，GR_{50}和GR_{90}分别为160.54 g/hm^2、577.98 g/hm^2，对其他杂草如硬草、野燕麦、节节麦、多花黑麦草、雀麦的防效均较差或无效（数据未列出）。

表 7-4　吡氟酰草胺苗前土壤处理对小麦田杂草的生物活性

供试杂草		回归方程	相关系数（r）	GR_{50}（95% 置信区间）（g/hm^2）	GR_{90}（95% 置信区间）（g/hm^2）
阔叶杂草	麦家公	y=-1.529 5+2.70 0x	0.984 4	251.50（220.83~292.84）	744.20（592.52~996.49）
	猪殃殃	y=1.654 7+1.620 6x	0.964 6	115.96（97.84~136.18）	716.32（552.21~1 001.52）

续表

供试杂草		回归方程	相关系数（r）	GR_{50}（95% 置信区间）（g/hm^2）	GR_{90}（95% 置信区间）（g/hm^2）
阔叶杂草	播娘蒿	y=−0.243 6+2.921 6x	0.967 7	62.34（51.79~72.36）	171.17（152.98~193.14）
	麦瓶草	y=1.018 0+1.613 4x	0.953 6	293.86（200.81~524.10）	1 830.06（883.51~7 577.84）
	荠菜	y=1.239 1+2.778 7x	0.930 2	22.57（12.06~33.21）	65.27（48.25~79.78）
禾本科杂草	早熟禾	y=2.817 0+1.814 7x	0.946 5	15.96（7.36~25.67）	81.13（60.53~100.80）
	大穗看麦娘	y=−0.080 8+2.303 6x	0.963 9	160.54（116.71~227.68）	577.98（370.68~1 263.87）
	茵草	y=−0.269 0+2.801 9x	0.954 9	75.95（64.95~86.66）	217.73（192.93~249.94）
	碱茅	y=1.360 4+2.046 6x	0.991 4	60.03（48.44~71.49）	253.83（217.28~304.67）
	蜡烛草	y=−2.215 8+4.167 4x	0.935 3	53.89（21.78~78.68）	109.39（73.03~142.40）
	棒头草	y=0.313 5+2.956 5x	0.926 1	38.48（16.50~58.32）	104.39（73.61~133.88）
	看麦娘	y=−0.120 2+3.076 6x	0.929 4	46.16（35.84~55.82）	120.45（106.70~134.74）

（三）吡氟酰草胺小麦田苗后早期茎叶处理生物活性测定

吡氟酰草胺在杂草小苗期施药，对小龄播娘蒿、荠菜的防效均较好，施药后很快白化，后期干枯死亡，低剂量处理或施药时植株较大者白化症状轻，后期能够部分返青，GR_{50}分别为14.12 g/hm^2、25.26 g/hm^2，GR_{90}分别为90.20 g/hm^2、106.69 g/hm^2。对猪殃殃的防效较好，GR_{50}为17.19 g/hm^2，但GR_{90}较差，达到595.49 g/hm^2；对另外两种阔叶杂草麦家公和麦瓶草的防效较差（表7-5）。

吡氟酰草胺苗后早期茎叶处理对小粒种子禾本科杂草早熟禾、茵草、碱茅、蜡烛草、棒头草和看麦娘亦有很好的防除效果，GR_{50}分别为89.15 g/hm^2、38.23 g/hm^2、28.75 g/hm^2、68.76 g/hm^2、48.87 g/hm^2、10.47 g/hm^2，GR_{90}分别为429.37 g/hm^2、96.82 g/hm^2、161.46 g/hm^2、241.58 g/hm^2、157.70 g/hm^2、135.68 g/hm^2；对大穗看麦娘的防效较差，GR_{50}和GR_{90}分别为304.42 g/hm^2、2 486.76 g/hm^2；对其他几种禾本科杂草硬草、野燕麦、节节麦、多花黑麦草、雀麦等的防效均差或无效。

表 7-5　吡氟酰草胺苗后早期茎叶处理对小麦田杂草的生物活性

供试杂草		回归方程	相关系数（r）	GR_{50}（95% 置信区间）（g/hm^2）	GR_{90}（95% 置信区间）（g/hm^2）
阔叶杂草	麦家公	y=3.119 5+1.010 5x	0.924 6	72.62（35.23~115.61）	1 346.97（631.69~6 882.95）
	猪殃殃	y=3.971 8+0.832 4x	0.990 5	17.19（7.04~29.46）	595.49（390.00~1 157.62）
	播娘蒿	y=3.170 1+1.591 4x	0.922 8	14.12（6.18~23.45）	90.20（67.57~113.15）
	麦瓶草	y=1.058 2+1.700 8x	0.952 0	207.79（152.58~304.21）	1 177.96（677.59~3 050.44）
	荠菜	y=2.128 0+2.048 0x	0.949 3	25.26（15.46~35.26）	106.69（88.04~126.01）
禾本科杂草	早熟禾	y=1.339 4+1.877 1x	0.897 7	89.15（52.38~130.55）	429.37（272.96~969.90）
	大穗看麦娘	y=1.510 8+1.405 0x	0.956 1	304.42（205.92~551.12）	2 486.76（1 120.02~11 780.70）
	茵草	y=−0.025 7+3.175 9x	0.934 9	38.23（27.87~47.97）	96.82（83.48~109.42）
	碱茅	y=−0.163 1+2.918 7x	0.970 5	28.75（48.26~68.68）	161.46（144.29~181.78）
	蜡烛草	y=0.685 2+2.348 4x	0.934 3	68.76（43.25~93.49）	241.58（180.94~362.26）
	棒头草	y=0.745 3+2.519 0x	0.968 3	48.87（38.32~58.98）	157.70（138.97~179.96）
	看麦娘	y=3.824 8+1.152 0x	0.881 6	10.47（0.62~27.94）	135.68（72.72~245.88）

不同施药方式下杀草谱的比较：从吡氟酰草胺苗前土壤处理和苗后早期茎叶处理两种施药方式下的

除草活性来看，杀草谱基本一致，对阔叶杂草播娘蒿、荠菜和禾本科杂草碱茅、茵草、蜡烛草、棒头草、看麦娘的防效均好，对猪殃殃、麦家公、麦瓶草和大穗看麦娘的防效略差，对节节麦、硬草、野燕麦、多花黑麦草和雀麦的防效差或无效。但对阔叶杂草在茎叶处理时，往往死亡不彻底，部分植株可返青生长，数据上表现在茎叶处理GR_{50}好于土壤处理GR_{50}，但GR_{90}却差于土壤处理GR_{90}；对禾本科杂草茵草、碱茅茎叶处理的防效稍好于土壤处理的防效，但对其他几种禾本科杂草的防除效果差于土壤处理的防除效果。

（四）吡氟酰草胺对小麦安全性测定

无论是土壤处理还是茎叶处理，吡氟酰草胺对不同试验小麦品种均是安全的。后期观察，与空白对照相比，只有最高剂量（3 200 g/hm^2）处理下小麦外叶略干枯，但不影响其后期生长，后期调查时株高抑制率不足10%，其他各剂量处理3个小麦品种生长均正常，且各处理间均无显著差异，吡氟酰草胺对3个小麦品种的GR_{10}均远远大于3 200 g/hm^2，远远高于吡氟酰草胺的登记用量（吡氟酰草胺的登记用量为101.25~262.5 g/hm^2）。

由吡氟酰草胺对小麦和阔叶杂草的选择性指数计算结果可知（表7-6），土壤处理和茎叶处理对各小麦品种的GR_{10}均大于试验所设最高剂量3 200 g/hm^2，土壤处理下对小麦和阔叶杂草播娘蒿、荠菜的选择性最好，选择性指数大于18.69，对小麦和麦家公、猪殃殃的选择性次之，选择性指数大于4.30，对小麦和麦瓶草之间的选择性差；茎叶处理下对小麦和阔叶杂草播娘蒿、荠菜之间的选择性好，选择性指数大于29.99，对小麦和麦家公、猪殃殃、麦瓶草之间的选择性指数也大于2.38。

表 7-6 吡氟酰草胺苗前土壤、苗后早期茎叶处理对小麦与阔叶杂草的选择性

处理方式	指标	小麦	麦家公	猪殃殃	播娘蒿	麦瓶草	荠菜
苗前土壤处理	GR_{10}（g/hm^2）	> 3 200	—	—	—	—	—
	GR_{90}（g/hm^2）	—	744.20	716.32	171.17	1 830.06	65.27
	选择性指数	—	> 4.30	> 4.47	> 18.69	> 1.75	> 49.03
苗后早期茎叶处理	GR_{10}（g/hm^2）	> 3 200	—	—	—	—	—
	GR_{90}（g/hm^2）	—	1 346.97	595.49	90.20	1 177.96	106.69
	选择性指数	—	> 2.38	> 5.37	> 35.48	> 2.72	> 29.99

从吡氟酰草胺对小麦与禾本科杂草的选择性指数可知（表7-7），土壤处理下对小麦和禾本科杂草早熟禾、茵草、碱茅、蜡烛草、棒头草、看麦娘的选择性最好，选择性指数大于12.61，对小麦和大穗看麦娘的选择性略差，但选择性指数也大于5.54；茎叶处理下对小麦和禾本科杂草早熟禾、茵草、碱茅、蜡烛草、棒头草、看麦娘的选择性最好，选择性指数大于7.45，对小麦和大穗看麦娘的选择性差，选择性指数大于1.29。

表 7-7 吡氟酰草胺苗前土壤、苗后早期茎叶处理对小麦与禾本科杂草的选择性

处理方式	指标	小麦	早熟禾	大穗看麦娘	茵草	碱茅	蜡烛草	棒头草	看麦娘
苗前土壤处理	GR_{10}（g/hm^2）	> 3 200	—	—	—	—	—	—	—
	GR_{90}（g/hm^2）	—	81.13	577.98	217.73	253.83	109.39	104.39	120.45
	选择性指数	—	> 39.44	> 5.54	> 14.70	> 12.61	> 29.25	> 30.65	> 26.57
苗后早期茎叶处理	GR_{10}（g/hm^2）	> 3 200	—	—	—	—	—	—	—
	GR_{90}（g/hm^2）	—	429.37	2 486.76	96.82	161.46	241.58	157.70	135.68
	选择性指数	—	> 7.45	> 1.29	> 33.05	> 19.82	> 13.25	> 20.29	> 23.58

（五）讨论与结论

吡氟酰草胺在国外已应用多年，近两年才在国内登记使用，目前国内登记有6个原药、3个单剂制剂、2个复配制剂，制剂主要用于小麦田茎叶处理防除一年生杂草。本试验结果表明：吡氟酰草胺在杂草苗前进行土壤处理和杂草出苗后早期使用，对小粒种子杂草有较好的防效，杂草表现症状为出苗后白化或着药后白化，后期逐渐干枯死亡，这与Cramp和Ashton报道的杂草受害症状一致；但该药在低剂量下或杂草植株较大时使用，返青现象严重。由于市场上多数小麦田除草剂为茎叶处理除草剂，农户多习惯于小麦返青期用药，该药剂的特点与其他药剂不同，因此，该药在田间推广时，应加大宣传并提供技术支持，以免用药时期过晚，影响该药剂药效的发挥。

吡氟酰草胺对冬小麦安全，无论土壤处理还是茎叶处理，仅在试验所设最高剂量3 200 g/hm^{2}下，3个供试小麦品种叶缘有干枯现象，但不影响小麦正常生长，此试验剂量远高于其田间登记剂量，说明吡氟酰草胺对小麦有很好的安全性。这与Haynes报道的该药对小麦安全性好基本一致，这与该药在小麦、大麦和杂草体内不同的吸收、传导和代谢有关；该药在谷物中能够迅速通过烟酰胺和烟酸代谢为二氧化碳。

吡氟酰草胺持效期长，属长残效除草剂，半衰期14 d，但降解90%需要228 d；Rouchaud等报道该药在不同温度等气候条件及不同施肥条件下降解差异非常大，低温降解慢，高温降解快，在田间施用有机质含量高的土杂肥情况下，其半衰期可长达101~215 d；Bending等报道室内试验情况下，该药在沙壤土和黏壤土中降解25%需要13~61周，室内试验降解时间长，估计与光照影响其降解有关。路兴涛等研究结果表明，该药与氟噻草胺和呋草酮的复配制剂防除小麦田杂草，对后茬作物玉米、大豆、花生、水稻的安全性较好，未见明显药害。

三、吡草醚的杀草谱及对小麦安全性的室内测定

吡草醚（pyraflufen-ethyl），属于苯基吡唑类除草剂，也可作为棉花脱叶剂使用。吡草醚为一种新型的苯基吡唑类苗后触杀型除草剂，其作用机制是抑制植物体内的原卟啉原氧化酶的活性，并利用小麦与杂草对该药剂吸收和代谢的差异性，达到选择性地防除小麦田阔叶杂草的效果，田间推荐剂量为9~12 g/hm^2。原卟啉原氧化酶抑制剂类除草剂具有作用速度快、防效高、毒性低等特点，是近年来发展最快的除草剂类型之一。这类除草剂以植物叶绿素为靶标位点，可造成叶绿素降解、原卟啉Ⅳ积累、膜降解产生短链碳氢化合物等，从而抑制杂草的正常生长，其基本特征是活性氧导致的脂质过氧化作用，因此又被称为过氧化除草剂。吡草醚在土壤和小麦植株中的半衰期分别为11.2~13.3 d和5.6~6.8 d，在小麦返青期及以前施用，推荐2%悬浮剂及其在小麦上的安全间隔期为50 d。吡草醚与苯磺隆、异丙隆混用可提高田间除草效果。房锋等进行了吡草醚对杂草室内生物活性及对小麦的安全性评价。

（一）材料与方法

1.供试药剂　95.0%吡草醚原药，山东先达农化股份有限公司生产；95.0%苯磺隆（tribenuron-methyl）原药，江苏省农用激素工程技术研究中心有限公司生产。

2.供试杂草和小麦品种　猪殃殃、荠菜、播娘蒿、麦瓶草、麦家公，均采自山东省济南市周边小麦田；对苯磺隆产生抗药性的荠菜（称为抗性荠菜，下文同），采自山东省邹平县，以上杂草均为本杂草研究室储藏。小麦品种为济麦22、良星66和矮抗58，均购于市场。

3.仪器　3WPSH-500D型生测喷雾塔，农业部南京农业机械化研究所生产。

4.采用温室盆栽法　挑选均匀一致的杂草种子和小麦种子，试验用土为有机质含量1.8%、pH值为7.2、过筛且通透性良好的壤土。将定量的杂草种子和小麦种子播于直径为9 cm的塑料盆中，杂草覆土1~2 mm，小麦覆土2~3 cm，放入装有水的搪瓷盘中，让水逐渐渗入，等水渗到土表后转移到日光型玻璃温室内培养，自然光照，温度15~25 ℃。杂草和小麦出苗后进行间苗定株，保证植株密度及大小一致，每盆10株。在播娘蒿、荠菜、麦瓶草和麦家公长至4~5叶期、猪殃殃3轮复叶期、小麦2叶1心期，进行茎叶喷雾处理试验。

用电子天平准确称取一定量试验药剂，加入适量乳化剂和N，N-二甲基甲酰胺溶解后，用0.1%的吐温-80水溶液配成1%母液，药液配制也用0.1%的吐温-80水溶液稀释。参照《农药室内生物测定试验准则》（中华人民共和国农业部，2006），每种药剂采用倍量稀释法设定5~6个剂量。

5.吡草醚除草生物活性测定　吡草醚分别设置0.75 g/hm^2、1.5 g/hm^2、3.0 g/hm^2、6.0 g/hm^2、12.0 g/hm^2、24.0 g/hm^{2}共6个剂量（有效成分剂量，下同），苯磺隆分别设置2.812 5 g/hm^2、5.625 g/hm^2、11.25 g/hm^2、22.5 g/hm^2、45 g/hm^{2}共5个剂量，以不含药剂的0.1%的吐温-80水溶液作为空白对照。喷液量450 kg/hm^2，每个处理4次重复。施药后详细记录杂草的受害症状，如生长抑制、失绿、畸形等。于施药后30 d，称量各处理杂草地上部分鲜重，计算鲜重防效。同时，计算苯磺隆与吡草醚对同一杂草鲜重抑制90%的有效剂量（GR_{90}）的比值，求得苯磺隆与吡草醚的毒力倍数。

鲜重防效=（空白对照区杂草平均鲜重–处理区杂草平均鲜重）/空白对照区杂草平均鲜重×100%

毒力倍数= GR_{90}（苯磺隆）/ GR_{90}（吡草醚）

6.吡草醚对3个小麦品种生长的影响　小麦长至2叶1心期，进行茎叶喷雾处理试验。施药剂量：吡草醚分别为12 g/hm^2、24 g/hm^2、48 g/hm^2、96 g/hm^2、192 g/hm^2、384 g/hm^2，苯磺隆分别为22.5 g/hm^2、45 g/hm^2、90 g/hm^2、180 g/hm^2、360 g/hm^2，并设0.1%的吐温-80水溶液为空白对照，每个处理4次重复，喷液量450 kg/hm^2。施药后，定期观察各处理小麦植株生长情况，有无药害症状，施药后20 d，测量各处理小麦株高和地上部分鲜重，计算株高抑制率和鲜重抑制率。

株高（鲜重）抑制率=［空白对照区小麦平均株高（鲜重）–处理区小麦平均株高（鲜重）］/空白对照区小麦平均株高（鲜重）×100%

7.吡草醚在供试杂草和3个小麦品种的选择性指数测定　计算药剂对作物鲜重抑制10%的有效剂量（GR_{10}）和对杂草鲜重抑制90%的有效剂量（GR_{90}）的比值，求得药剂的选择性指数；同时计算苯磺隆与吡草醚对小麦的GR_{10}的比值，求得小麦对苯磺隆与吡草醚的耐药性倍数。

选择性指数=作物的GR_{10}/杂草的GR_{90}

耐药性倍数=GR_{10}（苯磺隆）/ GR_{10}（吡草醚）

采用DPS 7.55版统计软件对药剂剂量对数值（x）与杂草防效的概率（y）进行回归分析，建立回归方程（y=a+bx），计算相关系数（r）、杂草鲜重抑制50%的有效剂量（GR_{50}）、杂草鲜重抑制90%的有效剂量（GR_{90}）、95%置信区间等；并对药剂剂量对数值（x）与小麦株高（鲜重）抑制的概率值（y）进行回归分析，求得小麦株高（鲜重）抑制10%的有效剂量（GR_{10}）。采用SPSS 17.0版统计软件对药剂处理和抑制率之间进行单因素方差分析，采用邓肯氏新复极差检验法进行差异显著性分析。

（二）吡草醚对供试杂草的除草活性

吡草醚茎叶处理对阔叶杂草播娘蒿、猪殃殃、荠菜、麦瓶草和麦家公均有很好的防效，施药后5 d，杂草叶片出现干枯，较高剂量处理杂草干枯死亡；施药后30 d低剂量处理杂草重新抽出心叶，继续生长，老叶片枯死。吡草醚对播娘蒿、荠菜和麦瓶草防效最好，GR_{50}分别为1.38 g/hm^2、1.82 g/hm^2、1.44 g/hm^2，GR_{90}分别为3.66 g/hm^2、4.21 g/hm^2、2.57 g/hm^2；对猪殃殃、麦家公也表现出很好的防效，GR_{50}分别为2.41 g/hm^2、3.28 g/ hm^2，GR_{90}分别为11.41 g/hm^2、17.39 g/hm^2；对抗苯磺隆荠菜有一定的控制作用，药剂高剂量处理抗性荠菜叶片边缘干枯，后期心叶抽出正常生长，其GR_{50}和GR_{90}分别为8.82 g/hm^{2}和47.55 g/hm^2（表7–8），对抗性荠菜的GR_{90}高出其推荐剂量约5倍。

苯磺隆茎叶处理后15 d，杂草叶片开始黄化，施药后30 d播娘蒿、猪殃殃、荠菜、麦瓶草和麦家公黄化症状加深，高剂量45.00 g/hm^2、22.5 g/hm^{2}处理组供试杂草枯萎或部分死亡，也均有很好的防效。苯磺隆对播娘蒿、猪殃殃、荠菜、麦瓶草和麦家公的GR_{50}分别为4.95 g/hm^2、6.89 g/hm^2、3.76 g/hm^2、4.88 g/hm^2、3.65 g/hm^2，GR_{90}分别为19.35 g/hm^2、39.26 g/hm^2、9.54 g/hm^2、26.30 g/hm^2、57.50 g/hm^2；在试验设计剂量下，苯磺隆对抗性荠菜无效（表7-9）。

该试验表明，吡草醚对小麦田常见阔叶杂草的除草活性均高于苯磺隆，毒力倍数为苯磺隆的2.27~9.07倍，且对抗性荠菜有一定的防效。

表 7-8 吡草醚对供试阔叶杂草的生物活性

供试杂草	回归方程	相关系数（r）	GR_{50}（95% 置信区间）（g/hm^2）	GR_{90}（95% 置信区间）（g/hm^2）
播娘蒿	y=4.580 6+3.018 6x	0.978 9	1.38（1.07~1.67）	3.66（3.24~4.10）
猪殃殃	y=4.275 7+1.897 5x	0.996 9	2.41（2.01~2.82）	11.41（9.47~14.33）
荠菜	y=4.075 9+3.533 8x	0.930 7	1.82（1.52~2.11）	4.21（3.80~4.66）
麦瓶草	y=4.185 8+1.117 7x	0.841 2	1.44（0.73~2.01）	2.57（1.77~3.16）
麦家公	y=4.087 1+1.769 5x	0.950 4	3.28（2.26~4.52）	17.39（11.23~36.03）
抗性荠菜	y=3.343 8+1.751 6x	0.985 4	8.82（7.39~10.91）	47.55（33.43~75.94）

表 7-9 苯磺隆对供试阔叶杂草的生物活性

供试杂草	回归方程	相关系数（r）	GR_{50}（95% 置信区间）（g/hm^2）	GR_{90}（95% 置信区间）（g/hm^2）
播娘蒿	y=3.494 7+2.166 1x	0.909 1	4.95（3.92~5.94）	19.35（16.52~23.45）
猪殃殃	y=3.578 2+1.696 0x	0.997 1	6.89（5.59~8.22）	39.26（30.64~54.90）
荠菜	y=3.181 7+3.165 1x	0.959 9	3.76（2.78~ 4.63）	9.54 （8.37~10.72）
麦瓶草	y=3.793 9+1.751 7x	0.866 5	4.88（3.73~6.00）	26.30（21.39~34.51）
麦家公	y=4.398 9+1.069 9x	0.972 0	3.65（2.18~5.10）	57.50（37.87~113.20）
抗性荠菜	y=1.801 3+0.751 6x	0.853 8	18 025.79（~）	9 141 101.80（~）

（三）吡草醚对不同品种小麦苗期生长的影响

3个试验小麦品种对吡草醚均有较高的耐药性，高剂量处理对小麦生长发育有一定影响，品种间敏感性差异不大。施药后10 d，高剂量384 g/hm^2、192 g/hm^{2}处理组3个小麦品种叶片表面均出现大小不均的灰白色斑点，施药后20 d叶片斑点增大，严重者顶端黄化，植株轻微矮化，株高抑制率4.9%~9.5%，鲜重抑制率3.0%~9.0%；96 g/hm^2、48 g/hm^2、24 g/hm^2、12 g/hm^{2}处理对小麦各品种无明显药害症状，株高和鲜重抑制率分别−0.4%~4.1%和0~5.2%（表7-10、表7-11）。

3个试验小麦品种对苯磺隆也有很好的耐药性，施药后10 d未见触杀性药害症状，仅高剂量处理360 g/hm^2、180 g/hm^{2}对小麦生长有轻微抑制，品种间敏感性差异不大，中低剂量处理对小麦生长无明显影响；施药后20 d，360 g/hm^2、180 g/hm^{2}处理的小麦株高抑制率为4.4%~9.5%，鲜重抑制率为4.5%~11.9%。其他剂量处理小麦生长发育情况与空白对照无显著差异（表7-12、表7-13）。

表 7-10 吡草醚对不同小麦品种苗期株高的影响

剂量（g/hm^2）	济麦 22		良星 66		矮抗 58	
	株高（cm）	抑制率（%）	株高（cm）	抑制率（%）	株高（cm）	抑制率（%）
12	22.6 ± 1.3a	−0.4 ± 5.6a	24.0 ± 0.3a	0.4 ± 1.4a	23.8 ± 0.1a	0.4 ± 0.5a
24	22.5 ± 0.8ab	0.0 ± 3.7a	24.2 ± 0.4a	−0.4 ± 1.5a	23.9 ± 0.4a	0.0 ± 1.7a
48	22.3 ± 0.5ab	0.9 ± 2.0a	23.7 ± 0.3ab	1.7 ± 1.1ab	23.6 ± 0.2ab	1.3 ± 0.8ab
96	22.0 ± 0.5ab	2.2 ± 2.4a	23.1 ± 0.4b	4.1 ± 1.5b	23.1 ± 0.5b	3.3 ± 2.1b
192	21.4 ± 0.3bc	4.9 ± 1.2ab	22.4 ± 0.6c	7.1 ± 2.5c	22.2 ± 0.3c	7.1 ± 1.3c
384	20.5 ± 0.6c	8.9 ± 2.5b	21.8 ± 0.3d	9.5 ± 1.3d	21.7 ± 0.5c	9.2 ± 2.1c

续表

剂量（g/hm²）	济麦 22		良星 66		矮抗 58	
	株高（cm）	抑制率（%）	株高（cm）	抑制率（%）	株高（cm）	抑制率（%）
对照 CK	22.5 ± 0.2a	—	24.1 ± 0.4a	—	23 .9 ± 0.5a	—
回归方程	y=0.412 6+1.267 9x		y=1.172 3+1.001 4x		y=1.030 5+1.049 1x	
相关系数（r）	0.939 7		0.755 7		0.761 5	
GR_{10}（g/hm²）	404.88		384.7		364.83	

注：表中数据为平均数 ± 标准差。同列数据后不同字母表示经邓肯氏新复极差检验法在 P<0.05 水平差异显著。

表 7-11 吡草醚对不同小麦品种苗期鲜重的影响

剂量（g/hm²）	济麦 22		良星 66		矮抗 58	
	鲜重（g）	抑制率（%）	鲜重（g）	抑制率（%）	鲜重（g）	抑制率（%）
12	5.6 ± 0.3a	3.4 ± 5.9a	6.7 ± 0.6a	0.0 ± 9.6a	6.7 ± 0.5a	0.0 ± 7.9a
24	5.7 ± 0.4a	1.7 ± 6.2a	6.7 ± 0.6a	0.0 ± 9.5a	6.6 ± 0.1a	1.5 ± 1.9ab
48	5.5 ± 0.1a	5.2 ± 1.7a	6.6 ± 0.3a	1.5 ± 4.7a	6.7 ± 0.4a	0.0 ± 6.0ab
96	5.6 ± 0.1a	3.4 ± 1.7a	6.7 ± 0.3a	0.0 ± 4.5a	6.4 ± 0.2a	4.5 ± 3.2ab
192	5.4 ± 0.2a	6.9 ± 3.8a	6.5 ± 0.2a	3.0 ± 2.2a	6.3 ± 0.2a	6.0 ± 3.1ab
384	5.3 ± 0.2a	8.6 ± 3.1a	6.3 ± 0.2a	6.0 ± 2.5a	6.1 ± 0.3a	9.0 ± 4.5b
对照 CK	5.8 ± 0.4a	—	6.7 ± 0.4a	—	6.7 ± 1.0a	—
回归方程	y=2.611 3+0.381 7x		y=0.507 6+1.130 0x		y=1.220 9+0.961 2x	
相关系数（r）	0.785 7		0.749 6		0.749 8	
GR_{10}（g/hm²）	796.00		694.23		396.55	

表 7-12 苯磺隆对不同小麦品种苗期株高的影响

剂量（g/hm²）	济麦 22		良星 66		矮抗 58	
	株高（cm）	抑制率（%）	株高（cm）	抑制率（%）	株高（cm）	抑制率（%）
22.5	22.5 ± 0.4a	0.0 ± 1.8a	24.0 ± 0.4a	0.4 ± 1.8a	23.8 ± 0.6a	0.4 ± 2.7a
45	22.5 ± 0.4a	0.0 ± 2.0a	24.1 ± 0.4a	0.0 ± 1.8a	23.8 ± 0.4a	0.4 ± 1.6a
90	22.4 ± 0.5a	0.4 ± 2.4a	23.9 ± 0.6a	0.8 ± 2.6a	23.0 ± 0.4a	3.8 ± 1.6ab
180	21.5 ± 0.5b	4.4 ± 2.4b	22.6 ± 0.3b	6.2 ± 1.3b	22.1 ± 0.8b	7.5 ± 3.3bc
360	20.7 ± 0.3c	8.0 ± 1.5c	21.8 ± 0.8b	9.5 ± 3.3b	21.7 ± 0.6b	9.2 ± 2.6c
对照 CK	22.5 ± 0.2a	—	24.1 ± 0.4a	—	23.9 ± 0.5a	—
回归方程	y=1.833 1x−1.025 6		y=1.752 4x−0.460 4		y=0.924 9+1.111 4x	
相关系数（r）	0.959 8		0.731 8		0.946 9	
GR_{10}（g/hm²）	387.22		347.97		326.19	

表 7-13 苯磺隆对不同小麦品种苗期鲜重的影响

剂量（g/hm^2）	济麦 22		良星 66		矮抗 58	
	鲜重（g）	抑制率（%）	鲜重（g）	抑制率（%）	鲜重（g）	抑制率（%）
22.5	5.8 ± 0.4a	0.0 ± 6.0a	6.6 ± 0.4a	1.5 ± 5.6a	6.7 ± 0.3a	0.0 ± 4.5a
45	5.6 ± 0.2a	3.4 ± 2.9ab	6.7 ± 0.2a	0.0 ± 3.6a	6.7 ± 0.3a	0.0 ± 4.7a
90	5.7 ± 0.3a	1.7 ± 5.1ab	6.5 ± 0.3a	3.0 ± 4.4a	6.6 ± 0.3a	1.5 ± 4.4a
180	5.4 ± 0.3a	6.9 ± 5.1ab	6.2 ± 0.2b	7.5 ± 3.3ab	6.4 ± 0.4a	4.5 ± 5.5ab
360	5.3 ± 0.3a	8.6 ± 5.1b	5.9 ± 0.3b	11.9 ± 4.9b	6.0 ± 0.2a	10.4 ± 3.3b
对照 CK	5.8 ± 0.4a	—	6.7 ± 0.4a	—	6.7 ± 1.0a	—
回归方程	y=1.395 0 + 0.894 0x		y=0.971 4 + 1.116 9x		y=1.739 6 x – 0.674 5	
相关系数（r）	0.819		0.621 2		0.944 2	
GR_{10}（g/hm^2）	397.16		288.01		335.13	

（四）吡草醚对小麦和杂草的选择性

吡草醚对济麦22、良星66和矮抗58的GR_{10}分别为796.00 g/hm^2、694.23 g/hm^2和396.55 g/hm^2，苯磺隆对这3个小麦品种的GR_{10}分别为397.16 g/hm^2、288.01 g/hm^2和335.13 g/hm^2；3个小麦品种对吡草醚的耐药性分别为苯磺隆的2.00倍、2.41倍和1.18倍。吡草醚在3个小麦品种济麦22、良星66和矮抗58与5种杂草之间的选择性指数为22.80~309.73，苯磺隆在3个小麦品种与5种杂草之间的选择性指数为5.01~41.63，均低于吡草醚（表7-14），该试验结果说明吡草醚在小麦与靶标杂草之间有极好的选择性，优于苯磺隆。

表 7-14 吡草醚和苯磺隆在 3 个小麦品种和不同杂草间的选择性指数

小麦品种	药剂	播娘蒿	猪殃殃	荠菜	抗性荠菜	麦瓶草	麦家公
济麦 22	吡草醚	217.49	69.76	189.07	16.74	309.73	45.77
	苯磺隆	20.53	10.12	41.63	0.00	15.10	6.91
良星 66	吡草醚	189.68	60.84	164.90	14.60	270.13	39.92
	苯磺隆	14.88	7.34	30.149	0.00	10.95	5.01
矮抗 58	吡草醚	108.35	34.75	94.19	8.34	154.30	22.80
	苯磺隆	17.32	8.54	35.13	0.00	12.74	5.83

（五）讨论与结论

苯磺隆为我国北方小麦田防除阔叶杂草的主要药剂之一，用于综合判断其他除草剂的优劣，具有一定的标尺作用。本试验以苯磺隆为对照药剂，对比研究了吡草醚的除草生物活性及对小麦的安全性，结果表明吡草醚速效性好，对小麦田阔叶杂草具有很好的触杀活性，但后期低剂量处理有返青现象；结合其田间推荐剂量（9~12 g/hm^2）可以看出，该药对小麦田杂草播娘蒿、荠菜、麦瓶草的防效较好，对猪殃殃、麦家公的防效略差。许杰等报道，吡草醚5.63 g/hm^2田间喷施，施药后15 d对播娘蒿、猪殃殃、麦家公的株防效分别为92.3%、80.3%和55.1%，施药后50 d鲜重防效分别为82.6%、73.8%和48.0%；而苯磺隆13.5 g/hm^2处理药后15 d，株防效均为0，施药后50 d鲜重防效分别为76.7%、83.8%和56.9%，与本试验结果基本一致。吡草醚速效性好，施药后15 d的株防效远高于苯磺隆，而施药后50 d，吡草醚处理的未死亡植株返青生长，防效下降。吡草醚的速效性与原卟啉原Ⅳ氧化酶抑制剂这类除草剂的药剂特性有关，该类药剂对杂草以快速触杀作用为主，传导作用有限。吡草醚对部分抗乙酰乳酸合成酶抑制剂和抗三氮苯除草剂的杂草的防效良好，本试验中苯磺隆试验剂量下对抗性荠菜无效，吡草醚则有一定的控制作用，但防效显著下降，推荐剂量下对高抗苯磺隆的荠菜的控制效果也较差，可能与苯磺隆有不同程度的交互抗性，交互抗性机制有待于进一步试验研究。

在开发高效除草剂的过程中，对作物的安全性是综合判断除草剂优劣的重要指标。本研究发现，吡草醚高剂量处理小麦叶片出现大小不均的灰白色触杀斑点，后期叶片顶端黄化。许杰等（2001）报道，吡草醚5.63 g/hm^{2}田间喷施对皖麦19安全；郭言斌（2005）报道，吡草醚9 g/hm^{2}田间喷施，徐麦24叶片出现灰白色灼伤斑点，但不影响小麦后期产量。本试验仅为温室盆栽试验结果，吡草醚田间施药，对生产中大面积推广的小麦品种的安全性还有待于进一步试验研究。

唑草酮为目前生产上应用较广的触杀型除草剂，在小麦田单独使用也存在杂草返青问题，但该药与苯磺隆、2甲4氯、双氟磺草胺等药剂混用取得了很好的效果。吡草醚与其作用特点相似，也可采用与其他类型除草剂混用的方式施用，既可提高其他药剂的速效性，又可以延长药剂持效期，扩大杀草谱，吡草醚与其他药剂的联合毒力、联合作用方式、田间效果等有待于进一步试验研究。

综合以上分析，吡草醚在温室盆栽试验材料上使用茎叶喷雾处理，对阔叶杂草具有速效性好、活性高、选择性强等优点，是很有开发前景的一种小麦田除草剂。但是该药触杀活性强、传导作用差，在低剂量或田间喷洒不匀的情况下，容易出现杂草死亡不彻底、返青继续生长的现象，因此该药不宜单独推广使用，宜与其他作用类型的除草剂混用，这样不仅可以扩大杀草谱、提高除草效果，而且还可以有效预防和延缓杂草对其产生抗药性。

四、氟氯吡啶酯的杀草谱室内测定

氟氯吡啶酯是一种全新作用类型的高效除草剂，属人工合成激素类除草剂新成员芳香基吡啶甲酸类，可用于小麦田防除阔叶杂草。氟氯吡啶酯活性高，田间推荐剂量较低。

（一）材料与方法

1.供试药剂　氟氯吡啶酯（halauxifen-methyl）原药，陶氏益农农业科技（中国）有限公司生产。

2.供试杂草　猪殃殃、荠菜、播娘蒿、麦瓶草、麦家公，均采自济南周边小麦田。

3.仪器　ASS-4型农药自动控制喷洒系统，扇形喷头，结合喷头压力、流量等，按实际喷药面积（1.1 m^2）喷洒50 mL药液（折合亩用水量30 kg），调试好运行速度，将待处理的塑料盆均匀排列在喷雾台上，进行均匀喷雾处理。喷雾压力0.35 MPa，扇形喷头流量800 mL/min。由低量至高量依次喷施。每个处理重复4次。

4.采用温室盆栽法　挑选均匀一致的杂草种子播于直径为9 cm的塑料盆中，覆土1~2 mm，放入装有水的搪瓷盘中，让水逐渐渗入，等水渗到土表后转移到日光型玻璃温室内培养，自然光照，温度15~25 ℃。杂草出苗后进行间苗定株，保证植株密度及大小一致。在播娘蒿、荠菜、麦瓶草和麦家公长至4~5叶期、猪殃殃1轮复叶期，进行茎叶喷雾处理试验。

用电子天平准确称取一定量试验药剂，加适量乳化剂和N，N-二甲基甲酰胺溶解后，用0.1%吐温-80水溶液配成1%母液，药液配制也用0.1%吐温-80水溶液稀释。参照《农药室内生物测定试验准则 除草剂》（中华人民共和国农业部，2007），每药剂采用倍量稀释法设定6个剂量。

（二）氟氯吡啶酯对供试杂草的除草活性

室内试验结果表明：氟氯吡啶酯对小麦田5种常见阔叶杂草播娘蒿、荠菜、猪殃殃、麦家公和麦瓶草均有很好的防效，施药后阔叶杂草扭曲明显，抑制生长，而后茎叶黄化，最后干枯死亡。比较来看，对播娘蒿、荠菜和猪殃殃的防效最好，其GR_{50}分别为0.11 g/hm^2、0.45 g/hm^2、0.36 g/hm^2，GR_{90}分别为2.89 g/hm^2、7.68 g/hm^{2}和2.98 g/hm^2。对麦家公和麦瓶草的防效差于以上3种杂草，对麦家公和麦瓶草的GR_{50}分别为2.30 g/hm^{2}和3.32 g/hm^2，GR_{90}分别为21.19 g/hm^{2}和28.45 g/hm^2（表7-15）。

与常规的双氟磺草胺和2，4-滴异辛酯相比，氟氯吡啶酯作用速度和后期阔叶杂草死亡率均好于双氟磺草胺，对猪殃殃的效果明显好于2，4-滴异辛酯。

表 7-15　氟氯吡啶酯对小麦田阔叶杂草的室内防除效果

杂草	毒力回归方程	相关系数（r）	GR_{50}（95% 置信区间）（g/hm^2）	GR_{90}（95% 置信区间）（g/hm^2）
播娘蒿	y=5.865 4+0.901 9x	0.949 0	0.109 8（0.025 8~0.259 3）	2.894 0（1.455 6~7.040 1）
荠菜	y=5.358 6+1.042 5x	0.931 3	0.452 9（0.139 7~1.027 5）	7.678 3（3.154 8~35.187 9）
麦家公	y=4.520 0+1.328 4x	0.958 5	2.297 9（1.492 8~3.790 8）	21.185 3（10.926 7~56.814 9）
猪殃殃	y=5.617 0+1.401 3x	0.935 3	0.362 8（0.154 3~0.647 9）	2.979 9（1.719 5~6.250 7）
麦瓶草	y=4.285 1+1.373 0x	0.900 6	3.316 6（1.438 1~13.260 0）	28.451 4（8.392 4~565.774 8）

五、啶磺草胺的杀草谱室内测定

啶磺草胺对雀麦、看麦娘等禾本科杂草具有较好的防效，对产生苯磺隆抗性的播娘蒿、荠菜的控制效果差，目前生产上主要用于防除雀麦、看麦娘等禾本科杂草。田间推荐剂量为10.55~14.06 g/hm^2（有效成分剂量，下同）。

（一）材料与方法

1.供试药剂　7.5%啶磺草胺水分散粒剂，陶氏益农农业科技（中国）有限公司生产。

2.供试杂草　雀麦、日本看麦娘、蜡烛草、看麦娘、硬草、菵草、野燕麦、多花黑麦草、早熟禾、碱茅、棒头草和节节麦，杂草种子均采自山东省境内小麦田。

3.仪器　ASS-4型农药自动控制喷洒系统，扇形喷头，结合喷头压力、流量等，按实际喷药面积（1.1 m^2）喷洒50 mL药液（折合亩用水量30 kg），调试好运行速度，将待处理的塑料盆均匀排列在喷雾台上，进行均匀喷雾处理。喷雾压力0.35 MPa，扇形喷头流量800 mL/min。由低量至高量依次喷施。每个处理重复4次。

4.采用温室盆栽法　挑选均匀一致的杂草种子播于直径为9 cm的塑料盆中，覆土1~2 mm，放入装有水的搪瓷盘中，让水逐渐渗入，等水渗到土表后转移到日光型玻璃温室内培养，自然光照，温度15~25 ℃。杂草或小麦出苗后进行间苗定株，保证植株密度及大小一致。在禾本科杂草2叶1心期进行茎叶喷雾处理试验。

用电子天平准确称取一定量试验药剂，加适量乳化剂和N，N-二甲基甲酰胺溶解后，用0.1%吐温-80水溶液配成1%母液，药液配制也用0.1%吐温-80水溶液稀释。参照《农药室内生物测定试验准则　除草剂》（中华人民共和国农业部，2006），每药剂采用倍量稀释法设定6个剂量。

（二）啶磺草胺对供试杂草的除草活性

室内试验结果表明：啶磺草胺对雀麦等8种禾本科杂草均有较好的防效，其中对看麦娘、日本看麦娘、蜡烛草和早熟禾的防效最好，施药后杂草心叶逐渐黄化，而后干枯死亡，其次，对雀麦、多花黑麦草、棒头草和碱茅也有较好的防效，对菵草、野燕麦、硬草的防效差，对节节麦的防效最差（表7-16）。

表 7-16　啶磺草胺对小麦田杂草的室内防除效果

杂草	毒力回归方程	GR_{50}（95% 置信区间）（g/hm^2）	GR_{90}（95% 置信区间）（g/hm^2）
雀麦	y=5.500 5+0.567 3x	0.15（0.01~0.47）	26.80（11.93~270.54）

续表

杂草	毒力回归方程	GR_{50}（95% 置信区间）（g/hm^2）	GR_{90}（95% 置信区间）（g/hm^2）
日本看麦娘	y=5.954 5+1.103 6x	0.16（0.02~0.39）	2.23（1.33~3.15）
蜡烛草	y=5.859 5+0.763 5x	0.08（0.01~0.29）	4.02（2.51~6.93）
看麦娘	y=6.467 1+0.970 3x	0.03（0.01~0.21）	0.72（0.06~1.51）
硬草	y=4.899 4+0.331 2x	2.26（0.25~5.16）	16 772.42（872.56~20 352.41）
菵草	y=5.203 5+0.575 1x	0.50（0.08~1.05）	84.30（28.15~1 654.20）
野燕麦	y=4.144 8+0.943 1x	9.08（4.21~451.01）	207.41（31.43~852.35）
多花黑麦草	y=4.292 7+1.507 4x	3.32（2.03~5.27）	23.47（11.72~128.12）
早熟禾	y=3.993 3+2.402 6x	2.95（2.59~3.35）	10.08（8.42~12.68）
碱茅	y=4.075 6+1.441 9x	4.93（3.27~8.70）	38.10（17.07~264.62）
棒头草	y=4.107 7+1.474 8x	4.53（3.77~5.57）	29.79（19.76~54.05）
节节麦	差	—	—

六、甲基二磺隆的杀草谱室内测定

甲基二磺隆是小麦田苗后防除禾本科杂草和部分阔叶杂草的选择性内吸型茎叶处理除草剂，施药适期宽，可防除硬草、早熟禾、碱茅、棒头草、看麦娘、菵草、毒麦、多花黑麦草、野燕麦、蜡烛草、牛繁缕、荠菜等小麦田多数一年生禾本科杂草和部分阔叶杂草，对节节麦等恶性禾本科杂草也有较好的控制效果。田间推荐剂量为9~15.7 g/hm^2（有效成分剂量，下同）。

（一）材料与方法

1.供试药剂　30 g/L甲基二磺隆可分散油悬浮剂，拜耳作物科学（中国）有限公司生产。

2.供试杂草　雀麦、日本看麦娘、蜡烛草、看麦娘、硬草、菵草、野燕麦、多花黑麦草、早熟禾、碱茅、棒头草和节节麦，杂草种子均采自山东省境内小麦田。

3.仪器　ASS-4型农药自动控制喷洒系统，扇形喷头，结合喷头压力、流量等，按实际喷药面积（1.1 m^2）喷洒50 mL药液（折合亩用水量30 kg），调试好运行速度，将待处理的塑料盆均匀排列在喷雾台上，进行均匀喷雾处理。喷雾压力0.35 MPa，扇形喷头流量800 mL/min。由低量至高量依次喷施。每个处理重复4次。

4.采用温室盆栽法　挑选均匀一致的杂草种子播于直径为9 cm的塑料盆中，覆土1~2 mm，放入装有水的搪瓷盘中，让水逐渐渗入，等水渗到土表后转移到日光型玻璃温室内培养，自然光照，温度15~25 ℃。杂草或小麦出苗后进行间苗定株，保证植株密度及大小一致。在禾本科杂草2叶1心期进行茎叶喷雾处理试验。

用电子天平准确称取一定量试验药剂，加适量乳化剂和N，N-二甲基甲酰胺溶解后，用0.1%吐温-80水溶液配成1%母液，药液配制也用0.1%吐温-80水溶液稀释。参照《农药室内生物测定试验准则 除草剂》（中华人民共和国农业部，2006），每药剂采用倍量稀释法设定6个剂量。

（二）甲基二磺隆对供试杂草的除草活性

室内试验结果表明：甲基二磺隆对看麦娘、日本看麦娘、蜡烛草、早熟禾、菵草和硬草的防效均较好，对雀麦也有较好的防效，对节节麦有一定的防效，但对野燕麦、多花黑麦草、碱茅和棒头草的防效差。详见表7-17。

表 7-17　甲基二磺隆对小麦田杂草的室内防除效果

杂草	毒力回归方程	GR_{50}（95% 置信区间）（g/hm^2）	GR_{90}（95% 置信区间）（g/hm^2）
雀麦	y=4.373 5+0.815 0x	2.64（1.92~3.79）	98.69（37.21~654.79）
日本看麦娘	y=5.233 9+0.711 3x	0.21（0.04~0.45）	13.37（7.17~51.94）
蜡烛草	y=3.427 5+1.661 0x	3.98（3.31~4.99）	23.52（15.72~41.79）
看麦娘	y=2.874 9+6.180 7x	0.99（0.21~1.46）	1.60（0.75~2.09）
硬草	y=4.513 1+0.993 3x	1.39（0.98~1.82）	27.14（15.06~73.96）
茵草	y=4.735 2+0.926 4x	0.87（0.51~1.22）	21.01（11.81~58.27）
野燕麦	y=3.174 7+0.895 2x	49.22（19.26~410.99）	1 329.27（208.14~98 341.20）
多花黑麦草	差	—	—
早熟禾	y=3.075 2+2.440 1x	2.77（2.44~3.16）	9.27（7.46~12.29）
碱茅	差	—	—
棒头草	差	—	—
节节麦	有一定效果	—	—

七、氟唑磺隆的杀草谱室内测定

氟唑磺隆为磺酰脲类内吸、传导、选择性除草剂，适用于春小麦和冬小麦苗后茎叶喷雾处理，可被杂草的根和茎叶吸收，可防除野燕麦、雀麦、狗尾草、看麦娘等禾本科杂草，并能防除多种阔叶杂草，对春小麦和冬小麦的安全性较好，持效期长。田间推荐剂量为31.5~42 g/hm^2（有效成分剂量，下同）。

（一）材料与方法

1.供试药剂　70%氟唑磺隆水分散粒剂，爱利思达生物化学品北美有限公司生产。

2.供试杂草　雀麦、日本看麦娘、蜡烛草、看麦娘、硬草、茵草、野燕麦、多花黑麦草、早熟禾、碱茅、棒头草和节节麦，杂草种子均采自山东省境内小麦田。

3.仪器　ASS-4型自动控制喷洒系统，扇形喷头，结合喷头压力、流量等，按实际喷药面积（1.1 m^2）喷洒50 mL药液（折合亩用水量30 kg），调试好运行速度，将待处理的塑料盆均匀排列在喷雾台上，进行均匀喷雾处理。喷雾压力0.35 MPa，扇形喷头流量800 mL/min。由低量至高量依次喷施。每个处理重复4次。

4.采用温室盆栽法　挑选均匀一致的杂草种子播于直径为9 cm的塑料盆中，覆土1~2 mm，放入装有水的搪瓷盘中，让水逐渐渗入，等水渗到土表后转移到日光型玻璃温室内培养，自然光照，温度15~25 ℃。杂草或小麦出苗后进行间苗定株，保证植株密度及大小一致。在禾本科杂草2叶1心期进行茎叶喷雾处理试验。

用电子天平准确称取一定量试验药剂，加适量乳化剂和N，N-二甲基甲酰胺溶解后，用0.1%吐温-80水溶液配成1%母液，药液配制也用0.1%吐温-80水溶液稀释。参照《农药室内生物测定试验准则　除草剂》（中华人民共和国农业部，2006），每药剂采用倍量稀释法设定6个剂量。

（二）氟唑磺隆对供试杂草的除草活性

试验结果表明：氟唑磺隆对雀麦、看麦娘、茵草的防效均较好，对日本看麦娘、早熟禾、碱茅、蜡烛草、野燕麦也有一定的防效，但对硬草、多花黑麦草、棒头草和节节麦的防效差（表7-18）。

表 7-18　氟唑磺隆对小麦田杂草的室内防除效果

杂草	毒力回归方程	GR_{50}（95% 置信区间）（g/hm^2）	GR_{90}（95% 置信区间）（g/hm^2）
雀麦	y=5.599 8+1.240 0x	3.72（2.36~4.95）	39.94（28.91~64.69）
日本看麦娘	y=5.950 3+0.306 6x	0.11（0.01~14.06）	135.34（71.44~239.85）
蜡烛草	y=4.744 4+1.274 8x	17.89（9.79~59.29）	180.68（56.14~21 875.63）
看麦娘	y=7.372 2+3.499 5x	2.36（1.24~3.38）	5.51（3.94~6.64）
硬草	y=5.350 7+0.336 0x	11.36（1.24~39.26）	74 566.80（352.62~83 523.25）
茵草	y=6.144 6+1.190 1x	1.24（0.45~2.14）	14.63（11.14~20.36）
野燕麦	y=3.957 8+1.738 7x	44.78（21.04~2 034.45）	244.13（61.76~8 920.60）
多花黑麦草	y=4.122 5+1.043 9x	77.96（25.88~）	1 316.81（130.50~）
早熟禾	y=4.967 5+1.281 2x	11.93（9.68~14.85）	119.36（74.81~242.66）
碱茅	y=3.853 8+1.709 9x	52.65（26.66~469.46）	295.76（84.83~25 057.13）
棒头草	y=3.395 0+1.826 4x	85.05（51.98~203.18）	428.18（184.39~1 957.50）
节节麦	差	—	—

八、唑啉草酯的杀草谱室内测定

唑啉草酯为内吸传导型，用于大麦田、小麦田苗后茎叶处理的新一代除草剂，可防除黑麦草、看麦娘、茵草和棒头草等大多数一年生禾本科杂草。田间推荐剂量为45~60 g/hm^2（有效成分剂量，下同）。

（一）材料与方法

1.供试药剂　5%唑啉草酯乳油，瑞士先正达作物保护有限公司生产。

2.供试杂草　雀麦、日本看麦娘、蜡烛草、看麦娘、硬草、茵草、野燕麦、多花黑麦草、早熟禾、碱茅、棒头草和节节麦，杂草种子均采自山东省境内小麦田。

3.仪器　ASS-4型农药自动控制喷洒系统，扇形喷头，结合喷头压力、流量等，按实际喷药面积（1.1 m^2）喷洒50 mL药液（折合亩用水量30 kg），调试好运行速度，将待处理的塑料盆均匀排列在喷雾台上，进行均匀喷雾处理。喷雾压力0.35 MPa，扇形喷头流量800 mL/min。由低量至高量依次喷施。每个处理重复4次。

4.采用温室盆栽法　挑选均匀一致的杂草种子播于直径为9 cm的塑料盆中，覆土1~2 mm，放入装有水的搪瓷盘中，让水逐渐渗入，等水渗到土表后转移到日光型玻璃温室内培养，自然光照，温度15~25 ℃。杂草或小麦出苗后进行间苗定株，保证植株密度及大小一致。在禾本科杂草2叶1心期进行茎叶喷雾处理试验。

用电子天平准确称取一定量试验药剂，加适量乳化剂和N，N-二甲基甲酰胺溶解后，用0.1%吐温-80水溶液配成1%母液，药液配制也用0.1%吐温-80水溶液稀释。参照《农药室内生物测定试验准则 除草剂》（中华人民共和国农业部，2006），每药剂采用倍量稀释法设定6个剂量。

（二）唑啉草酯对供试杂草的除草活性

室内试验结果表明：唑啉草酯对棒头草、多花黑麦草、碱茅和看麦娘均有较好的防效，对蜡烛草、菵草、日本看麦娘也有较好的防效，对硬草、野燕麦、早熟禾、节节麦的防效差，对雀麦无效（表7-19）。

表 7-19 唑啉草酯对小麦田杂草的室内防除效果

杂草	毒力回归方程	GR_{50}（95% 置信区间）（g/hm^2）	GR_{90}（95% 置信区间）（g/hm^2）
雀麦	无效	—	—
日本看麦娘	y=3.712 3+1.497 8x	54.30（35.63~72.60）	389.40（309.90~528.45）
蜡烛草	y=−0.101 2+4.569 3x	98.03（27.00~143.40）	187.05（120.00~290.55）
看麦娘	y=−2.05+7.81x	59.93（33.90~61.95）	87.45（65.18~114.30）
硬草	y=3.485 6+1.581 4x	68.03（48.60~86.85）	439.58（350.63~595.13）
菵草	y=2.846 3+2.701 7x	47.03（30.30~62.63）	140.18（117.53~161.78）
野燕麦	y=3.377 4+1.329 0x	124.73（79.65~174.38）	1 148.93（750.38~1 509.90）
多花黑麦草	y=0.449 1+3.535 2x	14.54（12.99~16.08）	33.49（29.72~38.68）
早熟禾	y=2.148 4+1.267 2x	133.46（51.43~18 517.03）	1 369.84（216.28~2 645.06）
碱茅	y=2.458 2+1.992 2x	14.15（8.34~20.96）	62.25（37.83~183.52）
棒头草	y=−0.694 9+4.912 0x	10.82（9.41~12.09）	19.74（18.16~21.52）
节节麦	差	—	—

九、炔草酯的杀草谱室内测定

炔草酯是用于苗后茎叶处理的小麦田除草剂，对野燕麦、看麦娘、硬草、菵草、棒头草等大多数重要的一年生禾本科杂草有着较好的防效，具有耐低温、耐雨水冲刷、使用适期宽等特点。田间推荐剂量为45~67.5 g/hm^2（有效成分剂量，下同）。

（一）材料与方法

1.供试药剂 15%炔草酯可湿性粉剂，瑞士先正达作物保护有限公司生产。

2.供试杂草 雀麦、日本看麦娘、蜡烛草、看麦娘、硬草、菵草、野燕麦、多花黑麦草、早熟禾、碱茅、棒头草和节节麦，杂草种子均采自山东省境内小麦田。

3.仪器 ASS-4型自动控制喷洒系统，扇形喷头，结合喷头压力、流量等，按实际喷药面积（1.1 m^2）喷洒50 mL药液（折合亩用水量30 kg），调试好运行速度，将待处理的塑料盆均匀排列在喷雾台上，进行均匀喷雾处理。喷雾压力0.35 MPa，扇形喷头流量800 mL/min。由低量至高量依次喷施。每个处理重复4次。

4.采用温室盆栽法 挑选均匀一致的杂草种子播于直径为9 cm的塑料盆中，覆土1~2 mm，放入装有水的搪瓷盘中，让水逐渐渗入，等水渗到土表后转移到日光型玻璃温室内培养，自然光照，温度15~25 ℃。杂草或小麦出苗后进行间苗定株，保证植株密度及大小一致。在禾本科杂草2叶1心期进行茎叶喷雾处理试验。

用电子天平准确称取一定量试验药剂，加适量乳化剂和N，N-二甲基甲酰胺溶解后，用0.1%吐温-80水溶液配成1%母液，药液配制也用0.1%吐温-80水溶液稀释。参照《农药室内生物测定试验准则》（中华人民共和国农业部，2006），每药剂采用倍量稀释法设定6个剂量。

（二）炔草酯对供试杂草的除草活性

室内试验结果表明：炔草酯对看麦娘、日本看麦娘、蜡烛草、菵草、野燕麦、多花黑麦草、碱茅、棒头草均有很好的防效，对硬草的防效也较好，但对早熟禾和节节麦的防效差，对雀麦无效（表7-20）。

表 7-20 炔草酯对小麦田杂草的室内防除效果

杂草	毒力回归方程	GR_{50}（95% 置信区间）（g/hm^2）	GR_{90}（95% 置信区间）（g/hm^2）
雀麦	无效	—	—
日本看麦娘	y=5.595 5+0.635 8x	0.27（0.02~1.35）	27.00（15.23~56.34）
蜡烛草	y=3.930 3+2.251 8x	6.72（4.75~8.60）	24.91（21.44~29.18）
看麦娘	y=3.596 9+3.410 3x	5.81（3.71~7.70）	13.79（11.23~15.93）
硬草	y=5.475 6+0.485 8x	0.56（0.05~3.40）	231.98（106.22~4 234.84）
菵草	y=4.199 5+1.997 3x	5.67（0.90~10.37）	24.82（15.39~43.61）
野燕麦	y=2.900 1+2.437 0x	16.36（8.01~25.72）	54.92（33.46~187.81）
多花黑麦草	y=4.432 2+1.456 7x	5.51（0.88~10.46）	41.85（25.65~115.94）
早熟禾	y=3.146 9+1.055 1x	159.68（94.66~403.61）	2 617.29（835.94~21 867.66）
碱茅	y=2.600 6+2.794 3x	16.25（14.24~18.29）	46.71（40.50~55.64）
棒头草	y=3.124 1+2.639 4x	11.57（4.84~17.37）	35.35（24.01~71.29）
节节麦	差	—	—

十、精噁唑禾草灵的杀草谱室内测定

精噁唑禾草灵为内吸型选择性茎叶除草剂，施药适期宽、安全性好、药效稳定，可防除看麦娘、棒头草、硬草、菵草、稗草、野燕麦及狗尾草等小麦田常见的一年生禾本科杂草。在推荐剂量下施用对当茬小麦和下茬作物安全。田间推荐剂量为41.4~51.75 g/hm^2（有效成分剂量，下同）。

（一）材料与方法

1.供试药剂　69 g/L精噁唑禾草灵水乳剂，拜耳作物科学（中国）有限公司生产。

2.供试杂草　雀麦、日本看麦娘、蜡烛草、看麦娘、硬草、菵草、野燕麦、多花黑麦草、早熟禾、碱茅、棒头草和节节麦，杂草种子均采自山东省境内小麦田。

3.仪器　ASS-4型农药自动控制喷洒系统，扇形喷头，结合喷头压力、流量等，按实际喷药面积（1.1 m^2）喷洒50 mL药液（折合亩用水量30 kg），调试好运行速度，将待处理的塑料盆均匀排列在喷雾台上，进行均匀喷雾处理。喷雾压力0.35 MPa，扇形喷头流量800 mL/min。由低量至高量依次喷施。每个处理重复4次。

4.采用温室盆栽法　挑选均匀一致的杂草种子播于直径为9 cm的塑料盆中，覆土1~2 mm，放入装有水的搪瓷盘中，让水逐渐渗入，等水渗到土表后转移到日光型玻璃温室内培养，自然光照，温度15~25 ℃。杂草或小麦出苗后进行间苗定株，保证植株密度及大小一致。在禾本科杂草2叶1心期进行茎叶喷雾处理试验。

用电子天平准确称取一定量试验药剂，加适量乳化剂和N，N-二甲基甲酰胺溶解后，用0.1%吐温-80水溶液配成1%母液，药液配制也用0.1%吐温-80水溶液稀释。参照《农药室内生物测定试验准则除草剂》（中华人民共和国农业部，2006），每药剂采用倍量稀释法设定6个剂量。

（二）精噁唑禾草灵对供试杂草的除草活性

室内试验结果表明：精噁唑禾草灵对看麦娘、棒头草、菵草、日本看麦娘、蜡烛草、硬草、野燕麦均有很好的防效，对碱茅、多花黑麦草和节节麦的防效差，对雀麦、早熟禾无效（表7-21）。

表 7-21 精噁唑禾草灵对小麦田杂草的室内防除效果

杂草	毒力回归方程	GR_{50}（95% 置信区间）（g/hm^2）	GR_{90}（95% 置信区间）（g/hm^2）
雀麦	无效	—	—
日本看麦娘	y=4.945 2+0.716 1x	1.23（0.03~4.41）	76.03（48.14~151.68）
蜡烛草	y=3.495 0+1.505 7x	10.34（5.81~14.98）	73.38（59.27~95.01）
看麦娘	y=4.060 7+1.647 3x	3.85（0.77~8.12）	23.07（12.77~31.90）
硬草	y=3.834 3+1.274 8x	8.50（4.09~13.25）	86.02（66.78~120.20）
菵草	y=3.675 4+1.588 7x	7.06（3.14~11.37）	45.23（35.31~56.62）
野燕麦	y=1.993 4+2.271 5x	21.81（17.17~26.20）	79.93（68.94~95.28）
多花黑麦草	y=3.844 9+0.661 6x	57.66（38.43~90.14）	4 987.80（1 298.79~108 932.72）
早熟禾	无效	—	—
碱茅	y=1.172 2+2.101 4x	68.63（45.55~120.97）	279.51（147.97~1 348.12）
棒头草	y=2.868 0+2.659 3x	6.55（1.70~11.97）	19.88（10.28~27.21）
节节麦	差	—	—

十一、三甲苯草酮的杀草谱室内测定

三甲苯草酮，又名肟草酮，是一种用于小麦田防除禾本科杂草的药剂，属于环己烯酮类除草剂，作用机制是叶面施药后迅速被植物吸收，在韧皮部转移到生长点，在此抑制植物生长。杂草先失绿，后变色枯死，一般3~4周内完全枯死。可有效防除小麦田硬草、看麦娘、野燕麦等禾本科杂草。田间推荐剂量为390~480 g/hm^2（有效成分剂量，下同）。

（一）材料与方法

1.供试药剂　40%三甲苯草酮水分散粒剂，江苏省农用激素工程技术研究中心有限公司生产。

2.供试杂草　雀麦、日本看麦娘、蜡烛草、看麦娘、硬草、菵草、野燕麦、多花黑麦草、早熟禾、碱茅、棒头草和节节麦，杂草种子均采自山东省境内小麦田。

3.仪器　ASS-4型农药自动控制喷洒系统，扇形喷头，结合喷头压力、流量等，按实际喷药面积（1.1 m^2）喷洒50 mL药液（折合亩用水量30 L），调试好运行速度，将待处理的塑料盆均匀排列在喷雾台上，均匀喷雾处理。喷雾压力0.35 MPa，扇形喷头流量800 mL/min。由低量至高量依次喷施。每个处理重复4次。

4.采用温室盆栽法　挑选均匀一致的杂草种子播于直径为9 cm的塑料盆中，覆土1~2 mm，放入装有水的搪瓷盘中，让水逐渐渗入，等水渗到土表后转移到日光型玻璃温室内培养，自然光照，温度15~25 ℃。杂草或小麦出苗后进行间苗定株，保证植株密度及大小一致。在禾本科杂草2叶1心期进行茎叶喷雾处理试验。

用电子天平准确称取一定量试验药剂，加适量乳化剂和N，N-二甲基甲酰胺溶解后，用0.1%吐温-80水溶液配成1%母液，药液配制也用0.1%吐温-80水溶液稀释。参照《农药室内生物测定试验准则 除草剂》（中华人民共和国农业部，2006），每药剂采用倍量稀释法设定6个剂量。

（二）三甲苯草酮对供试杂草的除草活性

室内试验结果表明：三甲苯草酮对看麦娘、蜡烛草、日本看麦娘、菵草、多花黑麦草、碱茅和棒头草均有很好的防效，对野燕麦也有较好的防效，对硬草、早熟禾的防效差，对雀麦和节节麦无效（表

7-22）。

表 7-22　三甲苯草酮对小麦田杂草的室内防除效果

杂草	毒力回归方程	GR_{50}（95% 置信区间）（g/hm^2）	GR_{90}（95% 置信区间）（g/hm^2）
雀麦	无效	—	—
日本看麦娘	y=5.257 3+0.741 2x	2.70（0.06~6.06）	144.54（90.12~259.26）
蜡烛草	y=4.681 7+1.522 0x	9.72（2.46~19.26）	67.50（43.56~89.58）
看麦娘	y=1.142 9+4.148 7x	51.06（41.40~59.58）	103.92（93.78~114.18）
硬草	y=5.312 2+0.532 4x	9.36（0.36~50.4）	2 404.80（1 233.00~17 316.36）
菵草	y=4.967 6+1.192 9x	6.36（1.02~14.94）	75.78（47.04~104.88）
野燕麦	y=1.723 6+2.302 2x	159.00（121.80~220.92）	573.06（368.10~1 259.04）
多花黑麦草	y=3.209 4+1.832 4x	56.94（23.04~89.04）	284.88（178.92~771.42）
早熟禾	y=2.131 7+1.765 1x	253.08（208.38~324.24）	1 346.76（894.42~2 413.98）
碱茅	y=0.039 6+4.309 1x	84.96（64.32~103.32）	168.54（138.66~222.36）
棒头草	y=1.079 5+3.367 0x	87.60（62.58~112.20）	210.48（161.10~322.32）
节节麦	差	—	—

十二、异丙隆的杀草谱室内测定

异丙隆为取代脲类选择性芽前、芽后小麦田除草剂，对硬草、菵草、看麦娘有良好的防效，除草效果稳定性好，杀草谱广，施药期宽，对作物安全性高，毒性低，使用方便。田间推荐剂量为900~1 050 g/hm^2（有效成分剂量，下同）。

（一）材料与方法

1.供试药剂　50%异丙隆可湿性粉剂，美丰农化有限公司生产。

2.供试杂草　雀麦、日本看麦娘、蜡烛草、看麦娘、硬草、菵草、野燕麦、多花黑麦草、早熟禾、碱茅、棒头草和节节麦，杂草种子均采自山东省境内小麦田。

3.仪器　ASS-4型自动控制喷洒系统，扇形喷头，结合喷头压力、流量等，按实际喷药面积（1.1 m^2）喷洒50 mL药液（折合亩用水量30 L），调试好运行速度，将待处理的塑料盆均匀排列在喷雾台上，进行均匀喷雾处理。喷雾压力0.35 MPa，扇形喷头流量800 mL/min。由低量至高量依次喷施。每个处理重复4次。

4.采用温室盆栽法　挑选均匀一致的杂草种子播于直径为9 cm的塑料盆中，覆土1~2 mm，放入装有水的搪瓷盘中，让水逐渐渗入，等水渗到土表后转移到日光型玻璃温室内培养，自然光照，温度15~25 ℃。杂草或小麦出苗后进行间苗定株，保证植株密度及大小一致。在禾本科杂草2叶1心期进行茎叶喷雾处理试验。

用电子天平准确称取一定量试验药剂，加适量乳化剂和N，N-二甲基甲酰胺溶解后，用0.1%吐温-80水溶液配成1%母液，药液配制也用0.1%吐温-80水溶液稀释。参照《农药室内生物测定试验准则 除草剂》（中华人民共和国农业部，2006），每药剂采用倍量稀释法设定6个剂量。

（二）异丙隆对供试杂草的除草活性

室内试验结果表明：异丙隆对看麦娘、日本看麦娘、蜡烛草、菵草、早熟禾均有很好的防效，对硬草、野燕麦、碱茅和棒头草也有较好的防效，对多花黑麦草和雀麦的防效差，对节节麦效果差（表

7-23）。

表 7-23 异丙隆对小麦田杂草的室内防除效果

杂草	毒力回归方程	GR_{50}（95% 置信区间）（g/hm^2）	GR_{90}（95% 置信区间）（g/hm^2）
雀麦	y=3.966 4+0.504 2x	841.20（339.45~1 526.40）	29 270.10（5 901.90~62 444.70）
日本看麦娘	y=4.072 6+1.475 2x	31.88（0.15~88.28）	235.73（81.08~438.90）
蜡烛草	y=1.964 2+3.126 7x	70.13（42.00~96.15）	180.23（143.63~211.05）
看麦娘	y=−0.909 2+5.642 5x	83.63（54.98~108.45）	141.08（108.83~166.43）
硬草	y=2.971 1+2.579 3x	351.60（146.25~561.98）	1 118.85（763.88~1 404.00）
菵草	y=1.232 5+3.520 5x	88.13（61.28~112.28）	203.78（172.88~231.15）
野燕麦	y=0.796 0+2.616 8x	303.08（150.90~618.23）	936.08（499.13~9 553.65）
多花黑麦草	y=4.005 3+0.705 1x	193.13（115.58~278.63）	12 682.88（4 337.63~128 816.63）
早熟禾	y=3.305 5+1.610 3x	84.60（56.03~112.58）	528.68（430.65~687.00）
碱茅	y=2.531 0+1.700 1x	212.48（175.58~251.18）	1 205.25（927.38~1 721.10）
棒头草	y=4.431 0+0.809 3x	37.88（10.58~71.25）	1 451.33（861.75~3 986.10）
节节麦	差	—	—

十三、苄草丹的杀草谱室内测定

苄草丹为硫代氨基甲酸酯类选择性芽前土壤处理除草剂，可防除部分禾本科杂草及阔叶杂草。田间推荐剂量为2 000~4 000 g/hm^2（有效成分剂量，下同）。

（一）材料与方法

1.供试药剂　80%苄草丹乳油，潍坊中农联合化工有限公司生产。

2.供试杂草　大穗看麦娘、早熟禾、雀麦、播娘蒿、猪殃殃、荠菜。杂草种子均采自山东省境内小麦田。小麦品种为济麦22、郑麦379、郑麦9023。

3.仪器　ASS-4型农药自动控制喷洒系统，扇形喷头，结合喷头压力、流量等，按实际喷药面积（1.1 m^2）喷洒50 mL药液（折合亩用水量30 kg），调试好运行速度，将待处理的塑料盆均匀排列在喷雾台上，进行均匀喷雾处理。喷雾压力0.35 MPa，扇形喷头流量800 mL/min。由低量至高量依次喷施。每个处理重复4次。

4.试验材料的培养　在人工气候室中进行试验材料的培养，杂草出苗前设定温度15 ℃，出苗后昼、夜温度分别设定为25 ℃和20 ℃，设置光照时间：黑暗时间为12 h：12 h。将定量的大穗看麦娘、早熟禾、雀麦、播娘蒿、猪殃殃、荠菜种子和小麦种子播于直径为9 cm的塑料盆中，杂草覆土1~2 mm，小麦覆土2~3 cm，放入装有水的搪瓷盘中，让水逐渐渗入，播种后第2 d进行土壤喷雾处理，晾晒1 d后，转移入人工气候室内培养。

用电子天平准确称取一定量试验药剂，加适量乳化剂和N，N-二甲基甲酰胺溶解后，用0.1%吐温-80水溶液配成1%母液，药液配制也用0.1%吐温-80水溶液稀释。参照《农药室内生物测定试验准则　除草剂》（中华人民共和国农业部，2006），每药剂采用倍量稀释法设定5个剂量。80%苄草丹乳油剂量设为62.5 g/hm^2、125 g/hm^2、250 g/hm^2、500 g/hm^2、1 000 g/hm^2；小麦安全性试验，80%苄草丹乳油量：250 g/hm^2、500 g/hm^2、1 000 g/hm^2、2 000 g/hm^2、4 000 g/hm^2。

（二）苄草丹对供试杂草的除草活性

施药后，杂草能萌发出土，高剂量处理的杂草出苗后扭曲，生长受到抑制，后期逐渐死亡，随着剂量降低症状逐渐减轻。施药后15 d，80%苄草丹乳油对试验杂草均有很好的防效；施药后35 d，除低剂量处理杂草大部分植株存活外，其余各剂量处理杂草多数植株死亡或仅剩个别植株存活。用DPS统计软件对药剂剂量的对数值与防效的概率值进行回归分析，结果见表7-24。80%苄草丹乳油对大穗看麦娘、早熟禾、雀麦、播娘蒿、猪殃殃、荠菜的GR_{50}值分别为89.11 g/hm^2、38.82 g/hm^2、191.17 g/hm^2、59.15 g/hm^2、92.88 g/hm^2、65.13 g/hm^2；GR_{90}值分别为266.60 g/hm^2、196.69 g/hm^2、1 009.6 g/hm^2、331.73 g/hm^2、504.70 g/hm^2、254.95 g/hm^2。

表 7-24　苄草丹对小麦杂草的室内防除效果

杂草	毒力回归方程	相关系数（r）	GR_{50}（95% 置信区间）（g/hm^2）	GR_{90}（95% 置信区间）（g/hm^2）
大穗看麦娘	y=−0.250 7+2.692 8x	0.974 0	89.11（67.65~108.95）	266.60（234.47~304.55）
早熟禾	y=2.110 1+1.818 6x	0.928 2	38.82（18.84~59.89）	196.69（154.87~240.66）
雀麦	y=0.954 6+1.773 2x	0.980 1	191.17（164.54~222.84）	1 009.6（779.0~1 407.0）
播娘蒿	y=1.967 5+1.711 4x	0.889 5	59.15（36.91~81.15）	331.73（274.59~413.17）
猪殃殃	y=1.569 2+1.743 4x	0.983 8	92.88（68.23~116.68）	504.70（413.97~651.47）
荠菜	y=1.078 2+2.162 2x	0.936 2	65.13（43.27~86.05）	254.95（216.94~300.18）

（三）讨论与结论

80%苄草丹乳油土壤处理对大穗看麦娘、早熟禾、雀麦、播娘蒿、猪殃殃、荠菜等的防效均优，比较来看，对雀麦效果略差于其他试验杂草。这些数据仅为人工气候室盆栽的试验结果，人工气候室内湿度、温度等与田间环境存在较大差距，还需田间试验进一步验证。

十四、磺酰磺隆的杀草谱室内测定

磺酰磺隆（sulfosulfuron）是磺酰脲类除草剂，为乙酰乳酸合成酶（ALS）抑制剂，通过杂草根、茎和叶吸收，在植株体内传导，杂草即停止生长而后枯死。主要用于小麦田苗后除草，防除一年生和多年生禾本科及部分阔叶杂草，对小麦安全。本文在温室内采用盆栽的方法研究了磺酰磺隆对荠菜等11种小麦田常见杂草的除草活性，并在小麦田进行了田间防除试验研究。

（一）材料与方法

1.供试药剂　75%磺酰磺隆水分散性粒剂（WG），江苏省农用激素工程技术研究中心有限公司生产并提供。

2.供试杂草　猪殃殃、荠菜、播娘蒿、麦家公、麦瓶草、菵草、硬草、多花黑麦草、野燕麦、雀麦、节节麦。杂草种子均采自山东省境内，为本杂草研究室储藏。

3.材料培养　采用温室盆栽法，在温室中进行试验材料的培养，温度20~35 ℃。将定量的杂草种子播于直径为8 cm的塑料盆中，覆土1~2 mm，放入装有水的搪瓷盘中，让水逐渐渗入，等水渗到土表后转移入玻璃温室培养，杂草长至2叶1心时，进行杂草茎叶喷雾处理试验。

4.药剂处理　施药剂量分别为2.812 5 g/hm^2、5.625 g/hm^2、11.25 g/hm^2、22.5 g/hm^2、45 g/hm^2（有效成分剂量，下同），并设清水对照，每个处理4个重复。按精准喷雾塔实际喷药面积准确计算并配制所需药液，将待处理的塑料盆环行均匀排列在旋转喷雾台上，进行喷雾处理。喷雾压力2 kg/m^2，锥形喷头流量100 mL/min。

施药后详细记录杂草的受害症状（如生长抑制、失绿、畸形等）。于施药后30 d，称量各处理杂草地上部分鲜重，计算鲜重防效。并用DPS统计软件对药剂剂量对数值与防效的概率值进行回归分析，计算相关系数和GR_{50}、GR_{90}值及95%置信区间。

（二）75%磺酰磺隆WG对阔叶杂草的除草活性

试验结果表明：75%磺酰磺隆WG对阔叶杂草荠菜的防效最好，施药后荠菜黄化严重并停止生长，后期逐渐死亡，其GR_{50}和GR_{90}分别为1.49 g/hm²、9.68 g/hm²；其次是麦瓶草、麦家公，施药后随着杂草的生长，较高剂量处理区麦瓶草、麦家公逐渐黄化，最后死亡，对麦瓶草的GR_{50}和GR_{90}分别为11.61 g/hm²、54.89 g/hm²，对麦家公的GR_{50}和GR_{90}分别为9.80 g/hm²、55.14 g/hm²；对猪殃殃的防效略差，虽然其GR_{50}较小，为8.16 g/hm²，但GR_{90}较高，为110.87 g/hm²；对播娘蒿的防效差，在试验所设剂量下无法求得GR_{50}和GR_{90}值。详见表7-25。

（三）磺酰磺隆对禾本科杂草的除草活性

75%磺酰磺隆WG对禾本科杂草菵草、硬草的防效较好，较高剂量处理杂草黄化后即干枯死亡，GR_{90}分别为18.66 g/hm²、23.94 g/hm²；该药试验剂量下，多花黑麦草、雀麦、野燕麦几乎无死亡率，但随剂量的增高，抑制生长作用增强，鲜重防效较好，GR_{50}分别为13.26 g/hm²、19.57 g/hm²、41.78 g/hm²，GR_{90}分别为77.00 g/hm²、93.16 g/hm²、251.80 g/hm²；该药对节节麦的防效很差，虽然GR_{50}为55.00 g/hm²，但GR_{90}高达1 906.96 g/hm²。详见表7-25。

表 7-25 磺酰磺隆 WG 对小麦田杂草的室内防除效果

杂草	回归方程	相关系数（r）	GR_{50}（95% 置信区间）（g/hm²）	GR_{90}（95% 置信区间）（g/hm²）
荠菜	y=1.579 1x+4.724 7	0.922 5	1.49（0.65~2.43）	9.68（7.52~12.14）
猪殃殃	y=1.131 1x+3.968 6	0.972 2	8.16（6.19~10.32）	110.87（67.30~245.68）
麦家公	y=1.708 2x+3.306 7	0.980 5	9.80（8.25~11.53）	55.14（41.51~81.33）
麦瓶草	y=1.899 6x+2.977 3	0.971 9	11.61（9.99~13.51）	54.89（42.10~78.32）
菵草	y=1.002 8x+5.007 1	0.989 7	0.98（0.26~1.94）	18.66（13.55~29.37）
硬草	y=1.965 1x+3.571 4	0.974 3	5.33（4.23~6.40）	23.94（19.94~30.19）
多花黑麦草	y=1.677 6x+3.116 8	0.988 1	13.26（11.24~15.81）	77.00（55.27~122.17）
雀麦	y=1.891 2x+2.557 3	0.967 9	19.57（16.56~23.94）	93.16（66.04~150.04）
野燕麦	y=1.642 8x+2.337 2	0.984 3	41.78（31.19~63.92）	251.80（140.26~619.53）

注：试验所设剂量下对播娘蒿、节节麦的防效很差，故数据未列入。

（四）讨论与结论

室内温室试验结果表明：磺酰磺隆对小麦田杂草具有很宽的杀草谱，不仅对小麦田杂草荠菜、菵草、硬草有很好的防除效果，对猪殃殃、麦家公和麦瓶草的防效也较好，对雀麦、野燕麦、多花黑麦草也有很好的抑制生长作用，但对播娘蒿和节节麦的防效较差。田间试验也表明：75%磺酰磺隆WG对小麦田阔叶杂草猪殃殃、麦家公、麦瓶草和宝盖草效果均较好，且在试验剂量下对小麦安全。

十五、磺酰磺隆防除小麦田杂草及对后茬作物的安全性测定

（一）材料与方法

1.试验药剂　75%磺酰磺隆水分散性粒剂（sulfosulfuron，WG），江苏省农用激素工程技术研究中心

有限公司生产；75%苯磺隆（巨星）干悬浮剂（tribenuron-methyl，DF），上海杜邦农化有限公司生产。

2.田间药效条件及方法　试验田设在山东省济南市历城区王舍人街道办事处陈家张马西村，试验地土质为黏壤土，肥力中等，有机质含量1.0%，pH值为6.8左右，前茬种植玉米。施药时间为冬前11月，此时小麦田阔叶杂草为2~4叶期。田间试验供试杂草主要有猪殃殃、麦瓶草、麦家公、宝盖草。

喷雾器械为"MATABI"高级背负式喷雾器，试验剂量设75%磺酰磺隆WG为11.25 g/hm^2、22.5 g/hm^2、33.75 g/hm^2、45 g/hm^2，共4个剂量（处理1~4）；以75%苯磺隆DF为对照药剂（处理5），用量为22.5 g/hm^2；另设人工除草（处理6）和空白对照（处理7），共7个处理。每个处理4次重复，共计28个处理小区，每个小区面积20 m^2。杂草防效调查于施药前、施药后15 d、施药后30 d及小麦返青期进行，施药前调查试验田杂草基数，施药后详细记录杂草的受害症状（如生长抑制、失绿、畸形等），杂草防效调查采用绝对值（数测）调查法，于施药后30 d及小麦返青期进行，每小区随机取4点，每点调查0.25 m^2，记录杂草的种类、株数，计算株防效。最后一次调查后，收取小区内4点杂草，称其鲜重，计算鲜重防效。施药后7 d、15 d、30 d和小麦返青期，调查小麦株高、叶色、叶片数等有无药害症状，若有则详细记录药害的症状、等级，以明确试验药剂对小麦的安全性。小麦收获期，每小区实收测产，记录每小区产量和小麦质量，并折算出每公顷产量（kg/hm^2），评价试验药剂对作物产量和质量的影响。

3.后茬作物安全性条件及方法　试验田冬小麦品种为济麦22，后茬作物玉米品种为郑单958，大豆品种为中黄56，花生品种为小白沙，棉花品种为鲁棉研28，均购自济南市种子市场。后茬作物安全性试验两年均设在山东省济南市历城区荷花路街道办事处苏家村进行，试验地土质为壤土，肥力中等，有机质含量1.0%，pH值7.1左右。试验田地势平整，管理一致，肥力及水浇条件较好。试验田前茬种植玉米。第一年试验小麦田喷施75%磺酰磺隆水分散粒剂的时间为2010年11月18日，后茬4种作物均为2011年6月19日播种；第二年试验小麦田喷施75%磺酰磺隆WG的时间为2011年11月14日，后茬4种作物均为2012年6月9日播种。后茬作物中杂草均于试验田杂草3~7叶期人工拔除。

后茬作物安全性试验设75%磺酰磺隆水分散粒剂为22.5 g/hm^2、33.75 g/hm^2、45 g/hm^2，共3个剂量（处理1~3），另设空白对照（处理4），4个处理，每个处理4次重复，共计16个处理小区，每小区面积20 m^2。待小麦收获后，在每个处理的4个重复区内，每小区分别播种玉米、棉花、大豆和花生，每种作物2行，其中玉米、棉花、花生为穴播，大豆为开沟条播。

后茬作物安全性试验于作物播种后，调查作物始苗期、出苗期（出苗30%）、齐苗期，齐苗后调查出苗率，大豆每行取1 m调查株数，玉米、棉花、花生调查小区内全部株数，各药剂处理区相对于空白对照区计算相对出苗率；出苗后3 d、7 d、15 d观察作物长势，并在播种后15 d、30 d、60 d，每小区取每种作物10株，调查各小区作物株高及叶片数（大豆、花生调查复叶轮数）；作物收获期，若有明显药害，则调查株高，并进行小区测产，若无明显药害，则只进行小区测产。

相对出苗率（%）=处理区作物出苗数/对照区作物出苗数×100%

作物产量（kg/hm^2）=小区测产（kg）/小区面积（m^2）×10 000

株高（产量）抑制率（%）=［对照区作物株高（产量）–处理区作物株高（产量）］/对照区作物株高（产量）×100%

试验结果用邓肯氏新复极差法进行方差分析。杂草防效调查数据两年基本一致，两年数据进行了合并处理，即每个处理相当于重复了8次进行数据分析。

（二）磺酰磺隆防除小麦、玉米轮作田杂草的田间效果评价及对小麦的安全性

施药后15 d，75%磺酰磺隆水分散粒剂各剂量处理区和对照药剂75%苯磺隆干悬浮剂处理区杂草受害症状一致，均是杂草心叶略黄化，生长受到一定抑制，但杂草几乎无死亡；施药后30 d，75%磺酰磺隆水分散粒剂各剂量处理区对猪殃殃等田间杂草均有一定的防效（表7-26），植株较小杂草开始死亡，植株较大杂草心叶黄化严重，对各种杂草的防效差异不大，杂草总株防效为43.8%~67.9%，与对照药剂75%苯磺隆干悬浮剂22.5 g/hm^{2}处理的防效（52.6%）基本相当。

小麦冬后返青期调查，75%磺酰磺隆WG 11.25 g/hm^2、22.5 g/hm^2、33.75 g/hm^2、45 g/hm^2 4个剂量处理

对宝盖草有很好的防除效果，对猪殃殃、麦家公、麦瓶草等的防效也较好，杂草总株防效分别为66.3%、75.8%、83.9%、86.6%，杂草总鲜重防效分别为74.0%、85.6%、89.3%、92.0%（详见表7-27）。

表 7-26 75% 磺酰磺隆 WG 防除小麦田杂草的防除效果（%）——施药后 30 d

处理	猪殃殃	麦家公	麦瓶草	宝盖草	总株防效
1	44.3aA	43.1aA	47.1aA	44.0aA	43.8aA
2	52.4aA	60.8aA	60.3aA	69.4aA	53.1aA
3	56.9aA	52.8aA	51.8aA	69.4aA	58.3aA
4	67.4aA	70.4aA	69.0aA	81.3aA	67.9aA
5	50.6aA	51.4aA	47.1aA	61.7aA	52.6aA

表 7-27 75% 磺酰磺隆 WG 防除小麦田杂草的防除效果（%）——小麦返青期

处理	猪殃殃	麦家公	麦瓶草	宝盖草	总株防效（%）	总鲜重防效（%）
1	66.2aA	79.8abA	72.7aA	80.4aA	66.3aA	74.0bA
2	73.8aA	81.5abA	79.5aA	91.5aA	75.8aA	85.6abA
3	83.0aA	89.0abA	80.1aA	93.4aA	83.9aA	89.3abA
4	85.6aA	98.3aA	83.6aA	94.8aA	86.6aA	92.0aA
5	78.8aA	65.2bA	70.8aA	69.3aA	77.3aA	83.0abA

施药后观察，各药剂处理区小麦生长均正常，未见药害症状，说明供试药剂75%磺酰磺隆水分散粒剂对小麦的安全性较好。小麦收获期测产结果见表7-28，由于喷施除草剂防除了小麦田大部分杂草，减少了杂草对小麦营养和光照的竞争，所以各药剂处理与人工除草相比，产量基本相当，无显著差异。

表 7-28 75% 磺酰磺隆 WG 防除小麦田杂草对小麦产量的影响（%）——收获期

处理	小区产量（kg）	折合产量（kg/hm^2）	比人工除草（±%）
1	12.53	6 265aA	1.13
2	12.38	6 190aA	−0.08
3	12.41	6 205aA	0.16
4	12.59	6 295aA	1.61
5	12.41	6 205aA	0.16
6	12.39	6 195aA	—

（三）磺酰磺隆防除稻麦轮作田杂草的田间效果评价及对小麦的安全性

磺酰磺隆防除稻麦轮作田杂草田间试验，2010~2011年和2011~2012年两个生长季的试验均设在山东省济南市历城区荷花路街道办事处苏家村，为水稻、小麦轮作田。田间禾本科杂草主要有硬草、看麦娘等；阔叶杂草主要有石龙芮、碎米荠等。

试验地土质为黏壤土，肥力中等，有机质含量1.0%，pH值为6.8左右。试验田地势平整，管理一致，肥力及水浇条件较好。试验田前茬种植水稻。2010~2011年生长季试验小麦于2010年10月5日条播，药剂于2010年11月18日进行茎叶均匀喷雾处理， 喷药当天天气多云，南风3~4级，气温7~17 ℃。试验前后10 d平均气温13.2 ℃，无降水。2011~2012年生长季试验小麦于2011年10月18日条播，药剂于2011年11月15日进行茎叶均匀喷雾处理， 喷药当天天气多云，南风微风，气温10~16 ℃。试验前后10 d平均气温9.6 ℃，降水量为21.0 mm。人工除草处理杂草于冬后小麦返青初期进行，杂草防效调查结束后，整个试验田剩余杂草进行人工拔除。各药剂剂量（有效成分a.i.）设计如下：75%磺酰磺隆水分散粒剂11.25 g/

hm²、22.5 g/hm²、33.75 g/hm²、45 g/hm²，共4个剂量；以75%苯磺隆DF为对照药剂，用量为22.5 g/hm²；另设人工除草和空白对照。共7个处理，每个处理4次重复，共计28个处理小区，小区面积20 m²。两年试验设计相同。

两年除草试验结果基本一致。施药后10 d，喷施75%磺酰磺隆水分散粒剂处理区的禾本科杂草硬草、看麦娘停止生长，叶色变暗，心叶黄化，阔叶杂草石龙芮、碎米荠叶基部黄化，生长受到明显抑制；对照药剂75%苯磺隆干悬浮剂处理区的禾本科杂草生长正常，阔叶杂草亦黄化。施药后30 d调查，禾本科杂草部分死亡，加之空白对照区禾本科杂草分蘖增加，75%磺酰磺隆WG剂量11.25 g/hm²、22.5 g/hm²、33.75 g/hm²、45 g/hm²，对硬草、看麦娘的株防效较好，株防效56.8%~89.6%；阔叶杂草死亡速度较慢，对石龙芮、碎米荠的株防效较差，株防效18.0%~47.5%；杂草总株防效分别为53.1%、59.8%、66.8%和75.5%。对照药剂75%苯磺隆干悬浮剂剂量22.5 g/hm²，由于仅防除阔叶杂草，对杂草的总株防效很差，总株防效为18.6%（详见表7-29）。

表 7-29　75% 磺酰磺隆水分散粒剂防除小麦田杂草的防除效果（%）——施药后 30 d

试验药剂及用量（g/hm²）	硬草	看麦娘	石龙芮	碎米荠	总株防效
75% 磺酰磺隆水分散粒剂 11.25	56.8 b	67.1 a	32.1 ab	27.7 a	53.1 c
75% 磺酰磺隆水分散粒剂 22.5	69.0 ab	78.1 a	18.0 b	24.4 a	59.8 bc
75% 磺酰磺隆水分散粒剂 33.75	72.4 ab	84.6 a	39.3 ab	37.3 a	66.8 ab
75% 磺酰磺隆水分散粒剂 45	83.5 a	89.6 a	47.5 a	35.8 a	75.5 a
75% 苯磺隆干悬浮剂 22.5	12.5 c	−6.4 b	47.6 a	52.0 a	18.6 d

小麦返青期调查，各药剂处理区的防效均有较大提高。75%磺酰磺隆水分散粒剂各剂量处理对看麦娘、石龙芮和碎米荠的防效均很好，株防效均在93.6%以上，对硬草的防效略差，株防效为64.0%~94.3%，杂草总株防效分别为80.3%、85.6%、91.6%、96.4%，总鲜重防效分别为86.7%、91.4%、95.0%和97.6%。对照药剂75%苯磺隆干悬浮剂剂量22.5 g/hm²，对石龙芮、碎米荠的株防效均很好，株防效分别为92.3%和87.9%，但对禾本科杂草硬草、看麦娘近乎无效，所以杂草总株防效和总鲜重防效较低，仅为24.2%和44.8%（详见表7-30）。

表 7-30　75% 磺酰磺隆水分散粒剂防除小麦田杂草的防除效果（%）——施药后 120 d（小麦返青期）

试验药剂及用量（g/hm²）	硬草	看麦娘	石龙芮	碎米荠	总株防效	总鲜重防效
75% 磺酰磺隆水分散粒剂 11.25	64.0 c	95.3 a	93.6 a	98.1 a	80.3 c	86.7 b
75% 磺酰磺隆水分散粒剂 22.5	73.0 bc	97.6 a	95.4 a	94.2 a	85.6 bc	91.4 ab
75% 磺酰磺隆水分散粒剂 33.75	84.8 ab	98.5 a	95.9 a	98.6 a	91.6 ab	95.0 a
75% 磺酰磺隆水分散粒剂 45	94.3 a	98.0 a	97.5 a	100 a	96.4 a	97.6 a
75% 苯磺隆干悬浮剂 22.5	−11.4 d	24.3 b	92.3 a	87.9 a	24.2 d	44.8 c

施药后观察，各药剂处理区小麦生长均正常，未见药害症状，说明供试药剂75%磺酰磺隆水分散粒剂对小麦的安全性较好。小麦收获期测产（结果见表7-31），由于喷施除草剂防除了小麦田大部分杂草，减少了杂草对小麦营养和光照的竞争，且最后一次调查结束后，人工拔除整个试验区剩余杂草，所以，各药剂处理与人工除草相比，产量基本相当，无显著差异。相对于人工除草处理，75%磺酰磺隆水分散粒剂剂量11.25 g/hm²、22.5 g/hm²、33.75 g/hm²、45 g/hm²处理，2011年、2012年小麦产量变化幅度在−0.4%~1.5%；对照药剂75%苯磺隆干悬浮剂剂量22.5 g/hm²处理，2011年、2012年小麦产量变化幅度为−1.9%~−0.6%。

表 7-31　75% 磺酰磺隆水分散粒剂防除小麦田杂草对小麦产量的影响

试验药剂及用量（g/hm²）	2011 年			2012 年		
	小区产量（kg）	折合产量（kg/hm²）	比人工除草（±%）	小区产量（kg）	折合产量（kg/hm²）	比人工除草（±%）
75% 磺酰磺隆水分散粒剂 11.25	11.6 a	5 800 a	0.2	11.6 a	5 812.5 a	–0.2
75% 磺酰磺隆水分散粒剂 22.5	11.5 a	5 763 a	–0.4	11.8 a	5 875.0 a	0.9
75% 磺酰磺隆水分散粒剂 33.75	11.8 a	5 875 a	1.5	11.6 a	5 812.5 a	–0.2
75% 磺酰磺隆水分散粒剂 45	11.7 a	5 850 a	1.1	11.8 a	5 887.5 a	1.1
75% 苯磺隆干悬浮剂 22.5	11.4 a	5 675 a	–1.9	11.6 a	5 787.5 a	–0.6
人工除草	11.6 a	5 788 a	—	11.7 a	5 825.0 a	—

（四）磺酰磺隆防除小麦田杂草对后茬作物的安全性评价

1.小麦田喷施75%磺酰磺隆水分散粒剂防除杂草对后茬玉米的安全性　2011年和2012年后茬作物安全性试验均表明，冬小麦田在冬前11月喷施75%磺酰磺隆水分散粒剂剂量22.5 g/hm²、33.75 g/hm²、45 g/hm²对后茬玉米的始苗期、出苗期、齐苗期无明显影响，相对出苗率为100%~103.3%，各处理之间差异不显著（结果未详细列出）。试验低剂量处理（即22.5 g/hm²）对后茬玉米的生长和产量无明显影响，但中、高剂量处理（即33.75 g/hm²、45 g/hm²）对玉米株高有明显的抑制作用，且可以显著降低玉米的产量，随剂量增加影响加重，结果详见表7-32。喷施剂量为33.75 g/hm²、45 g/hm²，玉米播种后15~60 d可以分别降低玉米株高0~28.8%和14.8%~50.5%，可以造成玉米减产8.1%~22.2%和16.5%~63.9%；两年试验结果略有差异，对玉米的影响2011年试验大于2012年试验。结果详见表7-32。

表 7-32　小麦田喷施 75% 磺酰磺隆水分散粒剂防除杂草对后茬玉米生长的影响

试验药剂及用量（g/hm²）	2011 年				2012 年			
	播种后株高（cm）			小区产量（kg）	播种后株高（cm）			小区产量（kg）
	15 d	30 d	60 d		20 d	40 d	60 d	
75% 磺酰磺隆水分散粒剂 22.5	33.2a	65.7a	184.4b	1.92a	30.5a	98.5a	193.5a	2.34a
75% 磺酰磺隆水分散粒剂 33.75	24.0b	51.7b	149.8c	1.51b	28.5b	87.0b	176.6b	2.17b
75% 磺酰磺隆水分散粒剂 45	16.7c	42.9c	98.4d	0.70c	21.0c	74.2c	164.9c	1.97c
空白对照	33.7a	68.6a	198.1a	1.94a	28.5b	100.1a	193.5a	2.36a

2.小麦田喷施75%磺酰磺隆WG防除杂草对后茬大豆的安全性　2011年和2012年后茬作物安全性试验均表明，冬小麦田于冬前11月喷施75%磺酰磺隆WG剂量22.5 g/hm²、33.75 g/hm²、45 g/hm²对后茬大豆的始苗期、出苗期、齐苗期无明显影响，相对出苗率为97.8%~102.3%，各处理之间差异不显著（结果未详细列出）。2011年各药剂处理区大豆播种后15~60 d株高及产量与空白对照区基本一致，差异不显著。2012年播种后20 d调查，33.75 g/hm²、45 g/hm²处理大豆株高略矮于其他处理，但长势基本正常，其中45 g/hm²处理大豆株高显著低于空白对照14.7%，此时大豆均为4复叶期。播种后40 d、60 d调查，45 g/hm²处理大豆株高仍显著低于空白对照8.6%和7.2%。大豆收获期测产结果表明，33.75 g/hm²、45 g/hm²处理大豆产量略低于其他处理4.8%和7.1%，但与空白对照区差异不显著。结果详见表7-33。

表 7-33 小麦田喷施 75% 磺酰磺隆水分散粒剂防除杂草对后茬大豆生长的影响

试验药剂及用量（g/hm²）	2011 年				2012 年			
	播种后株高（cm）			小区产量（kg）	播种后株高（cm）			小区产量（kg）
	15 d	30 d	60 d		20 d	40 d	60 d	
75% 磺酰磺隆水分散粒剂 22.5	20.6a	50.8a	67.8a	0.69a	22.7a	62.5a	68.3a	0.84a
75% 磺酰磺隆水分散粒剂 33.75	22.3a	50.9a	65.7a	0.70a	21.0ab	61.0ab	68.7a	0.80a
75% 磺酰磺隆水分散粒剂 45	20.7a	50.8a	67.4	0.73a	19.2b	57.4b	62.7b	0.78a
空白对照	20.1a	50.8a	68.3a	0.72a	22.5a	62.8a	67.6a	0.84a

3.小麦田喷施75%磺酰磺隆WG防除杂草对后茬花生的安全性 2011年和2012年后茬作物安全性试验均表明，冬小麦田于冬前11月喷施75%磺酰磺隆WG剂量22.5 g/hm²、33.75 g/hm²、45 g/hm²对后茬花生的始苗期、出苗期、齐苗期无明显影响，相对出苗率为95.5%~102.7%，各处理之间差异不显著（结果未详细列出）。花生生长期调查，各药剂处理区和空白对照处理区花生长势一致，无明显差别；播后15~60 d，各处理区花生株高差异不显著；花生收获期，各处理小区花生产量亦差异不显著，说明75%磺酰磺隆水分散粒剂对后茬花生安全。结果详见表7-34。

表 7-34 小麦田喷施 75% 磺酰磺隆 WG 防除杂草对后茬花生生长的影响

试验药剂及用量（g/hm²）	2011 年				2012 年			
	播种后株高（cm）			小区产量（kg）	播种后株高（cm）			小区产量（kg）
	15 d	30 d	60 d		20 d	40 d	60 d	
75% 磺酰磺隆水分散粒剂 22.5	10.7a	23.5a	42.3a	0.76a	13.9a	24.8a	39.2a	0.66a
75% 磺酰磺隆水分散粒剂 33.75	11.5a	25.5a	42.4a	0.79a	14.1a	24.7a	40.5a	0.68a
75% 磺酰磺隆水分散粒剂 45	11.0a	23.6a	42.0a	0.81a	14.1a	25.4a	38.1a	0.68a
空白对照	11.1a	25.5a	41.6a	0.77a	14.0a	24.3a	39.4a	0.68a

4.小麦田喷施75%磺酰磺隆WG防除杂草对后茬棉花的安全性 2011年和2012年后茬作物安全性试验均表明，冬小麦田于冬前11月喷施75%磺酰磺隆WG剂量22.5 g/hm²、33.75 g/hm²、45 g/hm²对后茬棉花的始苗期、出苗期、齐苗期无明显影响，相对出苗率为92.6%~100%，各处理之间差异不显著（结果未详细列出）。棉花生长期调查，各药剂处理区和空白对照处理区棉花长势一致，无明显差别；播后15~60 d，各处理区棉花株高差异不显著；棉花收获期，各处理小区产量亦差异不显著，说明75%磺酰磺隆水分散粒剂对后茬棉花安全。2012年种子出苗率差，生长期对棉花也没进行特殊施肥等管理，棉花长势一般。至其他作物收获期，棉桃尚未成熟，未对棉花进行产量测定，但目测各处理花铃数相当，无明显差异。说明75%磺酰磺隆水分散粒剂对后茬棉花安全。结果详见表7-35。

表 7–35 小麦田喷施 75% 磺酰磺隆水分散粒剂防除杂草对后茬棉花生长的影响

试验药剂及用量（g/hm²）	2011 年				2012 年			
	播种后株高（cm）			小区产量（kg）	播种后株高（cm）			小区产量（kg）
	15 d	30 d	60 d		20 d	40 d	60 d	
75% 磺酰磺隆水分散粒剂 22.5	8.0a	27.3a	68.6a	0.91a	16.1a	30.9a	53.5a	—
75% 磺酰磺隆水分散粒剂 33.75	8.0a	27.9a	69.0a	0.89a	16.8a	31.7a	53.5a	—
75% 磺酰磺隆水分散粒剂 45	8.3a	26.6a	68.7a	0.83a	16.8a	30.6a	54.2a	—
空白对照	8.0a	26.0a	68.7a	0.86a	16.0a	31.5a	53.3a	—

（五）讨论与结论

看麦娘、硬草、菵草、日本看麦娘、碎米荠、牛繁缕、石龙芮等为我国稻-麦轮作冬小麦田主要杂草，播娘蒿、荠菜、藜、猪殃殃、蜡烛草、雀麦等为小麦-玉米轮作冬小麦田优势杂草。本试验结果表明，磺酰磺隆在11.25~45 g/hm^{2}剂量下，对稻-麦轮作冬小麦田主要杂草看麦娘、碎米荠、石龙芮的防效很好，对硬草亦有较好的控制作用；试验剂量下对小麦安全，且有较好的保产效果。

磺酰磺隆半衰期虽不长，为3.97~5.52 d，但施药后17个月，70~140 g/hm^{2}用量下仍可抑制大麦、高粱和向日葵的生长。除草试验后茬作物为常规种植的移栽水稻（药后210 d移栽），磺酰磺隆在11.25~33.75 g/hm^{2}剂量下，目测水稻生长基本正常，45 g/hm^{2}剂量处理水稻株高显著矮于其他处理，说明该药高剂量对后茬水稻安全性差。后茬作物安全性试验结果表明，该药22.5~45 g/hm^{2}剂量，施药后210 d前后播种后茬作物，对后茬玉米、大豆、花生、棉花的出苗没有影响，对花生和棉花的生长未见明显影响；但45 g/hm^{2}剂量处理大豆株高和产量略低于空白对照；33.75 g/hm^{2}和45 g/hm^{2}剂量处理可以显著抑制玉米的生长，并可显著降低玉米的产量。另外，小麦返青期喷药试验结果表明，该药22.5~45 g/hm^{2}剂量对后茬玉米、大豆、花生、棉花的生长均可产生较大程度的抑制（结果未附）。研究已表明，磺酰脲类除草剂在土壤中的残留活性与施用量、土壤pH值、土壤有机质含量、温度、湿度及降水量等外界因素密切相关。因此，磺酰磺隆应用于黄淮海区域冬小麦田防除杂草，喷药时间应选择在杂草出齐后、小麦越冬前（即11月）进行，后茬作物可选择花生等阔叶作物，不宜选择玉米、水稻等禾谷类作物，用量以11.25~ 33.75 g/hm^{2}为宜，应严格控制施药剂量，并严格控制安全使用间隔期。磺酰磺隆在其他区域推广时，在推广区域环境条件下对后茬作物的安全性及安全使用间隔期应进一步试验研究。

十六、小麦田主要除草剂性能比较

小麦田主要除草剂的杀草谱和除草活性比较见表7-36。

表 7-36 几种主要小麦田除草剂单剂的杀草谱及除草活性对比

作用机制类别	结构类别	中文名称	用法	用量（g/hm²）	播娘蒿	荠菜	猪殃殃	麦家公	麦瓶草	泽漆	宝盖草	繁缕	婆婆纳	节节麦	雀麦	野燕麦	看麦娘	大穗看麦娘	多花黑麦草	早熟禾	硬草	菵草	碱茅	蜡烛草	棒头草
A：乙酰辅酶A羧化酶（ACCase）抑制剂	芳氧苯氧基丙酸类	禾草灵	茎叶喷雾	900~1 000	—	—	—	—	—	—	—	—	—	—	—	优	优	优	差	差	良	优	中	良	优
		精噁唑禾草灵	茎叶喷雾	41.4~51.75	—	—	—	—	—	—	—	—	—	—	—	优	优	优	差	差	良	优	中	良	优
		炔草酯	茎叶喷雾	45~67.5	—	—	—	—	—	—	—	—	—	—	—	优	优	优	良	差	良	优	良	优	优
		三甲苯草酮（肟草酮）	茎叶喷雾	390~480	—	—	—	—	—	—	—	—	—	—	—	优	优	差	良	差	良	优	优	优	优
	苯基吡唑啉类	唑啉草酯	茎叶喷雾	45~60	—	—	—	—	—	—	—	—	—	—	—	差	优	优	优	差	优	优	良	优	优
B：乙酰乳酸合成酶（ALS）抑制剂、乙酰羟酸合成酶(AHAS)抑制剂	磺酰脲类	甲基二磺隆	茎叶喷雾	9~15.7	中	中	—	差	差	差	差	差	—	良	良	良	优	优	—	良	中	良	中	中	中
		苯磺隆	茎叶喷雾	13.5~22.5	优	优	良	中	中	差	中	差	优	—	—	—	—	—	—	—	—	—	—	—	—
		噻吩磺隆	茎叶喷雾	22.5~30	优	优	良	差	中	差	差	差	差	—	—	—	—	—	—	—	—	—	—	—	—
		苄嘧磺隆	茎叶喷雾	22.5~37.5	中	中	优	中	中	差	良	良	差	—	—	—	—	—	—	—	—	—	—	—	—
	三唑啉酮类	氟唑磺隆	茎叶喷雾	31.5~42	中	中	—	—	—	中	—	—	—	—	优	差	优	差	差	中	差	良	差	差	差
	三唑嘧啶类	双氟磺草胺	茎叶喷雾	4.125~4.5	优	优	优	良	良	中	差	良	差	—	—	—	—	—	—	—	—	—	—	—	—
		啶磺草胺	茎叶喷雾	10.55~14.06	中	中	差	中	中	差	差	良	中	差	优	良	优	优	良	差	优	良	良	优	良
C：光合作用光系统Ⅱ（PSⅡ）抑制剂	脲类	异丙隆	茎叶、土壤喷雾	1 050~1 200	良	差	差	差	差	中	中	良	差	差	—	优	优	差	中	优	优	优	优	优	良
	腈类	辛酰溴苯腈	茎叶喷雾	375~562.5	优	优	良	优	良	差	良	优	良	—	—	—	—	—	—	—	—	—	—	—	—
E：原卟啉原氧化酶(PPO)抑制剂	三唑啉酮类	唑草酮	茎叶喷雾	30~36	优	良	优	良	良	良	良	良	良	—	—	—	—	—	—	—	—	—	—	—	—
	吡唑类	吡草醚	茎叶喷雾	9~12	良	良	良	良	良	良	良	良	差	—	—	—	—	—	—	—	—	—	—	—	—
F：色素合成抑制剂（白化）类胡萝卜素植烯饱和酶(PDS)抑制剂	嘧啶甲酰胺类	吡氟酰草胺	土壤喷雾	187.5~262.5	优	优	优	优	优	优	优	优	优	—	差	—	差	差	差	良	差	差	差	差	差
			苗后早期茎叶喷雾	187.5~262.5	差	差	良	差	差	差	差	差	差	—	差	差	差	差	差	良	差	差	差	差	差
K3：脂肪酸抑制剂	酰胺类	氟噻草胺	土壤处理	492~676.5	优	优	中	良	良	中	良	差	差	差	良	差	优	良	良	优					

续表

作用机制类别	结构类别	中文名称	用法	用量（g/hm^2）	播娘蒿	荠菜	猪殃殃	麦家公	麦瓶草	泽漆	宝盖草	繁缕	婆婆纳	节节麦	雀麦	野燕麦	看麦娘	大穗看麦娘	多花黑麦草	早熟禾	硬草	菵草	碱茅	蜡烛草	棒头草
O：人工合成的植物生长素	苯氧羧酸类	2，4-滴异辛酯	茎叶喷雾	750~900	优	优	中	中	中	良	中	差	—	—	—	—	—	—	—	—	—	—	—	—	—
		2甲4氯钠盐	茎叶喷雾	877.5~1 170	优	优	中	中	中	良	中	差	—	—	—	—	—	—	—	—	—	—	—	—	—
	苯甲酸类	麦草畏	茎叶喷雾	180~216	中	中	优	差	差	良	良	优	—	—	—	—	—	—	—	—	—	—	—	—	—
	吡啶羧酸类	氯氟吡氧乙酸	茎叶喷雾	150~210	中	中	优	差	差	良	良	优	—	—	—	—	—	—	—	—	—	—	—	—	—
	芳香基吡啶甲酸类	氟氯吡啶酯	茎叶喷雾	5~7.5	优	良	优	中	中	中	优	中	—	—	—	—	—	—	—	—	—	—	—	—	—

注1：着重从鲜重防效考虑，优（防效在90%以上），良（防效在70%~90%），中（防效在40%~70%），差（防效在40%以下），“—”（无效），空格（防效未知），仅供参考，部分杂草需要田间试验验证。

注2：表中杂草为非抗性杂草。触杀型除草剂如辛酰溴苯腈、唑草酮、吡草醚等，在阔叶杂草幼苗期，黄淮海区小麦越冬前使用防效优，随杂草叶龄增大或小麦返青期使用效果显著下降，杂草容易复发生长；唑啉草酯对禾本科杂草亦是如此。吡氟酰草胺在杂草苗前或苗后早期使用，对部分杂草防效优，杂草较大时使用，防效差或无效。

第八章　小麦田除草剂的药害

一、除草剂药害产生的原因

任何作物对除草剂都不具有绝对的耐性或抗性，而所有除草剂品种对作物与杂草的选择性也都是相对的，在具备一定的环境条件与正确的使用技术时，才能显现出选择性而不伤害作物。在除草剂大面积使用中，作物产生药害的原因多种多样，其中有的是可以避免的，有的则是难以避免的。

1. 雾滴挥发与飘移　高挥发性除草剂，如短侧链苯氧羧酸酯类、二硝基苯胺类、硫代氨基甲酸酯类、苯甲酸类等除草剂，在喷洒过程中，小于 100 μm 的药液雾滴极易挥发与飘移，致使邻近被污染的敏感作物及树木受害，而且喷雾器压力愈大、雾滴愈细，愈容易飘移。在这几类除草剂中，特别是短侧链苯氧羧酸酯类的 2，4- 滴丁酯表现最为严重与突出，在地面喷洒时，其雾滴可飘移 1 000~2 000 m；禾大壮在地面喷洒时，雾滴可飘移 500 m 以上。若采取航空喷洒，雾滴飘移的距离更远。

2. 土壤残留　在土壤中持效期长、残留时间久的除草剂易对轮作中敏感的后茬作物造成伤害，如玉米田施用西玛津或莠去津，对后茬大豆、甜菜、小麦等作物有药害；大豆田施用异噁草松、咪草烟、氟乐灵，对后茬小麦、玉米有药害；小麦田施用绿磺隆，对后茬甜菜有药害。这种现象在农业生产中易发生而造成不应有的损失。

3. 混用不当　不同除草剂品种间以及除草剂与杀虫剂、杀菌剂等其他农药混用不当，也易造成药害，如磺酰脲类除草剂与磷酸酯类杀虫剂混用，会严重伤害棉花幼苗；敌稗与 2，4- 滴、有机磷、氨基甲酸酯及硫代氨基甲酸酯类农药混用，能使水稻受害等。此类药害，往往是由于混用后产生的加成效应或干扰与抑制作物体内对除草剂的解毒系统所造成的。有机磷杀虫剂、硫代氨基甲酸酯杀虫剂能严重抑制水稻植株内导致敌稗水解的芳基酰胺酶的活性。因此，将其与敌稗混用或短时期内间隔使用时，均会使水稻受害。

4. 药械性能不良或作业不标准　如多喷头喷雾器喷嘴流量不一致、喷雾不匀、喷幅连接带重叠、喷嘴后滴等，造成局部喷液量过多，使作物受害。

5. 误用　过量使用以及使用时期不当，如在小麦拔节期使用麦草畏或 2，4- 滴丁酯，直播水稻田前期应用丁草胺、甲草胺等，往往会造成严重药害。

6. 除草剂降解产生有毒物质　在通气不良的嫌气性水稻田土壤中，过量或多次使用杀草丹，形成了脱氯杀草丹，严重抑制了水稻生育，造成了水稻矮化。

7. 异常不良的环境条件　在大豆田应用甲草胺、异丙甲草胺以及乙草胺时，喷药后如遇低温、多雨、寡照、土壤过湿等，会使大豆幼苗受害，严重时还会出现死苗现象。

二、除草剂的药害类型

除草剂是通过干扰与抑制植物的生理代谢而造成杂草死亡的，其中包括光合作用、细胞分裂、蛋白质及脂类合成等，这些生理过程往往由不同的酶系统所引导；除草剂通过对靶标酶的抑制而干扰杂草的生理作用。植物受除草剂作用后的形态变化，如失绿、坏死等症状，均是植物生理变化的外部表现，是诊断药害的基本依据。

（一）除草剂药害的分类

除草剂对作物可能会产生形形色色的药害，由于除草剂的种类、施用时期、施药方法及作物生育时期的不同引起作物不同的生理生化变化，可能产生不同形式的药害症状。根据分类方法的不同，除草剂药害可以分为以下几个主要类型。

1.按除草剂药害的发生时期分类

（1）直接药害：使用除草剂不当，对当时、当季作物造成药害。如在小麦3叶期以前或拔节期以后使用麦草畏对小麦造成的药害。

（2）间接药害：因使用除草剂不当对周围作物造成的药害；或者是前茬使用的除草剂残留，引起下茬作物药害。如小麦田使用绿磺隆对下茬水稻产生的药害等。

2.按发生药害的时间和速度分类

（1）急性药害：施药后数小时或几天内即表现出症状的药害。

（2）慢性药害：施药后几天或更长时间，甚至在作物收获时才表现出症状的药害。如2甲4氯钠盐水剂过晚施用于稻田，至水稻抽穗或成熟时才表现出症状。

3.按药害症状的表现分类

（1）隐患性药害：药害并没在形态上明显表现出来，难以直观测定，但最终造成产量和品质下降。如丁草胺对水稻根系的影响而使穗粒数、千粒重等下降。

（2）可见性药害：肉眼可分辨的在作物不同部位形态上的异常表现。这类药害还可分为激素型药害和触杀型药害。激素型药害主要表现植物生长畸形、茎叶扭曲等症状。触杀型药害是指造成叶片触杀斑、坏死斑等。

4.按除草剂的作用机制分类　综合除草剂的作用机制和药害症状表现，可以把除草剂药害分为五大类型：①光合作用抑制剂类除草剂的药害；②氨基酸合成抑制剂类除草剂的药害；③脂类合成抑制剂类除草剂的药害；④生长调节剂类除草剂的药害；⑤细胞分裂抑制剂类除草剂的药害。

（二）光合作用抑制剂的药害

光合作用是高等绿色植物特有的、赖以生存的重要生命过程，是绿色植物吸收太阳光的能量，同化二氧化碳和水，制造有机物质并释放氧的过程。

1.作用于光系统Ⅰ的除草剂药害　作用于光系统Ⅰ的除草剂有联吡啶类除草剂，代表品种有草除灵。

联吡啶类除草剂可以被植物茎叶迅速吸收，但传导性差，是一种触杀型、灭生性除草剂。在光照条件下，处理后数小时植物便斑点性枯黄、死亡；而在黑暗条件下，死亡较慢或几乎不受影响，再置于光照条件下，植物非常迅速地死亡。作物药害发生迅速，生产上由于误用或飘移后易于发生药害，但未死部分仍然可以复活。

2.作用于光系统Ⅱ的除草剂药害　作用于光系统Ⅱ的除草剂较多，主要类型有：三氮苯类（莠去津、西玛津、扑草津、氰草净、西草净等）、取代脲类（绿麦隆、异丙隆、利谷隆、莎扑隆）、酰胺类（敌稗）、腈类（溴苯腈）、三嗪酮类（嗪草酮、环嗪酮、苯嗪草酮）、哒嗪酮类（甜菜灵、哒草特）、苯并噻二唑类（灭草松）。

抑制光系统Ⅱ的除草剂，多数品种具有较强的选择性，应用时要根据适用作物和适宜的施药时期用药；另外该类药剂的安全性受光照、温度和土壤墒情的影响较大，施用时应加以注意。生产中施药不当或误用、飘移到其他非靶标作物后会产生严重药害，重者可致作物死亡。受害后的典型症状是叶片失绿、坏死与干枯死亡。该类除草剂不抑制种子发芽，也不直接影响根系的发育，在植物出苗见光后才产生中毒症状而死亡。

3.类胡萝卜素生物合成抑制剂　哒嗪酮类的氟草敏等，能够抑制催化八氢番茄红素向番茄红素转换过程的去饱和酶（脱氢酶），从而抑制类胡萝卜素的生物合成。也有一些除草剂能抑制类胡萝卜素的生物合成，如三唑类除草剂杀草强、噁唑烷二酮类的异噁草松。类胡萝卜素在光合作用过程中发挥着重要作用，它可以收集光能，同时还有防护光照伤害叶绿素的功能。

4-羟基苯基丙酮酸双加氧酶抑制剂（简称HPPD抑制剂），如三酮类除草剂的磺草酮（sulcotrione）、异噁唑类除草剂的百农思等。该酶可以催化4-羟基苯基丙酮酸转化为2，5-二羟基乙酸，HPPD抑制剂是抑制HPPD的合成，导致酪氨酸（tyrosine）和生育酚（α-tocopherol）的生物合成受阻，从而影响类胡萝卜素的生物合成。HPPD抑制剂与类胡萝卜素生物合成抑制剂的作用症状相似。

该类除草剂选择性较强，但应用不当、残留或飘移到其他作物田，易发生药害。施药后药害表现迅速，中毒后失绿、黄化、白化，而后枯萎死亡。

4. 原卟啉原氧化酶抑制剂　原卟啉原氧化酶抑制剂，在叶绿素生物合成过程中，在其合成血红素或叶绿素的支点上有一个关键性的酶，即原卟啉原氧化酶，通过对该酶的抑制可以导致叶绿素的前体物质——原卟啉Ⅸ的大量瞬间积累，导致细胞质膜破裂、叶绿素合成受阻，而后植物叶片细胞坏死，叶片发褐、变黄、快速死亡。主要除草剂类型及代表品种有二苯醚类（三氟羧草醚、乙羧氟草醚、氟磺胺草醚、乳氟禾草灵、乙氧氟草醚）、环状亚胺类（丙炔氟草胺、氟烯草酸、噁草酮、丙炔噁草酮、氟唑草酯）。

该类药剂选择性强，对靶标作物虽然可能会发生触杀性药害，但一般短期内即可以恢复，对作物生长影响不大；但是在高温、干旱等不良环境或飘移、误用条件下仍然可以发生药害。芽前使用的除草剂，选择性是靠位差和生化选择性，因而播种过浅、积水时，均易发生药害。茎叶处理的除草剂种类，在药剂接触到叶片时起触杀作用，其选择性主要是由于目标作物可以代谢分解这类除草剂，因而在温度过高或过低时，作物的代谢能力受到影响，作物的耐药能力也随之降低，易发生药害。该类除草剂主要起触杀作用，受害植物的典型症状是产生坏死斑，特别是对幼嫩分生组织的毒害作用较大。药害速度迅速，药害症状初为水浸状，后呈现褐色坏死斑，而后叶片出现红褐色坏死斑，逐渐连片死亡。未伤生长点的植物，经几周后会恢复生长，但长势受到不同程度的抑制。

（三）氨基酸生物合成抑制剂的药害

1. 芳香族氨基酸生物合成抑制剂的药害　莽草酸途径是一个重要的生化代谢路径，一些芳香族氨基酸如色氨酸、酪氨酸、苯丙氨酸和一些次生代谢产物如类黄酮、花色苷（anthocyanin）、植物生长素（auxin）、生物碱（alkaloid）的生物合成都与莽草酸有关。在这类物质的生物合成过程中，5-烯醇丙酮酸基莽草酸-3-磷酸合成酶（5-enolpyruvyl shikimate-3-phosphate synthase，简称EPSP synthase）发挥着重要的作用。草甘膦可以抑制5-烯醇丙酮酸基莽草酸-3-磷酸合成酶，从而阻止芳香族氨基酸的生物合成，是该类典型的除草剂。

草甘膦主要抑制植物分生组织的代谢和蛋白质生物合成过程，植物生长受抑制，最终死亡。受害后生长点部分首先失绿、黄化，随着黄化而逐渐生长停滞、全株枯萎死亡。从施药到完全死亡所需时间较长，一般情况下需要7~10 d。

2. 支链氨基酸生物合成抑制剂的药害　支链氨基酸如亮氨酸、异亮氨酸、缬氨酸是蛋白质生物合成中的重要组成成分，这些支链氨基酸的生物合成过程中有一个重要的酶，即乙酰乳酸合成酶（简称ALS）。很多除草剂可以抑制乙酰乳酸合成酶，从而导致蛋白质合成受阻，植物生长受抑制而死亡。

抑制乙酰乳酸合成酶的除草剂主要有以下几类。磺酰脲类［噻（吩）磺隆、苯磺隆、绿磺隆、氟唑磺隆、醚磺隆、烟嘧磺隆、砜嘧磺隆、苄嘧磺隆、氯嘧磺隆、嘧磺隆、吡嘧磺隆、胺苯磺隆、乙氧嘧磺隆、酰嘧磺隆、环丙嘧磺隆］、咪唑啉酮类（咪唑乙烟酸、甲氧咪草酸）、磺酰胺类（唑嘧磺草胺、双氟磺草胺、啶磺草胺）、嘧啶水杨酸类（双嘧苯甲酸钠、嘧啶水杨酸）。

抑制乙酰乳酸合成酶的除草剂主要抑制植物生物合成过程，植物生长点受抑制，最终死亡。受害后的杂草根、茎、叶生长停滞，生长点部位失绿、黄化、畸形，逐渐生长停滞、枯萎死亡。该类除草剂对杂草作用迅速，施药后很快抑制杂草生长，但从施药到完全死亡所需时间较长，一般情况下需要10~30 d。

（四）植物生长素干扰抑制剂的药害

植物生长素调节着植物的生长、分化、开花和成熟等，有些除草剂可以作用于植物的内源生长素，抑制植物体内广泛的生理生化过程。苯氧羧酸类和苯甲酸类除草剂的作用途径类似于吲哚乙酸（IAA），微量下可以促进植物的伸长，而高剂量时则使分生组织的分化被抑制，伸长生长停止，植株产生横向生长，导致根、茎膨胀，堵塞输导组织，从而导致植物死亡。吡啶羧酸类氯氟吡氧乙酸、二氯吡啶酸等，也具有植物生长素类除草机制，至于其具体作用机制尚不清楚。喹啉羧酸衍生物，如二氯喹啉酸、氯甲喹啉酸，可以有效地促进乙烯的生物合成，导致大量脱落酸的积累，导致气孔缩小、水蒸发减少、CO_2吸收减少、植物生长减慢；有趣的是，二氯喹啉酸可以有效地防除稗草，氯甲喹啉酸可以有效地防除猪殃殃。另外，草除灵等也是通过干扰植物生长素而发挥除草作用的。

该类除草剂对作物选择性较强，对靶标作物相对安全；但生产中施用不当，或生育期与环境条件把握不好会发生药害。苯氧羧酸类除草剂系激素型除草剂，它们诱导作物致畸，不论是根、茎、叶、花及穗均产生明显的畸形现象，并长久不能恢复正常。药害症状持续时间较长，而且生育初期所受的影响，直到作物抽穗后仍能显现出来。受害植物不能正常生长，敏感组织出现萎黄、生长发育缓慢、萎缩死亡。

（五）脂类生物合成抑制剂的药害

植物体内脂类是膜的完整性与机能以及一些酶活性所必需的物质，其中包括线粒体、质体与胞质脂类，每种脂类都是通过不同途径进行合成。通过大量的研究，目前已知影响脂类合成的除草剂有4类：硫代氨基甲酸酯类（thiocarbamates）、酰胺类（amides）、环己烯酮类（cyclohexenone）、芳氧基苯氧基丙酸类（aryloxy phenoxy propionates）。其中，芳氧基苯氧基丙酸类、环己烯酮类除草剂则是通过抑制乙酰辅酶A羧化酶，从而抑制脂肪酸合成而导致脂类合成受抑制；硫代氨基甲酸酯类和酰胺类主要抑制脂肪酸的生物合成。

1. 乙酰辅酶A羧化酶抑制剂　芳氧基苯氧基丙酸类、环己烯酮类等除草剂的主要作用机制是抑制乙酰辅酶A羧化酶，从而干扰脂肪酸的生物合成，影响植物的正常生长。

芳氧基苯氧基丙酸类、环己烯酮除草剂对阔叶作物高度安全，但对禾本科作物易发生药害，生产中由于误用或飘移可能发生药害，但其中禾草灵、精噁唑禾草灵加入安全剂后也可以用于小麦，对小麦相对安全。该类除草剂对作物的药害症状表现为受药后植物迅速停止生长，幼嫩组织的分裂组织停止生长，而植物全部死亡所需时间较长，植物受害后的第一症状是叶色萎黄，特别是嫩叶最早开始萎黄，而后逐渐坏死，最明显的症状是叶片基部坏死、茎节坏死，导致叶片萎黄死亡；部分禾本科植物叶片卷缩、叶色发紫，而后枯死。

2. 脂肪酸合成抑制剂　硫代氨基甲酸酯类和酰胺类等除草剂的主要作用机制是抑制脂肪酸的生物合成，影响植物种子的发芽和生长。该类除草剂主要是土壤封闭除草剂，其作用症状就是杂草种子不能发芽而坏死，施药后在土表难以直接观察死草症状。

该类除草剂中大多数品种是土壤处理的除草剂，其除草效果和安全性均与温度和土壤特性，特别是土壤温度、有机质含量及土壤质地有密切关系。施药后如遇持续低温及土壤高湿，对作物会产生一定的药害，该类除草剂可以用于多种作物，但对不同作物的安全性差异较大，应用不当易于发生药害。该类除草剂主要抑制根与幼芽生长，造成幼苗矮化与畸形，幼芽和幼叶不能完全展开。如玉米叶鞘不能正常抱茎；大豆叶片中脉变短，叶片皱缩、粗糙，产生心脏形叶，心叶变黄，叶缘生长受抑制，出现杯状叶；花生叶片变小，出现白色坏死斑等。药害症状出现于作物萌芽与幼苗期，一般情况下随着环境条件改善和作物生长药害可能恢复。

（六）细胞分裂抑制剂的药害

细胞自身具有增殖能力，是生物结构功能的基本单位。细胞在不断地世代交替，不断地进行DNA合成、染色体的复制，从而不断地进行细胞分裂、繁殖。很多除草剂对细胞分裂产生抑制作用，包括一些直接和间接的抑制过程。

二硝基苯胺类和磷酰胺类除草剂是直接抑制细胞分裂的化合物。二硝基苯胺类除草剂氟乐灵和磷酰胺类除草剂草胺磷是抑制微管的典型代表，它们与微管蛋白结合并抑制微管蛋白的聚合作用，造成纺锤体微管丧失，使细胞有丝分裂停留于前期或中期，产生异常多型核。氨基甲酸酯类除草剂作用于微管形成中心，阻碍微管的正常排列；同时它还通过抑制RNA的合成从而抑制细胞分裂。氨基甲酸酯类具有抑制微管组装的作用，氯乙酰胺类除草剂具有抑制细胞分裂的作用。另外，二苯醚类除草剂环庚草醚，氧乙酰胺类除草剂苯噻酰草胺，乙酰胺类除草剂双苯酰草胺、萘丙胺，哒嗪类除草剂氟硫草定等也有抑制细胞分裂的作用。

该类除草剂中大多数品种是土壤处理的除草剂，其除草效果和安全性均与温度和土壤湿度有密切关系。施药后如遇持续低温及土壤高湿，对作物会产生一定的药害，该类除草剂可以用于多种作物，但对不同作物的安全性差异较大，应用不当易发生药害。该类除草剂严重抑制细胞的有丝分裂与分化，破坏核分裂，被认为是一种核毒剂。其破坏细胞正常分裂，根尖分生组织内细胞变小或伸长区细胞未明显伸长，特别是皮层薄壁组织中细胞异常增大，胞壁变厚；由于细胞极性丧失，细胞内液泡形成逐渐增强，因而在最大伸长区开始放射性膨大，从而造成通常所看到的根尖呈鳞片状。该类药剂的药害症状是抑制幼芽的生长和次生根的形成。具体药害症状是根短而粗，无次生根或次生根稀疏而短，根尖肿胀成棒头状，芽生长受到抑制，下胚轴肿胀，受害植物芽鞘肿胀，接近土表处出现破裂，植物出苗畸形、生长缓慢或死亡。

除草剂能够诱导植物产生一系列生理生化以及形态变化。组织解剖与生物化学反应是植物组织内部的变化，诊断比较困难；个别生理变化的结果，如失绿、坏死在田间能够观察，是组织解剖和生物化学反应后植物外表的变化，较易发现与鉴别。因而，形态变化是诊断药害的基本依据。除草剂引起植物各部位药害症状的分类描述见表8-1。

表 8-1　除草剂药害症状分类（按作物受害部位分类）

受害部位	典型症状	引发药害的除草剂种类
整株	整体生长缓慢，叶片黄化	非目标作物遇低剂量的三氮苯类除草剂
	整体生长缓慢，生长点黄化	非目标作物遇低剂量的磺酰脲类除草剂
	整体生长缓慢，心叶畸形	作物发芽出苗时施用酰胺类、二硝基苯胺类除草剂
叶片	叶片羽毛状、皮带状畸形	2，4-滴丁酯、2甲4氯钠盐
	生长点缩小、肿胀，叶片向上卷缩	麦草畏、二氯吡啶酸
	叶片卷成杯状	2，4-滴丁酯、2甲4氯钠盐、麦草畏
	叶片皱缩，禾本科作物叶片难以从芽鞘中抽出，植株矮小	硫代氨基甲酸酯类除草剂，如灭草猛
	叶片翻卷、皱缩	酰胺类、二硝基苯胺类除草剂
	叶缘枯黄、顶部叶片黄化，部分叶片呈白色、黄褐色、紫色或桃红色	草甘膦、环己烯酮类、芳氧基苯氧基丙酸类除草剂
	叶脉枯黄，而后全叶枯黄	脲类、腈类、三氮苯酮类除草剂
	叶脉间发黄，致全叶枯黄	均三氮苯类除草剂
	几乎全部叶缘褪绿、枯黄，像个"晕圈"	叶面喷施三氮苯类除草剂
	不规则出现失绿、枯黄斑点，部分叶片皱缩	部分硫代氨基甲酸酯类和酰胺类除草剂，如磺草灵
	白化，多从叶缘开始	异噁唑烷二酮类除草剂，如异噁草酮
	叶缘疽状坏死、枯黄	叶面过量施用嗪草酮、三氮苯类除草剂
	叶片不规则地出现疽状枯黄斑点	叶面喷施二苯醚等触杀性除草剂

续表

受害部位	典型症状	引发药害的除草剂种类
茎	向上性——茎或叶柄向上弯曲生长、茎过长生长、茎畸形扭曲	苯氧羧酸、苯甲酸、吡啶羧酸类除草剂，如2，4-滴丁酯、2甲4氯钠盐、麦草畏、氯氟吡氧乙酸
	气生根畸形	苯氧羧酸、苯甲酸、吡啶羧酸类除草剂，如2，4-滴丁酯、2甲4氯钠盐、麦草畏、氯氟吡氧乙酸
	茎或胚芽鞘、胚轴肿胀	芽前施用二硝基苯胺类、酰胺类除草剂
根系	根系肿胀、缩短、生长迟缓	芽前施用二硝基苯胺类、酰胺类、硫代氨基甲酸酯类除草剂
	根系生长点受抑、发育缓慢、无根毛	磺酰脲类、咪唑啉酮类、磺酰胺类除草剂

三、除草剂药害症状表现与调查

（一）除草剂药害的症状表现

除草剂对作物造成的药害症状多种多样，这些症状与除草剂的种类、除草剂的施用方法、作物生育时期、环境条件密切相关。现将除草剂的症状表现归类总结如下。

1. 除草剂药害在茎叶上的药害症状表现　用作茎叶喷雾的除草剂需要渗透通过叶片茸毛和叶表的蜡质层进入叶肉组织才能发挥其除草效果或在作物上造成药害；用作土壤处理的除草剂，也需植物的胚芽鞘或根的吸收进入植株体内才会发生作用。当然，叶面喷雾的除草剂与经由根部吸收的除草剂，其药害症状的表现有很大差异。

茎叶上的药害症状主要有以下几种：

（1）褪绿：褪绿是指叶片内叶绿体崩溃、叶绿素分解。褪绿症状可以发生在叶缘、叶尖、叶脉间或叶脉及其近缘，也可全叶褪绿。褪绿的色调因除草剂种类和植物种类的不同而异，有完全白化苗、黄化苗，也有的仅仅是部分褪绿。HPPD抑制剂影响植物叶绿素的合成，可造成植物白化。三氮苯类、脲类除草剂是典型的光合作用抑制剂，多数作物的根部吸收除草剂后，药剂随蒸腾作用向茎叶转移，首先是植株下部叶片表现症状，沿叶脉出现黄白化。这类除草剂用作茎叶喷雾时，在叶脉间出现褪绿黄化症状，但出现症状的时间要比用作土壤处理得快。

（2）坏死：坏死是作物的某个部分如器官、组织或细胞的死亡。坏死的部位可以在叶缘、叶脉间或叶脉及其近缘，坏死部分的颜色差别也很大。例如，需光型除草剂草枯醚、除草醚等，在水稻移栽后数天内以毒土法施入水稻田，水中的药剂沿叶鞘呈毛细管现象上升，使叶鞘表层呈现黑褐色，这种症状一般称为叶鞘变色。又如，氟磺胺草醚（虎威）应用于大豆时，在高温强光下，叶片上会出现不规则的黄褐色斑块，造成局部坏死。

（3）落叶：褪绿和坏死严重的叶片，最后因离层形成而落叶。这种现象在果树上，特别是在柑橘上最易见到，大田作物的大豆、花生、棉花等也常发生。

（4）畸形叶：与正常叶相比，叶形和叶片大小都发生明显变化，变成畸形。例如，苯氧羧酸类除草剂在非禾本科作物上应用时，会出现类似激素引起的柳条叶、鸡爪叶、捻曲叶等症状，部分组织异常膨大，在这种情况下，常常是造成生长点枯死，周缘腋芽丛生。又如，抑制蛋白质合成的除草剂应用于稻田，在过量使用情况下会出现植株矮化、叶片变宽、色浓绿、叶身和叶鞘缩短、出叶顺序错位，抽出心叶常呈蛇形扭曲。这类症状也是畸形叶的一种。

（5）植株矮化：对于禾本科作物，其叶片生长受抑制也就伴随着植株矮化。但也有仅仅是植株节间缩短而矮化的例子。例如，水稻生长中后期施用2，4–滴丁酯、2甲4氯钠盐时混用异稻瘟净，使稻株秆壁增厚，细胞增加，节间缩短，植株矮化。

除草剂在茎叶上的药害症状主要表现为叶色、叶形变化，落叶和叶片部分缺损以及植株矮化。

2. 除草剂药害在根部的症状表现　除草剂药害在根部的表现主要是根数变少，根变色或成畸形根。二硝基苯胺类除草剂的作用机制是抑制次生根的生长，使次生根肿大，继而停止生长；水稻田使用过量的2甲4氯丁酸后，水稻须根生长受阻，稻根呈疙瘩状。

3. 除草剂药害在花、果部位的症状表现　除草剂的使用时间一般都是在种子播种前后或在作物生长前期，在开花结实（果）期很少使用。在作物生长前期如果使用不当，也会对花果造成严重影响，有的表现为开花时间推迟或开花数量减少，甚至完全不开花。例如，麦草畏在小麦花药四分体时期应用，开始对小麦外部形态的影响不明显，但抽穗推迟，抽穗后绝大多数为空瘪粒。果园使用除草剂时，如有部分药液随风飘移到花或果实上，常常会造成落花、落果、畸形果或者果实局部枯斑，果实着色不匀，造成水果品质和商品价值的下降。

上述的药害症状，在实际生产中单独出现一种症状的情况是较少的，一般都表现出几种症状。例如，褪绿和畸形叶常常是同时发生的。同一种除草剂在作物的不同生育期使用时，会产生不同的药害症状；同一种药剂、同一种作物，有时因使用方法和环境条件不同，药害症状的表现也会有差异。尤其值得注意的是，药害症状的表现是有过程的，随着时间推移，症状表现也随之变化，因而在识别除草剂的药害时要注意药害症状的变化过程。

作物的茎叶、根或花果上形成的药害症状，是由于除草剂进入植物体内改变植物正常的细胞结构和生理生化活动的综合表现。例如，用百草枯处理植物叶片后，在电子显微镜下观察，其原生质膜、核膜、叶绿体膜、质体片层、线粒体膜等细胞膜系会先出现油滴状、电子密度高的颗粒，以后整个膜系都消失；从生理学上看，百草枯在植物体内参与光合作用的电子传递，在绿色组织通过光合和呼吸作用被还原成联吡啶游离基，又经自氧化作用使叶组织中的水和氧形成过氧化氢和过氧游离基。这类物质对叶绿体膜等细胞膜系统破坏力极强，最终使光合作用和叶绿体合成中止，表现为叶片黄化、坏死斑。

（二）除草剂药害的调查内容

在诊断除草剂药害时，仅凭症状还不够，应了解药害发生的原因。因此，调查、收集引起药害的因素是必要的，一般要分析如下几个方面。

1. 作物栽培和管理情况　调查了解栽培作物的播种期、发育阶段、品种情况，土壤类型、土壤墒情、土壤质地及有机质含量，温度、降水、阴晴、风向和风力，田间化肥、有机肥施用情况；除草剂种类、用量、施药方法、施用时间。

2. 药害在田间的分布情况　除草剂药害的发生数量（田间药害的发生株率）、发生程度（每株药害的比例）、发生方式（成行药害或成片药害），了解药害的发生与施药方式、栽培方式、品种之间的关系。

3. 药害的症状及发展情况　调查药害症状的表现，如出苗情况、生长情况、叶色表现，根、茎、叶及芽、花、果的外观症状；同时，了解药害的发生、发展、死亡过程。

（三）除草剂药害程度的调查分级

调查药害的指标应根据药害发生的特点加以选择使用。除草剂药害所表现的症状归纳起来主要是枯死等。对全株性药害，一般采用萌芽率、出苗数（率）、生长期提前或推迟的天数、植株高度和鲜重等指标来表示其药害程度。对于叶片黄化、枯斑型药害，通常用枯死（黄化）面积所占叶片全面积百分比来表示其药害程度，并计算药害指数。

江荣昌（1987）把除草剂分为生长抑制型和触杀型两大类。这两类除草剂造成的作物药害均分成0~Ⅳ级，最后统计药害指数，见表8-2。魏福香（1992）综合全株性药害症状（生长抑制等）和叶枯性（包括变色）症状，制定了0~5级和0~10级（百分率）的药害分级标准，见表8-3和表8-4。

表 8-2　除草剂药害分级标准（江荣昌，1987）

药害分级	生长抑制型	触杀型
0	作物生长正常	作物生长正常
Ⅰ	生长受到抑制（不旺、停顿）	叶片 1/4 枯黄
Ⅱ	心叶轻度畸形，植株矮化	叶片 1/2 枯黄
Ⅲ	心叶严重畸形，植株明显矮化	叶片 3/4 枯黄
Ⅳ	全株死亡	叶片 3/4 枯黄至死亡

$$\text{药害指数}=\frac{\sum(\text{各级级数}\times\text{株数})}{\text{调查总株数}\times\text{最高级数}}\times 100\%$$

表 8-3　0~5 级药害分级表（魏福香，1992）

药害分级	分级描述	症状
0	无	无药害症状，作物生长正常
1	微	微见症状，局部颜色变化，药斑占叶面积或叶鞘 10% 以下，恢复快，对生育无影响
2	小	轻度抑制或失绿，斑点占叶面积及叶鞘 1/4 以下，能恢复，推测减产 0~5%
3	中	对生育影响较大，畸形叶，株矮或枯斑占叶面积 1/2 以下，恢复慢，推测减产 6%~15%
4	大	对生育影响大，叶严重畸形，抑制生长或叶枯斑占叶面积的 3/4，难以恢复，推测减产 16%~30%
5	极大	药害极重，死苗，减收 31% 以上

表 8-4　作物受害 0~10 级（百分率）分级表（魏福香，1992）

分级	百分率（%）	症状
0	0	无影响
1	10	可忽略，微见变色、变形，或几乎未见生长抑制
2	20	轻，清楚可见有些植物失色、倾斜，或生长抑制，很快恢复
3	30	植株受害更明显，变色，生长受到抑制，但不持久
4	40	中度受害，褪绿或生长受到抑制，可恢复
5	50	受害持续时间长，恢复慢
6	60	几乎所有植株都被伤害，不能恢复，死苗 <40%
7	70	大多数植物伤害重，死苗 40%~60%
8	80	严重伤害，死苗 60%~80%
9	90	存活植株 <20%，几乎都变色、畸形、永久性枯干
10	100	死亡

注：药害恢复程度分 3 级，即，速（处理后 7~10 d 恢复）；中（处理后 10~20 d 恢复）；迟（处理后 20 天以上恢复）。

四、除草剂药害的预防与事故处理

除草剂药害的发生带来了巨大的经济损失，因为此事每年群众上访、进法院告状的事件很多，严重影响着干群关系和社会安宁。

随着除草剂的广泛应用，除草剂给农作物带来药害的问题将愈来愈多，针对不同除草剂发生的药害，调查、分析引起药害的原因，及时采取相应的措施、明确造成药害的责任人。

在除草剂大面积使用中，作物产生药害的原因多种多样，有些除草剂易于对作物造成触杀性或抑制性药害，或是遇到暂时的不良环境条件对作物发生短期药害，而且这些药害通过加强田间管理短时间可以恢复；部分除草剂品种，对作物造成的药害发展缓慢，前期症状只有专业人员才能观察到，明显症状到作物成熟时才表现出来，而且药害带来的损失多是毁灭性的；部分除草剂作用迅速，误用了这些除草剂后作物短时间内即死亡，生产中根本没有时间来抢救。

根据除草剂的作用方式、药害表现可以分成如下三种类型，并分别采取相应的补救措施。

1. 除草剂的自身特性　在生产中，有些除草剂易对作物造成触杀性或抑制性药害，或是遇到不良环境条件对作物产生短期药害，而且这些药害短时间可以恢复。

如酰胺类除草剂、二硝基苯胺类除草剂，在适用作物、适宜剂量下施用，遇持续低温高湿时可能产生药害，特别是大豆播后芽前施用，易产生药害。一般剂量下，这些药害在天气正常后7~15 d基本上可以恢复。

二苯醚类除草剂是最易产生药害的一类除草剂。在大豆生长期施用氟磺胺草醚、三氟羧草醚、乳氟禾草灵、乙羧氟草醚后1~5 d，大豆茎叶有触杀性褐色斑点，而不影响新叶的生长，对大豆的产量一般没有影响。如大豆田用乙羧氟草醚1 d后，大豆很多叶片黄化，4~6 d后多数叶片复绿，8~10 d后基本恢复正常，田间推荐剂量下对大豆产量没有影响。在花生生长期施用三氟羧草醚、乳氟禾草灵后1~5 d，花生茎叶有触杀性褐色斑点，但不影响新叶的生长，对大豆的产量一般没有影响。乙氧氟草醚在大豆、花生、棉花田播后芽前施用后，对新出真叶易出现触杀性褐色斑，暂时抑制生长，田间推荐剂量下，短时间内即可以恢复。

溴苯腈用于小麦田，在低温情况下施用，部分小麦叶片出现枯死；气温回升后逐渐恢复生长，对小麦影响不大。

唑草酮用于小麦田，易出现黄褐色斑点，在田间推荐剂量下对小麦生长发育和产量没有影响。

对于这类除草剂药害，生产中不应惊慌失措，对作物生长和产量没有影响。必要时，可以加强肥水管理、促进生长。

2. 速效性除草剂的误用　速效性除草剂作用迅速，误用了这些除草剂后作物短时间内即死亡，生产中根本没有时间来抢救，应及时地采取毁田补种措施。

如二苯醚类除草剂，氟磺胺草醚、三氟羧草醚、乳氟禾草灵、乙羧氟草醚、乙氧氟草醚误用于非靶标作物，1~3 d即全部死亡。这类药剂没有内吸、传导作用，如果是飘移药害，作物少数叶片死亡，一般作物还会恢复生长。

溴苯腈、唑草酮误用或飘移到其他作物上时，短时间内即可导致作物全部死亡。

对于这类除草剂造成的药害，生产上没有时间抢救，应及时采取毁田补种措施。

3. 迟效性除草剂的误用　多数除草剂品种，对作物造成的药害发展缓慢，有的甚至到作物成熟时才表现出来，而且药害带来的损失多是毁灭性的。

如误用磺酰脲类除草剂、咪唑啉酮类除草剂等，剂量较高的药害也需5~7 d才表现出症状，7~20 d作物死亡；而磺酰脲类除草剂、咪唑啉酮类除草剂的残留、飘移等低剂量下发生的药害，往往15~40 d后症状才表现出来，死亡速度缓慢。苯氧羧酸类除草剂、苯甲酸类除草剂引发的药害，往往不是马上表现出药害，而是到小麦抽穗、成熟时才表现出来。在生产中，对于这类除草剂造成的药害，应加强诊断、及时采取补救措施或补种其他作物。在补救中，不要盲目地施用补救剂，应在技术部门指导下，选用适宜的药剂，进行解毒、补偿生长。毁田补种时，应在技术部门指导下，补种对除草剂耐性强、生育期适宜的作物，避免发生二次药害。

（一）酰胺类除草剂药害预防与事故处理

酰胺类除草剂是一类重要的芽前土壤封闭处理剂，是防除一年生禾本科杂草的特效除草剂，对阔叶杂草的防效较差。土壤中的持效期中等，一般为1~3月。

1. 酰胺类除草剂的安全应用技术　该类药剂除草效果和安全性均与土壤特性，特别是墒情、有机质含量及土壤质地有密切关系。通常在温度较高、墒情较好的条件下，除草效果好，且对作物比较安全；但施药后遇低温、土壤高湿，对作物会产生一定的药害，表现为叶片褪色、皱缩、生长缓慢，随着温度的升高，一般会逐步恢复正常生长。

2. 酰胺类除草剂的药害补救措施　酰胺类除草剂对作物相对安全，生产中由于用药量过大或环境条件不良而产生的药害，应分不同情况采取相应的措施。

在作物播后芽前，施药后遇降水、漫灌大水，这时作物正处于出苗发芽期，作物易发生药害，一般情况下作物会受到暂时的药害，15~20 d症状基本上可以恢复，生产上不必采取补救措施。如果这一时期，继续灌水、施用氮肥，往往会加重药害。部分积水处作物可能药害较重，应及时补种，播种深度应适当加大。

对于药害较轻、生长受到暂时抑制的作物，应加强田间管理，也可以补施叶面肥和生长调节剂。可以及时喷施1~2次芸薹素内酯（天丰素）和复硝酚钠。

3. 酰胺类除草剂的药害案件处理　田间发生药害后，应及时进行症状观察与药害发生原因分析。

首先，要了解田间作物的药害症状及药害症状的发生与发展过程与前文中酰胺类除草剂的药害特征是否符合。因为，有些上茬作物的除草剂残留，也能抑制作物的发芽和生长，但症状伴有叶色和叶形的变化，症状是不同的，要认真加以分析。也不能排除产品自身中含有其他除草剂成分或杂质，要核对产品标签中的成分说明。

其次，要调查施药时的天气、土壤墒情和土壤质地、作物播种深度。因为，酰胺类除草剂的药害与施药条件关系最为密切，特别是一些蔬菜和经济作物对酰胺类除草剂耐药性较差，生产上经常性地发生药害。

如果在产品的标签中没能明确注明适用作物和相应作物的施药剂量、施药方法等有关注意事项，生产企业要对药害负责；否则，所发生的药害由使用者负责。

（二）三氮苯类除草剂药害预防与事故处理

三氮苯类除草剂多是土壤处理剂，主要通过根部吸收，个别品种也能被茎叶吸收，影响植物的光合作用。防除一年生及种子繁殖的多年生杂草，其中对双子叶杂草的防效优于单子叶杂草。该类除草剂水溶性较高，易于被雨水淋溶，土壤中残效期差异较大，莠去津、西玛津残效期较长。

1. 三氮苯类除草剂的安全应用技术　三氮苯类除草剂对杂草种子无杀伤作用，也不影响种子发芽，它们主要防除杂草幼芽，故应在作物播种后、杂草萌芽前使用，有些品种虽然也可在苗后应用，但应在杂草幼龄阶段用药。

使用药量应视土壤质地、应用时期而定。在播后芽前施药时，如遇土壤干旱则除草效果下降；生长期施药时，如遇高温干旱、高温高湿天气时，易发生药害。在土壤特性中，对三氮苯类除草剂活性影响最大的是土壤有机质与黏粒含量。土壤酸度也是影响三氮苯类除草剂吸附作用的重要因素。

三氮苯类除草剂中莠去津、西玛津等品种残效期较长，易对下茬作物发生药害，在生产应用中一定要按使用说明或在技术部门的指导下进行。

部分三氮苯类除草剂安全性较差，如扑草净、西草净、氰草津等，应严格把握施药条件。

2. 三氮苯类除草剂的药害补救措施　三氮苯类除草剂的选择性较强，对玉米等少数几种作物安全，生产中易对其他作物发生药害，而且药害发展迅速，损失严重。对待这一类除草剂的药害主要通过除草剂的安全应用技术加以防范，遇到药害后视药害程度不同可以采取不同的补救措施。对于药害较轻的情况，可以通过加强肥水管理，喷施叶面肥、光合作用促进剂，如亚硫酸氢钠、芸薹素内酯、复硝酚钠等，一般短期内可以恢复；对于药害较重地块，应及时深翻、灌水，而后补种对该类除草剂不敏感的作物。

3. 三氮苯类除草剂的药害案件处理　田间发生药害后，应及时进行症状观察与施药情况调查。因为这类除草剂的药害发生与发展过程较快，尽可能观察了解施药2周内的药害症状。了解田间作物的药害症状及药害症状的发生与发展过程与前文中三氮苯类除草剂的药害症状是否符合；了解叶色和长势的变化过程，认真加以分析。

另外，要调查施药的方式、施药剂量、作物播种时期和施药时期。因为，该类除草剂的药害与施药时期关系最为密切，特别是扑草净、氰草津等品种，在作物芽期和生长期（部分除草剂在5叶后）耐药性较差，生产上经常发生严重的药害。

（三）磺酰脲类除草剂药害预防与事故处理

磺酰脲类除草剂是研发进展最快的一类超高效除草剂，杀草谱广，可以防除大多数阔叶杂草及一年生禾本科杂草；选择性强，对作物高度安全，使用方便，既可以土壤处理也可以进行茎叶处理；部分品种在土壤中的持效期较长，可能会对后茬作物产生药害。

1. 磺酰脲类除草剂的安全应用技术　磺酰脲类除草剂的选择性强，每种除草剂均有特定的适用作物和施药适期、有效的防除杂草种类。如绿磺隆、甲磺隆、苄嘧磺隆、醚苯磺隆、苯磺隆、噻（吩）磺隆是防除小麦田杂草的除草剂品种，小麦、大麦和黑麦等对它们具有较高的耐药性，可以用于小麦播后芽前、出苗前及出苗后。其中，苯磺隆和噻（吩）磺隆在土壤中的持效期短，一般推荐在作物出苗后至分蘖中期、杂草苗期应用。这些品种可用于小麦田防除多种阔叶杂草，对部分禾本科杂草具有一定的抑制作用。苄嘧磺隆、吡嘧磺隆、醚磺隆是稻田除草剂，可以有效防除莎草和多种阔叶杂草。氯嘧磺隆可以用于豆田防除多种一年生阔叶杂草。烟嘧磺隆可以用于玉米田防除多种一年生和多年生禾本科杂草及一些阔叶杂草。胺苯磺隆、氟嘧磺隆可以用于油菜田防除多种阔叶杂草和部分禾本科杂草。甲嘧磺隆主要用于林地防除多种杂草。

磺酰脲类除草剂的残效期在土壤中的差异性较大，一般的持效期为4~6周，在酸性土壤的持效期相对较短，而在碱性土壤中持效期相对较长。不同品种在土壤中的持效期：绿磺隆>嘧磺隆⊴甲磺隆⊴醚苯磺隆⊴绿嘧磺隆>噻（吩）磺隆⊴苯磺隆。空气湿度与土壤含水量是影响磺酰脲类除草剂药效与药害的重要因素。一般来说，空气湿度高、土壤含水量大时除草效果相对较好。在同等温度条件下，空气相对湿度为95%~100%时药效大幅度提高；施药后降水会降低茎叶处理除草剂的杀草效果。对于土壤处理除草剂，施药后土壤含水量比施药前含水量高时更能提高除草效果。

2. 磺酰脲类除草剂的药害补救措施　磺酰脲类除草剂是近几年出现药害现象最多、药害损失最重的一类品种，生产中应加强安全应用，在出现药害问题后应及时采取如下措施：轻度药害时，应及时喷施萘二酸酐等药害补救剂或喷施芸薹素内酯以提高作物的抗逆能力，同时加强肥水管理；对药害严重地块，应及时与技术部门联系，对土壤进行酸洗、深翻，播种对该除草剂不敏感的作物。

3. 磺酰脲类除草剂的药害案件处理　该类除草剂药害发展缓慢，田间出现药害症状时，一般药害损失都比较严重。应深入调查研究，调查施药的方式、施药剂量、作物播种时期和施药时期，及时准确地掌握施药条件，封存药样，请有关专家和农药管理部门进行药害鉴定与案件处理。如果在产品的标签中没能明确注明适用作物和相应作物的施药剂量、施药适期、安全间隔期、施药方法等有关注意事项，生产企业要对药害负责；否则，所发生的药害由使用者负责。

（四）二苯醚类除草剂药害预防与事故处理

二苯醚类除草剂部分品种是土壤封闭处理剂，主要防除一年生杂草幼芽，而且防除阔叶杂草的效果优于禾本科杂草，多在杂草萌芽前施用，水溶性低，被土壤胶体强烈吸附，故淋溶性小，在土壤中不易移动，持效期中等；也有一些品种为茎叶处理剂，施入土壤中无效，可以有效防除多种一年生和多年生阔叶杂草。主要起触杀作用，在植物体内传导性很差或不传导，即使作物受害，也是局部性药害，易于恢复。

1. 二苯醚类除草剂的安全应用技术　二苯醚类除草剂具有较高的选择性，每个品种均有较为明确的适用作物、施药适期和杀草谱，施药时必须严格选择，施用不当会产生严重的药害，达不到理想的除草效果。

大多数二苯醚类除草剂品种在植物体内传导性差，主要起触杀作用。施药后易对作物产生药害，可能会出现褐色斑点，施药时务必严格掌握用药量，喷施务必均匀，最好在施药前先试验后推广。大豆3片复叶以后，叶片遮盖杂草，在此时喷药会影响除草效果。同时，作物叶片接触药剂多，抗药性减弱，会加重药害。大豆如果生长在不良环境中，如干旱、水淹、肥料过多、寒流、霜害、土壤含盐过多、大豆苗已遭病虫危害以及下雨前，不宜施用此药。施用此药后48 h会引起大豆幼苗灼伤，呈黄色或黄褐色焦枯状斑点，几天后可以恢复正常，田间未发现有死亡植株。勿用超低容量喷雾。最高气温低于21 ℃或土温低于15 ℃，均不应施用。

土壤特性直接影响封闭除草剂的药剂效果，土壤黏重、有机质含量高，则单位面积用药量宜加大；反之，沙土及沙壤土用药量宜低。我国南方地区，气温高、湿度大，单位面积用药量比北方地区低。温度既影响杂草萌发又影响药剂的生物活性。

2. 二苯醚类除草剂的药害补救措施　二苯醚类除草剂对作物易于发生药害，但该类除草剂对作物的药害是触杀性的，一般不会对作物造成严重的损失。轻度的药害，随着作物生长药害的影响逐渐消失，可以适当加强肥水管理、喷施叶面肥等；因为这类除草剂对作物杀伤速度快，生产上不可能采取补救措施，所以生产中由于误用，喷施到敏感作物时，应视作物死亡情况及时补种。

3. 二苯醚类除草剂的药害案件处理　该类除草剂药害发生迅速，药害过程短暂，田间发生药害后，应及时进行症状观察与药害发生原因调查分析。

首先，要了解田间作物的药害症状及药害症状的发生、发展过程与前文中二苯醚类的药害特征是否符合。因为，有些施肥、喷施杀虫剂和杀菌剂，也能在作物叶片上出现枯死状斑点或大片叶片灼烧状枯死，要认真加以分析。

其次，要调查施药时的天气、墒情和施药剂量、施药方法、施药时期。因为，二苯醚类除草剂具有较高的选择性，每个品种均有较为明确的适用作物、施药适期和施药剂量，除草剂的药害与施药方法关系最为密切，生产上经常发生药害。

如果在产品的标签中，没能明确注明适用作物和相应作物的施药适期、施药剂量等有关注意事项，生产企业要对药害负责；否则，所发生的药害由使用者负责。

（五）苯氧羧酸类和苯甲酸类除草剂药害预防与事故处理

苯氧羧酸类和苯甲酸类除草剂选择性强、杀草谱广、成本低，是一类重要的除草剂。通常用于茎叶处理防除一年生与多年生阔叶杂草（非禾本科杂草）。通过土壤微生物进行降解，在温暖而湿润的条件下，它们在土壤中的持效期为1~4周；而在冷凉、干燥的气候条件下，持效期较长，可达1~2个月。

1. 苯氧羧酸类和苯甲酸类除草剂的安全应用技术　苯氧羧酸类和苯甲酸类除草剂主要应用于禾本科作物，特别是广泛用于小麦田、稻田、玉米田除草。高粱、谷子抗性稍差。

寒冷地区水稻对2，4-滴丁酯的抗性较低，特别是在喷药后遇到低温时，抗性更差。而应用2甲4氯的安全性相对较高。

小麦不同品种以及同一品种的不同生育期对该类除草剂的敏感性不同，在小麦生育初期即2叶期（穗分化的第二阶段与第三阶段），对除草剂很敏感，此期用药，生长停滞、干物质积累下降、药剂进入分蘖节并积累，抑制第一层和第二层次生根的生长，穗原始体遭到破坏；在穗分化第三期用药，则小穗原基衰退。但在穗分化的第四期与第五期即分蘖盛期至孕穗初期，植株抗性最强，这是使用除草剂的安全期。研究证明，禾谷类作物在5~6叶期由于缺乏传导作用，故对苯氧羧酸类除草剂的抗性最强。施药时应严格把握施药适期，小麦、水稻4叶前和拔节后禁止使用，玉米4叶前和8叶气生根开始发生后禁止施用；否则，可能会发生严重的药害。

环境条件对药效和安全性的影响较大。高温与强光促进植物对2，4-滴丁酯等苯氧羧酸类除草剂的吸收及其在体内的传导，故有利于药效的发挥，施药时温度过低（低于10 ℃）或过高（高于30 ℃）均易产生药害。因此，应选择晴天、适宜温度时施药。空气湿度大时，药剂液滴在叶表面不易干燥，同时气孔开放程度也大，有利于药剂吸收。喷药时，土壤含水量高，有利于药剂在植物体内传导。

喷药时应选择晴天无风天气，不能离敏感作物太近，药剂飘移对双子叶作物威胁极大，应尽量避开双子叶作物地块。特别是2，4-滴丁酯的挥发性强，施药作物田要与敏感的作物如棉花、油菜、瓜类、向日葵等间隔一定的距离，特别是大面积使用时，应设200~300 m以上的隔离区，还应在无风或微风的天气喷药，风速≥3 m/s时禁止施药。施药后12 h内如降中到大雨，需重喷1次。

2. 苯氧羧酸类和苯甲酸类除草剂的药害补救措施　苯氧羧酸类和苯甲酸类除草剂的安全性较差，对适用作物易发生药害，对阔叶作物也易因误用、飘移等原因而发生药害。该类药剂的药害发展较慢，损失严重，而且生育初期的药害到中后期才表现出来。对待这类除草剂的药害主要通过除草剂的安全应用技术加以防范，遇到药害后应视药害程度而采取不同的补救措施。对药害较轻的情况，可通过加强肥水管理，喷施叶面肥、植物生长调节剂，如芸薹素内酯、复硝酚钠等，一般短期内可以恢复；对于药害较重地块，应及时补种作物，因该类除草剂使土壤活性低，补种作物应视季节而定，除草剂的残留影响较小。

3. 苯氧羧酸类和苯甲酸类除草剂的药害案件处理　该类除草剂药害出现速度不同，但一般药害持续时间长、药害程度重。田间发生药害后，应及时进行症状观察与施药时期、施药方法调查。

该类除草剂药害症状特殊，一般较易区别，要了解田间作物的药害症状及药害症状的发生与发展过程与前文中所述的药害症状是否符合；同时，要针对作物生育时期，了解药害的程度和药害的发生、发展阶段。

另外，要调查施药时的天气、作物生长发育阶段、施药方法。因为该类除草剂的药害与施药时期、施药时温度关系最为密切，生产上经常发生药害。

（六）其他类除草剂药害预防与事故处理

1. 除草剂的药害补救措施　随着除草剂的广泛应用，生产上出现了各种各样的除草剂药害。对其他除草剂出现的药害，可以参照上述5类除草剂的药害情况，应认真调查分析、区别对待，及时采取相应的措施。

2. 除草剂药害的案件处理　除草剂对作物造成的药害症状多种多样，这些症状与除草剂的种类、除草剂的施用方法、作物生育时期、环境条件密切相关。在诊断除草剂药害时，应了解药害发生的程度、药害发生的原因和引发药害的责任。因此，应调查、收集如下几个方面的材料。

深入调查田间药害的发生症状。调查药害症状的表现，如出苗情况、生长情况、叶色表现，根、茎、叶及芽、花、果的外观症状；同时，了解药害的发生、发展过程。除草剂药害的发生数量（田间药害的发生株率）、发生程度（每株药害的比例）、发生方式（成行药害或成片药害），了解药害的发生与施药方式、栽培方式、品种之间的关系。

产品的三证是否齐全，产品的有效成分是否清楚。了解田间药害的症状，并对照前文中的药害症状与田间所发生的药害症状是否相符合。如果实际药害症状与前文所述药害症状不符合，就可能是产品中含有杂质或其他除草剂成分（如赠送的助剂），产品质量存在问题；也可能是上茬除草剂残留等其他因素所致。

调查作物栽培管理情况和施药情况。调查了解栽培作物的播种期、发育阶段、品种情况；土壤类型、土壤墒情、土壤质地及有机质含量；温度、降水、阴晴、风向和风力；田间化肥、有机肥施用情况；除草剂种类、用量、施药方法、施用时间。

如果在产品的标签中，没能明确注明适用作物和相应作物的施药剂量、施药适期、安全间隔期、施药方法等上文中的有关注意事项，生产企业要对药害负责；否则，所发生的药害由使用者负责。

主要参考文献

[1] GODDARD M J R，WILLIS J B，ASKEW S D. Application placement and relative humidity affects smooth crabgrass and tall fescue response to mesotrione [J] .Weed Science，2010，58 (1) : 67-72.

[2] JOHNSON B C，YOUNG B G. Influence of temperature and relative humidity on the foliar activity of mesotrione [J] . Weed Science，2002，50 (2) : 157-161.

[3] KIRKWOOD R C. Use and mode of action of adjuvants for herbicides: A review of some current work [J] . Pesticide Science，1993，38: 93-102.

[4] ZABKIEWICZ J A. Adjuvants and herbicidal efficacy-present status and future prospects [J] . Weed Research，2000，40: 139-149.

[5] 苏少泉 . 除草剂助剂及其应用 [J] . 农药研究与应用，2007，11 (5) : 3-7.

[6] 李香菊，王贵启，李秉华，等 . 干旱胁迫对麦田茎叶型除草剂药效的影响 [J] . 河北农业科学，2003，7 (3) : 14-18.

[7] 李美，高兴祥，房锋，等 . 氟氯吡啶酯和啶磺草胺复配制剂不同条件下除草效果评价 [J] . 山东农业科学，2016，48 (8) : 120-127.

[8] 张殿京，陈仁霖 . 农田杂草化学防除大全 [M] . 上海：上海科学技术文献出版社，1992.

[9] 张玉聚，李洪连，张振辰，等 . 农业病虫草害防治新技术精解 [M] . 北京：中国农业科学技术出版社，2010.

[10] 鲁传涛，张玉聚，王恒亮，等 . 除草剂原理与应用原色图鉴 [M] . 北京：中国农业科学技术出版社，2014.

第三部分

中国小麦田除草剂的主要品种与应用技术

第九章　脲类除草剂

早在1946年，有人发现取代脲类化合物具有抑制植物生长的活性，1951年发现了灭草隆的除草作用，以后脲类品种相继发展，成为一类重要品种。我国从20世纪60年代开始，先后生产了除草剂一号、绿麦隆、利谷隆、敌草隆、异丙隆、莎扑隆等品种。

脲类除草剂用于小麦田的主要品种有绿麦隆（chlortoluron）、异丙隆（isoproturon）、利谷隆（linuron）等。

一、脲类除草剂的作用原理

（一）脲类除草剂的主要特性

（1）主要防除一年生杂草，特别是防除一年生阔叶杂草的效果好。

（2）作用原理主要是抑制植物光合作用中的希尔反应，光照强度大时有助于药效的发挥。

（3）该类除草剂不抑制种子发芽，通过植物根系吸收，沿蒸腾液流向上传导，积累于叶片内，主要防除杂草幼苗，在杂草芽前施药除草效果好。

（4）大多数品种的水溶度低，一般为3.7~320 mL/L，多为土壤处理剂，施用后迅速被土壤胶体吸附，停留于0~3 cm土层，不易向下淋溶。

（5）除草效果与土壤含水量密切相关，在一般情况下，土壤墒情好时除草效果好。

（6）主要通过土壤微生物进行降解，挥发及化学分解较少，但在干燥、炎热的条件下也进行光解，在土壤中的持效期为数月至1年或以上。

（二）脲类除草剂的吸收与传导方式

脲类除草剂主要被植物根系吸收，通过蒸腾流迅速向茎、叶传导，积累于叶片内。其吸收与传导速度因除草剂品种、植物种类及环境条件而异。绿麦隆、利谷隆等虽然能被植物根与叶吸收，但根是其主要吸收部位，生产应用中主要进行土壤处理。

（三）脲类除草剂的作用部位和杂草死亡症状

大多数脲类除草剂品种不抑制种子发芽，对植物的毒害症状主要表现在叶片。当叶片内所含药剂浓度较高时，在几天内便产生急性药害症状，叶片部分面积失绿，然后呈水浸状，最后坏死；当叶片内药剂浓度较低时，经数天后叶片才褪色或出现灰斑并迅速黄化，叶片凋萎。禾本科杂草的形态变化往往在叶尖最先发生，然后向基部发展，个别品种也可能抑制根系的生长。杂草的中毒死亡症状见图9-1~图9-3。

（四）脲类除草剂的作用机制

1.光合作用　抑制光合作用中希尔反应是脲类除草剂对植物的主要作用。脲类除草剂抑制光系统Ⅱ还原部位的电子流，与光系统Ⅱ反应中心复合物32kDa蛋白质体结合，阻碍电子从束缚性质体醌QA向第二个质体醌QB传递，导致光合作用停止，使叶片失绿而最终致植株死亡。

图 9-1 异丙隆芽前施药防除马唐的中毒死亡症状

图 9-2 异丙隆生长期施药防除荠菜的中毒死亡症状

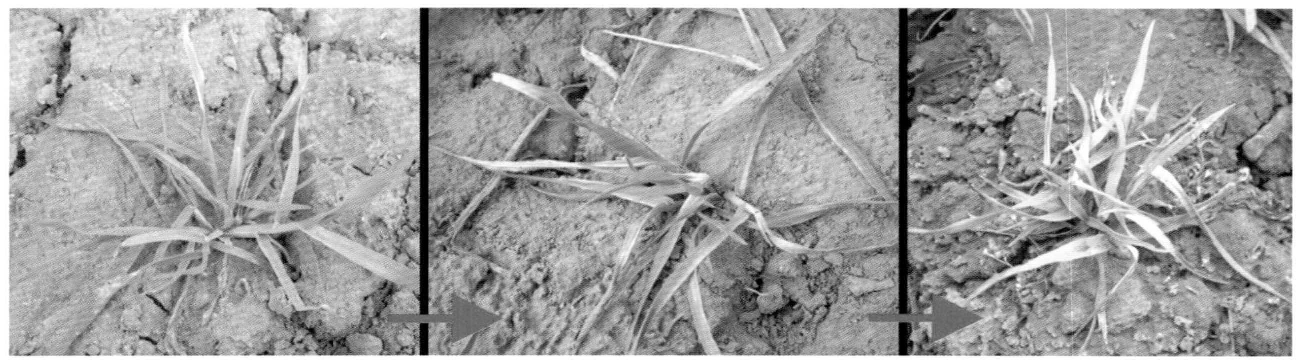
图 9-3 异丙隆生长期施药防除野燕麦的中毒死亡症状

2.蒸腾作用　脲类除草剂抑制植物蒸腾作用。气孔是蒸腾作用的主要途径，而脲类除草剂导致气孔关闭，使水蒸气通过气孔的扩散停止，故蒸腾作用下降。

3.细胞效应　脲类除草剂的亲脂性高，它们与细胞有较强的亲和性，从而影响细胞生长。它们能改变膜对质子的透性，也有一些品种能改变膜对离子和中性溶质的透性。所以，影响膜的结构、透性或流动性可能是脲类除草剂的作用机制之一。

（五）脲类除草剂的选择性原理

不同品种的脲类除草剂对植物的敏感性显著不同，其选择性的原因也是多方面的。

由于多数脲类除草剂品种都是土壤处理剂，它们水溶度低，不易向土壤下层移动，因而其位差选择性在应用中起较大作用。吸收与传导的差异是某些脲类除草剂品种的选择性原因之一。脲类除草剂在植物体内代谢的差异或添加安全剂也是其选择性的重要原因。

（六）脲类除草剂的代谢与降解

1.光解　脲类除草剂在土壤中不易淋溶，并能长期残留于土壤表层，所以，光解起重要作用，特别在干旱地区，光解是使其消失的基本途径。土壤温度对光解有很大影响。

2.在土壤中的降解　脲类除草剂的水溶度低，在土壤中的移动性差，有一定的稳定性。在常温条件下，它们对纯化学过程的水解和氧化是比较稳定的，因而在土壤中主要通过微生物进行降解。土壤特性、土壤有机质含量直接影响降解速度。

二、脲类除草剂的药害与安全应用

（一）脲类除草剂的典型药害症状

脲类除草剂是典型的光合作用抑制剂。它不抑制种子的发芽与出苗，通常对根系的发育也不产生直接的影响，在植物出苗后见光的条件下才产生药害，药害典型症状是叶片失绿、坏死与干枯。这些症状最先出现于叶缘和叶尖（图9-4）；从叶片结构来说，叶脉及其邻近组织失绿、变黄，而后向叶肉组织扩展，最后全叶死亡、脱落。

具体药害症状表现在3个方面：①叶尖和叶缘首先表现症状，而后向叶内其他部位扩展。②植物受害后叶片发黄，一般上部嫩叶最先受害，而后其他叶片枯黄死亡。③植物受害后症状表现速度一般，在作物芽前施药，真叶出来后即开始表现受害症状，几天内即行死亡；茎叶喷施时，5~7 d开始出现症状，10 d以后全株死亡。典型药害症状见图9-5~图9-7。

图 9-4　小麦生长期施用异丙隆后田间除草效果

图 9-5　异丙隆对稻茬小麦的药害症状

图 9-6　绿麦隆对棉花的药害症状

（二）药害症状与药害原因分析

生产中常用的脲类除草剂品种有绿麦隆、异丙隆。它们可以用于多种作物，是小麦田重要的除草剂，对小麦安全，但用药量过大或生长期施用，可能会发生药害（图 9-8~ 图 9-11）。

图 9-7 异丙隆对玉米的药害症状

图 9-8 在小麦播后芽前，过量施用 50% 异丙隆可湿性粉剂 150 g/ 亩对小麦的药害表现过程（小麦基本出苗，苗后小麦叶片发黄，从叶尖和叶缘开始枯黄。一般情况下，生长受到暂时抑制，但多数可以恢复生长，重者可致死亡）

图 9-9 在小麦幼苗期，麦苗较弱情况下过量喷洒 50% 异丙隆可湿性粉剂 100 g/ 亩对小麦的药害症状（受害后小麦叶片发黄，部分叶片从叶尖和叶缘开始枯死）

图9-10 在小麦幼苗期，特别是低温情况下过量喷洒50%异丙隆可湿性粉剂150 g/亩对小麦的药害症状（受害后小麦叶片发黄，部分叶片从叶尖和叶缘开始枯死）

图 9-11 在小麦播后芽前，过量施用 25% 绿麦隆可湿性粉剂 400 g/ 亩对小麦的药害症状（小麦基本出苗，苗后小麦叶片发黄，从叶尖和叶缘开始枯黄，小麦生长可能受到一定程度的抑制）

（三）脲类除草剂的安全应用原则与药害补救方法

大多数脲类除草剂品种主要防除一年生禾本科杂草与阔叶杂草幼苗，它们对阔叶杂草的效果优于禾本科杂草。脲类除草剂主要为杂草根系吸收，应在杂草萌芽前进行土壤处理；利谷隆、异丙隆等除了在杂草芽前施用以外，苗后处理也有一定活性，但杂草龄期愈小，药效发挥愈好，一般杂草株高不宜超过10 cm。

脲类除草剂主要为土壤处理剂，它们的药效及持效期长短与土壤特性有密切关系。吸附作用与含水量是影响脲类除草剂活性的重要因素。由于脲类除草剂具弱酸性，故其吸附作用主要是在有机质上通过偶极–阴离子与偶极–偶极体的相互作用来进行的，因而单位面积用药量应根据土壤有机质含量来增减。

温度与土壤含水量是影响脲类除草剂的另一个重要因素。由于大多数脲类除草剂品种的水溶度低，故在干旱条件下药效不易发挥，通常苗前土壤处理时，于施药后2~3周需有12~25 mL的降水才能保证其活性充分发挥。在干旱条件下浅拌土是必要的。适当的高温也有助于提高脲类除草剂的效果。我国北方由于春旱、低温，脲类除草剂的除草效果远不如南方地区好。

绿麦隆性质稳定，药效期长，一般一季麦只宜用1次，且用量不能超过300 g/亩，否则对小麦苗有药害。低温不利于药效的发挥，且易发生药害，导致个别叶尖枯黄。在稻麦轮作区使用绿麦隆对后茬水稻有抑制作用。施用异丙隆后遇霜冻，作物生长可能暂时受抑制；作物生长不良或受冻时，沙性重或排水不良地块不能施用异丙隆。

三、脲类除草剂的主要品种与应用技术

（一）绿麦隆 chlortoluron

【理化性质】 纯品为无色粉末，溶解性较差。

【制 剂】 25%可湿性粉剂。

【除草特点】 选择性内吸、传导型除草剂，主要通过植物的根系吸收，茎叶也可以少量吸收，抑制杂草的光合作用，使杂草饥饿而死亡。受害植物叶片褪绿，叶尖和心叶相继失绿，经10 d左右表现症状，受害严重的整株枯死。在土壤中的持效期与施用剂量、土壤湿度、耕作条件有关，一般约70 d。

【适用作物】 适用作物见表9-1。

表 9-1 绿麦隆可以应用的主要作物

项目	作物种类
国内登记的适用作物	春小麦、冬小麦、大麦、玉米
资料报道的适用作物	麦类、棉花、玉米、谷子、花生、大豆

【防除对象】 可以防除多种阔叶杂草和禾本科杂草。防除效果见表9-2，杂草药害症状见图9-12~图9-24。

表 9-2 绿麦隆对主要杂草的防除效果比较

项目	杂草种类
防除效果突出（90% 以上）的杂草	野燕麦、播娘蒿、狗尾草、藜、反枝苋、碎米荠
防除效果较好（70%~90%）的杂草	牛繁缕、早熟禾、马唐、看麦娘、硬草、苘麻、龙葵、苍耳、棒头草、大巢菜、蚤缀
防除效果较差（40%~70%）的杂草	牛筋草、稗草、问荆、铁苋菜、稻槎菜、蓼、婆婆纳、萹蓄、荠菜
防除效果极差（40% 以下）的杂草	猪殃殃、牵牛花、田旋花、茵草等

图 9-12 在茵草生长期喷施 25% 绿麦隆可湿性粉剂除草活性比较（在茵草幼苗期施用绿麦隆的效果较差，施药后 10 d 高剂量区生长受到抑制。以后高剂量区开始黄化，生长受到抑制。低剂量区效果很差）

图 9-13 在看麦娘生长期喷施 25% 绿麦隆可湿性粉剂后除草活性比较（在看麦娘 3 叶期后施用绿麦隆的效果一般，施药后 10 d 基本上没有除草效果，施药后 2~4 周高剂量区开始黄化、枯死）

图 9-14 在硬草生长期喷施 25% 绿麦隆可湿性粉剂除草活性比较（在硬草幼苗期施用绿麦隆的效果较差，施药后 10 d 高剂量区生长受到抑制，施药后 2~4 周高剂量区开始黄化、枯死）

图 9-15 在荠菜生长期喷施 25% 绿麦隆可湿性粉剂不同剂量除草活性比较（效果较差，与空白对照相比，施药后 22 d 生长受到抑制）

图 9-16 在猪殃殃生长期喷施 25% 绿麦隆可湿性粉剂除草活性比较（效果很差，施药后 16 d 基本上没有效果，猪殃殃生长与空白对照相比差别较小）

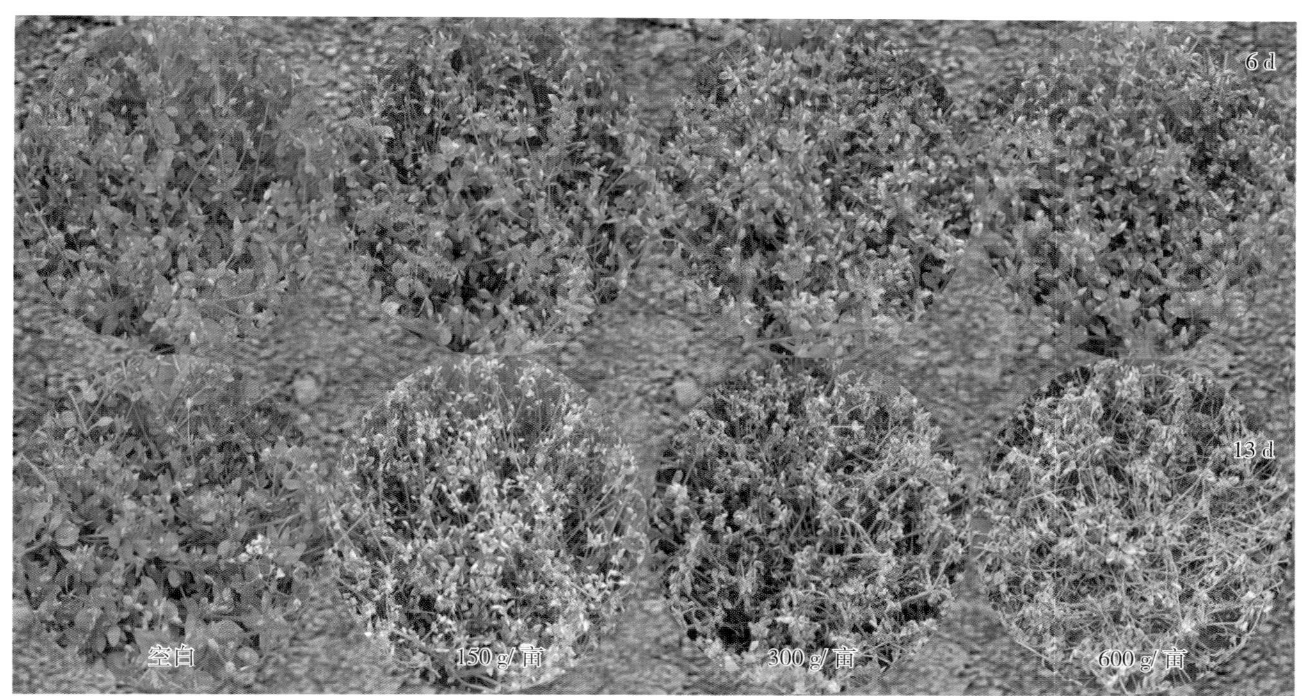

图 9-17 在蚤缀生长期喷施 25% 绿麦隆可湿性粉剂除草活性比较（防效较好，施药后 6 d 部分叶片枯黄，2~4 周高剂量处理的大量黄化、枯死）

图 9-18 在狗尾草芽前喷施 25% 绿麦隆可湿性粉剂除草活性比较（具有较好的防除效果，狗尾草出苗见光后逐渐黄化、枯死，300g/ 亩以上的剂量防效较好）

图 9-19 在狗尾草生长期喷施 25% 绿麦隆可湿性粉剂除草活性比较（部分叶片从叶尖和叶缘处开始逐渐黄化、枯死，部分植株枯死）

图 9-20 在牛筋草芽前喷施 25% 绿麦隆可湿性粉剂除草活性比较（防除效果较好，牛筋草出苗见光后大量幼苗黄化、枯死）

【防除对象】 可以防除多种阔叶杂草和禾本科杂草。防除效果见表9-4，杂草中毒症状见图9-25~图9-42。

表 9-4 异丙隆对主要杂草的防除效果比较

项目	杂草种类
防除效果突出（90% 以上）的杂草	看麦娘、硬草、野燕麦、播娘蒿、牛繁缕、藜、马唐、小藜、早熟禾、碎米荠、蓼、繁缕、反枝苋、蚤缀、麦瓶草、麦家公、泽漆、马齿苋、铁苋菜、苘麻
防除效果较好（70%~90%）的杂草	野油菜、大巢菜、牛筋草、稗草、菵草、卷耳
防除效果较差（40%~70%）的杂草	荠菜、猪殃殃
防除效果极差（40% 以下）的杂草	婆婆纳、问荆、蓟、苣荬菜、田旋花、佛座、雀麦、节节麦、大穗看麦娘

图 9-25 在野燕麦生长期喷施 50% 异丙隆可湿性粉剂除草活性比较（施药 2 周以后生长受到抑制，叶片大量黄化；施药后 2~3 周大量黄化、枯死，200 g/ 亩以上剂量可达到较好的防除效果）

图 9-26 在菵草生长期喷施 50% 异丙隆可湿性粉剂除草活性比较（在菵草幼苗期施用异丙隆 2 周后生长受到抑制，叶片开始黄化，以后高剂量区杂草逐渐死亡，200 g/ 亩以上剂量才能达到较好的防除效果）

图 9-27 在婆婆纳、佛座生长期喷施 50% 异丙隆可湿性粉剂后 14 d 除草活性比较（防除效果极差，生长期施药后 1~2 周生长仅受到一定程度的抑制）

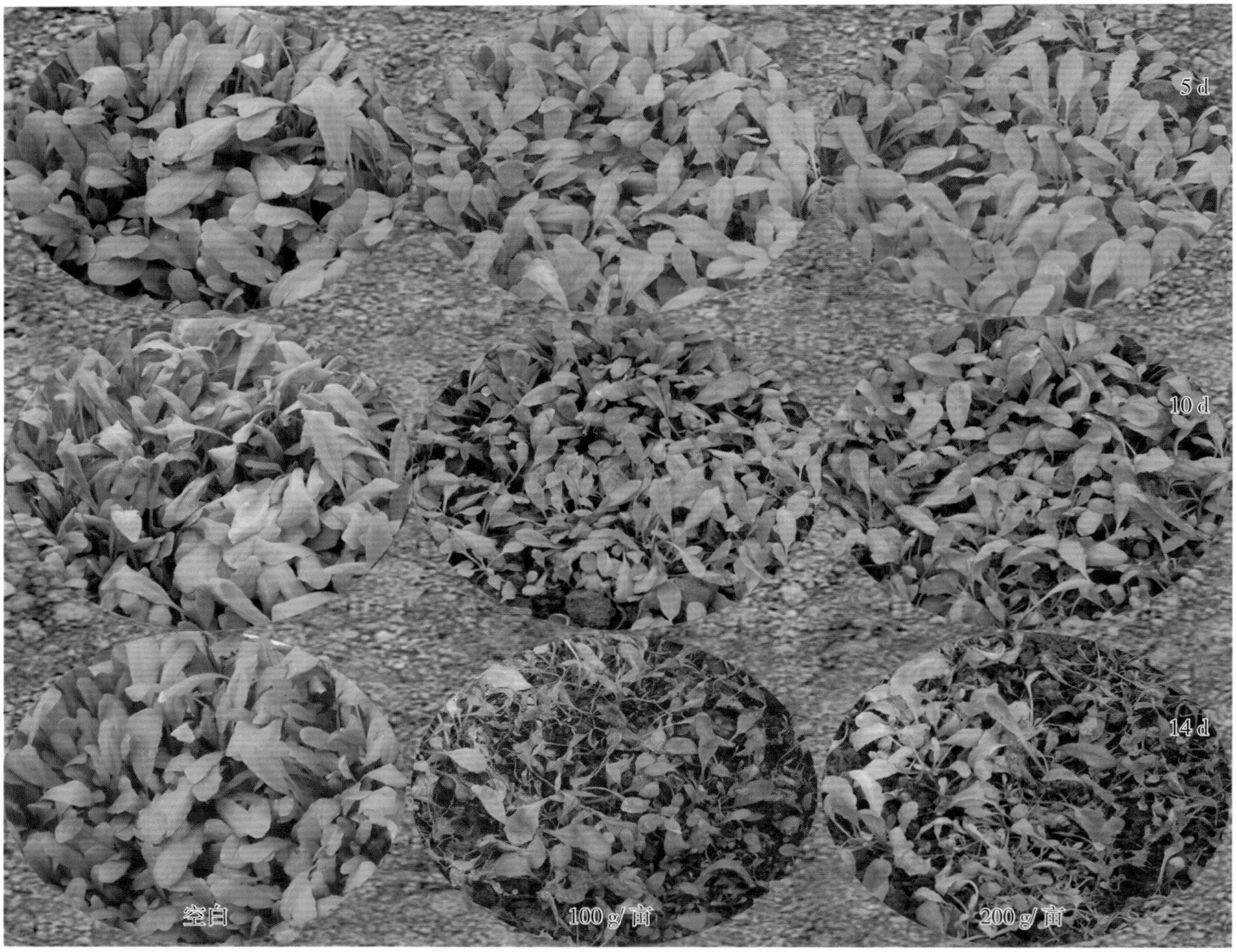

图 9-28 在荠菜生长期喷施 50% 异丙隆可湿性粉剂除草活性比较（在荠菜幼苗期施用异丙隆的效果突出，施药后 5~9 d 叶片大量黄化，生长受到抑制；2 周后逐渐枯萎死亡）

图 9-29 在野燕麦生长期田间喷施 50% 异丙隆可湿性粉剂 150 g/ 亩后中毒死亡过程（在野燕麦幼苗期施用异丙隆，7 d 后野燕麦叶片开始黄化，叶尖、叶缘处枯黄；施药后 2 周叶片大量干枯，植株死亡）

图 9-30 在看麦娘生长期喷施 50% 异丙隆可湿性粉剂除草活性比较（在看麦娘幼苗期施用异丙隆的效果突出，施药后 7~10 d 出现中毒症状，杂草黄化，以后逐渐枯死，100 g/ 亩即可达到较好的防除效果）

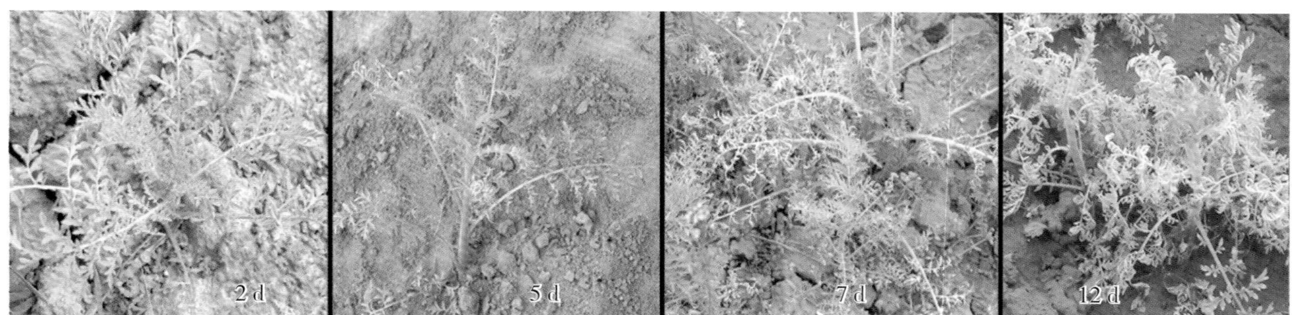

图 9-31 在播娘蒿生长期喷施 50% 异丙隆可湿性粉剂 100 g/ 亩中毒死亡表现过程（在播娘蒿幼苗期施用异丙隆，5~7 d 后播娘蒿叶片开始黄化，叶尖、叶缘处枯黄；施药后 2 周大量黄化、枯死，防除效果突出）

图 9-32　在硬草生长期喷施 50% 异丙隆可湿性粉剂除草活性比较（在硬草幼苗期施用异丙隆的效果突出，施药后 5~10 d 叶片大量黄化，2~4 周大量黄化、枯死，100~200 g/ 亩即可达到较好的防除效果）

图 9-33　在猪殃殃生长期喷施 50% 异丙隆可湿性粉剂除草活性比较（有一定的效果，施药后 7~14 d 叶片枯黄，生长受到抑制；施药后 2~3 周叶片大量枯死）

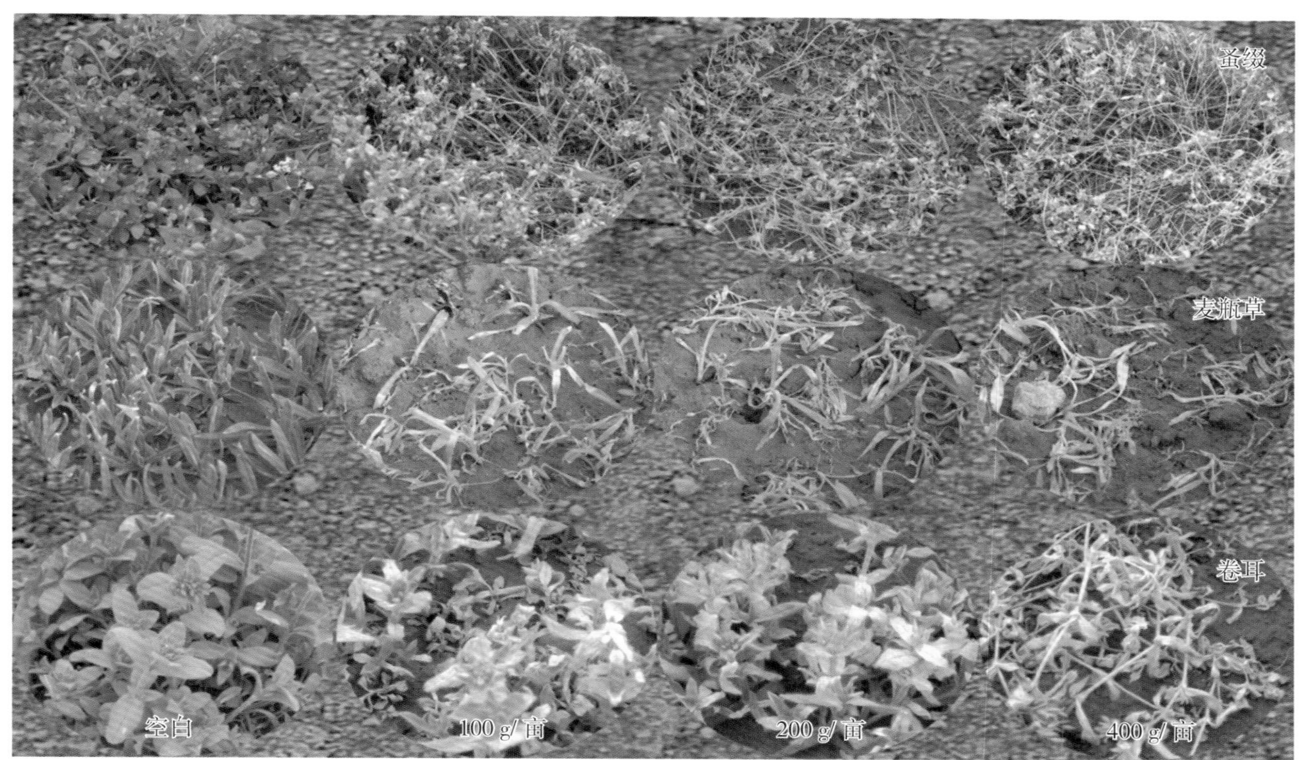

图 9-34　在蚤缀、麦瓶草、卷耳生长期喷施 50% 异丙隆可湿性粉剂后 13 d 除草活性比较（异丙隆对蚤缀、麦瓶草防效突出，对卷耳具有较好的防除效果，生长期施药后 1 周部分叶片枯黄，2~3 周叶片大量黄化、枯死）

图 9-35　在泽漆生长期喷施 50% 异丙隆可湿性粉剂除草活性比较（具有突出的防除效果，生长期施药后 1~2 周部分叶片变黄，从叶缘处开始萎蔫干枯；施药后 2~3 周叶片大量黄化、枯死）

图 9-36 在麦家公生长期喷施 50% 异丙隆可湿性粉剂除草活性比较（具有突出的防除效果，生长期施药后 1~2 周部分叶片枯黄，施药后 2~3 周叶片大量黄化、枯死）

图 9-37 在马唐芽前喷施 50% 异丙隆可湿性粉剂除草活性比较（防除效果突出，马唐出苗见光后逐渐黄化、枯死，200 g/ 亩即可防除马唐的危害）

图 9-38 在马唐生长期喷施 50% 异丙隆可湿性粉剂除草活性比较（防除效果突出，施药后 5~7 d 马唐逐渐黄化、枯死）

图 9-39 在藜芽前喷施 50% 异丙隆可湿性粉剂除草活性比较（防除效果突出，藜出苗见光后大量幼苗枯死，很低的剂量即表现出较好的效果）

图 9-40 在藜、马齿苋、苘麻生长期喷施 50% 异丙隆可湿性粉剂除草活性比较（施药后 7 d 大量叶片黄化、枯死，效果突出）

图 9-41 在反枝苋生长期喷施 50% 异丙隆可湿性粉剂除草活性比较（施药后 3~6 d 大量叶片黄化，以后全株枯死，效果突出）

图 9-42 在铁苋菜芽前喷施 50% 异丙隆可湿性粉剂除草活性比较（防除效果突出，出苗见光后幼苗枯死）

【应用技术】 播后苗前处理，用50%可湿性粉剂125~150 g/亩，加水40 kg土表喷雾；苗后处理，麦3叶期至分蘖末期，杂草1~3叶期，用50%可湿性粉剂100~125 g/亩，加水40 kg于杂草茎叶喷施。

【注意事项】 该药正常用量和湿度下对小麦安全，对其他作物安全性相对较差。在有机质含量高的土壤上，因持效期短只能在春季施用。作物生长不良或受冻，沙性重或排水不良地块不能施用。施药后降水或灌溉可以提高除草效果，施药后墒情差、除草效果差。异丙隆防除禾本科杂草宜在杂草2叶1心期前施药，否则防效下降。

施药时气温高时除草效果高而且作用迅速，而气温低时除草效果差，当气温低至日均温4 ℃时对麦苗生长有药害，其表现为顶部1~2片叶尖褪绿，个别叶尖枯黄，作物生长可能暂时受抑制或出现黄化现象。

（三）利谷隆 linuron

【理化性质】 纯品为无色结晶体，溶于有机溶剂。在土壤中半衰期为38~67 d。

【制 剂】 50%可湿性粉剂。

【除草特点】 选择性内吸、传导型除草剂，通过植物的根和叶吸收，抑制杂草的光合作用，受害植物叶尖、心叶及叶片相继失绿，经10 d左右整株枯死。在土壤中的持效期约4个月。

【适用作物】 适用作物见表9-5。

表 9-5 利谷隆可以应用的主要作物

项目	作物种类
国内登记的适用作物	春玉米
资料报道的适用作物	大豆、玉米、小麦、高粱、水稻、棉花、花生、马铃薯、豌豆、胡萝卜、韭菜、葱类、芹菜、芫荽、亚麻

【防除对象】 可以防除多种阔叶杂草和禾本科杂草。防除效果见表9-6。

表 9-6 利谷隆对主要杂草的防除效果比较

项目	杂草种类
防除效果突出（90% 以上）的杂草	马唐、牛筋草、狗尾草、旱稗、藜、反枝苋、马齿苋
防除效果较好（70%~90%）的杂草	野油菜、铁苋菜
防除效果较差（40%~70%）的杂草	蓼、大巢菜
防除效果极差（40% 以下）的杂草	蓟、苣荬菜、田旋花、香附子等

【应用技术】 小麦田，小麦在播种后出苗前可做土壤处理或小麦苗后、杂草1~2叶期，可做茎叶喷雾处理。用50%可湿性粉剂100~150 g/亩，兑水40 kg均匀喷雾。

【注意事项】 该药正常用量和湿度下对小麦安全，对其他作物安全性相对较差。除草效果与土壤关系密切，药后半个月内如无降水，可进行灌水或进行浅混土，混土深度以1~2 cm为宜。对于土壤有机质含量低于1%或高于5%的田块不宜施用，沙性重或雨水多的地区不宜施用。

第十章　磺酰脲类除草剂

磺酰脲类除草剂由美国杜邦公司于1975年发现。第一个开发应用的品种是氯磺隆，它于1976年合成，1982年在美国登记注册。此后，各国竞相投入开发。现已商品化生产30多个品种，分别用于小麦、水稻、玉米、大豆、油菜、甜菜、甘蔗、草坪等，是除草剂新品种开发最活跃的领域。2000年，全世界销售额达12.7亿美元，约占农药总销售额的9%。磺酰脲类除草剂用于小麦田的主要品种有噻吩磺隆（thifensulfuron-methyl）、苯磺隆（tribenuron）、绿磺隆（chlorsulfuron）、甲磺隆（metsulfuron-methyl）、醚苯磺隆（triasulfuron）、苄嘧磺隆（bensulfuron-methyl）、单嘧磺隆（monosulfuron）、甲基二磺隆（mesosulfuron-methyl）、酰嘧磺隆（amidosulfuron）、单嘧磺酯 （monosulfuron ester）、丙苯磺隆（procarbazone）、甲基碘磺隆钠盐（iodosulfuron-methyl sodium）、氟唑磺隆（flucarbazone-sodium）、磺酰磺隆（sulfosulfuron）、氯吡嘧磺隆（halosulfuron-methyl）。

一、磺酰脲类除草剂的作用原理

（一）磺酰脲类除草剂的主要特性

（1）活性极高，每亩用药量以克计，属于“超高效”农药品种。

（2）杀草谱广，每个品种间杀草谱差别较大。

（3）选择性强，该类化合物的选择性主要靠生物化学选择。每个品种均有相应的适用作物和除草谱，对作物高度安全，对杂草高效。

（4）使用方便，该类药剂被杂草的根、茎、叶吸收，既能土壤处理，也可以进行茎叶处理。

（5）磺酰脲类除草剂对植物的主要作用靶标是乙酰乳酸合成酶。植物受害后生长点坏死、叶脉失绿，植物生长严重受抑制、矮化，最终全株枯死。

（6）磺酰脲类除草剂易于发生酸性水解，水解速度随pH值的降低和温度的升高及一定范围内湿度的增加而加速。磺酰脲类除草剂在弱碱性环境下水解缓慢，而在强碱性条件下的水解速度较快。

（7）对哺乳动物安全，在环境中易分解而不积累，部分品种在土壤中的持效期较长，可能会对后茬作物产生药害。

（二）磺酰脲类除草剂的吸收与传导方式

磺酰脲类除草剂可以通过植物根、茎、叶的吸收，在体内向下和向上传导，在茎叶处理时，掉落于土壤中的药液雾滴仍能不断地被植物吸收而长期发挥除草作用。土壤溶液pH值影响植物对磺酰脲类除草剂的吸收，pH值升高时药剂易解离，极性增强，吸收下降。

（三）磺酰脲类除草剂的作用部位和杂草死亡症状

磺酰脲类除草剂是植物生长的抑制剂，在它的影响下，一些植物产生偏上性生长，幼嫩组织失绿，有时会显现出紫色或花青素色，生长点坏死，叶脉失绿，植物生长受抑制、矮化，最终全株枯死（图10-1和图10-2）。这类药既不影响细胞伸长，也不影响种子发芽及出苗，其高度专化效应会抑制植物细胞分裂，而对细胞的膨大影响较小。对植物细胞分裂不是通过抑制植物细胞的有丝分裂起作用，而是对植物细胞有丝分裂前期的若干必经阶段产生抑制作用，从而导致细胞有丝分裂指数下降，使植物生长受抑制（图10-3）。

图 10-1　在马唐生长期施用烟嘧磺隆后，马唐生长受抑制，叶色开始出现紫色，以后逐渐干枯死亡

图 10-2　在播娘蒿生长期施用苯磺隆后，播娘蒿生长受抑制，心叶生长停滞、逐渐黄化，以后全株逐渐干枯死亡

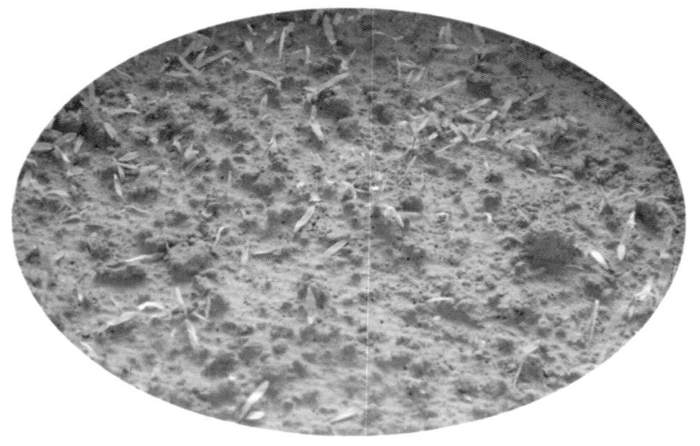

图 10-3　在牛筋草芽前施用烟嘧磺隆后，牛筋草正常发芽出苗，苗后生长受抑制，逐渐黄化死亡

（四）磺酰脲类除草剂的作用机制

生物化学或遗传学的研究证明，乙酰乳酸合成酶是磺酰脲类除草剂对植物作用的主要部位。

磺酰脲类除草剂嗪磺隆与甲基嗪磺隆通过抑制缬氨酸与异亮氨酸生物合成而对植物发生作用，它们的这种抑制作用与其对乙酰乳酸合成酶的抑制有直接的联系。这种酶催化此两种氨基酸生物合成过程的第一阶段，此酶对磺酰脲类除草剂很敏感。嗪磺隆抑制乙酰乳酸合成酶活性，导致异亮氨酸与缬氨酸缺乏，结果使细胞周期停滞于G_1和G_2阶段而使根生长受抑制。因此，它是细胞周期的特殊除草剂。

（五）磺酰脲类除草剂的选择性原理

磺酰脲类除草剂对作物与杂草的选择性与植物对药剂的吸收和传导无关，而与其在植物体内的代谢作用速度密切相关。

（六）磺酰脲类除草剂的降解与消失

磺酰脲类除草剂用量极低，在土壤中降解比较迅速，不进行生物积累，是对环境安全的一类除草剂。

1. 光解与水解　人工光照下稳定，如绿磺隆 1 个月内在干燥植物表面仅光解 30%，在干土表面光解 15%，而在水溶液中则光解 90%。磺酰脲类除草剂易于水解，溶液 pH 值对水解的影响很大，在酸性溶液中不稳定，极性溶剂如甲醇、丙酮也能促进水解。

2. 在土壤中的降解与持效期

（1）吸附与淋溶：在现有除草剂中，磺酰脲类除草剂是在土壤中吸附作用小、淋溶性强的一类化合物。该类除草剂对植物的毒性作用与土壤有机质含量呈负相关，与黏粒含量无明显相关性，这说明它与土壤黏粒的亲和性低。

（2）降解作用：磺酰脲类除草剂在土壤中主要通过酸催化的水解作用及微生物降解而消失，光解与挥发是次要的过程。温度、pH值、土壤湿度及有机质对水解与微生物降解均有很大影响，特别是pH值的影响，pH值上升水解速度下降。不同地区以及不同土壤类型、降水量、pH值的差异，导致其降解速度不同，因而在不同土壤中的残留及持效期具有较大的差异。

（3）持效期：磺酰脲类除草剂不同品种在土壤中的持效期差异很大。在土壤中的持效期是：绿磺隆＞嘧磺隆≌甲磺隆≌醚苯磺隆≌氯嘧磺隆＞噻磺隆≌苯磺隆。

绿磺隆是磺酰脲类除草剂中持效期最长的一个品种，如在美国中部大平原每亩用量2.3 g，其土壤持效期长达（518 ± 30）d，施药后第三年仍伤害玉米、向日葵等，但在有机质含量中等、pH值低的土壤，每亩用药量高达3 g也不伤害下茬作物。美国联邦法律规定，绿磺隆每亩极限用量为1.7 g。

二、磺酰脲类除草剂的药害与安全应用

（一）磺酰脲类除草剂的典型药害症状

磺酰脲类除草剂主要抑制生长点的正常生长发育，导致生长点坏死或畸形，生长停滞，叶片失绿、枯黄或出现花青素色，叶片丧失感液性和有偏上性，根老化，侧根与主根短，根数量减少、根系生长停滞。外在症状表现较慢，从出现症状到死亡所需时间较长。

磺酰脲类除草剂的具体药害症状主要表现在6个方面：①受害植物首先表现为生长停滞、矮化，而后由心叶开始逐渐萎黄。②受害植物根系发育严重受阻，根老化，根尖坏死，侧根与主根短，根数量减少，无根毛。③一年生敏感植物，施药后3~5 d开始出现药害症状，一般死亡需要持续较长时间。耐药性作物药害症状表现可能更慢，甚至到作物收获时才表现出对产量和品质的影响。④一年生禾本科植物受害后植株矮化，心叶发黄，叶色黄化或出现紫色；新生叶片卷缩；有时叶片发黄或呈半透明状条纹。⑤阔叶作物受害后生长缓慢，心叶黄化、萎缩、皱缩，叶脉发红或呈紫色。⑥磺酰脲类除草剂药害表现缓慢，对作物损失严重，且难以解除。药害症状见图10-4~图10-9。

（二）药害症状与药害原因分析

1. 对小麦的残留药害　磺酰脲类除草剂中的一些品种为小麦田专用除草剂，如噻吩磺隆、苯磺隆、甲磺隆、绿磺隆、醚苯磺隆、酰嘧磺隆。它们一般于小麦苗前、苗后 2 叶期至拔节期施用，对小麦相当安全，但如果在小麦针叶期或播后芽前过量施用，易发生药害。在正常施用期内混用不当，如与有机磷杀虫剂或氨基甲酸酯类杀虫剂混用或间隔时间太短均可能发生药害。磺酰脲类中有些品种残效期较长，如氯嘧磺隆等，因在上茬作物中施用过量或过晚，会对小麦发生药害（图 10-10~ 图 10-32）。

图 10-4　嘧磺隆对大蒜的药害症状（生长停滞，矮化，心叶变黄）

图 10-5　绿磺隆对玉米的药害症状（根老化，根尖坏死，根少，无根毛）

图 10-6　氯嘧磺隆对小麦的药害症状

图 10-7　胺苯磺隆对大豆的药害症状（心叶黄化、萎缩，叶脉发红或发紫）

图 10-8　甲磺隆对花生的药害症状

图 10-9　苯磺隆对玉米的药害症状

图 10-10 在小麦播后芽前，过量施用 10% 苯磺隆可湿性粉剂后 38 d 对小麦的药害症状（小麦出苗稀疏，生长受到抑制，长势明显弱于空白对照，但一般后期可以恢复，对小麦产量影响不大）

图10-11 小麦生长期苯磺隆用量过大的药害症状（小麦叶片从叶尖、叶缘枯黄，心叶卷曲、黄化，生长受到严重的抑制）

图 10-12　小麦生长期苯磺隆用量过大的药害症状（小麦心叶黄化，生长受到严重的抑制）

图 10-13　在小麦播后芽前，为防除地下害虫，混合喷施 50% 噻吩磺隆可湿性粉剂 +40% 辛硫磷乳油后 38 d 对小麦的药害症状（小麦出苗稀疏，生长受到明显抑制，长势明显弱于空白对照）

图 10-14　在小麦播后芽前，过量施用 10% 绿磺隆可湿性粉剂后 25 d 对小麦的药害症状（小麦生长受到抑制，根系弱小、茎叶发黄而矮缩，长势明显弱于空白对照）

图 10-15　在小麦播后芽前，过量施用 10% 绿磺隆可湿性粉剂后 30 d 对小麦的药害症状（小麦出苗稀疏，生长受到抑制，长势明显弱于空白对照，但一般后期可以恢复，剂量过大对产量会有一定的影响）

图 10-16　在小麦播后芽前，过量施用 10% 绿磺隆可湿性粉剂后 30 d 对小麦的药害症状（小麦生长受到抑制，不能进行正常的分蘖，小麦叶片出现黄条状纹，个别新叶发出受阻或发出畸形叶）

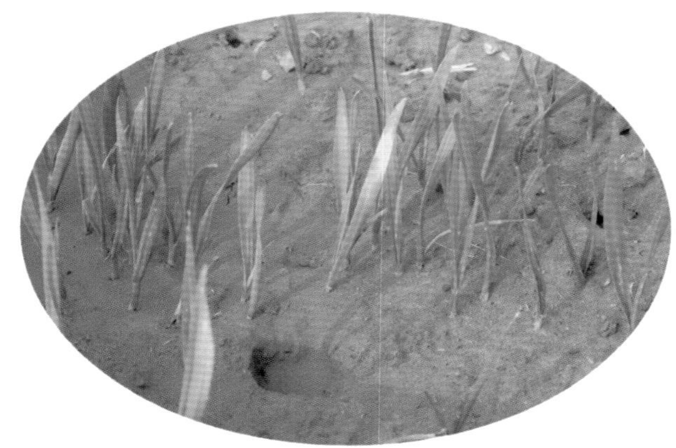

图 10-17　在小麦播后芽前，过量施用 10% 甲磺隆可湿性粉剂后 38 d 对小麦的药害症状（小麦生长受到抑制，不能进行正常的分蘖，小麦叶片出现黄条状纹，部分叶片黄化、失绿、枯死，个别新叶发出受阻或发出畸形叶）

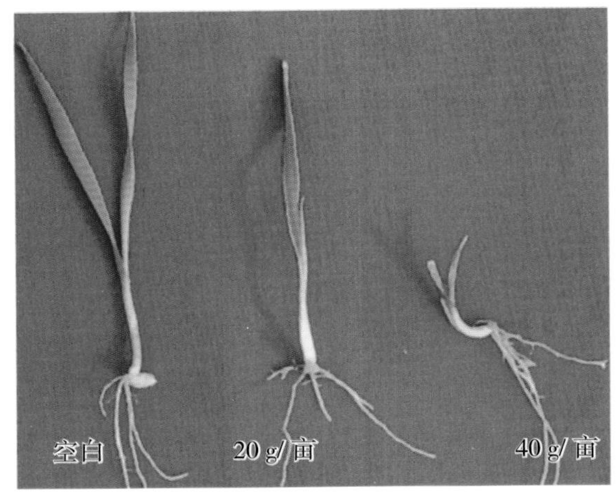

图 10-18　在小麦播后芽前，过量施用 10% 甲磺隆可湿性粉剂后 14 d 对小麦的药害症状（小麦生长受到抑制，根系弱小，茎叶发黄而矮缩、畸形卷缩，长势明显弱于空白对照）

图 10-19　在小麦播后芽前，过量施用 10% 甲磺隆可湿性粉剂后 30 d 对小麦的药害症状（小麦生长受到抑制，根系弱小，茎叶发黄而矮缩，不能进行正常的分蘖，长势明显弱于空白对照）

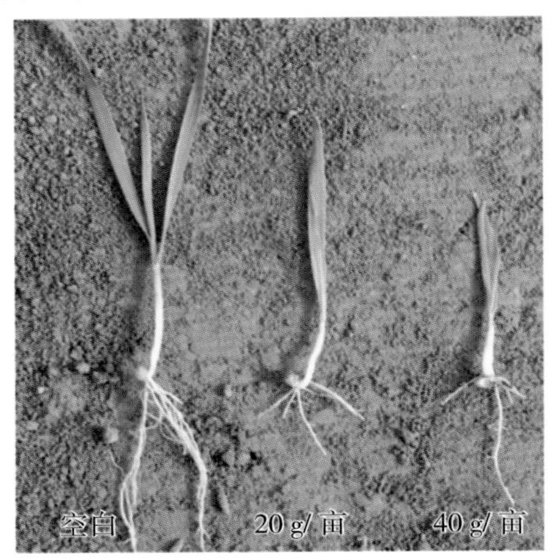

图 10-20　在小麦播后芽前，过量施用 10% 甲磺隆可湿性粉剂后 25 d 对小麦的药害症状（小麦长势有所恢复，但长势仍弱于空白对照，根系弱小，茎叶矮缩）

图 10-21　在小麦播后芽前，施用 10% 苄嘧磺隆可湿性粉剂后 30 d 对小麦的药害症状（小麦出苗缓慢，施药后 10~15 d 部分小麦露土，生长受到严重抑制，根系弱小，茎叶矮缩、畸形，叶尖干枯）

图 10-22　在小麦播后芽前，过量施用 10% 甲磺隆可湿性粉剂后 38 d 对小麦的药害症状（小麦出苗稀疏，生长受到抑制，长势明显弱于空白对照，但一般后期可以恢复，剂量过大对产量会有一定的影响）

图 10-23　在小麦播后芽前，模仿残留或错误用药，施用 10% 氯嘧磺隆可湿性粉剂后 24 d 对小麦的药害症状（施药后 9~12 d 小麦露土，出苗稀疏，苗后生长受到严重抑制，茎叶条状黄化、矮缩、畸形）

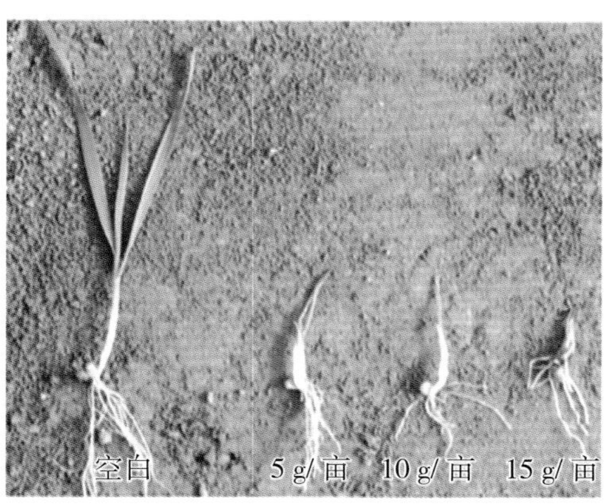

图 10-24　在小麦播后芽前，模仿残留或错误用药，施用 10% 氯嘧磺隆可湿性粉剂后 25 d 对小麦的药害症状（小麦生长受到严重抑制，根系弱小，茎叶黄化、矮缩、畸形）

图 10-25　在小麦播后芽前，模仿残留或错误用药，施用 10% 氯嘧磺隆可湿性粉剂后 30 d 对小麦的药害症状（小麦出苗稀疏，苗后生长受到严重抑制，茎叶条状黄化、矮缩，从新叶叶尖开始逐渐枯死）

图 10-26　在小麦播后芽前，模仿残留或错误用药，施用 4% 烟嘧磺隆悬浮剂后 14 d 对小麦的药害症状（小麦出苗稀疏，苗后生长受到严重抑制，茎叶条状黄化、矮缩、畸形）

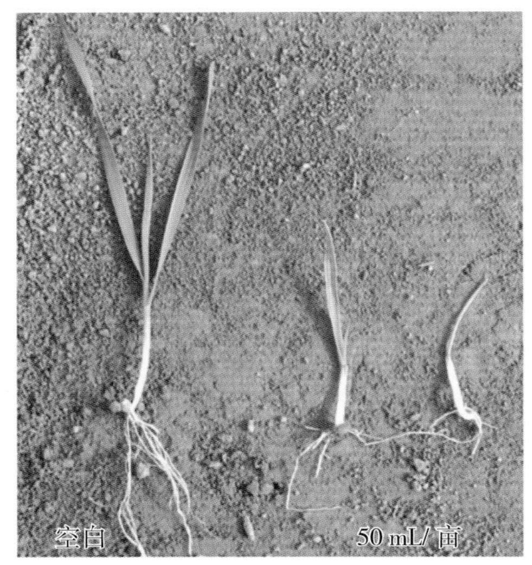

图 10-27 在小麦播后芽前，模仿残留或错误用药，施用 4% 烟嘧磺隆悬浮剂后 25 d 对小麦的药害症状（出苗缓慢、苗后生长受到严重抑制，茎叶条状黄化、矮缩、畸形）

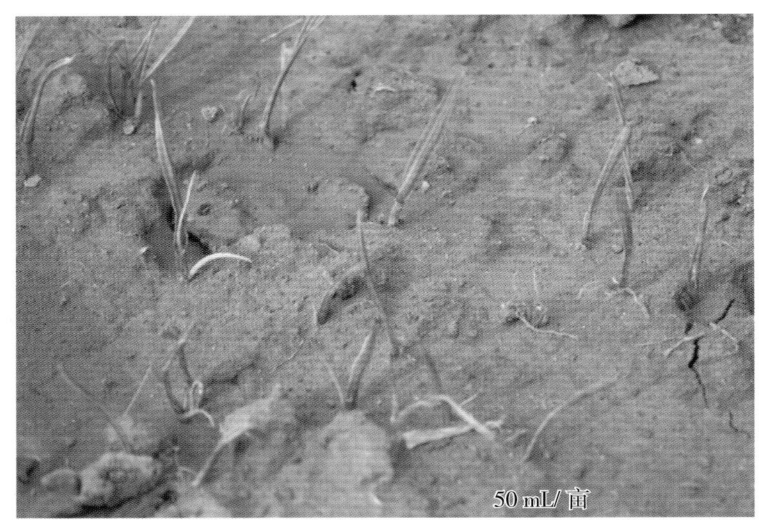

图 10-28 在小麦播后芽前，模仿残留或错误用药，施用 4% 烟嘧磺隆悬浮剂 50 mL/ 亩后 38 d 对小麦的药害症状（小麦出苗稀疏，苗后生长受到严重抑制，茎叶条状黄化、矮缩、畸形，心叶逐渐死去）

图 10-29 甲基二磺隆在小麦苗期施用不当对小麦的药害表现（小麦苗期施用甲基二磺隆过晚、施药量过大、施药不匀或环境条件不利时易发生药害，生长受到严重抑制，茎叶黄化、矮缩，重者小麦心叶逐渐死去，出现缺苗断垄现象）

图 10-30 甲基二磺隆在小麦苗期施用不当对小麦的典型药害症状（小麦生长受到严重抑制，茎叶黄化，心叶枯萎、畸形卷缩、坏死）

图 10-31 在小麦拔节后过量施用甲基二磺隆对小麦的药害症状表现过程（小麦生长会受到严重抑制，植株矮缩，轻者会逐渐恢复生长，重者小麦心叶黄化、畸形卷缩，逐渐死去）

图 10-32　在小麦苗期过量施用 3% 甲基二磺隆油悬剂对小麦的药害症状表现过程（小麦苗期施用甲基二磺隆剂量过大，小麦生长会受到严重抑制，茎叶黄化、矮缩，重者心叶逐渐枯死）

2. 对水稻的残留药害　磺酰脲类除草剂中有一些品种持效期较长，如甲磺隆、绿磺隆等，由于上茬小麦田施药不当，会对后茬水稻产生药害。还有一些品种误用到水稻田而产生一些不必要的药害。磺酰脲类除草剂对水稻产生的药害症状主要是抑制根生长、减少根数量，水稻根系往往沿土表生长，产生"高跷"现象，从而使水稻植株生长于 1~3 cm 表土层，造成永久性根减少，影响水稻的正常生长。通常水直播稻的药害比旱直播稻或移栽稻严重，粳稻比籼稻严重（图 10-33~ 图 10-36）。

图 10-33　在水稻移栽返青后，模仿残留或错误用药，喷施 10% 苄磺隆可湿性粉剂后 15 d 的药害症状（施药后 10 d 开始初现症状，以后随着生长稻苗矮小、黄化，根系弱小发黑，须根少而短，部分稻苗叶尖枯黄）

图 10-34　在水稻移栽返青后，模仿残留或错误用药，喷施 10% 苄磺隆可湿性粉剂后 21 d 的药害症状（稻苗矮小、黄化，根系弱小发黑，须根少而短，部分稻苗叶尖枯黄，开始死亡）

图 10-35　在水稻移栽返青后，模仿残留或错误用药，喷施 10% 绿磺隆可湿性粉剂后 15 d 的药害症状（叶片枯黄，稻苗矮小、黄化，根系弱小发黑，须根少而短，开始死亡）

图 10-36　在水稻移栽返青后，模仿残留或错误用药，喷施 10% 甲磺隆可湿性粉剂后 15 d 的药害症状（水稻叶尖黄化，稻苗生长缓慢，生长受到严重抑制）

3．*对玉米的残留药害*　磺酰脲类除草剂中有一些品种持效期较长，如甲磺隆、绿磺隆等，由于上茬施药不当，会对玉米发生药害；有一些品种误用到玉米田也会发生药害。磺酰脲类除草剂对玉米产生的药害症状主要是抑制根和茎生长点生长，减少根数量，影响玉米的正常生长发育，重者可致死亡（图 10-37~ 图 10-44）。

图 10-37　在玉米播后芽前，模仿残留或错误用药，喷施 10% 苯磺隆可湿性粉剂后对玉米的药害症状（玉米出苗缓慢，生长受到抑制，根系发育受阻，须根少，根毛少，玉米心叶黄化，但完全死亡所需时间较长）

图 10-38　在玉米播后芽前，模仿飘移或错误用药，喷施 10% 苄嘧磺隆可湿性粉剂后 11 d 对玉米的药害症状（玉米出苗正常，苗后生长缓慢，心叶发黄，生长受到抑制）

图 10-39 在玉米播后芽前，模仿飘移或错误用药，喷施 10% 苄嘧磺隆可湿性粉剂对玉米的药害症状（玉米出苗基本正常，苗后生长缓慢，重者心叶发黄、卷缩，逐渐枯萎）

图 10-40 在玉米播后芽前，模仿飘移或错误用药，喷施低剂量 10% 苄嘧磺隆可湿性粉剂对玉米穗的药害症状（玉米穗生长发育受到影响，籽粒不匀，穗小，产量受到影响）

图 10-41　在华北旱作麦区，小麦田施用绿磺隆对后茬玉米的田间药害症状（玉米出苗正常，苗后生长缓慢，心叶发黄，植株矮小，一般完全死亡所需时间较长）

图 10-42　在华北旱作麦区，小麦田施用绿磺隆对后茬玉米的药害症状（玉米播种后叶色出现红紫色，生长缓慢，根系发育受阻，根毛少，须根少，心叶发黄、慢慢枯死）

图 10-43 在玉米播后芽前，模仿飘移或错误用药，喷施 10% 绿磺隆可湿性粉剂对玉米的药害症状（玉米出苗基本正常，苗后生长缓慢，重者心叶发黄、萎缩，逐渐枯萎死亡）

图 10-44 在玉米播后芽前，模仿飘移或错误用药，喷施 10% 绿磺隆可湿性粉剂对玉米的药害症状（玉米苗后生长缓慢，根系弱小、发育畸形，无根毛，心叶发黄，植株矮小）

4．对花生的残留药害 磺酰脲类除草剂中有些品种残效期较长，如绿磺隆、甲磺隆等，因在上茬作物中施用过量或过晚，会对花生产生药害（图 10-45~ 图 10-54）。

图10-45 苯磺隆残留对花生的田间药害症状（心叶发黄，生长受到严重抑制）

图 10-46 苯磺隆残留对花生后期药害症状（受害花生根系发育受阻，根毛少且发黑，结果量少）

图 10-47 在花生播后芽前，错误用药，喷施 15% 苯磺隆可湿性粉剂后的药害症状（生产中小麦田苯磺隆施药过晚或在花生田误用苯磺隆后均会发生药害。受害花生可以正常出苗，但苗后生长受到抑制，根系发育受阻，根毛减少，根部逐渐变褐，叶片发黄，心叶黄化，缓慢死亡）

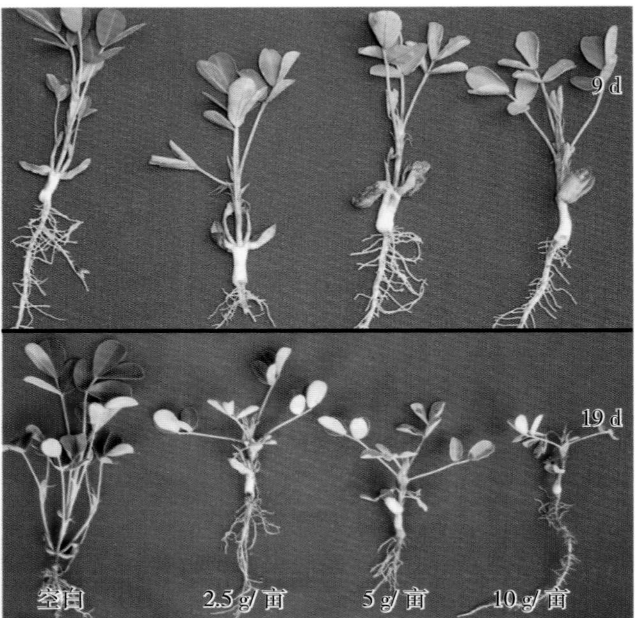

图 10-48 在花生播后芽前，模仿残留或错误用药，喷施 15% 氯嘧磺隆可湿性粉剂的药害症状（花生可以正常出苗，但苗后生长受到抑制，根系发育受阻，叶片发黄，心叶发育畸形，缓慢死亡）

图 10-49　在麦套花生田，小麦田施用除草剂过晚时花生田间药害症状（受害花生可以正常出苗，但苗后生长受到抑制，根系发育受阻，叶片发黄，生长缓慢，重者可致全株死亡。有些花生终生不死，但生长受到严重的抑制，造成减产或绝收）

图 10-50　在花生播后芽前，模仿残留或错误用药，喷施 10% 甲磺隆可湿性粉剂后 19 d 的药害症状（花生生长受到抑制，根系弱小发黑，心叶发育畸形，并逐渐坏死，整株开始缓慢死亡）

图 10-51　在华北旱作麦区，小麦田施用绿磺隆后，下茬花生的药害症状（花生苗生长受到抑制，根系弱小黑化，心叶黄化不长，缓慢死亡或长势和产量受到严重影响）

图 10-52 在华北旱作麦区，小麦田施用绿磺隆后，下茬花生的田间药害症状（花生可以正常出苗，但苗后生长受到抑制，心叶黄化，植株矮小，缓慢死亡）

图 10-53 在华北旱作麦区，小麦田施用绿磺隆后，下茬花生受害较轻时田间药害症状（部分花生田受害较轻，田间长势影响难以观察，但花生产量受到严重影响，根系弱小老化，产量极低）

图 10-54 在花生播后芽前，错误用药，模仿麦田除草剂喷施 15% 乙氧嘧磺隆水分散粒剂后 23 d 的药害（花生可以正常出苗，但苗后生长受到抑制，心叶发育畸形，并逐渐坏死）

5. 对其他作物的残留药害 目前，生产中推广的磺酰脲类除草剂选择性较强，适用于一般蔬菜和经济作物的较少，生产中除草剂品种选用不当或遇上茬残留、周围作物施药飘移或误用，均易产生药害（图 10-55~ 图 10-69）。

图 10-55 小麦田苯磺隆施用不当对后茬大豆的田间药害症状（由于小麦田苯磺隆施用过晚、施药量过大或施药不匀，特别是一些沙碱地，易对后茬大豆产生药害。大豆出苗后生长受到抑制，心叶发黄、畸形、皱缩，重者心叶坏死而逐渐死亡）

图 10-56 在大豆播后芽前，模仿残留或错误用药，喷施 10% 苯磺隆可湿性粉剂后的药害症状（大豆生长受到严重抑制，心叶黄化，叶脉出现紫红色；根系变褐，根毛较少，根系弱小；以后叶片逐渐发黄坏死，全株死亡）

图 10-57 在大豆播后芽前，模仿残留或错误用药，喷施 10% 甲磺隆可湿性粉剂的药害症状（大豆生长受到严重抑制，根系老化弱小，根毛少，心叶畸形、坏死）

图 10-58 麦棉套作田苯磺隆残留对棉花的药害症状（棉花移栽后生长发育缓慢，心叶发黄、生长畸形，药害轻者生长受到抑制而减产，重者缓慢死亡。但棉花完全死亡所需时间较长）

图 10-59 在棉花播后芽前，模仿残留或错误用药，喷施 10% 苯磺隆可湿性粉剂的药害症状（棉花可以出苗，苗后生长受到严重抑制，心叶发黄、畸形，棉株矮小，逐渐枯萎死亡）

图 10-60 在棉花播后芽前，模仿残留或错误用药，喷施 10% 苯磺隆可湿性粉剂的药害症状（棉花苗后生长受到严重抑制，心叶发黄、畸形或有细小畸形分枝，根系弱小变褐，棉株矮小）

图 10-61 在棉花播后芽前，模仿残留或错误用药，喷施 10% 苯磺隆可湿性粉剂的典型药害症状（棉花生长受到严重抑制，心叶发育畸形，根系弱小变褐）

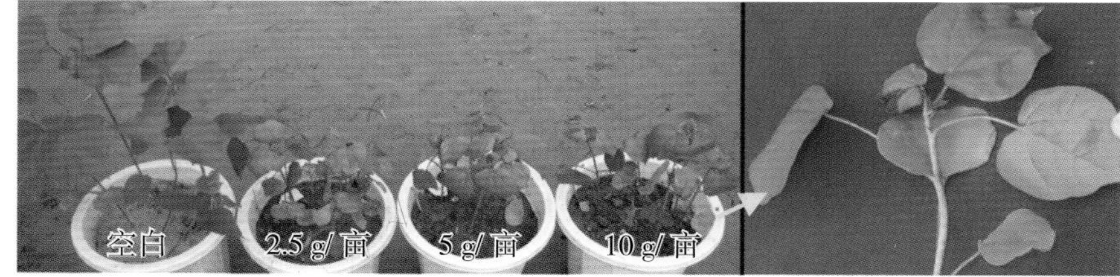

图 10-62 在棉花生长期，模仿飘移或错误用药，喷施 10% 苯磺隆可湿性粉剂后 10 d 的药害症状（棉花生长受到抑制，心叶发育受到抑制，叶片黄化枯萎，长势明显弱于空白对照，以后缓慢死亡）

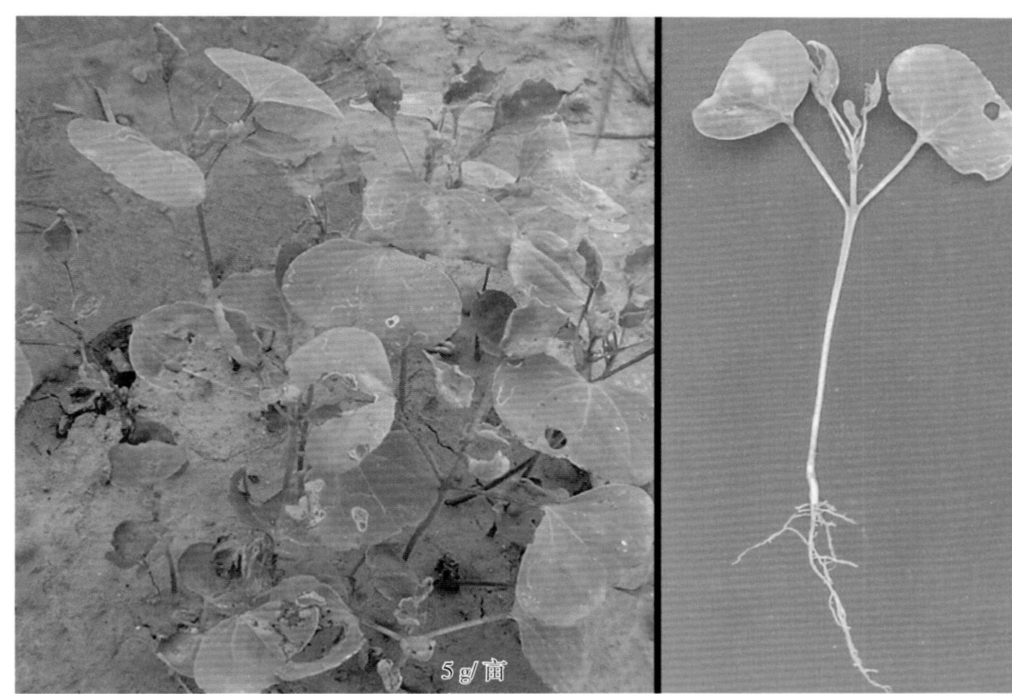

图 10-63 在棉花播后芽前，模仿残留或错误用药，喷施 10% 胺苯磺隆可湿性粉剂后 23 d 的药害症状（棉花可以出苗，苗后生长受到严重抑制，心叶发黄、生长畸形，缓慢死亡。棉花完全死亡所需时间较长）

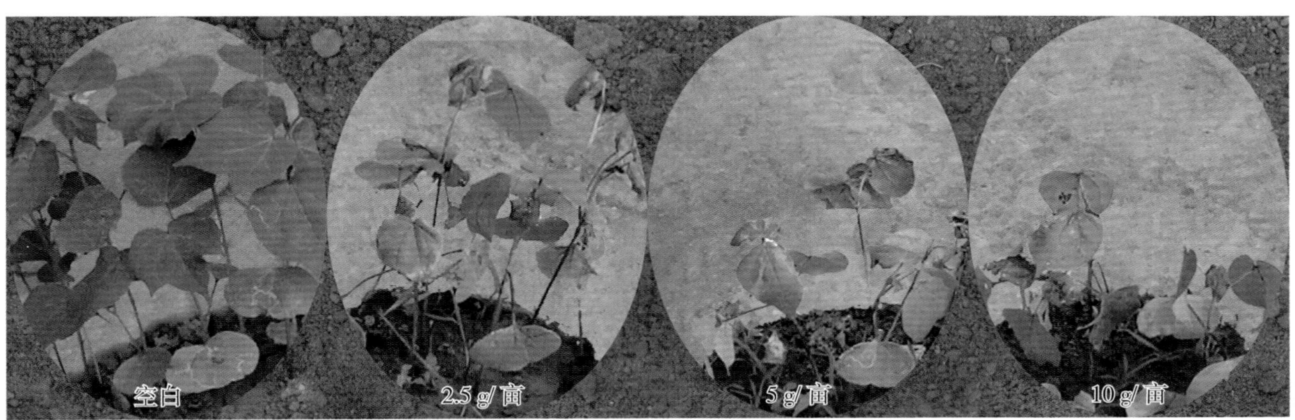

图 10-64 在棉花生长期，模仿飘移或错误用药，喷施 10% 甲磺隆可湿性粉剂后 10 d 的药害症状（棉花生长受到抑制，心叶黄化、坏死，茎红化，叶脉发红，部分叶片枯死，长势明显弱于空白对照）

图 10-65 在黄瓜生长期，模仿飘移或错误用药，喷施 10% 胺苯磺隆可湿性粉剂的药害症状（黄瓜生长受到严重抑制，心叶发黄、发育畸形、坏死，植株矮化，缓慢死亡）

图 10-66 在芸豆播后芽前，模仿残留或错误用药，喷施 10% 苯磺隆可湿性粉剂后 19 d 的药害症状（芸豆苗后生长受到严重抑制，叶片发黄、坏死，缓慢死亡）

图 10-67 在辣椒生长期，模仿飘移或错误用药，喷施 10% 胺苯磺隆可湿性粉剂后 10 d 的药害症状（辣椒生长受到严重抑制，心叶黄化、发育畸形）

图 10-68 在辣椒生长期，模仿飘移或错误用药，喷施 10% 苯磺隆可湿性粉剂后 18 d 的药害症状（辣椒生长受到严重抑制，叶片黄化，心叶发育畸形、坏死，整株缓慢死亡）

图 10-69 在辣椒生长期，模仿飘移或错误用药，喷施 10% 绿磺隆可湿性粉剂后 18 d 的药害症状（辣椒生长受到严重抑制，叶片黄化，心叶发育畸形、坏死，逐渐死亡）

（三）磺酰脲类除草剂的安全应用原则与药害补救方法

磺酰脲类除草剂具有较高的选择性，每个品种均有较为明确的适用作物、施药适期和杀草谱，施药时必须严格选择，施用不当会产生严重的药害，达不到理想的除草效果。

绿磺隆、甲磺隆、醚苯磺隆、苯磺隆、噻吩磺隆和酰嘧磺隆是防除小麦田杂草的除草剂品种，小麦、大麦和黑麦等对它们具有较高的耐药性，可以用于小麦播后芽前、出苗前及出苗后。其中，苯磺隆和噻吩磺隆在土壤中的持效期短，一般推荐在作物出苗后至分蘖中期、杂草不超过10 cm高时施用。这些品种可用于小麦田防除多种阔叶杂草，对部分禾本科杂草出苗有一定的抑制作用。

空气湿度与土壤含水量是影响磺酰脲类除草剂药效的重要因素。一般来说，空气湿度高、土壤含水量大时除草效果相对较好。在同等温度条件下，空气相对湿度为95%~100%时药效大幅度提高；施药后降水会降低茎叶处理除草剂的杀草效果。对于土壤处理除草剂，施药后土壤含水量高比含水量低时的除草效果好；施药后土壤含水量比施药前含水量高时更能提高除草效果。磺酰脲类除草剂在土壤中的差异性较大，一般的持效期为4~6周，在酸性土壤的持效期相对较短，而在碱性土壤中持效期相对较长。

磺酰脲类除草剂用量极低。此外，这类除草剂在土壤中降解比较迅速，不进行生物积累，是对环境安全的一类除草剂。磺酰脲类除草剂在人工光照下稳定。在土壤中吸附作用小、淋溶性强。磺酰脲类除草剂对植物的毒性作用与土壤有机质含量呈负相关，而与黏粒含量无明显相关性，这说明它与土壤黏粒的亲和性低。在土壤中主要通过酸催化的水解作用及微生物降解而消失，光解与挥发是次要的过程。温度、pH值、土壤湿度及有机质对水解与微生物降解均有很大影响，特别是pH值的影响，pH值上升时水解速度下降。不同地区以及不同土壤类型、降水量、pH值的差异，导致其降解速度不同，因而在不同土壤中的残留及持效期具有较大的差异。磺酰脲类除草剂各品种在土壤中的持效期差异很大。不同品种在土壤中的持效期是：绿磺隆>甲磺隆≌醚苯磺隆>噻磺隆≌苯磺隆。

磺酰脲类除草剂的药害隐蔽性较强，前期的药害症状不易被发现，一般在中毒后5~7 d药害症状才开始出现，药害难以得到有效的补救。目前国内尚没有理想的补救剂，生产上还主要靠安全用药以预防药害的发生。在轻度药害发生时，施用芸薹素内酯，并加强肥水管理可以挽回部分损失。

三、磺酰脲类除草剂的主要品种与应用技术

（一）噻磺隆 thifensulfuron

【其他名称】 thiameturon-methyl、阔叶散、宝收、噻吩磺隆。

【理化性质】 纯品为无色固体，溶解性较差。

【制　　剂】 75%干燥悬浮剂、15%可湿性粉剂、75%水分散粒剂。

【除草特点】 噻磺隆为苗后选择性除草剂，可被植物的茎叶、根系吸收，并迅速传导。通过抑制侧链氨基酸（亮氨酸和异亮氨酸）的生物合成，从而阻止细胞分裂，使敏感植物停止生长，在受药后的2~3周死亡。该药剂在土壤中能迅速被土壤微生物分解，残留期30~60 d。

【适用作物】 适用作物见表10-1。

表 10-1　噻磺隆可以应用的主要作物

项目	作物种类
国内登记的适用作物	玉米、小麦、大豆、花生
资料报道的适用作物	玉米、小麦、大麦、燕麦、花生、大豆

【防除对象】 可以有效防除多种一年生阔叶杂草，对禾本科杂草和多年生杂草无效果。防除效果见表10-2，杂草中毒症状见图10-70~图10-82。

表 10-2　噻磺隆对主要杂草的防除效果比较

项目	杂草种类
防除效果突出（90% 以上）的杂草	播娘蒿、荠菜、碎米荠等十字花科杂草，以及牛繁缕、繁缕、藜、反枝苋、鳢肠、马齿苋
防除效果较好（70%~90%）的杂草	苘麻、麦瓶草、稻槎菜、大巢菜、毛茛、卷耳、一年蓬、苍耳、龙葵、蚤缀
防除效果较差（40%~70%）的杂草	猪殃殃、婆婆纳、麦家公、佛座、铁苋菜、泥胡菜
防除效果极差（40% 以下）的杂草	泽漆、通泉草、田旋花、小蓟

【应用技术】 小麦苗期，阔叶杂草2~4叶期，用15%可湿性粉剂10~20 g/亩，兑水35 kg均匀喷施。

【注意事项】 在不良环境下，如干旱等，噻磺隆与有机磷杀虫剂混用或顺序施用，可能有短暂的叶片变黄或药害。该药剂残留期30~60 d，施药时必须注意对后茬作物的安全性。

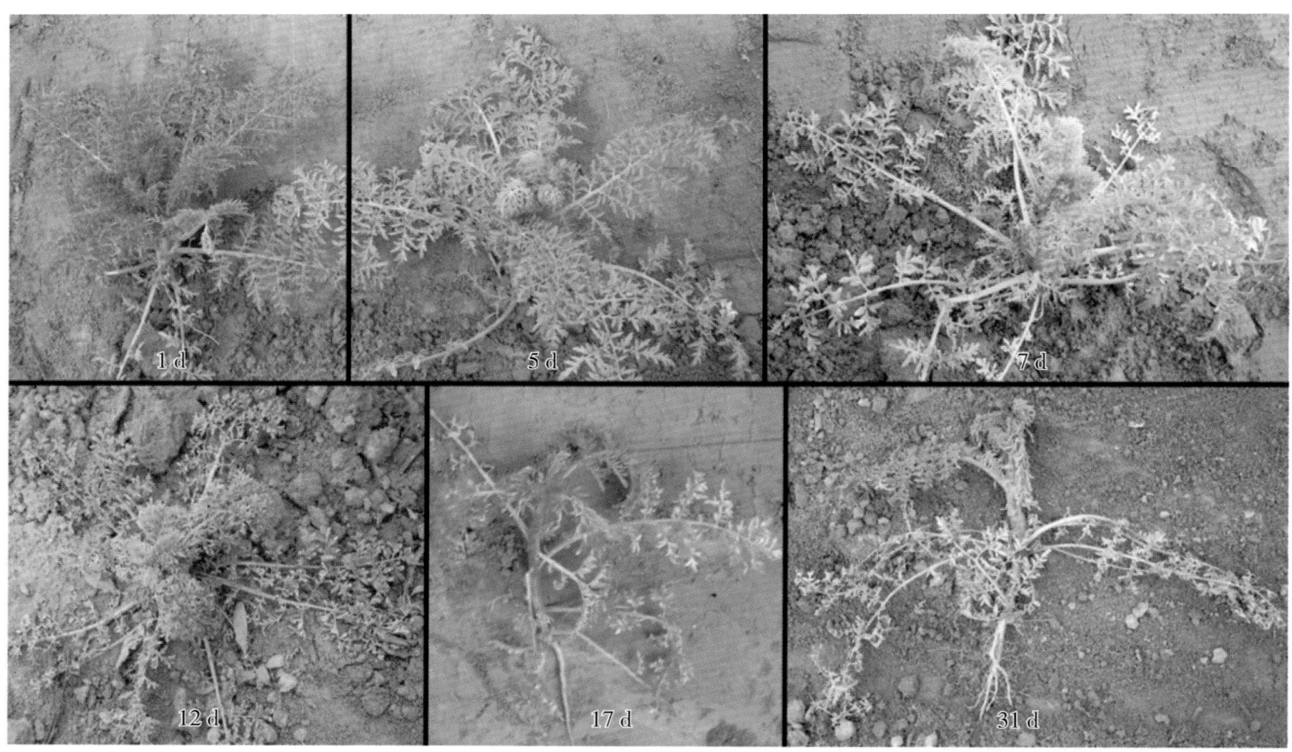

图 10-70 噻磺隆施药后播娘蒿的中毒死亡过程（对播娘蒿作用迅速、效果突出，但植株完全死亡速度较慢。施药后 3~5 d 心叶发黄，生长受到抑制；施药后 7 d，心叶和部分下部叶片明显黄化，植株矮化，生长受到明显抑制，基本上丧失与作物争夺吸收养分的功能。但播娘蒿完全死亡需 2~4 周的时间）

图 10-71 15% 噻磺隆可湿性粉剂不同剂量防除荠菜的效果比较（噻磺隆对荠菜防除效果突出，施药后 7 d 部分叶片黄化，植株明显矮化，生长受到抑制；施药后 14 d 荠菜开始死亡）

图 10-72 15% 噻磺隆可湿性粉剂不同剂量防除播娘蒿的效果和中毒死亡症状比较（噻磺隆对播娘蒿防除效果突出，但高剂量也不能使植株快速死亡。施药后 7 d，心叶和部分下部叶片明显黄化，植株矮化，生长受到明显的抑制；施药后 14 d 播娘蒿开始死亡）

图 10-73 15% 噻磺隆可湿性粉剂不同剂量防除猪殃殃的效果和中毒死亡症状比较（噻磺隆对猪殃殃各剂量下的效果均不理想，施药后 9 d 部分叶片黄化，植株矮化，生长受到抑制，重者部分死亡）

图 10-74 猪殃殃幼苗期施用 15% 噻磺隆可湿性粉剂的效果比较（在猪殃殃幼苗期或温度较高的情况下，加大剂量施药可以取得较好的防除效果，施药后 13 d 部分叶片黄化，植株矮化，生长受到明显抑制，高剂量下部分植株开始死亡）

图 10-75 15% 噻磺隆可湿性粉剂不同剂量防除蚤缀的效果和中毒死亡症状比较（噻磺隆对蚤缀具有一定的防除效果，施药后 6 d 部分叶片黄化，植株矮化，生长受到抑制，重者部分死亡）

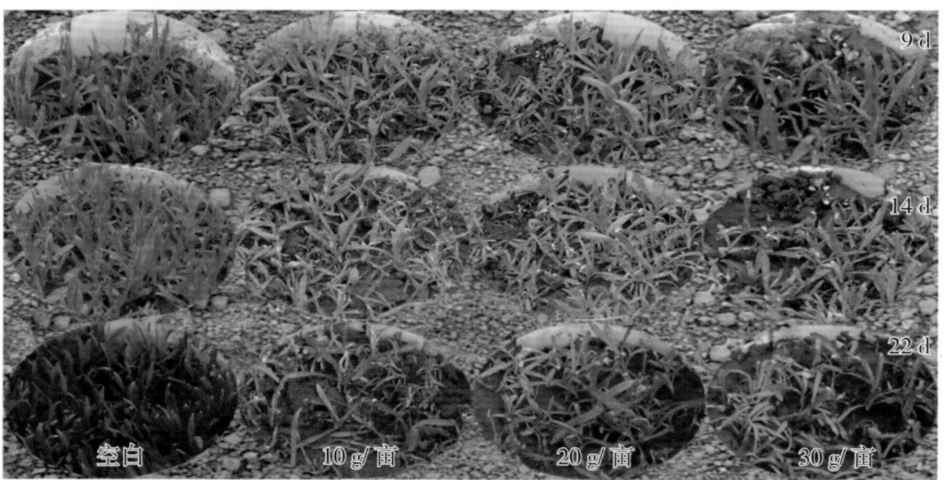

图 10-76 15% 噻磺隆可湿性粉剂防除麦瓶草的中毒死亡症状（噻磺隆对麦瓶草具有比较好的防除效果，施药后 5~9 d 部分叶片黄化，生长受到抑制；2~3 周以后缓慢死亡）

图 10-77 15% 噻磺隆可湿性粉剂不同剂量防除卷耳的中毒症状（对卷耳效果较好，施药后 1~2 周叶片黄化，生长受到抑制；2~3 周以后缓慢死亡）

图 10-78　15% 噻磺隆可湿性粉剂不同剂量防除泽漆的效果和中毒死亡症状比较（噻磺隆对泽漆防效极差，但高剂量有一定的抑制作用，施药后 10 d 即表现出较明显的抑制作用，植株矮化，生长受到抑制，特别是高剂量下部分死亡）

图 10-79　15% 噻磺隆可湿性粉剂不同剂量防除佛座的效果和中毒死亡症状比较（在佛座幼苗期施药可以取得较差的防除效果，施药后 7 d 佛座的生长受到明显抑制，高剂量下 2~4 周后开始逐渐死亡）

图 10-80　15% 噻磺隆可湿性粉剂不同剂量防除藜的效果和中毒死亡症状比较（噻磺隆对藜防效突出，施药后 6 d 生长受到明显抑制，部分叶片开始枯萎死亡，1~2 周后基本上彻底死亡）

图 10-81　15% 噻磺隆可湿性粉剂不同剂量防除婆婆纳的效果和中毒死亡症状比较（噻磺隆对婆婆纳的防除效果较差，施药后 7 d 婆婆纳的生长受到抑制，以后低剂量处理婆婆纳生长受到抑制，高剂量 2~4 周部分死亡）

图 10-82　15% 噻磺隆可湿性粉剂不同剂量防除马齿苋的效果和中毒死亡症状比较（噻磺隆对马齿苋防效突出，施药后 6 d 生长受到明显抑制，叶片黄化，部分叶片开始枯萎死亡，2~3 周后基本上彻底死亡）

（二）苯磺隆 tribenuron

【其他名称】 阔叶净、巨星。

【理化性质】 原药为固体，不易溶于有机溶剂。

【制　　剂】 10%可湿性粉剂、75%干燥悬浮剂。

【除草特点】 选择性内吸、传导型除草剂，可为植物的根、叶所吸收，并在体内传导。抑制芽鞘和根生长，敏感的杂草吸收药剂后立即停止生长，2~3周后死亡。在土壤中的残效期在60 d左右。

【适用作物】 适用作物见表10-3，安全性见表10-4。

表 10-3　苯磺隆可以应用的主要作物

项目	作物种类
国内登记的适用作物	小麦
资料报道的适用作物	冬小麦、春大麦、大麦、青稞

表 10-4　苯磺隆对主要作物的安全性比较

项目	作物种类
安全性较好的作物	小麦
安全性一般的作物	春大麦、大麦、青稞
安全性较差的作物	桃树、水稻、玉米
安全性极差的作物	花生、枣树、梨树、大豆

【防除对象】 可以有效防除多种一年生阔叶杂草，对卷茎蓼、田旋花、泽漆等无效。防除效果见表10-5，杂草中毒症状见图10-83~图10-96。

表 10-5　苯磺隆对主要杂草的防除效果比较

项目	杂草种类
防除效果突出（90% 以上）的杂草	播娘蒿、荠菜、碎米荠等十字花科杂草，以及牛繁缕、繁缕、藜、反枝苋、独行菜、委陵菜、遏蓝菜、野油菜、婆婆纳
防除效果较好（70%~90%）的杂草	苘麻、麦瓶草、麦家公、通泉草、大巢菜、蚤缀、卷耳
防除效果较差（40%~70%）的杂草	猪殃殃、佛座、泽漆、稻槎菜、泥胡菜、地肤、萹蓄
防除效果极差（40% 以下）的杂草	田旋花、小蓟、问荆

【应用技术】 在小麦2叶期至拔节期，杂草苗前或苗后2~3叶期施药，一般用药量为10%可湿性粉剂10~20 g/亩，兑水45 kg，进行杂草茎叶喷雾处理。杂草较小时，低剂量即可取得较好的防效，杂草较大时，应用量高。

【注意事项】 苯磺隆活性高、药量低，施用时应严格药量，并注意与水混匀。施药时要注意避免药剂飘移到敏感的阔叶作物上。在小麦与经济林间种的田块使用时应注意在枣树、梨树萌发时禁止使用，花椒树萌发后对苯磺隆抗性较强，可以使用。在盐碱沙地，若后茬为花生，则应在冬前11~12月施药即间隔期至少在4个月以上，苯磺隆用量不要超过1 g/亩。沙土地较黏土、壤土易出现药害。

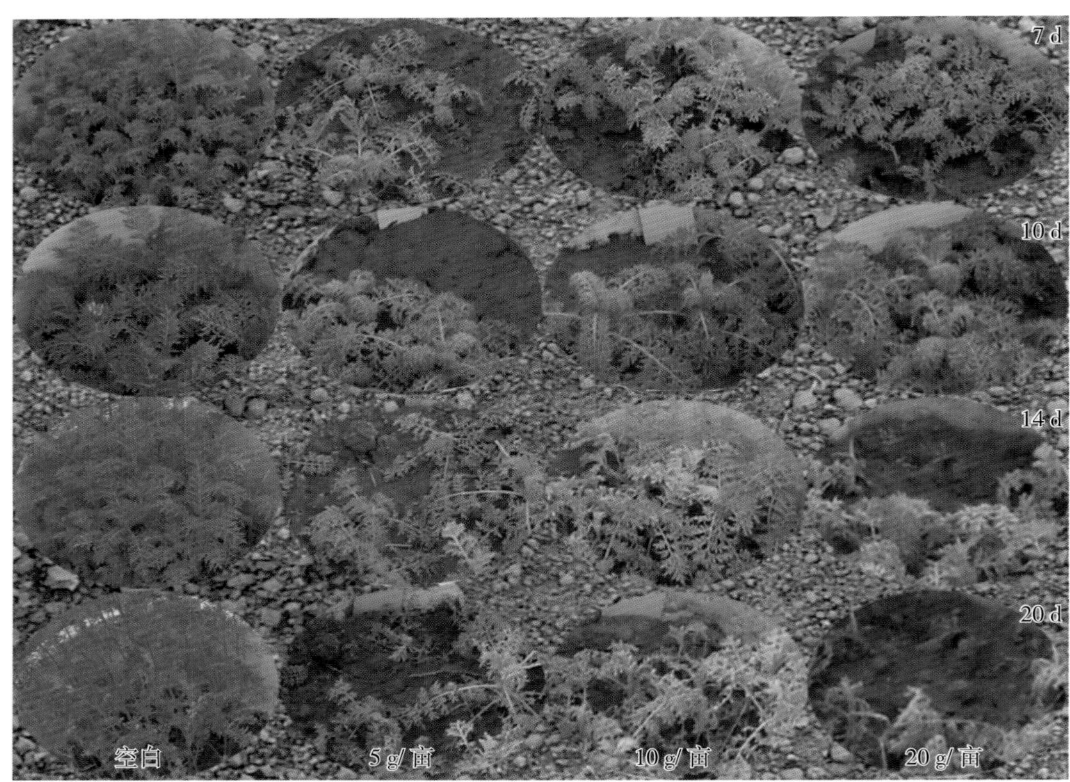

图 10-83　10% 苯磺隆可湿性粉剂不同剂量防除播娘蒿的效果和中毒死亡症状比较（苯磺隆对播娘蒿防效突出，施药后 7 d，心叶和部分下部叶片明显黄化，植株矮化，生长受到明显抑制。施药后 2~3 周播娘蒿开始大量死亡）

图 10-84　10% 苯磺隆可湿性粉剂不同剂量防除猪殃殃的效果和中毒死亡症状比较（苯磺隆对猪殃殃各剂量下的防效均不理想，施药后 9 d 部分叶片黄化，植株矮化，生长受到抑制；以后缓慢生长，重者只有部分死亡）

图 10-85 在温度较适宜条件下施用 10% 苯磺隆可湿性粉剂后 10 d 防除猪殃殃的效果比较（在气温较高、猪殃殃较小时，苯磺隆各剂量下均能明显抑制猪殃殃的生长，重者部分死亡）

图 10-86 猪殃殃幼苗期施用 10% 苯磺隆可湿性粉剂的防效比较（在猪殃殃幼苗期温度较高的情况下，加大剂量施药可以取得较好的防除效果，施药后 13 d 部分叶片黄化，植株矮化，生长受到明显抑制，高剂量下部分植株死亡）

图 10-87 10% 苯磺隆可湿性粉剂防除猪殃殃的死亡过程（在猪殃殃幼苗期施用苯磺隆具有较好的防除效果，施药后 6 d 开始出现中毒症状，部分叶片黄化，植株矮化，生长受到抑制，逐渐死亡）

图 10-88 10% 苯磺隆可湿性粉剂防除麦瓶草的中毒死亡症状（苯磺隆对麦瓶草防效较好，施药后 5~9 d 部分叶片黄化，生长受到抑制；2~3 周叶片缓慢死亡）

图 10-89 10% 苯磺隆可湿性粉剂不同剂量防除卷耳的中毒死亡症状（苯磺隆对卷耳防效较好，施药后 1~2 周部分叶片黄化，生长受到抑制；2~3 周叶片干枯死亡）

图 10-90 10% 苯磺隆可湿性粉剂不同剂量防除泽漆的效果和中毒死亡症状比较（苯磺隆对泽漆防效较差，高剂量下施药后 10 d 即表现出较明显的抑制作用，植株矮化，生长受到抑制，部分植株死亡）

图 10-91 10% 苯磺隆可湿性粉剂不同剂量防除麦家公的效果和中毒死亡症状比较（苯磺隆对麦家公有一定的效果，一般低剂量下不能有效地杀死麦家公，适当加大剂量可表现出较好的效果）

图 10-92 10% 苯磺隆可湿性粉剂不同剂量防除婆婆纳的效果和中毒死亡症状比较（苯磺隆对婆婆纳的防除效果突出，在幼苗期施药也有较好的效果。施药后 7 d 婆婆纳的生长受到抑制，以后低剂量处理婆婆纳生长受抑制，高剂量下 2~4 周部分死亡）

图 10-93 在杂草生长期，喷施苯磺隆后 40 d 的除草活性比较（杂草的生长均受到不同程度的抑制作用，心叶发黄，生长缓慢，苯磺隆对荠菜、遏蓝菜、野油菜效果较好，对小蓟的效果较差）

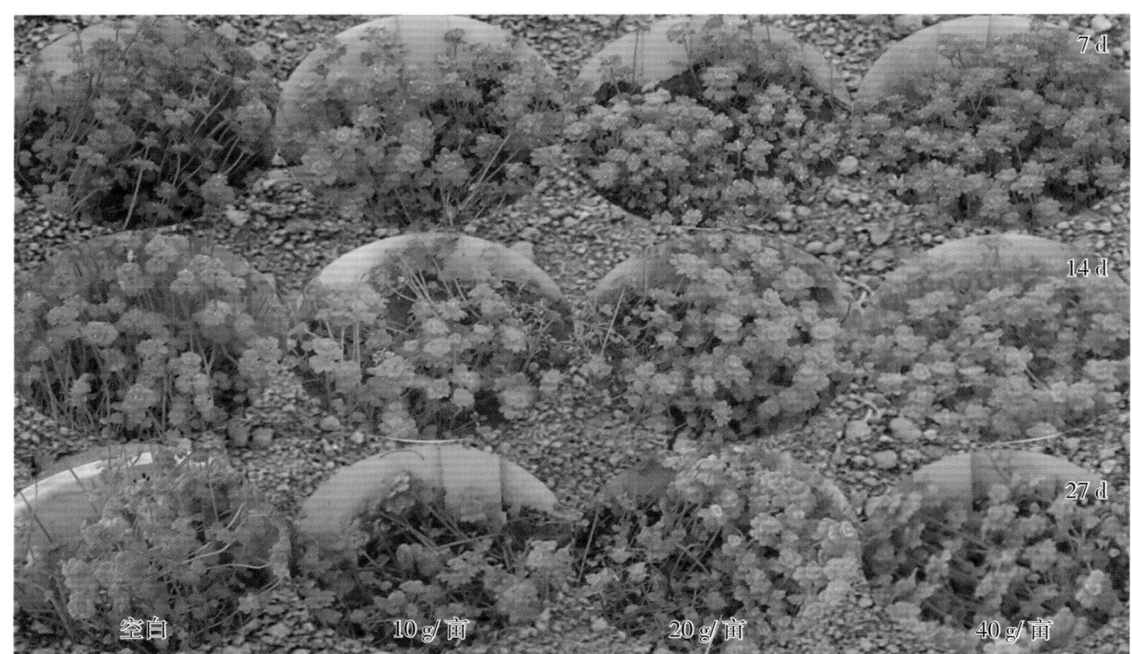

图 10-94 10% 苯磺隆可湿性粉剂不同剂量防除佛座的效果和中毒死亡症状比较（苯磺隆对佛座防除效果较差，施药后 7 d 佛座的生长受到明显抑制，但整体防治效果较差）

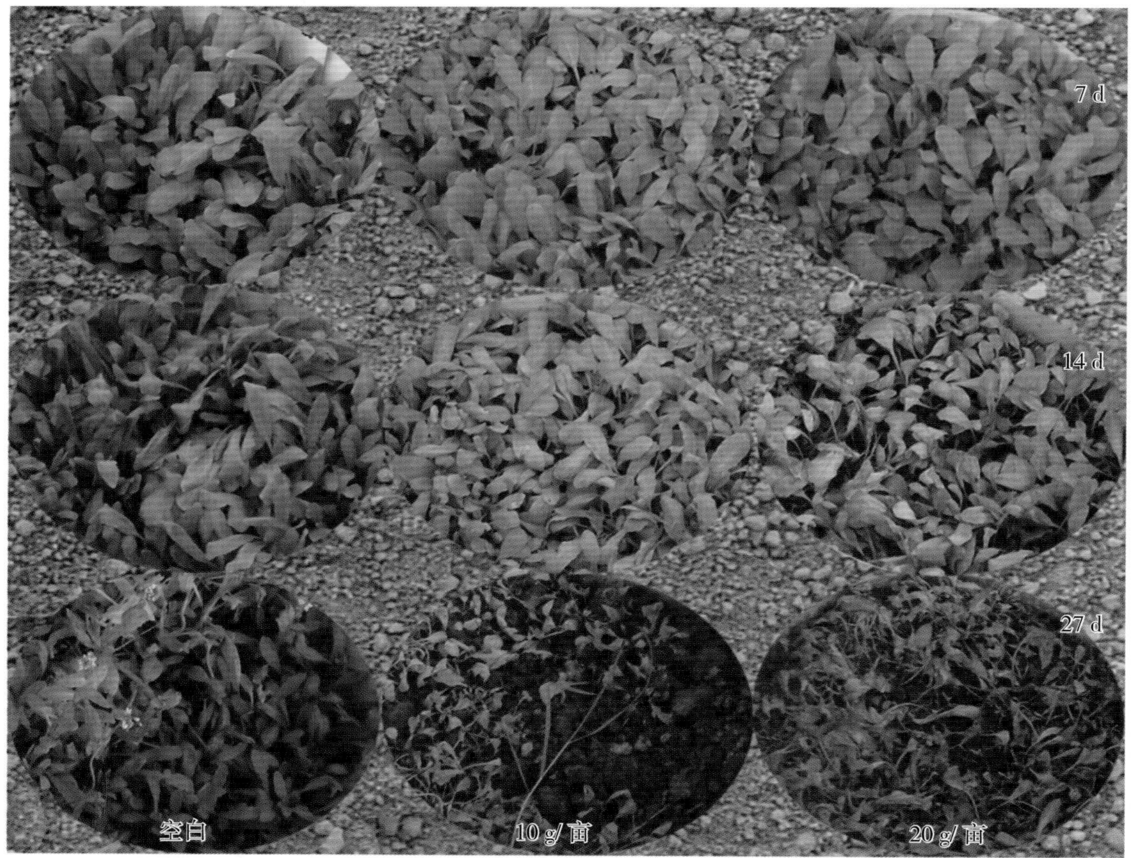

图 10-95 10% 苯磺隆可湿性粉剂不同剂量防除荠菜的效果和中毒死亡症状比较（苯磺隆对荠菜效果突出，施药后 7 d 部分叶片黄化，植株明显矮化，生长受到抑制；施药后 14 d 荠菜开始死亡）

图10-96 在杂草生长期，喷施10%苯磺隆可湿性粉剂15 g/亩对播娘蒿、猪殃殃的药效比较（同一剂量下苯磺隆对播娘蒿的防效较好，要想治住猪殃殃需加大用量）

（三）绿磺隆 chlorsulfuron

【其他名称】 氯磺隆、嗪磺隆。

【理化性质】 纯品为无色晶体，难溶于一般溶剂。

【制　　剂】 10%可湿性粉剂、20%可湿性粉剂。

【除草特点】 绿磺隆为选择性除草剂，可被植物的根、茎、叶吸收，并迅速传导。通过抑制侧链氨基酸的生物合成而阻止细胞分裂，使敏感植物停止生长，受药后杂草生长停止、失绿、叶脉褪色、顶芽枯死直至坏死。小麦和大麦等耐药作物能很快把绿磺隆代谢为无害物质。在碱性土壤中残效期长达8个月以上。

【适用作物】 麦类，详见表10-6。

表 10-6 绿磺隆可以应用的主要作物

项目	作物种类
国内登记的适用作物	小麦
资料报道的适用作物	大麦、小麦、燕麦、黑麦、亚麻、草坪

【防除对象】 可以有效防除多数阔叶杂草，也能防除部分禾本科杂草。防除效果见表10-7，杂草中毒症状见图10-97~图10-101。

表 10-7 绿磺隆对主要杂草的防治效果比较

项目	杂草种类
防除效果突出（90% 以上）的杂草	牛繁缕、大巢菜、碎米荠、播娘蒿、荠菜
防除效果较好（70%~90%）的杂草	猪殃殃、看麦娘、硬草、泽漆
防除效果较差（40%~70%）的杂草	早熟禾
防除效果极差（40% 以下）的杂草	小蓟、野燕麦

【应用技术】 作物播前、播后苗前土壤处理，苗后茎叶处理。以小麦播后10~20 d、麦苗1~2叶期施药时防除杂草的效果最好。该期以看麦娘为主的禾本科杂草处于立针期，猪殃殃、繁缕等阔叶杂草处于萌发出土高峰期，抗药性弱，可获总体最佳防除效果。而播前或播后芽前施药，药害严重，且因杂草尚未出土，总体防效下降，对阔叶杂草防效更差。可以用10%可湿性粉剂10~20 g/亩，兑水40 kg喷雾。

【注意事项】 小麦播前施药，种子接触药剂，药害较重会严重影响出苗；小麦播后芽前施药，对种子出苗仍有显著影响。由于绿磺隆活性高，在土壤中的残留期达8个月以上，对后茬作物有影响，因此，该药在旱地、碱性土壤应禁用。绿磺隆在土壤中持效期长，且有累积的作用，为此国内外限定只能用于小麦连作的地块。绿磺隆在pH值为7.5的土壤中施用后，需要间隔14~26个月才能播种高粱、玉米、亚麻、向日葵、大豆、棉花等，水稻需要6个月以上。而施于pH值为7.6~7.9的土壤中，则需要36~48个月的间隔时间。绿磺隆的应用限制在土壤pH值≤7的地区，即使是这些地区也应慎用。

图 10-97 10% 绿磺隆可湿性粉剂不同剂量防除荠菜的效果和中毒死亡症状比较（绿磺隆对荠菜各剂量下均表现突出的防效，施药后 7 d 部分叶片黄化，植株明显矮化，生长受到抑制；施药后 14 d 荠菜开始死亡）

图 10-98 10% 绿磺隆可湿性粉剂不同剂量防除猪殃殃的效果和中毒死亡症状比较（绿磺隆对猪殃殃防效较好，施药后 9 d 部分叶片黄化，植株矮化，生长受到抑制，以后重者缓慢死亡）

图 10-99　10% 绿磺隆可湿性粉剂不同剂量防除泽漆的效果和中毒死亡症状比较（绿磺隆对泽漆防除效果较差，但高剂量下也有一定的抑制作用，施药后 10 d 即表现出较明显的抑制作用，植株矮化，生长受到抑制，植株部分死亡）

图 10-100　10% 绿磺隆可湿性粉剂不同剂量防除野燕麦的效果比较（绿磺隆对野燕麦防除效果极差，高剂量下表现一定的抑制作用，植株矮化，生长受到严重的抑制）

图 10-101　10% 绿磺隆可湿性粉剂不同剂量防除看麦娘的效果和中毒死亡症状比较（绿磺隆对看麦娘防效较好，施药后叶色变黄，植株明显矮化，生长受到抑制，逐渐枯萎死亡）

（四）甲磺隆 metsulfuron-methyl

【其他名称】 合力、甲氧嗪磺隆。

【理化性质】 甲磺隆为无色晶体，难溶于一般性溶剂，在酸性溶液中水解。

【制　　剂】 20%可湿性粉剂、10%可湿性粉剂。

【除草特点】 选择性内吸、传导型除草剂，可被植物根、茎、叶吸收，施药后数小时内迅速抑制根和幼芽顶端生长，植株变黄，组织坏死，14~21 d全株枯死。在土壤中主要靠水解和微生物降解，持效期较长。

【适用作物】 麦类等，详见表10-8。

表 10-8　甲磺隆可以应用的主要作物

项目	作物种类
国内登记的适用作物	小麦、水稻、移栽水稻
资料报道的适用作物	小麦、大麦、燕麦、牧草、林地、非耕地、水稻、亚麻

【防除对象】 可以有效防除多种阔叶杂草和部分一年生禾本科杂草。防除效果见表10-9，杂草中毒症状见图10-102、图10-103。

表 10-9　甲磺隆对主要杂草的防除效果比较

项目	杂草种类
防除效果突出（90% 以上）的杂草	播娘蒿、荠菜、牛繁缕、大巢菜、遏蓝菜、野油菜、碎米荠
防除效果较好（70%~90%）的杂草	佛座、藜、猪殃殃、看麦娘、硬草
防除效果较差（40%~70%）的杂草	麦家公、婆婆纳
防除效果极差（40% 以下）的杂草	蓟、问荆、田旋花

【应用技术】 小麦苗期，用10%可湿性粉剂10~20 g/亩，兑水均匀喷雾。

【注意事项】 甲磺隆残留期长，限在长江中下游流域麦稻轮作区的麦田使用。

图 10-102　甲磺隆施药后播娘蒿的中毒死亡过程（甲磺隆对播娘蒿防效突出，但植株完全死亡速度较慢，施药后 3~5 d 播娘蒿心叶发黄，与空白对照相比生长受到抑制；施药后 7 d，心叶和部分下部叶片明显黄化，植株矮化，生长受到明显的抑制，基本上丧失与作物争夺吸收养分的能力。播娘蒿完全死亡需 2~4 周的时间）

图 10-103　10% 甲磺隆可湿性粉剂不同剂量施药后猪殃殃的死亡过程（在猪殃殃幼苗期施用甲磺隆具有较好的防除效果，施药后 5~7 d 出现中毒症状，部分叶片黄化，植株矮化，生长受到抑制）

（五）苄嘧磺隆 bensulfuron-methyl

【其他名称】　农得时、稻无草、苄磺隆。

【理化性质】　固体，难溶于一般有机溶剂。在微碱性溶液中（pH值为8）特别稳定，在酸性水溶液中缓慢分解。

【制　　剂】　10%可湿性粉剂、30%可湿性粉剂。

【除草特点】　为选择性内吸、传导型除草剂，水稻能将其代谢成无毒化合物，对水稻安全，对环境安全。有效成分可在水中迅速扩散，被杂草根部和叶片吸收后转移到杂草各部，能抑制敏感杂草的生长，症状为幼嫩组织失绿、叶片萎蔫死亡，同时根生长发育也受到抑制。

【适用作物】　适用作物见表10-10。

表 10-10　苄嘧磺隆可以应用的主要作物

项目	作物种类
国内登记的适用作物	水稻（直播田、秧田、移栽田、抛秧田）、冬小麦
资料报道的适用作物	水稻、小麦

【防除对象】　可以防除一年生和多年生阔叶杂草、莎草科杂草。防除效果见表10-11，杂草中毒症状见图10-104~图10-108。

表 10-11　苄嘧磺隆对主要杂草的防除效果比较

项目	杂草种类
防除效果突出（90% 以上）的杂草	牛繁缕、播娘蒿、荠菜、猪殃殃、碎米荠、大巢菜
防除效果较好（70%~90%）的杂草	佛座、稻槎菜、泥胡菜、萹蓄
防除效果较差（40%~70%）的杂草	泽漆
防除效果极差（40% 以下）的杂草	小蓟

【应用技术】　苄嘧磺隆对小麦田播娘蒿、荠菜、猪殃殃、牛繁缕、大巢菜等阔叶杂草防效显著。苄嘧磺隆在小麦田的用药适期应以麦苗2~3叶期及阔叶杂草基本出齐时施药为宜，用10%可湿性粉剂30~40 g/亩，加水25~30 kg配成药液喷施。

【注意事项】　该药剂在土壤中移动性小，温度、土质对其影响较小。在杂草幼苗期施药效果较好，施药过晚则效果下降，且易对后茬作物产生药害。

图 10-104 10% 苄嘧磺隆可湿性粉剂不同剂量防除荠菜的效果和中毒死亡症状比较（苄嘧磺隆对荠菜防除效果突出，施药后 7 d 部分叶片黄化，植株明显矮化，生长受到抑制；施药后 14 d 荠菜就大量死亡）

图 10-105 10% 苄嘧磺隆可湿性粉剂不同剂量防除泽漆的效果和中毒死亡症状比较（苄嘧磺隆对泽漆具有一定的抑制效果，施药后 9 d 生长受到明显的抑制，植株矮化，可以较好地抑制泽漆的生长与危害）

图 10-106 10% 苄嘧磺隆可湿性粉剂不同剂量防除猪殃殃的死亡过程（在猪殃殃苗期施用苄嘧磺隆具有较好的防除效果，施药后 6 d 开始出现中毒症状，部分叶片黄化，植株矮化，生长受到抑制，以后逐渐死亡）

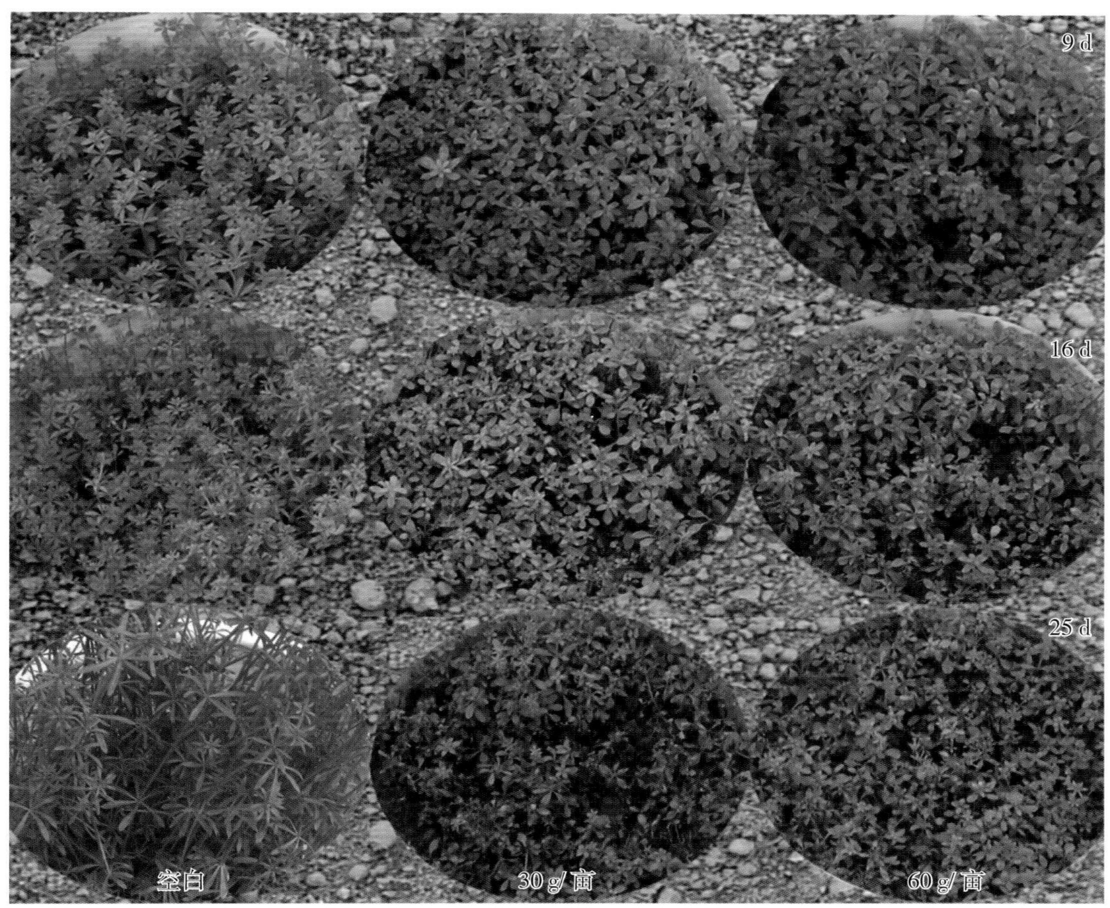

图 10-107　10% 苄嘧磺隆可湿性粉剂不同剂量防除猪殃殃的效果和中毒死亡症状比较（苄嘧磺隆对猪殃殃具有较好的防除效果，施药后 9 d 部分叶片黄化，植株矮化，生长受到抑制；以后缓慢死亡）

图 10-108　在猪殃殃较大时 10% 苄嘧磺隆可湿性粉剂对其防除效果比较（在猪殃殃较大时，苄嘧磺隆对其防除效果较差，虽能明显抑制猪殃殃的生长，但难以彻底防除）

（六）甲基二磺隆 mesosulfuron-methyl

【其他名称】 世玛。

【理化性质】 本品为无色结晶粉末，微溶于有机溶剂。

【制　　剂】 3%油悬剂。

【除草特点】 甲基二磺隆是内吸性、传导型除草剂，可为杂草茎叶和根部吸收，随后在植物体内传导，通过抑制植物体内侧链氨基酸的生物合成，造成敏感植物生长停滞、茎叶褪绿、逐渐枯死，施药后15~30 d杂草死亡。

【适用作物】 小麦。

【防除对象】 能防除一年生禾本科杂草，并可兼除部分阔叶杂草。防除效果见表10-12，杂草中毒症状见图10-109~图10-118。

表 10-12　甲基二磺隆对主要杂草的防除效果比较

项目	杂草种类
防除效果突出（90% 以上）的杂草	看麦娘、大穗看麦娘、野燕麦、早熟禾、硬草
防除效果较好（70%~90%）的杂草	雀麦（野麦子）、节节麦、茵草、播娘蒿、荠菜、蜡烛草、水草
防除效果较差（40%~70%）的杂草	泽漆
防除效果极差（40% 以下）的杂草	棒头草、多花黑麦草、婆婆纳、猪殃殃、佛座、碱茅、麦家公

【应用技术】 在小麦幼苗期至拔节前、刚出齐苗至杂草3~4叶期，用3%油悬剂25~30 mL/亩，兑水30 kg茎叶喷施。

【注意事项】 小麦拔节后不宜施用。该药剂对小麦生长有一定的影响，如叶色变淡，株高比对照矮，施药时一定要严格把握用量，喷施均匀。遭受涝害、冻害、病害、盐碱害及缺肥的小麦田不能使用，施药后5 d内不能大水漫灌小麦田，否则易产生药害。玉米、水稻、大豆、棉花、花生等作物需在施用100 d后播种，间作、套作上述作物的小麦田慎用。

图 10-109　3% 甲基二磺隆油悬剂 30 mL/ 亩生长期施药防除看麦娘的效果和中毒死亡过程（看麦娘生长期施药后4~5 d 生长即受到抑制，7~14 d 后开始叶片黄化，2~4 周以后逐渐枯萎死亡）

图 10-110　3% 甲基二磺隆油悬剂生长期施药防除看麦娘的效果和中毒死亡症状比较（甲基二磺隆在看麦娘生长期施用具有突出的效果，施药后 4~5 d 生长即受到抑制，叶片黄化，2 周以后逐渐枯萎死亡）

图10-111　3%甲基二磺隆油悬剂生长期施药防除硬草的效果和中毒死亡症状比较（甲基二磺隆在硬草生长期施用防效突出，施药后4~5 d生长即受到抑制，2周以后叶片黄化，并逐渐枯萎死亡）

图 10-112　3% 甲基二磺隆油悬剂生长期施药防除野燕麦的效果和中毒死亡过程（施用后 5~7 d 生长即受到抑制，7~14 d 后开始叶片黄化，2~4 周以后逐渐枯萎死亡）

图 10-113 3% 甲基二磺隆油悬剂生长期施药防除野燕麦的效果和中毒死亡症状比较（甲基二磺隆在野燕麦生长期施用具有突出的效果，施药后 10 d 生长即受到抑制，2 周以后叶片黄化，并逐渐枯萎死亡）

图 10-114 3% 甲基二磺隆油悬剂生长期施药防除泽漆的效果和中毒死亡症状比较（甲基二磺隆在泽漆生长期施用具有抑制效果，施药后 5~7 d 生长即受到抑制，叶片黄化，逐渐枯萎死亡）

图 10-115 3% 甲基二磺隆油悬剂生长期施药防除茵草的效果和中毒死亡症状比较（甲基二磺隆在茵草较大时施用效果较差，施药后生长即受到抑制，高剂量下 2~4 周以后逐渐枯萎死亡）

图 10-116 3% 甲基二磺隆油悬剂生长期施药防除播娘蒿的效果和中毒死亡症状比较（甲基二磺隆在播娘蒿生长期施用防效较好，施药后 5~7 d 生长即受到抑制，以后叶片黄化，并逐渐枯萎死亡）

图 10-117 3% 甲基二磺隆油悬剂生长期施药防除猪殃殃的效果和中毒死亡症状比较（甲基二磺隆对猪殃殃防除效果极差，施药后生长受到抑制）

图 10-118 3% 甲基二磺隆油悬剂生长期施药防除麦家公的效果和中毒死亡症状比较（甲基二磺隆对麦家公防除效果极差，施药后生长受到抑制）

（七）环丙嘧磺隆 cyclosulfamuron

【其他名称】 金秋、环胺磺隆。

【理化性质】 原药为淡白色固体，无味，不易溶于水，可溶于丙酮和二氯甲烷，常温下存放稳定。

【制　　剂】 10%可湿性粉剂。

【除草特点】 为内吸性、传导型除草剂，能被杂草的根、茎、叶吸收，抑制植物体内乙酰乳酸合成酶活性，阻止缬氨酸、亮氨酸、异亮氨酸等支链氨基酸的生物合成。对水稻比较安全。该药容易被土壤吸附，因此，在北方漏水田或施药后短期内缺水田仍有良好的除草效果。

【适用作物】 适用作物见表10-13。

表 10-13　环丙嘧磺隆可以应用的主要作物

项目	作物种类
国内登记的适用作物	水稻（直播田、移栽田）、冬小麦
资料报道的适用作物	草坪、小麦、水稻

【防除对象】 可以有效防除大多数一年生和多年生禾本科杂草及阔叶杂草等。防除效果见表10-14。

表 10-14　环丙嘧磺隆对主要杂草的防除效果比较

项目	杂草种类
防除效果突出（90%以上）的杂草	荠菜、播娘蒿
防除效果较好（70%~90%）的杂草	大巢菜、猪殃殃
防除效果较差（40%~70%）的杂草	看麦娘
防除效果极差（40%以下）的杂草	硬草

【应用技术】 小麦苗期、杂草幼苗期，用10%可湿性粉剂10~20 g/亩，兑水50 kg均匀喷雾。

【注意事项】 在小麦田，单子叶杂草、双子叶杂草混生时，需与异丙隆等防除单子叶杂草的除草剂混用，以提高总防效。

（八）单嘧磺隆 monosulfuron

【理化性质】 纯品为白色粉末。微溶于丙酮，碱性条件下可溶于水；在中性和弱碱性条件下稳定，在强酸和强碱条件下易发生水解反应。单嘧磺隆在四氢呋喃和丙酮中较稳定，在甲醇中稳定性较差。属于低毒、弱蓄积农药，为非致敏物，无致突变、精子致畸作用，无微核诱发、致畸作用，无繁殖毒性和致癌性。

【制　　剂】 10%可湿性粉剂。

【除草特点】 单嘧磺隆为乙酰乳酸合成酶（ALS）抑制剂，通过抑制乙酰乳酸合成酶的活性抑制侧链氨基酸的生物合成，造成植物停止生长，最终死亡。可通过植株根、茎、叶吸收，但以根部为主，有内吸传导作用。

【适用作物】 适用作物见表10-15。

表 10-15　单嘧磺隆可以应用的主要作物

项目	作物种类
国内登记的适用作物	小麦、谷子
资料报道的适用作物	小麦、谷子、玉米、水稻

【防除对象】 国内登记用于防除小麦田、谷子田阔叶杂草，有文献中记录也可用于防除部分阔叶杂草和禾本科杂草。对主要杂草的防效比较见表10-16。

表 10-16 单嘧磺隆对主要杂草的防效比较

项目	杂草种类
防除效果突出（90% 以上）的杂草	播娘蒿、野芥菜、荠菜、遏蓝菜、密花香薷、宝盖草、薄蒴草、麦家公、碱茅、马齿苋、反枝苋
防除效果较好（70%~90%）的杂草	藜、卷茎蓼、田旋花
防除效果较差（40%~70%）的杂草	猪殃殃、铁苋菜、苘麻、马唐、牛筋草、狗尾草、稗草
防除效果极差（40% 以下）的杂草	其他禾本科杂草，抗性播娘蒿等

【应用技术】 小麦播后苗前土壤处理或杂草2~5叶期茎叶处理，10%可湿性粉剂30~40 g/亩，兑水30~40 L/亩均匀喷雾。

【注意事项】 单嘧磺隆适宜与其他多种药剂混配使用，以扩大其杀草谱。需根据土壤条件合理安排后茬作物，慎种油菜、白菜等十字花科作物及旱稻。

（九）单嘧磺酯 monosulfuron-ester

【理化性质】 纯品为白色粉末。

【制　　剂】 10%可湿性粉剂。

【除草特点】 单嘧磺酯为ALS抑制剂，通过抑制乙酰乳酸合成酶的活性抑制侧链氨基酸的生物合成，造成植物停止生长，最终死亡。可通过植株根、茎、叶吸收，但以根部为主，有内吸传导作用。

【适用作物】 国内登记用于春小麦田和冬小麦田（表10-17）。

表 10-17 单嘧磺酯可以应用的主要作物

项目	作物种类
国内登记的适用作物	小麦
资料报道的适用作物	小麦、玉米、水稻

【防除对象】 防除麦田主要杂草播娘蒿、荠菜、藜等阔叶杂草。

【应用技术】 小麦田杂草2~5叶期茎叶处理，10%可湿性粉剂15~20 g/亩，兑水30~40 L/亩均匀喷雾。

【注意事项】 单嘧磺酯适宜与其他多种药剂混配使用，以扩大其杀草谱。

（一〇）丙苯磺隆 propoxycarbazone

【理化性质】 纯品为无色结晶体，熔点230~240 ℃（分解）。在25 ℃、pH值为4~9的水溶液中稳定。

【制　　剂】 70%水分散粒剂。

【除草特点】 磺酰胺基羰基三唑啉酮类除草剂，属ALS抑制剂。杂草（1~6叶期）通过茎叶和根部吸收，脱绿、枯萎，最后死亡。因该化合物有残留活性，故对施药后长出的杂草仍有活性。

【适用作物】 禾谷类作物（如小麦、黑麦、黑小麦），不仅对禾谷类作物安全，对后茬作物无影响，而且对环境、生态的相容性和安全性极高。

【防除对象】 主要用于防除禾本科杂草如看麦娘、雀麦等和一些阔叶杂草。

【应用技术】 小麦田苗后茎叶处理，可以用70%水分散粒剂3~6 g/亩，兑水45 kg均匀喷施。

【注意事项】 天气干旱时，由于土壤水分不足，可与非离子表面活性剂一起使用，效果会更佳。

（一一）甲基碘磺隆钠盐 iodosulfuron-methyl sodium

【理化性质】 纯品为白色无嗅固体，熔点152 ℃。

【制　　剂】 20%水分散粒剂。

【除草特点】 为磺酰脲类除草剂，是乙酰乳酸合成酶（ALS）抑制剂。可以通过植物根、茎吸收，进入植物体内，并在植物体内传导。杂草受药后叶片变厚、发脆，心叶发黄，生长抑制，10 d以后逐渐干枯、死亡。

【适用作物】 适用于小麦、硬质小麦、黑小麦、冬黑麦。不仅对禾谷类作物安全，对后茬作物无影响，而且对环境、生态的相容性和安全性极高。

【防除对象】 主要用于防除阔叶杂草（如猪殃殃和母菊等）及部分禾本科杂草（如野燕麦和早熟禾）等。

【应用技术】 苗后进行茎叶处理，用20%水分散粒剂0.5~1 g/亩，兑水45 kg喷施。

（一二）氟唑磺隆 flucarbazone-sodium

【其他名称】 氟酮磺隆、彪虎。

【理化性质】 纯品为无色无嗅结晶体，熔点为200 ℃（分解）。

【制　　剂】 70%水分散粒剂。

【除草特点】 氟唑磺隆是磺酰脲类除草剂，是乙酰乳酸合成酶（ALS）抑制剂，即通过抑制植物的ALS酶，阻止支链氨基酸如缬氨酸、异亮氨酸、亮氨酸的生物合成，最终破坏蛋白质的合成，干扰DNA的合成及细胞分裂与生长。它可以通过植物的根、茎和叶吸收，受害杂草生长停止、失绿、顶端分生组织死亡，植株在2~3周后死亡。因该化合物在土壤中有残留活性，故对施药后长出的杂草仍有药效。

【适用作物】 小麦。

【防除对象】 可以有效防除大多数禾本科及阔叶杂草等。防除效果见表10-18。

表 10-18　氟唑磺隆对主要杂草的防除效果比较

项目	作物种类
防除效果突出（90% 以上）的杂草	雀麦、看麦娘、日本看麦娘
防除效果较好（70%~90%）的杂草	荠菜、播娘蒿、菵草、硬草、早熟禾
防除效果较差（40%~70%）的杂草	碱茅、猪殃殃、繁缕、大巢菜
防除效果极差（40% 以下）的杂草	节节麦、大穗看麦娘、多花黑麦草、蜡烛草、棒头草、野燕麦

【应用技术】 冬小麦分蘖期，杂草2~5叶期时用70%水分散粒剂3 g/亩+助剂10 g/亩，兑水40 kg均匀喷雾。

春季小麦返青期，杂草4~5片叶时用70%水分散粒剂4 g/亩+助剂10 g/亩，兑水40 kg均匀喷雾。冬季除草的效果明显优于春季，对以硬草、繁缕为主的田块，70%水分散粒剂4~5 g/亩+专用助剂10 g/亩，春季由于草龄较大，防效不理想。

【注意事项】 该药不可以在大麦、燕麦及十字花科、豆科等敏感作物上使用。对下茬作物安全，燕麦、荠菜、扁豆除外。在干旱、低温、冰冻、洪涝、肥力不足及病虫害侵扰等不良的环境气候条件下不宜使用。在种植冬小麦的地区晚秋或初冬时，应该注意选择天气较为温暖的时间施药，施药时的气温应高于8 ℃。氟唑磺隆作为苗后茎叶处理剂，在看麦娘、野燕麦和雀麦1.5~3叶期使用，防除效果好，但在5叶期使用，防除效果明显下降；对1.5叶期节节麦有一定活性，对稍大的节节麦活性差。氟唑磺隆对小麦田禾本科杂草的活性大，对叶龄很敏感。对敏感杂草看麦娘、野燕麦和雀麦需在3叶期或3叶前施用。在冬小麦产区对下茬作物玉米、大豆、水稻、棉花和花生的安全间隔期为60~65 d。

（一三）磺酰磺隆 sulfosulfuron

【理化性质】 纯品为白色固体，熔点201.1~201.7 ℃。

【制　　剂】 10%水分散粒剂。

【除草特点】 磺酰脲类除草剂，为乙酰乳酸合成酶（ALS）抑制剂。通过杂草根和叶吸收，在植株体内传导，杂草即停止生长，而后枯死。

【适用作物】 小麦。

【防除对象】 一年生和多年生禾本科杂草及部分阔叶杂草。防除效果见表10-19。

表 10-19　磺酰磺隆对主要杂草的防除效果比较

项目	杂草种类
防除效果突出（90% 以上）的杂草	荠菜、播娘蒿、看麦娘、日本看麦娘
防除效果较好（70%~90%）的杂草	茵草、硬草、早熟禾、佛座
防除效果较差（40%~70%）的杂草	雀麦、多花黑麦草、猪殃殃、麦家公、麦瓶草
防除效果极差（40% 以下）的杂草	节节麦、野燕麦

【应用技术】 小麦田苗后除草，用10%水分散粒剂10~20 g/亩，兑水45 kg喷施。

【注意事项】 对小麦安全，基于其在小麦植株中快速降解。但对大麦、燕麦有药害。磺酰磺隆半衰期虽不长，为3.97~5.52 d，但施药后17个月，70~140 g/hm^{2}用量下仍可抑制大麦、高粱和向日葵的生长。药后210 d常规种植移栽水稻，磺酰磺隆在11.25~33.75 g /hm^{2}剂量下，水稻生长基本正常，每公顷用45 g处理水稻，株高显著矮于其他处理，说明该药高剂量对后茬水稻安全性差。该药每公顷用22.5~45 g，药后210 d播种后茬作物，对后茬玉米、大豆、花生、棉花的出苗没有影响，对花生和棉花的生长未见明显影响；但每公顷用45 g处理大豆，株高和产量略低于空白对照；每公顷用33.75 g和45 g处理可以显著抑制玉米的生长，并可显著降低玉米的产量。另外，小麦田返青期喷药试验结果表明，该药每公顷用22.5~45 g对后茬玉米、大豆、花生、棉花生长均可产生较大程度的抑制。

（一四）甲硫嘧磺隆 methiopyrisulfuron

【理化性质】 甲硫嘧磺隆原药（含量≥95%），外观为白色至浅黄色粉状结晶。难溶于有机溶剂。中性条件下稳定，酸性、碱性条件下不稳定；对热稳定，常温下对日光稳定。

【制　　剂】 10%可湿性粉剂。

【除草特点】 甲硫嘧磺隆为磺酰脲类除草剂，为乙酰乳酸合成酶（ALS）抑制剂。该药残效期较长，在高剂量下该药剂存在对当茬和后茬作物的安全性问题。

【适用作物】 小麦。

【防除对象】 防除一年生阔叶杂草及禾本科杂草。

【应用技术】 小麦2~3叶期，用10%可湿性粉剂15~20 g/亩，兑水30~50 kg，均匀喷雾。

（一五）氯吡嘧磺隆 halosulfuron-methyl

【理化性质】 纯品为白色粉状固体，熔点175.5~177.2 ℃。在常规条件下储存稳定。

【制　　剂】 25%可湿性粉剂、50%可湿性粉剂、75%水分散粒剂。

【除草特点】 磺酰脲类除草剂，为乙酰乳酸合成酶（ALS）抑制剂。通过杂草根和叶吸收，在植株体内传导，杂草即停止生长，而后枯死。

【适用作物】 小麦、玉米、水稻、甘蔗、草坪。

【防除对象】 氯吡嘧磺隆主要用于防除阔叶杂草和莎草科杂草如苘麻、苍耳、曼陀罗、豚草、反枝苋、野西瓜苗、蓼、龙葵、草决明、牵牛花、香附子等。

【应用技术】 作物苗前及苗后均可施用，苗前施用75%水分散粒剂6~8 g/亩，苗后用75%水分散粒剂3~4 g/亩。

【注意事项】 玉米田苗前应同解毒剂MON13900一起使用，以减少对玉米的伤害。

第十一章　苯氧羧酸和苯甲酸类除草剂

苯氧羧酸类除草剂选择性强、杀草谱广、成本低、工业上易于合成，是一类重要的除草剂。1941年合成了第一个苯氧羧酸和苯甲酸类除草剂的品种——2，4-滴，1945年发现除草剂2甲4氯。苯氧羧酸和苯甲酸类除草剂的主要品种有2, 4-滴丁酯（2, 4-D butylate）、2甲4氯钠盐（MCPA-Sodium）、2, 4-滴异辛酯（2, 4-D-ethylhexyl）、2, 4-滴二甲胺盐（2, 4-D dimethyl amine salt）、麦草畏（dicamba）、2甲4氯胺盐、2甲4氯乙硫酯（MCPA-thioethyl）、精2, 4-滴丙酸（dichlorprop-P）、精2甲4氯丙酸（mecoprop-P）。

一、苯氧羧酸和苯甲酸类除草剂的作用原理

（一）苯氧羧酸和苯甲酸类除草剂的主要特性

（1）通常用于茎叶处理防除一年生与多年生阔叶杂草（非禾本科杂草）。

（2）可被阔叶杂草的茎叶迅速吸收，既能通过木质部导管与蒸腾流一起传导，也能与光合作用产物结合在韧皮部的筛管内传导，并在植物的分生组织（生长点）中积累。

（3）当将其盐或酯类喷洒于植株后，植物将其变为相应的酸而发生毒害作用。不同剂型的除草活性大小为酯>酸>盐；在盐类中，胺盐>铵盐>钠盐（钾盐）。

（4）苯氧羧酸和苯甲酸类除草剂属于激素类除草剂，几乎影响植物的所有生理过程与生物活性。导致植物形态的普遍变化症状是：双子叶植物叶片向上或向下卷缩，叶柄、茎、叶、花茎扭转与弯曲，茎部弯曲下垂处肿胀，次生根短而粗、无根毛；单子叶植物叶片皱缩，叶色浓绿，植株倒伏状、粗缩不长，果穗畸形。严重者植株叶色变黄、萎蔫死亡。

（5）用于土壤处理后，盐类比酯类易于淋溶，特别是在轻质土以及降水多的地区易于淋溶。

（6）施于土壤中的苯氧羧酸和苯甲酸类除草剂，主要通过土壤微生物进行降解，在温暖而湿润的条件下，它们在土壤中的残效期为1~4周，而在冷凉、干燥的条件下，残效期为1~2个月。

（7）在正常用量条件下，对人畜与其他动物低毒，对环境安全。

（二）苯氧羧酸和苯甲酸类除草剂的吸收与传导方式

苯氧羧酸和苯甲酸类除草剂可以通过茎叶和根系吸收，茎叶吸收的药剂与光合作用产物结合并沿韧皮部筛管在植物体内传导，而根吸收的药剂则随蒸腾流沿木质部导管移动。

叶片吸收药剂的速度取决于三方面的因素：叶片结构，特别是蜡质厚度及角质层的特性；除草剂的特性；环境条件，高温、高湿条件下有利于药剂的吸收和传导。

（三）苯氧羧酸和苯甲酸类除草剂的作用部位和杂草死亡症状

苯氧羧酸类除草剂导致植物形态的普遍变化是叶片皱缩、畸形，叶柄、茎、花茎扭曲，植株倒伏，茎基部肿胀，生出短而粗的次生根，茎叶褪色、变黄、干枯，茎基部组织腐烂，最后全株死亡，特别是

植物的分生组织如心叶、嫩茎最易受害。具体药害症状见图11-1~图11-4。

图 11-1　2，4- 滴丁酯施药后播娘蒿的中毒症状

图 11-2　2，4- 滴丁酯施药后荠菜的中毒症状

图 11-3　2，4- 滴丁酯施药后泽漆的中毒症状

图 11-4　2 甲 4 氯钠盐施药后香附子的中毒症状

（四）苯氧羧酸和苯甲酸类除草剂的作用机制

苯氧羧酸和苯甲酸类除草剂属于激素类除草剂，几乎影响植物的所有生理过程与生物活性。其对植物的生理效应与生物化学影响因剂量与植物种类而异，即低浓度促进生长、高浓度抑制生长。

（五）苯氧羧酸和苯甲酸类除草剂的选择性原理

苯氧羧酸和苯甲酸类除草剂的选择性包括多种因素，不同植物与组织对药剂的吸收、传导、分布、代谢及解毒能力的差异是其选择性的重要原因。其选择性问题比较复杂，因使用剂量和植物种类不同而有较大差异（图11-5）。

图 11-5　玉米田施用 2 甲 4 氯钠盐后大量阔叶杂草和香附子死亡

（六）苯氧羧酸和苯甲酸类除草剂的代谢与降解

1.光解　光影响其除草活性，在光照条件下可加速其降解。

2.在土壤中的降解　在高温、高湿及有机质含量高的土壤中，2，4-滴丁酯消失迅速，而在风干土以及消毒的土壤中，2，4-滴丁酯的降解显著受抑制。在土壤中是通过微生物而降解的。

二、苯氧羧酸和苯甲酸类除草剂的药害与安全应用

（一）苯氧羧酸和苯甲酸类除草剂的典型药害症状

苯氧羧酸和苯甲酸类除草剂系激素型除草剂，它们诱导作物致畸，不论是根、茎、叶、花及穗均产生明显的畸形现象，并且长久不能恢复正常。药害症状持续时间较长，而且生育初期所受的影响，直到作物抽穗后仍能显现出来。

苯氧羧酸和苯甲酸类除草剂的具体药害症状表现在以下几个方面：①禾本科作物受害表现为幼苗矮化与畸形。禾本科植物形成葱状叶，花序弯曲、难抽出，出现双穗、小穗对生、重生、轮生、花不稔等。茎叶喷洒，特别是炎热天喷洒时，会使叶片变窄而皱缩，心叶呈马鞭状或葱状，茎变扁而脆弱，易折断，抽穗难，主根短，生育受到抑制，症状见图11-6和图11-7。②双子叶植物受害表现叶脉近于平行，复叶中的小叶愈合；叶片沿叶缘愈合成筒状或类杯状，萼片、花瓣、雄蕊、雌蕊数增多或减少，形状异常。顶芽与侧芽生长严重受到抑制，叶缘与叶尖坏死，症状见图11-8。③受害植物的根、茎发生肿胀。可以诱导组织内细胞分裂而导致茎部某些地方加粗、肿胀，甚至出现胀裂、畸形，症状见图11-9。④花果生长受阻。受药害时花不能正常发育，花期推迟、花畸形变小；果实畸形、不能正常出穗或发育不完整。⑤植株萎黄。受害植物不能正常生长，敏感组织出现萎黄、生长发育缓慢。

图 11-6　2，4- 滴丁酯对小麦的药害症状

图 11-7　2 甲 4 氯钠盐对玉米幼苗的药害症状

图 11-8　2，4- 滴丁酯对棉花的药害症状

图 11-9　2 甲 4 氯钠盐对玉米气生根的药害症状

（二）各类作物的药害症状与药害原因分析

1. 小麦　生产中常用的苯氧羧酸类除草剂品种有 2，4- 滴丁酯、2 甲 4 氯钠盐、麦草畏，可以用于多种禾本科作物，是小麦田重要的除草剂，但生产上施药过早（小麦 1~4 叶期）、过晚（小麦拔节后）、低温（低于 10 ℃）、用药量过大，易产生药害。具体药害症状见图 11-10~ 图 11-23。

图 11-10　在小麦 2 叶期，过早喷施 72% 2，4- 滴丁酯乳油 11 d 后的药害症状（受害小麦茎叶扭曲、卷缩、畸形、倒伏，分蘖缓慢）

图 11-11　在小麦 2 叶期，过早喷施 72% 2，4- 滴丁酯乳油 11 d 后田间的药害症状（受害小麦茎叶扭曲、发育畸形）

图 11-12 在小麦 2 叶期，过早过量喷施 48% 麦草畏水剂 18 d 后的药害症状（受害小麦茎叶扭曲、卷缩、畸形、倒伏）

图 11-13　在小麦 3 叶期，过早过量喷施 20% 2 甲 4 氯钠盐水剂 11 d 后的药害症状（受害小麦叶片发黄，茎叶扭曲）

图 11-14　在小麦 3 叶期，过早过量喷施 20% 2 甲 4 氯钠盐水剂 11 d 后的田间药害症状（受害小麦叶片发黄，茎叶扭曲、畸形、倒伏）

图 11-15 在小麦 2 叶期，过早过量喷施 48% 麦草畏水剂 50 mL/ 亩的田间药害症状（受害小麦茎叶扭曲、卷缩、畸形、倒伏，分蘖减少）

图 11-16 在小麦 2 叶期，过早过量喷施 48% 麦草畏水剂 50 mL/ 亩的典型药害症状（受害小麦茎叶扭曲、卷缩、畸形、倒伏，分蘖减少）

图 11-17 在小麦 2 叶期，过早过量喷施 20% 2 甲 4 氯钠盐水剂 200 mL/ 亩 11 d 后的药害症状（受害小麦叶片发黄，茎叶扭曲、畸形、倒伏，分蘖减少）

图 11-18 在小麦拔节期，过晚喷施 72% 2，4- 滴丁酯乳油 50 mL/ 亩 8 d 后的药害症状（受害小麦倒伏，茎叶卷缩、扭曲，从田间外表可以明显看出麦丛松散、倾斜，以后药害会逐渐加重）

图 11-19 在小麦拔节期，过晚喷施 48% 麦草畏水剂 25mL/ 亩田间典型药害症状（受害小麦倒伏，茎叶卷缩、扭曲，从田间外表可以明显看出麦丛松散、倾斜，叶色暗绿、无光泽，以后药害会逐渐加重）

图 11-20 在小麦开始拔节期，过晚喷施 72% 2，4- 滴丁酯乳油 50mL/ 亩对麦穗的药害症状（药害较轻的小麦，可以抽穗，但小麦穗的发育受抑制，小麦株矮、穗小、籽少、籽秕）

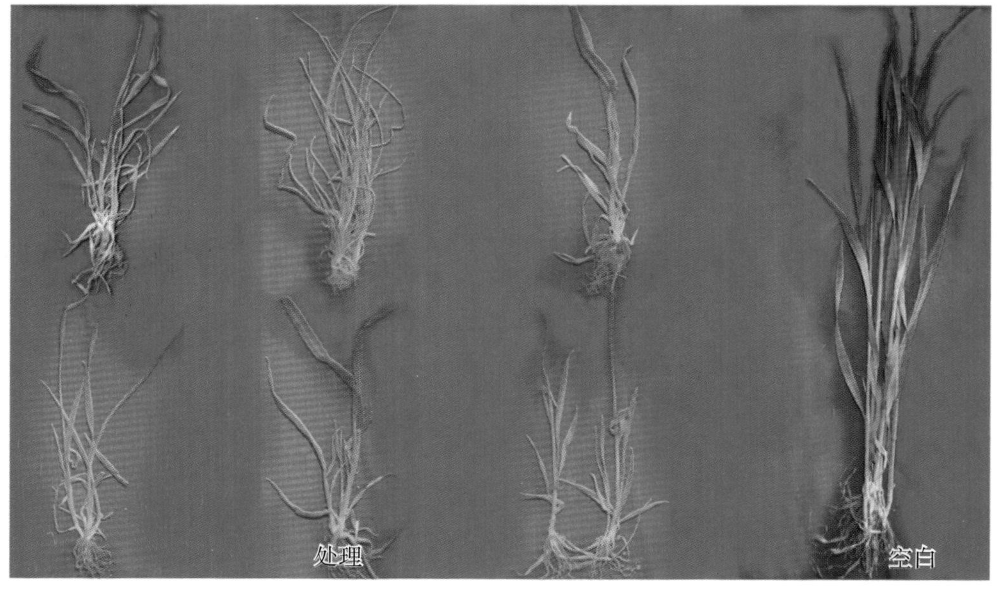

图 11-21 在小麦 4 叶前施药过早或拔节期施药过晚，喷施 72% 2，4- 滴丁酯乳油 50mL/ 亩药害较为严重时药害症状（小麦受害后药害并不立即表现，有时苗期施药到很晚时才表现出来。受害小麦叶色发暗，茎叶扭曲畸形，麦穗不能正常抽出）

图 11-22 在小麦 4 叶前施药过早或拔节期施药过晚，喷施 72% 2，4- 滴丁酯乳油 50mL/ 亩田间药害症状（小麦受害较轻时，仍能抽穗，但抽穗后出现畸形，叶色暗绿，生长受到不同程度的抑制）

图 11-23 在小麦 4 叶前施药过早或拔节期施药过晚，喷施 20% 2 甲 4 氯钠盐水剂 200 mL/ 亩田间药害症状（小麦受害较轻时，仍能抽穗，但抽穗后出现畸形，麦穗扭曲，产量降低）

2. 其他作物 苯氧羧酸和苯甲酸类除草剂对阔叶作物易产生药害，很低剂量的误用或飘移都可能产生较大的药害，受害作物虽然死亡缓慢，但是对农作物的产量影响较大。药害症状见图 11-24~ 图 11-52。

图 11-24 在花生生长期，模仿飘移或错误用药，低剂量喷施 72% 2，4- 滴丁酯乳油的药害症状（施药后 1 d 茎弯曲，2~3 d 茎叶扭曲，心叶出现褐枯）

图 11-25 在花生生长期，模仿飘移或错误用药，低剂量喷施 72% 2，4- 滴丁酯乳油 5 d 后的药害症状（受害花生茎叶畸形扭曲，心叶出现褐枯，叶片开始枯死）

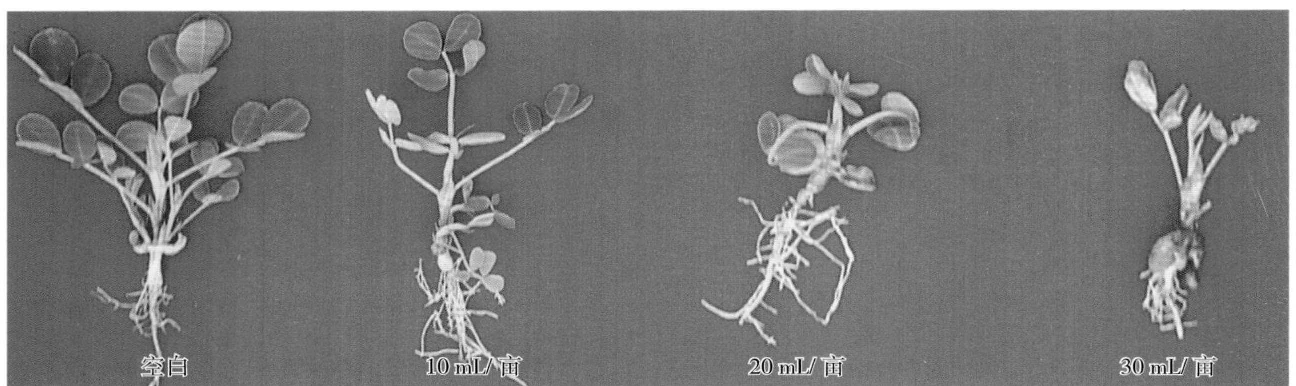

图 11-26 在花生生长期，模仿飘移或错误用药，低剂量喷施 48% 麦草畏水剂 5 d 后的药害症状（受害花生茎叶畸形扭曲，心叶出现褐枯，叶片开始枯死）

图 11-27 在大豆生长期，模仿飘移低剂量喷施 72% 2，4- 滴丁酯乳油 50 mL/ 亩的药害表现过程（施药后 1~2 d 大豆茎叶即开始扭曲，3 d 后受害大豆茎叶严重扭曲，心叶皱缩成杯状，部分叶片枯黄）

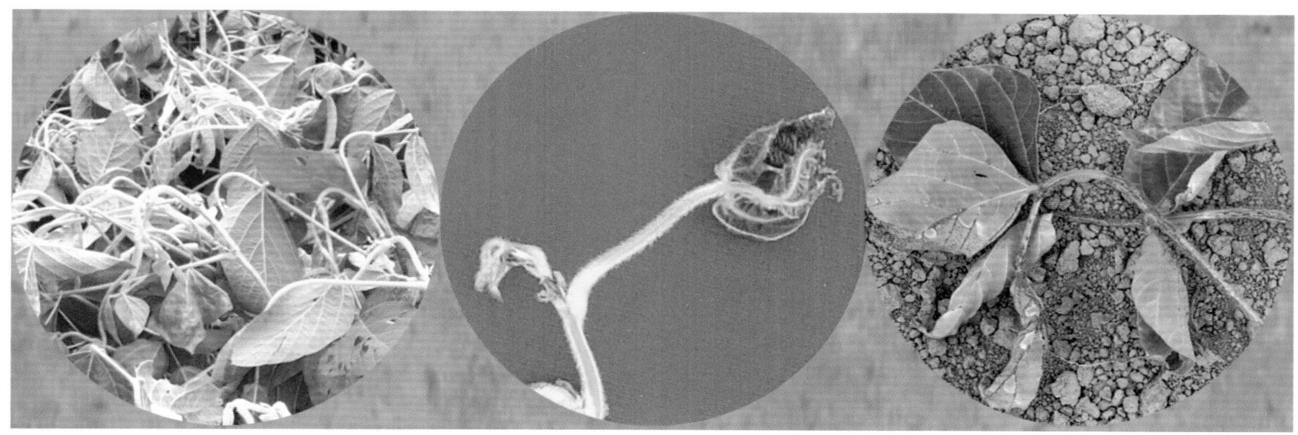

图 11-28 在大豆生长期，模仿飘移低剂量喷施 72% 2，4- 滴丁酯乳油 50 mL/ 亩的药害症状（大豆茎叶扭曲，心叶出现皱缩，逐渐枯死）

图11-29 在棉花生长期，错误喷施20% 2甲4氯钠盐水剂100 mL/亩的药害表现过程（茎叶扭曲，心叶纵向卷缩成团、上部叶片发育畸形呈鸡爪状，棉花生长受到严重抑制，基本上没有产量）

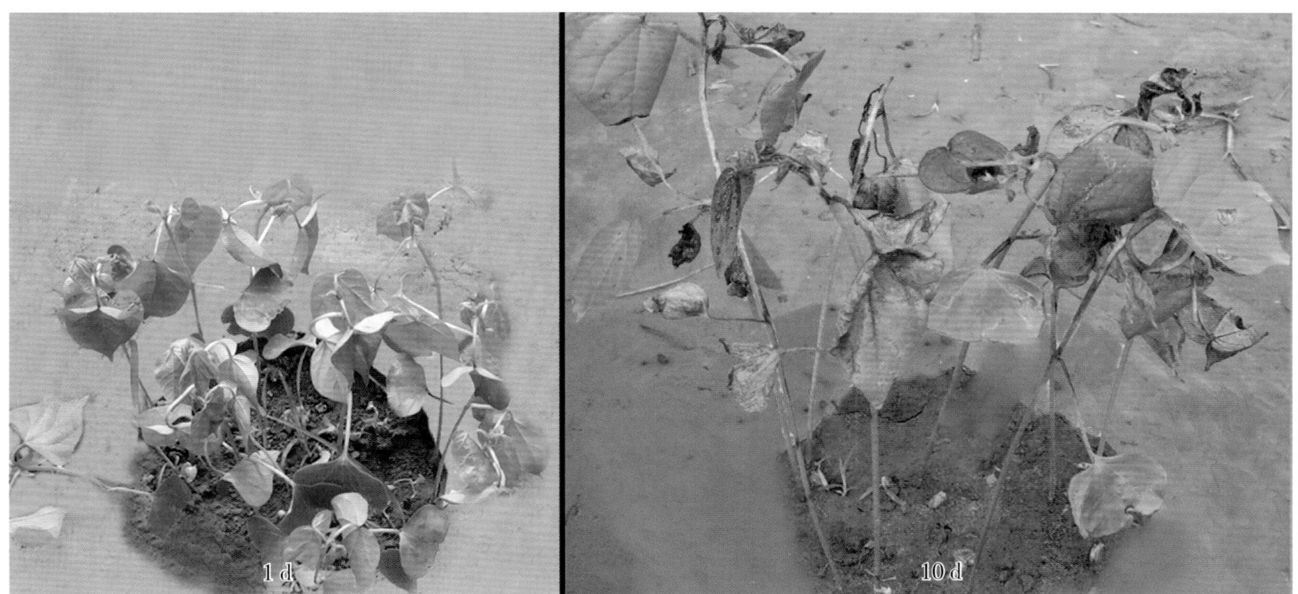

图11-30 在棉花生长期，错误用药，低剂量喷施20% 2甲4氯钠盐水剂50 mL/亩10 d后的药害症状（茎叶迅速扭曲，心叶枯死，大量叶片枯黄、死亡）

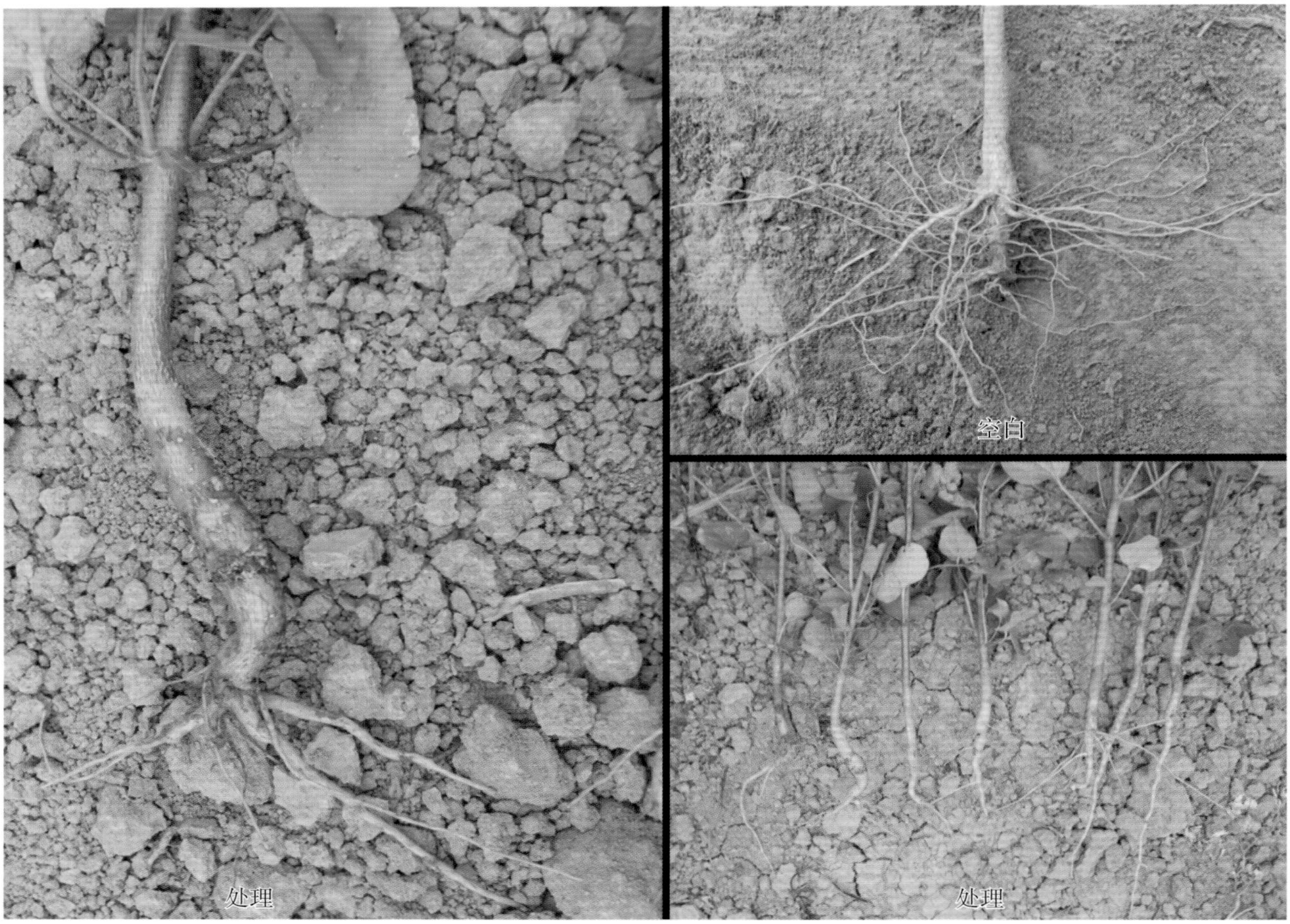

图11-31　在棉花生长期，错误喷施20% 2甲4氯钠盐水剂100 mL/亩的棉花根部的药害症状（受害棉花根部畸形、膨胀，须根少）

图 11-32　在棉花生长期，错误用药，低量喷施 48% 麦草畏水剂 20 mL/ 亩药害症状（茎叶扭曲，心叶畸形卷缩，以后叶片逐渐枯死）

图 11-33 在棉花苗期，错误用药，少量喷施 72% 2，4-滴丁酯乳油 4 d 后的药害症状（茎叶迅速扭曲，叶片失绿、黄化、枯死）

图 11-34 在棉花生长期，模仿飘移，在距棉花一定距离处喷施 72% 2，4-滴丁酯乳油 20 mL/亩药害症状（茎叶扭曲，心叶畸形卷缩、嫩茎叶扭曲）

图 11-35 在棉花生长期，模仿飘移，喷施 72% 2，4-滴丁酯乳油 20 mL/亩棉花的药害症状（棉花的花和花蕾受害后，扭曲卷缩，发育受阻）

图11-36 在小麦田生长期，错误施药，2，4-滴丁酯飘移后油菜的药害症状（受害油菜茎叶扭曲，生长受到严重抑制，对产量影响较大）

图 11-37　在黄瓜生长期，模仿飘移，在一定距离处，低量喷施 48% 麦草畏水剂 20 mL/ 亩的药害症状（受害黄瓜茎叶扭曲，心叶畸形卷缩、坏死，开始逐渐死亡）

图 11-38　在芸豆生长期，模仿飘移，在一定距离处喷施 20% 2 甲 4 氯钠盐水剂 6 d 后的药害症状（茎叶扭曲，心叶卷缩成团，叶片枯黄，逐渐死亡）

图 11-39　在芸豆生长期，模仿飘移，在一定距离处喷施 72% 2，4- 滴丁酯乳油 50 mL/ 亩的药害症状（受害芸豆幼苗茎叶扭曲，心叶卷缩成团，叶片枯黄，逐渐死亡）

图 11-40 在芸豆生长期，高温高湿条件下，2，4- 滴丁酯飘移造成的药害症状（受害芸豆茎叶扭曲畸形，生长受到抑制）

图 11-41 在辣椒生长期，喷施 72% 2，4- 滴丁酯乳油 50 mL/ 亩的药害症状（植株茎叶扭曲、叶片畸形、卷缩，呈鸡爪状，长势较弱）

图 11-42 在辣椒生长期，模仿飘移，喷施 20% 2 甲 4 氯钠盐水剂 100 mL/ 亩的药害表现过程（茎叶扭曲，上部叶片畸形、卷缩，心叶皱缩，长势较弱，生长受到抑制。以后叶片黄化，长势较弱，缓慢死亡）

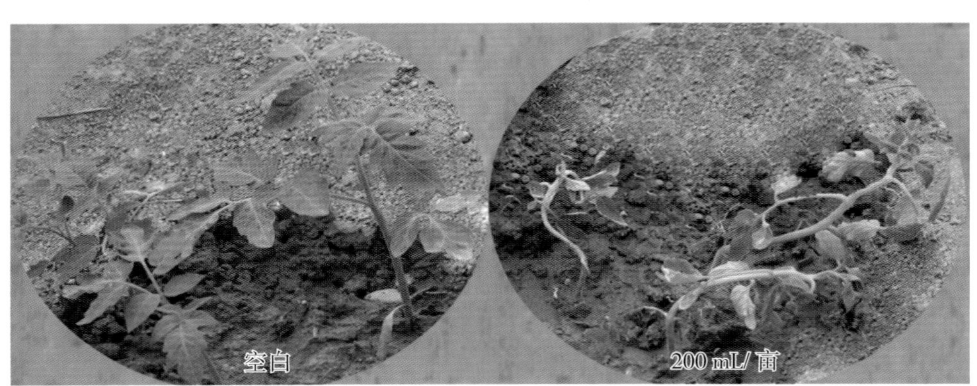

图 11-43 在番茄生长期，模仿飘移，在一定距离处喷施 20% 2 甲 4 氯钠盐水剂 200 mL/ 亩 3 d 后的药害症状（受害茎叶扭曲，心叶卷缩成团，生长受到严重抑制）

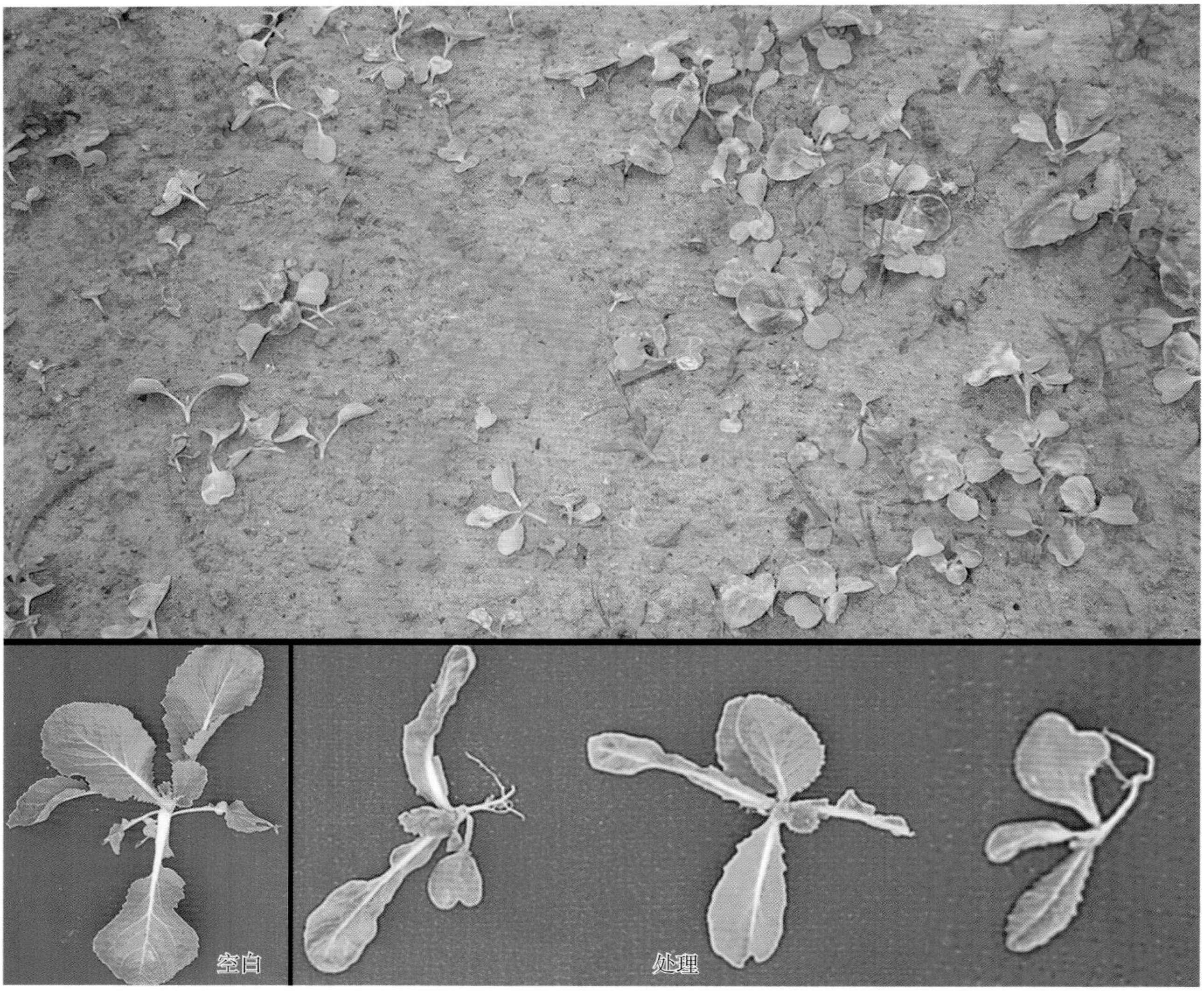

图 11-44　在白菜生长期，在一定距离处喷施 72% 2，4- 滴丁酯乳油 50 mL/ 亩的药害症状（施药 2 d 后心叶开始扭曲，以后心叶严重扭曲，新生叶片卷缩、皱缩，生长受到严重抑制。上部为田间表现）

图 11-45　在白菜生长期，模仿飘移，在一定距离处喷施 20% 2 甲 4 氯钠盐水剂 3 d 后的药害症状（茎叶扭曲，心叶卷缩成团、黄化，生长受到严重抑制）

图 11-46　在白菜生长期，模仿飘移，喷施 20% 2 甲 4 氯钠盐水剂 8 d 后的药害症状（心叶扭曲、坏死，叶片卷缩、黄化，部分叶片枯死）

图 11-48　在白菜生长期，模仿飘移，低剂量喷施 48% 麦草畏水剂 20 mL/ 亩 10 d 后的药害症状（受害白菜叶片扭曲，心叶畸形、卷缩，但完全死亡所需时间较长）

图 11-47　在大蒜生长期，喷施 2 甲 4 氯钠盐飘移后的药害症状（茎叶扭曲、卷缩成团，部分叶片发黄、生长受到严重抑制）

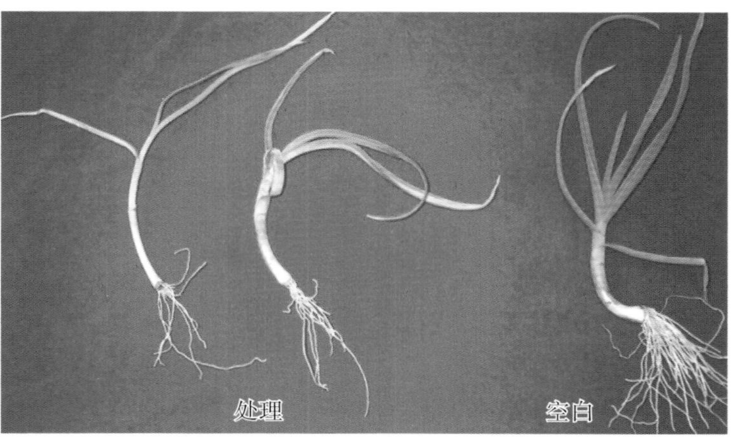

图 11-49　在大蒜生长期，模仿飘移，在一定距离处喷施 72% 2，4-滴丁酯乳油 7 d 后的药害症状（茎叶扭曲、卷缩成团、发黄、枯死）

图 11-50　在甘薯生长期，模仿飘移，在一定距离处喷施 72% 2，4- 滴丁酯乳油 50 mL/ 亩 30 d 后的药害症状（甘薯茎叶扭曲、卷缩、畸形，呈鸡爪状，生长受到抑制，完全死亡所需时间较长）

图 11-51　在甘薯生长期，模仿飘移，在一定距离处喷施 20% 2 甲 4 氯钠盐水剂 100 mL/ 亩 6 d 后的药害症状（茎叶扭曲、卷缩，生长受到抑制，心叶枯死，重者叶片黄化死亡）

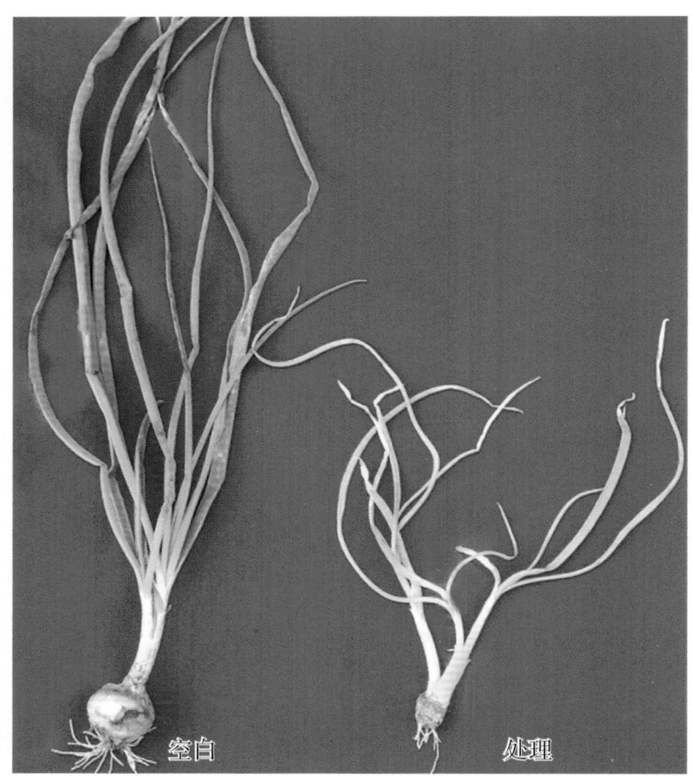

图 11-52　在洋葱生长期，麦田施用 2，4- 滴丁酯飘移后的药害症状（茎叶扭曲、卷缩、畸形，生长受到严重抑制）

（三）苯氧羧酸和苯甲酸类除草剂的安全应用原则与药害补救方法

苯氧羧酸和苯甲酸类除草剂，杀草谱比较广，主要防除一年生双子叶杂草、多年生双子叶杂草及莎草科杂草。此类除草剂中，不同品种与剂型的防除对象及杀草活性存在着一定程度的差异。在苯氧羧酸类除草剂中，几个常用品种的除草效果：2甲4氯＝2，4-滴>2，4，5-滴；而同一品种不同剂型的除草效果：酯>酸>胺盐>盐（钾盐）。各种杂草对苯氧羧酸类除草剂的敏感性差异很大。因此，根据田间杂草的种类、群落组成及其优势种，选择适宜的品种及使用时期是十分必要的。通常，酯类防除多年生双子叶杂草的效果优于盐类。

苯氧羧酸和苯甲酸类除草剂主要应用于禾本科作物，特别广泛用于小麦田、稻田、玉米田除草。高粱、谷子抗性稍差。

寒冷地区水稻对2，4-滴丁酯的抗性较低，特别是在喷药后遇到低温时抗性更差。而应用2甲4氯的安全性较高。

小麦不同品种以及同一品种的不同生育期对该类除草剂的敏感性不同，在小麦生育初期即2叶期（穗分化的第二阶段与第三阶段），对除草剂很敏感，此期用药，生长停滞、干物质积累下降、药剂进入分蘖节并积累，抑制第一层和第二层次生根的生长，穗原始体遭到破坏；在穗分化第三期用药，则小穗原基衰退。但在穗分化的第四与第五期即分蘖盛期至孕穗初期，植株抗性最强，这是使用除草剂的安全期。研究证明，禾谷类作物在5~6叶期由于缺乏传导作用，故对苯氧羧酸类除草剂的抗性最强。

环境条件对药效和安全性的影响较大。高温与强光促进植物对2，4-滴丁酯等苯氧羧酸类除草剂的吸收及其在体内的传导，故有利于药效的发挥。因此，应选择晴天高温时施药。空气湿度大时，药剂液滴在叶表面不易干燥，同时气孔开放程度也大，有利于药剂吸收。喷药时，土壤含水量高，有利于药剂在植物体内传导。

苯氧羧酸类除草剂随pH值的下降而能提高其进入植物的速度和植物的敏感度，当溶液pH值从10下降至2时，进入叶片的2，4-滴数量增多；当pH值低于2时，叶片表面迅速受害。由于2，4-滴等除草剂的解离程度决定于溶液pH值，在酸性介质中其解离程度差，多以分子状态进入植物体内，所以在配制2，4-滴丁酯溶液时，加入适量的酸性物质如硫酸铵、过硫酸钙等，可以显著提高除草效果。当用井水等天然碱性水配制除草剂溶液时，加入少量磷酸二氢铵或磷酸二氢钾可使pH值下降，而且除草剂本身稳定。

三、苯氧羧酸和苯甲酸类除草剂的主要品种与应用技术

（一）2，4-滴丁酯 2，4-D butylate

【理化性质】 纯品为无色油状液体，工业品呈深褐色，带有芳香气味，溶于有机溶剂。挥发性强。

【制　　剂】 72%乳油。

【除草特点】 苗后茎叶处理，药剂能穿过角质层和细胞质膜迅速传导至植物各个部位，通过干扰内源激素而影响植物体内多个生理代谢过程。当传导至生长点时，使其停止生长，幼嫩叶片不能展开，抑制光合作用的进行；传导至茎部，能促进茎部细胞异常分裂，根茎膨大、丧失吸收能力；当形成层膨大成团状物时，韧皮部破坏，筛管堵塞，有机营养输送受阻碍，造成植物死亡，这是双子叶植物对该药剂敏感的原因。施入土壤后主要通过微生物降解而逐渐消失，在温暖湿润条件下持效期为1~4周，干燥寒冷条件下持效期为1~2个月。

【适用作物】 适用作物见表11-1。

表 11-1 2，4- 滴丁酯可以应用的主要作物

项目	作物种类
国内登记的适用作物	冬小麦、春小麦、春玉米、夏玉米、水稻、谷子
资料报道的适用作物	小麦、大麦、青稞、玉米、谷子、高粱、甘蔗、油菜（播后芽前）、大豆（播后芽前）和马铃薯（播后芽前）、橡胶园、禾本科牧地（草坪）

【防除对象】 可以防除多种阔叶杂草。防除效果比较见表11-2，杂草中毒症状见图11-53~图11-66。

表 11-2 2，4- 滴丁酯对主要杂草的防除效果比较

项目	作物种类
防除效果突出（90% 以上）的杂草	播娘蒿、荠菜、离蕊芥、泽漆、遏蓝菜、假芫荽、密花香薷、野油菜、藜、蓼、反枝苋
防除效果较好（70%~90%）的杂草	铁苋菜、马齿苋、麦瓶草、繁缕、苘麻
防除效果较差（40%~70%）的杂草	猪殃殃、麦家公、婆婆纳、佛座、苦苣菜、苣荬菜、小蓟、田旋花、泽泻、野慈姑、雨久花、鸭舌草
防除效果极差（40% 以下）的杂草	鸭跖草、节裂角茴香、卷茎蓼、问荆、龙葵、鼬瓣花、萹蓄

图 11-53 72% 2，4- 滴丁酯乳油 50 mL/ 亩防除播娘蒿的中毒过程（施药后 1 d 即有中毒表现，以后严重扭曲，但是彻底死亡需要 1~2 周）

图 11-54 72% 2，4- 滴丁酯 50 mL/ 亩防除播娘蒿的田间死亡过程（药效比较迅速，杂草茎叶严重扭曲，3~5 d 杂草开始死亡，但是彻底死亡需要时间较长）

图 11-55　72% 2，4- 滴丁酯乳油防除播娘蒿的效果比较（防除播娘蒿效果突出，症状表现迅速，15 d 以后基本上彻底死亡）

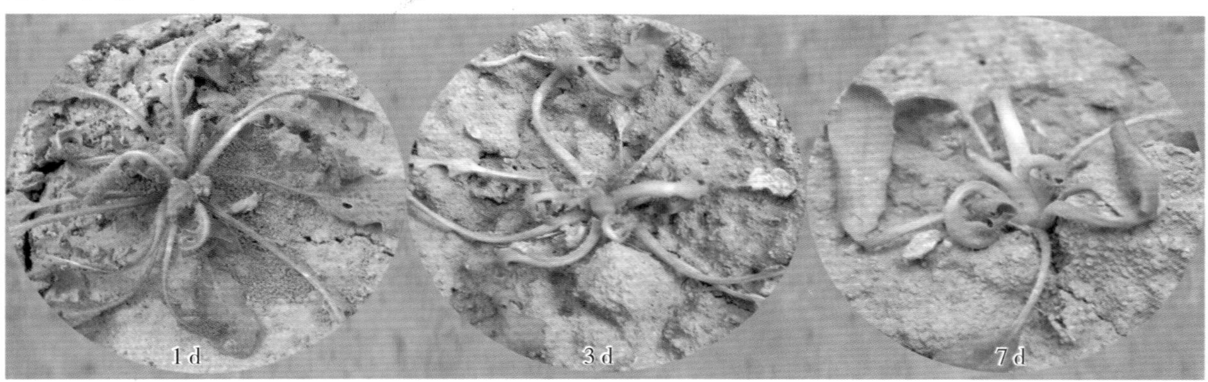

图 11-56　72% 2，4- 滴丁酯乳油 50 mL/ 亩防除荠菜的中毒过程（一般在施药 1 d 后叶片即开始卷缩，3~5 d 后严重卷缩，以后萎缩死亡）

图 11-57　2，4- 滴丁酯乳油防除香附子的中毒症状（施药后香附子叶片发黄，生长受到明显抑制，高剂量下全株黄化，枯萎死亡）

图 11-58 72% 2，4- 滴丁酯乳油 50 mL/ 亩防除猪殃殃的中毒过程（施药后 1 d 即开始明显卷缩，4~6 d 又开始恢复，防除效果较差）

图 11-59 72% 2，4- 滴丁酯乳油 50 mL/ 亩防除猪殃殃的典型中毒症状（施药后短时间内即开始卷缩，但防除效果较差）

图 11-60 72% 2，4- 滴丁酯乳油防除猪殃殃的中毒过程（对猪殃殃效果较差，施药后 1 d 高剂量有明显卷缩，以后逐渐恢复）

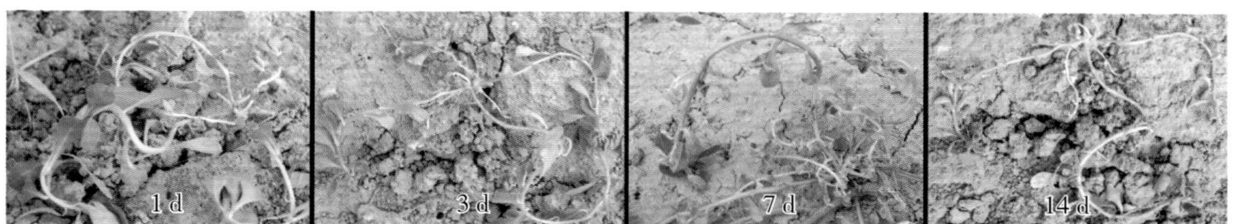

图 11-61　72% 2，4- 滴丁酯乳油 50 mL/ 亩防除泽漆的中毒过程（可以防除幼苗期泽漆，一般在施药后 1 d 叶片即开始卷缩，3~5 d 严重卷缩，以后萎缩死亡）

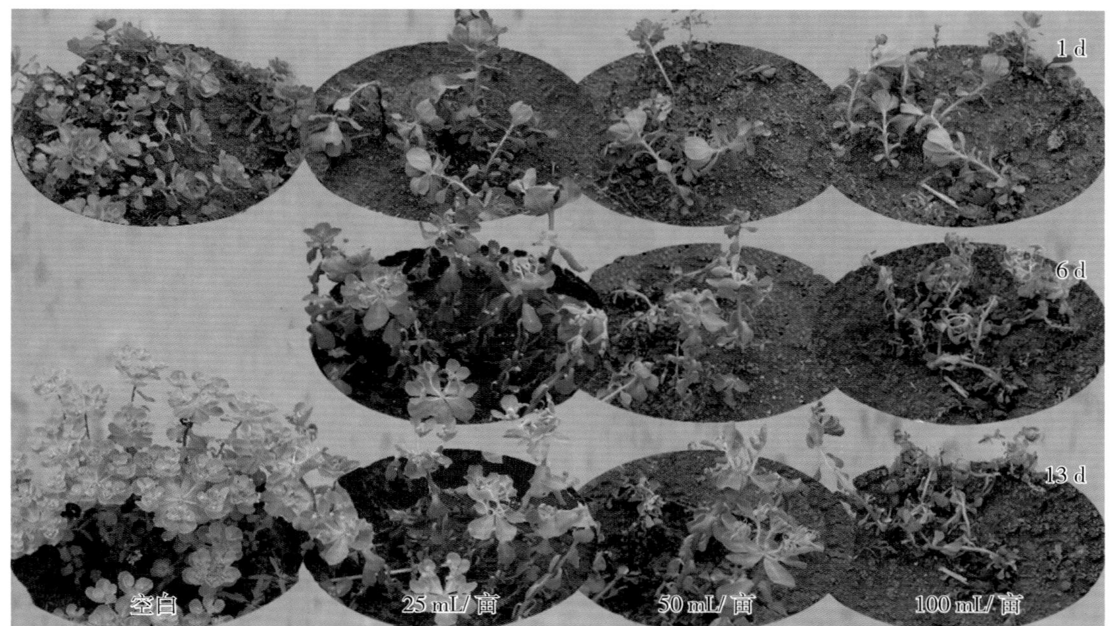

图 11-62　72% 2，4- 滴丁酯乳油防除泽漆的中毒过程（一般在施药后 1 d 叶片即开始卷缩，施药后 6 d 严重卷缩，生长受到抑制，严重者逐渐死亡）

图 11-63　72% 2，4- 滴丁酯乳油防除佛座的效果比较（对佛座的防效较差，一般在施药后 1 d 茎叶开始卷缩，施药后 9 d 卷缩部分有所减轻，难以有效防除，但生长受到抑制）

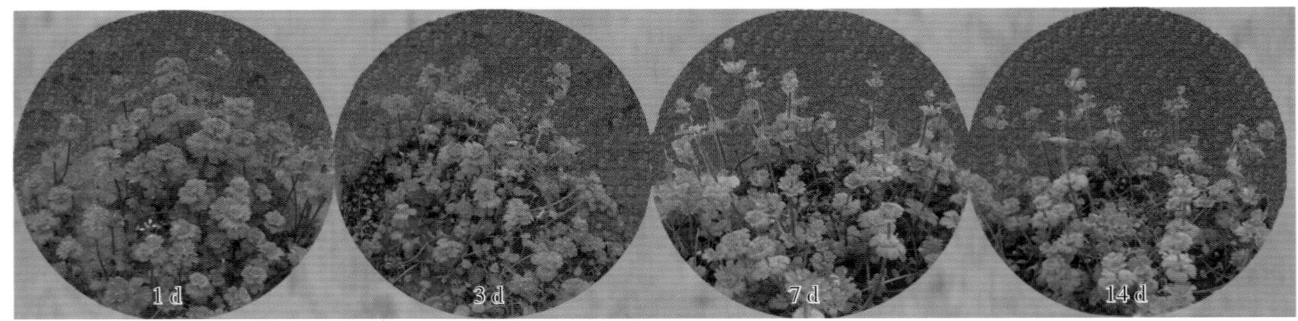

图 11-64 72% 2，4- 滴丁酯乳油 50 mL/ 亩防除佛座的中毒过程（对佛座的防效较差，一般在施药后 1 d 茎叶即开始卷缩，施药后 9 d 卷缩减轻，生长受到轻微抑制）

图 11-65 72% 2，4- 滴丁酯乳油 100 mL/ 亩防除婆婆纳的中毒过程（对婆婆纳的幼苗防效较差，一般在施药后 1 d 茎叶开始卷缩，施药后 4~6 d 生长受到轻微抑制，重者逐渐枯萎、死亡）

图 11-66 72% 2，4- 滴丁酯乳油防除婆婆纳的效果比较（对婆婆纳的防效较差，一般在施药后 1 d 茎叶即开始卷缩，施药后 4~6 d 生长受到抑制，以后高剂量下表现出一定的防除效果）

【应用技术】 在冬小麦产区，可在冬前11月中上旬至12月上旬麦苗达3大叶2小叶时，用72%乳油20~25 mL/亩；越冬后，可在2月下旬至3月下旬，气温稳定到15 ℃时，小麦返青至分蘖末期，用72% 2，4-滴乳油50~70 mL/亩；不宜在小麦4叶以前或拔节以后或气温偏低时施药，以免产生药害。

【注意事项】 小麦4叶前和拔节后禁止使用，小麦的安全临界期为小麦拔节期。小麦拔节期施药，能引起小麦植株倾斜匍匐，叶色明显变淡，并会产生畸形穗，其严重程度与持续时间会随用药量的增加而增加。小麦拔节后施用会造成明显减产。环境条件对药剂的除草效果和安全性影响很大，一般在气温高、光照强、空气和土壤湿度大时不易产生药害，而且能发挥药效，提高除草效果。低于10 ℃的低温天气不宜使用。该药的挥发性强，施药作物田要与敏感的作物如棉花、油菜、瓜类、向日葵等有一定的距离，特别是大面积使用时，应设200 m以上的隔离区，还应在无风或微风的天气喷药，风速≥3 m/s时禁止施药。据报道，顺风可使500 m以外的棉花受害。此药不能与酸碱性物质接触，以免因水解而失效。

（二）2甲4氯钠盐 MCPA-sodium

【理化性质】 原药为褐色粉末，有酚的刺激气味。易溶于水，其水制剂为红棕色或棕褐色透明液体，pH值为9~11。干燥的粉末易吸潮结块，但不变质。

【制　　剂】 20%钠盐水剂、56%可湿性粉剂、90%可溶性粉剂。

【除草特点】 为选择性、激素型除草剂，可用于苗后茎叶处理，穿过角质层和细胞膜，能迅速传导至植物各个部位，影响核酸和蛋白质合成。挥发性、作用速度比2，4-滴丁酯低且慢，因而在寒冷地区使用比较安全。禾本科植物幼苗期很敏感，3~4叶期后抗性逐渐增强，分蘖末期最强，到幼穗分化期敏感性又上升，因此宜在小麦、水稻分蘖末期施药。

【适用作物】 适用作物见表11-3。

表 11-3　2 甲 4 氯钠盐可以应用的主要作物

项目	作物种类
国内登记的适用作物	水稻、小麦、玉米、高粱
资料报道的适用作物	亚麻、小麦、水稻、玉米、谷子、高粱

【防除对象】 可以防除多种阔叶杂草和莎草科杂草。防除效果见表11-4，杂草中毒症状见图11-67~图11-83。

表 11-4　2 甲 4 氯钠盐对主要杂草的防除效果比较

项目	杂草种类
防除效果突出（90% 以上）的杂草	播娘蒿、荠菜、灰绿藜、离蕊芥、泽漆、藜、蓼、空心莲子草
防除效果较好（70%~90%）的杂草	香附子、马齿苋、麦瓶草、反枝苋
防除效果较差（40%~70%）的杂草	田旋花、猪殃殃
防除效果极差（40% 以下）的杂草	麦家公、婆婆纳、野荞麦、萹蓄、问荆、小蓟、卷耳、佛座、苘麻

【应用技术】 小麦田，小麦5叶期至拔节前，用20%水剂150~200 mL/亩，加水25~35 kg，均匀喷雾，可以防除大部分一年生阔叶杂草。

【注意事项】 施药时应严格把握施药适期，否则可能会发生严重的药害。施药时温度过低（低于10 ℃）、过高（高于30 ℃）均易产生药害。喷药时应选择无风晴天，不能离敏感作物太近，药剂飘移对双子叶作物威胁极大，应尽量避开双子叶作物地块。低温天气影响药效的发挥，且易产生药害。

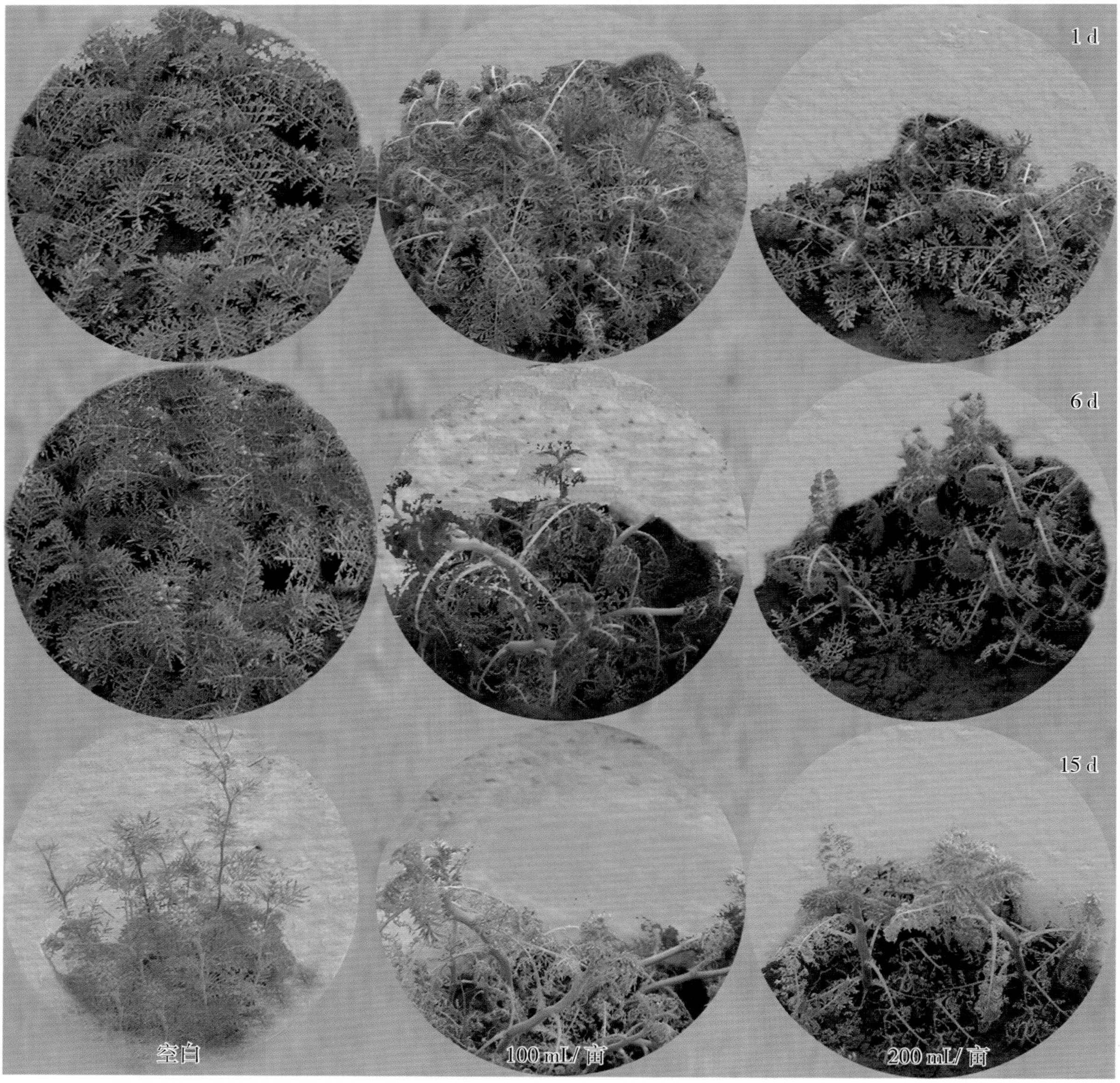

图 11-67 2 甲 4 氯钠盐水剂防除播娘蒿的效果比较（试验表明 200 mL/ 亩施药后 6 d 播娘蒿开始死亡，低剂量下效果比较差）

图 11-68 20% 2 甲 4 氯钠盐水剂 200 mL/ 亩防除播娘蒿的中毒过程（药效比较迅速，一般在施药后 1 d 杂草即有中毒表现，4~6 d 后杂草开始死亡，但是彻底死亡需要 1~2 周）

图 11-69　20% 2 甲 4 氯钠盐水剂 200 mL/ 亩防除荠菜的中毒过程（药效比较迅速，一般在施药后 1 d 即有中毒表现，4~6 d 后杂草开始死亡，但是彻底死亡需较长的时间）

图 11-70　20% 2 甲 4 氯钠盐水剂 200 mL/ 亩防除猪殃殃的中毒过程（一般在施药后 1 d 即有中毒表现，茎叶扭曲，4~6 d 开始恢复，基本上没有防除效果）

图 11-71　20% 2 甲 4 氯钠盐水剂防除猪殃殃的效果比较（防治猪殃殃的效果较差，施药后 1 d 茎叶出现扭曲，但以后逐渐恢复生长）

图 11-72 20% 2 甲 4 氯钠盐水剂 200 mL/ 亩防除麦瓶草的效果比较（施药后 1 d 茎叶出现扭曲，以后生长受到明显抑制，但整体防除效果较差）

图 11-73 20% 2 甲 4 氯钠盐水剂防除麦家公的效果比较（施药后短时间内茎叶出现轻度扭曲，2~3 周生长恢复正常，防除效果极差）

图 11-74 20% 2 甲 4 氯钠盐水剂防除卷耳的效果比较（防效极差，施药后短时间内即可出现茎叶扭曲，生长受到明显抑制，但不至于死亡）

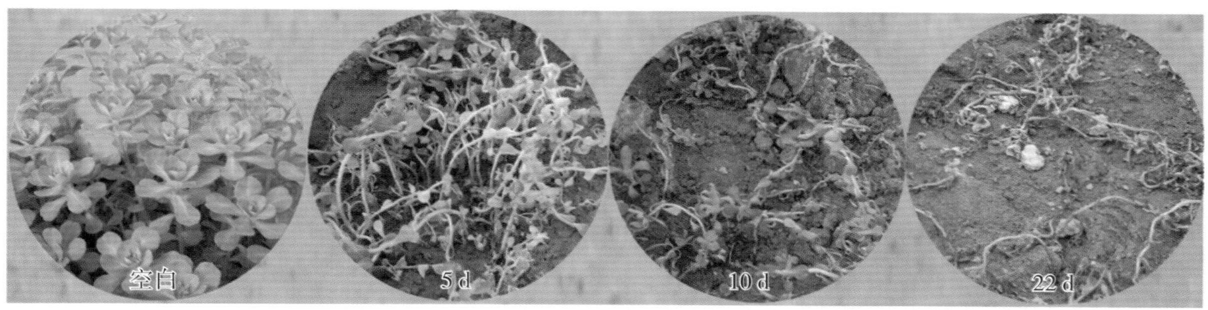

图 11-75　20% 2 甲 4 氯钠盐水剂 200 mL/ 亩防除泽漆的中毒死亡过程（施药后泽漆很快即出现茎叶扭曲现象，施药后 1~2 周泽漆严重卷缩，以后逐渐死亡，但一般完全枯死所需时间较长）

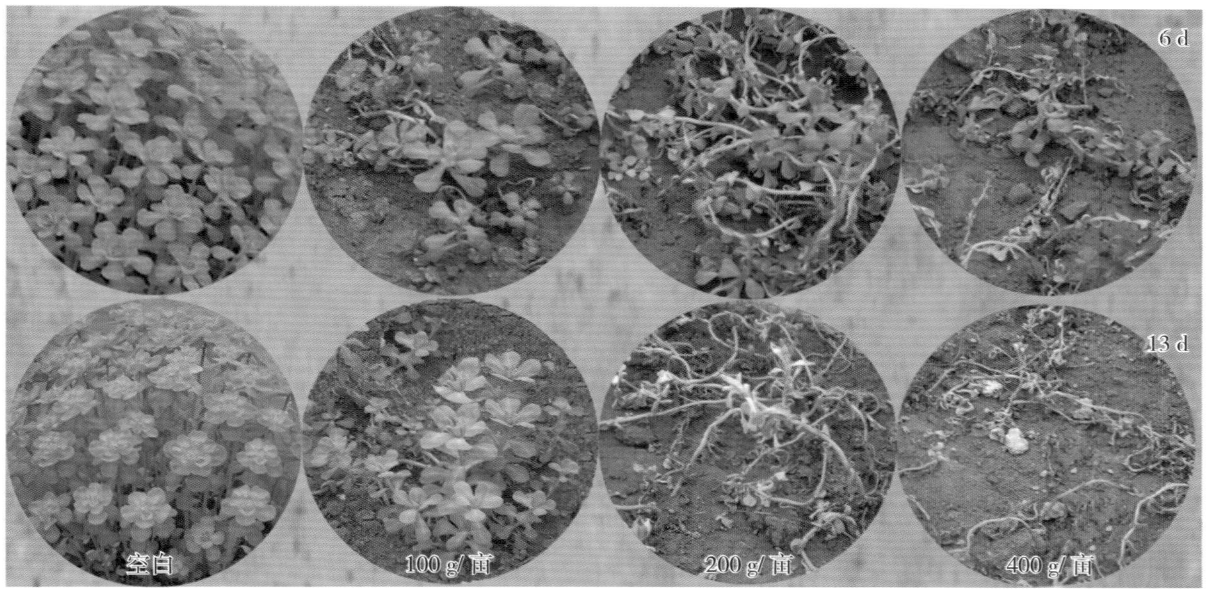

图 11-76　20% 2 甲 4 氯钠盐水剂防除泽漆的效果比较（施药后 1~2 周泽漆严重卷缩，以后逐渐死亡，低剂量下效果较差）

图 11-77　20% 2 甲 4 氯钠盐水剂防除佛座的效果比较（防效极差，施药后短时间内即出现茎叶扭曲，高剂量下生长受到明显抑制）

图 11-78 20% 2 甲 4 氯钠盐水剂防除婆婆纳的效果比较（防除效果极差，施药后短时间内即出现茎叶扭曲，但以后扭曲减轻，高剂量下生长受到一定的抑制）

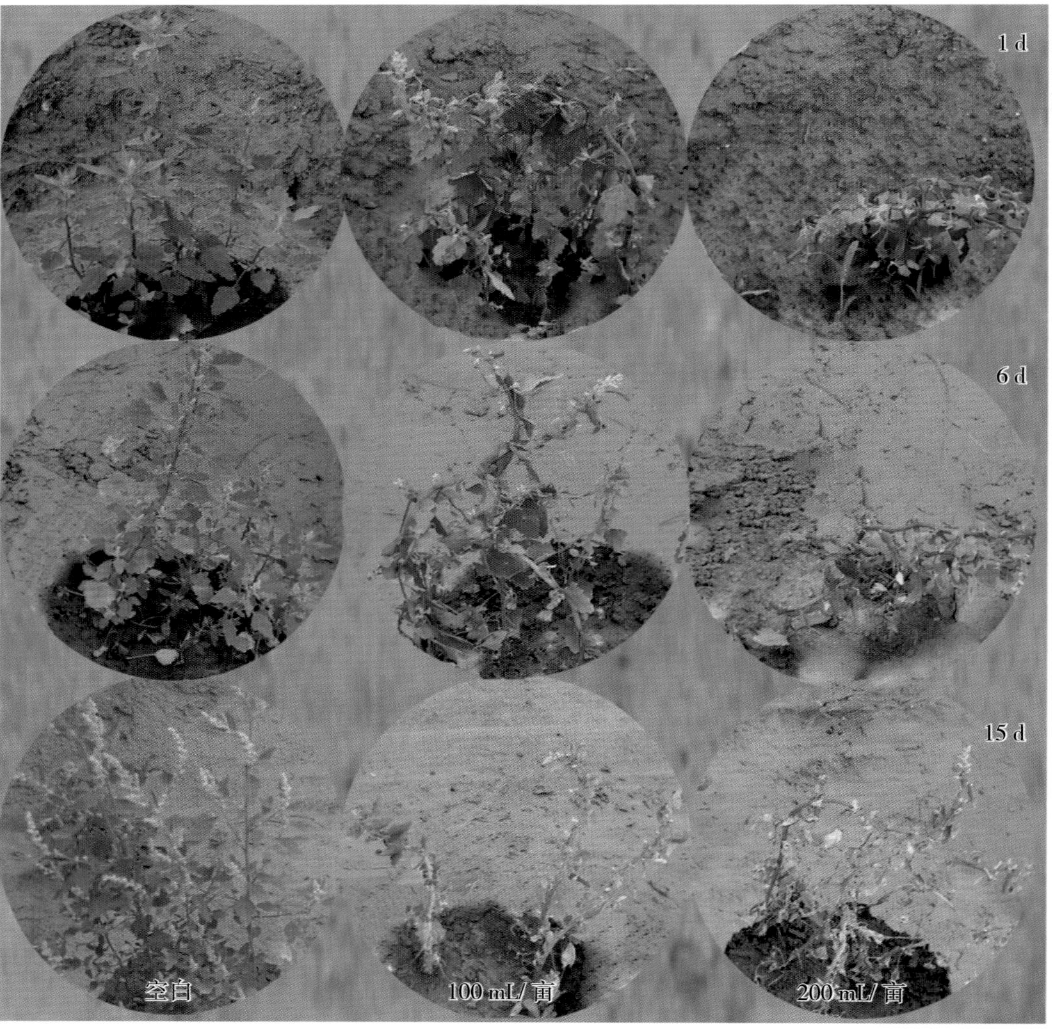

图 11-79 20% 2 甲 4 氯钠盐水剂防除藜的效果比较（施药后藜很快即出现茎叶扭曲现象，施药后 1~2 周藜严重卷缩，以后逐渐死亡，但完全枯死所需时间较长）

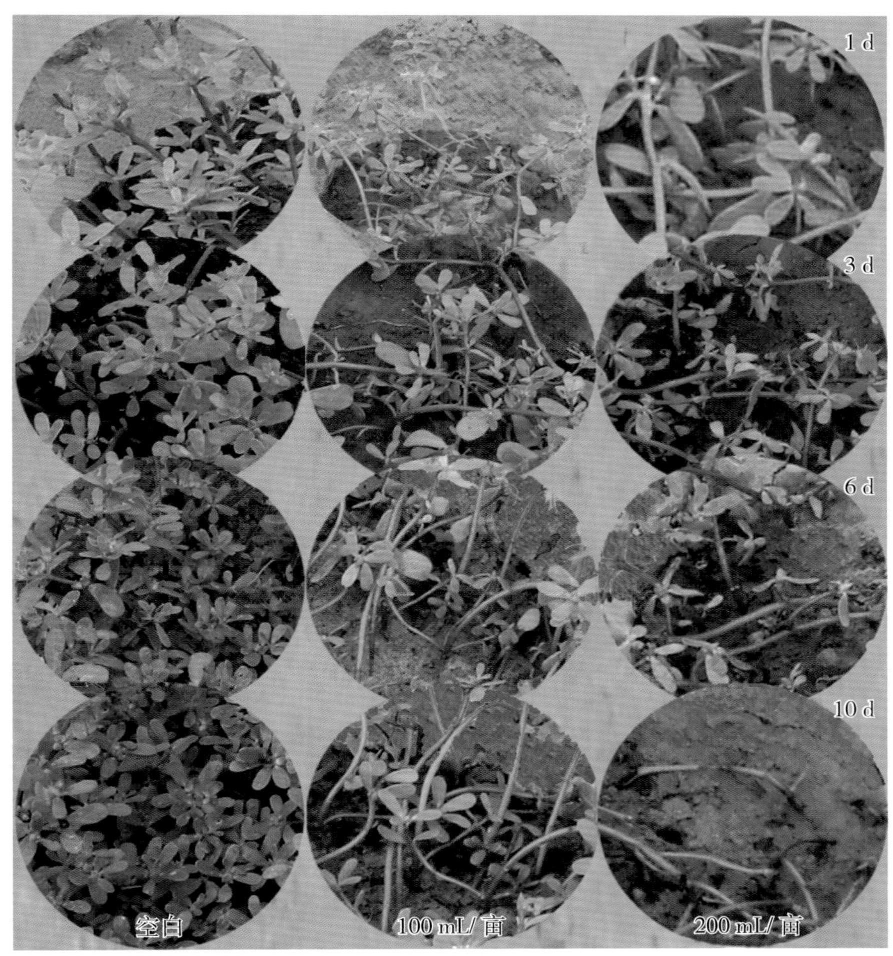

图 11-80　20% 2 甲 4 氯钠盐水剂防除马齿苋的效果比较（施药后 1 d 马齿苋即出现茎叶扭曲现象，施药后 3~6 d 马齿苋严重卷缩，以后逐渐死亡）

图 11-81　20% 2 甲 4 氯钠盐水剂防除反枝苋的效果比较（施药后反枝苋很快出现茎叶扭曲现象，施药后 3~6 d 反枝苋即严重卷缩、生长受到明显抑制，但一般完全死亡所需时间较长）

图 11-82　20% 2 甲 4 氯钠盐水剂防除苘麻的效果比较（施药后 1~2 d 苘麻即出现茎叶扭曲现象，施药后 3~6 d 苘麻叶片黄化，扭曲有所减轻，生长受到一定程度的抑制，防除效果不好）

图 11-83　56% 2 甲 4 氯钠盐可湿性粉剂防除香附子的效果比较（施药后 5~7 d 香附子黄化，以后生长受到抑制，全株黄化、枯萎死亡，高剂量下地下根茎腐烂）

（三）麦草畏 dicamba

【其他名称】　百草敌。

【理化性质】　原药为淡黄色结晶固体，溶于有机溶剂。土壤中半衰期为4~25 d。

【制　　剂】 48%水剂。

【除草特点】 麦草畏具有内吸和传导作用，可被杂草根、茎、叶吸收，通过木质部和韧皮部向上下传导，集中在分生组织及代谢活动旺盛的部位，阻碍植物激素的正常活动，从而使其死亡。

【适用作物】 麦草畏可以应用的作物见表11-5。

表 11-5　麦草畏可以应用的主要作物

项目	作物种类
国内登记的适用作物	春小麦、冬小麦、夏玉米、芦苇
资料报道的适用作物	水稻、小麦、大麦、玉米、谷子

【防除对象】 可以有效地防除阔叶杂草。防除效果见表11-6，杂草中毒症状见图11-84~图11-94。

表 11-6　麦草畏对主要杂草的防除效果比较

项目	杂草种类
防除效果突出（90% 以上）的杂草	藜、反枝苋、牛繁缕
防除效果较好（70%~90%）的杂草	泽漆、猪殃殃、大巢菜、播娘蒿、荠菜、苍耳、马齿苋、萹蓄
防除效果较差（40%~70%）的杂草	麦瓶草、野豌豆、田旋花、苦苣菜、小蓟
防除效果极差（40% 以下）的杂草	麦家公、婆婆纳、问荆、卷耳、佛座

【应用技术】 小麦田，在冬小麦 4 叶期以后至分蘖初期，用48%水剂20~25 mL/亩，加水40 kg喷雾。冬小麦用量超过25 mL/亩时药害严重，葱管叶、畸形穗多。

【注意事项】 小麦4叶前和拔节后禁止使用，小麦对麦草畏的安全临界期为小麦拔节期。小麦拔节期施药，能引起小麦植株倾斜匍匐，叶色明显褪淡，并会产生畸形穗，其严重程度及持续时间会随用药量的增加而增加，会造成小麦明显减产。

图 11-84　48% 麦草畏水剂 20 mL/ 亩防除播娘蒿的田间死亡过程（药效比较迅速，一般在施药后很短时间即有中毒表现，3~5 d 后杂草卷缩，以后逐渐黄化、死亡，但是彻底死亡需要时间较长）

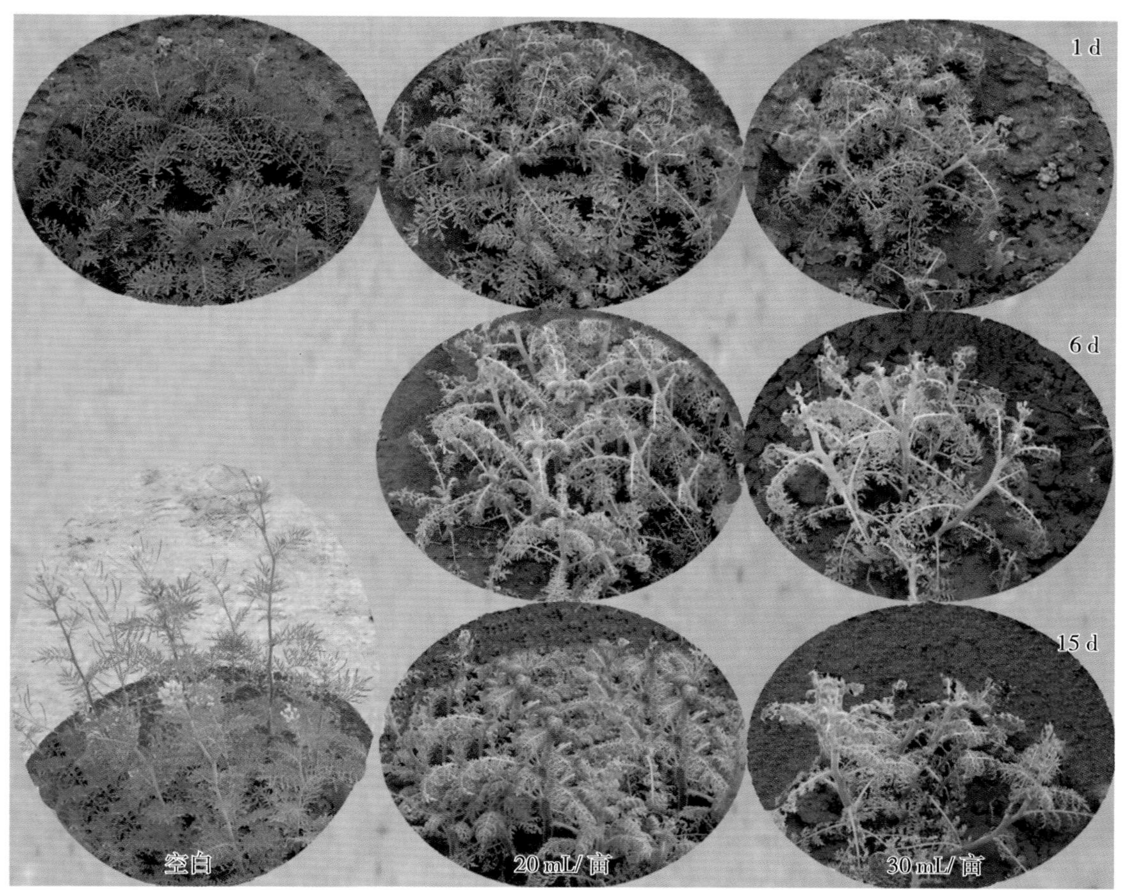

图 11-85 48% 麦草畏水剂防除播娘蒿的效果比较（麦草畏能够防除播娘蒿，施药后 1 d 即严重扭曲，以后开始逐渐黄化、死亡，但完全死亡所需时间较长）

图 11-86 48% 麦草畏水剂防除荠菜的效果比较（药效比较迅速，一般在施药后很短时间即有中毒表现，杂草扭曲卷缩，以后缓慢死亡，但是彻底死亡需要时间较长）

图 11-87 48% 麦草畏水剂防除猪殃殃的效果比较（防除效果较好，一般在施药后 1 d 即有中毒表现，杂草扭曲卷缩，以后逐渐死亡）

图 11-88 48% 麦草畏水剂防除麦瓶草的效果比较（防除效果较差，施药后 1 d 茎叶出现扭曲，以后生长受到明显抑制，但整体防除效果较差）

图 11-89 48% 麦草畏水剂防除苍耳的效果比较（防除效果较好，施药后短时间内即出现茎叶扭曲，生长受到一定程度的抑制）

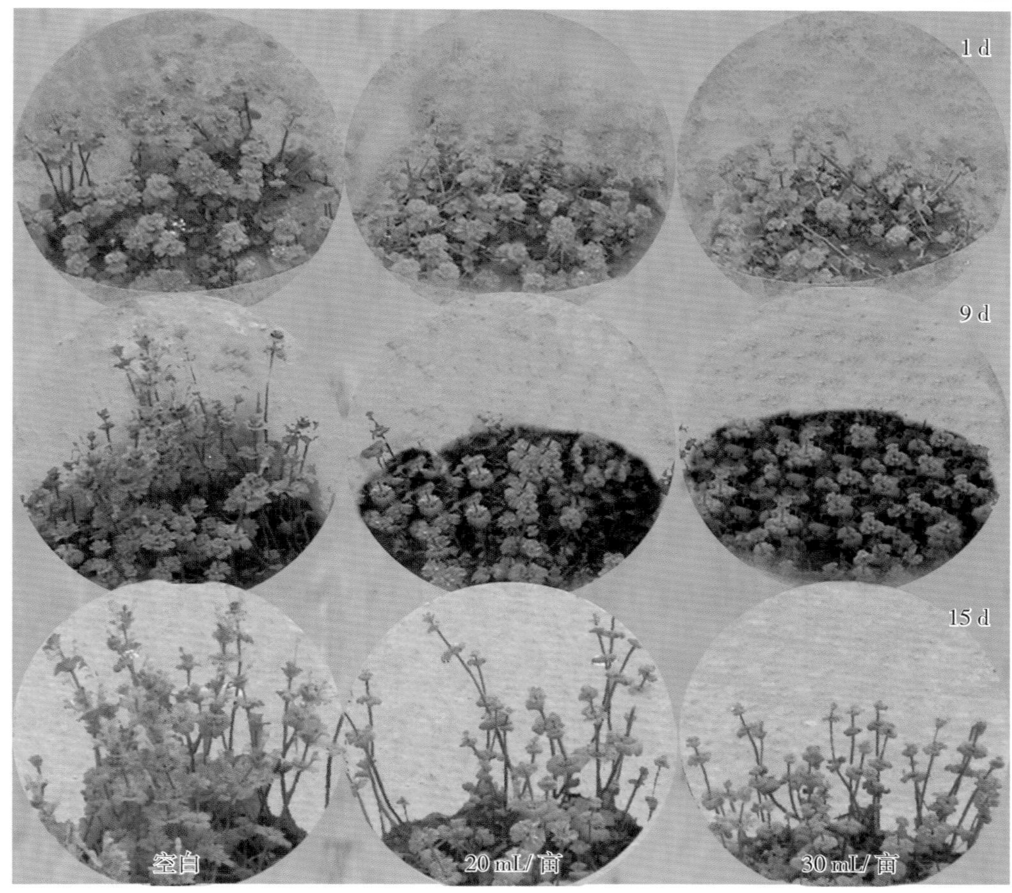

图 11-90 48% 麦草畏水剂防除佛座的效果比较（施药后短时间内即出现茎叶扭曲，但以后卷曲茎叶会逐渐恢复，防除效果极差）

图11-91 48%麦草畏水剂防除大巢菜的效果比较（施药后大巢菜短时间内即出现茎叶扭曲，以后逐渐黄化死亡，但是彻底死亡需要时间较长）

图 11-92 48% 麦草畏水剂防除婆婆纳的效果比较（施药后婆婆纳短时间内即出现茎叶扭曲，但最终防除效果极差）

图 11-93 48% 麦草畏水剂 30 mL/ 亩防除泽漆的中毒死亡过程（施药后泽漆很快出现茎叶扭曲现象，1~2 周泽漆严重卷缩，以后逐渐死亡，但一般完全枯死所需时间较长）

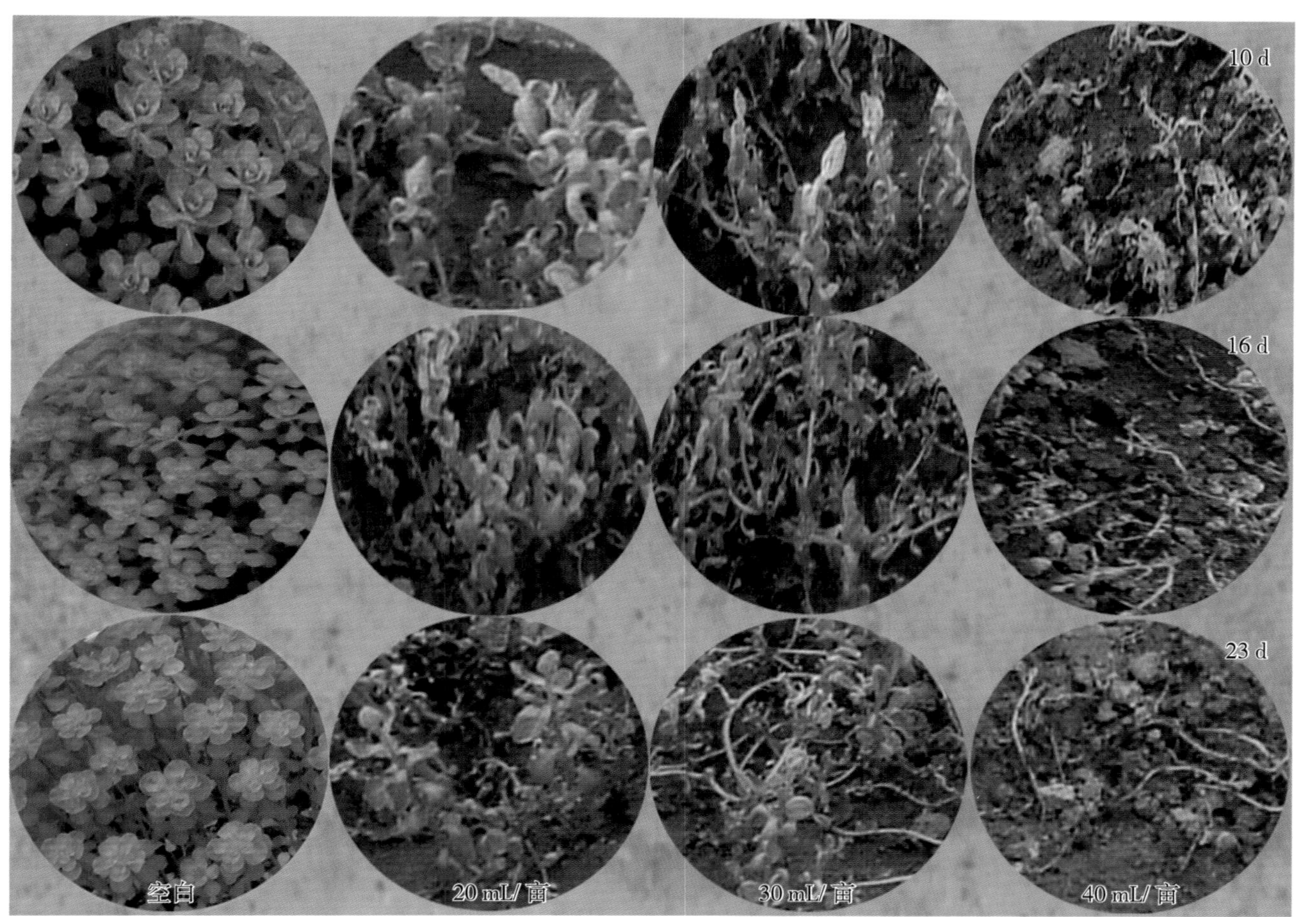

图 11-94　48% 麦草畏水剂防除泽漆的效果比较（麦草畏能够防除泽漆，施药后迅速出现中毒症状，1~2 周泽漆严重卷缩，以后逐渐死亡，低剂量下效果较差）

（四）2甲4氯胺盐 MCPA-dimethy lammonium salt

【其他名称】　百阔净。

【理化性质】　白色结晶固体，易溶于水。

【制　　剂】　75%水剂。

【除草特点】　该药施用后可迅速为杂草茎叶吸收并聚集在杂草生长点和根部，使杂草细胞大量分裂变形，通常在施药后2~3 d杂草扭曲变形，部分茎叶变红，7~15 d死亡，禾本科作物因对百阔净有抗药性而安全。

【适用作物】　冬小麦、甘蔗、水稻、玉米。

【防除对象】　可以有效防除香附子、三棱草、铁苋菜、凹头苋、藜、空心莲子草、播娘蒿、泽漆、荠菜、大巢菜、繁缕、麦瓶草、田旋花、苍耳等。

【应用技术】　小麦田，小麦5叶期至拔节前，用75%水剂40~50 mL/亩，加水25~35 kg，均匀喷雾，可以防除大部分一年生阔叶杂草。

（五）2甲4氯乙硫酯 MCPA-thioethyl

【其他名称】　芳米大、酚硫杀、禾必特。

【理化性质】 原药纯度>92%，为黄色至浅棕色固体。纯品为白色针状结晶，熔点41~42 ℃，易溶于有机溶剂。在弱酸性介质中稳定，在碱性介质中不稳定，遇热易分解。

【制　　剂】 20%乳油、1.4%颗粒剂。

【除草特点】 2甲4氯乙硫酯为内激素型选择性苗后茎叶处理剂。药剂被茎叶和根吸收后进入植物体内，干扰植物的内源激素的平衡，从而使其正常生理机能紊乱，使细胞分裂加快，呼吸作用加速，导致生理机能失去平衡。杂草受药后的症状与2，4-滴类除草剂相似，即茎叶扭曲、畸形、根变形。

【适用作物】 小麦。

【防除对象】 为一年生及部分多年生阔叶杂草，如播娘蒿、香薷、繁缕、藜、泽泻、柳叶刺蓼、荠菜、刺儿菜、野油菜、问荆等。

【应用技术】 用于冬、春小麦田，于小麦3~4叶期（杂草长出较晚或生长缓慢时，可推迟施药，但不能超过小麦分蘖末期）施药，用20%乳油130~150 mL/亩兑水15~30 kg，茎叶喷雾。

【注意事项】 2甲4氯乙硫酯对双子叶作物有药害，若施药田块附近有油菜、向日葵、豆类等双子叶作物，喷药一定要留保护行。如果有风，则不应在上风头喷药。小麦收获前30 d应停止使用。

（六）精2，4-滴丙酸 dichlorprop-P

【理化性质】 无色晶体，熔点121~123 ℃，溶于有机溶剂。对日光稳定，在pH值为3~9条件下稳定。

【除草特点】 本品属芳氧基烷基酸类除草剂，是激素型内吸性除草剂。

【防除对象】 对春蓼、大马蓼特别有效，也可防除猪殃殃和繁缕，但对萹蓄有一定的防除效果。

【应用技术】 在禾谷类作物上单用时，用量为80~100 g/亩，或者与其他除草剂混用。也可在更低剂量下使用，以防止苹果落果。

（七）精2甲4氯丙酸 mecoprop-P

【理化性质】 纯品为无色晶体，熔点94.6~96.2 ℃，溶于有机溶剂。对日光稳定，在pH值为3~9条件下稳定。

【除草特点】 属激素型的芳氧基链烷酸类除草剂。

【适用作物】 禾谷类作物、水稻、豌豆、草坪和非耕作区。

【防除对象】 猪殃殃、藜、繁缕、野慈姑、鸭舌草、三棱草、日本藤草等多种阔叶杂草。该品种仅对阔叶杂草有效，欲扩大杀草谱要与其他除草剂混用。

【应用技术】 苗后茎叶处理，使用剂量为80~100 g/亩。

【注意事项】 精2甲4氯丙酸对地下水有潜在污染危险。

第十二章　芳氧基苯氧基丙酸类除草剂

自1973年发现禾草灵以来，该类除草剂很多品种相继问世，取得了较快的发展，是目前农业生产中一类相当重要的除草剂。2000年全球销售额达7亿多美元。芳氧基苯氧基丙酸类除草剂小麦田应用的主要品种有禾草灵（diclofop-methyl）、精噁唑禾草灵（fenoxaprop-P-ethyl）、噁唑禾草灵（fenoxaprop-ethyl）、炔草酯（clodinafop-propargyl）、三甲苯草酮（tralkoxydim）。

一、芳氧基苯氧基丙酸类除草剂的作用原理

（一）芳氧基苯氧基丙酸类除草剂的主要特性

（1）可用于阔叶作物，有效防除多种禾本科杂草，具有极高的选择性。

（2）该类除草剂是苗后茎叶处理剂，可为植物茎叶吸收，具有内吸和局部传导的作用。

（3）作用部位是植物的分生组织，主要作用机制是抑制乙酰辅酶A羧化酶，从而干扰脂肪酸的生物合成。

（4）此类除草剂在土壤中无活性，进入土壤中即无效。

（二）芳氧基苯氧基丙酸类除草剂的吸收与传导方式

芳氧基苯氧基丙酸类除草剂可被植物根、茎、叶吸收。叶面处理时，对幼芽的抑制作用强；施于根部时，对芽的抑制效应小，对根的作用强；土壤处理时，通过胚芽鞘、幼芽第一节间或根进入植物体内。同一剂量茎叶处理防除野燕麦与狗尾草的效果优于土壤处理。因此，苗后叶面喷雾是最有效的使用方法。

该类除草剂被植物吸收后，迅速水解为酸，然后向代谢活跃部位传导。它们的传导作用较差，大部分药剂停留于叶表面或吸收后停留于叶片表皮层和薄壁细胞。

不同施药部位影响吸收与传导，当将禾草灵施于野燕麦幼芽顶端与茎部不同部位后发现，第一片叶基部的吸收量比顶端多64%，第二片叶多95%；由于药剂向基部传导有限，故靠近幼芽施药，可使较多药剂保持在基部，而基部是其主要作用部位，为此，将药剂施于叶鞘内，即可机械地达到基部，渗入幼芽基部的分生组织内，从而提高其除草效果。环境条件影响此类除草剂在植物体内的传导。一般情况下，温度高时除草效果好。

（三）芳氧基苯氧基丙酸类除草剂的作用部位和杂草死亡症状

芳氧基苯氧基丙酸类除草剂的主要作用部位是植物的分生组织，施药后48 h开始出现药害症状，生长停止，心叶和其他部位叶片变紫、变黄，茎节点部位坏死、全株枯萎死亡（图12-1~图12-3）。

图 12-1 精喹禾灵施药后马唐的中毒症状

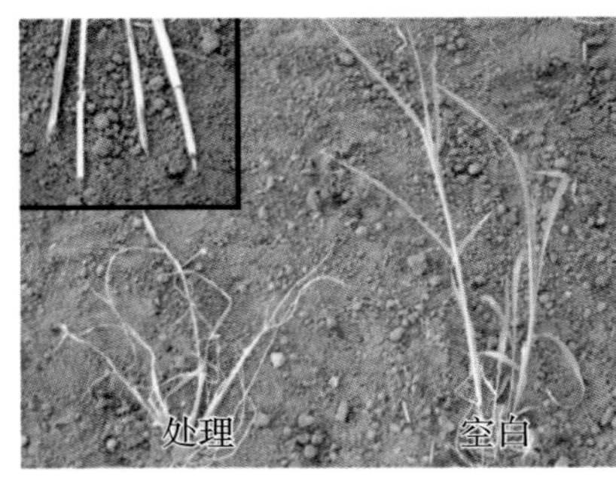

图 12-2 精喹禾灵施药后稗草的中毒症状和茎节点的受害症状

图 12-3 精喹禾灵施药后狗尾草的中毒症状和茎节点的受害症状

（四）芳氧基苯氧基丙酸类除草剂的作用机制

芳氧基苯氧基丙酸类除草剂的主要作用机制是抑制乙酰辅酶A羧化酶，从而干扰脂肪酸的生物合成，影响植物的正常生长。同时，也能抑制植物生长和破坏细胞超微结构而导致植物死亡。研究表明，禾草灵在野燕麦植株内引起两种毒害作用：第一，由于叶组织内膜的受害而造成失绿和坏死；第二，分生组织内细胞分裂受到抑制。不论在敏感或抗性植物体内，禾草灵甲酯都迅速脱甲酯而水解为禾草灵酸。禾草灵及其酸都具有除草活性，禾草灵是一种强烈的植物激素拮抗剂，主要抑制茎的生长，造成叶组织失绿和坏死，其对野燕麦胚芽鞘生长的抑制比酸高3倍；禾草灵酸则是一种弱拮抗剂，它对根的抑制作用远大于禾草灵，它引起野燕麦超微结构和细胞受害并抑制分生组织的活性。禾草灵的除草效应是两种活性型在敏感植物内不同部位共同发生作用的结果，茎生长的抑制主要是由酯引起的，而超微构造的破坏及细胞解体则是酸的作用。酯向上传导，造成叶组织失绿和坏死；而酸以共质体向分生组织传导，抑制分生组织细胞分裂与伸长过程。

喷施禾草灵后，野燕麦叶绿素a与叶绿素b含量显著下降，光合作用明显受到抑制，叶绿体细胞质壁分离，细胞破坏，幼芽内糖积累，光合作用产物向根部的传导下降，从而造成根系发育的不良。

（五）芳氧基苯氧基丙酸类除草剂的选择性原理

芳氧基苯氧基丙酸类除草剂的选择性主要是生理生化选择性。在单、双子叶植物间有良好的选择性，在单子叶内禾本科植物之间也有明显的选择性。以禾草灵为例，几种禾本科植物的敏感性是：玉米＞野燕麦＞小麦。除草效果见图12-4。

（六）芳氧基苯氧基丙酸类除草剂的代谢与降解

芳氧基苯氧基丙酸类除草剂的挥发作用较低，随温度升高，挥发增强。在温暖而湿润的条件下，在土壤中迅速降解而失效，因而它们都作为茎叶处理剂来使用。此类除草剂在土壤中迅速水解为酸，其水解速度因土壤含水量而异。

二、芳氧基苯氧基丙酸类除草剂的药害与安全应用

（一）芳氧基苯氧基丙酸类除草剂的典型药害症状

芳氧基苯氧基丙酸类除草剂的主要作用部位是植物的分生组织，一般于施药后48 h即开始出现药害症状：生长停止，心叶和其他部位叶片变紫、变黄，茎节点坏死、枯萎死亡。

芳氧基苯氧基丙酸类除草剂的具体药害症状表现在以下几个方面：①受药后植物迅速停止生长，幼嫩组织的分裂组织停止生长，而植物全部死亡所需的时间较长。②植物受害后的第一症状是叶色萎黄，特别是嫩叶最早开始萎黄，而后逐渐坏死，见图12-4。③最明显的症状是叶片基部坏死、茎节点

坏死，导致叶片萎黄死亡，见图12-5和图12-6。④受害禾本科植物叶片卷缩、叶色发紫，而后枯死，见图12-6。

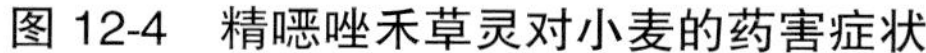
图 12-4 精噁唑禾草灵对小麦的药害症状

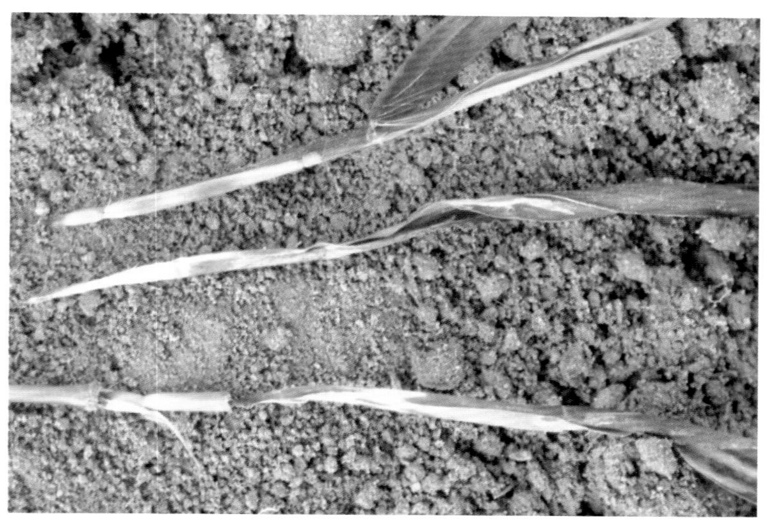
图 12-5 精喹禾灵对玉米茎节点部位的药害症状

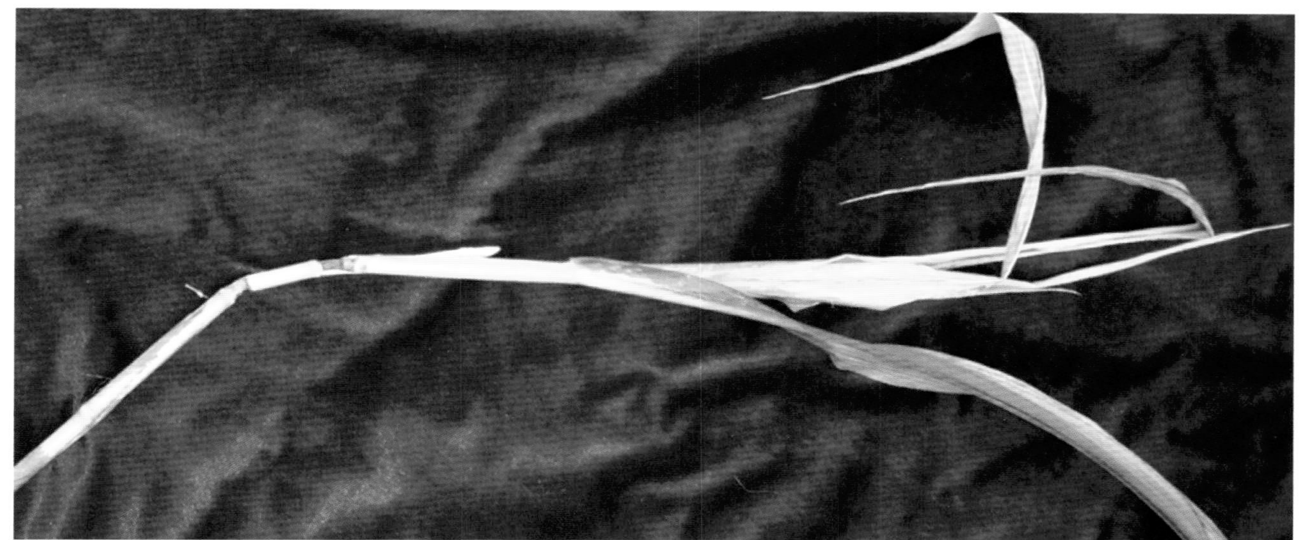
图 12-6 高效氟吡甲禾灵对玉米茎节部位的药害症状

（二）各类作物的药害症状与药害原因分析

芳氧基苯氧基丙酸类除草剂品种较多，其中精噁唑禾草灵（加入安全剂）、禾草灵可以用于小麦田防除多种禾本科杂草，对小麦相对安全，但药量过大或部分厂家由于安全剂加入量不够也会产生药害。其他品种在生产中由于误用或飘移，也会产生药害，见图12-7~图12-12。

（三）芳氧基苯氧基丙酸类除草剂的安全应用原则与药害补救方法

该类除草剂对几乎所有的双子叶作物都很安全。有些品种还可用于水稻、小麦等作物。

此类除草剂各品种都是苗后茎叶处理剂，喷药时期以杂草叶龄为指标，一般在杂草幼龄时期施用，除草效果好，如禾草灵、精吡氟氯禾草灵等在野燕麦2~4叶期、稗草等在禾本科杂草2~6叶期使用较好，低剂量可以防除2~3叶期禾本科杂草，高剂量可以防除分蘖期的杂草。

该类除草剂与一般除草剂不同，高温使药效显著下降。当用低剂量时，温度的影响特别大，当温度

图 12-7 在小麦生长期，过量喷施 15% 炔草酯可湿性粉剂后的药害症状（受害小麦叶片黄化，分蘖少，生长受到严重抑制）

图 12-8 在小麦生长期，过量喷施 6.9% 精噁唑禾草灵悬乳剂（加入安全剂）15 d 后的药害症状（受害小麦叶片黄化，生长受到一定程度的抑制，但一般情况下对生长影响不大）

图 12-9 在小麦生长期，过量喷施 6.9% 精噁唑禾草灵悬乳剂（加入安全剂）后的药害表现过程（受害小麦叶片黄化，叶片中部和基部出现黄斑，以后全株显示黄化，多数以后可恢复生长）

图 12-10 在小麦生长期，过量喷施 10% 精喹禾灵乳油 50 mL/ 亩的药害表现过程（受害叶片黄化，叶片中部和基部出现失绿、黄化斑点，以后从叶片基部逐渐坏死）

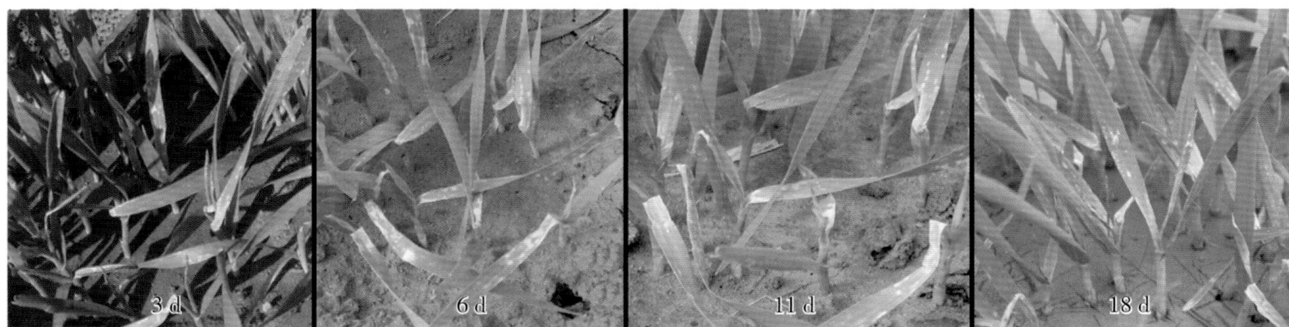

图 12-11 在小麦生长期，错误用药，叶面喷施 15% 精吡氟禾草灵乳油 50 mL/ 亩后的药害表现过程（受害小麦叶片黄化，叶片中部、基部出现黄斑，以后茎节和叶片基部坏死，小麦逐渐死亡）

图 12-12 在小麦生长期，过量喷施 15% 炔草酯可湿性粉剂后的田间药害症状（受害小麦叶片黄化，分蘖少，生长受到严重抑制，长势明显差于空白对照）

从10 ℃上升到24 ℃时，0.75 kg/亩禾草灵甲酯防除野燕麦的效果下降33%，而温度上升至17 ℃时不受影响，高剂量下受温度的影响较小。在低温条件下，药剂在植物体内的降解速度缓慢，毒性增强。在生产中，特别是在小麦田应用禾草灵防除野燕麦时，应根据作物与杂草情况，适当提早用药，选择在低温条件下喷药是提高防除效果的重要因素之一。

湿度高墒情好时药效好。用禾草灵进行土壤处理时，土壤湿度为10%的防效大大低于湿度为20%或30%的防效；喷药前土壤湿度为10%，喷药后当天或1 d、2 d与4 d增至30%的防效，与土壤湿度始终保持30%的防效无显著差异。但是，如果在喷药后经6~8 d再增加土壤湿度时，防效便显著下降。个别品种可以用于土壤处理，此类除草剂进行土壤处理时，药效直接受处理时的土壤湿度制约，在干旱地区，施药后混土的效果优于土表喷施。

禾草灵、精噁唑禾草灵（加入安全剂）为小麦田除草剂，对小麦相对安全，生产中应严格把握用药量，否则易产生药害。

三、芳氧基苯氧基丙酸类除草剂的主要品种与应用技术

（一）禾草灵 diclofop-methyl

【其他名称】 禾草灵甲酯、禾草除、伊洛克桑。

【理化性质】 原药为无色结晶固体，易溶于有机溶剂。

【制　　剂】 36%乳油、28%乳油。

【除草特点】 禾草灵可被植物的茎、叶局部吸收，传导性能差。主要作用于植物的分生组织。通过对乙酰辅酶A羧化酶的抑制而抑制杂草脂肪酸的合成，使杂草死亡。受害杂草经5~10 d后即出现褪绿等中毒现象。禾草灵在单子叶和双子叶植物之间有良好的选择性，主要是在双子叶等抗性植物体内能迅速进行生理代谢，降解为无毒化合物，在小麦体内能发生不可逆转的芳基羟基化反应，对小麦生长安全。

【适用作物】 禾草灵可以应用的作物见表12-1。

表 12-1 禾草灵可以应用的主要作物

项目	作物种类
国内登记的适用作物	小麦、甜菜
资料报道的适用作物	大麦、洋葱、马铃薯、大豆、花生、向日葵、油菜、甜菜

【防除对象】 可以防除禾本科杂草，对阔叶杂草无效。防除效果见表12-2。

表 12-2 禾草灵对主要杂草的防除效果比较

项目	杂草种类
防除效果突出（90% 以上）的杂草	黑麦草、看麦娘、稗草、马唐、狗尾草、画眉草、牛筋草、千金子
防除效果较好（70%~90%）的杂草	大穗看麦娘、硬草、野燕麦
防除效果较差（40%~70%）的杂草	茵草、日本看麦娘
防除效果极差（40% 以下）的杂草	雀麦、节节麦、狗牙根、白茅、芦苇

【应用技术】 小麦田，宜在大部分杂草2~4叶期施药，用36%乳油100~180 mL/亩，加水20~30 kg，进行茎叶喷雾。施药越晚除草效果越低。

【注意事项】 土壤含水量对禾草灵药效有显著影响，土壤含水量为30%左右时，禾草灵的活性最高，土壤湿度高时有利于药效发挥，宜在施药后1~2 d灌水。不宜在玉米、高粱、谷子、棉花田施用。小麦田施用宜早，小麦叶片在喷药初期出现轻度褪绿现象，2周后可恢复正常，不影响小麦生长发育。施药时气温应在20 ℃以上，但不应低于18 ℃，在低温区防除野燕麦比高温区防除野燕麦死亡率低10%左右，死亡时间延长5 d以上。在使用时不能与2，4-滴丁酯、2甲4氯钠盐、苯达松或氮肥混用，否则降低药效。如防除阔叶杂草，其间隔时间不少于5 d。

（二）精噁唑禾草灵 fenoxaprop-P-ethyl

【其他名称】 骠马（加入了安全剂）、威霸、高噁唑禾草灵。

【理化性质】 纯品为无色固体，易溶于有机溶剂（对光不敏感），在土壤中半衰期为1~10 d。

【制　　剂】 10%乳油、6.9%浓乳剂。

【除草特点】 选择性内吸和传导型茎叶处理除草剂。用作茎叶处理，可被植物的茎、叶吸收，传导到生长点和分生组织，通过对乙酰辅酶A羧化酶的抑制而抑制杂草脂肪酸的合成，抑制其节、根茎、芽的生长，损坏杂草的生长点、分生组织，受药杂草2~3 d停止生长，5~7 d叶失绿变紫色，分生组织变褐，然后分蘖基部坏死，全株逐渐枯死（图12-13~图12-20）。本品中加入安全剂，对小麦、黑麦安全。

【适用作物】 适用作物见表12-3。

表 12-3 精噁唑禾草灵可以应用的主要作物

项目	作物种类
国内登记的适用作物	小麦、大豆、花生、冬油菜、棉花、甘草
资料报道的适用作物	油菜、马尼拉草坪、速生期苗木、绝大多数阔叶作物

【防除对象】 可以防除一年生和多年生禾本科杂草，对阔叶杂草无效。防除效果见表12-4，效果比较见图12-13~图12-20。

表 12-4 精噁唑禾草灵对主要杂草的防除效果比较

项目	杂草种类
防除效果突出（90% 以上）的杂草	稗草、马唐、狗尾草、牛筋草、看麦娘、千金子、画眉草、野燕麦

续表

项目	杂草种类
防除效果较好（70%~90%）的杂草	硬草、茵草、大穗看麦娘
防除效果较差（70% 以下）的杂草	雀麦、节节麦、日本看麦娘、狗牙根、白茅、芦苇

【应用技术】　小麦田，从杂草2叶期到拔节期均可施用，但以冬前杂草3~4叶期施用最好。冬前杂草3~4叶期，用10%精噁唑禾草灵（加入安全剂）乳油50~75 mL/亩，兑水30 kg喷雾；冬后施用，用10%精噁唑禾草灵（加入安全剂）乳油75~100 mL/亩，兑水喷雾。

图 12-13　10%精噁唑禾草灵乳油 60 mL/ 亩防除硬草的中毒死亡过程（防效较好，施药后 5~10 d 茎叶黄化，节点坏死，以后逐渐枯萎死亡）

图 12-14　10% 精噁唑禾草灵乳油防除看麦娘的效果比较（防效突出，施药后 5~10 d 茎叶黄化，节点坏死；10 d 后高剂量处理开始大量枯萎，以后逐渐枯萎死亡）

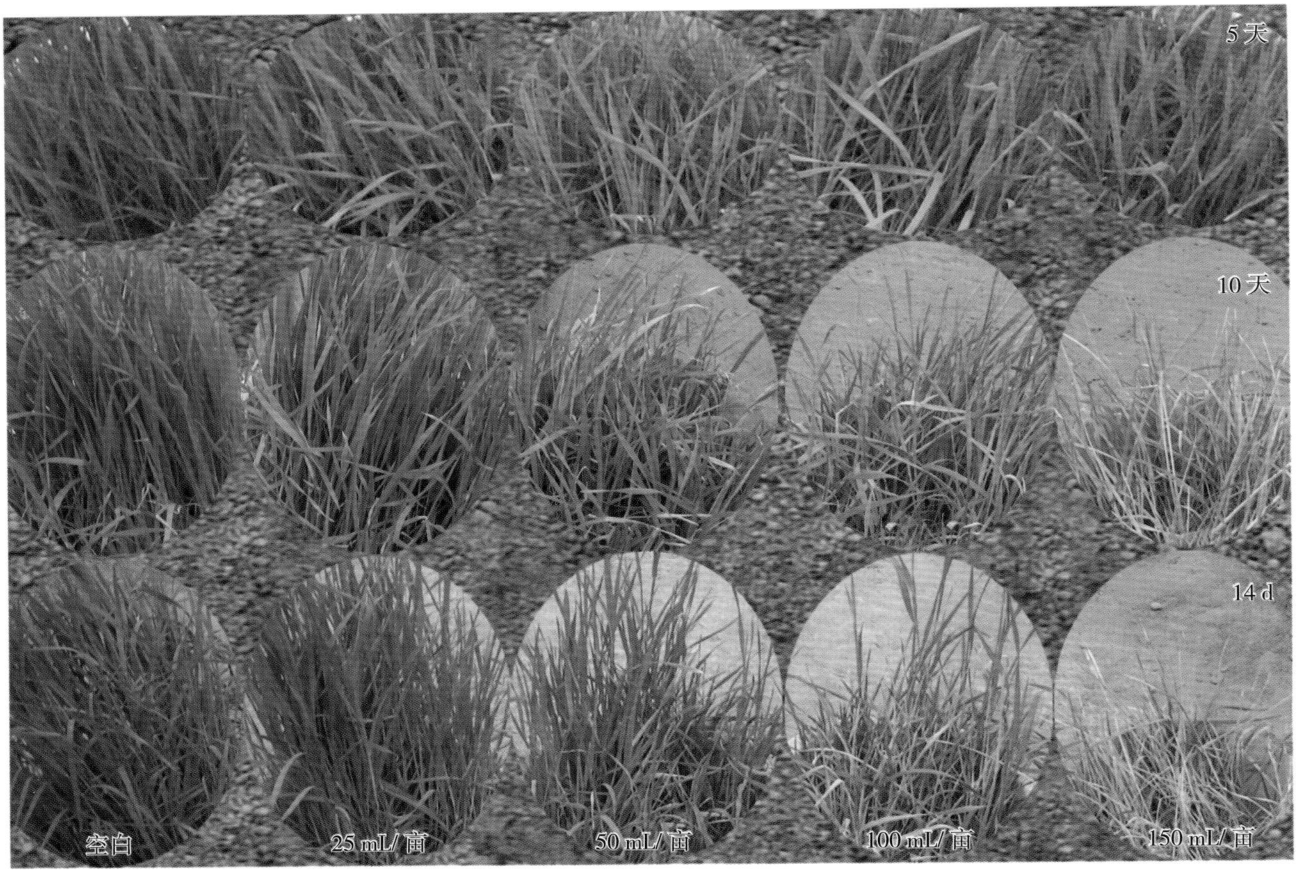
5天
10天
14 d
空白
25 mL/亩
50 mL/亩
100 mL/亩
150 mL/亩

图 12-15 10% 精噁唑禾草灵乳油防除日本看麦娘的效果比较（防效较差，施药后 5~10 d 高剂量处理茎叶开始黄化、茎节点变褐，10 d 后高剂量处理开始大量黄化，逐渐枯萎死亡；低剂量下防效较差）

10 d
16 d
空白
25 mL/亩
50 mL/亩
100 mL/亩
150 mL/亩

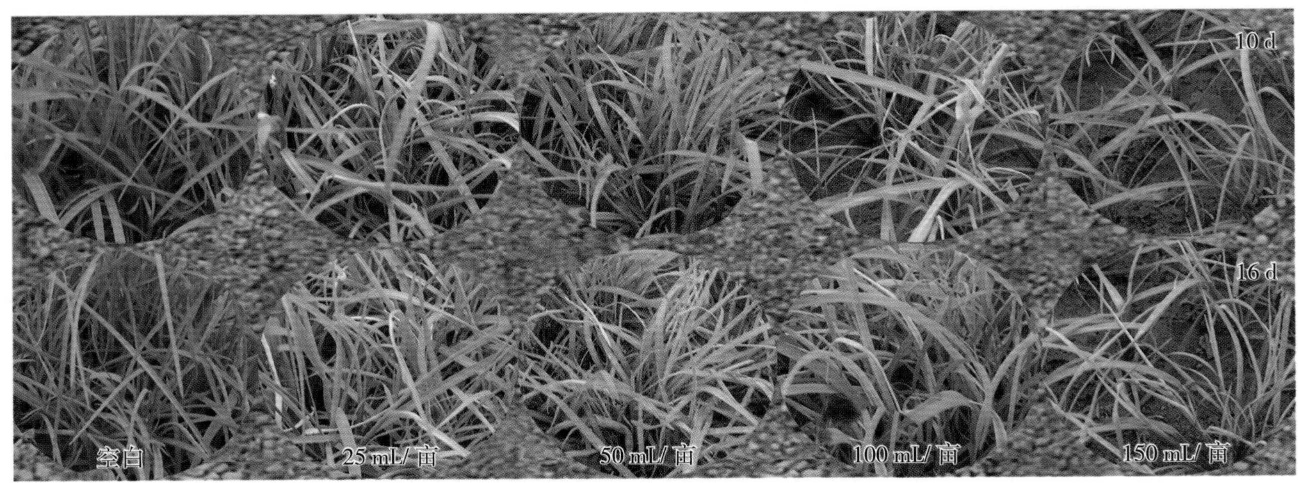

图 12-16 10% 精噁唑禾草灵乳油防除硬草的效果比较（施药后 5~10 d 高剂量处理茎叶开始黄化，茎节点变褐，10 d 后中高剂量处理开始大量黄化、死亡；低剂量下防效较差）

图 12-17 10% 精噁唑禾草灵乳油防除野燕麦的效果比较（防效突出，施药后 1~2 周茎叶黄化，茎节点坏死，以后逐渐枯萎死亡）

图 12-18 10% 精噁唑禾草灵乳油防除茵草的效果比较（施药后 5~10 d 高剂量处理茎叶开始黄化，茎节点变褐，10 d 后中高剂量处理开始大量黄化、死亡；低剂量下防效较差）

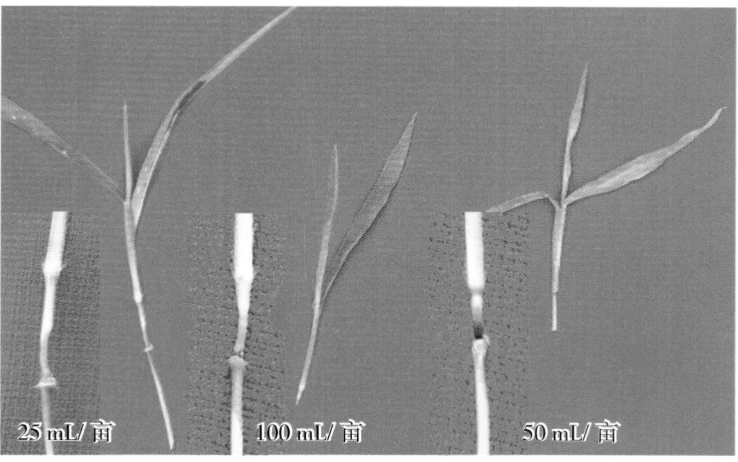

图12-19 10%精噁唑禾草灵乳油防除马唐的效果比较（防效突出，施药后5~10 d茎叶黄化，茎节点坏死，以后逐渐枯萎死亡）

图 12-20 10% 精噁唑禾草灵乳油施药后 10 d 防除狗尾草的效果比较（防效突出，在狗尾草较大时，施药后 5~10 d 高剂量下茎节点变褐、茎叶黄化，枯萎死亡；低剂量下死亡缓慢）

【注意事项】 不能用于燕麦、玉米、高粱田除草。小麦播种出苗后，看麦娘等禾本科杂草2叶至分蘖期施药效果最好。长期干旱会降低药效。制剂中不含安全剂时不能用于小麦田。某些小麦品种会出现短时间叶色变淡现象，7~10 d逐渐恢复。防除小麦田硬草、茵草、日本看麦娘、大穗看麦娘用药适期以冬前于2.5~3叶期效果最佳。施药后5 h降水，不影响药效的发挥。

（三）炔草酯 clodinafop-propargyl

【其他名称】 炔草酸酯、麦极、顶尖。

【理化性质】 原药为乳白色晶体，熔点39.5~41.5 ℃，沸点100 ℃（0.02 mmHg），蒸气压2.9 MPa（25 ℃），相对密度为1.133（25 ℃），水中溶解度为2.5 mg/L（20 ℃），能溶于乙醇、乙醚、丙酮、氯仿等有机溶剂，分解温度为105 ℃，pH值4.5~7.0，在强酸、强碱条件下分解。

【制　剂】 15%、20%、30%可湿性粉剂，24%微乳剂，24%乳油，8%水乳剂。

【除草特点】 乙酰辅酶A羧化酶(ACCase)抑制剂，内吸传导性除草剂，由植物体的叶片和叶鞘吸收，韧皮部传导，积累于植物体的分生组织内，抑制乙酰辅酶A羧化酶(ACCase)，使脂肪酸合成停止，细胞的生长分裂不能正常进行，膜系统等含脂结构破坏，最后导致植物死亡。从炔草酯被吸收到杂草死亡比较缓慢，施药后1周受药杂草整体形态没有明显变化，但其心叶容易脱落，生长点坏死，随后幼叶失绿，生长停止，老叶虽然保持绿色，一般全株死亡需要1~3周。

【适用作物】 适用于小麦田。

【防除对象】 对一年生禾本科杂草防效较好，但对阔叶杂草和莎草科杂草无明显活性。防除效果见表12-5。

表 12-5 炔草酯对主要杂草的防除效果比较

项目	杂草种类
防除效果突出（90% 以上）的杂草	野燕麦、看麦娘、棒头草、茵草、日本看麦娘
防除效果较好（70%~90%）的杂草	蜡烛草、硬草、大穗看麦娘
防除效果较差（40%~70%）的杂草	碱茅
防除效果极差（40% 以下）的杂草	雀麦、节节麦、多花黑麦草、早熟禾、抗性看麦娘等

【应用技术】 小麦出苗后，小麦2叶1心期至拔节之前施用，冬前杂草2~5叶期施药效果好，15%可湿性粉剂20~30 g /亩，兑水30~40 L/亩，茎叶均匀喷雾处理。

【注意事项】 药效受气温和湿度影响较大，在气温低、湿度低时施药，除草效果较差。因此，应避免在湿、冷的条件下使用。

第十三章　吡啶羧酸类除草剂

吡啶羧酸类除草剂比较重要，现已商品化10个品种。吡啶羧酸类除草剂的主要品种有氨氯吡啶酸（picloram）、氯氟吡氧乙酸（fluroxypyr）、三氯吡氧乙酸（triclopyr）、二氯吡啶酸（clopyralid）。

一、吡啶羧酸类除草剂的作用机制

（一）吡啶羧酸类除草剂的主要特性

吡啶羧酸类除草剂的主要特性有：①杀草谱广，不仅能防除一年生阔叶杂草，个别品种还能有效地防除多年生杂草、灌木及木本植物。②可以被植物叶片与根迅速吸收并在体内迅速传导。具有植物激素的作用，对植物的杀伤力强，单位面积的用药量少。③在土壤中的稳定性强，持效期长。④水溶度高，在土壤中易被淋溶至深层，而且纵向移动性也较强，故对防除深根性多年生杂草有特效。⑤在光下比较稳定，不易挥发。

（二）吡啶羧酸类除草剂的作用原理

（1）吸收与传导：吡啶羧酸类除草剂被植物叶片与根迅速吸收并在体内迅速传导。

（2）作用部位：吡啶羧酸类除草剂被植物吸收后多积累于生长点，对植物毒害的症状是：偏上性、使木质部导管堵塞并变棕色、枯萎、脱叶、坏死，最终植株死亡，症状见图13-1和图13-2。

（3）生理效应与除草机制：吡啶羧酸类除草剂具有植物激素的活性，对线粒体系统的呼吸作用、核酸代谢具有抑制作用。

（4）选择性：对作物的选择性不强。其选择性主要是通过生理代谢来确定。

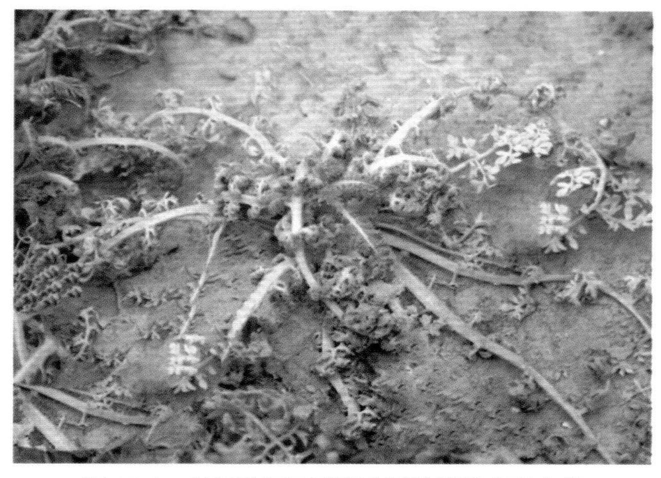

图 13-1　氯氟吡氧乙酸防除播娘蒿的中毒症状

图 13-2　氯氟吡氧乙酸防除泽漆的中毒症状

（三）吡啶羧酸类除草剂的代谢与降解

吡啶羧酸类除草剂在光下比较稳定，不易挥发。它们在土壤中易于移动，并通过降水向土壤深层淋溶，从而导致其在土壤中的持效期很长。

二、吡啶羧酸类除草剂的药害与安全应用

（一）吡啶羧酸类除草剂的典型药害症状

吡啶羧酸类除草剂系激素型除草剂，能诱导作物致畸，不论是根、茎、叶、花及穗均可产生严重的畸形现象。药害症状持续时间较长。这类药剂的药害症状与苯氧羧酸类除草剂的药害症状相似。

吡啶羧酸类除草剂的具体药害症状表现在以下几个方面：①禾本科作物受害，表现为幼苗与根严重矮化、畸形。茎叶喷洒，特别是炎热天喷洒时，会使叶片变窄而皱缩，心叶呈马鞭状或葱状，茎变扁而脆弱，易折断，抽穗难，主根短，生育受抑制。典型药害症状见图13-3和图13-4。②双子叶植物叶脉近于平行，复叶中的小叶愈合成杯状，顶芽与侧芽生长受到严重抑制。典型药害症状见图13-5。③受害植物的根、茎发生肿胀、畸形。④花果生长受阻。受药害时花不能正常发育，花期推迟，畸形变小；果实畸形，不能正常出穗或发育不完整。⑤植株枯黄。受害植物不能正常生长，敏感组织出现枯黄，生长发育缓慢。

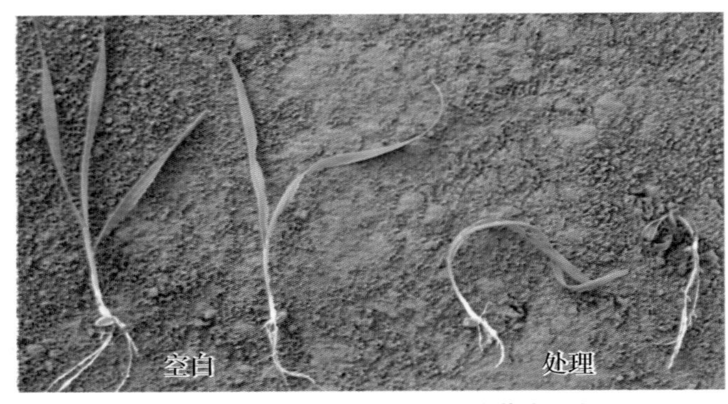

图 13-3　二氯吡啶酸对小麦的药害症状

图 13-4　氯氟吡氧乙酸对玉米的药害症状

图 13-5　氯氟吡氧乙酸飘移对棉花的药害症状

（二）各类作物的药害症状与药害原因分析

1. 对小麦的药害　吡啶羧酸类除草剂在生产中主要应用的品种为氯氟吡氧乙酸、二氯吡啶酸，可以用于小麦等禾本科作物防除阔叶杂草。氯氟吡氧乙酸在正常施药条件下对小麦等适用作物安全，但施药过早、过晚、过量或遇不良天气均易产生药害。药害症状见图 13-6~ 图 13-10。

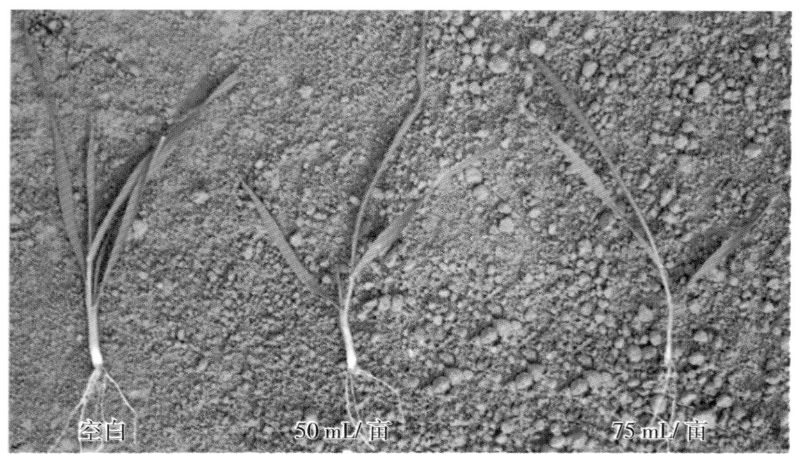

图 13-6 在小麦 2 叶期，过早喷施 20% 氯氟吡氧乙酸乳油 11 d 后的药害症状（施药后 7~10 d 开始出现症状，受害小麦茎叶扭曲、倒伏）

图 13-7 在小麦 2 叶期，过早喷施 20% 氯氟吡氧乙酸乳油 11 d 后的药害症状（受害小麦茎叶扭曲、倒伏，分蘖减少，生长受到抑制）

图 13-8 在小麦生长期，叶面喷施 30% 二氯吡啶酸水剂 18 d 后的药害症状（施药后 6~10 d 即出现症状，受害小麦茎叶扭曲、倒伏）

图 13-9 在小麦 2 叶期，过早喷施 20% 氯氟吡氧乙酸乳油 18 d 后的药害症状（受害小麦茎叶扭曲、倒伏，生长受到一定程度的抑制，但一般情况下影响不大）

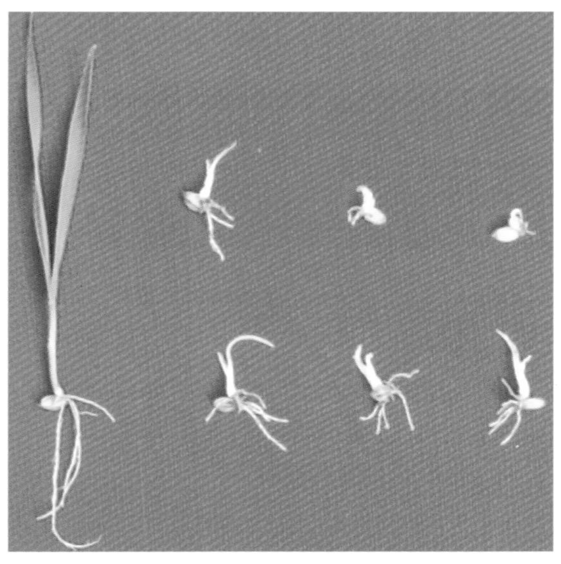

图 13-10 在小麦播后芽前，喷施 30% 二氯吡啶酸水剂 25 d 后的药害症状（受害小麦出苗缓慢，茎叶不能展开，扭曲、卷缩而死亡）

2. 对其他作物的药害　吡啶羧酸类除草剂对阔叶作物安全性差，施药时飘移或误用，均会对阔叶作物产生严重的药害。药害症状见图 13-11~ 图 13-16。

图 13-11　在大豆生长期，错误用药，低量喷施 20% 氯氟吡氧乙酸乳油后的药害症状（受害后茎叶扭曲，叶片变黄，枯萎死亡）

图 13-12　在白菜生长期，模仿飘移，在一定距离处低量喷施 20% 氯氟吡氧乙酸乳油 10 d 后的药害症状（受害后茎叶扭曲，心叶卷缩成杯状，逐渐死亡）

图 13-13　在大豆生长期，模仿飘移或错误用药，低量喷施 20% 氯氟吡氧乙酸乳油后的药害症状（受害后茎叶扭曲，部分茎叶变为黄褐色，开始缓慢死亡）

图 13-14　在棉花生长期，模仿飘移，在一定距离处低量喷施 20% 氯氟吡氧乙酸乳油 4 d 后的药害症状（受害后茎叶扭曲，心叶卷缩成杯状，出现“鸡爪”叶，生长受到严重抑制）

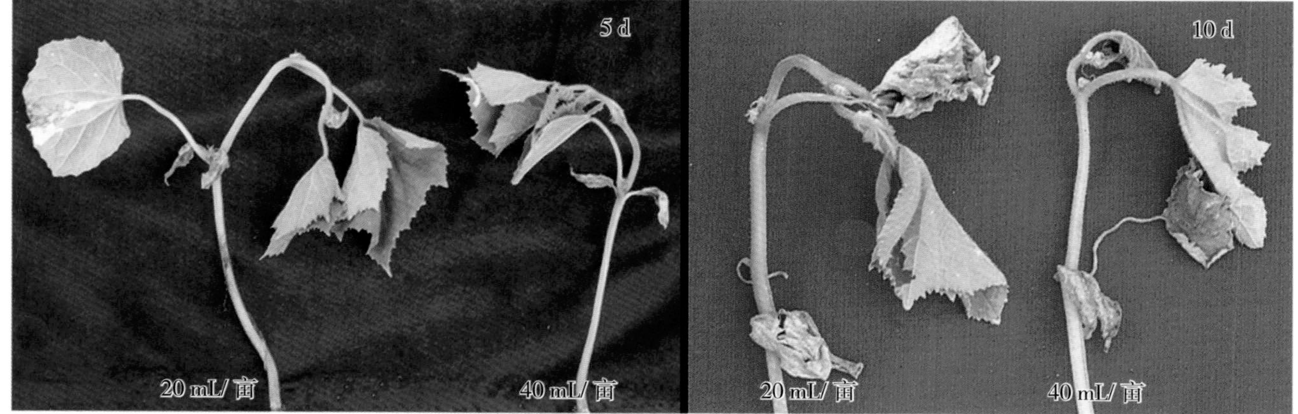

图 13-15　在黄瓜生长期，模仿飘移，在一定距离处低量喷施 20% 氯氟吡氧乙酸乳油后的药害症状（受害后茎叶扭曲，心叶卷缩成杯状，生长受到严重抑制，以后逐渐枯萎死亡）

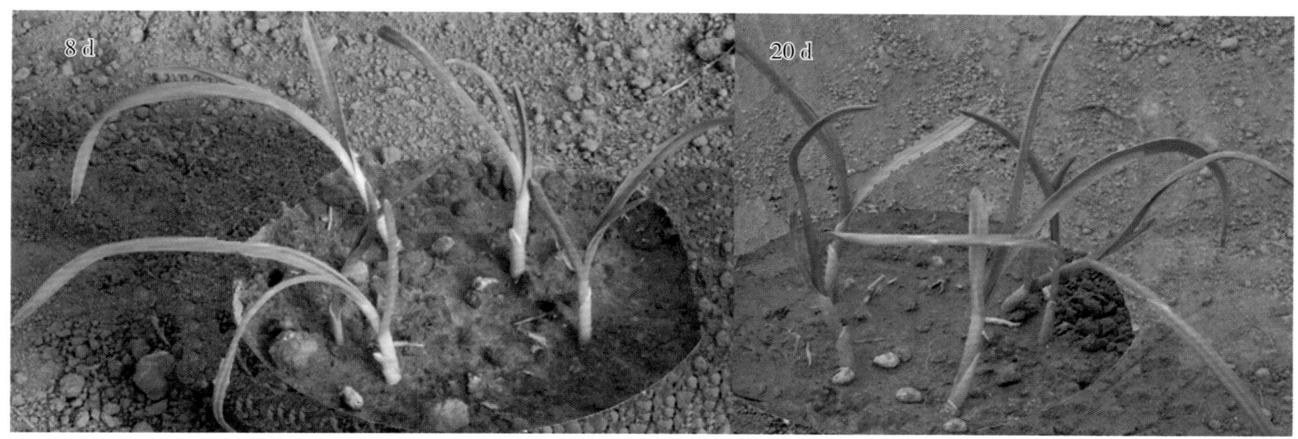

图 13-16 在大蒜生长期，模仿飘移，在一定距离处低量喷施 20% 氯氟吡氧乙酸乳油 50 mL/ 亩后的药害症状（受害后茎叶扭曲，叶色变黄，生长受到严重抑制）

三、吡啶羧酸类除草剂的主要品种与应用技术

（一）氨氯吡啶酸 picloram

【其他名称】 毒莠定。

【理化性质】 为无色粉末，溶于有机溶剂。

【制　　剂】 25%水剂。

【除草特点】 属于激素型选择性芽后旱地除草剂，可为植物茎叶、根系吸收传导。大多数禾本科植物比较耐药，而大多数双子叶作物（除十字花科外），杂草、灌木都对此药敏感。在土壤中的半衰期为1~12个月。可被土壤吸附集中在0~3 cm土层中，在湿度大、温度高的土壤中消失较快。

【适用作物】 麦类、玉米、高粱。

【防除对象】 可以防除大多数双子叶杂草、灌木。对十字花科杂草效果差。

【应用技术】 小麦田，在小麦4叶期至拔节之前，可以用25%水剂30~60 mL/亩，兑水30 kg喷雾，对小麦株高有一定的影响，但一般不影响产量。

【注意事项】 光照和高温有利于药效发挥。豆类、葡萄、蔬菜、棉花、果树、烟草、甜菜对该药敏感，轮作倒茬时要注意。施药后2 h内遇雨，会使药效降低。

（二）氯氟吡氧乙酸 fluroxypyr

【其他名称】 治莠灵、氟草定、氟草烟、使它隆。

【理化性质】 纯品为白色颗粒状结晶，溶于有机溶剂。在酸性介质中稳定。

【制　　剂】 20%乳油。

【除草特点】 内吸、传导型苗后除草剂。植物吸收以后，迅速进入分生组织，刺激细胞分裂加速进行，导致叶片、茎秆、根系扭曲变形，营养消耗殆尽，维管束内被堵塞或胀破。敏感杂草受药后2~3 d顶端扭曲，出现典型的激素类除草剂反应，植株畸形、扭曲，直至整株杂草死亡。小麦等禾本科植物吸收后，被迅速分解成无毒物质，因此对小麦十分安全。本药在土壤中淋溶性差，大部分在0~10 cm表土层中。在有氧条件下，在土壤微生物的作用下很快降解成2-吡啶醇等无毒物质，在土壤中的半衰期短，对后茬阔叶作物无不良影响。

【适用作物】 麦、玉米等。适用作物见表13-1。

表 13-1 氯氟吡氧乙酸适用的主要作物

项目	作物种类
国内登记的适用作物	冬小麦、夏玉米、水稻、柑橘园
资料报道的适用作物	小麦、大麦、玉米、水稻、果园、草坪

【防除对象】 可以防除多数阔叶杂草。防除效果见表13-2，杂草中毒症状（图13-17~图13-30）。

表 13-2 氯氟吡氧乙酸对主要杂草的防除效果比较

项目	杂草种类
防除效果突出（90% 以上）的杂草	猪殃殃、牛繁缕、泽漆、大巢菜、小藜、泥胡菜、马齿苋
防除效果较好（70%~90%）的杂草	播娘蒿、佛座、打碗花、麦瓶草、卷茎蓼、荠菜、离蕊芥、卷耳、通泉草
防除效果较差（40%~70%）的杂草	蚤缀、婆婆纳
防除效果极差（40% 以下）的杂草	麦家公、雪见草、益母草、反枝苋

【应用技术】 小麦田施用，在大麦、小麦生长期（5叶期至旗叶展开期）施用，冬小麦在返青期或小麦分蘖盛期、春小麦在4~6叶期（即在杂草生长旺盛期）用药防效最佳。用20%乳油50~75 mL/亩，兑水30 L/亩左右，均匀喷雾。

【注意事项】 收获前30 d，不再用药。预报在4 h内降雨，不宜施药。施药作业时避免雾滴飘移至大豆、花生、甘薯和甘蓝等阔叶作物上，以免产生药害。对大麦有一定的药害。在果园施药时，应避免将药液直接喷到果树上，尽量采用压低喷雾。应避免在茶园和香蕉园及其附近地块使用。

图 13-17 20% 氯氟吡氧乙酸乳油 50 mL/ 亩防除播娘蒿的中毒死亡过程（施药后 1 d 播娘蒿即表现出中毒症状，茎叶扭曲，以后茎叶扭曲加重、枯萎、死亡）

图 13-18 20% 氯氟吡氧乙酸乳油 50 mL/ 亩防除播娘蒿的田间中毒死亡过程（田间施药后 1~3 d 播娘蒿即表现出中毒症状，茎叶扭曲，以后茎叶扭曲加重、枯萎、死亡）

图 13-19　20% 氯氟吡氧乙酸乳油防除播娘蒿的效果比较（田间施药后 1 d 播娘蒿即表现出中毒症状，茎叶扭曲，以后茎叶扭曲加重、枯萎、死亡；低剂量下防效较差）

图 13-20　20% 氯氟吡氧乙酸乳油 50 mL/ 亩防除泽漆的中毒死亡过程（施药后 1~3 d 即表现出中毒症状，茎叶扭曲，以后茎叶扭曲加重、变黄、枯萎、死亡）

图 13-21　20% 氯氟吡氧乙酸乳油对荠菜的防除效果比较（施药后中毒症状表现较快，茎叶扭曲，以后高剂量下茎叶扭曲加重、枯萎、死亡。整体防效较差）

图 13-22　20% 氯氟吡氧乙酸乳油防除猪殃殃的中毒死亡过程（施药后 1~3 d 即表现出中毒症状，茎叶扭曲，以后茎叶扭曲加重、枯萎、死亡）

图 13-23　20% 氯氟吡氧乙酸乳油对防除麦瓶草的效果比较（施药后中毒症状表现较快，茎叶扭曲，以后高剂量下茎叶扭曲加重、枯萎，生长受到严重抑制。整体效果较差）

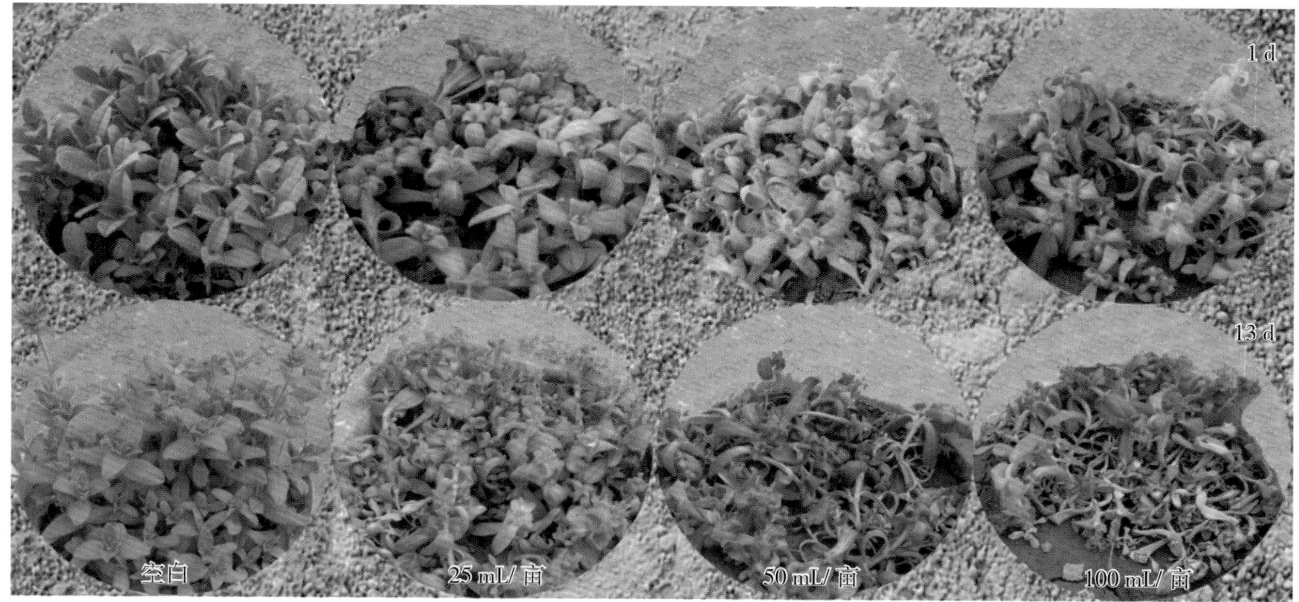

图 13-24　20% 氯氟吡氧乙酸乳油防除卷耳的效果比较（施药后中毒症状表现较快，茎叶扭曲，以后高剂量下茎叶扭曲加重、枯萎，生长受到严重抑制）

图 13-25 20% 氯氟吡氧乙酸乳油防除猪殃殃的效果比较（施药后中毒症状表现较快，茎叶扭曲，以后高剂量下茎叶扭曲加重、枯萎、死亡）

图 13-26 20% 氯氟吡氧乙酸乳油防除泽漆的效果比较（施药后中毒症状表现较快，茎叶扭曲，以后高剂量下茎叶扭曲加重、枯萎、死亡，低剂量下生长受到严重抑制）

图 13-27 20% 氯氟吡氧乙酸乳油防除大巢菜的效果比较（防效突出，施药后 1~3 d 即出现中毒症状，茎叶扭曲，生长受到抑制，逐渐枯萎、黄化、死亡）

图 13-28 20% 氯氟吡氧乙酸乳油防除麦家公的效果比较（防效较差，施药后中毒症状表现较快，茎叶扭曲，很高的剂量下茎叶扭曲加重、枯萎死亡，低剂量下生长受到抑制）

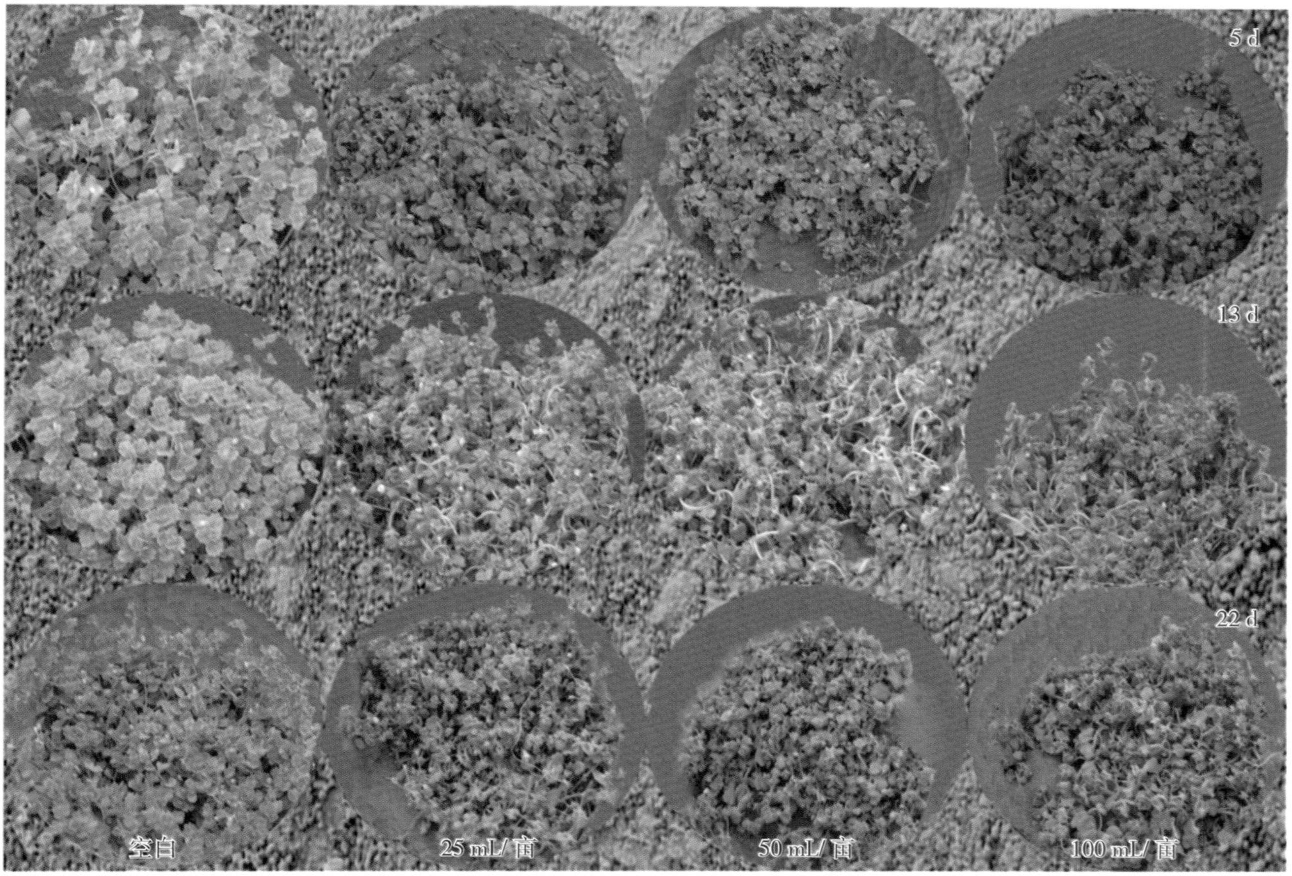

图 13-29　20% 氯氟吡氧乙酸乳油防除婆婆纳的效果比较（防效较差，施药后中毒症状表现较快，茎叶扭曲，高剂量下茎叶扭曲加重、部分枯萎死亡）

图 13-30　20% 氯氟吡氧乙酸乳油防除佛座的效果比较（防效较好，施药后中毒症状表现较快，茎叶扭曲，低剂量下生长受到抑制，高剂量下茎叶扭曲加重、枯萎）

（三）三氯吡氧乙酸 triclopyr

【其他名称】 盖灌能、乙氯草定、盖灌林、绿草定。

【理化性质】 原药为白色固体，易溶于有机溶剂。对水解稳定，但容易被光分解。

【制　　剂】 48%乳油。

【除草特点】 三氯吡氧乙酸是一种内吸型除草剂，能迅速被叶和根吸收，并在植物体内传导。其作用于核酸代谢，使植物产生过量的核酸，使一些组织转变成分生组织，造成茎叶和根系生长畸形，贮藏物质耗尽，维管束组织被栓塞或胀破，植株逐渐死亡。在土壤中能被土壤微生物迅速分解，半衰期为46 d。

【适用作物】 林地、禾本科作物田，如小麦、玉米、燕麦、高粱等，其中小麦抗性较强。

【防除对象】 可以防除多种阔叶杂草，对禾本科及莎草科杂草无效。特别对木苓属、栎属及其他萌芽的木本植物的防除有特效。

【应用技术】 在大麦、小麦生长期（5叶期至旗叶展开期）施用，一般用48%乳油60 mL/亩，兑水喷施。

【注意事项】 用药后2 h内无降水才能见效。在作物上的安全性差，应先试验后推广。不可用于生长季中的茶园、香蕉园和菠萝园及其附近地块。

（四）二氯吡啶酸 clopyralid

【理化性质】 纯品为无色结晶，熔点为151~152 ℃，溶于有机溶剂。熔点以下稳定，对光稳定，在酸性介质中稳定。在pH值为5~8（25 ℃）的灭菌水中水解DT_{50} > 30 d。

【制　　剂】 75%可溶性粒剂、20%可溶性液剂。

【除草特点】 二氯吡啶酸是合成激素类除草剂，主要通过茎叶吸收，经韧皮部及木质部传导，积累在生长点，使植物产生过量核糖核酸，促使分生组织过度分化，根、茎、叶生长畸形，养分消耗过量，维管束输导功能受阻，引起杂草死亡。二氯吡啶酸可经木质部传导至根，因而可彻底杀死深根的多年生杂草。在敏感植物体内，二氯吡啶酸引发典型的激素类反应。阔叶植物茎扭曲、卷缩；叶片呈杯状、皱缩状，或伴随反转；根增粗，根毛发育不良；茎顶端形成针状叶；茎脆，易折断或破裂；根分生组织大量增生；茎部、根部生疣状物，根和地上部生长受抑制。二氯吡啶酸是内吸传导型除草剂，可在作物播前混土、播后苗前以及苗后茎叶处理，具有高度的选择性。

【适用作物】 大麦、小麦田。

【防除对象】 可以防除多种阔叶杂草，如大巢菜、卷茎蓼、稻槎菜、鬼针草、小蓟、大蓟、苣荬菜、小飞蓬、一年蓬等。对单子叶杂草基本无效。

【应用技术】 麦类作物田，4叶后至分蘖末期，推荐剂量为75%可溶性粒剂5~15 g/亩，对小麦、大麦、燕麦、青稞等均较安全，但施药过早或过晚时安全性差。对麦田一年生及多年生的恶性杂草，如稻槎菜、大巢菜、鼠曲草、小蓟、苣荬菜、块茎香豌豆、卷茎蓼等均有较好的防效。

【注意事项】 二氯吡啶酸在土壤中的持效期中等，一般情况下大多数作物在二氯吡啶酸施用10个月后种植，不会造成药害。但本药剂在一些植物体内不易消解，如玉米、小麦施用二氯吡啶酸后，用麦秸、玉米秆制造堆肥或秸秆还田可造成过量积累而影响后茬作物，在使用时应予注意。二氯吡啶酸有效成分为3.5~7.5 g/亩时，对大部分后茬作物的生长和产量无影响。当其用药量增加到有效成分为11 g/亩时，向日葵、棉花和大豆出苗率不受影响，但株高、单株鲜重和产量受到不同程度的影响。当其用药量增加到有效成分为15 g/亩时，会影响第二次后茬菠菜的出苗和产量，使用二氯吡啶酸的田块，后茬不能种植菠菜。二氯吡啶酸还可与防除禾本科杂草及阔叶杂草的除草剂混用，扩大杀草谱。

第十四章　其他类除草剂

（一）溴苯腈 bromoxynil

【其他名称】　伴地农。

【理化性质】　纯品为无色固体，溶于有机溶剂。工业品微有油脂气味。在40~44 ℃熔融。不溶于水。在储存中稳定，与大多数其他农药不反应，稍有腐蚀性，易被稀碱液水解。

【制　　剂】　22.5%乳油、25%乳油。

【除草特点】　溴苯腈是选择性苗后茎叶处理触杀型除草剂。主要通过叶片吸收，在植物体内进行极其有限的传导，通过抑制光合作用使植物组织坏死。施药2~4 h内叶片褪绿，出现坏死斑。在气温较高、光照较强的条件下，加速叶片枯死。

【适用作物】　小麦、大麦、玉米、高粱等。适用作物见表14-1。

表 14-1　溴苯腈可以应用的主要作物

项目	作物种类
国内登记的适用作物	冬小麦、玉米
资料报道的适用作物	麦类、玉米、亚麻、大蒜、洋葱、高粱

【药害与安全性】　可以用于多种作物，如小麦、玉米等，但对小麦、玉米的安全性很差，易产生药害。药害症状见图14-1~图14-3。

图 14-1　在小麦生长期，遇低温天气，叶面喷施 25% 溴苯腈乳油 150 mL/ 亩 5 d 后的药害症状（受害小麦叶片黄化或出现黄斑）

图 14-2　在小麦生长期遇低温天气，叶面喷施 25% 溴苯腈乳油 150 mL/ 亩 13 d 后的药害症状（小麦叶片黄化或出现黄斑，部分叶片枯死）

图 14-3　在小麦生长期，遇低温天气，叶面喷施 25% 溴苯腈乳油 150 mL/ 亩 13 d 后的药害症状（受害小麦叶片黄化或出现黄斑，部分叶片枯死，田间小麦枯黄，但一般情况下不至于绝收，待天气转好时，逐渐恢复生长）

【防除对象】　可以防除多种阔叶杂草。防除效果见表14-2，杂草中毒症状见图14-4~图14-11。

表 14-2　溴苯腈对主要杂草的防除效果比较

项目	杂草种类
防除效果突出（90% 以上）的杂草	鳢肠、苘麻、藜、播娘蒿、麦家公
防除效果较好（70%~90%）的杂草	婆婆纳、荠菜、鸭跖草、蓼、龙葵、苍耳、反枝苋
防除效果较差（40%~70%）的杂草	麦瓶草、泽漆、卷耳、佛座
防除效果极差（40% 以下）的杂草	猪殃殃、小蓟

图 14-4　25% 溴苯腈乳油对播娘蒿的防除效果比较（防效突出，施药后 1~2 d 茎叶黄化、枯死，但部分未死心叶以后可能发出新叶）

图 14-5　25% 溴苯腈乳油 150 mL/ 亩防除播娘蒿的田间中毒死亡过程（防效突出，施药后 1~3 d 茎叶黄化、触杀性枯死，但部分未死心叶经 1 周以后可能发出新叶）

图 14-6 25% 溴苯腈乳油对猪殃殃的防除效果比较（防效极差，施药后 6 d 部分叶片枯黄，13 d 后恢复正常生长）

图 14-7 25% 溴苯腈乳油对麦瓶草的防除效果比较（防效较差，施药后 6~13 d 部分茎叶黄化，生长受到轻度抑制）

图 14-8 25% 溴苯腈乳油对泽漆的防除效果比较（防效较差，施药后 6~13 d 部分茎叶黄化，生长受到轻度抑制）

图 14-9 25% 溴苯腈乳油对麦家公的防除效果比较（防效较好，施药后 4~6 d 茎叶干枯，全株枯死）

图 14-10 25% 溴苯腈乳油对佛座的防除效果比较（具有一定的防效，施药后 2~4 d 茎叶枯黄，低剂量下生长受到抑制，高剂量下大部分茎叶枯死）

图 14-11 25% 溴苯腈乳油对婆婆纳的防除效果比较（具有一定的防效，施药后 4~6 d 茎叶黄化、枯死，但部分未死心叶以后可能发出新叶）

【应用技术】 在小麦3~5叶期，阔叶杂草基本出齐，在杂草4叶期前，生长旺盛时施药。用22.5%乳油100~170 mL/亩，兑水30 kg均匀喷洒。

【注意事项】 施用该药剂后几天内遇到低温10 ℃以下，或30 ℃以上的高温天气，除草效果可能降低，对作物安全性也可能降低，尤其是当气温超过35 ℃、湿度过大时不能施药，否则会产生药害。施药后需6 h内无降水，以保证药效。不宜与肥料混用，也不能添加助剂，否则也会造成作物药害。

（二）辛酰溴苯腈 bromoxynil octanoate

【理化性质】 淡黄色蜡状固体，熔点为45~46 ℃，90 ℃（0.1 × 133.322 Pa）升华，挥发性低。

【制　　剂】 5%悬浮剂、50 g/L悬浮剂、5%可分散油悬浮剂、10%可湿性粉剂。

【除草特点】 辛酰溴苯腈是一种广谱、选择性苗后茎叶处理触杀型除草剂，主要由叶片吸收，在植物体内进行有限的传导，通过抑制光合作用的各个过程，包括抑制光合磷酸化反应和电子传递，特别是光合作用的希尔反应，使植物组织迅速坏死。

【适用作物】 国内登记用于小麦田、大蒜田、玉米田，多与烟嘧磺隆、莠去津、硝磺草酮等混配用于玉米田，可与小麦田除草剂混用，提高杀草速度。

【防除对象】 辛酰溴苯腈主要用于防除一年生阔叶杂草，如反枝苋、铁苋菜、播娘蒿、荠菜、猪毛菜、猪殃殃、婆婆纳、牛繁缕等（表14-3）。

表 14-3　辛酰溴苯腈对主要杂草的防除效果比较

项目	杂草种类
防除效果突出（90% 以上）的杂草	播娘蒿、荠菜、本氏蓼、鸭跖草、藜、苣荬菜、铁苋菜
防除效果较好（70%~90%）的杂草	反枝苋、独行菜、猪毛菜、猪殃殃、婆婆纳、牛繁缕、打碗花
防除效果较差（40%~70%）的杂草	苘麻、刺儿菜
防除效果极差（40% 以下）的杂草	马齿苋

【应用技术】 小麦苗后3叶期至返青期，杂草3~7叶期茎叶处理，推荐用药量为120~150 g/亩，兑水30~40 L/亩均匀喷雾。

【注意事项】 对多种一年生杂草有较好的防治效果，对多年生杂草苣荬菜、刺儿菜等也有一定效果，但后期恢复较为严重。勿在高温天气或气温低于8 ℃或在近期内有严重霜冻的情况下用药，施药后需6 h内无降水。该药剂不宜与碱性农药混用，不宜与肥料混用。

（三）唑嘧磺草胺 flumetsulam

【其他名称】 阔草清。

【理化性质】 灰白色无味固体，微溶于丙酮。

【制　　剂】 80%水分散粒剂、43.7%油悬剂。

【除草特点】 该药属三唑嘧啶磺酰胺类，是内吸、传导型除草剂。杂草根系和茎叶均能吸收药剂，并能通过木质部和韧皮部向上和向下传导，最终积累在植物分生组织内，通过抑制乙酰乳酸合成酶而抑制支链氨基酸的生物合成，从而导致杂草体内蛋白质合成受阻、生长停滞、死亡。杂草受害的典型症状是叶片中脉失绿，叶脉和叶尖褪色，由心叶开始黄化、紫化，节间变短，顶芽死亡，最终全株死亡。一般杂草从开始受害到死亡需用6~10 d。在土壤中的半衰期为1~3个月。

【适用作物】 大豆、小麦、玉米等，适用作物见表14-4。对主要作物的安全性见表14-5。

表 14-4 唑嘧磺草胺可以应用的主要作物

项目	作物种类
国内登记的适用作物	大豆、小麦、春玉米
资料报道的适用作物	小麦、大麦、大豆、豌豆、玉米、苜蓿、马铃薯、三叶草

表 14-5 唑嘧磺草胺对主要作物的安全性比较

项目	作物种类
安全性较好的作物	小麦、大豆
安全性一般的作物	玉米
安全性较差的作物	花生
安全性极差的作物	甜菜、油菜、向日葵、高粱、棉花

唑嘧磺草胺为小麦田除草剂，对小麦相对安全，在小麦生长期喷施一般不会产生药害；但在小麦播后芽前施用，可能产生药害。药害症状见图14-12~图14-14。施药不当，会对其他作物产生药害，药害症状见图14-15~图14-17。

图 14-12 在小麦播后芽前，过量喷施 80% 唑嘧磺草胺水分散粒剂 25 d 后的药害症状（小麦出苗正常，苗后生长缓慢、黄化、矮缩，分蘖减少）

图 14-13 在小麦播后芽前，过量喷施 80% 唑嘧磺草胺水分散粒剂 25 d 后的药害症状（施药后生长缓慢，心叶黄化、矮缩，根系差，须根少，根短无根毛，叶片条状发黄）

图 14-14 在小麦播后芽前，过量喷施 80% 唑嘧磺草胺水分散粒剂 30 d 后的药害症状（施药后生长缓慢，心叶黄化、矮缩，叶片条状发黄，生长受到严重抑制）

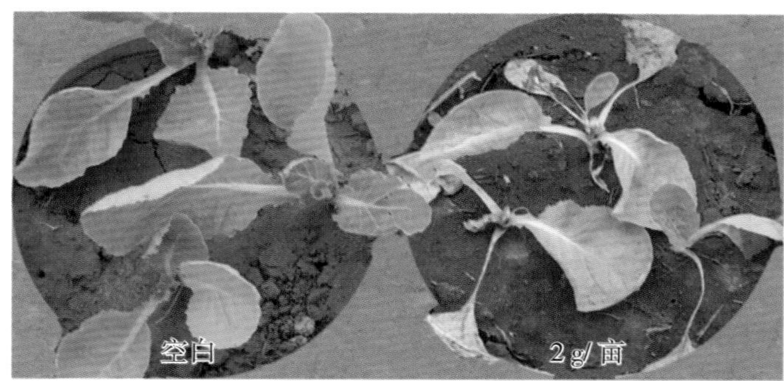

图 14-15 在白菜生长期，模仿飘移或错误用药，喷施 80% 唑嘧磺草胺水分散粒剂 10 d 后的药害症状（施药后生长缓慢，心叶黄化、畸形，重者逐渐死亡）

图 14-16 在大蒜播后芽前，喷施 80% 唑嘧磺草胺水分散粒剂 38 d 后的药害症状（施药后生长缓慢，植株矮小，缓慢死亡，但完全死亡所需时间较长）

图 14-17 在大蒜播后芽前，模仿残留或错误用药，喷施 80% 唑嘧磺草胺水分散粒剂后的药害症状（出苗后生长缓慢，根系差，须根少，根短，无根毛）

【防除对象】 可以有效防除多种一年生阔叶杂草。防除效果见表14-6。杂草中毒症状见图14-18~图14-24。

表 14-6 唑嘧磺草胺对主要杂草的防除效果比较

项目	杂草种类
防除效果突出（90% 以上）的杂草	繁缕、藜、碎米荠、播娘蒿、荠菜
防除效果较好（70%~90%）的杂草	猪殃殃、麦瓶草、佛座
防除效果较差（40%~70%）的杂草	泥胡菜、婆婆纳、泽漆、麦家公
防除效果极差（40% 以下）的杂草	小蓟、野老鹳草

图 14-18 80% 唑嘧磺草胺水分散粒剂对麦瓶草 13 d 后的防除效果比较（防效较好，施药后 6~13 d 部分茎叶黄化，生长受到一定程度的抑制，重者以后逐渐死亡）

图 14-19　80% 唑嘧磺草胺水分散粒剂对播娘蒿的防除效果比较（防效突出，施药后 4~6 d 茎叶黄化，生长受到抑制，以后缓慢死亡）

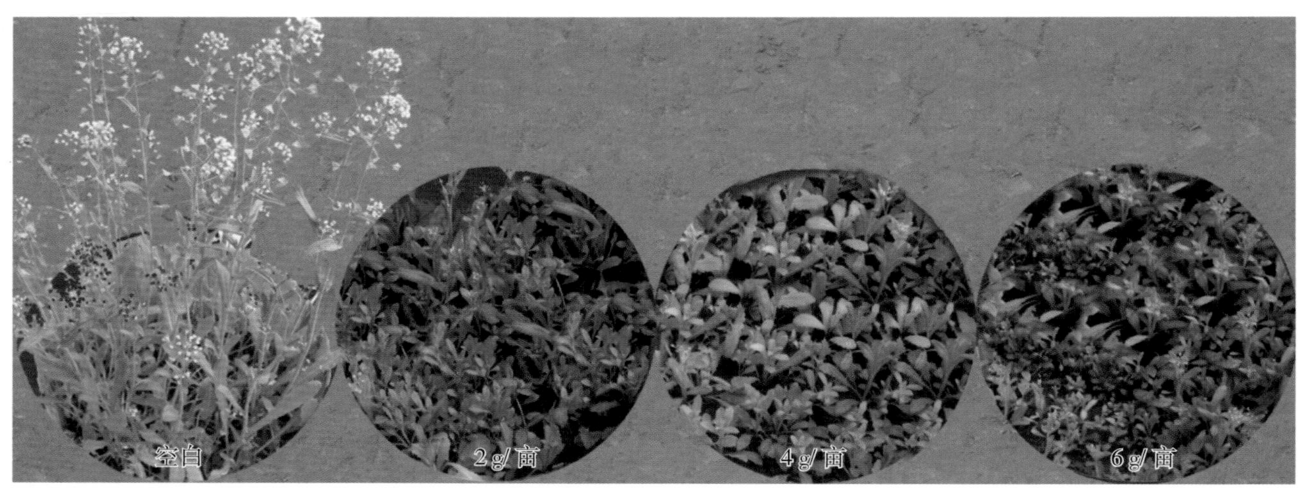

图 14-20　80% 唑嘧磺草胺水分散粒剂对荠菜的防除效果比较（防效突出，施药后 4~6 d 心叶黄化，生长受到抑制，以后缓慢死亡）

图 14-21　80% 唑嘧磺草胺水分散粒剂对猪殃殃的防除效果比较（施药后 6~13 d 心叶黄化，生长受到抑制，以后缓慢死亡）

图 14-22　80% 唑嘧磺草胺水分散粒剂对泽漆 23 d 后的防除效果比较（防效较差，施药后生长受到抑制，但不能有效地防除泽漆）

图 14-23 80% 唑嘧磺草胺水分散粒剂对麦家公 22 d 后的防除效果比较（防效较差，施药后生长受到一定程度的抑制）

图 14-24 80% 唑嘧磺草胺水分散粒剂对佛座 15 d 后的防除效果比较（防效较好，施药后生长受到抑制）

【应用技术】 小麦田，在小麦3叶期至拔节期，用80%水分散粒剂2~3 g/亩，兑水喷施。80%水分散粒剂防除小麦田猪殃殃等阔叶杂草：冬前掌握在猪殃殃2~3个轮叶时，用2 g/亩，兑水40 kg均匀喷雾；春季掌握在杂草5~6个轮叶时用药，用2~3 g/亩，兑水40 kg均匀喷雾。由于同等用量随着草龄的加大除草效果下降，因此用药时间宜早不宜迟。

【注意事项】 施药时应严格掌握用药量，喷施均匀。施药时应选择晴天、高温时进行，在干旱、冷凉条件下，除草效果下降。喷药时注意药液不要飘移到其他敏感作物上。后茬勿轮作棉花、甜菜、油菜、向日葵、高粱及番茄，如种植须间隔2年以上。土壤pH值大于7.8时，在低温高湿的条件下，对后茬玉米等作物的安全性降低，故不宜在碱性土壤中施用。

（四）双氟磺草胺 florasulam

【理化性质】 纯品熔点193.5~230.5 ℃，难溶于有机溶剂。土壤半衰期DT_{50}为1~4.5 d，田间DT_{50}为2~18 d。双氟磺草胺在土壤中主要通过微生物降解而消失，其降解速度取决于土壤温度和湿度，20~25 ℃时半衰期为1.0~8.5 d，5 ℃时为6.4~8 d，所有初生与次生降解产物对植物无害。

【制　　剂】 5%悬浮剂、50 g/L悬浮剂、5%可分散油悬浮剂、10%可湿性粉剂。

【除草特点】 为选择性内吸传导性除草剂，杂草根系和茎叶均能吸收药剂，并通过木质部和韧皮部向上向下传导，最终积累在植物分生组织内，通过抑制乙酰乳酸合成酶、抑制支链氨基酸的生物合成，从而导致杂草体内蛋白质合成受阻，生长停滞、死亡。喷药后，植物生长便受到抑制，但需经数天才能出现明显的受害症状。受害症状表现为分生组织失绿与坏死，新生叶片枯萎，然后扩展至整株植物，有些植物会出现叶脉变红的症状。正常条件下7~10 d植株会全部干枯死亡，但在不良发育条件下，则可能需6~8周植物才会死亡。

【适用作物】 国内登记用于冬小麦田，也有文献记载用于玉米田。

【防除对象】 用于防除阔叶杂草，如播娘蒿、荠菜、猪殃殃及蓼属、菊科杂草等。防除效果见表14-7。

表 14-7 双氟磺草胺对主要杂草的防除效果比较

项目	杂草种类
防除效果突出（90% 以上）的杂草	播娘蒿、猪殃殃、荠菜
防除效果较好（70%~90%）的杂草	独行菜、麦瓶草、麦家公、牛繁缕
防除效果较差（40%~70%）的杂草	蚤缀、红蓼、泽漆
防除效果极差（40% 以下）的杂草	宝盖草、婆婆纳、藜

【应用技术】 小麦苗后杂草生长旺盛期茎叶处理，推荐用药量为3.75~4.5 g/hm^2，兑水30~40 L/亩均匀喷雾。杂草出齐后3~4叶期施药效果好。

【注意事项】 双氟磺草胺选择性高、杀草谱广，对作物安全，对环境友好，对多种恶性杂草防除效果好。用量低、耐低温。在田间应用中，可与多种药剂混配使用，如与2甲4氯混用一定配比范围内可以加快作用速度，对播娘蒿、猪殃殃表现出增效作用。警惕连续使用出现抗药性。

（五）唑草酮 carfentrazone-ethyl

【其他名称】 快灭灵、唑草酯。

【理化性质】 原药为黏性黄色液体，沸点350~355 ℃，熔点-22.1 ℃。

【制　　剂】 40%干悬剂。

【除草特点】 本药为选择性苗后茎叶处理除草剂，可以被杂草的茎叶吸收。该药属于三唑啉酮类除草剂，通过对原卟啉原氧化酶的抑制而抑制杂草的正常光合作用，受药杂草失绿、死亡。该药剂在土壤中的持效期较短，一般情况下可以持续几个小时。

【适用作物】 小麦、玉米、水稻等，适用作物见表14-8。

表 14-8 唑草酮适用的主要作物

项目	作物种类
国内登记的适用作物	小麦
资料报道的适用作物	小麦、水稻、玉米、草坪

【药害与安全性】 唑草酮可以在小麦、玉米的苗期喷施，对作物的安全性较好，但易产生触杀性斑点性药害。施药时剂量较大、喷施不匀易产生药害。生产中由于飘移或误用，易对其他作物产生药害。药害症状见图14-25~图14-32。

图 14-25 在小麦播后芽前，错误用药，喷施 40% 唑草酮干悬剂 14 d 后的药害症状（小麦基本出苗，但出苗稀疏、分蘖较少，麦苗黄化，茎叶有枯黄斑，以后虽能发出新叶，但不断出现叶片枯死症状）

图 14-26　在小麦播后芽前，错误用药，喷施 40% 唑草酮干悬剂 30 d 后的药害症状（施药后 12 d 叶鞘产生不规则干枯斑，叶片产生条形黄斑纹，部分叶片于 20 d 后开始枯死、折断，而后叶片黄化，条形黄斑纹加多、加深，死叶增加）

图 14-27　在小麦播后芽前，错误用药，喷施 40% 唑草酮干悬剂 30 d 后的药害症状（小麦叶片产生不规则干枯斑，部分叶片枯死。部分未死小麦，开始发出新叶）

图 14-28　在小麦生长期，过量喷施 40% 唑草酮干悬剂 6 g/ 亩后的药害表现过程（小麦叶片大量黄化、干枯，部分叶片开始枯死，2~9 d 逐渐死亡。但以后小麦不断发出新叶，长势明显恢复）

图 14-29　在小麦生长期，喷施 40% 唑草酮干悬剂的田间药害症状（施药后小麦叶片产生黄褐斑点，严重时部分叶片折倒，但一般情况下对产量影响较小）

图 14-30　在小麦生长期，喷施 40% 唑草酮干悬剂后的叶片药害症状（施药后小麦叶片产生黄褐斑点，严重时部分叶片折倒）

图 14-31 在大豆生长期，模仿飘移或错误用药，喷施 40% 唑草酮干悬剂 6 d 后的药害症状（施药后 1~2 d 大豆茎叶即出现黄褐色斑点，以后逐渐增多；4~6 d 后增至最多，部分叶片死亡）

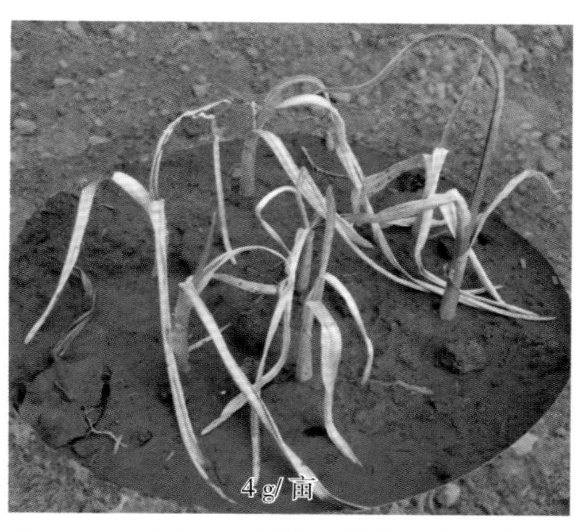

图 14-32 在大蒜生长期，模仿飘移或错误用药，喷施 40% 唑草酮干悬剂 12 d 后的药害症状（大量叶片死亡，一般心叶不死，可以再生新叶，20 d 后可恢复生长）

【防除对象】 可以防除多种阔叶杂草。防除效果见表14-9，杂草中毒症状见图14-33~图14-43。

表 14-9 唑草酮对主要杂草的防除效果比较

项目	杂草种类
防除效果突出（90% 以上）的杂草	播娘蒿、猪殃殃、本氏蓼、香薷、狼把草
防除效果较好（70%~90%）的杂草	荠菜、苘麻、卷茎蓼、苍耳、泽漆、麦瓶草、野油菜
防除效果较差（40%~70%）的杂草	藜、婆婆纳、佛座、麦家公、野老鹳草
防除效果极差（40% 以下）的杂草	大巢菜、蚤缀、稻槎菜、泥胡菜、红蓼、鸭跖草

图 14-33 用 40% 唑草酮干悬剂 4 g/ 亩防除播娘蒿的中毒死亡过程（防除效果突出，施药后 1 d 即表现出中毒症状，叶片失绿、枯黄；3~5 d 即死亡，但未死部分心叶可能复发）

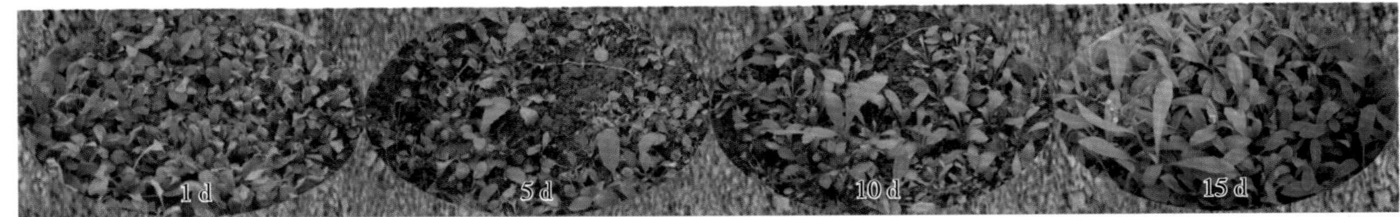

图 14-34 用 40% 唑草酮干悬剂 4 g/ 亩防除荠菜的中毒死亡过程（防效突出，施药后 1 d 即表现出中毒症状，叶片失绿、枯黄；3~5 d 即死亡，但未死部分心叶可能复发）

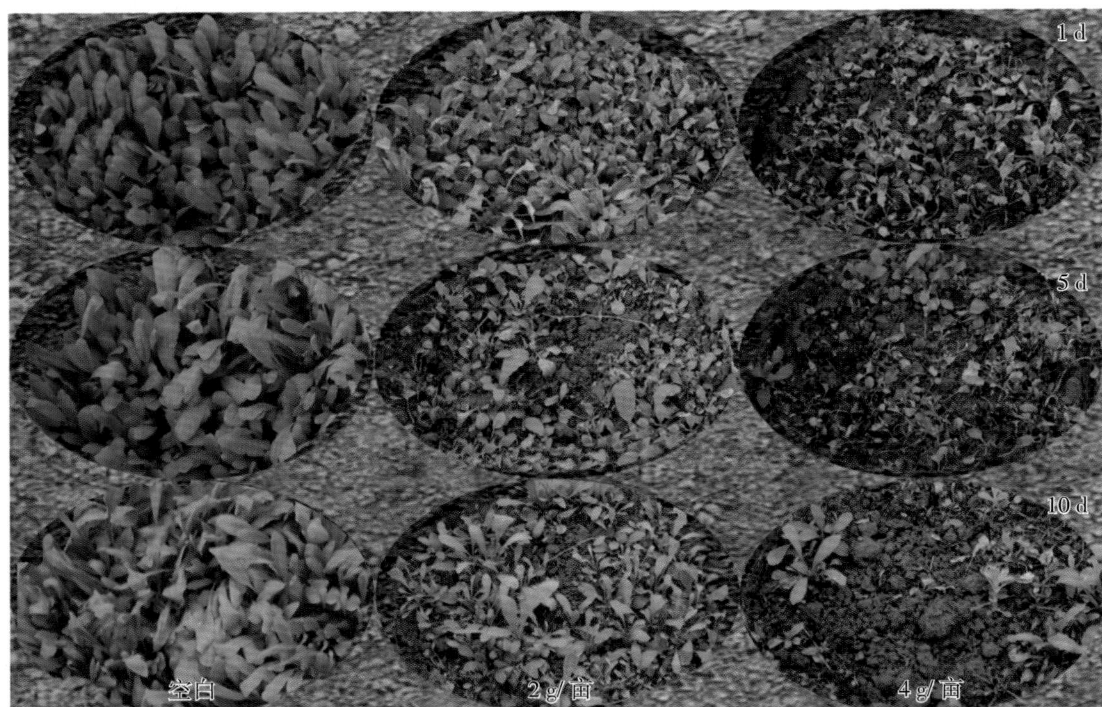

图14-35 用40%唑草酮干悬剂（2 g/亩、4 g/亩）对荠菜的防除效果比较（防效较好，施药后1 d即表现出中毒症状，叶片失绿、枯黄；3~5 d即死亡，但未死部分心叶可能复发）

图14-36 用40%唑草酮干悬剂4 g/亩防除猪殃殃的中毒症状（防效突出，施药后叶片失绿、枯黄，但未着药部位无效，施药时必须喷洒均匀）

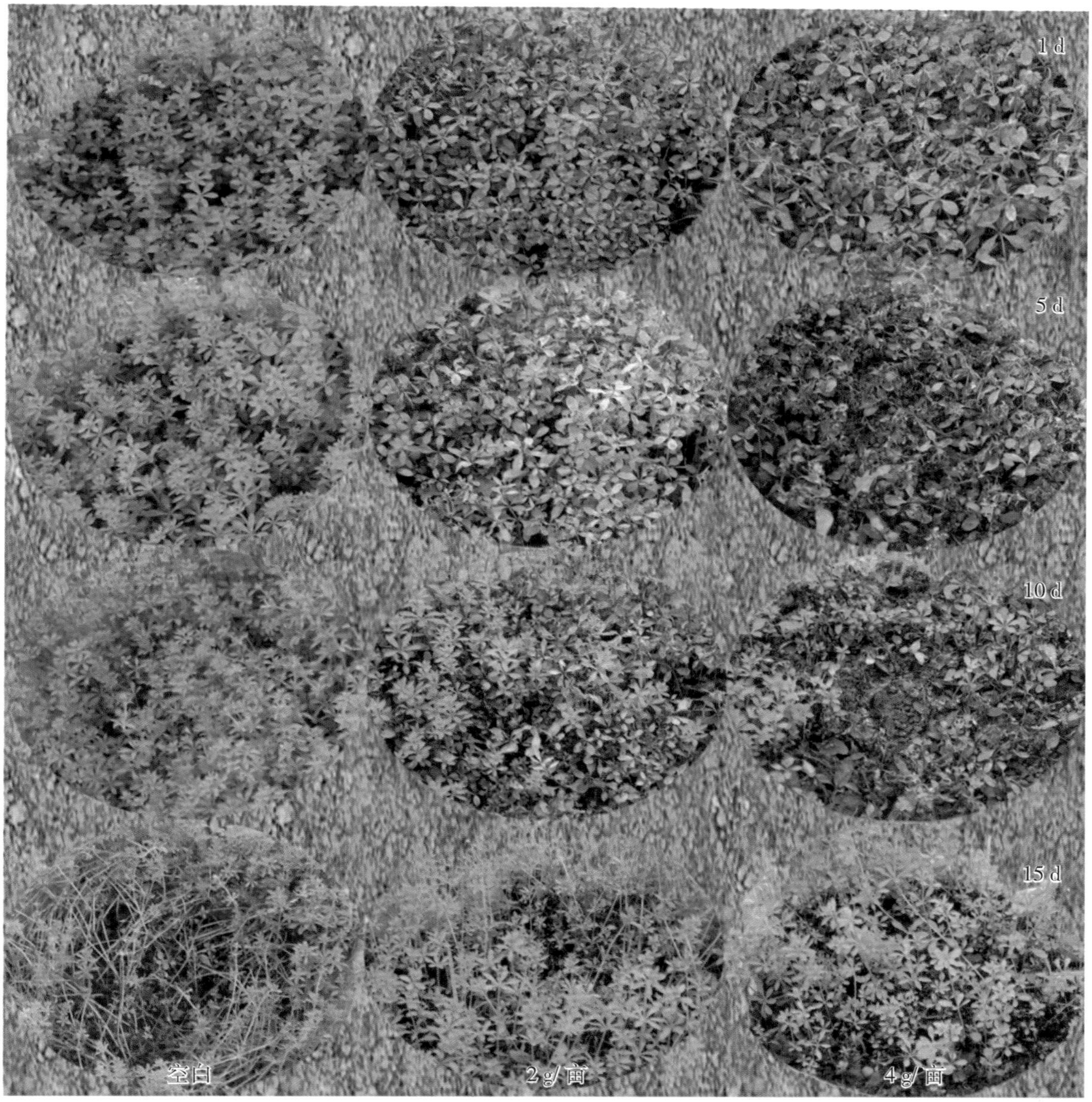

图 14-37　用 40% 唑草酮干悬剂对猪殃殃的防除效果比较（防除效果突出，施药后 1 d 即表现出中毒症状，叶片失绿、枯黄；3~5 d 即死亡，但未死部分心叶可能复发，特别是在猪殃殃密度较高时复发严重）

图 14-38　用 40% 唑草酮干悬剂对卷耳 13 d 的防除效果比较（防除效果较好，施药后部分叶片失绿、枯黄，生长受到轻微抑制，高剂量下部分叶片死亡）

图14-39 用40%唑草酮干悬剂对麦瓶草的防除效果比较（防效较好，施药后1 d即表现出中毒症状，叶片失绿、枯黄；5~7 d即死亡，而且死亡非常彻底）

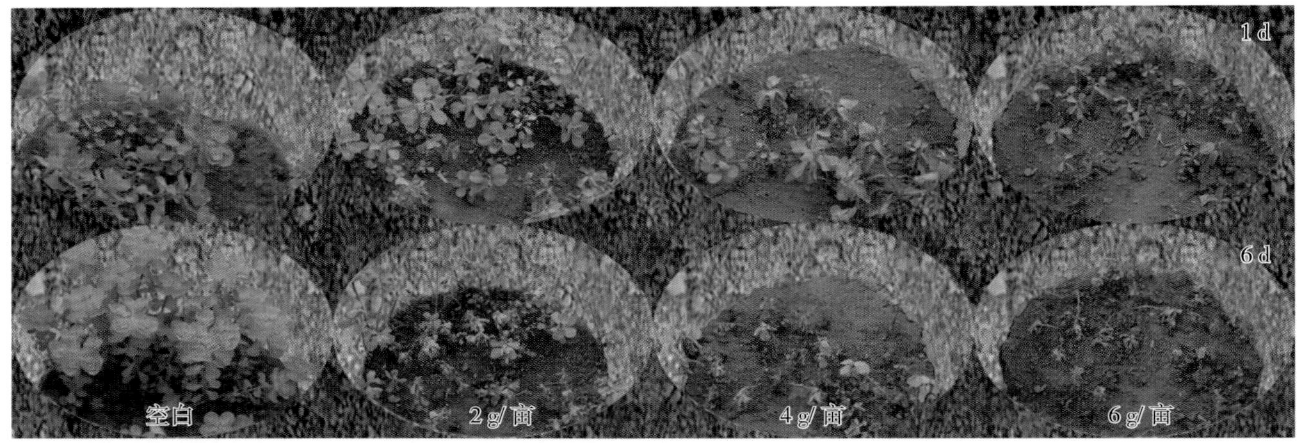

图14-40 用40%唑草酮干悬剂对泽漆的防除效果比较（防效较好，施药后1 d即表现出中毒症状，叶片失绿、枯黄；4~6 d即死亡，而且死亡非常彻底）

图 14-41 用 40% 唑草酮干悬剂对麦家公的防除效果比较（防效较差，施药后 3~5 d 部分叶片失绿、枯黄，生长仅受到抑制）

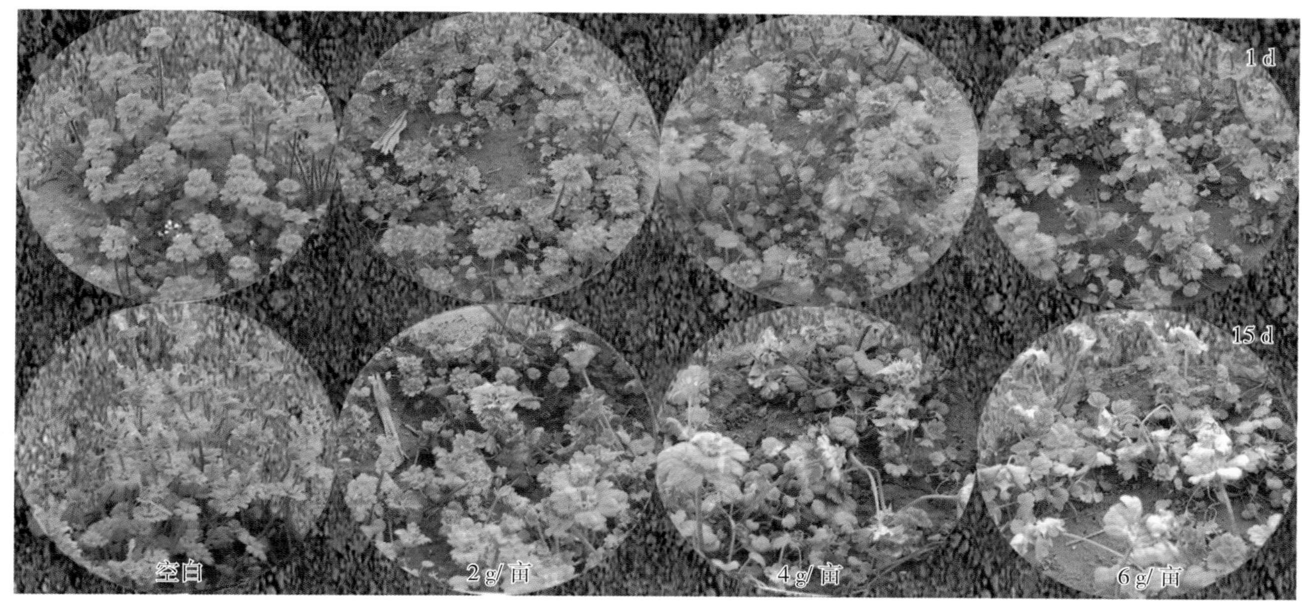

图14-42 用40%唑草酮干悬剂对佛座的防除效果比较（防效较差，施药后1 d即表现出中毒症状，叶片失绿、枯黄；3~5 d即死亡，但未死部分心叶可能复发）

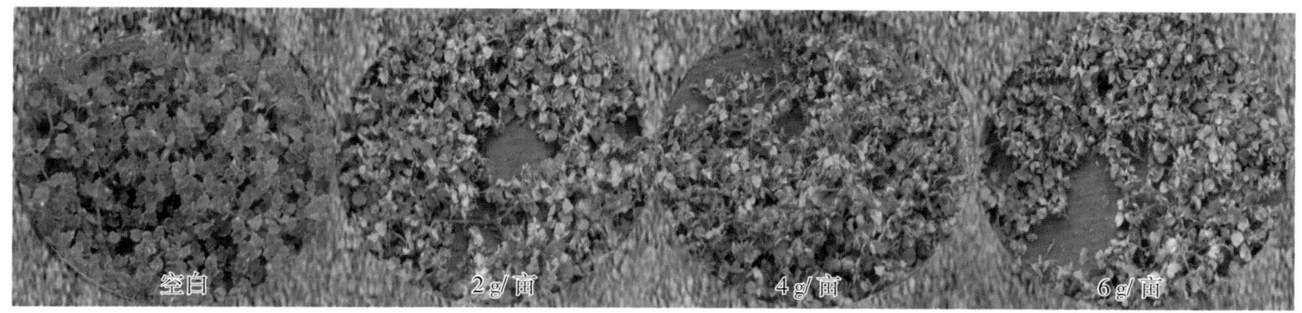

图14-43 用40%唑草酮干悬剂对婆婆纳喷施后6 d的防除效果比较（防效较差，施药后叶片失绿、枯黄，但对未着药部位无效，施药时必须是在婆婆纳幼苗期并喷洒均匀）

【应用技术】 在作物苗期，杂草基本出齐且多处于幼苗期，用40%干悬剂3~4 g/亩，兑水30 kg喷施。

针对猪殃殃、泽漆、婆婆纳、麦家公等较难防除的恶性杂草，应掌握在杂草3~5叶期，选用40%唑草酮干悬剂4 g/亩，兑水30~40 kg叶面喷雾。

【注意事项】 该药剂为触杀型，施药时要注意准确把握用量，喷施均匀。不宜使用机动弥雾机施药。

（六）灭草松 bentazon

【其他名称】 排草丹、苯达松。

【理化性质】 原药为无色结晶粉末，在土壤中不稳定，土壤中灭草松DT_{50}约为2 d。

【制　　剂】 48%水剂、25%水剂。

【除草特点】 本药剂为触杀型选择性苗后除草剂，用于苗期茎叶处理。该药剂属于苯并噻二唑类除草剂，主要抑制光合作用中的希尔反应。耐性作物能代谢该药剂，是其选择性的主要原因。该药不易挥发，容易光解。

【适用作物】 适用作物见表14-10。

表 14-10 灭草松适用的主要作物

项目	作物种类
国内登记的适用作物	大豆、移栽田水稻、直播田水稻、花生、茶园、小麦、甘薯、牧草
资料报道的适用作物	移栽田水稻、花生、玉米、蚕豆、豌豆、马铃薯、甘蔗、暖季型草坪、苜蓿、黄芪、苏子、洋葱

【防除对象】 本药剂可以防除多数一年生双子叶杂草和莎草科杂草，对多年生杂草只能防除其地上部分，对禾本科杂草无效。防除效果见表14-11。杂草中毒症状见图14-44~图14-56。

表 14-11 灭草松对主要杂草的防除效果比较

项目	杂草种类
防除效果突出（90% 以上）的杂草	萹蓄、播娘蒿、卷耳、麦家公、蚤缀、刺儿菜、藜、马齿苋、野老鹳草、香附子
防除效果较好（70%~90%）的杂草	猪殃殃、荠菜、麦瓶草
防除效果较差（40%~70%）的杂草	婆婆纳、泽漆、佛座
防除效果极差（40% 以下）的杂草	田旋花、打碗花

【应用技术】 小麦苗期，杂草3~5叶期，用48%水剂133~200 mL/亩，兑水30 kg，选高温、无风晴天施药，将药液均匀喷洒在杂草茎上，施药后4~6 h可渗入杂草体内。

【注意事项】 旱田施药，应待阔叶杂草基本出齐且处于幼苗期时进行。该药为苗后茎叶处理剂，其除草效果与杂草生育期、生育情况、环境条件有关，施药时应注意以下因素：尽量覆盖杂草叶面；渍水、干旱时不宜使用；喷药2~4 h时降雨，效果不好；光照强时效果好；低温下除草效果不好，如防除小麦田杂草在12月施药，基本上没有除草效果；而在春季施药，如在3月施药除草效果较好。

图14-44 生长期喷施48%灭草松水剂200 mL/亩防除播娘蒿的中毒死亡过程（施药后5~7 d出现中毒症状，叶片从叶缘、叶尖开始失水干枯，未死心叶可能复发）

图 14-45 生长期喷施 48% 灭草松水剂 200 mL/ 亩防除猪殃殃的中毒死亡过程（施药后 4~6 d 出现中毒症状，叶片从叶尖、叶缘开始失水干枯，植株从上部向下逐渐干枯，个别未死心叶可能复发）

图 14-46 生长期喷施 48% 灭草松水剂防除猪殃殃的效果比较（叶片黄化、失水、萎蔫干枯，低剂量下未死心叶可能复发）

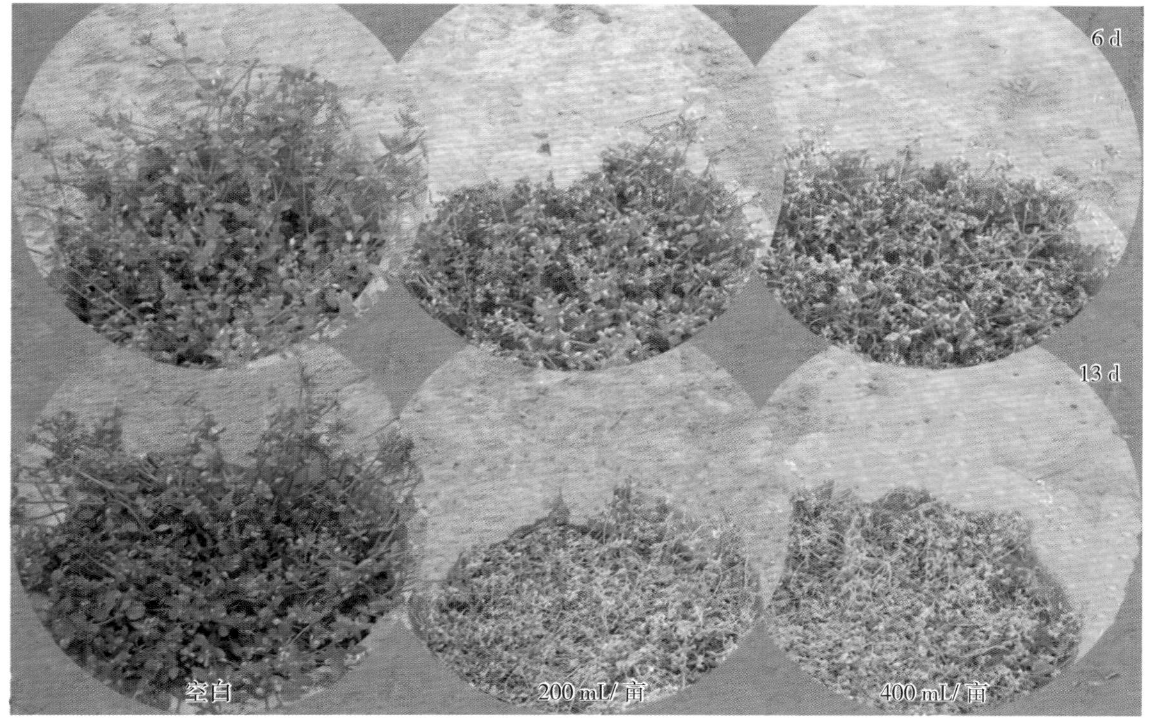

图14-47 生长期喷施48%灭草松水剂防除蚤缀的效果比较（防效突出，施药后迅速出现中毒症状，茎叶黄化、失水、萎蔫而枯死）

6 d
13 d
空白
100 mL/ 亩
200 mL/ 亩
400 mL/ 亩

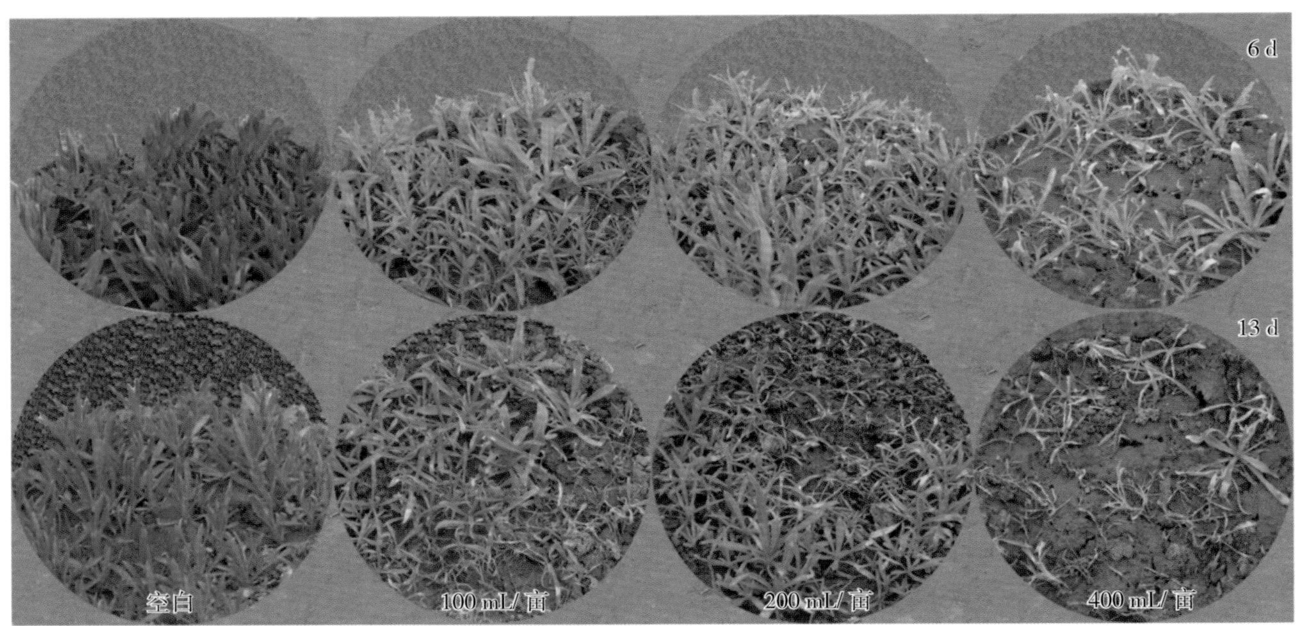

图 14-48　生长期喷施 48% 灭草松水剂防除麦瓶草的效果比较（防效较差，施药后部分茎叶斑状坏死）

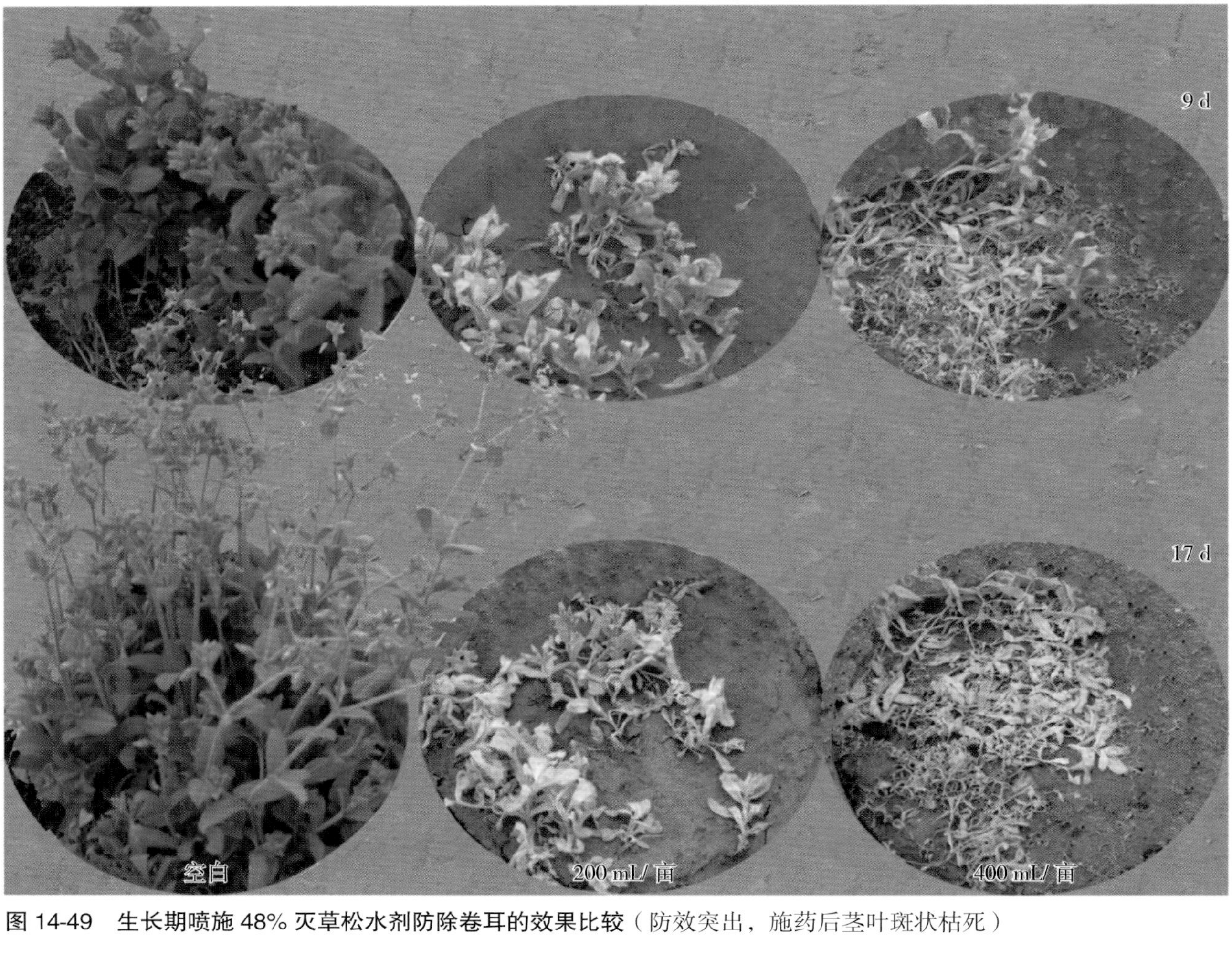

9 d
17 d
空白
200 mL/ 亩
400 mL/ 亩

图 14-49　生长期喷施 48% 灭草松水剂防除卷耳的效果比较（防效突出，施药后茎叶斑状枯死）

图 14-50 生长期喷施 48% 灭草松水剂防除泽漆的效果比较（防效较差，施药后植株上部嫩叶黄化、失水萎蔫，生长受到抑制）

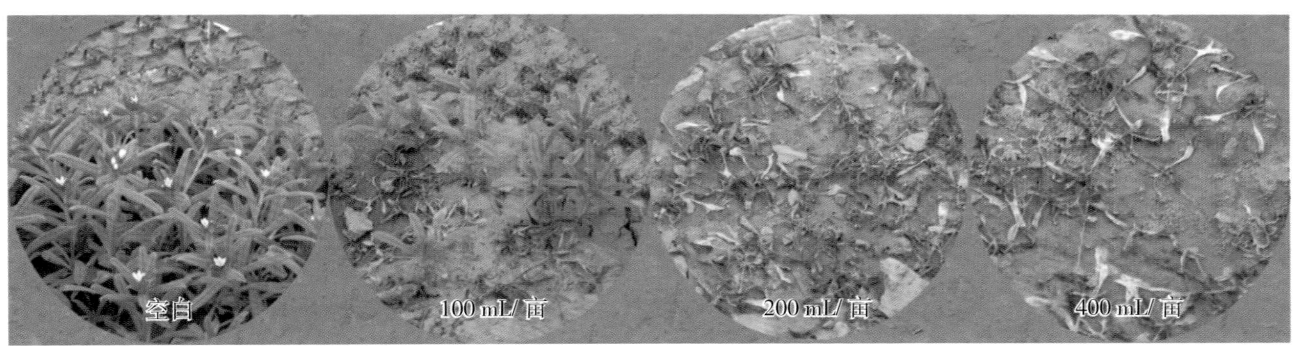

图 14-51 生长期喷施 48% 灭草松水剂防除麦家公 17 d 后的效果比较（防效突出，施药后迅速出现中毒症状，茎叶斑状枯死，低剂量下个别未死心叶可能复发）

图 14-52 生长期喷施 48% 灭草松水剂防除佛座 13 d 后的效果比较（防效较差，施药后个别叶片失绿黄化、叶缘干枯）

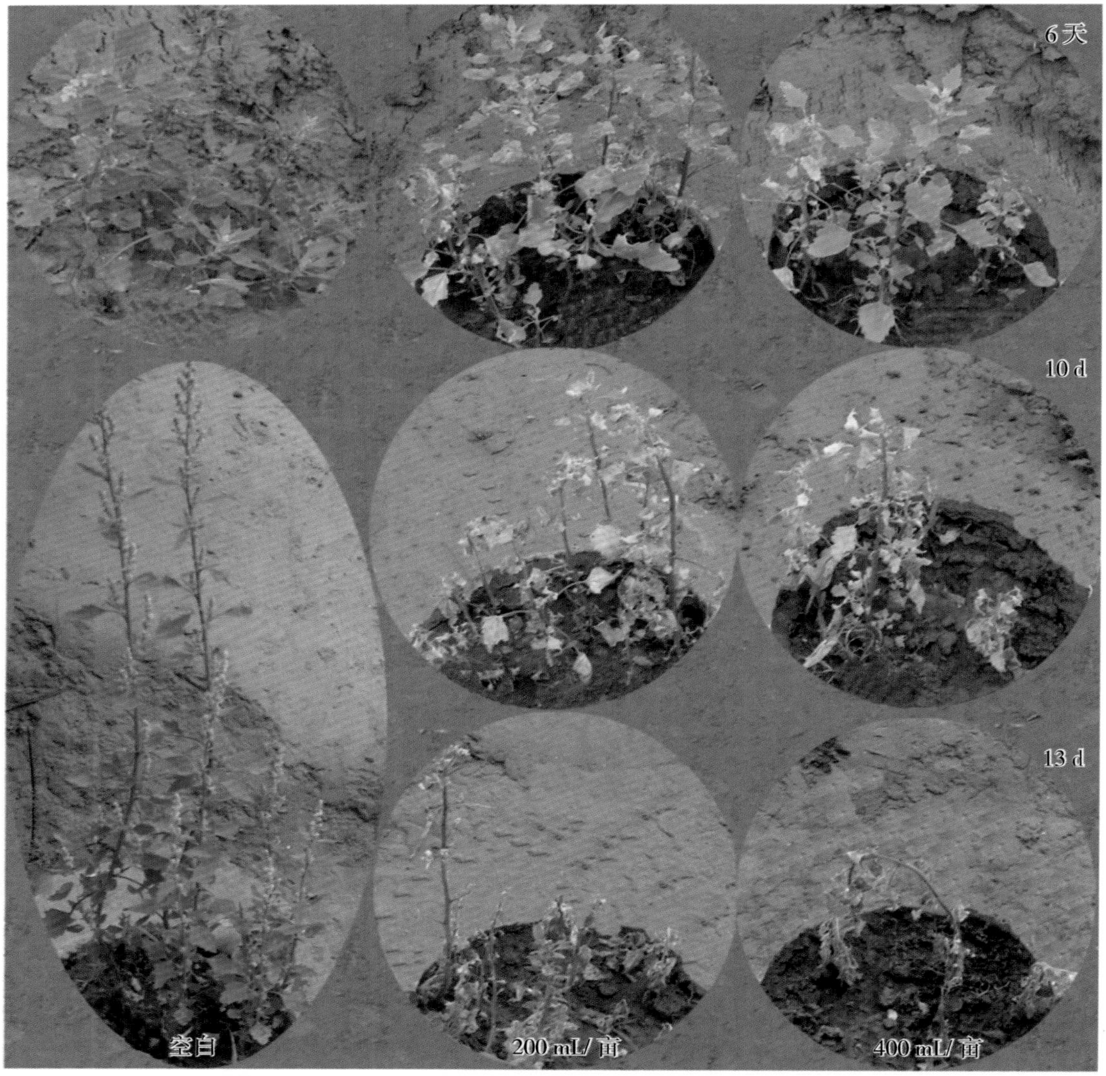

图 14-53　生长期喷施 48% 灭草松水剂防除藜的效果比较（施药后 5~6 d 出现中毒症状，茎叶黄化、失水萎蔫，从叶尖、叶缘开始干枯死亡，低剂量下未死心叶可能复发）

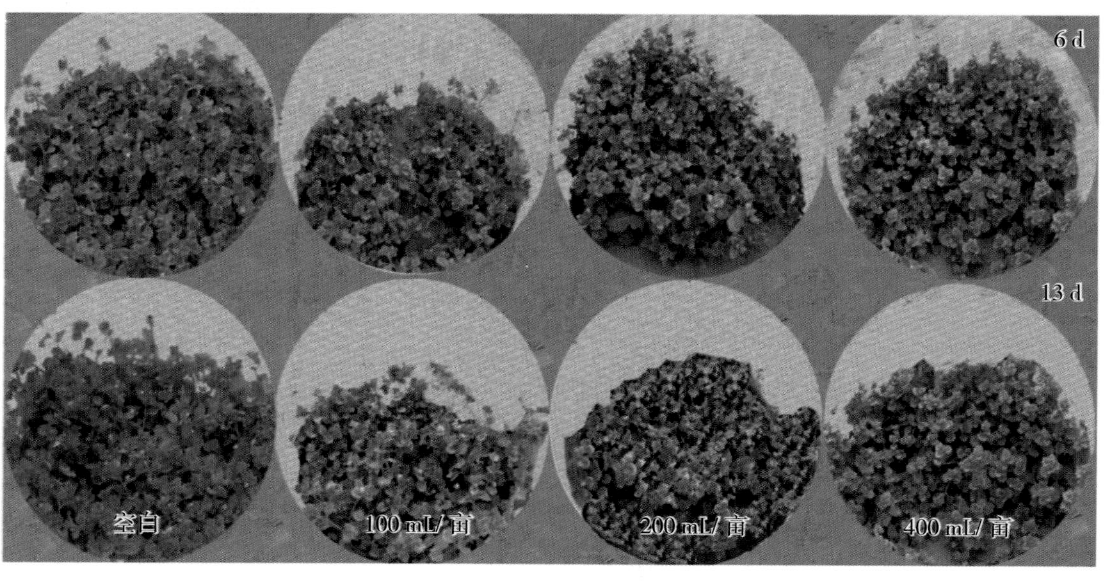

图 14-54　生长期喷施 48% 灭草松水剂防除婆婆纳的效果比较（防效较差，施药后个别茎叶斑状枯死，逐渐恢复生长）

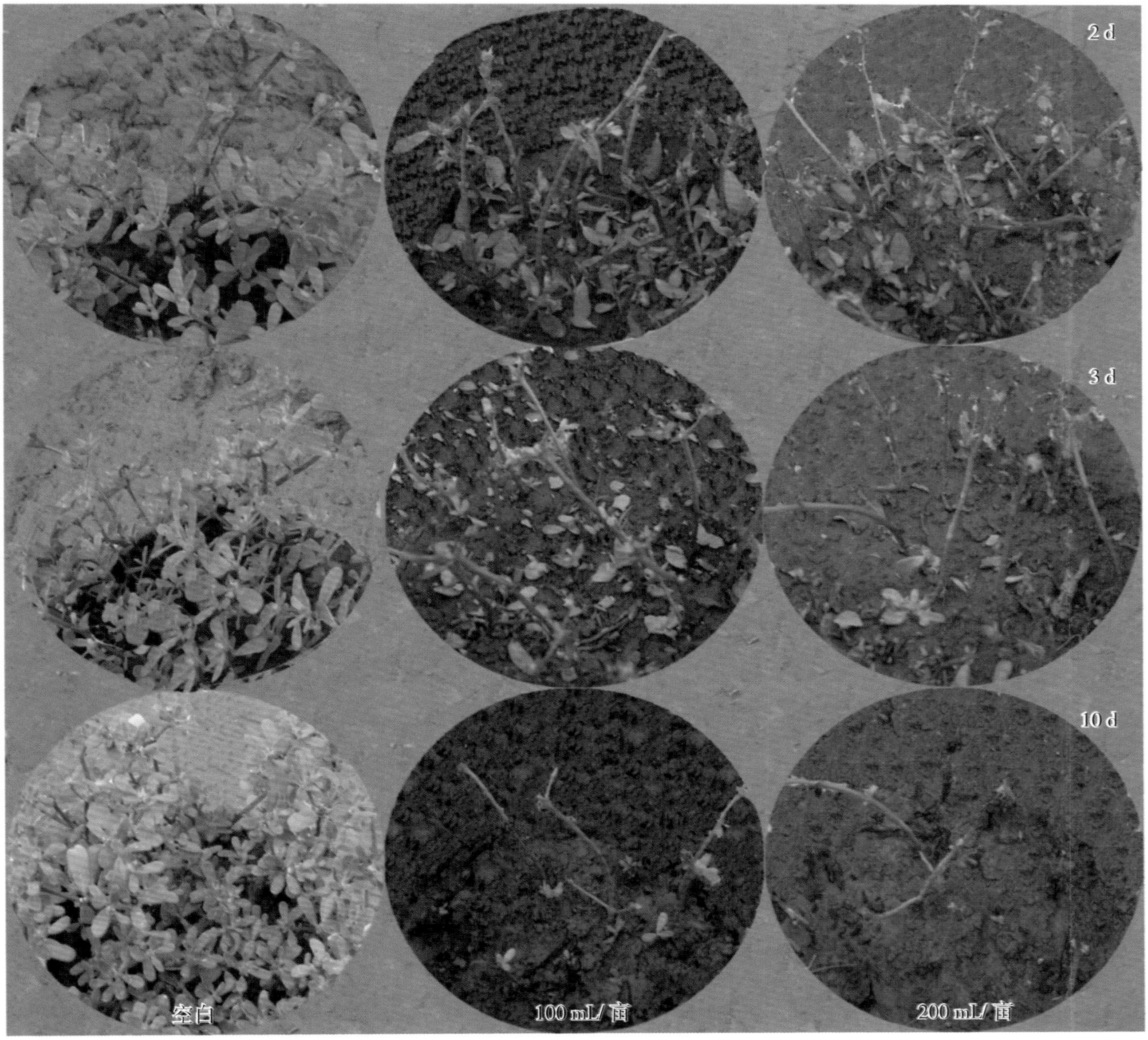

图 14-55 生长期喷施 48% 灭草松水剂防除马齿苋的效果比较（防效突出，施药后迅速出现中毒症状，大量叶片脱落枯死）

图 14-56 生长期喷施 48% 灭草松水剂防除香附子的效果比较（施药后迅速出现中毒症状，叶片黄化、失水，从叶尖、叶缘开始干枯，但地下根茎还会复发）

（七）野燕枯 difenzoquat

【其他名称】 燕麦枯、双苯唑快。

【理化性质】 纯品为无色吸湿性固体，在碱性条件下不稳定。在土壤中很快被分解。

【制　　剂】 65%可湿性粉剂、40%水剂、64%可溶性粉剂。

【除草特点】 本药为选择性苗后茎叶处理剂，可以被杂草茎叶吸收，吸收后转移到心叶，作用于生长点，破坏杂草的细胞分裂和顶端、节间分生组织中细胞的分裂和伸长，从而使其停止生长，最后全株枯死。残存的杂草植株矮小，仅有少数植株抽穗，结籽少，抑制效果好。

【适用作物】 适用作物见表14-12。

表 14-12　野燕枯适用的主要作物

项目	作物种类
国内登记的适用作物	小麦、大麦
资料报道的适用作物	小麦、大麦、黑麦、油菜

【防除对象】 野燕麦。

【应用技术】 小麦田，在野燕麦3~4片叶到分蘖期，用64%可溶性粉剂80~120 g/亩，兑水25~30 kg，茎叶喷雾处理。

【注意事项】 土壤含水量和空气湿度影响除草效果，在土壤水分含量高和空气湿度大的条件下，药剂渗入作用加强，如果在露水未干或下细雨时施药，或浇水后施药都可使野燕枯在植物体内重新分布到达有效作用部位，从而提高药效。可以和2，4-滴丁酯混用以扩大杀草谱，但不能与2甲4氯钠盐混用。小麦田施野燕枯在高温条件下或用药量过高时对小麦也有影响，小麦受害表现为叶变黄，用药越多药害越重，轻者20 d后可恢复正常。以晴天、气温20 ℃以上时施药为好，一般施药时气温不应低于18 ℃，施药后要保证6 h内不降水。

（八）吡草醚 pyraflufen-ethyl

【理化性质】 原药为棕色固体，纯度>96%，纯品为奶油色粉状固体，水中溶解度为0.082 mg/L。

【制　　剂】 2%悬浮剂。

【除草特点】 吡草醚是一种对禾谷类作物具有选择性的新型苯基吡唑类苗后触杀性除草剂，茎叶处理后可被迅速吸收至植物组织中。作为一种原卟啉原氧化酶抑制剂，可导致植物细胞中的原卟啉原Ⅳ积累而发挥药效。

【适用作物】 适用于禾谷类作物，如大麦、小麦。

【防除对象】 主要防除阔叶杂草，如猪殃殃、婆婆纳、繁缕等。

【应用技术】 小麦苗后杂草生长旺盛时期施药，用2% 吡草醚悬浮剂30~40 g/亩，兑水30 L，茎叶均匀喷雾处理。

【注意事项】 吡草醚触杀活性强，传导性差，在低剂量或田间喷洒不均匀的情况下，会出现杂草死亡不彻底、返青继续生长的现象，因此注意严格按照推荐剂量均匀喷雾。

（九）三甲苯草酮 tralkoxydim

【其他名称】 肟草酮。

【理化性质】 纯品为白色结晶体，溶解度（水中20 ℃，其他溶剂24 ℃）：水6.7 mg/L（pH=6.5）、5 mg/L（pH=5）、9 800 mg/L（pH=9），正己烷18 g/L，甲苯213 g/L，二氯甲烷>500 g/L，甲醇25 g/L，丙酮89 g/L，乙酸乙酯100 g/L，可溶于二氯甲烷。半衰期DT_{50}（25 ℃）：6天（pH=5），114天（pH=7）。

【制　　剂】 40%水分散粒剂。

【除草特点】 该药为乙酰辅酶A 羧化酶活性抑制剂，药物通过杂草茎叶吸收，可传导至分生组织，抑制脂肪酸的生物合成，破坏细胞分裂。受害杂草先失绿，后变色枯死，一般施药后3~4 周完全枯死。

【适用作物】 适用于小麦田。

【防除对象】 对一年生禾本科杂草防效较好，但对阔叶杂草和莎草科杂草无明显活性。防除效果见表14-13。

表 14-13　三甲苯草酮对主要杂草的防除效果比较

项目	杂草种类
防除效果突出（90% 以上）的杂草	野燕麦、看麦娘、日本看麦娘、碱茅、棒头草、菵草
防除效果较好（70%~90%）的杂草	蜡烛草、硬草
防除效果较差（40%~70%）的杂草	大穗看麦娘
防除效果极差（40% 以下）的杂草	雀麦、节节麦、多花黑麦草、早熟禾

【应用技术】 小麦出苗后，冬前杂草2~5叶期施药，40%三甲苯草酮水分散粒剂80~120 g/亩兑水30~40 L/亩，茎叶均匀喷雾处理。

【注意事项】 三甲苯草酮施药适期宽，对小麦安全性较好。

（十）唑啉草酯 pinoxaden

【理化性质】 纯品外观为白色细粉末；5%唑啉草酯乳油外观为浅黄色液体。水中溶解度为200 mg/L，在335 ℃时发生热分解。难光解，易水解，土壤易降解、较难淋溶，土壤易吸附、难挥发。在水中和土壤中迅速降解掉，该药剂及其代谢产物不会在土壤中积累。对环境生物毒性较低，对水藻等水生生物有中等毒性。

【制　　剂】 5% 乳油。

【除草特点】 唑啉草酯属新苯基吡唑啉类除草剂，具有内吸传导性，作用机制为乙酰辅酶A羧化酶抑制剂，可造成脂肪酸合成受阻，使细胞生长分裂停止，细胞膜含脂结构被破坏，导致杂草死亡。它具有内吸性，杀草速度比炔草酯更快。被植物叶片吸收后，迅速转移到叶片和茎的生长点，然后传递到整株，48 h敏感杂草停止生长，1~2周杂草叶片开始发黄，3~4周杂草彻底死亡。

【适用作物】 适用作物见表14-14。

表 14-14　唑啉草酯可以应用的主要作物

项目	作物种类
国内登记的适用作物	大麦、小麦
资料报道的适用作物	大麦、小麦、青稞、胡麻

【防除对象】 对一年生禾本科杂草防效较好。防除效果见表14-15。

表 14-15　唑啉草酯对主要杂草的防除效果比较

项目	杂草种类
防除效果突出（90% 以上）的杂草	碱茅、多花黑麦草、棒头草、硬草、菵草
防除效果较好（70%~90%）的杂草	蜡烛草、日本看麦娘、看麦娘
防除效果较差（40%~70%）的杂草	野燕麦
防除效果极差（40% 以下）的杂草	早熟禾、雀麦、节节麦

【应用技术】 小麦苗后2叶1心期至返青期均可使用，在冬前杂草较小时，杂草2~5叶期施药效果好，用5%乳油制剂60~100 g/亩，兑水30~40 L/亩，茎叶均匀喷雾处理。

【注意事项】 施药后，高剂量处理可能会造成大麦（或小麦）轻微药害，1周后可恢复正常，对作物的正常生长及产量没有影响。为了提高唑啉草酯在作物与杂草之间的选择性，制剂中加入了安全剂解草酯（cloquintocet-mexyl），用于诱导作物体内代谢活性，保护作物不受损害。喷药时要求均匀细致，严格按推荐剂量施药；避免药液飘移到邻近作物田，避免在极端气候如异常干旱、低温、高温条件下施药。建议本品每季使用1 次。

（十一）啶磺草胺 pyroxsulam

【其他名称】 优先。

【理化性质】 外观为棕褐色粉末；熔点为208.3 ℃，分解温度为213 ℃；蒸气压（20 ℃）<1×10^{-7}Pa；溶解度（20 ℃）：纯净水中0.062 6 g/L， pH值为7缓冲液中3.20 g/L，甲醇中1.01 g/L，丙酮中2.79 g/L，正辛醇中0.073 g/L，乙酸乙酯中2.17 g/L，二氯乙烷中3.94 g/L，二甲苯中0.035 2 g/L，庚烷中<0.001 g/L。原药属低毒除草剂，啶磺草胺7.5%水分散粒剂属微毒除草剂。啶磺草胺的蒸气压低，挥发性小；土壤中降解，在耗氧条件下半衰期DT_{50}为2~10 d，不易水解；人工光照（相当于北纬40° 夏季日光条件下）半衰期DT_{50}为3.2 d。

【制　　剂】 7.5%水分散粒剂。

【除草特点】 啶磺草胺是磺酰胺类除草剂，为内吸传导型、选择性冬小麦田苗后除草剂，杀草谱广、除草活性高、药效作用快。该药经由杂草叶片、鞘部、茎部或根部吸收，在生长点累积，抑制乙酰乳酸合成酶，无法合成支链氨基酸，进而影响蛋白质合成，影响杂草细胞分裂，造成杂草停止生长、黄化，随后死亡。

【适用作物】 适用于小麦。

【防除对象】 对冬小麦田的看麦娘、雀麦、繁缕等具有较好的防效（表14-16）。

表 14-16　啶磺草胺对主要杂草的防除效果比较

项目	杂草种类
防除效果突出（90% 以上）的杂草	雀麦、看麦娘、日本看麦娘、硬草、蜡烛草、大穗看麦娘
防除效果较好（70%~90%）的杂草	多花黑麦草、野燕麦、茵草、碱茅、棒头草、繁缕
防除效果较差（40%~70%）的杂草	抗苯磺隆播娘蒿和荠菜、麦家公、麦瓶草、婆婆纳
防除效果极差（40% 以下）的杂草	节节麦、早熟禾、猪殃殃、泽漆、宝盖草

【应用技术】 使用时期限定于冬小麦冬前使用，麦苗3~6叶期，禾本科杂草2.5~5叶期时施药，使用方法为茎叶喷雾，7.5%啶磺草胺水分散粒剂9~12 g/亩，加入专用助剂。

【注意事项】 用药量超过13.5 g/亩就有明显的药害症状，小麦叶色变浅或黄化，生长略受抑制；用药量24 g/亩以上就会造成小麦有一定程度的减产。对后茬作物的安全性试验：药量24 g/亩以下，施药后3个月，一般可安全种植小麦、大麦、燕麦、玉米、大豆、水稻、棉花、花生；施药后12个月以上，方可种植番茄、小白菜、甜菜、马铃薯、苜蓿、三叶草。应注意勿在套、间种小麦田使用本药剂。由于该药剂的活性较高，要严格按推荐的用药剂量、施药时期和方法施用，否则容易出现药害；喷雾时应恒速、均匀喷雾，避免重喷、漏喷或超范围施用；在推荐的施药时期范围内，原则上禾本科杂草出齐后用药越早越好，小麦起身拔节后不得施用。施药后3 d内，避免0 ℃以下的强降温。药剂施用后，前期麦苗有时会出现临时性黄化或蹲苗现象，正常使用条件下小麦返青起身后黄化消失，不影响产量。每季最多使用次数为1次。对鸟、蜜蜂、家蚕均为低毒，对鱼等水生生物有一定毒性。施药时应注意，不要在河塘等水域中洗涤施药器具，防止污染水源。

（十二）吡氟酰草胺 diflufenican

【理化性质】 原药为白色晶体，纯度>97%。

【制　　剂】 33%、36%、55% 悬浮剂，550 g/L悬浮剂，50%水分散粒剂，50%、60%可湿性粉剂。

【除草特点】 吡氟酰草胺是一种八氢番茄红素脱氢酶的抑制剂，是广谱的选择性触杀型麦田除草剂。可用于冬小麦芽前或芽后早期施药，药剂被杂草萌发幼苗的芽吸收，通过对八氢番茄红素脱氢酶的抑制，阻碍类胡萝卜素的合成，导致叶绿素破坏、细胞破裂，最终死亡。

【适用作物】 适用于禾谷类作物，如大麦、小麦。

【防除对象】 用于防除一年生阔叶杂草和禾本科杂草。防除效果见表14-17和表14-18。

表 14-17　吡氟酰草胺土壤处理对主要杂草的防除效果比较

项目	杂草种类
防除效果突出（90% 以上）的杂草	播娘蒿、荠菜、猪殃殃、繁缕、麦家公、麦瓶草
防除效果较好（70%~90%）的杂草	反枝苋、刺苋、地肤、宝盖草、酸模叶蓼、马齿苋、龙葵、遏蓝菜
防除效果较差（40%~70%）的杂草	早熟禾、蔄草、碱茅、蜡烛草、棒头草、看麦娘、马唐、稗草、牛筋草、狗尾草
防除效果极差（40% 以下）的杂草	硬草、野燕麦、节节麦、多花黑麦草、雀麦、苍耳

表 14-18　吡氟酰草胺苗后早期茎叶处理对主要杂草的防除效果比较

项目	杂草种类
防除效果突出（90% 以上）的杂草	猪殃殃、繁缕、牛繁缕
防除效果较好（70%~90%）的杂草	播娘蒿、荠菜
防除效果较差（40%~70%）的杂草	麦家公、麦瓶草、灰绿藜、卷茎蓼、宝盖草、早熟禾、蔄草、碱茅、蜡烛草、棒头草、看麦娘、马唐、稗草、牛筋草、狗尾草
防除效果极差（40% 以下）的杂草	硬草、野燕麦、节节麦、多花黑麦草、雀麦

【应用技术】 苗前封闭处理或苗后早期使用效果好，施药量为125~250 g/hm^2，兑水30~45 L/亩均匀喷雾。

【注意事项】 吡氟酰草胺在冬小麦芽前和芽后早期施用对小麦生长安全，但苗前施药时如遇持续降水，尤其是芽期降水，可以造成作物叶片暂时脱色，但一般可以恢复。若苗前用药，需精细平整土地，播后严密盖种，然后施药，药后不能翻动土层。

土壤湿度对杂草的防效影响较大，施药后土壤湿润、气温偏高，药效表现快，除草效果好。对于弱苗，田间气温低于5 ℃时需要练苗，待气温回升或壮苗后用药。

茎叶处理，施药量要根据杂草的叶龄大小而定，不同叶龄的杂草应采取相应用药量。

吡氟酰草胺为一种持效性除草剂，如下茬为水稻，应控制其用量，否则会造成下茬水稻白化现象；对甘蓝型油菜、黄瓜、水稻秧苗、番茄等作物敏感，喷药时禁止药液飘移到这些作物上。

（十三）乙草胺 acetochlor

【理化性质】 原药因含有杂质而呈现深红色，纯品为淡黄色液体。性质稳定，不易挥发和光解，不溶于水，易溶于有机溶剂。

【制　　剂】 50%、81.5%、89%、880 g/L、900 g/L乳油，25% 微囊悬浮剂，48%、50% 水乳剂，50%微乳剂，20%、40%可湿性粉剂。

【除草特点】 乙草胺为选择性输导型土壤处理剂，播后苗前土壤处理，在土壤表面形成药层，杂草萌发后被幼芽吸收，单子叶植物以胚芽鞘吸收为主，双子叶植物则以下胚轴吸收为主，吸收后向上传导，抑制蛋白酶活性，破坏蛋白质的合成，使幼芽幼根停止生长。禾本科杂草中毒后主要表现为心叶卷曲萎缩，其他叶片皱缩，整株枯死；阔叶杂草中毒症状为叶片皱缩变黄，整株枯死。

【适用作物】 在国内主要登记用于花生、玉米、大豆、棉花、油菜、大蒜等作物，苗前土壤处理。由于高剂量会对小麦产生药害，常与噻吩磺隆、异丙隆、扑草净、苄嘧磺隆等复配减量使用。

【防除对象】 可防除一年生禾本科杂草和阔叶杂草。

【应用技术】 乙草胺一般不单独用于小麦田，在我国登记的噻吩磺隆·乙草胺（2%+48%）播后苗前，施药量为70~80 g/亩；噻吩磺隆·乙草胺（1%+19%）播后苗前，施药量为80~100 g/亩；扑草净·乙草胺（20%+20%）播后苗前，施药量为120~150 g/亩，兑水30~40 L/亩均匀土壤喷雾处理。

【注意事项】 沙质土壤易淋溶造成药害，施药量应适当减少。小麦播种用药前后如遇低温高湿，易造成小麦药害。整好地后尽快播种，在杂草长出之前用药，否则会影响药效。土壤湿润是保证除草效果的关键。避免高剂量单独用药，建议与其他药剂混配减量使用，可有效缓解对小麦的药害且可以扩大杀草谱。

（十四）丙草胺 pretilachlor

【理化性质】 纯品为无色液体，20 ℃时在水中的溶解度为50 mg/L，易溶于大多数的有机溶剂。

【制　　剂】 30%、50%、300 g/L、500 g/L、720 g/L乳油，50% 水乳剂，85%微乳剂，30%细粒剂。

【除草特点】 丙草胺为选择性输导型土壤处理剂，播后苗前土壤处理，在土壤表面形成药层，杂草萌发后通过胚芽鞘和下胚轴吸收并传导，干扰蛋白质的合成，使幼芽、幼根停止生长。

【适用作物】 在国内主要登记用于玉米、水稻田，但高剂量会对小麦产生药害，与氯吡嘧磺隆、异丙隆等复配减量使用。

【防除对象】 主要用于防除一年生禾本科杂草。

【应用技术】 丙草胺一般不单独用于小麦田，常与其他药剂混配使用，在我国登记的药剂有：丙草胺·氯吡嘧磺隆·异丙隆（16%+1.5%+29.5%）播后苗前，施药量为120~150 g/亩；异丙隆·丙草胺（37%+23%）播后苗前，施药量为125~150 g/亩；兑水30~40 L/亩均匀土壤喷雾处理。

【注意事项】 单独使用，小麦播种用药前后，如遇低温高湿，易造成小麦药害。避免高剂量单独用药，建议与其他药剂混配减量使用，可有效缓解对小麦的药害且可以扩大杀草谱。整好地后尽快播种，在杂草长出之前用药，否则会影响药效。土壤湿润是保证除草效果的关键。

（十五）氟噻草胺 flufenacet

【理化性质】 纯品为白色或棕色固体。

【制　　剂】 在国内登记未见氟噻草胺单剂登记，仅有拜耳登记的33%氟噻·吡酰·呋悬浮剂（11%+11%+11%）。

【除草特点】 氟噻草胺是一种酰胺类除草剂，以土壤处理为主，杂草萌发后通过胚芽鞘和胚轴吸收，阻止植物的细胞分裂，从而达到除草效果。氟噻草胺在植物体内容易降解，一般与特定的除草剂混用可扩大杀草谱。

【适用作物】 在国内主要登记无单剂登记，只有33%氟噻·吡酰·呋悬浮剂（11%+11%+11%）登记用于冬小麦田。

【防除对象】 对一年生禾本科杂草有特效，也可用于防除部分阔叶杂草。防除效果见表14-19。

表 14-19　氟噻草胺对主要杂草的防除效果比较

项目	杂草种类
防除效果突出（90% 以上）的杂草	播娘蒿、荠菜、看麦娘、日本看麦娘、牛筋草、马唐
防除效果较好（70%~90%）的杂草	麦家公、麦瓶草、宝盖草、雀麦、大穗看麦娘、多花黑麦草
防除效果较差（40%~70%）的杂草	猪殃殃、泽漆
防除效果极差（40% 以下）的杂草	繁缕、牛繁缕、婆婆纳、节节麦、野燕麦

【应用技术】　33%氟噻草胺·吡氟酰草胺·呋草酮悬浮剂（11%+11%+11%）播后苗前，施药量为80 g/亩，兑水30~40 L/亩，均匀土壤喷雾处理。防除看麦娘、日本看麦娘、硬草、菵草、早熟禾、大穗看麦娘、播娘蒿、荠菜、野老鹳草、大巢菜、泽漆等效果均较好，对目前生产中已经产生抗性的看麦娘、日本看麦娘、播娘蒿、荠菜等均有很好的防除效果。

【注意事项】　封闭药剂对整地质量要求高，要求田地平整，土垡细碎。覆土均匀，镇压畦面，安全增效。良好的墒情是确保药效必要的保障。

（十六）氟氯吡啶酯 halauxifen-methyl

【制　　剂】　在国内登记未见氟氯吡啶酯单剂登记，仅有20%双氟·氟氯酯水分散粒剂（10%+10%）。

【除草特点】　氟氯吡啶酯是人工合成激素类除草剂全新类别芳香基吡啶甲酸类，模拟了高剂量天然植物生长激素的作用，引起特定的生长素调节基因的过度刺激，干扰敏感植物的多个生长过程。杂草中毒后首先表现为叶片扭曲、黄化，最终死亡。

【适用作物】　在国内主要登记无单剂登记，只有20%双氟·氟氯酯水分散粒剂（10%+10%）登记用于冬小麦田。

【防除对象】　可防除一年生阔叶杂草，有较好的防效。防除效果见表14-20。

表 14-20　氟氯吡啶酯对主要杂草的防除效果比较

项目	杂草种类
防除效果突出（90% 以上）的杂草	播娘蒿、猪殃殃、宝盖草、小花糖芥
防除效果较好（70%~90%）的杂草	荠菜
防除效果较差（40%~70%）的杂草	麦家公、麦瓶草、泽漆、宝盖草、繁缕、牛繁缕
防除效果极差（40% 以下）的杂草	婆婆纳

【应用技术】　小麦返青期20%双氟·氟氯酯水分散粒剂（10%+10%），施药量为15~20 g/hm^2，兑水30~40 L/亩，均匀茎叶喷雾处理。

【注意事项】　避免在干旱条件下施药，否则影响药效。

第四部分

中国小麦田杂草防除策略

目前，生产中冬小麦田杂草防除存在很多难点，总结如下：

1.针对特定杂草，选择恰当的除草剂难　由于除草剂具有选择性的原因，一般除草剂单剂仅能防除小麦田的其中一种或几种杂草，如防除猪殃殃，氯氟吡氧乙酸等效果好，2甲4氯效果差；防除雀麦，啶磺草胺、氟唑磺隆效果好，炔草酯近乎无效。因此，要做好小麦田杂草防除，必须首先了解各种除草剂的药剂特性和杀草谱。

2.禾本科杂草识别难　小麦田禾本科杂草，农户都俗称为“野麦子”。实际上常见禾本科杂草有十几种之多，适宜的杂草防除时期一般为杂草幼苗2~5叶期。此时，杂草植株非常小，不易识别。

3.除草剂使用技术要求高，难以掌握　即使选择对了除草剂，由于使用技术不恰当，也往往达不到理想的除草效果，甚至还可能产生药害。除草剂药效的发挥及是否产生药害受环境因素（温度、湿度等）影响大，如甲基二磺隆、啶磺草胺喷药后遇强降温（日低温在0 ℃以下），小麦往往出现黄化、抑制生长等明显的药害；氯氟吡氧乙酸、炔草酯、精噁唑禾草灵等在低温下防效显著下降。一般情况下，土壤干旱时喷施除草剂效果差。杂草植株较大时喷施除草剂，防效也会显著下降。关于药害产生的另一个常见原因，是农户对除草剂的安全性认识不足，往往以为在小麦田登记的除草剂对小麦就绝对安全，殊不知除草剂的安全性是相对的，在登记剂量下正确使用是安全的，但过量使用往往会对小麦产生药害。

4.抗性杂草防除难　由于抗性杂草的发生发展，部分种群对其他除草剂还存在交互抗性和多抗性，对杂草抗性发展认识不足，也使得抗性杂草防除成为生产中的难题。

5.部分恶性杂草（节节麦、猪殃殃、婆婆纳等）防除难　部分区域节节麦、猪殃殃、婆婆纳等发生密度极大，药剂选择不恰当，往往不能控制，形成草荒，严重影响小麦产量。

6.小麦拔节期后田间杂草防除难　黄淮海区小麦一般4月就进入拔节期，而4月以后是春季杂草萌发的时间，如藜、小藜、打碗花、刺儿菜、萹蓄等，开始萌发危害；前期没及时防除或防除效果差的地块，越冬杂草危害严重。小麦拔节期以后，杂草防除的研究报道较少。在分蘖期至返青期是小麦耐药性较强的时间，进入拔节期以后，耐药性大幅下降，多数除草剂不再推荐使用。因此，此时期田间杂草防除难。目前的研究中，仅氯氟吡氧乙酸在此期使用对小麦安全，对田间的猪殃殃、打碗花等有较好的防效。

针对上述难点，下面就从杂草的防除时间、除草剂的杀草谱、各种杂草防控技术等几个方面进行介绍。

第十五章　小麦田杂草的防除时间

小麦田杂草发生时间长，伴随小麦的整个生育期。目前小麦田推广的除草剂少数为土壤处理除草剂，如氟噻草胺等，在小麦播后苗前使用；多数为茎叶处理除草剂，在小麦3叶期至拔节期以前使用。小麦，尤其是冬小麦，播种后要经过漫长的越冬期，整个苗期历时特别长，从播种至拔节期有长达5~6个月的时间。茎叶处理除草剂什么时间使用最合适呢？

茎叶处理除草剂的使用时间与田间杂草的发生动态密切相关。目前推广的茎叶处理除草剂多数不具有土壤处理活性，因此，要在小麦田杂草基本出齐后方可进行施药处理。也有个别除草剂如吡氟酰草胺，既有土壤活性又有茎叶活性，且茎叶活性以杂草幼苗期防控效果好，杂草植株较大时效果显著下降，适宜苗后早期施用。下面从小麦田杂草不同时间防除对小麦产量的影响、不同时间喷施除草剂的除草效果等几个方面进行介绍。

一、不同杂草群落、不同防除时间对小麦产量的影响

从对小麦产量的影响看，杂草防除宜早不宜迟，越早防除对小麦产量影响越小。杂草种群的生物量与对小麦产量的影响成正相关，杂草种群的生物量越大，对小麦造成的产量损失就越大。从山东省农业科学院植物保护研究所对不同杂草群落、不同防除时间对小麦产量的影响的研究结果来看，如果杂草基数过大（每平方米杂草>300株/茎），冬前就应该采取措施防除，如果到春季再除草就会影响小麦的有效分蘖数（图15-1~图15-3）。

图 15-1　杂草基数大，冬前喷药除草
（春季 3 月 20 日拍照，下同）

图 15-2　早春喷施除草剂

2013~2015年，山东省农业科学院植物保护研究所在山东济南连续两年进行了不同时间防除杂草对小麦产量影响的试验，小麦田杂草主要为播娘蒿、荠菜、麦瓶草、雀麦等。结果表明：冬前11月15日、冬后3月1日、冬后3月15日、冬后4月1日除草对小麦的产量影响不大。在杂草危害中等偏重发生的情况下（每平方米杂草200~300株/茎，见表15-1），4月15日除草可造成小麦大幅减产，减产30.53%~32.56%；在杂草危害中等偏轻发生的情况下（每平方米杂草30~100株/茎），4月15日除草，会造成小麦减产10%左右，5月1日或5月15日除草，小麦减产10.12%~53.73%（详见图15-4）。所以，为保证小麦产量，冬小麦的最佳除草时间应该在冬前或冬后4月1日之前。若晚于此日期，杂草则较难清除，并且与小麦争夺养分和水分，从而导致小麦严重减产。

图 15-3　未喷药对照

表 15-1　2013~2014 年度和 2014~2015 年度试验田杂草发生种类及数量调查（茎数 / m^2）

	2013~2014 年度				2014~2015 年度	
	雀麦	播娘蒿	荠菜	麦瓶草	雀麦	播娘蒿
冬前 11 月 15 日	45.7 ± 4.2	200.4 ± 10.1	35.2 ± 5.2	0.3 ± 0.4	51.0 ± 3.5	35.1 ± 3.5
冬后 3 月 1 日	94.8 ± 5.6	229.9 ± 9.5	90.2 ± 6.9	0.4 ± 0.2	42.4 ± 4.2	18.4 ± 2.9
冬后 3 月 15 日	70.0 ± 6.2	172.8 ± 13.6	112.0 ± 9.1	1.1 ± 0.3	67.4 ± 5.1	31.3 ± 5.2
冬后 4 月 1 日	77.3 ± 4.9	175.6 ± 12.5	45.3 ± 6.9	0.7 ± 0.4	137.0 ± 9.2	35.4 ± 4.6
冬后 4 月 15 日	45.7 ± 5.2	200.4 ± 10.6	35.2 ± 5.4	0.7 ± 0.2	90.4 ± 5.2	32.5 ± 5.2
冬后 5 月 1 日	—	—	—	—	50.0 ± 4.6	23.9 ± 4.6
冬后 5 月 15 日	—	—	—	—	23.4 ± 5.2	23.5 ± 5.2
各时期杂草平均数量	66.7 ± 6.2	195.8 ± 11.2	63.6 ± 7.6	0.6 ± 0.3	65.9 ± 4.9	28.6 ± 3.5

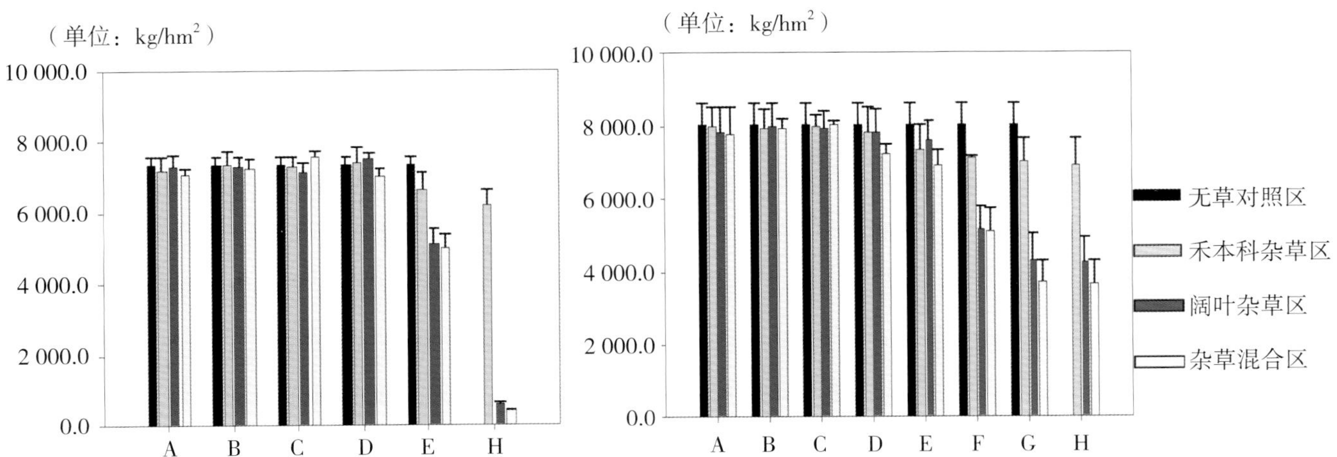

图 15-4　不同杂草群落及不同防除时间对小麦产量的影响（左图为 2013~2014 年度、右图为 2014~2015 年度）
A：冬前除草；B：冬后 3 月 1 日除草；C：冬后 3 月 15 日除草；D：冬后 4 月 1 日除草；E：冬后 4 月 15 日除草；F：冬后 5 月 1 日除草；G：冬后 5 月 15 日除草；H：杂草未防除对照

对于冬小麦来说，造成其产量损失的主要为越年生杂草。在正常年份，95%以上的越年生杂草在小麦播种后30~40 d，小麦越冬前即可萌发出土。当然，小麦田杂草萌发也与小麦当年种植的气候条件密切相关。干旱年份，田间水分少，小麦田杂草出苗晚、出苗不整齐；如果小麦播种后雨水充沛，温度适宜，则杂草出苗早、出苗整齐。除此之外，小麦田杂草的发生与小麦播种期也有一定的关系。若播种期较早，则大部分杂草在冬前就已经出苗，此时应进行一次冬前除草，否则将会影响小麦生长。若播种期较晚，小麦田杂草未能出苗就面临越冬，冬前的小麦田可能杂草较少，但在冬后返青后，杂草可能会大量萌发，此时应及时进行冬后返青期除草。

二、除草剂不同时间喷施对杂草防除效果的影响

为明确小麦和杂草在不同生长状态、不同温度下对除草剂的敏感性，以及不同除草剂对几种杂草的防除效果，山东省农业科学院植物保护研究所李美等分别在小麦越冬前、越冬期、冬后小麦返青期等不同环境条件下，进行了不同除草剂防除大穗看麦娘、麦家公、猪殃殃等杂草的田间试验。试验结果表明：①冬前杂草基本出齐后，杂草叶龄小时，对除草剂相对敏感，喷施除草剂效果最好。②在小麦越冬期不宜施除草剂。越冬期气温低，此时施药，很多除草剂如氯氟吡氧乙酸、炔草酯、精噁唑禾草灵、唑啉草酯、苯磺隆等对温度敏感，除草效果显著降低。低温下小麦对除草剂的耐药性降低，易产生药害，如啶磺草胺、甲基二磺隆等药剂，施药后冬前看不出明显的药害，但返青后药害明显，比如小麦植株出现黄化、矮化等症状，或出现除草不增产的隐性药害。③小麦返青期施药，施药越早杂草越小，除草效果越好，随着杂草叶龄增大，除草效果显著降低，此期喷药宜早不宜晚。

（一）不同时间喷药防除大穗看麦娘田间效果评价

大穗看麦娘是一种生长在耕地和荒地的一年生禾本科杂草，原产地为中国台湾，现在在欧洲尤其是英国、法国和德国均有大面积分布。大穗看麦娘产种子量大，植株高大，在已发生地块，大穗看麦娘往往发生密度大，除了与小麦竞争水分、肥料和光照外，其茎秆细弱，在穗期易倒伏，从而引发小麦倒伏，致使小麦严重减产。最近几年才有大穗看麦娘在黄淮海区域分布、危害的报道。高兴祥等选择了啶磺草胺、氟唑磺隆等8种除草剂，采用不同剂量、不同时间施药，以期明确各除草剂对大穗看麦娘的田间防除效果、最佳使用时间等，为大穗看麦娘的化学控制提供理论依据。

1. 材料与方法　供试冬小麦品种：济麦 22。供试药剂：乙酰乳酸合成酶（ALS）抑制剂：7.5% 啶磺草胺（优先）水分散粒剂（pyroxsulam，WG），陶氏益农农业科技（中国）有限公司；70% 氟唑磺隆（彪虎）水分散粒剂（flucarbazone-sodium，WG），爱利思达生物化学品北美有限公司；3.6% 甲基二磺隆 + 甲基碘磺隆钠盐（阔世玛）水分散粒剂（mesosulfuron-methyl + iodosulfuron-methyl-sodium，WG），拜耳作物科学公司。乙酰辅酶 A 羧化酶（ACCase）抑制剂：69 g/L 精噁唑禾草灵（骠马）水乳剂（fenoxaprop-P-ethyl，EW），拜耳作物科学公司；15% 炔草酯（麦极）可湿性粉剂（clodinafop-propargyl，WP），50 g/L 唑啉草酯（爱秀）乳油（pinoxaden，EC），瑞士先正达作物保护有限公司；40% 三甲苯草酮水分散粒剂（tralkoxydim，WG），浙江一帆化工有限公司。植物光合系统Ⅱ抑制剂：50% 异丙隆可湿性粉剂（isoproturon，WP），美丰农化有限公司。

大穗看麦娘防除试验设在山东省济南市历城区华山镇前王村，为玉米、小麦轮作田。试验地土壤类型为壤土，肥力略差，有机质含量为0.9%，pH值为7.3。2013年10月5日播种小麦，播种量21 kg。田间大穗看麦娘密度大，分布均匀，每平方米有400~600个分蘖。

每种药剂分别参考田间推荐剂量的高量和低量设计2个剂量（有效成分，a.i.），设计如下：7.5%啶磺草胺WG 10.1 g/hm^2、14.06 g/hm^2；70%氟唑磺隆WG 26.25 g/hm^2、36.75 g/hm^2；3.6%甲基二磺隆+甲基碘磺隆钠盐WG 10.8 g/hm^2、16.2 g/hm^2；69 g/L精噁唑禾草灵EW 62.1 g/hm^2、103.5 g/hm^2；15%炔草酯

WP 45 g/hm²、67.5 g/hm²；50 g/L唑啉草酯EC 45 g/hm²、60 g/hm²；40%三甲苯草酮WG 400 g/hm²、600 g/hm²；50%异丙隆WP 900 g/hm²、1 350 g/hm²；另设不施药空白对照。3次施药试验剂量设计相同，分别为17个处理，4次重复，共204个小区，每小区面积20 m²，根据3次施药分3个区，分区内随机区组排列。

分别于小麦越冬前、越冬期、返青期进行了3次施药试验。第一次施药于小麦越冬前2013年11月7日进行，喷药当天天气晴朗，南风微风，气温6~16 ℃。试验前后10 d平均气温11.1 ℃，降水3次，共16 mm。药后15 d调查大穗看麦娘受害症状及小麦安全性，药后30 d、冬季（药后60 d）、小麦返青期至拔节期（药后135 d、150 d、165 d）调查防效。第二次施药于冬季低温小麦越冬期12月19日进行，喷药当天天气霾，北风微风，气温-6~2 ℃。试验前后10 d平均气温0.6 ℃，降水1次，共1 mm。药后15天调查大穗看麦娘受害症状及小麦安全性，药后30 d、小麦返青期至拔节期（药后90 d、105 d、120 d）调查防效。第三次施药于早春小麦返青初期2014年3月6日进行，喷药当天天气多云，南风微风，气温1~8 ℃。试验前后10 d平均气温9.3 ℃，降水1次，共12 mm。药后15 d、30 d、45 d调查大穗看麦娘受害症状及防效。防效调查采用绝对值（数测）调查法，每小区随机取4点，每点调查0.25 m²，记载大穗看麦娘株数，计算株防效。最后一次调查后，收取小区内4点杂草，称其鲜重，计算鲜重防效。试验结果采用邓肯氏新复极差检验法进行差异显著性分析。

计算公式：株防效（%）=（对照区杂草株数-处理区杂草株数）/对照区杂草株数×100%

鲜重防效（%）=（对照区杂草鲜重-处理区杂草鲜重）/对照区杂草鲜重×100%

增产效果（±%）=（空白对照区作物产量-处理区作物产量）/空白对照区作物产量×100%

2. 小麦越冬前施药防除大穗看麦娘的效果　小麦越冬前施药，由于气温低，杂草受害表现慢，所以施药后 30 d 调查，各药剂处理大穗看麦娘株防效均较差，但受害症状差异明显。试验药剂啶磺草胺、唑啉草酯处理区大穗看麦娘黄化明显，部分植株干枯，杂草防效为 46.7%~77.6%；炔草酯、精噁唑禾草灵、甲基二磺隆 + 甲基碘磺隆钠盐、三甲苯草酮处理区大穗看麦娘停止生长、叶尖黄化，防效为 25.0%~61.6%；氟唑磺隆、异丙隆处理区大穗看麦娘植株略矮，无明显受害症状，分蘖数略少于空白对照，防效为 18.0%~51.1%。

施药后60 d小麦越冬期调查，啶磺草胺、唑啉草酯、精噁唑禾草灵3个试验药剂处理区防效好，大穗看麦娘已多数干枯死亡，防效为93.7%~99.0%；炔草酯、甲基二磺隆+甲基碘磺隆钠盐、三甲苯草酮3个试验药剂处理区大穗看麦娘多数黄化死亡，防效为80.8%~87.7%；氟唑磺隆、异丙隆防效差，处理区大穗看麦娘仍无明显症状，防效为17.8%~69.9%，详见表15-2。

小麦返青期至拔节期即施药后135 d、150 d、165 d调查，各药剂处理对大穗看麦娘的防效变化不大，70%氟唑磺隆水分散粉剂和50%异丙隆可湿性粉剂对大穗看麦娘的防效较差，其他药剂防效均较好。药后165 d，7.5%啶磺草胺WG10.1 g/hm²、14.06 g/hm²和50g/L唑啉草酯EC 45 g/hm²、60 g/hm²效果最好，大穗看麦娘株防效和鲜重防效均为99.0%以上；其次为69 g/L精噁唑禾草灵EW 62.1 g/hm²、103.5 g/hm²，株防效和鲜重防效为93.5%~97.0%；3.6%甲基二磺隆+甲基碘磺隆钠盐WG高量16.2 g/hm²防效亦较好，株防效为91.5%，鲜重防效为92.6%，该药低量10.8 g/hm²防效略差，株防效为86.0%，鲜重防效为87.3%；15%炔草酯WP高量67.5 g/hm²和40%三甲苯草酮WG高量600 g/hm²对大穗看麦娘防效（88.2%~91.8%）亦较好，株防效和鲜重防效为88.2%~91.8%，两药剂低量45 g/hm²和400 g/hm²防效（79.7%~ 82.7%）略差，株防效和鲜重防效为79.7%~82.7%；70%氟唑磺隆WG、50%异丙隆WP对大穗看麦娘生长有抑制作用，防效很差，仅为38.2%~60.2%。

表 15-2 小麦越冬前田间喷施除草剂防除大穗看麦娘效果

药剂处理	用量 (g/hm²)	施药后 30 d 株防效 (%)	施药后 60 d 株防效 (%)	施药后 135 d 株防效 (%)	施药后 150 d 株防效 (%)	施药后 165 d	
						株防效 (%)	鲜重防效 (%)
7.5% 啶磺草胺 WG	10.1	46.7 ± 7.1a	94.7 ± 2.8a	99.1 ± 0.3a	98.4 ± 1.5a	100 ± 0a	100 ± 0a
	14.06	69.7 ± 4.9a	96.2 ± 2.1a	98.9 ± 1.1a	98.9 ± 1.1a	99.5 ± 0.5a	99.4 ± 0.6a
70% 氟唑磺隆 WG	26.25	30.0 ± 4.6a	37.9 ± 12.8c	45.0 ± 3.4c	63.8 ± 4.8c	57.8 ± 10.5c	60.2 ± 9.6c
	36.75	18.0 ± 9.4a	17.8 ± 4.1d	28.7 ± 6.9d	56.5 ± 6.5cd	52.2 ± 6.8c	54.2 ± 5.6c
3.6% 甲基二磺隆 + 甲基碘磺隆钠盐 WG	10.8	25.0 ± 4.5a	80.8 ± 3.8ab	81.2 ± 6.2b	76.2 ± 8.5c	86.0 ± 2.8ab	87.3 ± 2.8ab
	16.2	35.6 ± 8.8a	85.7 ± 4.8ab	92.0 ± 3.5ab	92.5 ± 2.4ab	91.5 ± 1.1ab	92.6 ± 1.0ab
69 g/L 精噁唑禾草灵 EW	62.1	44.7 ± 2.4a	93.7 ± 3.9a	94.0 ± 2.6ab	94.8 ± 1.9a	94.6 ± 1.9ab	93.5 ± 3.2ab
	103.5	54.0 ± 12.0a	95.3 ± 4.2a	98.0 ± 1.0a	97.0 ± 1.2a	97.0 ± 2.6ab	96.8 ± 2.9ab
15% 炔草酯 WP	45	51.5 ± 4.4a	82.6 ± 2.4ab	86.7 ± 3.2ab	80.9 ± 4.5bc	82.7 ± 1.6b	81.1 ± 3.2b
	67.5	52.1 ± 7.7a	87.7 ± 4.8ab	83.4 ± 7.9b	86.2 ± 5.5abc	88.2 ± 5.3ab	89.7 ± 4.6ab
50 g/L 唑啉草酯 EC	45	72.2 ± 5.9a	97.1 ± 1.5a	98.8 ± 0.3a	99.1 ± 0.3a	99.9 ± 0.1a	99.9 ± 0.1a
	60	77.6 ± 7.9a	99.0 ± 0.7a	98.1 ± 1.4a	98.5 ± 0.7a	99.3 ± 0.6a	99.3 ± 0.7a
40% 三甲苯草酮 WG	400	46.0 ± 11.6a	82.4 ± 4.8ab	82.7 ± 3.6b	85.9 ± 5.5abc	80.7 ± 4.1b	79.7 ± 6.0b
	600	61.6 ± 8.6a	80.9 ± 8.0ab	90.3 ± 3.1ab	89.9 ± 3.2abc	91.8 ± 2.5ab	89.9 ± 3.7ab
50% 异丙隆 WP	900	30.2 ± 6.3a	50.7 ± 17.0c	41.1 ± 10.2cd	47.8 ± 10.2d	43.0 ± 10.5c	38.2 ± 13.0d
	1 350	51.1 ± 7.3a	69.9 ± 3.9b	41.3 ± 7.9cd	61.0 ± 5.5c	56.6 ± 12.3c	58.0 ± 13.3c

注：表中防效数据为 4 次重复平均值 ± 标准误 / 差，表中同一列数值后不同字母表示邓肯氏新复极差检验法在 $P<0.05$ 水平上差异显著，下同。

3. 小麦越冬期施药防除大穗看麦娘的效果 施药后 15 d、30 d 调查，各药剂处理区大穗看麦娘受害症状不明显。冬季低温施药后观察，啶磺草胺不受低温影响，两剂量处理对大穗看麦娘均有很好的防效；此外，甲基二磺隆 + 甲基碘磺隆钠盐受低温的影响也较小，防效也较好；唑啉草酯略受低温影响，防效中等；炔草酯、精噁唑禾草灵、三甲苯草酮受低温影响大，对大穗看麦娘防效均差；另外，氟唑磺隆、异丙隆对大穗看麦娘近无效。结果详见表 15-3。

施药后30 d调查，由于施药后天气一直低温，所以各药剂处理区大穗看麦娘无明显受害症状，无明显株防效。

施药后90 d调查，啶磺草胺高剂量和低剂量处理对大穗看麦娘有很好的防效，大部分已干枯死亡，株防效在94.1%以上；甲基二磺隆+甲基碘磺隆钠盐高剂量与低剂量处理和唑啉草酯高剂量处理也有很好的防效，株防效分别为86.7%、90.3%、96.7%；炔草酯高剂量处理防效也较好，株防效为70.8%；此外，唑啉草酯和炔草酯低剂量防效较差；其他药剂三甲苯草酮、氟唑磺隆和异丙隆防效均很差。

施药后105 d、120 d调查，啶磺草胺高剂量和低剂量处理仍保持很好的效果，最后一次调查株防效和鲜重防效均在96%以上；其次，甲基二磺隆+甲基碘磺隆钠盐高剂量和低剂量处理，株防效分别为90.0%、96.5%，鲜重防效分别为94.6%、98.6%；此外，唑啉草酯高剂量、低剂量处理和炔草酯高剂量处理防效较好，株防效和鲜重防效为67.8%~88.9%；其他处理包括精噁唑禾草灵、氟唑磺隆、三甲苯草酮、异丙隆等药剂各个剂量处理对大穗看麦娘防效均很差。

表 15-3　小麦越冬期田间喷施除草剂防除大穗看麦娘的效果

药剂处理	用量 (g/hm^2)	施药后 30 d 株防效 (%)	施药后 90 d 株防效 (%)	施药后 105 d 株防效 (%)	施药后 120 d	
					株防效 (%)	鲜重防效 (%)
7.5% 啶磺草胺 WG	10.1	4.6 ± 12.4a	94.8 ± 1.5a	95.0 ± 1.5a	97.7 ± 1.3a	97.0 ± 2.5ab
	14.06	−3.4 ± 25.0a	94.1 ± 1.8a	96.2 ± 1.5a	96.8 ± 1.3a	97.6 ± 0.9ab
70% 氟唑磺隆 WG	26.25	−1.3 ± 21.3a	46.0 ± 4.7cde	45.5 ± 7.0de	−3.6 ± 9.3g	−9.3 ± 15.8d
	36.75	7.7 ± 17.5a	42.8 ± 7.1de	29.7 ± 15.7de	21.9 ± 11.9ef	32.1 ± 13.0c
3.6% 甲基二磺隆 + 甲基碘磺隆钠盐 WG	10.8	5.2 ± 19.9a	86.7 ± 3.1a	92.0 ± 1.1a	90.0 ± 3.0ab	94.6 ± 1.5ab
	16.2	7.3 ± 15.9a	90.3 ± 2.6a	97.9 ± 0.5a	96.5 ± 2.2a	98.6 ± 0.8a
69 g/L 精噁唑禾草灵 EW	62.1	0.1 ± 12.1a	63.0 ± 3.1b	51.0 ± 4.8cd	34.9 ± 7.8de	41.4 ± 5.4c
	103.5	11.6 ± 17.0a	64.5 ± 3.4b	51.2 ± 9.6cd	45.9 ± 6.5d	46.8 ± 5.8c
15% 炔草酯 WP	45	11.3 ± 12.1a	47.0 ± 4.1cd	42.3 ± 18.8de	48.2 ± 4.3d	40.5 ± 10.9c
	67.5	12.5 ± 10.3a	70.8 ± 4.2b	80.5 ± 4.9ab	67.8 ± 10.6c	76.0 ± 7.5ab
50 g/L 唑啉草酯 EC	45	−9.8 ± 14.8a	62.0 ± 13.4b	70.1 ± 8.1bc	70.6 ± 9.1bc	74.1 ± 7.4b
	60	−1.2 ± 12.1a	96.7 ± 1.0a	94.7 ± 1.4a	83.2 ± 2.8ab	88.9 ± 1.6ab
40% 三甲苯草酮 WG	400	−9.6 ± 9.9a	31.4 ± 7.8e	24.1 ± 1.9e	−1.5 ± 7.0g	−2.4 ± 6.8d
	600	−6.1 ± 13.8a	58.4 ± 5.8bc	30.3 ± 2.9de	13.2 ± 10.8fg	24.0 ± 11.6c
50% 异丙隆 WP	900	−6.1 ± 6.8a	38.2 ± 2.5de	30.2 ± 4.2de	6.8 ± 7.3fg	2.2 ± 11.2d
	1 350	−3.3 ± 16.5a	41.7 ± 3.5de	44.9 ± 10.5de	21.4 ± 11.1ef	35.7 ± 6.1c

4. 小麦返青初期施药防除大穗看麦娘的效果　小麦返青初期施药后观察，啶磺草胺不同剂量处理对大穗看麦娘均有很好的防效，施药后杂草很快心叶黄化、停止生长，但整体死亡速度较慢；其次，炔草酯、甲基二磺隆 + 甲基碘磺隆钠盐、精噁唑禾草灵的高剂量处理防效也较好，这三种药剂的低剂量处理和唑啉草酯低剂量、高剂量处理防效略差；其他三种药剂氟唑磺隆、三甲苯草酮和异丙隆各个剂量处理防效均很差。结果详见表 15-4。

施药后15 d调查，啶磺草胺、炔草酯、精噁唑禾草灵、甲基二磺隆+甲基碘磺隆钠盐、唑啉草酯各个剂量处理，大穗看麦娘心叶均有不同程度的黄化症状，但杂草整体死亡率均低，株防效均在50%以下。其他药剂处理三甲苯草酮、氟唑磺隆、异丙隆处理，大穗看麦娘受害症状不明显。

施药后30 d调查，啶磺草胺等药剂对大穗看麦娘的株防效略有提高，但死亡仍不彻底，株防效均在70%以下。

施药后45 d调查，啶磺草胺各剂量处理区防效最好，大穗看麦娘几乎全部干枯死亡，株防效和鲜重防效均在96%以上；其次，炔草酯高剂量、甲基二磺隆+甲基碘磺隆钠盐高剂量、精噁唑禾草灵高剂量处理防效也较好，大穗看麦娘株防效分别为87.0%、81.0%、84.9%，鲜重防效分别为91.0%、89.2%、89.3%，这三种药剂的低剂量处理防效一般，株防效为62.5%~76.5%，鲜重防效为67.1%~84.1%；唑啉草酯返青期处理大穗看麦娘返青生长明显，防效较差，两剂量处理株防效分别为45.7%、54.8%，鲜重防效分别为46.2%、75.8%；其他药剂三甲苯草酮、氟唑磺隆、异丙隆近无效。

表 15-4　小麦返青期田间喷施除草剂防除大穗看麦娘效果

药剂处理	用量 (g/hm^2)	施药后 15 d 株防效 (%)	施药后 30 d 株防效 (%)	施药后 45 d	
				株防效 (%)	鲜重防效 (%)
7.5% 啶磺草胺 WG	10.1	34.56 ± 12.2a	61.76 ± 7.4ab	96.6 ± 1.4a	97.6 ± 1.0a
	14.06	41.00 ± 7.9a	52.96 ± 8.7abc	96.7 ± 1.5a	97.1 ± 1.5a
70% 氟唑磺隆 WG	26.25	29.98 ± 11.0a	38.96 ± 5.4bc	8.4 ± 13.1e	1.1 ± 9.5g
	36.75	24.29 ± 7.1a	33.26 ± 9.7c	7.1 ± 10.6e	–2.5 ± 4.4g
3.6% 甲基二磺隆 + 甲基碘磺隆钠盐 WG	10.8	39.48 ± 8.5a	56.36 ± 4.2abc	66.1 ± 11.6bcd	80.1 ± 5.7abc
	16.2	38.41 ± 10.9a	50.36 ± 6.1abc	81.0 ± 2.8abc	89.2 ± 2.1ab
69 g/L 精噁唑禾草灵 EW	62.1	42.43 ± 9.5a	57.36 ± 3.7ab	76.5 ± 2.3abc	84.1 ± 2.8abc
	103.5	41.20 ± 9.7a	65.56 ± 8.1a	84.9 ± 3.5ab	89.3 ± 2.4ab
15% 炔草酯 WP	45	37.64 ± 9.5a	52.76 ± 11.0abc	62.5 ± 8.0bcd	67.1 ± 6.5c
	67.5	45.65 ± 4.8a	59.16 ± 4.9ab	87.0 ± 4.0ab	91.0 ± 3.2ab
50 g/L 唑啉草酯 EC	45	35.00 ± 5.2a	41.26 ± 3.4bc	45.7 ± 2.2d	46.2 ± 5.5d
	60	31.29 ± 8.8a	66.06 ± 8.9a	54.8 ± 12.2cd	75.8 ± 6.8bc
40% 三甲苯草酮 WG	400	27.61 ± 9.1a	33.26 ± 3.3c	5.3 ± 7.7e	8.4 ± 14.2fg
	600	19.57 ± 1.5a	40.36 ± 3.8bc	14.0 ± 15.4e	14.5 ± 8.7fg
50% 异丙隆 WP	900	26.59 ± 4.7a	42.56 ± 8.8abc	11.7 ± 20.8e	33.0 ± 5.9de

各药剂低剂量不同时期施药防除大穗看麦娘的效果如图15-5，从图中可以更好地对比各药剂不同时期施药防除大穗看麦娘的效果。可以看出冬前施药总体要比后期施药效果好。

本试验结果表明：供试的8种防除小麦田禾本科杂草的药剂中，啶磺草胺受低温等外界因素影响最小，在冬前、冬季低温及冬后返青初期施药对大穗看麦娘均有很好的防效，在试验剂量下完全能控制住大穗看麦娘的危害；甲基二磺隆+甲基碘磺隆钠盐防效也很好，对施药时间的依赖性也不强；另外，唑啉草酯、炔草酯、精噁唑禾草灵在冬前施药效果均很好，尤其是唑啉草酯，但冬季低温明显降低这几种药剂的效果，冬后返青初期施药效果也略差于冬前施药；异丙隆、氟唑磺隆、三甲苯草酮这三种药剂只是在冬前施药对大穗看麦娘有一定的控制作用，但整体效果均较差。

（二）不同时间喷药防除麦家公田间效果评价

麦家公为黄淮海区域中山东、河北等省小麦田的主要杂草之一，属紫草科紫草属杂草，为越年生（或一年生）草本植物，以种子繁殖，在小麦播种后10月中下旬即开始出苗，初生两叶近圆形，再生叶长条形，全身密生粗伏毛，和小麦一起越冬返青，4月进入开花盛期。由于麦家公茎叶上均有伏毛，往往缠绕于小麦上不易拔除，种子于5月中下旬早成熟于小麦并脱落入土，严重影响小麦正常的生长发育。据李秉华报道，该杂草在河北省小麦田中处于第6位，在山东和山西等地发生也很重。此外，江苏北部也有大面积分布。

麦家公发生面积越来越大，在很多区域已成为仅次于播娘蒿、荠菜、猪殃殃的阔叶杂草。这有多方面的因素：一是因为麦家公本身根系发达，茎基部多分枝，茎叶带毛易黏于小麦植株上，不利于人工拔除；二是麦家公开花期长，种子成熟早、易脱落，晚熟的种子也易混于小麦种子中造成人为传播；三是目前推广使用的免耕或者浅旋耕措施也利于麦家公出苗，提高了麦家公的出苗率；四是20世纪单一使用2甲4氯改善了麦家公的生存环境，现在又单一使用苯磺隆造成部分区域麦家公产生抗性等。这些因素综合造成了麦家公发生严重。高兴祥等选择了12种除草剂分冬前施药和冬后返青初期施药两种施药时期进行了防除麦家公田间效果测定，旨在明确不同施药时期适宜用于麦家公防除的药剂，完善其化学防除体系，为麦家公的科学防除提供参考。

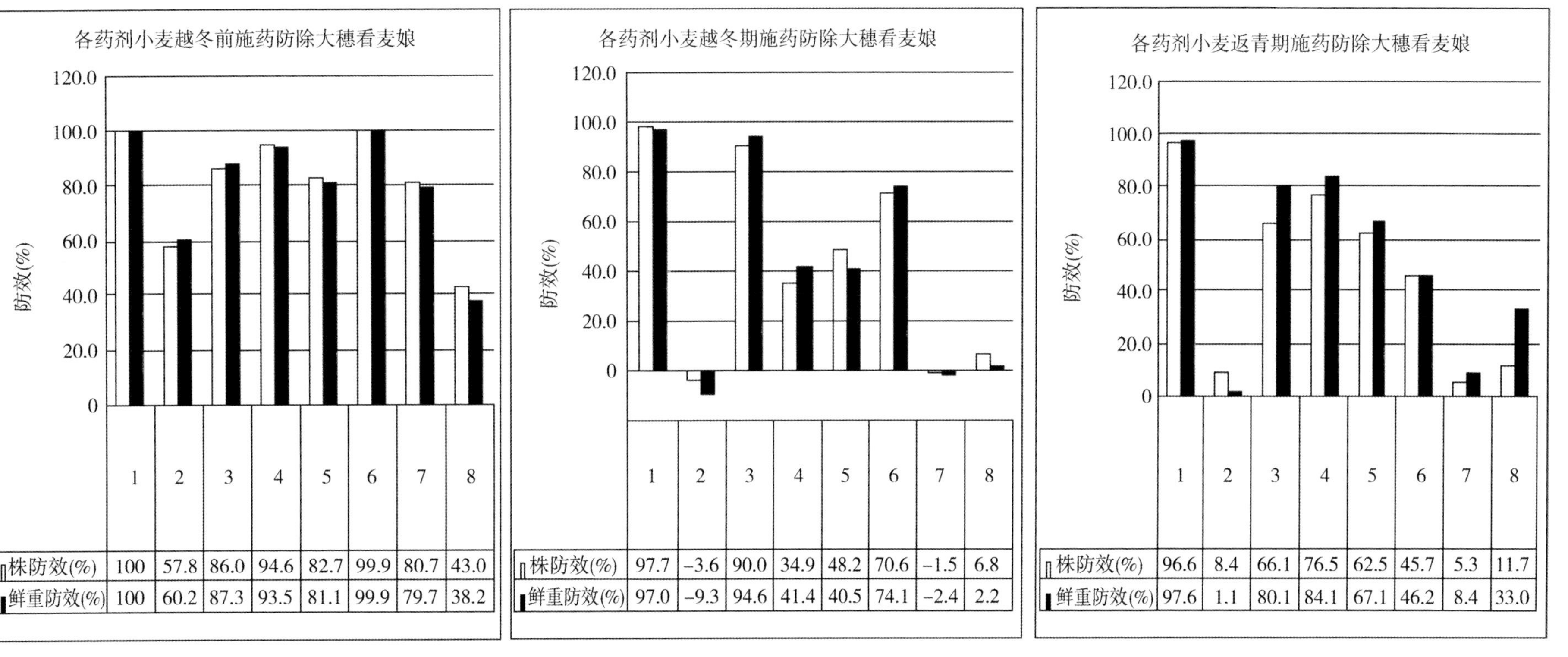

图 15-5　各药剂低剂量不同时期施药防除大穗看麦娘的效果对比

1. 7.5% 啶磺草胺 WG 10.1 g/hm^2；2. 70% 氟唑磺隆 WG 26.25 g/hm^2；3. 3.6% 甲基二磺隆 + 甲基碘磺隆钠盐 WG 10.8 g/hm^2；4. 69 g/L 精噁唑禾草灵 EW 62.1 g/hm^2；5. 15% 炔草酯 WP 45 g/hm^2；6. 50 g/L 唑啉草酯 EC 45 g/hm^2；7. 40% 三甲苯草酮 WG 400 g/hm^2；8. 50% 异丙隆 WP 900 g/hm^2

1. 材料与方法　供试药剂：75%苯磺隆干悬浮剂（tribenuron-methyl，DF），上海杜邦农化有限公司；200 g/L氯氟吡氧乙酸乳油（fluroxypyr，EC），美国陶氏益农公司；72% 2，4-滴丁酯乳油（2，4-D butylate，EC），大连松辽化工有限公司；13% 2甲4氯钠水剂（MCPA-sodium，AS），山东侨昌化学有限公司；48%麦草畏水剂（dicamba，AS），先正达（中国）投资有限公司；25%辛酰溴苯腈乳油（bromoxynil octanoate，EC），山东侨昌化学有限公司；480 g/L灭草松水剂（bentazone，AS），巴斯夫股份公司；40%唑草酮水分散粒剂（carfentrazone-ethyl，WG），美国富美实公司；10%乙羧氟草醚乳油（fluoroglycofen，EC），连云港立本农药化工有限公司；7.5%啶磺草胺水分散粒剂（pyroxsulam，WG），陶氏益农农业科技（中国）有限公司；50 g/L双氟磺草胺悬浮剂（florasulam，SC），陶氏益农农业科技（中国）有限公司；50%异丙隆可湿性粉剂（isoproturon，WP），美丰农化有限公司。田间试验设在济南市历城区张马屯村进行，分为两个时期施药，分别是越冬前2014年11月22日和冬后返青初期2015年3月3日进行。施药后调查麦家公受害情况，均在4月3日进行鲜重防效调查。

2. 不同除草剂对麦家公的防除效果　冬前施药试验结果表明，药后30 d时，因为天气温度低，触杀型除草剂唑草酮、辛酰溴苯腈、乙羧氟草醚、异丙隆和灭草松处理的株防效较好，为56.6%~89.2%，其他药剂处理麦家公受害症状明显，但杂草死亡率低，株防效差，均在50%以下。冬后返青期调查，随着气温升高，大部分药剂对麦家公均有较好的防效，苯磺隆、2，4-滴丁酯、2甲4氯钠、唑草酮、辛酰溴苯腈、双氟磺草胺等6种药剂处理效果好，大部分麦家公植株已死亡，株防效81.5%~92.5%，鲜重防效83.5%~96.0%，另外，乙羧氟草醚和啶磺草胺的防效也较好，株防效和鲜重防效为73.7%~85.6%。药剂氯氟吡氧乙酸、麦草畏、灭草松和异丙隆的防效均差于以上药剂。

冬后返青初期施药试验结果表明，相对于冬前施药，冬后返青初期施药的防效整体差于冬前施药。药后15 d调查，唑草酮和辛酰溴苯腈速效性强，株防效均在80%以上，其他药剂速效性均较差；药后30 d调查，防效较好的药剂有苯磺隆、唑草酮、辛酰溴苯腈、啶磺草胺和双氟磺草胺，株防效为76.9%~85.9%，鲜重防效为82.5%~90.2%，其他药剂氯氟吡氧乙酸、2，4-滴丁酯、2甲4氯钠、麦草畏、灭草松、异丙隆、乙羧氟草醚等的防效均差于以上药剂。详见表15-5。

表 15-5　冬前或冬后返青初期施药防除麦家公田间效果

药剂处理	剂量（g/hm^2）	冬前施药			冬后返青初期施药		
		30 d	冬后返青期		15 d	30 d	
		株防效 (%)	株防效 (%)	鲜重防效 (%)	株防效 (%)	株防效 (%)	鲜重防效 (%)
75% 苯磺隆 DF	22.5	35.3 ± 5.6c	88.9 ± 3.2a	91.0 ± 1.5a	45.5 ± 5.8b	76.9 ± 9.9a	82.5 ± 3.6a
200 g/L 氯氟吡氧乙酸 EC	200	26.8 ± 7.2c	47.8 ± 5.9x	72.6 ± 2.2bc	31.9 ± 6.2b	45.8 ± 5.6c	55.6 ± 7.2c
72% 2,4- 滴丁酯 EC	540	11.2 ± 4.3c	91.8 ± 1.5a	96.0 ± 0.5a	41.6 ± 5.9b	33.5 ± 7.2c	35.6 ± 8.2c
13% 2 甲 4 氯钠 AS	840	21.3 ± 3.6c	81.5 ± 7.2a	83.5 ± 2.5a	33.3 ± 4.6b	35.6 ± 4.2c	41.2 ± 4.2c
48% 麦草畏 AS	195	7.6 ± 5.2c	32.0 ± 6.9c	52.0 ± 6.9c	20.3 ± 8.1b	25.2 ± 6.2c	25.8 ± 5.1c
480 g/L 灭草松 AS	375	56.6 ± 4.6bc	49.5 ± 5.9c	23.2 ± 7.5c	11.2 ± 7.9c	16.7 ± 5.2c	22.7 ± 6.2c
40% 唑草酮 WG	30	89.2 ± 3.6a	92.5 ± 2.1a	94.1 ± 2.2a	82.6 ± 5.6a	85.9 ± 2.5a	89.5 ± 2.5a
25% 辛酰溴苯腈 EC	562.5	82.1 ± 4.9a	84.3 ± 5.2a	95.6 ± 1.6a	81.3 ± 4.6a	85.6 ± 2.9a	90.1 ± 3.1a
10% 乙羧氟草醚 EC	75	76.3 ± 6.8b	75.9 ± 4.9b	82.5 ± 3.5b	63.5 ± 5.4b	73.3 ± 3.2b	68.0 ± 5.9c
50% 异丙隆 WP	1 500	79.8 ± 4.2b	61.9 ± 8.2b	47.5 ± 6.9c	55.2 ± 5.2b	55.5 ± 4.1c	56.5 ± 5.9c
7.5% 啶磺草胺 WG	14.06	22.4 ± 3.5c	73.7 ± 4.6b	85.6 ± 2.5b	48.1 ± 7.2b	81.9 ± 5.6a	84.3 ± 4.2b
50 g/L 双氟磺草胺 SC	4.5	43.5 ± 5.9c	91.2 ± 3.2a	93.6 ± 4.1a	52.5 ± 6.8b	83.5 ± 3.5a	90.2 ± 3.2a

从两次施药时期的施药结果可以看出，12种药剂在田间的表现效果不一。唑草酮、辛酰溴苯腈、双氟磺草胺、苯磺隆冬前和冬后返青初期施药均有较好的防效；啶磺草胺和乙羧氟草醚的防效略差于以上药剂；2，4-滴丁酯和2甲4氯钠冬前施药防效较好，但冬后返青初期施药的防效较差；其他药剂氯氟吡氧乙酸、麦草畏、灭草松、异丙隆两次施药时期施药对麦家公的防效均较差。所以根据本试验结果，在麦家公为主的小麦地块，可选用持效性药剂双氟磺草胺或苯磺隆；麦家公植株较小时也可以用触杀型除草剂唑草酮或辛酰溴苯腈，冬前施药时也可以选用2甲4氯钠等激素类除草剂。尽量采用冬前施药进行防控。

（三）不同时间喷药防除恶性杂草猪殃殃田间效果评价

在河南、河北、山东、江苏、湖北等地，原来为次要杂草的猪殃殃目前在许多小麦田已上升为主要杂草，对小麦产量造成极大影响，小麦严重减产。李美等选择小麦田防除阔叶杂草的6种除草剂，在田间不同温度下施药，对比分析了6种药剂防除猪殃殃的效果。

1. 试验材料与方法　试验药剂：20% 氯氟吡氧乙酸乳油（fluroxypyr，EC），美国陶氏益农（中国）有限公司；75% 苯磺隆干悬浮剂（tribenuron，DF），上海杜邦农化有限公司；48% 麦草畏水剂（dicamba，AS），先正达（中国）投资有限公司；10% 苄嘧磺隆可湿性粉剂（bensulfuron，WP），上海杜邦农化有限公司；25% 灭草松水剂（Bentazone，AS），江苏剑牌农药化工有限公司；56% 2 甲 4 氯钠可溶性粉剂（MCPA-sodium，SP），山东侨昌化学有限公司。试验小麦品种：泰山 9818。

田间试验设在山东省农业科学院实验农场小麦田进行。为对比评价不同温度条件下几种除草剂对猪殃殃的防效，试验分别于2005年12月28日和2006年3月3日对杂草茎叶均匀喷雾处理，施药时猪殃殃每株5~10个分枝，分枝长度5 cm左右。试验设20%氯氟吡氧乙酸EC 750 g/hm^2、900 g/hm^2（制剂量，下同）；75%苯磺隆DF 22.5 g/hm^2、27 g/hm^2；10%苄嘧磺隆WP 600 g/hm^2、750 g/hm^2；56% 2甲4氯钠SP 1 200 g/hm^2、1 500 g/hm^2；25%灭草松AS 4 500 g/hm^2、5 250 g/hm^2；48%麦草畏AS 225 g/hm^2、300 g/hm^2；清水对照。试验设26处理，3次重复，共78个处理小区，每个处理小区面积20 m^2，随机区组排列，每亩兑水40 kg。2005年12月28日多云，风力≤3级，气温−4~5 ℃，试验前后10 d平均气温−0.45 ℃，降水5.0 mm。2006年3月3日晴转多云，风力≤3级，气温4~12 ℃，试验前后10 d平均气温7.1 ℃，降水4.0 mm。

施药后调查小麦的叶片、叶色等有无药害症状，若有则详细记载药害症状、药害株率，并记载药害症状减轻或消失的时间。以正确评价试验药剂对小麦生长发育的安全性。每处理小区相对固定取4点，每点调查0.25 m^2，于试验前调查猪殃殃基数（分枝数，下同），施药后7 d、15 d调查杂草受害症状，第二次施药后30 d（小麦拔节初期）调查杂草受害症状，两次试验同时调查剩余杂草株数和鲜草重，并计算杂草株防效和鲜重防效。

2. 越冬期喷药防除恶性杂草猪殃殃田间效果评价　2005 年 12 月 28 日，气温已降至 0 ℃以下，猪殃殃已基本进入休眠期，各药剂施药后作用速度较慢。药后 7 d、15 d 调查，48% 麦草畏 AS、56% 2 甲 4 氯钠 SP、20% 氯氟吡氧乙酸 EC 各剂量处理猪殃殃茎叶略微下卷，症状不明显；75% 苯磺隆 DF、10% 苄嘧磺隆 WP、25% 灭草松 AS 各剂量处理及空白对照猪殃殃叶色发暗，平铺在地上，停止生长。春季小麦拔节期调查，各药剂处理猪殃殃均有部分干枯死亡，空白对照处理猪殃殃分枝增多，长势健壮，各药剂处理剩余猪殃殃植株症状不尽相同。10% 苄嘧磺隆 WP 处理区猪殃殃多数变褐、干枯死亡，剩余植株小，长势很差；48% 麦草畏 AS 处理区猪殃殃多数变褐、干枯死亡，剩余植株叶片瘦长或细小变厚，长势很差；56% 2 甲 4 氯钠 SP 处理区猪殃殃部分干枯死亡，残存植株下部叶片略小，长势与对照相近；20% 氯氟吡氧乙酸 EC 处理区猪殃殃长势略差于对照；25% 灭草松 AS 处理区猪殃殃变褐、黄化，生长缓慢；75% 苯磺隆 DF 各剂量处理猪殃殃部分干枯死亡，残存植株开始生长。6 种药剂冬季施药防除猪殃殃的株防效及鲜重防效见表 15-6。结果显示，10% 苄嘧磺隆 WP 和 48% 麦草畏 AS 防除猪殃殃的效果显著优于其他药剂，株防效为 89.8%~91.7%，鲜重防效为 90.8%~96.6%；其他药剂处理对猪殃殃的防效略低，株防效为 52.4%~80.6%，鲜重防效为 47.0%~65.2%。

表 15-6 6 种药剂 2005 年 12 月 28 日施药防除猪殃殃的效果

处理	用量（g/hm²）	基数（株 /m²）	残株（株 /m²）	株防效（%）	校正防效（%）	鲜重（g）	鲜重防效（%）
10% 苄嘧磺隆 WP	600	696	91	86.9	91.6 a A	12.2	91.0 b A
	750	536	69	87.1	91.7 a A	4.6	96.6 a A
48% 麦草畏 AS	225	484	77	84.1	89.8 a A	7.2	94.7 ab A
	300	572	77	86.5	91.4 a A	12.4	90.8 b A
56% 2 甲 4 氯钠 SP	1 200	568	285	49.8	67.8 c C	59.1	56.2 de BC
	1 500	398	214	46.2	65.5 c C	47.7	64.7 c B
25% 灭草松 AS	4 500	372	276	25.8	52.4 d D	51	62.2 cd B
	5 250	439	291	33.7	57.5 d D	47	65.2 c B
20% 氯氟吡氧乙酸 EC	750	305	166	45.6	65.1 c C	71.5	47.0 e C
	900	330	156	52.7	69.7 c BC	55.2	59.1 d B
75% 苯磺隆 DF	22.5	548	252	54.0	70.5 c BC	64.8	52.0 e C
	27	682	206	69.8	80.6 b B	61.5	54.4 e C
清水对照	—	474	739	–55.9	—	135	—

注：数据中猪殃殃株数是指猪殃殃的分枝数。

3. 春季喷药防除恶性杂草猪殃殃田间效果评价 2006 年 3 月 3 日，气温明显回升，施药时气温在 10 ℃左右，猪殃殃颜色已转绿开始生长。施药后 7 d 调查，48% 麦草畏 AS、56% 2 甲 4 氯钠 SP、20% 氯氟吡氧乙酸 EC 各剂量处理猪殃殃茎秆均反转、扭曲，表现出明显的药害症状；75% 苯磺隆 DF、10% 苄嘧磺隆 WP、25% 灭草松 AS 各剂量处理猪殃殃停止生长、黄化。小麦拔节期调查，各药剂处理猪殃殃均有部分干枯死亡，空白对照处理猪殃殃分枝增多，长势健壮，各药剂处理剩余猪殃殃植株症状亦不尽相同。10% 苄嘧磺隆 WP、20% 氯氟吡氧乙酸 EC 处理区猪殃殃多数变褐、干枯死亡，剩余植株小，心叶还活着但较小，停止生长；48% 麦草畏 AS 处理区猪殃殃多数变褐、干枯死亡，剩余植株叶片瘦长或细小，停止生长；56% 2 甲 4 氯钠 SP、75% 苯磺隆 DF 处理区猪殃殃部分干枯死亡，多数变褐，停止生长，部分残存植株开始生长；25% 灭草松处理区猪殃殃 AS 部分干枯死亡，多数基部叶片变褐、上部黄化、叶片细小，停止生长。6 种药剂春季施药防除猪殃殃的株防效及鲜重防效见表 15-7。除 20% 氯氟吡氧乙酸 EC 的株防效和鲜重防效明显高于冬季处理外，其他药剂处理株防效略有降低，但鲜重防效均有不同程度的提高。10% 苄嘧磺隆 WP 和 48% 麦草畏 AS 防除猪殃殃的效果较好，株防效为 63.4%~81.2%，鲜重防效为 93.4%~97.4%。其次，20% 氯氟吡氧乙酸 EC 和 75% 苯磺隆 DF ，株防效为 66.0%~86.0%，鲜重防效为 78.0%~90.3%。25% 灭草松 AS 和 56% 2 甲 4 氯钠 SP 对猪殃殃的防效略低，株防效为 53.9%~72.6%，鲜重防效为 55.6%~75.4%。

表 15-7 6 种药剂 2006 年 3 月 3 日施药防除猪殃殃的效果

处理	用量（g/hm²）	基数（株 /m²）	残株（株 /m²）	株防效（%）	校正防效（%）	鲜重（g）	鲜重防效（%）
10% 苄嘧磺隆 WP	600	288	114	60.4	78.1 b B	12.4	93.4 ab AB
	750	157	54	65.6	81.0 b B	4.8	97.4 a A
48% 麦草畏 AS	225	233	154	33.9	63.4 d D	10.5	94.4 a A
	300	244	83	66.0	81.2 b B	8.6	95.4 a A

续表

处理	用量（g/hm^2）	基数（株 /m^2）	残株（株 /m^2）	株防效（%）	校正防效（%）	鲜重（g）	鲜重防效（%）
20% 氯氟吡氧乙酸 EC	750	368	157	57.3	76.4 bc BC	20.8	88.9 b B
	900	392	99	74.7	86.0 a A	18.2	90.3 b B
75% 苯磺隆 DF	22.5	324	199	38.6	66.0 d D	41.1	78.0 c C
	27	336	176	47.6	71.0 c C	19.2	89.7 b B
25% 灭草松 AS	4 500	333	215	35.4	64.2 d D	66.0	64.7 d D
	5 250	429	212	50.6	72.6 c C	46.0	75.4 c C
56% 2 甲 4 氯钠 SP	1 200	409	276	32.5	62.6 d D	83.0	55.6 e D
	1 500	321	267	16.8	53.9 e E	74.0	60.4 de D
清水对照	—	351	634	–80.6	—	187	—

注：数据中猪殃殃株数是指猪殃殃的分枝数。

综合冬季和春季两次施药结果可以看出，试验的6种药剂中，10%苄嘧磺隆WP 、48%麦草畏AS受温度影响较小，两次施药对猪殃殃均表现出理想的防除效果。25%灭草松AS和56% 2甲4氯钠SP虽然受温度影响也较小，但二者对猪殃殃的控制作用稍差。20%氯氟吡氧乙酸EC和75%苯磺隆DF，尤其是20%氯氟吡氧乙酸EC，对猪殃殃的防效明显受环境温度及猪殃殃生长期的影响，在冬季低温、猪殃殃处于休眠状态时施药，除草效果较差，而在春季气温回升、猪殃殃开始生长时施药，对猪殃殃的防除效果显著提高。由此可以看出，防除猪殃殃可选择苄嘧磺隆、麦草畏、氯氟吡氧乙酸等药剂，且冬季低温条件下不适宜喷施除草剂。

（四）冬前、冬后不同时间喷施12%双・氯・唑草酮悬乳剂田间除草效果评价

为明确目前常用药剂在冬前施药和冬后施药的效果，明确黄淮海区域最佳用药时间，李美等在2014年冬前和2015年小麦返青初期进行了田间试验，对比分析了几种药剂冬前和冬后的防除效果。

1. 试验材料与方法　试验小麦田设在山东省济南市历城区华山镇前王村进行，试验地为壤土，肥力中等，前茬为玉米。试验小麦品种为山农 21。2014 年 10 月 6 日种植，每亩播种量 12 kg，行距 17cm。pH 值为 7.1，有机质含量 1.65%。小麦播种时施用 50 kg 复合肥，拔节期施 10 kg 尿素。试验田地势平坦，水浇条件好，越冬前和返青期（3 月 14 日）各浇水一次。田间杂草主要为播娘蒿、猪殃殃等。

试验药剂：12%双・氯・唑草酮悬乳剂（SE）（由北京燕化永乐农药有限公司生产并提供），50 g/L双氟磺草胺悬浮剂（SC）+40%唑草酮水分散粒剂（WG）（金植+马灵）。试验设12%双・氯・唑草酮悬乳剂每亩用50 g、60 g、80 g、120 g；50 g/L双氟磺草胺悬浮剂+40%唑草酮水分散粒剂（WG）（金植+马灵）每亩用10 mL+10 g和空白对照处理。

试验分别于冬前2014年11月21日和冬后2015年3月11日进行，共施药两次。

2. 冬前施药除草效果　试验于 2014 年 11 月 21 日进行，此时小麦处于分蘖期，长势良好；田间一年生杂草大部分已出齐。水肥管理情况：施药时土壤墒情 RH（%）值为 40 左右。田间发生杂草以一年生杂草播娘蒿、猪殃殃为主，其中播娘蒿占 20% 左右，猪殃殃占 80% 左右。施药当天天气晴转多云，北风转东北风，微风，气温 7~ 16 ℃。试验前后 10 d 平均气温 11.5 ℃，总降水量 1.8 mm。

施药后15 d目测杂草受害症状。后期采用绝对值（数测）调查法，每处理小区随机取4点，每点调查0.25 m^2，分别记录一年生杂草的种类和数量，施药后30 d、冬后返青期（4月10日）各调查一次，冬后返青期同时进行鲜重调查，计算鲜重防效。

施药后观察，供试药剂12%双・氯・唑草酮悬乳剂对试验区杂草播娘蒿、猪殃殃的防效均较优。施药后15 d观察，试验区杂草部分干枯死亡，部分扭曲、黄化；施药后30 d调查时，供试药剂各剂量处理

对播娘蒿、猪殃殃的防效均较好，大部分植株干枯后死亡；冬后返青期调查时，试验区各药剂处理均保持很好的防效。结果详见表15-8、表15-9。

施药后30 d调查，对照药剂金植+马灵及供试药剂12%双・氯・唑草酮悬乳剂各剂量处理对播娘蒿、猪殃殃的防效均较好，大部分植株死亡，未死亡植株生长受到严重抑制。供试药剂12%双・氯・唑草酮悬乳剂每亩用50 g、60 g、80 g、120 g处理对播娘蒿、猪殃殃的防效为78.4%~100.0%，杂草总防效分别为93.0%、96.1%、97.5%、97.2%。对照药剂金植+马灵每亩用10 mL+10 g的杂草总防效为96.1%。供试药剂12%双・氯・唑草酮悬乳剂最低剂量处理，即每亩用50 g处理略差于对照药剂，其他剂量处理的杂草总防效高于或相当于对照药剂金植+马灵。

冬后返青期（4月10日）调查，试验区各药剂均保持很好的防效，与施药后30 d的试验结果基本一致。供试药剂12%双・氯・唑草酮悬乳剂每亩用50 g、60 g、80 g、120 g处理对播娘蒿、猪殃殃的株防效分别为92.0%、94.3%、99.6%、100.0%，总鲜重防效分别为95.0%、97.3%、98.8%、100.0%，最低剂量处理，即每亩用50 g处理的杂草总防效略差于对照药剂，其他剂量处理杂草总防效相当于或高于对照药剂金植+马灵每亩用10 mL+10 g的杂草防效（株防效和鲜重防效分别为95.2%、97.6%）。

表 15-8　12% 双・氯・唑草酮悬乳剂防除小麦田一年生杂草试验结果——施药后 30 d（冬前施药）

药剂	剂量（g、mL/ 亩）	播娘蒿		猪殃殃		总杂草	
		株防效（%）	差异显著性	株防效（%）	差异显著性	株防效（%）	差异显著性
12% 双・氯・唑草酮悬乳剂	50	78.4	bA	95.1	aA	93.0	aA
12% 双・氯・唑草酮悬乳剂	60	94.6	abA	96.4	aA	96.1	aA
12% 双・氯・唑草酮悬乳剂	80	89.2	abA	98.8	aA	97.5	aA
12% 双・氯・唑草酮悬乳剂	120	100.0	aA	96.8	aA	97.2	aA
50 g/L 双氟磺草胺悬浮剂 + 40% 唑草酮水分散粒剂	10+10	97.3	abA	96.0	aA	96.1	aA

表 15-9　12% 双・氯・唑草酮悬乳剂防除小麦田一年生杂草试验结果——冬后返青期（冬前施药）

药剂	剂量（g、mL/ 亩）	播娘蒿		猪殃殃		总杂草			
		株防效（%）	差异显著性	株防效（%）	差异显著性	株防效（%）	差异显著性	鲜重防效（%）	差异显著性
12% 双・氯・唑草酮悬乳剂	50	80.0	bB	92.5	aA	92.0	bA	95.0	aA
12% 双・氯・唑草酮悬乳剂	60	95.6	aAB	94.2	aA	94.3	abA	97.3	aA
12% 双・氯・唑草酮悬乳剂	80	98.8	aA	99.7	aA	99.6	aA	98.8	aA
12% 双・氯・唑草酮悬乳剂	120	100.0	aA	100	aA	100.0	aA	100.0	aA
50 g/L 双氟磺草胺悬浮剂 + 40% 唑草酮水分散粒剂	10+10	93.3	aAB	95.3	aA	95.2	abA	97.6	aA

3. 冬后施药除草效果　试验于 2015 年 3 月 11 日进行，此时小麦处于返青期，长势良好；田间发生杂草以一年生杂草播娘蒿、猪殃殃为主，其中播娘蒿占 10% 左右，猪殃殃占 90% 左右。施药当天天气晴，南风微风，气温 3~12 ℃。试验前后 10 d 平均气温 9.0 ℃，总降水量 1 mm。

前期目测杂草受害症状，后期采用绝对值（数测）调查法，每处理小区随机取4点，每点调查0.25 m^2，分别记录一年生杂草的种类和数量，施药后15 d 、施药后30 d各调查一次，施药后30 d同时进行鲜重调查，计算鲜重防效。

施药后观察，供试药剂12%双・氯・唑草酮悬乳剂对试验区杂草播娘蒿、猪殃殃的防效均较优。施药后3~5 d观察，试验区杂草部分干枯死亡，剩余杂草扭曲、黄化；施药后15 d调查时，供试药剂低剂量处理对播娘蒿、猪殃殃的防效略差，其余处理对播娘蒿、猪殃殃的防效均较好，大部分植株干枯死亡；施药后30 d调查时，试验区各药剂处理区杂草防效有所提高，效果较好。结果详见表15-10、表15-11。

施药后15 d调查，供试药剂最低剂量（50 g）处理播娘蒿50%植株心叶未死，猪殃殃死亡率低，但植株很小；其他剂量（60 g、80 g、120 g）处理对播娘蒿、猪殃殃的防效较好。对照药剂金植+马灵目测基本与试验药剂的中量（60 g）效果差不多，对照药剂氯氟吡氧乙酸处理对播娘蒿效果差，处理区内猪殃殃植株很多但很小，且已黄化停止生长。供试药剂12%双・氯・唑草酮悬乳剂每亩用50 g、60 g、80 g、120 g处理对播娘蒿、猪殃殃的防效为61.5%~99.2%，杂草总防效分别为78.8%、87.1%、97.0%、99.0%。对照药剂金植+马灵每亩用10 mL+10 g处理、氯氟吡氧乙酸每亩用40 mL处理的杂草总防效分别为87.5%、75.9%。

药后30 d调查，试验区各药剂处理区杂草防效有所提高，效果较好。供试药剂12%双・氯・唑草酮悬乳剂每亩用60 g、80 g、120 g处理对播娘蒿、猪殃殃的总株防效分别为91.6%、98.3%、99.5%，总鲜重防效分别为93.8%、98.7%、98.9%，相当于或高于对照药剂金植+马灵每亩用10 mL+10 g处理、氯氟吡氧乙酸每亩用40 mL处理的杂草总防效（总株防效分别为93.0%、96.4%，总鲜重防效分别为94.6%、81.8%）。供试药剂最低剂量处理，即每亩用50 g处理的杂草总株防效略差，但总鲜重防效较好，总株防效和总鲜重防效分别为85.6%、91.7%。

表 15-10　12% 双・氯・唑草酮悬乳剂防除小麦田一年生杂草试验结果——施药后 15 d（返青期施药）

药剂	剂量（g、mL/ 亩）	播娘蒿		猪殃殃		总杂草	
		株防效（%）	差异显著性	株防效（%）	差异显著性	株防效（%）	差异显著性
12% 双・氯・唑草酮悬乳剂	50	61.5	abAB	79.8	aA	78.8	abA
12% 双・氯・唑草酮悬乳剂	60	78.0	aAB	87.7	aA	87.1	abA
12% 双・氯・唑草酮悬乳剂	80	90.1	aAB	97.4	aA	97.0	abA
12% 双・氯・唑草酮悬乳剂	120	95.6	aA	99.2	aA	99.0	aA
50 g/L 双氟磺草胺悬浮剂 + 40% 唑草酮水分散粒剂	10+10	80.2	aAB	88.0	aA	87.5	abA
200 g/L 氯氟吡氧乙酸乳油	40	29.7	bB	78.7	aA	75.9	bA

表 15-11　12% 双・氯・唑草酮悬乳剂防除小麦田一年生杂草试验结果——施药后 30 d（返青期施药）

药剂	剂量（g、mL/ 亩）	播娘蒿		猪殃殃		总杂草			
		株防效（%）	差异显著性	株防效（%）	差异显著性	株防效（%）	差异显著性	鲜重防效（%）	差异显著性
12% 双・氯・唑草酮悬乳剂	50	63.4	abA	86.4	aA	85.6	bA	91.7	abA
12% 双・氯・唑草酮悬乳剂	60	86.0	aA	91.8	abA	91.6	abA	93.8	abA
12% 双・氯・唑草酮悬乳剂	80	96.8	aA	98.3	aA	98.3	aA	98.7	aA
12% 双・氯・唑草酮悬乳剂	120	98.9	aA	99.6	aA	99.5	aA	98.9	aA
50 g/L 双氟磺草胺悬浮剂 + 40% 唑草酮水分散粒剂	10+10	81.7	abA	93.4	abA	93.0	abA	94.6	abA
200 g/L 氯氟吡氧乙酸乳油	40	40.9	bA	98.4	aA	96.4	aA	81.8	bA

综合冬前和冬后两次施药效果：12%双・氯・唑草酮悬乳剂在冬前或冬后于小麦田一年生阔叶杂草

茎叶均匀喷雾处理，对杂草播娘蒿、猪殃殃的防效均优。其中冬前施药的防效好于冬后施药，对小麦安全，未见药害症状。建议冬前喷施，冬前未能喷施的，冬后在杂草较小时，尽早喷施。

（五）冬前、冬后不同时间喷施氟氯吡啶酯及其与双氟磺草胺复配制剂田间除草效果评价

黄淮海地区冬小麦田除草有两个关键时期，一个是越冬杂草基本出齐后小麦越冬前（山东省多数地区为11月中旬），一个是小麦返青期（3月）。山东省农业科学院植物保护研究所连续两个生长季，分别在小麦越冬前和返青期两个喷药时期，进行了7.5 g/L氟氯吡啶酯乳油（EC）和复配制剂20%氟氯吡啶酯·双氟磺草胺水分散粒剂（WG）等的田间试验，以期明确氟氯吡啶酯等的作用特点、杀草谱、田间推荐剂量、最适喷药时间等使用技术。

1. 材料与方法　供试杂草及作物：试验杂草种类有猪殃殃、播娘蒿、麦家公、麦瓶草。冬小麦品种为济麦 22，后茬作物中大豆品种为中黄 56、玉米品种为郑单 958、花生品种为小白沙、谷子品种为济谷 14 号、棉花品种为鲁棉研 28，均购自济南市种子市场。

供试药剂：7.5 g/L氟氯吡啶酯乳油（halauxifen-methyl，EC）、50 g/L双氟磺草胺悬浮剂（florasulam，SC）、20%氟氯吡啶酯·双氟磺草胺水分散粒剂（halauxifen-methyl 10% + florasulam 10%，WG），均来自陶氏益农农业科技（中国）有限公司；36%苯磺隆·唑草酮可湿性粉剂（tribenuron-methyl + carfentrazone-ethyl，WP），美国富美实公司生产。

试验选择在杂草分布均匀一致的小麦田进行，试验地点为山东省济南市历城区张马屯村，为玉米、小麦轮作田。试验地土壤类型为棕壤，肥力中等，有机质含量为1.2%，pH值为7.0。20%氟氯吡啶酯·双氟磺草胺水分散粒剂为10 g/hm^2、15 g/hm^2、20 g/hm^2、30 g/hm^2（有效成分下同），对照药剂7.5 g/L氟氯吡啶酯乳油为7.5 g/hm^2，50 g/L双氟磺草胺悬浮剂为7.5 g/hm^2，36%苯磺隆·唑草酮可湿性粉剂为27 g/hm^2，另设人工除草（于冬后小麦返青初期进行）和空白对照，共9个处理，每处理4次重复，共36个小区，每个小区面积20 m^2，随机区组排列。返青初期施药处理的小麦于2011年10月8日播种，于2012年3月25日进行药剂茎叶均匀喷雾处理，喷药当天晴，北风微风，气温4~15℃；试验前后10 d平均气温11.2℃，降水量为8.6 mm。越冬前施药处理的小麦于2012年10月4日播种，于2012年11月14日进行药剂茎叶均匀喷雾处理，喷药当天晴转多云，南风小于3级，气温1~11℃；试验前后10 d平均气温7.3℃，降水量为8 mm，但施药后20 d及整个冬天降雪偏多且降雪次数多。

小麦返青初期喷药试验中，施药前调查杂草基数，施药后7 d详细记录杂草受害症状，施药后15 d和30 d进行杂草防效调查；小麦越冬前喷药试验，施药前目测杂草分布，施药后15 d详细记录杂草受害症状，由于降雪频繁、降雪量大，试验田一直有积雪，所以第1次杂草防效调查在施药后95 d（翌年初春）进行，后期在施药后120 d和150 d各调查1次。杂草防效调查结束后，整个试验田剩余杂草进行人工拔除。杂草防效调查采用绝对值（数测）调查法，每个小区随机取4点，每点调查0.25 m^2，详细记载剩余杂草的种类、株数，计算杂草株防效。最后一次调查时，同时称量小区内4点剩余杂草的鲜重，计算杂草鲜重防效。

株防效（有基数）=（1–对照区杂草基数×药剂处理区施药后杂草残株数）/（对照区杂草残株数×药剂处理区施药前杂草基数）×100%

株防效（无基数）=（对照区杂草株数–药剂处理区杂草株数）/对照区杂草株数×100%

鲜重防效=（对照区杂草鲜重–药剂处理区杂草鲜重）/对照区杂草鲜重×100%

2. 小麦返青初期施药的田间杂草防效　小麦返青初期施药后 7 d 调查发现，氟氯吡啶酯处理区杂草叶片扭曲严重、略黄化；双氟磺草胺处理区麦家公、麦瓶草心叶黄化，生长受到抑制，播娘蒿、猪殃殃叶色变暗；复配制剂 20% 氟氯吡啶酯·双氟磺草胺水分散粒剂处理区杂草扭曲、黄化明显，生长受到严重抑制；对照药剂 36% 苯磺隆·唑草酮可湿性粉剂处理区杂草叶缘干枯、略黄化，个别小植株整株干枯。施药后 15 d 调查发现，7.5 g/L 氟氯吡啶酯乳油 7.5 g/hm^2 剂量对播娘蒿、猪殃殃、麦瓶草的防效较好，对麦家公的防效较差，杂草总防效为 79.9%；50 g/L 双氟磺草胺悬浮剂 7.5 g/hm^2 剂量作用速度慢，杂草多黄化，未死亡，杂草总防效较低，仅 38.0%。20% 氟氯吡啶酯·双氟磺草胺水分散粒剂对播娘蒿、

猪殃殃、麦瓶草防效均较好，杂草扭曲、黄化，停止生长，部分死亡，对麦家公的株防效略差，但生长抑制作用明显，10~30 g/hm^2 处理对阔叶杂草总防效为 58.0%~65.0%。36% 苯磺隆 · 唑草酮可湿性粉剂 27 g/hm^2 处理区对播娘蒿、麦家公、麦瓶草的防效较好，对猪殃殃的防效差，杂草总防效为 57.2%（表 15-12）。

表 15-12　小麦返青初期田间喷施除草剂后 15 d 时的杂草防效

药剂处理	用量（g/hm^2）	基数（株 /m^2）	播娘蒿（%）	猪殃殃（%）	麦家公（%）	麦瓶草（%）	总残株数（株 /m^2）	总株防效（%）
20% 氟氯吡啶酯 · 双氟磺草胺水分散粒剂	10	213.5	56.2 ± 3.7b	67.7 ± 6.0ab	18.3 ± 5.6e	41.9 ± 9.3c	123.2	62.2 ± 5.1ab
	15	211.8	58.8 ± 7.9b	61.2 ± 5.1ab	23.7 ± 2.3de	90.4 ± 9.6ab	133.0	58.0 ± 4.0ab
	20	215.2	86.8 ± 4.6a	62.2 ± 8.8ab	39.8 ± 12.1d	100.0 ± 0 a	127.0	61.9 ± 8.6ab
	30	260.2	79.6 ± 5.2a	65.0 ± 7.6ab	77.7 ± 3.2b	61.7 ± 15.8bc	132.8	65.0 ± 7.1ab
7.5 g/L 氟氯吡啶酯乳油	7.5	225.2	88.4 ± 7.6a	84.4 ± 2.0a	36.3 ± 4.1d	87.1 ± 9.1ab	65.5	79.9 ± 2.0a
50 g/L 双氟磺草胺悬浮剂	7.5	289.0	44.7 ± 3.1b	36.0 ± 12.5c	59.1 ± 4.0c	67.7 ± 3.8bc	259.5	38.0 ± 10.1b
36% 苯磺隆 · 唑草酮可湿性粉剂	27	179.2	86.2 ± 8.6a	45.0 ± 3.7bc	96.7 ± 3.3a	87.0 ± 7.6ab	116.2	57.2 ± 3.7ab
空白对照株数或鲜重［株（or g）/ m^2］	—	263.2	17.5	325	34.5	4.8	382.0	—

注：表中数据为平均数 ± 标准误。同列不同字母表示经邓肯氏新复极差检验法在 $P<0.05$ 水平差异显著，下同。

施药后30 d调查发现，各药剂处理杂草总防效均有提高。7.5 g/L氟氯吡啶酯乳油7.5 g/hm^{2}剂量对播娘蒿、猪殃殃的防效较好，对麦家公、麦瓶草的防效差。50 g/L双氟磺草胺悬浮剂7.5 g/hm^{2}剂量对播娘蒿、麦瓶草的防效较好，对麦家公、猪殃殃的株防效较差，总株防效为58.6%，但该药对杂草的抑制作用强，鲜重防效显著高于株防效，鲜重防效为86.9%。20%氟氯吡啶酯 · 双氟磺草胺水分散粒剂10~30 g/hm^{2}处理对播娘蒿、猪殃殃、麦瓶草的防效均好，对麦家公的防效差，杂草总鲜重防效为88.8%~98.0%。36%苯磺隆 · 唑草酮可湿性粉剂27 g/hm^{2}处理对播娘蒿、麦家公、麦瓶草的防效好，对猪殃殃的防效差，杂草总鲜重防效为83.4%（表15-13）。

表 15-13　小麦返青初期田间喷施除草剂后 30 d 时的杂草防效

药剂处理	用量（g/hm^2）	播娘蒿（%）	猪殃殃（%）	麦家公（%）	麦瓶草（%）	总残株数（株 /m^2）	总株防效（%）	鲜重（g）	总鲜重防效（%）
20% 氟氯吡啶酯 · 双氟磺草胺水分散粒剂	10	93.9 ± 3.9ab	100.0 ± 0a	23.4 ± 5.8c	83.5 ± 10.5a	25.0	90.7 ± 2.3ab	54.2	88.8 ± 3.0ab
	15	93.7 ± 4.3ab	100.0 ± 0a	20.9 ± 4.7cd	100.0 ± 0a	26.2	90.3 ± 1.4ab	48.0	90.1 ± 2.3ab
	20	100.0 ± 0a	100.0 ± 0a	26.0 ± 5.3c	100.0 ± 0a	22.0	91.9 ± 0.7ab	22.3	95.4 ± 1.9a
	30	100.0 ± 0a	100.0 ± 0a	82.5 ± 3.8a	92.7 ± 7.3a	5.5	98.3 ± 0.7a	9.4	98.0 ± 0.8a
7.5 g/L 氟氯吡啶酯乳油	7.5	81.1 ± 8.2b	100.0 ± 0a	6.6 ± 7.1d	27.9 ± 11.5b	40.2	86.1 ± 2.5b	114.8	76.3 ± 11.9b
50 g/L 双氟磺草胺悬浮剂	7.5	82.0 ± 3.7b	57.3 ± 6.7c	48.5 ± 5.6b	79.5 ± 12.8a	146.5	58.6 ± 4.9d	63.6	86.9 ± 2.9ab
36% 苯磺隆 · 唑草酮可湿性粉剂	27	100.0 ± 0a	70.3 ± 5.9b	96.4 ± 5.9a	90.1 ± 5.8a	53.5	76.3 ± 4.4c	80.6	83.4 ± 7.7ab
空白对照株数或鲜重［株（or g）/ m^2］	—	15.5	280.0	36.8	6.2	338.2	—	484.2	—

3. 小麦越冬前施药的田间杂草防效　小麦越冬前施药后 15 d 时观察发现，由于气温低，田间猪殃殃、播娘蒿、麦家公、麦瓶草叶色变暗，氟氯吡啶酯处理区杂草叶片略扭曲，双氟磺草胺处理区杂草心叶略黄化；复配制剂 20% 氟氯吡啶酯 · 双氟磺草胺处理区杂草扭曲、黄化明显；对照药剂 36% 苯磺隆 · 唑草酮处理区猪殃殃多干枯死亡，播娘蒿、麦家公、麦瓶草叶缘干枯，个别小植株整株干枯。施药后 95 d 调查发现，7.5 g/L 氟氯吡啶酯乳油 7.5 g/hm^2 处理对猪殃殃和播娘蒿的防效好，剩余猪殃殃仅剩 2 叶，对麦瓶草的防效略差，麦家公叶片扭曲，但无死亡，杂草总株防效为 54.3%。50 g/L 双氟磺草胺悬浮剂 7.5 g/hm^2 处理对猪殃殃的防效优，对播娘蒿、麦家公、麦瓶草的防效相对略差，处理区内大龄麦家公仅剩 2 叶，杂草总株防效为 86.5%。20% 氟氯吡啶酯 · 双氟磺草胺水分散粒剂 10 g/hm^2、15 g/hm^2、20 g/hm^2、30 g/hm^2 处理对猪殃殃的防效好，对麦瓶草的防效略差，10 g/hm^2 低剂量处理对麦瓶草、麦家公的防效亦较差，各剂量处理杂草总株防效分别为 68.3%、89.5%、87.8% 和 92.4%。对照药剂 36% 苯磺隆 · 唑草酮可湿性粉剂 27 g/hm^2 处理对猪殃殃、播娘蒿的防效好，对麦家公、麦瓶草的防效略差，杂草总株防效为 85.3%（表 15-14）。

表 15-14　小麦越冬前田间喷施除草剂后 95 d 时的杂草防效

药剂处理	用量（g/hm^2）	播娘蒿（%）	猪殃殃（%）	麦家公（%）	麦瓶草（%）	总残株数（株 /m^2）	总株防效（%）
20% 氟氯吡啶酯 · 双氟磺草胺水分散粒剂	10	76.5 ± 9.6a	91.5 ± 2.7a	33.6 ± 8.6c	71.4 ± 11.7a	44.8	68.3 ± 2.6b
	15	88.2 ± 6.8a	95.9 ± 1.6a	82.5 ± 2.9ab	57.1 ± 18.4a	14.8	89.5 ± 0.2a
	20	82.4 ± 11.3a	88.6 ± 2.0a	87.6 ± 2.0ab	78.6 ± 13.7a	17.3	87.8 ± 1.7a
	30	94.1 ± 5.9a	92.7 ± 1.7a	92 .2 ± 1.7a	85.7 ± 14.3a	10.8	92.4 ± 1.3a
7.5 g/L 氟氯吡啶酯乳油	7.5	82.4 ± 11.3a	90.2 ± 2.2a	− 0.5 ± 7.5d	57.1 ± 18.4a	64.5	54.3 ± 3.7c
50 g/L 双氟磺草胺悬浮剂	7.5	82.4 ± 11.3a	96.8 ± 3.1a	72.8 ± 4.8b	71.4 ± 16.5a	19.0	86.5 ± 1.4a
36% 苯磺隆 · 唑草酮可湿性粉剂	27	88.2 ± 6.8a	94.6 ± 1.6a	72.8 ± 1.7b	64.3 ± 13.7a	20.8	85.3 ± 2.4a
空白对照株数或鲜重［株（or g）/ m^2］	—	4.2	79.0	54.2	3.5	141.0	—

施药后120 d调查结果（结果未附）与施药后150 d的调查结果基本一致（表15-15），7.5 g/L氟氯吡啶酯乳油7.5 g/hm^{2}处理对麦家公和麦瓶草近无效，对播娘蒿、猪殃殃的防效较好，株防效分别为94.1%和96.5%，杂草总株防效较低。50 g/L双氟磺草胺悬浮剂7.5 g/hm^{2}处理对几种杂草的防效均较好，鲜重防效为93.9%。20%氟氯吡啶酯 · 双氟磺草胺水分散粒剂各剂量处理对几种杂草的防效均有提高，15~30 g/hm^{2}处理杂草鲜重防效为93.8%~98.2%；10 g/hm^{2}处理杂草的防效略低，总鲜重防效为88.8%。36%苯磺隆 · 唑草酮可湿性粉剂27 g/hm^{2}处理的防效较好，总鲜重防效为94.4%。

表 15-15　小麦越冬前田间喷施除草剂后 150 d 时的杂草防效

药剂处理	用量（g/hm^2）	播娘蒿（%）	猪殃殃（%）	麦家公（%）	麦瓶草（%）	总残株数（株 /m^2）	总株防效（%）	鲜重（g）	鲜重防效（%）
20% 氟氯吡啶酯 · 双氟磺草胺水分散粒剂	10	88.2 ± 11.8a	97.3 ± 1.8a	66.3 ± 4.1d	85.7 ± 9.1a	56.3	84.1 ± 1.6a	97.2	88.8 ± 2.9b
	15	94.1 ± 5.9a	98.7 ± 0.8a	78.8 ± 3.6cd	90.5 ± 9.5a	34.5	90.3 ± 1.5a	54.0	93.8 ± 1.8ab
	20	94.1 ± 5.9a	98.6 ± 0.8a	95.8 ± 0.9ab	90.5 ± 5.5a	9.8	97.2 ± 0.3a	20.8	97.6 ± 0.4a
	30	100.0 ± 0a	97.8 ± 1.2a	98.6 ± 0.6a	90.5 ± 5.5a	6.8	98.1 ± 0.3a	15.5	98.2 ± 0.9a

续表

药剂处理	用量 (g/hm^2)	播娘蒿 (%)	猪殃殃 (%)	麦家公 (%)	麦瓶草 (%)	总残株数 (株/m^2)	总株防效 (%)	鲜重 (g)	鲜重防效 (%)
7.5 g/L 氟氯吡啶酯乳油	7.5	94.1 ± 5.9a	96.5 ± 1.4a	5.2 ± 9.2e	19.0 ± 16.3a	151.5	57.3 ± 4.5b	316.2	63.7 ± 5.4c
50 g/L 双氟磺草胺悬浮剂	7.5	82.4 ± 11.3a	98.7 ± 0.8a	81.7 ± 2.4c	85.7 ± 9.1a	31.0	91.3 ± 1.9a	53.0	93.9 ± 1.3ab
36% 苯磺隆·唑草酮可湿性粉剂	27	88.2 ± 11.8a	79.7 ± 12.2b	84.3 ± 2.6bc	66.7 ± 12.0b	65.5	81.5 ± 1.7a	49.0	94.4 ± 0.9ab
空白对照株数或鲜重［株(or g)/m^2］	—	4.2	197.2	147.8	5.2	354.5	—	871.2	—

在我国现有耕作模式下，小麦田杂草种类繁多、群落结构复杂，播娘蒿、猪殃殃、麦家公、麦瓶草为我国冬小麦田优势杂草。本试验结果表明，小麦越冬前和返青初期施用氟氯吡啶酯对播娘蒿、猪殃殃的防效均好，对麦家公、麦瓶草的防效差或无效，小麦返青初期施用防效略好于越冬前施用；双氟磺草胺对供试的4种杂草均有效，但杂草表现症状及死亡速度慢，小麦越冬前施用效果显著好于返青初期施用；二者复配制剂20%氟氯吡啶酯·双氟磺草胺水分散粒剂越冬前和返青初期施用对这几种杂草的防效均较好，越冬前施药效果略好于返青初期施药。

（六）不同条件下喷施氟氯吡啶酯和啶磺草胺复配制剂田间除草效果评价

由于除草剂的田间使用效果受温度、湿度等气候因素影响较大，一年一地的除草效果试验往往不能全面反映药剂的特点。2012~2014年在山东聊城和山东济阳采用田间小区试验法，连续2个年度设计进行3个试验，全面评价了小麦越冬前施药、小麦返青初期施药、添加助剂、不添加助剂及不同气候条件下，200 g/L啶磺草胺·氟氯吡啶酯水分散粒剂（WG）的除草效果，为除草剂的科学使用提供依据。

1. 材料与方法　供试杂草及作物：试验杂草种类有播娘蒿、荠菜、小花糖芥、雀麦。冬小麦品种为济麦 22。

供试药剂：200 g/L啶磺草胺·氟氯吡啶酯水分散粒剂（pyroxsulam + halauxifen-methyl，WG）、7.5%啶磺草胺（优先）水分散粒剂（pyroxsulam，WG）、7.5 g/L氟氯吡啶酯乳油（halauxifen-methyl，EC）、助剂GF-2607，均由陶氏益农农业科技（中国）有限公司提供；1.2%甲基碘磺隆钠盐+甲基二磺隆（阔世玛）油分散剂（iodosulfuron-methyl-sodium + mesosulfuron-methyl，OD），由拜耳作物科学公司生产。

试验选择在杂草分布均匀一致的小麦田进行，3个试验设计如下：

小麦越冬前施药。试验设在山东省聊城市高唐县郭五里村，杂草种类为播娘蒿和雀麦。试验地土壤类型为棕壤，肥力中等，有机质含量为1.2%，pH值为7.3。试验设200 g/L啶磺草胺·氟氯吡啶酯WG为10 g/hm^2、15 g/hm^2、20 g/hm^2、25 g/hm^2、30 g/hm^2、40 g/hm^2（有效成分，下同），分别加入0.25%助剂GF−2607；对照药剂：7.5%啶磺草胺WG 15 g/hm^2，加入0.25%助剂GF-2607，7.5 g/L氟氯吡啶酯EC 5 g/hm^2，1.2%甲基碘磺隆钠盐+甲基二磺隆OD 10.8 g/hm^2、16.2 g/hm^2，另设空白对照和人工除草处理。共12个处理，每处理重复4次，共48个小区，每小区面积20 m^2，随机区组排列。小麦于2012年10月7日播种，12月4日进行药剂茎叶均匀喷雾处理，喷药当天天气多云，南风≤3级，气温−3~6 ℃。试验前后10 d平均气温0.5 ℃，降水两次，共8.4 mm。施药后于冬后初春（2013年2月27日）、小麦返青期（2013年3月14日）、小麦拔节期（2013年4月23日）各调查一次。杂草防效调查采用绝对值（数测）调查法，每小区随机取4点，每点调查0.25 m^2，详细记载杂草种类、株数，计算株防效。最后一次调查后，收取小区内4点杂草，称其鲜重，计算鲜重防效。试验调查结束后，整个试验区剩余杂草人工拔除。

小麦冬后初春施药。试验于2013年2月27日，春季气温回升后，安排在同一块试验地进行。喷药当天天气雾转多云，南风≤3级，气温3~7 ℃。试验前后10 d平均气温6.6 ℃，无降水。试验药剂及剂量设计同小麦越冬前施药。小麦返青中期（2013年3月14日）、小麦拔节初期（2013年4月5日）、小麦拔节期（2013年4月23日）各调查一次。调查方法同小麦越冬前施药。

小麦返青初期施药。试验设在山东省济南市济阳县太平镇姜家村，杂草种类有播娘蒿、荠菜、小花糖芥、雀麦。试验地土壤类型为壤土，肥力中等，有机质含量1.0%，pH值为7.1。试验于2014年3月5日进行。喷药当天天气晴转多云，北风微风，气温1~11 ℃。试验前后10 d平均气温8.7 ℃，在施药前降水1次，总降水量12 mm。试验地施药后持续干旱时间长，浇水略晚于常年，施药后47 d浇水。试验设200 g/L啶磺草胺・氟氯吡啶酯WG为15 g/hm^2、20 g/hm^2、25 g/hm^2、40 g/hm^2，分别设加入0.25%助剂GF-2607和不加助剂；对照药剂：7.5%啶磺草胺WG 15 g/hm^{2}加入0.25%助剂GF-2607，7.5 g/L氟氯吡啶酯EC 5 g/hm^2，1.2%甲基碘磺隆钠盐+甲基二磺隆OD 16.2 g/hm^2；另设空白对照和人工除草处理。共13个处理，每处理重复4次，共52个小区，每小区面积20 m^2，随机区组排列。施药后7 d、15 d、30 d、45 d（小麦拔节期）、60 d各调查一次，共调查5次。施药后7 d详细记录杂草受害症状，施药后15 d、30 d、45 d、60 d采用绝对值（数测）调查法，方法同小麦越冬前施药。

株防效=（对照区杂草株数–药剂处理区杂草株数）/对照区杂草株数 × 100%

鲜重防效=（对照区杂草鲜重–药剂处理区杂草鲜重）/对照区杂草鲜重 × 100%

2. 小麦越冬前施药的田间杂草防效（2012 年山东聊城） 试验田杂草主要为播娘蒿、雀麦，播娘蒿稍多，目测占 60% 左右，雀麦占 40% 左右。施药后 7 d 观察，各药剂处理杂草症状表现不明显。冬后初春（2013 年 2 月 27 日）调查时，各试验药剂处理区播娘蒿、雀麦受害症状明显，7.5% 啶磺草胺 WG 和 1.2% 甲基碘磺隆钠盐 + 甲基二磺隆 OD 处理杂草黄化，7.5 g/L 氟氯吡啶酯 EC 处理播娘蒿叶片扭曲、心叶变窄畸形，200 g/L 啶磺草胺・氟氯吡啶酯 WG 所有剂量处理，播娘蒿扭曲黄化、雀麦黄化，杂草生长受到明显抑制，但各剂量处理杂草株防效均较低。

返青初期（2013年3月14日）调查，200 g/L啶磺草胺・氟氯吡啶酯WG所有剂量处理对雀麦的防效明显提高，大部分雀麦已黄化死亡，株防效在80.6%以上，10 g/hm^2、15 g/hm^{2}低剂量处理对播娘蒿的防效较差，播娘蒿叶片畸形后部分已恢复生长，株防效分别为37.3%、45.3%，20 g/hm^2、25 g/hm^2、30 g/hm^2、40 g/hm^{2}较高剂量处理的防效较好，株防效在84.5%~96.8%。7.5%啶磺草胺WG处理对雀麦的防效优，株防效为92.4%，对播娘蒿的防效差，株防效为30.1%；7.5 g/L氟氯吡啶酯EC处理播娘蒿死亡不彻底，株防效为53.1%，对雀麦近无效；1.2%甲基碘磺隆钠盐+甲基二磺隆OD两个剂量处理对雀麦的防效明显提高，大部分雀麦已黄化干枯死亡，株防效为73.3%~90.8%，对播娘蒿的防效较差，株防效为21.9%~25.9%（表15-16）。

拔节期（2013年4月23日）调查，200 g/L啶磺草胺・氟氯吡啶酯WG各剂量处理对雀麦的防效均优，除最低剂量有极少数存活，其余剂量株防效和鲜重防效均为100%，10 g/hm^2、15 g/hm^{2}低剂量处理对播娘蒿的防效相对较差，鲜重防效为60.7%~64.3%，但20 g/hm^2、25 g/hm^2、30 g/hm^2、40 g/hm^{2}较高剂量处理对播娘蒿的防效较好，鲜重防效为89.7~98.5%。对照药剂7.5%啶磺草胺WG处理对雀麦的株防效和鲜重防效均为100%，对播娘蒿的防效较差，鲜重防效为53.5%，株防效为47.3%；7.5 g/L氟氯吡啶酯EC处理对播娘蒿的防效优，鲜重防效为93.9%，对雀麦近无效；1.2%甲基碘磺隆钠盐+甲基二磺隆OD两个剂量处理对雀麦的防效明显低于200 g/L啶磺草胺・氟氯吡啶酯WG和7.5%啶磺草胺WG处理，鲜重防效为85.5%~88.4%，株防效为76.4%~78.6%，对播娘蒿的防效略差，鲜重防效为53.0%~74.2%，株防效为41.7%~64.7%（表15-16）。

表 15-16　小麦越冬前田间喷施除草剂后的杂草防效

试验处理	用量（g/hm²）	初春（2013 年 2 月 27 日）		返青初期（2013 年 3 月 14 日）		拔节期（2013 年 4 月 23 日）			
		播娘蒿	雀麦	播娘蒿	雀麦	播娘蒿		雀麦	
		株防效（%）		株防效（%）		株防效（%）	鲜重防效（%）	株防效（%）	鲜重防效（%）
200 g/L 啶磺草胺・氟氯吡啶酯 WG+ 助剂 GF-2607	10+0.25%	28.1 ± 8.5	14.5 ± 7.2	37.3 ± 8.9	80.6 ± 3.7	52.1 ± 3.9	60.7 ± 6.2	93.1 ± 5.6	97.2 ± 2.7
	15+0.25%	31.2 ± 4.2	21.8 ± 8.6	45.3 ± 3.9	92.7 ± 2.2	61.1 ± 6.1	64.3 ± 8.3	100.0 ± 0	100.0 ± 0
	20+0.25%	51.6 ± 8.9	47.5 ± 6.3	84.5 ± 4.4	94.3 ± 2.2	84.6 ± 5.5	92.2 ± 4.1	100.0 ± 0	100.0 ± 0
	25+0.25%	76.7 ± 3.1	72.5 ± 6.9	88.0 ± 3.8	95.9 ± 1.7	89.1 ± 4.6	89.7 ± 5.1	100.0 ± 0	100.0 ± 0
	30+0.25%	70.0 ± 3.4	69.3 ± 4.2	90.4 ± 3.6	97.8 ± 1.8	91.6 ± 2.8	95.6 ± 1.4	100.0 ± 0	100.0 ± 0
	40+0.25%	88.1 ± 3.5	73.5 ± 4.5	96.8 ± 1.2	94.9 ± 2.1	97.5 ± 1.9	98.5 ± 0.9	100.0 ± 0	100.0 ± 0
7.5% 啶磺草胺 WG+ 助剂 GF-2607	15+0.25%	29.3 ± 8.7	63.0 ± 3.5	30.1 ± 8.3	92.4 ± 2.7	47.3 ± 2.4	53.5 ± 5.5	100.0 ± 0	100.0 ± 0
7.5 g/L 氟氯吡啶酯 EC	5	53.0 ± 9.4	7.8 ± 6.9	53.1 ± 5.2	24.5 ± 5.4	88.0 ± 3.6	93.9 ± 3.5	21.4 ± 9.3	14.1 ± 8.1
1.2% 甲基碘磺隆钠盐 + 甲基二磺隆 OD	10.8	27.7 ± 7.6	16.0 ± 9.7	21.9 ± 6.5	73.3 ± 7.5	41.7 ± 9.7	53.0 ± 9.9	76.4 ± 7.7	85.5 ± 5.5
	16.2	27.7 ± 4.8	25.0 ± 7.3	25.9 ± 8.2	90.8 ± 2.3	64.7 ± 9.6	74.2 ± 7.6	78.6 ± 5.6	88.4 ± 4.5

注：表中数据为平均数 ± 标准误。下表同。

3. 小麦返青初期施药的田间杂草防效（2013 年山东聊城）　施药后 7 d 观察，各药剂处理杂草表现出明显的受害症状。施药后 15 d（2013 年 3 月 14 日）调查，除试验药剂 200 g/L 啶磺草胺・氟氯吡啶酯 WG 高剂量处理（25 g/hm²、30 g/hm²、40 g/hm²）对播娘蒿表现出较好的防效外，株防效为 82.5%~94.1%，其余处理播娘蒿、雀麦的死亡率均较低（表 15-17）。

施药后拔节初期（2013年4月5日）、拔节期（2013年4月23日）调查，所有药剂处理杂草防效均大幅提高，各药剂两次调查防效基本一致，施药后45 d的防效略好于施药后30 d。200 g/L啶磺草胺・氟氯吡啶酯WG各剂量处理（10 g/hm²、15 g/hm²、20 g/hm²、25 g/hm²、30 g/hm²、40 g/hm²）对雀麦的鲜重防效为95.2%~99.8%，对播娘蒿的鲜重防效为91.9%~99.8%。7.5%啶磺草胺WG单剂对雀麦的防效优，鲜重防效为99.9%，但对播娘蒿的防效略差，株防效和鲜重防效分别为69.7%、84.0%；7.5 g/L氟氯吡啶酯EC处理对播娘蒿的防效优，鲜重防效为91.2%，对雀麦近无效；1.2%甲基碘磺隆钠盐+甲基二磺隆OD处理对播娘蒿和雀麦的防效为57.4%~90.8%，低于200 g/L啶磺草胺・氟氯吡啶酯WG各剂量处理（表15-17）。

表 15-17　小麦返青初期田间喷施除草剂后的杂草防效

试验处理	用量（g/hm²）	返青初期（2013 年 3 月 14 日）		拔节初期（2013 年 4 月 5 日）		拔节期（2013 年 4 月 23 日）			
		播娘蒿	雀麦	播娘蒿	雀麦	播娘蒿		雀麦	
		株防效（%）		株防效（%）		株防效（%）	鲜重防效（%）	株防效（%）	鲜重防效（%）
200 g/L 啶磺草胺・氟氯吡啶酯 WG+ 助剂 GF-2607	10+0.25%	12.7 ± 8.9	43.6 ± 6.7	87.2 ± 5.2	87.4 ± 5.3	86.2 ± 8.1	91.9 ± 2.2	85.3 ± 7.2	95.2 ± 4.7
	15+0.25%	19.6 ± 9.2	52.5 ± 5.6	93.2 ± 3.3	94.3 ± 3.4	91.2 ± 4.5	94.5 ± 5.5	98.3 ± 1.2	99.6 ± 0.4
	20+0.25%	71.9 ± 6.3	50.8 ± 5.3	98.2 ± 1.6	97.1 ± 1.7	99.8 ± 0.7	99.8 ± 0.2	97.7 ± 2.5	99.5 ± 0.6
	25+0.25%	82.5 ± 4.7	52.5 ± 6.3	98.6 ± 0.7	93.8 ± 3.9	97.9 ± 0.7	99.1 ± 0.3	97.3 ± 4.3	99.4 ± 0.2
	30+0.25%	94.1 ± 2.6	58.0 ± 4.9	99.5 ± 0.4	100.0 ± 0	99.8 ± 0.2	99.8 ± 0.2	98.0 ± 3.1	99.8 ± 0.4
	40+0.25%	93.2 ± 3.3	57.4 ± 5.3	99.3 ± 0.6	98.6 ± 1.1	99.3 ± 0.6	99.6 ± 0.2	98.0 ± 1.6	99.6 ± 0.1

续表

试验处理	用量（g/hm^2）	返青初期（2013年3月14日）		拔节初期（2013年4月5日）		拔节期（2013年4月23日）			
		播娘蒿	雀麦	播娘蒿	雀麦	播娘蒿		雀麦	
		株防效（%）		株防效（%）		株防效（%）	鲜重防效（%）	株防效（%）	鲜重防效（%）
7.5% 啶磺草胺 WG+ 助剂 GF-2607	15+0.25%	33.5 ± 8.7	62.6 ± 7.9	70.7 ± 6.3	98.1 ± 3.1	69.7 ± 9.6	84.0 ± 5.8	99.2 ± 0.8	99.9 ± 0.1
7.5 g/L 氟氯吡啶酯 EC	5	20.8 ± 8.5	−7.5 ± 11.3	90.1 ± 2.8	4.1 ± 8.5	94.3 ± 3.7	91.2 ± 3.2	13.0 ± 8.6	23.0 ± 8.2
1.2% 甲基碘磺隆钠盐 + 甲基二磺隆 OD	10.8	33.0 ± 8.3	37.0 ± 8.6	81.1 ± 7.2	54.7 ± 9.7	72.8 ± 6.6	88.2 ± 1.0	57.4 ± 9.1	60.1 ± 6.4
	16.2	50.0 ± 7.8	41.3 ± 7.3	86.0 ± 4.4	76.6 ± 5.5	87.4 ± 2.3	90.8 ± 3.9	83.8 ± 4.2	85.3 ± 7.5

4. 小麦返青初期施药的田间杂草防效（2014 年山东济阳） 2013~2014 年度冬季、春季干旱少雨，尽管在施药前降水 1 次（12 mm），但由于整个冬季及春季无有效降水，且试验地未浇越冬水、返青水，至 2014 年 4 月 22 日浇水一次（施药后 47 d），浇水偏晚，整个试验小麦田试验前后处于干旱状态。试验田杂草主要有播娘蒿、荠菜、小花糖芥、雀麦，试验药剂对阔叶杂草播娘蒿、荠菜、小花糖芥三者的防效差异不大，数据统计时合并处理。由试验后的观察结果及试验数据（表 15-18）可以看出，相对而言，7.5 g/L 氟氯吡啶酯 EC 受干旱影响略小，至施药后 15 d 阔叶杂草的株防效即已达 80.6%，但该药剂对雀麦无效，其他药剂处理区施药后 15 d、30 d、45 d 调查时杂草受害症状明显、植株很小，但死亡率均不高。施药后 45 d，除 7.5 g/L 氟氯吡啶酯 EC 处理外，其他药剂对播娘蒿等阔叶杂草的株防效为 40.3%~81.6%，对雀麦的株防效为 52.9%~76.7%。田间浇水缓解旱情以后，施药后 60 d 调查时，各药剂处理防效均显著提高。7.5% 啶磺草胺 WG 处理对雀麦的防效好，株防效和鲜重防效分别为 97.5% 和 93.9%，对播娘蒿等阔叶杂草的防效略差，株防效和鲜重防效分别为 61.8% 和 67.0%；7.5 g/L 氟氯吡啶酯 EC 处理对阔叶杂草的株防效和鲜重防效分别为 93.6% 和 97.9%，对雀麦无效；二者组成的复配制剂 200 g/L 啶磺草胺 · 氟氯吡啶酯 WG 各剂量处理（15 g/hm^2、20 g/hm^2、25 g/hm^2、40 g/hm^2）对播娘蒿、荠菜、小花糖芥、雀麦均有很好的防效，鲜重防效均在 90% 以上；1.2% 甲基碘磺隆钠盐 + 甲基二磺隆 OD 处理对阔叶杂草的株防效和鲜重防效分别为 80.4% 和 80.9%，对雀麦的株防效和鲜重防效分别为 75.5% 和 64.5%。

表 15-18 干旱、有无助剂条件下 200 g/L 啶磺草胺 · 氟氯吡啶酯 WG 的除草效果

试验处理	用量 (g/hm^2)	施药后 15 d		施药后 45 d		施药后 60 d			
		阔叶杂草株防效 (%)	雀麦株防效 (%)	阔叶杂草株防效 (%)	雀麦株防效 (%)	阔叶杂草株防效 (%)	鲜重防效 (%)	雀麦株防效 (%)	鲜重防效 (%)
200 g/L 啶磺草胺 · 氟氯吡啶酯 WG+ 助剂 GF-2607	15+0.25%	39.6 ± 9.0	17.0 ± 3.9	63.7 ± 4.2	64.5 ± 5.2	94.7 ± 1.6	98.5 ± 0.3	97.1 ± 1.6	97.7 ± 1.1
	20+0.25%	34.9 ± 8.6	26.9 ± 9.9	66.3 ± 6.8	65.6 ± 7.7	95.5 ± 1.8	98.7 ± 0.2	97.3 ± 1.2	97.9 ± 0.9
	25+0.25%	26.1 ± 8.3	35.9 ± 8.4	64.6 ± 8.6	73.4 ± 2.1	93.6 ± 2.1	98.1 ± 0.3	97.9 ± 0.9	97.5 ± 0.9
	40+0.25%	34.5 ± 7.2	32.4 ± 9.5	81.6 ± 3.7	76.7 ± 5.4	98.1 ± 1.1	99.4 ± 0.4	98.8 ± 0.7	98.2 ± 1.1
200 g/L 啶磺草胺 · 氟氯吡啶酯 WG	15	11.0 ± 9.5	8.6 ± 8.8	40.3 ± 9.7	63.8 ± 5.0	86.2 ± 3.3	91.1 ± 3.4	95.0 ± 1.6	94.4 ± 2.1
	20	16.2 ± 9.8	24.3 ± 7.4	44.3 ± 7.1	72.5 ± 1.2	86.2 ± 2.3	90.2 ± 1.6	96.1 ± 1.2	91.6 ± 1.8
	25	15.4 ± 7.1	13.8 ± 7.2	53.3 ± 1.6	60.7 ± 5.1	89.9 ± 1.6	96.4 ± 2.1	97.4 ± 1.0	96.2 ± 1.3
	40	17.5 ± 6.6	26.9 ± 8.2	52.6 ± 7.9	73.6 ± 2.0	90.7 ± 2.7	97.7 ± 0.4	98.3 ± 0.1	95.4 ± 1.5
7.5% 啶磺草胺 WG + 助剂 GF-2607	15+0.25%	15.8 ± 7.3	31.9 ± 7.7	44.1 ± 5.7	52.9 ± 8.8	61.8 ± 4.1	67.0 ± 1.8	97.5 ± 0.6	93.9 ± 3.2

续表

试验处理	用量 (g/hm^2)	施药后 15 d		施药后 45 d		施药后 60 d			
		阔叶杂草株防效 (%)	雀麦株防效 (%)	阔叶杂草株防效 (%)	雀麦株防效 (%)	阔叶杂草株防效 (%)	鲜重防效 (%)	雀麦株防效 (%)	鲜重防效 (%)
7.5 g/L 氟氯吡啶酯 EC	5	80.6 ± 4.6	−11.1 ± 9.2	74.8 ± 4.4	3.4 ± 8.1	93.6 ± 2.6	97.9 ± 1.0	4.2 ± 6.7	−3.0 ± 9.6
1.2% 甲基碘磺隆钠盐 + 甲基二磺隆 OD	16.2	40.0 ± 7.4	26.6 ± 9.0	46.0 ± 7.4	60.6 ± 5.9	80.4 ± 2.7	80.9 ± 2.4	75.5 ± 8.8	64.5 ± 6.9

由试验后的观察结果及试验数据（表15–18）还可以看出，200 g/L啶磺草胺·氟氯吡啶酯WG添加助剂后，作用速度和最终防效均有提高，对阔叶杂草的增效作用好于对雀麦的效果。施药后15 d，200 g/L啶磺草胺·氟氯吡啶酯WG（15 g/hm^2、20 g/hm^2、25 g/hm^2、40 g/hm^2）添加助剂处理区阔叶杂草黄化、扭曲严重，受害症状明显重于不添加助剂处理区；不添加助剂处理对阔叶杂草的株防效仅为11.0%~17.5%，添加助剂处理对阔叶杂草的株防效提高为26.1%~39.6%，对雀麦的防效也有明显提高。至施药后60 d调查时，不添加助剂处理对阔叶杂草的株防效为86.2%~90.7%，鲜重防效为90.2%~97.7%，添加助剂处理对阔叶杂草的株防效和鲜重防效分别提高为93.6%~98.1%和98.1%~99.4%；添加助剂处理对雀麦的防效也略有提高，株防效提高了1.4%~2.3%，鲜重防效提高了1.3%~6.3%。

5. 讨论与结论　近几年，黄淮海地区冬小麦田杂草种类发生了明显演替，由原来以阔叶杂草为优势杂草，逐渐演变为单、双子叶杂草混合发生，雀麦等禾本科杂草与播娘蒿等阔叶杂草混合发生的区域越来越大，危害程度逐年加重，成为制约小麦产量的重要因素。多数除草剂单剂杀草谱窄，仅能防除部分杂草，不同作用类型的除草剂合理混用，可以优势互补，扩大杀草谱，还可以避免和延缓杂草对除草剂产生抗药性。本试验结果表明，复配制剂 200 g/L 啶磺草胺·氟氯吡啶酯 WG 田间施用，对单、双子叶杂草均具有较好的防效，一次施药可同时防除当前小麦田优势单、双子叶杂草，可以做到使两次施药合二为一，省工省时。

黄淮海冬麦区有两个杂草关键防除时期，一个时期为小麦播种后30~40 d，杂草基本出齐后，日最高气温基本稳定在10 ℃以上，喷药前后3 d最低温不低于0 ℃，一般在11月中旬；另一个时期为春季气温回升后，一般在2月下旬至3月中旬，通常由于冬前杂草植株小，相对敏感，杂草防除效果好于冬后施药。2012年冬前试验喷药当天气温较低，为−3~6 ℃。试验前后10 d平均气温仅0.5 ℃，与2013年春季施药效果相比，冬前低温情况下施药，对播娘蒿的防除效果明显降低，对雀麦的防效影响不大。由此可以看出，原则上讲，杂草出齐后要尽早喷药，但是喷药时的气温会影响除草剂的除草效果，因此，喷药前后一定要关注天气变化，选择恰当时机喷药。

从2014年春季的试验结果可以看出，施药前后干旱少雨，对试验除草剂的药效影响均很大，在干旱情况下，杂草受害症状明显，植株矮小，但死亡率明显降低，试验后期浇水后，对杂草的防效显著提高。这与资料报道的土壤干旱、湿度影响除草剂药效的发挥的结果一致。李香菊等报道，施药前后土壤干旱，可以使除草剂的杀草速度变慢，除草效果明显降低。除草剂在杂草体内的吸收、传导、运输与水分在植株内的吸收、传导、运输密切相关，干旱或水分缺乏使得除草剂在杂草体内的吸收、传导、运输受到抑制，从而影响了除草剂药效的发挥。

助剂在提高除草剂的除草效果上一直起着至关重要的作用，除草剂的助剂一般通过提高除草剂在杂草叶片表面的湿润性、分散性、黏着性、渗入性与传导性等起作用。GF-2607是一种非离子表面活性剂，主要作用是降低药液表面张力，帮助药液在目标作物表面湿润和展布。添加助剂不仅可以提高200 g/L啶磺草胺·氟氯吡啶酯WG对杂草的作用速度，使杂草表现受害症状的速度加快、程度加重，而且添加助剂还可以提高200 g/L啶磺草胺·氟氯吡啶酯WG对杂草的最终株防效和鲜重防效。

（七）冬小麦田杂草防控时期及所需环境条件和技术要点

通过以上研究，我们明确了黄淮海地区冬小麦田杂草防除的关键时期（图15-6）及所需环境条件和技术要点，总结如下：

1. 正确识别田间杂草，科学选择除草剂，有的放矢地控制杂草　由于小麦田除草剂的选择性较强，每种除草剂都有其特定的防除对象，对其防除对象以外的杂草则防效差或无效，在选购除草剂时一定要认真阅读标签，必要时咨询当地植保部门。

2. 选择适当时机施药　杂草叶龄小的时候，对除草剂相对敏感，因此，冬小麦田一般掌握在杂草出齐后尽早施药。冬小麦田杂草防除有两个适宜的喷药时期，第一个适宜时期是冬前 11 月中旬，一般在适期播种的小麦播后 30~40 d，小麦处于分蘖初期，田间越年生杂草 95% 以上都已出苗，此时喷施除草剂除草效果较好；第二个适宜时期是春季气温回升后，小麦返青期，在 2 月下旬至 3 月中旬，春季施药也宜早不宜迟。这个喷药时期主要用于播期偏晚的小麦田。见图 15-6。

黄淮海冬小麦种植区在这两个适宜的喷药时期气温波动较大，喷药时及喷药后若遇低温，容易造成药效下降，除草效果不好；另外，如喷施啶磺草胺、甲基二磺隆等药剂，当天或第二天遇强降温，会导致小麦出现黄化、矮化等药害症状。所以喷施除草剂前应关注气象预报信息，喷药前后3 d内不宜有强降温（日低温0 ℃或低于0 ℃），且要掌握在白天喷药时气温高于10 ℃（日平均气温6 ℃以上），此时喷施除草剂，既有利于除草剂药效的发挥，同时也避免了小麦药害的发生。

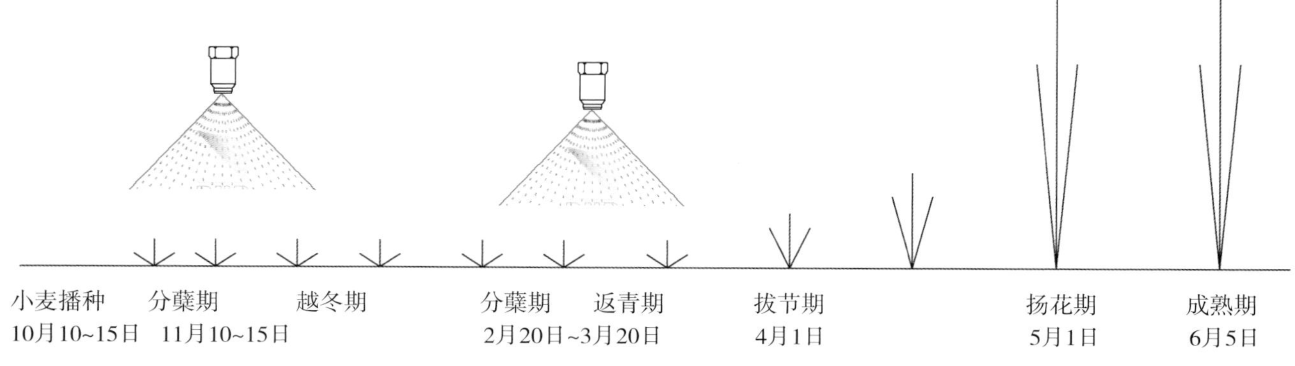

图 15-6　冬小麦生长期茎叶处理除草剂喷药时间图示

3. 抓住降水或小麦田浇水时机，及时施药，确保除草剂药效的发挥　黄淮海冬小麦种植区在两个适宜的喷药时期一般干旱少雨。在干旱的情况下，除草剂在杂草表层及体内的吸收、传导、运输、发挥均受到影响，导致除草剂的杀草速度和防除效果均受到较大影响。土壤墒情在 40%~60% 时最有利于除草剂药效的发挥。除草剂的使用应结合灌溉或降水后的有利时机，及时用药。干旱情况下尽量选用受墒情影响较小的除草剂或除草剂混配制剂，以减轻干旱对除草剂除草效果的影响。

4. 选择合适的用水量　喷施除草剂，农民习惯上 1 亩地喷药液 15 kg 左右。在正常情况下，这个药液量也偏少，遇干旱少雨的情况，1 亩地仅喷 15 kg 药液，会严重影响除草剂药效的发挥。田间干旱的情况下，建议加大喷液量，1 亩地喷施药液以 30~40 kg 为宜。

5. 严格参照标签，控制使用剂量　买来药剂后要详细阅读药剂标签，特别要注意使用剂量及使用注意事项。严格控制用药量，不可随意加大用药量，避免药害的发生。配药时，准确计量施药面积；另外，许多药剂要配制母液，即先在小容器中加少量水溶解药剂，待其充分溶解后再加入喷雾器中，加足水，摇匀后喷施，干悬剂、可湿性粉剂尤其要注意。

6. 科学用药，年度间轮换使用除草剂　治理杂草应因地制宜，针对不同杂草种类应选择相对应的药剂。另外，最好是选择不同作用类型的除草剂混用，且每年使用的除草剂应有所不同，即做到不同作用类型除草剂的混用和轮换使用，避免重复使用单一药剂，造成杂草抗药性的上升。

7. 喷药时的其他注意事项　应选择气温在 10 ℃以上、无风或微风，植株上无露水，喷药后 24 h 内无降水、降温的天气进行喷药。喷施 2，4- 滴异辛酯、2 甲 4 氯及含有它们的复配制剂时，与阔叶作物的安全间隔距离最好在 200 m 以上，避免飘移药害的发生。采用扇形喷头喷药，喷头离靶标距离不超过 50 cm，要求喷雾均匀、不漏喷、不重喷。在施药期间不得饮酒、抽烟，施药时应戴口罩、穿工作服，或穿长袖上衣、长裤和雨鞋；施药后要用肥皂洗手、洗脸，用净水漱口。喷雾器械包括喷管用 0.05% 的次氯酸钠溶液浸泡 1~2 d，彻底清洗干净，以防喷雾器械和喷管内残留除草剂对其他作物产生药害。

第十六章　小麦田杂草高效防除药剂筛选

一、冬小麦田禾本科杂草防除药剂筛选室内试验

供试杂草：节节麦、雀麦、看麦娘、日本看麦娘、蜡烛草、硬草、菵草、野燕麦、多花黑麦草、早熟禾、碱茅、棒头草。

供试药剂：3种乙酰乳酸合成酶（ALS）抑制剂分别为7.5%啶磺草胺水分散粒剂（pyroxsulam，WG），美国陶氏益农公司生产；70%氟唑磺隆水分散粒剂（flucarbazone-sodium，WG），日本爱丽斯达公司生产；3%甲基二磺隆油悬浮剂（mesosulfuron-methyl，OF），拜耳作物科学（中国）有限公司生产。4种乙酰辅酶A羧化酶（ACCase）抑制剂分别为：50 g/L唑啉草酯乳油（pinoxaden，EC）、15%炔草酯可湿性粉剂（clodinafop-propargyl，WP），瑞士先正达公司生产；69 g/L精噁唑禾草灵水乳剂（fenoxaprop-P-ethyl，EW），拜耳作物科学（中国）有限公司生产；40%三甲苯草酮水分散粒剂（traloxydim，WG），浙江一帆化工有限公司生产。植物光合作用光系统Ⅱ抑制剂为50%异丙隆可湿性粉剂（isoproturon，WP），美丰农化有限公司生产。

仪器设备：精准喷雾塔，农业部南京农业机械化研究所生产，喷雾时压力2 kg/m^2，锥形喷头流量100 mL/min。

在温室内进行试验材料的培养，温度15~25 ℃。将定量的杂草种子分别播于直径为8 cm的塑料盆中，覆土1~2 mm，放入装有水的搪瓷盘中，让水逐渐渗入，等水渗到土表后转移入温室待用。

7.5%啶磺草胺水分散粒剂（加专用助剂）0.875 g/hm^2、1.75 g/hm^2、3.5 g/hm^2、7 g/hm^2、14 g/hm^2（有效成分剂量，下同）；70%氟唑磺隆水分散粒剂2.812 5 g/hm^2、5.625 g/hm^2、11.25 g/hm^2、22.5 g/hm^2、45 g/hm^2；3%甲基二磺隆油悬浮剂（加专用助剂）0.562 5 g/hm^2、1.125 g/hm^2、2.25 g/hm^2、4.5 g/hm^2、9 g/hm^2；50 g/L唑啉草酯乳油 4.687 5 g/hm^2、9.375 g/hm^2、18.75 g/hm^2、37.5 g/hm^2、75 g/hm^2；40%三甲苯草酮水分散粒剂 30 g/hm^2、60 g/hm^2、120 g/hm^2、240 g/hm^2、480 g/hm^2；15%炔草酯可湿性粉剂 5.625 g/hm^2、11.25 g/hm^2、22.5 g/hm^2、45 g/hm^2、90 g/hm^2；69 g/L精噁唑禾草灵水乳剂 12.5 g/hm^2、25 g/hm^2、50 g/hm^2、100 g/hm^2、200 g/hm^2；50%异丙隆可湿性粉剂 75 g/hm^2、150 g/hm^2、300 g/hm^2、600 g/hm^2、1 200 g/hm^2。

按精准喷雾塔实际喷药面积准确计算并配制所需药液，将待处理的塑料盆环行均匀排列在旋转喷雾台上，进行喷雾处理。喷雾压力2 kg/m^2，锥形喷头流量100 mL/min。每剂量处理杂草分别设4次重复。

施药后15 d详细记录杂草的受害症状（如生长抑制、失绿、畸形等）。于施药后40 d，称量各处理杂草地上部分鲜重，计算鲜重防效。用DPS统计软件对药剂剂量的对数值与杂草的鲜重抑制率的概率值进行回归分析，计算毒力回归方程y=a+bx、GR_{50}和GR_{90}。

采用温室盆栽试验法，每种除草剂采用倍量稀释法配制5个剂量，精准喷雾塔喷雾试验。针对小麦田难防除的节节麦、雀麦、大穗看麦娘、多花黑麦草、早熟禾、菵草、硬草、看麦娘等12种禾本科杂草进行了化学除草剂室内生物活性测定，初步明确了防除这12种杂草的高效除草药剂。

（一）雀麦防除药剂筛选

施药后1~3 d，各药剂处理雀麦无明显变化。施药后7 d，啶磺草胺较高剂量处理和氟唑磺隆处理雀麦出现不同程度的黄化症状，其他药剂处理症状不明显。施药后10~15 d，啶磺草胺所有处理均黄化严重，高剂量处理逐渐干枯死亡。其他药剂氟唑磺隆的防效较好，雀麦黄化干枯，生长受抑制明显；异丙隆、甲基二磺隆最高剂量处理雀麦生长受抑制，其他剂量处理变化症状不明显；施药后20 d，各药剂处理对雀麦的防效见表16-1。从试验结果可以看出，在试验药剂中氟唑磺隆对雀麦的防效最好，GR_{50}和GR_{90}分别为0.33 g/hm^2、3.55 g/hm^2；其次是啶磺草胺、甲基二磺隆，但甲基二磺隆的GR_{90}值偏高；异丙隆只有高剂量处理防效较好，但低剂量处理防效较差，GR_{50}和GR_{90}分别为112.16 g/hm^2、39 026.81 g/hm^2；其他药剂唑啉草酯、三甲苯草酮、精噁唑禾草灵、炔草酯对雀麦无效。异丙隆对雀麦的防效与李秉华的研究有所出入，李秉华在筛选防除雀麦的除草剂试验中发现50%异丙隆可湿性粉剂用量333.33 g/hm^{2}时仍无效，而本试验结果表明用量为160 g/hm^{2}时就有一定的防效，这可能与施药时杂草大小不同有关。

表 16-1　8 种除草剂对雀麦的室内毒力测定结果

药剂	毒力回归方程	相关系数（r）	GR_{50}（g/hm^2）	95% 置信区间	GR_{90}（g/hm^2）	95% 置信区间
啶磺草胺	y=5.500 5+0.567 3x	0.951 6	0.13	0.01~0.42	23.82	10.60~240.48
唑啉草酯	无效	—	—	—	—	—
甲基二磺隆	y=4.373 5+0.815 0x	0.964 9	5.87	4.26~8.42	219.31	82.68~1 455.09
三甲苯草酮	无效	—	—	—	—	—
氟唑磺隆	y=5.599 8+1.240 0x	0.978 8	0.33	0.21~0.44	3.55	2.57~5.75
异丙隆	y=3.966 4+0.504 2x	0.534 2	112.16	—	39 026.81	—
炔草酯	无效	—	—	—	—	—
精噁唑禾草灵	无效	—	—	—	—	—

注：唑啉草酯、三甲苯草酮、炔草酯和精噁唑禾草灵均对雀麦无效。

（二）日本看麦娘防除药剂筛选

施药后1~3 d，各药剂处理日本看麦娘无明显变化。施药后7 d，所有药剂的较高剂量处理日本看麦娘均出现黄化症状，低剂量处理症状不明显。施药后10~15 d，啶磺草胺所有处理均黄化干枯严重。其他药剂对日本看麦娘的防效均较好，较高剂量处理均干枯严重。施药后20 d，各药剂处理对日本看麦娘的防效见表16-2。可以看出，所有试验药剂对日本看麦娘均有较好的防除效果。

表 16-2　8 种除草剂对日本看麦娘的室内毒力测定结果

药剂	毒力回归方程	相关系数（r）	GR_{50}（g/hm^2）	95% 置信区间	GR_{90}（g/hm^2）	95% 置信区间
啶磺草胺	y=5.954 5+1.103 6x	0.986 6	0.14	0.02~0.35	1.98	1.18~2.80
唑啉草酯	y=3.712 3+1.497 8x	0.944 1	7.24	4.75~9.68	51.92	41.32~70.46
甲基二磺隆	y=5.233 9+0.711 3x	0.879 5	0.47	0.08~1.01	29.71	15.94~115.42
三甲苯草酮	y=5.257 3+0.741 2x	0.824 3	0.45	0.01~1.63	24.09	15.02~43.21
氟唑磺隆	y=5.950 3+0.306 6x	0.965 3	0.000 8	—	12.03	—
异丙隆	y=4.072 6+1.475 2x	0.894 2	4.25	0.02~11.77	31.43	10.81~58.52

续表

药剂	毒力回归方程	相关系数（r）	GR_{50}（g/hm^2）	95% 置信区间	GR_{90}（g/hm^2）	95% 置信区间
炔草酯	y=5.595 5+0.635 8x	0.937 2	0.12	0.000 4~0.60	12.00	6.77~25.04
精噁唑禾草灵	y=4.945 2+0.716 1x	0.959 7	1.19	0.03~4.26	73.46	46.51~146.55

（三）蜡烛草防除药剂筛选

施药后1~3 d，各药剂处理蜡烛草无明显变化。施药后7 d，啶磺草胺所有处理蜡烛草均有不同程度的黄化症状。其他药剂甲基二磺隆、唑啉草酯较高剂量处理蜡烛草出现黄化，异丙隆较高剂量处理蜡烛草叶尖开始干枯，炔草酯、精噁唑禾草灵、三甲苯草酮、氟唑磺隆处理蜡烛草受害症状不明显。药后10~15 d，啶磺草胺除最低剂量处理杂草较绿外，其他剂量处理蜡烛草均黄化干枯严重。其他药剂异丙隆的防效最好，较高剂量处理蜡烛草均干枯死亡；三甲苯草酮对蜡烛草的抑制生长作用明显，较低剂量处理虽然叶色较绿，但不再生长；其他几种药剂的防效也较好。

施药后20 d，各药剂处理对蜡烛草的防效见表16-3。从试验结果可以看出，所有试验药剂对蜡烛草均有较好的防除效果。

表 16-3　8 种除草剂对蜡烛草的室内毒力测定结果

药剂	毒力回归方程	相关系数（r）	GR_{50}（g/hm^2）	95% 置信区间	GR_{90}（g/hm^2）	95% 置信区间
啶磺草胺	y=5.859 5+0.763 5x	0.932 1	0.07	0.01~0.26	3.57	2.23~6.16
唑啉草酯	y=−0.101 2+4.569 3x	0.938 4	13.07	3.60~19.12	24.94	16.00~38.74
甲基二磺隆	y=3.427 5+1.661 0x	0.969 9	8.85	7.35~11.09	52.27	34.94~92.86
三甲苯草酮	y=4.681 7+1.522 0x	0.957 3	1.62	0.41~3.21	11.25	7.26~14.93
氟唑磺隆	y=4.744 4+1.274 8x	0.878 5	1.59	0.87~5.27	16.06	4.99~1 944.50
异丙隆	y=1.964 2+3.126 7x	0.883 2	9.35	5.60~12.82	24.03	19.15~28.14
炔草酯	y=3.930 3+2.251 8x	0.950 7	2.99	2.11~3.82	11.07	9.53~12.97
精噁唑禾草灵	y=3.495 0+1.505 7x	0.919 1	9.99	5.61~14.47	70.90	57.27~91.80

（四）看麦娘防除药剂筛选

施药后1 d，各药剂处理看麦娘无明显变化。施药后3 d，啶磺草胺处理看麦娘均出现轻微黄化症状。精噁唑禾草灵较高剂量处理看麦娘干枯；异丙隆、炔草酯、甲基二磺隆、氟唑磺隆等药剂较高剂量处理看麦娘出现黄化症状；三甲苯草酮处理看麦娘无明显受害症状。施药后7~10 d，啶磺草胺各剂量处理看麦娘均黄化干枯严重。其他药剂处理对看麦娘均有很好的防除效果，其中异丙隆除最低剂量外，其他剂量处理看麦娘全部干枯死亡。施药后20 d，各药剂处理对看麦娘的防效见表16-4。从试验结果可以看出，所有试验药剂对看麦娘均有较好的防除效果。

表 16-4　8 种除草剂对看麦娘的室内毒力测定结果

药剂	毒力回归方程	相关系数（r）	GR_{50}（g/hm^2）	95% 置信区间	GR_{90}（g/hm^2）	95% 置信区间
甲基二磺隆	y=2.874 9+6.180 7x	0.942 3	2.21	0.46~3.24	3.56	1.66~4.64
三甲苯草酮	y=1.142 9+4.148 7x	0.968 5	8.51	6.90~9.93	17.32	15.63~19.03

续表

药剂	毒力回归方程	相关系数（r）	GR_{50}（g/hm^2）	95% 置信区间	GR_{90}（g/hm^2）	95% 置信区间
氟唑磺隆	y=7.372 2+3.499 5x	0.890 4	0.21	0.11~0.30	0.49	0.35~0.59
炔草酯	y=3.596 9+3.410 3x	0.966 3	2.58	1.65~3.42	6.13	4.99~7.08
精噁唑禾草灵	y=4.060 7+1.647 3x	0.928 7	3.72	0.74~7.85	22.29	12.34~30.82
啶磺草胺	优	—	—	—	—	—
唑啉草酯	优	—	—	—	—	—
异丙隆	优	—	—	—	—	—

注：啶磺草胺、唑啉草酯和异丙隆的防效均优，在试验剂量下计算不出 GR_{50} 和 GR_{90}。

（五）硬草防除药剂筛选

施药后1 d，各药剂处理硬草无明显变化。施药后3 d，啶磺草胺处理硬草仍鲜绿，但高剂量处理硬草生长受到轻微的抑制。其他药剂处理硬草无明显变化。施药后7~10 d，异丙隆的防效最为突出，较高剂量处理硬草均干枯死亡；唑啉草酯、三甲苯草酮、精噁唑禾草灵、炔草酯较高剂量处理均黄化明显；啶磺草胺较高剂量处理硬草黄化明显，但低剂量处理硬草仍鲜绿；氟唑磺隆和甲基二磺隆的防效最差。

施药后20 d，各药剂处理对硬草的防效见表16-5，从试验结果可以看出，异丙隆、唑啉草酯、三甲苯草酮、精噁唑禾草灵和炔草酯对硬草的防效均较好。啶磺草胺、氟唑磺隆和甲基二磺隆对硬草的防效均一般，表现在GR_{50}值较好，但GR_{90}值均高，三种药剂的GR_{90}值分别为14 908.82 g/hm^2、589.17 g/hm^2和60.30 g/hm^2。

表 16-5 8 种除草剂对硬草的室内毒力测定结果

药剂	毒力回归方程	相关系数（r）	GR_{50}（g/hm^2）	95% 置信区间	GR_{90}（g/hm^2）	95% 置信区间
啶磺草胺	y=4.899 4+0.331 2x	0.967 4	2.01	0.22~4.59	14 908.82	—
唑啉草酯	y=3.485 6+1.581 4x	0.971 7	9.07	6.48~11.58	58.61	46.75~79.35
甲基二磺隆	y=4.513 1+0.993 3x	0.934 9	3.09	2.18~4.05	60.30	33.46~164.35
三甲苯草酮	y=5.312 2+0.532 4x	0.878 6	0.26	0.000 4~1.40	66.18	34.25~481.01
氟唑磺隆	y=5.350 7+0.336 0x	0.984 3	0.09	0.00~0.31	589.17	—
异丙隆	y=2.971 1+2.579 3x	0.878 7	6.25	2.60~9.99	19.89	13.58~24.96
炔草酯	y=5.475 6+0.485 8x	0.927 0	0.11	0.00~0.67	45.82	20.98~836.51
精噁唑禾草灵	y=3.834 3+1.274 8x	0.985 8	8.21	3.95~12.80	83.11	64.52~116.14

（六）茼草防除药剂筛选

施药后1 d，各药剂处理茼草无明显变化。施药后3 d，啶磺草胺处理茼草仍鲜绿，但高剂量处理茼草生长受到轻微的抑制。精噁唑禾草灵较高剂量处理茼草叶尖干枯，其他药剂处理茼草无明显变化。施药后7~10 d，异丙隆的防效最好，较高剂量处理茼草均干枯死亡；唑啉草酯、三甲苯草酮、炔草酯、精噁唑禾草灵、氟唑磺隆等对茼草的防效均较好，黄化及生长受抑制明显；啶磺草胺处理茼草均较绿，但较高剂量处理茼草生长明显受到抑制；甲基二磺隆的防效略差。施药后20 d，各药剂处理对茼草的防效见表16-6，从试验结果可以看出，唑啉草酯、三甲苯草酮、炔草酯、精噁唑禾草灵、氟唑磺隆等对茼草的防效均较好，啶磺草胺和甲基二磺隆对茼草的防效一般。

表 16-6 8 种除草剂对茵草的室内毒力测定结果

药剂	毒力回归方程	相关系数（r）	GR_{50}（g/hm^2）	95% 置信区间	GR_{90}（g/hm^2）	95% 置信区间
啶磺草胺	y=5.203 5+0.575 1x	0.965 1	0.44	0.07~0.93	74.93	25.02~1 470.40
唑啉草酯	y=2.846 3+2.701 7x	0.985 5	6.27	4.04~8.35	18.69	15.67~21.57
甲基二磺隆	y=4.735 2+0.926 4x	0.994 2	1.93	1.14~2.72	46.69	26.25~129.49
三甲苯草酮	y=4.967 6+1.192 9x	0.962 8	1.06	0.17~2.49	12.63	7.84~17.48
氟唑磺隆	y=6.144 6+1.190 1x	0.973 7	0.11	0.04~0.19	1.30	0.99~1.81
异丙隆	y=1.232 5+3.520 5x	0.961 8	11.75	8.17~14.97	27.17	23.05~30.82
炔草酯	y=4.199 5+1.997 3x	0.931 1	2.52	0.40~4.61	11.03	6.84~19.38
精噁唑禾草灵	y=3.675 4+1.588 7x	0.958 7	6.82	3.03~10.99	43.70	34.12~54.71

（七）野燕麦防除药剂筛选

施药后1~7 d，各药剂处理野燕麦无明显变化。施药后10 d，啶磺草胺最高剂量处理野燕麦开始黄化。其他药剂唑啉草酯、三甲苯草酮、异丙隆、炔草酯和精噁唑禾草灵较高剂量处理均有明显的黄化受害症状，甲基二磺隆和异丙隆处理野燕麦受害症状不明显。

施药后20 d，各药剂处理对野燕麦的防效见表16-7。从试验结果可以看出，啶磺草胺、唑啉草酯、三甲苯草酮、氟唑磺隆、炔草酯和精噁唑禾草灵对野燕麦有较好的防除效果，甲基二磺隆和异丙隆的效果较差。

表 16-7 8 种除草剂对野燕麦的室内毒力测定结果

药剂	毒力回归方程	相关系数（r）	GR_{50}（g/hm^2）	95% 置信区间	GR_{90}（g/hm^2）	95% 置信区间
啶磺草胺	y=4.144 8+0.943 1x	0.82	8.07	3.74~400.89	184.36	27.94~
唑啉草酯	y=3.377 4+1.329 0x	0.760 7	16.63	—	153.19	—
甲基二磺隆	y=3.174 7+0.895 2x	0.862 7	109.37	42.81~913.32	2 953.93	462.54~218 536
三甲苯草酮	y=1.723 6+2.302 2x	0.972 2	26.50	20.30~36.82	95.51	61.35~209.84
氟唑磺隆	y=3.957 8+1.738 7x	0.915 1	3.98	1.87~180.84	21.70	5.49~79 289.03
异丙隆	y=0.796 0+2.616 8x	0.882 6	40.41	20.12~82.43	124.81	66.55~1 273.82
炔草酯	y=2.900 1+2.437 0x	0.946 8	7.27	3.56~11.43	24.41	14.87~83.47
精噁唑禾草灵	y=1.993 4+2.271 5x	0.980 8	21.07	16.59~25.31	77.23	66.61~92.06

（八）节节麦防除药剂筛选

施药后1~7 d，各药剂处理节节麦无明显变化。施药后10~15 d，各药剂高剂量处理节节麦略有黄化症状，但效果均较差。

施药后20 d，各药剂处理对节节麦的防效均较差，各药剂各剂量处理最高防效也在30%以下，所以试验药剂对节节麦的室内毒力测定结果表未列出。这与张朝贤、李秉华等防除节节麦的研究结果有点出入，张朝贤研究表明，现在对节节麦效果较好的药剂有两种，即甲基二磺隆（世玛）和异丙隆；李秉华的研究结果显示，对节节麦有较好防效的只有甲基二磺隆（世玛）；而本试验结果显示甲基二磺隆（世玛）和异丙隆对节节麦的防效均较差。这可能与施药时杂草植株的大小有关，本试验施药时节节麦植株较大，在2叶1心期。另外，在室内试验和田间试验环境下，杂草对药剂的敏感性亦不同。

（九）多花黑麦草防除药剂筛选

施药后15 d，ALS抑制剂啶磺草胺较高剂量处理区多花黑麦草叶尖稍黄，生长受到一定程度的抑制，但抑制程度均不高，另两种ALS抑制剂甲基二磺隆和氟唑磺隆仅在最高剂量对多花黑麦草有一定的抑制生长作用。ACCase抑制剂唑啉草酯、三甲苯草酮、炔草酯和精噁唑禾草灵处理多花黑麦草均出现不同程度的黄化、生长抑制现象，防效较好。

施药后40 d，各药剂处理对多花黑麦草的防效见表16-8。由表中数据可以看出，ALS抑制剂啶磺草胺对多花黑麦草的防效较好，GR_{50}值和GR_{90}值分别为3.32 g/hm^2、23.47 g/hm^2，GR_{90}值接近于其田间推广剂量（14 g/hm^2）的2倍，甲基二磺隆和氟唑磺隆对多花黑麦草的防效很差。ACCase抑制剂唑啉草酯、三甲苯草酮和炔草酯对多花黑麦草有很好的防效，GR_{90}值分别为33.49 g/hm^2、284.88 g/hm^{2}和41.85 g/hm^2，其GR_{90}值均远小于其田间推广剂量；另一种ACCase抑制剂精噁唑禾草灵对多花黑麦草的防效稍差，田间推荐剂量100 g/hm^{2}大于其GR_{50}值57.66 g/hm^2，但远小于其GR_{90}值。植物光合作用光系统Ⅱ抑制剂异丙隆对多花黑麦草也有一定的防除效果，但其GR_{90}值远远大于其田间推广剂量。

表 16-8　8 种除草剂对多花黑麦草的室内毒力测定结果

药剂	毒力回归方程	GR_{50}（95% 置信区间）（g/hm^2）	GR_{90}（95% 置信区间）（g/hm^2）	田间推荐量（g/hm^2）
啶磺草胺	y=4.292 7+1.507 4x	3.32（2.03~5.27）	23.47（11.72~128.12）	14
唑啉草酯	y=0.449 1+3.535 2x	14.54（12.99~16.08）	33.49（29.72~38.68）	75
甲基二磺隆	差	—	—	9
三甲苯草酮	y=3.209 4+1.832 4x	56.94（23.04~89.04）	284.88（178.92~771.42）	480
氟唑磺隆	y=4.122 5+1.043 9x	77.96（25.88~202.35）	1 316.81（130.50~2 315.25）	22.5
异丙隆	y=4.005 3+0.705 1x	193.13（115.58~278.63）	12 682.88（4 337.63~128 816.63）	600
炔草酯	y=4.432 2+1.456 7x	5.51（0.88~10.46）	41.85（25.65~115.94）	45
精噁唑禾草灵	y=3.844 9+0.661 6x	57.66（38.43~90.14）	4 987.80（1 298.79~108 932.72）	100

（一〇）早熟禾防除药剂筛选

施药后15 d，啶磺草胺14 g/hm^{2}处理早熟禾黄化明显，生长受到抑制，3.5 g/hm^2、7 g/hm^{2}处理早熟禾轻微黄化；氟唑磺隆、甲基二磺隆各剂量处理早熟禾均有轻微的黄化症状，但均不严重；异丙隆300 g/hm^2、600 g/hm^2、1 200 g/hm^{2}处理早熟禾叶尖及叶缘干枯严重，生长受到严重抑制；ACCase抑制剂唑啉草酯、三甲苯草酮、炔草酯和精噁唑禾草灵各剂量处理早熟禾生长基本正常，无明显受害症状。

施药后40 d，各药剂处理对早熟禾的防效见表16-9。从试验结果可以看出，在试验药剂中ALS抑制剂啶磺草胺和甲基二磺隆及植物光合作用光系统Ⅱ抑制剂异丙隆对早熟禾的防效最好，其GR_{90}值小于或接近于其田间推广剂量，其次，氟唑磺隆的防效比较好。其他药剂，ACCase抑制剂唑啉草酯、三甲苯草酮和炔草酯对早熟禾的防效均较差，其GR_{90}值远远大于其田间推广剂量，另一种ACCase抑制剂精噁唑禾草灵对早熟禾近乎无效。

表 16-9　8 种除草剂对早熟禾的室内毒力测定结果

药剂	毒力回归方程	GR_{50}（95% 置信区间）（g/hm^2）	GR_{90}（95% 置信区间）（g/hm^2）	田间推荐量（g/hm^2）
啶磺草胺	y=3.993 3+2.402 6x	2.95（2.59~3.35）	10.08（8.42~12.68）	14
唑啉草酯	y=2.148 4+1.267 2x	133.46（51.43~18 517.03）	1 369.84（216.28~2 645.06）	75
甲基二磺隆	y=3.075 2+2.440 1x	2.77（2.44~3.16）	9.27（7.46~12.29）	9

续表

药剂	毒力回归方程	GR_{50}（95% 置信区间）（g/hm^2）	GR_{90}（95% 置信区间）（g/hm^2）	田间推荐量（g/hm^2）
三甲苯草酮	y=2.131 7+1.765 1x	253.08（208.38~324.24）	1 346.76（894.42~2 413.98）	480
氟唑磺隆	y=4.967 5+1.281 2x	11.93（9.68~14.85）	119.36（74.81~242.66）	22.5
异丙隆	y=3.305 5+1.610 3x	84.60（56.03~112.58）	528.68（430.65~687.00）	600
炔草酯	y=3.146 9+1.055 1x	159.68（94.66~403.61）	2 617.29（835.94~21 867.66）	45
精噁唑禾草灵	差	—	—	100

（一一）碱茅防除药剂筛选

施药后15 d，ALS抑制剂啶磺草胺各剂量处理碱茅生长均受到一定的抑制，但死亡率均较低，甲基二磺隆和氟唑磺隆仅最高剂量对碱茅的生长起到一定抑制作用，其他剂量处理碱茅生长基本正常；ACCase抑制剂唑啉草酯375 g/hm^2、750 g/hm^2处理，炔草酯22.5 g/hm^2、45 g/hm^2、90 g/hm^2处理和精噁唑禾草灵50 g/hm^2、100 g/hm^2、200 g/hm^2处理碱茅黄化、红化后开始死亡，三甲苯草酮120 g/hm^2、240 g/hm^2、480 g/hm^2处理碱茅虽然叶色仍绿，但生长受到严重抑制；异丙隆300 g/hm^2、600 g/hm^2、1 200 g/hm^2处理碱茅叶片从叶尖开始干枯，生长受到严重抑制。

施药后40 d，各药剂处理对碱茅的防效见表16-10。从试验结果可以看出，ALS抑制剂甲基二磺隆和氟唑磺隆对碱茅的防效均较差，GR_{90}值远远大于其田间推广剂量；啶磺草胺对碱茅的防效较好，但GR_{90}值也是其田间推广剂量的2倍多。ACCase抑制剂唑啉草酯和三甲苯草酮对碱茅的防效很好，GR_{90}值远远小于其田间推广剂量；炔草酯的防效也较好，GR_{90}值和其田间推广剂量接近；精噁唑禾草灵和植物光合作用光系统Ⅱ抑制剂异丙隆对碱茅的防效略差，GR_{90}值是其田间推广剂量的2倍左右。

表 16-10　8 种除草剂对碱茅的室内毒力测定结果

药剂	毒力回归方程	GR_{50}（95% 置信区间）（g/hm^2）	GR_{90}（95% 置信区间）（g/hm^2）	田间推荐量（g/hm^2）
啶磺草胺	y=4.075 6+1.441 9x	4.93（3.27~8.70）	38.10（17.07~264.62）	14
唑啉草酯	y=2.458 2+1.992 2x	14.15（8.34~20.96）	62.25（37.83~183.52）	75
甲基二磺隆	差	—	—	9
三甲苯草酮	y=0.039 6+4.309 1x	84.96（64.32~103.32）	168.54（138.66~222.36）	480
氟唑磺隆	y=3.853 8+1.709 9x	52.65（26.66~469.46）	295.76（84.83~25 057.13）	22.5
异丙隆	y=2.531 0+1.700 1x	212.48（175.58~251.18）	1 205.25（927.38~1 721.10）	600
炔草酯	y=2.600 6+2.794 3x	16.25（14.24~18.29）	46.71（40.50~55.64）	45
精噁唑禾草灵	y=1.172 2+2.101 4x	68.63（45.55~120.97）	279.51（147.97~1 348.12）	100

（一二）棒头草防除药剂筛选

施药后15 d，ALS抑制剂啶磺草胺各剂量处理棒头草叶尖干枯，生长受到一定的抑制，但抑制程度均不高，另外两种ALS抑制剂甲基二磺隆和氟唑磺隆各剂量处理棒头草均无明显受害症状。ACCase抑制剂唑啉草酯187.5 g/hm^2、375 g/hm^2、750 g/hm^2处理棒头草黄化严重，大部分已死亡，三甲苯草酮各剂量处理棒头草生长受到严重抑制，炔草酯各剂量处理棒头草干枯黄化较重，精噁唑禾草灵各剂量处理棒头草黄化严重，大部分干枯死亡。

施后40 d，各药剂处理对棒头草的防效见表16-11。由试验结果可以看出，ALS抑制剂啶磺草胺对棒头草的防效较好，但其GR_{90}值是其田间推广剂量的2倍；另两种ALS抑制剂甲基二磺隆、氟唑磺隆对棒头草的防效均较差，其GR_{90}值远远大于其田间推广剂量。ACCase抑制剂唑啉草酯、三甲苯草酮、炔草酯和精噁唑禾草灵对棒头草的防效均较好，其GR_{90}值均小于其田间推广剂量。植物光合作用光系统Ⅱ抑制剂异丙隆对棒头草的防效也较好，但其GR_{90}值是其田间推广剂量的2倍左右。

表 16-11　8 种除草剂对棒头草的室内毒力测定结果

药剂	毒力回归方程	GR_{50}（95% 置信区间）（g/hm^2）	GR_{90}（95% 置信区间）（g/hm^2）	田间推荐量（g/hm^2）
啶磺草胺	y=4.107 7+1.474 8x	4.53（3.77~5.57）	29.79（19.76~54.05）	14
唑啉草酯	y=−0.694 9+4.912 0x	10.82（9.41~12.09）	19.74（18.16~21.52）	75
甲基二磺隆	差	—	—	9
三甲苯草酮	y=1.079 5+3.367 0x	87.60（62.58~112.20）	210.48（161.10~322.32）	480
氟唑磺隆	y=3.395 0+1.826 4x	85.05（51.98~203.18）	428.18（184.39~1 957.50）	22.5
异丙隆	y=4.431 0+0.809 3x	37.88（10.58~71.25）	1 451.33（861.75~3 986.10）	600
炔草酯	y=3.124 1+2.639 4x	11.57（4.84~17.37）	35.35（24.01~71.288）	45
精噁唑禾草灵	y=2.868 0+2.659 3x	6.55（1.70~11.97）	19.88（10.28~27.21）	100

以前小麦田禾本科杂草的种类较少，危害也较轻，且主要在水稻−小麦轮作区出现，在旱地玉米−小麦轮作区发生极少，所出现的除草剂种类也很少，精噁唑禾草灵、异丙隆是10多年以来的主要除草剂品种。但近几年来随着种植业制度的调整和耕作制度的改变，小麦田禾本科杂草发展迅速，逐渐成为优势杂草或区域性优势杂草，多花黑麦草在山东省日照市、碱茅在山东省滨州市及东营市等均局部大面积发生，成为区域性恶性杂草。目前，生产中出现了很多新的除草剂品种，如啶磺草胺、氟唑磺隆、炔草酯、三甲苯草酮和唑啉草酯等。但每种药剂均有各自的优、劣势，为系统地了解各药剂的杀草谱，更合理有效地利用好这些药剂而进行了本试验。

依试验药剂田间推荐剂量作图（图16-1），结果表明，防除雀麦效果较好的药剂有啶磺草胺、氟唑磺隆、甲基二磺隆、异丙隆，唑啉草酯、三甲苯草酮、炔草酯、精噁唑禾草灵近无效。8种除草剂对日本看麦娘、看麦娘防效均较好，推荐剂量下防效均较好。8种除草剂防除节节麦的效果均较差。防除多花黑麦草效果较好的药剂有啶磺草胺、唑啉草酯、三甲苯草酮、炔草酯。防除硬草效果较好的药剂有啶磺草胺、唑啉草酯、异丙隆，其次为三甲苯草酮、炔草酯、精噁唑禾草灵，氟唑磺隆、甲基二磺隆的防效较差。防除菵草效果较好的药剂有氟唑磺隆、异丙隆、唑啉草酯、三甲苯草酮、炔草酯、精噁唑禾草灵，啶磺草胺、甲基二磺隆的防效较差。防除早熟禾效果较好的药剂有啶磺草胺、甲基二磺隆、异丙隆，其次为氟唑磺隆，其他药剂防效较差。防除野燕麦效果较好的药剂有异丙隆、三甲苯草酮、炔草酯、精噁唑禾草灵，其次为唑啉草酯，啶磺草胺、氟唑磺隆、甲基二磺隆的防效较差。防除棒头草效果较好的药剂有唑啉草酯、三甲苯草酮、炔草酯、精噁唑禾草灵，其次为异丙隆、啶磺草胺，氟唑磺隆、甲基二磺隆的防效较差。防除碱茅效果较好的药剂有三甲苯草酮、异丙隆，其次为唑啉草酯、炔草酯、啶磺草胺，精噁唑禾草灵、氟唑磺隆的防效差，甲基二磺隆近乎无效。防除蜡烛草效果较好的药剂有啶磺草胺、唑啉草酯、三甲苯草酮、炔草酯、精噁唑禾草灵、异丙隆，其次为氟唑磺隆、甲基二磺隆。

本试验在温室内进行，由于温室内的温度、湿度和施药时的杂草叶龄等均有很好的一致性，所以田间的实际效果如何还需要在田间验证。另外，不同地域采集的杂草种子在亚种、抗性方面均可能存在一定的差异，所以本试验结果仅为选择防除雀麦、看麦娘、硬草、多花黑麦草等12种禾本科杂草的除草剂提供一定的参考。

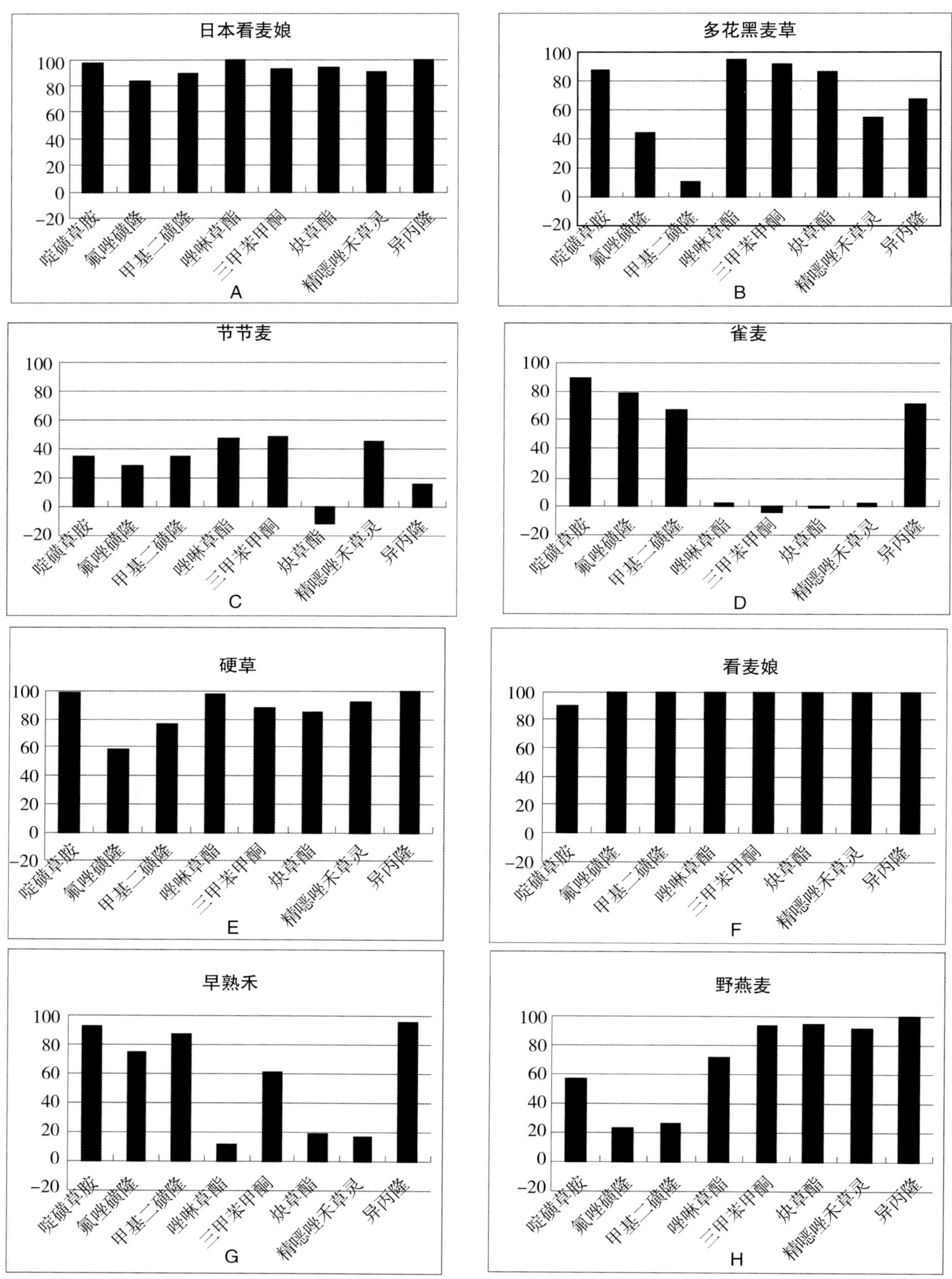

图 16-1 8 种除草剂田间推荐剂量对 12 种禾本科杂草的室内毒力测定结果对比

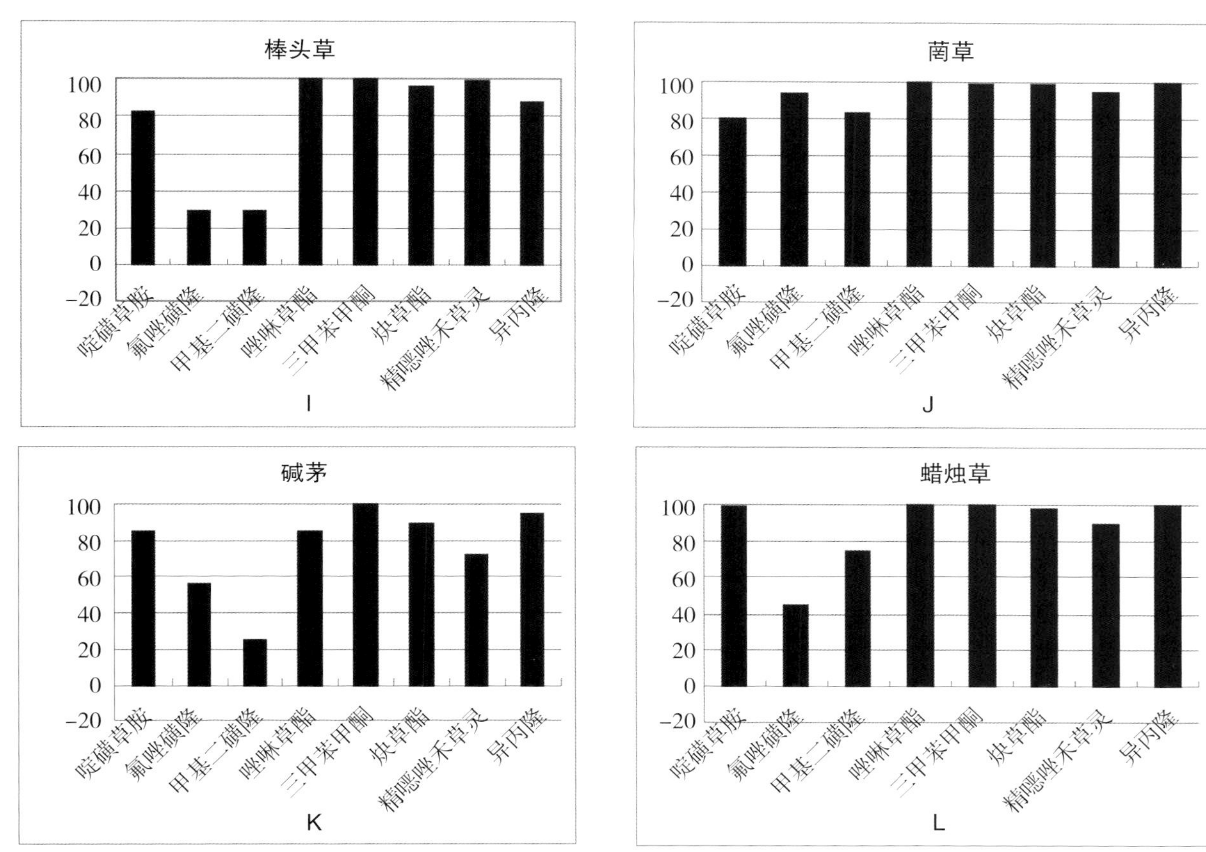

图 16-1　8 种除草剂田间推荐剂量对 12 种禾本科杂草的室内毒力测定结果对比

二、冬小麦田部分阔叶杂草防除药剂筛选室内试验

（一）麦家公和麦瓶草防除药剂筛选室内生物活性测定试验

1. 材料与方法　麦家公和麦瓶草为黄淮海区域中山东、河北等地小麦田主要杂草之一，为越年生（或一年生）草本植物，以种子繁殖，小麦播种后在 10 月中下旬即开始出苗，和小麦一起越冬返青，翌年 4 月进入开花盛期，种子于 5 月中下旬早成熟于小麦并脱落入土，严重影响小麦正常的生长发育。据李秉华报道，该杂草在河北省小麦田杂草中处于第 6 位，在山东和山西等地发生也很重，此外江苏北部也有大面积分布。

小麦田最早使用的除草剂为植物生长素类除草剂2，4-滴丁酯和2甲4氯，于冬后返青期喷施，但这两种药剂对小麦田最普遍的播娘蒿、荠菜的防效好，但冬后施药对麦家公和麦瓶草的防效略差，所以导致麦家公发生情况越来越严重。直到乙酰乳酸合成酶抑制剂苯磺隆的出现并大面积推广，小麦田杂草麦家公得到了较好的控制，但近几年已有学者研究表明，麦家公和麦瓶草对苯磺隆已产生中等程度的抗药性。此外已有的研究结果表明，双氟磺草胺、唑草酮、2甲4氯钠等对麦家公和麦瓶草的防效较好，但其他防除阔叶杂草的药剂不同时期施药对麦家公和麦瓶草的防效如何，药剂间优劣、施药时期对药剂效果的影响等均未见详细报道。因此，本研究选择小麦田常用的18种除草剂对麦家公和麦瓶草进行了室内活性测定，旨在明确适宜用于麦家公和麦瓶草防除的药剂，完善其化学防除体系，为麦家公和麦瓶草的科学防除提供参考。

本研究中试验药剂共有18种，按药剂类型分类如下：

植物光合作用光系统Ⅱ抑制剂（3种）：50%异丙隆可湿性粉剂（isoproturon，美丰农化有限公司生产）、25%辛酰溴苯腈乳油（bromoxynil octanoate，山东侨昌化学有限公司生产）、48%灭草松水剂（bentazone，巴斯夫股份公司生产）。

原卟啉原氧化酶抑制剂（2种）：40%唑草酮水分散粒剂（carfentrazone-ethyl，美国富美实公司生产）、10%乙羧氟草醚乳油（fluoroglycofen，连云港立本农药化工有限公司生产）。

乙酰乳酸合成酶抑制剂（8种）：10%苄嘧磺隆可湿性粉剂（bensulfuron-methyl，上海杜邦农化有限公司生产）、75%苯磺隆干悬浮剂（tribenuron-methyl，上海杜邦农化有限公司生产）、75%氯吡嘧磺隆可湿性粉剂（halosulfuron-methyl，江苏省农用激素工程技术研究中心有限公司生产）、75%磺酰磺隆可湿性粉剂（sulfosulfuron，江苏省农用激素工程技术研究中心有限公司生产）、70%氟唑磺隆水分散粒剂［flucarbazone-sodium，爱利思达生物化学品（中国）有限公司生产］、3.6%甲基碘磺隆钠盐+甲基二磺隆（阔世玛）水分散粒剂（iodosulfuron-methyl-sodium+mesosulfuron-methyl，德国拜耳作物科学有限公司生产）、7.5%啶磺草胺水分散粒剂（pyroxsulam，美国陶氏益农公司生产）、50 g/L双氟磺草胺悬浮剂（florasulam，美国陶氏益农公司生产）。

人工合成的植物生长素类（4种）：200 g/L氯氟吡氧乙酸乳油（fluroxypyr，美国陶氏益农公司生产）、72% 2，4-滴丁酯乳油（2，4-D butylate，大连松辽化工有限公司生产）、13% 2甲4氯钠水剂（MCPA-sodium，山东侨昌化学有限公司生产）、48%麦草畏水剂（dicamba，瑞士先正达作物保护有限公司生产）。

其他类：50%吡氟酰草胺水分散粒剂（diflufenican，江苏龙灯化学有限公司生产）。

以每种药剂的田间推荐剂量设计防除麦家公、麦瓶草的剂量。剂量设计详见表16-12，采用倍量稀释法将供试药剂稀释至所需剂量待用。

表 16-12 多种除草剂防除麦家公、麦瓶草的室内毒力测定剂量

药剂	剂量（g/hm^2）	药剂	剂量（g/hm^2）
75% 苯磺隆 DF	1.25、2.5、5、10、20	3.6% 阔世玛 WG	1.875、3.75、7.5、15、30
200 g/L 氯氟吡氧乙酸 EC	12.5、25、50、100、200	25% 辛酰溴苯腈 EC	35、70、140、280、560
72% 2,4- 滴丁酯 EC	33.75、67.5、135、270、540	70% 氟唑磺隆 WG	2.625、5.25、10.5、21、42
13% 2 甲 4 氯钠 AS	105、210、420、840、1 680	10% 乙羧氟草醚 EC	5、10、20、40、80
48% 麦草畏 AS	25、50、100、200、400	50% 异丙隆 WP	100、200、400、800、1 600
48% 灭草松 AS	50、100、200、400、800	10% 苄嘧磺隆 WP	3.75、7.5、15、30、60
40% 唑草酮 WG	3.75、7.5、15、30、60	7.5% 啶磺草胺 WG	0.875、1.75、3.5、7、14
75% 氯吡嘧磺隆 WP	8.75、17.5、35、70、140	50% 吡氟酰草胺 WP	18.75、37.5、75、150、300
75% 磺酰磺隆 WP	5.625、11.25、22.5、45、90	50 g/L 双氟磺草胺 SC	0.375、0.75、1.5、3、6

室内试验于麦家公、麦瓶草3~5叶期进行，按表16–12中设计的剂量用精准喷雾塔（ASS-4型）进行均匀喷雾处理，另设空白对照，每个剂量处理重复3次。施药后详细记录麦家公、麦瓶草的受害症状，施药30 d后称量各处理地上部分鲜重，计算鲜重防效。采用DPS统计软件对药剂剂量的对数值与鲜重防效的概率值进行回归分析，计算相关系数和药剂对麦家公、麦瓶草的GR_{50}、GR_{90}值等，并将这些数值与相对应药剂的田间推荐剂量进行比较。

2. 麦家公防除药剂筛选试验结果　施药后观察，不同药剂对麦家公的防效差异很大，但总体来看，在温室中除草剂对麦家公的作用速度和最终防效与除草剂的类别关系较大，如光合作用光系统Ⅱ抑制剂和原卟啉原氧化酶抑制剂这类药剂属于触杀型的，对麦家公均有较好的防效；乙酰乳酸合成酶抑制剂对麦家公有很好的抑制生长作用，但相对来说死亡速度慢，且死亡不彻底，同一类型药剂的不同种类对麦家公的防效也是有差异的。各种药剂的具体防效如下：

异丙隆、辛酰溴苯腈、唑草酮、乙羧氟草醚、灭草松等5种除草剂属于植物光合作用光系统Ⅱ抑制剂或原卟啉原氧化酶抑制剂。这类药剂对麦家公的速效性和持效性均优，施药后麦家公受害反应速度快，施药后3~5 d叶片即干枯，较高剂量处理麦家公死亡彻底，低剂量处理麦家公部分死亡但未死植株能恢复生长，但恢复生长后植株小，长势弱。防除麦家公，田间推荐剂量与GR_{90}的比值均在1.0以上，分别为16.46、9.47、1.51、5.90、2.16（表16-13）。

苄嘧磺隆、磺酰磺隆、苯磺隆、啶磺草胺、氟唑磺隆、氯吡嘧磺隆、阔世玛、双氟磺草胺这8种药剂属于乙酰乳酸合成酶抑制剂。这类药剂施药后麦家公表现症状慢，症状还是以叶片黄化、抑制生长为主，其中双氟磺草胺、啶磺草胺和苯磺隆防效较好，田间推荐剂量与GR_{90}的比值分别为1.09、1.60、2.25，均在1.0以上，其他5种药剂的田间推荐剂量与GR_{90}的比值都低于1.0（表16-13）。

麦草畏、2，4-滴丁酯、2甲4氯钠、氯氟吡氧乙酸等这4种属于植物生长素类除草剂。这类药剂施药后杂草表现症状快，但死亡速度较慢，施药后第2 d，麦家公茎叶扭曲，影响正常生长，而后逐渐黄化，施药后7 d较高剂量处理麦家公扭曲、黄化后干枯死亡，麦草畏、2，4-滴丁酯较低剂量处理麦家公虽然未死亡，但扭曲、黄化严重，抑制生长作用明显，但2甲4氯钠、氯氟吡氧乙酸较低剂量处理麦家公逐渐恢复生长。其田间推荐剂量与GR_{90}的比值均在1.0以上。

另外一种类胡萝卜素生物合成抑制剂吡氟酰草胺的防效较差，虽然施药后较高剂量处理麦家公叶片白化，能够对麦家公的生长造成抑制，但后期返青严重，后期防效较低。

表 16-13　18 种除草剂对麦家公的室内毒力测定结果

药剂	回归方程	相关系数（r）	GR_{50}（g/hm^2）	GR_{90}（g/hm^2）	推荐剂量（g/hm^2）	推荐剂量 / GR_{50}	推荐剂量 / GR_{90}
50% 异丙隆 WP	y=1.886 5+2.243 9x	0.954 5	24.44	91.11	1 500	61.37	16.46
25% 辛酰溴苯腈 EC	y=3.199 2+1.737 6x	0.920 8	10.87	59.42	562.5	51.75	9.47
40% 唑草酮 WG	y=4.808 9+0.998 0x	0.893 9	1.55	19.90	30	19.35	1.51
10% 乙羧氟草醚 EC	y=4.954 1+1.202 2x	0.940 1	1.09	12.71	75	68.81	5.90
48% 灭草松 AS	y=2.550 8+1.665 7x	0.986 2	29.54	173.67	375	12.69	2.16
3.6% 阔世玛 WG	y=5.542 8+0.359 1x	0.990 8	0.03	114.01	13.5	450.00	0.12
10% 苄嘧磺隆 WP	y=4.466 4+0.923 2x	0.992 3	3.78	92.52	60	15.87	0.65
75% 磺酰磺隆 WP	y=3.100 9+1.274 0x	0.948 7	30.95	313.70	45	1.45	0.14
75% 苯磺隆 DF	y=5.155 2+1.126 0x	0.998 3	0.73	10.01	22.5	30.82	2.25
7.5% 啶磺草胺 WG	y=4.800 8+1.567 8x	0.994 6	1.34	8.80	14.06	10.49	1.60
70% 氟唑磺隆 WG	y=4.129 9+0.578 5x	0.993 7	31.92	5 238.18	42	1.32	0.01
75% 氯吡嘧磺隆 WP	y=3.481 3+0.758 0x	0.891 1	100.84	4 948.16	67.5	0.67	0.01
50 g/L 双氟磺草胺 SC	y=5.157 1+1.831 6x	0.995 6	0.82	4.11	4.5	5.48	1.09
48% 麦草畏 AS	y=1.456 5+3.361 5x	0.887 7	11.33	27.25	194.5	17.17	7.14
72% 2,4- 滴丁酯 EC	y=1.111 4+2.499 9x	0.945 8	35.93	116.98	540	15.03	4.62
13% 2 甲 4 氯钠 AS	y=0.018 8+2.225 1x	0.990 6	173.23	652.48	840	4.85	1.29
200 g/L 氯氟吡氧乙酸 EC	y=−0.155 1+3.251 1x	0.960 6	38.52	95.46	200	5.19	2.10
50% 吡氟酰草胺 WP	y=1.126 5+1.327 4x	0.888 1	828.23	7 649.18	150	0.18	0.02

试验药剂推荐剂量对麦家公的防除效果详见图16-2。试验结果表明，防除麦家公效果较好的有氯氟吡氧乙酸、2，4-滴丁酯、麦草畏、灭草松、唑草酮、辛酰溴苯腈、乙羧氟草醚、异丙隆；其次为苯磺隆、啶磺草胺、苄嘧磺隆、阔世玛；较差的有2甲4氯钠、磺酰磺隆、氟唑磺隆、喹草酸、氯酰草膦；另外，氯吡嘧磺隆、吡氟酰草胺近无效。

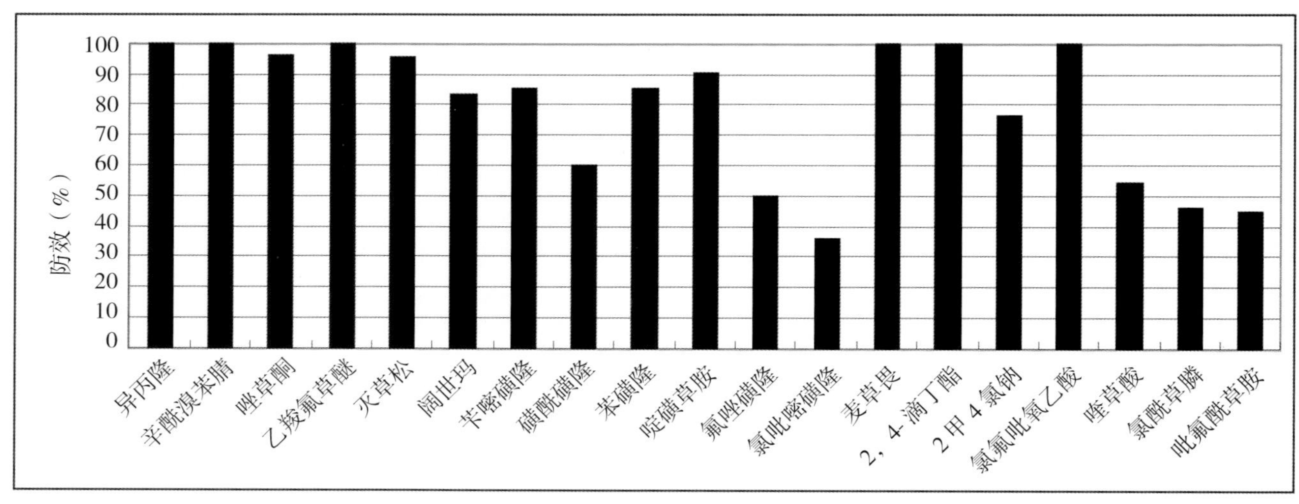

图 16-2 试验药剂推荐剂量对麦家公的室内活性对比［防效（%）］

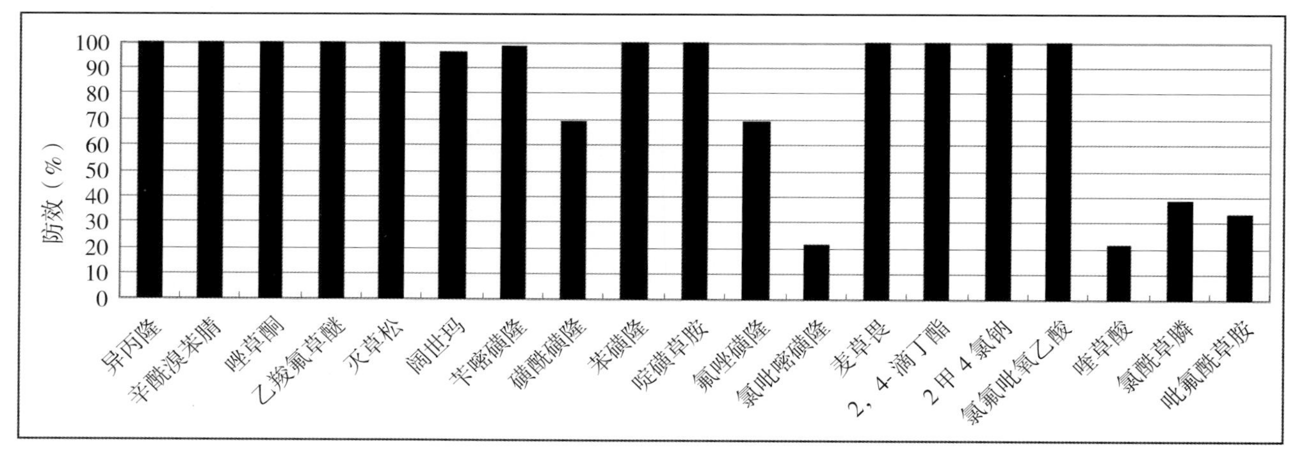

图 16-3 试验药剂推荐剂量对麦瓶草的室内活性对比［防效（%）］

3. 麦瓶草防除药剂筛选试验结果 试验药剂推荐剂量对麦瓶草的防除效果详见图 16-3。试验结果表明，防除麦瓶草效果较好的有苯磺隆、氯氟吡氧乙酸、2，4-滴丁酯、2 甲 4 氯钠、麦草畏、灭草松、苄嘧磺隆、唑草酮、辛酰溴苯腈、乙羧氟草醚、异丙隆、啶磺草胺、阔世玛；较差的有磺酰磺隆、氟唑磺隆；另外，氯吡嘧磺隆、喹草酸、氯酰草膦、吡氟酰草胺近无效。

（二）打碗花、葎草防除药剂田间筛选试验

打碗花属于旋花科打碗花属多年生杂草，又名小旋花、面根藤、斧子苗，以根扩展繁殖，适应性强，只要条件适宜，即可萌发生长。在华东、华北地区春、夏、秋季均可萌发生长，为小麦、玉米、花生、棉花、大豆田主要杂草。在小麦田由于其出苗高峰在4月，错过了除草剂的使用时期，在麦苗上攀缘生长，严重影响小麦的生长。玉米、花生、棉花、大豆田多数土壤处理剂对打碗花防效差，土壤处理剂将其他杂草防除后，解除了其他杂草与打碗花的生存竞争，打碗花猖獗危害。

葎草为桑科葎草属蔓生杂草，又名拉拉藤、拉拉秧，为一年生或多年生缠绕草本植物，生长旺盛期，茎可长达4 m多。性喜半阴环境，耐寒、抗旱，喜排水良好的肥沃土壤，生长迅速。在山东一般4月出苗，可危害小麦，在田埂、水渠、山坡、荒地等处广泛分布，由于其生长迅速，往往形成单一群落。其茎秆、叶片上生有倒刺，不宜人工拔除。

本试验选用15种常用的茎叶处理除草剂进行了防除打碗花、葎草的田间小区试验，以明确常用除草

剂对打碗花、葎草的防除效果，为田间防除这两种杂草提供理论依据。

1. 材料与方法

（1）试验药剂：72% 2，4-滴丁酯EC（2，4-D butylate，大连松辽化工有限公司生产）、88% 2，4-滴异辛酯EC（2，4-D isooctyl ester，大连松辽化工有限公司生产）、20%氯氟吡氧乙酸EC［fluroxypyr，陶氏益农农业科技（中国）有限公司生产］、75%苯磺隆DF（tribenuron-methyl，上海杜邦农化有限公司生产）、48%麦草畏AS［dicamba，先正达（中国）投资有限公司生产］、10%苄嘧磺隆WP（bensulfuron，上海杜邦农化有限公司生产）、25%灭草松AS（bentazone，江苏剑牌农药化工有限公司生产）、56% 2甲4氯钠SP（MCPA-Sodium，山东侨昌化学有限公司生产）、40%唑草酮DF（carfentrazone-ethyl，苏州富美实植物保护剂有限公司生产）、40%嗪草酮WP（metribuzin，河北新兴化工有限责任公司生产）、5%嗪草酸甲酯EC（fluthiacet-methyl，沈阳化工研究院有限公司生产）、25%辛酰溴苯腈EC（bromoxynil octanoate，沈阳化工研究院有限公司生产）、38%莠去津SC（atrazine，吉林金秋农药有限公司生产）、10%嘧草硫醚AS（pyrithiobac-sodium，大连松辽化工有限公司生产）、80%溴苯腈SP（bromoxynil，江苏辉丰农化股份有限公司生产）。

（2）试验设计：田间试验设在山东省农业科学院实验农场空闲地进行。于2008年3月25日对杂草茎叶进行均匀喷雾处理，施药时打碗花、葎草为幼苗期，分枝长度5~10 cm。试验药剂量设计为：72% 2，4-滴丁酯EC 600 g/hm^2、900 g/hm^2（制剂量，下同）；88% 2，4-滴异辛酯EC 500 g/hm^2、750 g/hm^2；20%氯氟吡氧乙酸EC 750 g/hm^2、900 g/hm^2；75%苯磺隆DF 22.5 g/hm^2、27 g/hm^2；10%苄嘧磺隆WP 600 g/hm^2、750 g/hm^2；56% 2甲4氯SP 1 200 g/hm^2、1 500 g/hm^2；25%灭草松AS 4 500 g/hm^2 、5 250 g/hm^2；48%麦草畏AS 225 g/hm^2、300 g/hm^2；40%唑草酮DF 60 g/hm^2、90 g/hm^2；40%嗪草酮WP 1 200 g/hm^2、1 800 g/hm^2；5%嗪草酸甲酯EC 200 g/hm^2、300 g/hm^2；25%辛酰溴苯腈EC 1 500 g/hm^2、2 000 g/hm^2；38%莠去津SC 3 000 g/hm^2、4 500 g/hm^2；10%嘧草硫醚AS 1 200 g/hm^2、1 800 g/hm^2；80%溴苯腈SP 450 g/hm^2、600 g/hm^2；清水对照，试验设31个处理，每处理3次重复，共93个处理小区，每处理小区面积15 m^2，随机区组排列，每亩兑水40 kg。施药当日晴到少云，北风2~3级，气温4~13 ℃，试验前后10 d平均气温10.1 ℃，降水5.5 mm。

（3）试验调查：施药后7 d、15 d观察并记录打碗花和葎草的受害症状，施药后30 d调查打碗花、葎草的株数和鲜重，每处理小区取4点，每点调查0.25 m^2，并计算杂草株防效和鲜重防效。试验结果用邓肯氏新复极差法进行方差分析。

2. 15种药剂防除打碗花的效果评价　药后 7 d、15 d 调查，72% 2，4- 滴丁酯 EC 、88% 2，4- 滴异辛酯 EC、20% 氯氟吡氧乙酸 EC、56% 2 甲 4 氯钠 SP、48% 麦草畏 AS 各剂量处理区打碗花茎叶下卷、扭曲、黄化，停止生长，部分干枯死亡；10% 嘧草硫醚 AS、75% 苯磺隆 DF 处理区打碗花黄化较重、停止生长，高剂量下干枯死亡；40% 唑草酮 DF、5% 嗪草酸甲酯 EC、25% 辛酰溴苯腈 EC、38% 莠去津 SC、80% 溴苯腈 SP 处理区打碗花叶缘干枯严重、部分叶片完全干枯，但心叶未死，后期继续生长；10% 苄嘧磺隆 WP 处理区打碗花黄化，部分叶片干枯；25% 灭草松 AS 处理区打碗花黄化，但死亡率较低；40% 嗪草酮 WP 处理区打碗花略黄，后期正常生长。

15种除草剂施药后30 d防除打碗花的株防效及鲜重防效见表16-14。结果表明，15种除草剂中防除打碗花效果较好的药剂有20%氯氟吡氧乙酸EC、10%嘧草硫醚AS、56% 2甲4氯钠SP、72% 2，4-滴丁酯EC、88% 2，4-滴异辛酯EC。20%氯氟吡氧乙酸EC、10%嘧草硫醚AS、56% 2甲4氯钠SP试验剂量及72% 2，4-滴丁酯EC 900 g/hm^2、88% 2，4-滴异辛酯EC 750 g/hm^2，对打碗花的株防效为85.7%~97.2%，鲜重防效为91.9%~98.2%。72% 2，4-滴丁酯EC 600 g/hm^2、88% 2，4-滴异辛酯EC 500 g/hm^2，对打碗花的株防效较低，为69.0%和79.0%，但鲜重防效仍较好，为89.4%和87.8%。48%麦草畏AS、75%苯磺隆DF、5%嗪草酸甲酯EC、10%苄嘧磺隆WP试验剂量及40%唑草酮DF 90 g/hm^{2}对打碗花有部分防除作用，株防效为25.8%~71.8%，鲜重防效为57.2%~78.0%。25%辛酰溴苯腈EC、38%莠去津SC、80%溴苯腈SP、25%灭草松AS、40%嗪草酮WP对打碗花的防效差或无防效，株防效为-13.1%~51.2%，鲜重防效为-7.1%~45.6%。

表 16-14 15 种药剂防除打碗花效果（药后 30 d）

试验药剂	剂量（g/hm^2）	残株（株 /m^2）	株防效（%）	鲜重（g）	鲜重防效（%）
10% 苄嘧磺隆 WP	750	134	46.8fghEFG	141	64.3cdEF
	600	187	25.8ijGH	169	57.2deFG
10% 嘧草硫醚 AS	1 800	17	93.3aABC	9	97.7aA
	1 200	29	88.5abABC	25	93.7aAB
20% 氯氟吡氧乙酸 EC	900	7	97.2aA	7	98.2aA
	750	18	92.9aABC	31	92.2aAB
25% 灭草松 AS	5 250	212	15.9ijH	256	35.2fghHI
	4 500	285	−13.1kI	374	5.3iJ
25% 辛酰溴苯腈 EC	2 000	168	33.3ghiFGH	215	45.6efGH
	1 500	187	25.8ijGH	250	36.7fghHI
38% 莠去津 SC	4 500	123	51.2efgEF	217	45.1efGH
	3 000	202	19.8ijH	272	31.1ghHI
40% 嗪草酮 WP	1 800	168	33.3ghiFGH	299	24.3hI
	1 200	228	9.5jH	423	−7.1jJ
40% 唑草酮 DF	90	97	61.5defDE	117	70.4cdDEF
	60	216	14.3ijH	220	44.3efgGH
48% 麦草畏 AS	300	71	71.8bcdBCDE	87	78.0bcBCDE
	225	130	48.4fghEFG	127	67.8cdEF
5% 嗪草酸甲酯 EC	300	130	48.4fghEFG	138	65.1cdEF
	200	171	32.1hiFGH	140	64.6cdEF
56% 2 甲 4 氯钠 SP	1 500	16	93.7aAB	26	93.4aAB
	1 200	14	94.4aAB	32	91.9aAB
72% 2,4- 滴丁酯 EC	600	78	69.0cdeCDE	42	89.4abABC
	900	36	85.7abcABC	19	95.2aAB
75% 苯磺隆 DF	27	123	51.2efgEF	104	73.7cCDEF
	22.5	118	53.2efEF	127	67.8cdEF
80% 溴苯腈 SP	600	177	29.8hiFGH	219	44.6efgGH
	450	192	23.8ijGH	273	30.9ghHI
88% 2,4- 滴异辛酯 EC	750	33	86.9abcABC	30	92.4aAB
	500	53	79.0abcdABCD	48	87.8abABCD
CK		252	—	395	—

注：数据中打碗花株数是指打碗花的分枝数。

3. 15 种除草剂防除葎草的效果评价　施药后 7 d、15 d 调查，40% 嗪草酮 WP 处理区葎草干枯死亡；72% 2，4- 滴丁酯 EC、88% 2，4- 滴异辛酯 EC、75% 苯磺隆 DF 处理区葎草黄化、扭曲严重、停止生长；10% 嘧草硫醚 AS 处理区葎草叶片叶缘干枯、黄化较重、停止生长；严重的部分叶片完全干枯，但心叶未死，后期继续生长；10% 苄嘧磺隆 WP 处理区葎草黄化，叶片下卷；48% 麦草畏 AS 处理区葎草严重干卷、心叶扭曲；25% 辛酰溴苯腈 EC、80% 溴苯腈 SP、40% 唑草酮 DF 处理区前期着药葎草叶缘干枯，但心叶受害较轻，后期继续生长；20% 氯氟吡氧乙酸 EC、5% 唪草酸甲酯 EC、25% 灭草松 AS 、56% 2 甲 4 氯钠 SP、38% 莠去津 SC 处理区葎草变化不大，生长受到部分程度抑制。

15种除草剂施药后30 d防除葎草的株防效及鲜重防效见表16-15。结果表明，15种除草剂中防除葎草效果最好的为40%唪草酮WP、75%苯磺隆DF，试验剂量下对葎草株防效为96.7%~99.6%，鲜重防效为98.9%~99.8%；防除葎草效果较好的有88% 2，4-滴异辛酯EC、72% 2，4-滴丁酯EC、10%嘧草硫醚AS、10%苄嘧磺隆WP，试验剂量下对葎草的株防效为55.9%~90.4%，鲜重防效为85.4%~96.9%；38%莠去津SC、56% 2甲4氯钠SP、48%麦草畏AS对葎草有一定的控制作用，对葎草的株防效为29.6%~71.1%，鲜重防效为49.6%~74.0%；80%溴苯腈SP、25%辛酰溴苯腈EC、5%唪草酸甲酯EC、40%唑草酮DF、20%氯氟吡氧乙酸EC对葎草的防效差，株防效为1.5%~68.1%，鲜重防效为0.2%~47.1%。

表 16-15　15 种除草剂防除葎草的效果（施药后 30 d）

试验药剂	剂量（g/hm^2）	残株（株 /m^2）	株防效（%）	鲜重（g）	鲜重防效（%）
10% 苄嘧磺隆 WP	750	119	55.9cdeEFG	79	87.6abAB
	600	118	56.3cdeEFG	93	85.4abABC
10% 嘧草硫醚 AS	1 800	80	70.4bcdBCDE	50	92.1aAB
	1 200	110	59.3cdeDEF	88	86.1abABC
20% 氯氟吡氧乙酸 EC	750	266	1.5iM	619	2.5klKL
	900	220	18.5ghiIJKLM	634	0.2lL
25% 灭草松 AS	5 250	193	28.5fgIJKL	446	29.8ijGHIJK
	4 500	247	8.5hiLM	477	24.9jkIJK
25% 辛酰溴苯腈 EC	2 000	175	35.2fgGHIJ	347	45.4ghEFGHI
	1 500	204	24.4fghIJKLM	452	28.8ijGHIJK
38% 莠去津 SC	4 500	129	52.2deEFGH	165	74.0bcBCD
	3 000	190	29.6fgHIJKL	320	49.6efghEFG
40% 唪草酮 WP	1 800	1	99.6aA	1	99.8aA
	1 200	4	98.5aA	3	99.5aA
40% 唑草酮 DF	90	86	68.1bcdBCDE	336	47.1fghEFGH
	60	158	41.5efFGHI	418	34.2hijGHIJ
48% 麦草畏 AS	300	78	71.1bcBCDE	215	66.1cdCDE
	225	102	62.2cdCDEF	273	57.0defgDEF
5% 唪草酸甲酯 EC	300	224	17.0ghiJKLM	483	23.9jkIJK
	200	242	10.4hiKLM	520	18.1jkJKL
56% 2 甲 4 氯钠 SP	1 200	119	55.9cdeEFG	226	64.4cdeDE
	1 500	116	57.0cdeEFG	246	61.3cdefDEF
72% 2,4- 滴丁酯 EC	900	41	84.8abABC	25	96.1aA
	600	73	73.0bcBCDE	74	88.3abAB
75% 苯磺隆 DF	27	7	97.4aA	5	99.2aA
	22.5	9	96.7aA	7	98.9aA

续表

试验药剂	剂量（g/hm²）	残株（株/m²）	株防效（%）	鲜重（g）	鲜重防效（%）
80% 溴苯腈 SP	600	179	33.7fgGHIJK	374	41.1hiFGHI
	450	218	19.3ghIJKLM	458	27.9ijHIJK
88% 2,4- 滴异辛酯 EC	750	26	90.4aAB	20	96.9aA
	500	48	82.2abABCD	42	93.4aAB
CK		270	—	635	—

注：数据中葎草株数是指葎草的分枝数。

4. 综合评价 综合试验结果可以看出，15 种除草剂中，20% 氯氟吡氧乙酸 EC 表现出对打碗花高效但对葎草近无效，生产中 20% 氯氟吡氧乙酸 EC 900 g/hm^2 对葎草防效较好。本试验中 20% 氯氟吡氧乙酸 EC 对葎草防效低，估计与用药时气温低有关。该药剂于小麦拔节后使用对小麦较安全，可以用于小麦拔节后防除打碗花，在猪殃殃分布较多的地块还可以兼防猪殃殃，对田旋花也有较好的防效，是小麦生长后期使用的理想药剂。40% 嗪草酮 WP 则对葎草表现出高效但对打碗花近无效，该药不是小麦田除草剂，葎草较多的地块或路边、田埂可以选择该药剂防除葎草。10% 嘧草硫醚 AS 为棉花田苗前、苗后除草剂，对打碗花、葎草的防效均较好，可以用于棉田或非耕地防除这两种杂草。72% 2，4- 滴丁酯 EC、88% 2，4- 滴异辛酯 EC 对打碗花、葎草也表现出理想的防除效果，但阔叶作物对这两种药剂敏感，小麦返青后使用及玉米茎叶处理易出现药害，田间使用时应慎重，另外使用过该除草剂的喷雾器最好专用。触杀型的药剂如 40% 唑草酮 DF、5% 嗪草酸甲酯 EC、25% 辛酰溴苯腈 EC、80% 溴苯腈 SP 对打碗花、葎草有一定的触杀作用，但控制作用差，不能将杂草根杀死，打碗花、葎草很快又恢复生长，田间不推荐使用或与其他药剂混配使用。

本文所选药剂不仅仅局限于小麦田，小麦田杂草的防除请选择在小麦田登记使用的除草剂。

第十七章　小麦田杂草综合防除技术

小麦田杂草多达300余种，其中危害较重的有40余种。杂草与小麦伴生，其群落构成、种类、分布、危害程度等与小麦的栽培特点、品种类型及耕作方式、轮作制度、生产水平等密切相关；另外，也与地理环境、自然条件、气候因素、用药种类和历史，以及外来杂草种子入侵、不同区域种子调拨、耕作机械跨区作业等密切相关。如冬小麦田优势杂草以越年生杂草和春季萌发的杂草为主，如播娘蒿、猪殃殃、雀麦等；春小麦田优势杂草则以春季萌发和夏季萌发的杂草为主，如藜、稗草等。随相关因素的变化，小麦田杂草的群落构成和优势种不断演替变化，如原来黄淮海区域冬小麦田以阔叶杂草为优势杂草，后逐渐演变为单、双子叶杂草混合发生，雀麦、节节麦等禾本科杂草与播娘蒿等混合发生的区域越来越大，危害程度逐年加重；难防、恶性杂草，如节节麦、猪殃殃、麦家公、泽漆、婆婆纳等发生也逐年加重。随除草剂的长时间使用，抗性杂草种类逐年增多，危害逐年加重，如播娘蒿、荠菜、猪殃殃等对苯磺隆产生抗性，看麦娘、日本看麦娘、菵草等对精噁唑禾草灵产生抗性等。

小麦田杂草防除不能过度依赖化学除草，应结合各地的环境条件、耕作模式、栽培方式、轮作习惯等，尽量采取以植物检疫、生态措施、农业措施、化学措施等相互配合的综合防控技术，经济、安全、有效地控制杂草的发生和危害。

一、种子检查

小麦引种时，应进行严格检疫，防止危险性杂草种子的传入。节节麦、野燕麦等杂草种子个体大，在麦种风选、过筛等净化过程中，去除不掉，极易随麦种的调运进行远距离传播，因此，地区间调种，应加强种子检查，防止节节麦、野燕麦等恶性杂草从发生地区往未发生地区扩散蔓延。

二、生态措施

采用秸秆覆盖法，即与秸秆还田技术相结合，利用作物秸秆，如粉碎的玉米秸秆、稻草等覆盖，可有效控制杂草的萌发和生长。一般每亩可覆盖粉碎的作物秸秆600~900 kg。

三、农业措施

农业措施是小麦田杂草综合防除体系中不可缺少的途径之一。在小麦栽培过程中，要贯穿于每一个生产环节。

（一）清洁田园

采用精选种子、施用腐熟有机肥料、清除田边和沟边杂草等措施以减少杂草种子来源。

（二）机械除草

机械除草主要有播种前耕地、适度深耕、苗期机械中耕等。试验结果表明：0~10 cm土层的杂草种子萌发出土率高，10~20 cm土层的杂草种子萌发出土率显著下降，20 cm土层以下的杂草种子可以萌发但不能出土危害，利用杂草的这一特性，在小麦播种前深翻土地可有效控制杂草危害。配合增施肥料，适当深翻耕，翻耕深度可达30 cm。与目前推广的浅旋耕和免耕相比，深翻耕可显著降低杂草基数60%~80%，可以显著提高杂草的防除效果，也可以适当降低除草剂的使用量。

（三）人工除草

人工除草是指采用人工或利用农机具拔草、锄草、中耕除草等方法直接杀死杂草。

（四）合理轮作

改变轮作方式可以显著减少田间杂草基数。黄淮海部分地区常年采用小麦–玉米的轮作方式，个别区域常年采用小麦–水稻的轮作方式，这种不变的轮作方式的田间杂草种类和基数远远大于其他多样变化的轮作方式。多种轮作方式的试验研究结果表明，将小麦–玉米的轮作方式改变为小麦–水稻的轮作方式，可以显著控制节节麦等喜旱恶湿性杂草的危害，如节节麦在下一茬小麦田中的萌发率显著降低，近乎为零，不需要喷施除草剂控制。进行二年三熟的轮作模式，夏玉米收获后冬季土地闲置，翌年春季在播种春玉米、春花生、春棉花等作物之前彻底灭除田间杂草，如节节麦发生数量为冬小麦–夏玉米这种单一轮作模式下的0~5%，危害程度降低95%~99%。

（五）适当密植

小麦播种量适当增大10%~20%，利用小麦出苗早、生长快、分蘖力强的优势，提前抢占生长空间，提高小麦地面覆盖率，在一定程度上抑制杂草生长，减轻杂草危害，同样情况下可降低杂草为害损失率10%~30%。因品种而异，一般控制在亩苗数12万~15万株，后期有效分蘖50万穗左右，不要超过60万穗，可在一定程度上降低杂草危害。

四、化学措施

化学措施是指利用化学除草剂进行土壤处理或茎叶处理杀死杂草的方法。除草剂的选择性决定了除草剂的杀草谱，因此要想达到理想的除草效果，必须根据小麦田杂草草相，有针对性地选择除草剂，避免乱用药，以免出现除草剂不除草的现象。另外，除草剂的除草效果及对作物的安全性还受土壤类型、温度、湿度、喷药前后气候变化等环境因素影响。下面将对小麦田不同优势杂草及不同杂草群落除草剂的选择，以及喷药时应关注的环境条件等进行介绍。

（一）除草剂的选择

选用在小麦田登记使用的除草剂。根据田间优势杂草，选择合适的除草剂。除草剂使用之前应详细阅读使用说明书，按说明书中规定的使用剂量、施药时期等执行。不同年份，除草剂应轮换使用。除草剂的使用应符合《农药合理使用准则》的规定。

车载喷雾机械喷施除草剂的兑水量一般为15~30 kg/亩。人工背负式喷雾器喷施除草剂的兑水量一般为30~50 kg/亩。

（二）免耕小麦播前防除已出土杂草

免耕小麦田，可在小麦播种前4~7 d，用41%草甘膦水剂200 mL/亩或18%草铵膦水剂200~300 mL/亩对田间杂草进行喷雾处理，防除田间已出土杂草。

（三）小麦播后苗前土壤处理

针对小麦田的杂草群落和优势杂草，可根据往年掌握的田间草相选择适当的土壤处理除草剂进行土壤处理。

可选用41%氟噻草胺悬浮剂80~110 mL/亩，或50%吡氟酰草胺可湿性粉剂25~35 g/亩，对防除小粒种子的杂草效果相对较好。也可选用33%氟噻草胺·吡氟酰草胺·呋草酮悬浮剂80~90 mL/亩，对防除看麦娘、日本看麦娘、硬草、菵草、早熟禾、大穗看麦娘、播娘蒿、荠菜、猪殃殃、繁缕、野老鹳草、大巢菜、婆婆纳、泽漆等的效果均较好，对目前生产中已经产生抗性的看麦娘、日本看麦娘、播娘蒿、荠菜等均有很好的防除效果。

当田间草相以节节麦、野燕麦、雀麦等大粒种子杂草为主时，选用土壤处理往往起不到很好的防除效果，建议选用茎叶处理方式进行防除。

（四）小麦田杂草茎叶处理

冬小麦田杂草茎叶处理对除草剂的使用技术要求高，详细介绍如下：

1. 精准的喷药时间　大量试验结果表明：冬前 11 月上中旬，小麦播后 30~40 d，小麦处于分蘖初期，此时田间越年生杂草出苗 90% 以上，杂草叶龄小时，对除草剂相对敏感，此时喷施除草剂，除草效果最好。在小麦越冬期，气温低，此时施药，很多除草剂如氯氟吡氧乙酸、炔草酯、精噁唑禾草灵、唑啉草酯等对温度敏感，除草效果显著降低。另外，低温下小麦对除草剂的耐药性降低，容易出现明显药害，比如小麦植株出现黄化、矮化等症状，或出现除草不增产的隐性药害。冬前未能及时防除的，可在春季气温回升后，小麦分蘖期至返青初期（2 月下旬至 3 月中旬），对杂草进行防除，春季施药也宜早不宜迟，施药越早杂草越小，除草效果越好，随着杂草叶龄增大，除草效果显著降低。如果在 4 月 1 日以后用药，会对小麦的产量造成较大的影响。总之，冬小麦最适宜的喷药时期是冬前，且冬前施药相对冬后施药可以降低除草剂使用量 30% 左右。小麦播种晚的地块，冬前杂草未出齐，不适宜冬前用药。防除春季一年生杂草及打碗花等多年生杂草，可以在这些杂草出苗后，选择对小麦安全的除草剂进行茎叶喷雾防除。

2. 精准的喷药条件　根据小麦田杂草萌发生长动态和药剂在不同环境条件下的药效表现及对小麦的安全性等因素，结合黄淮海区域的气候特点，冬前 11 月上中旬，小麦播后 30~40 d，是小麦田杂草茎叶处理最佳化学防控时期，但此时黄淮海小麦种植区气温变动比较大，喷药时要关注气温变化，如喷施啶磺草胺、甲基二磺隆等药剂时遇强降温会导致小麦出现黄化、矮化等药害症状。喷药前后 3 d 内不宜有强降温（日最低气温 0 ℃或低于 0 ℃），且要掌握在白天喷药时气温高于 10 ℃（日平均气温 6 ℃以上）。冬前由于降温早或小麦播种晚，杂草未出齐等因素未及时施药的，可以在春季气温回升后（2 月下旬至 3 月中旬），小麦分蘖至返青初期尽早施药，早春施药也要关注气温变化，避免倒春寒。日最低气温 0 ℃或低于 0 ℃时，小麦和杂草均处于越冬期，不适宜喷施除草剂。小麦播种晚的地块，冬前杂草未出齐，不适宜冬前用药。喷药的理想条件是，喷药时气温 10 ℃以上，无风或微风天气，植株上无露水，喷药后 24 h 内无降水；注意风向。喷施 2，4- 滴异辛酯、2 甲 4 氯钠及含有它们的复配制剂时，与阔叶作物的安全间隔距离最好在 200 m 以上，避免飘移药害的发生，并严格控制施药时间（冬后小麦 3 叶 1 心后至拔节前使用）。小麦田土质为沙土、沙壤土时，除草剂宜选用较低剂量，土地应平整，如地面不平，遇到较大雨水或灌溉时，药剂往往随水汇集于低洼处，造成药害。

黄淮海区域冬小麦适宜喷药时期（11月和翌年春季）往往干旱少雨。在干旱的情况下，除草剂的杀草速度和防除效果均受到较大影响。土壤墒情在40%~60% 时最有利于除草剂药效的发挥。除草剂的使用应结合浇水后（或降水后）的有利时机，及时用药。没有水浇条件的地块尽量选用受墒情影响较小的除草剂或除草剂混配制剂，避免出现除草剂不除草的现象。

3. 阔叶杂草防除措施　小麦田不同地块，杂草优势种群各不相同（见前文介绍）。针对田间不同草相，推荐选用以下除草剂，采用药剂推荐剂量进行防除。下列推荐药剂为山东省农业科学院植物保护研究所近几年在山东的试验总结，仅供参考，部分药剂活性尚需进一步验证。

（1）以播娘蒿（非抗性）、荠菜（非抗性）、小花糖芥、蚤缀、风花菜、碎米荠、通泉草、泥胡菜等杂草为主的小麦田：每亩可选用50 g/L双氟磺草胺悬浮剂10~15 g，或13% 2甲4氯钠水剂250~300 mL，或75%苯磺隆干悬剂1.0~1.5 g，或15%噻吩磺隆可湿性粉剂10~15 g，或900 g/L 2，4-滴异辛酯乳油36~44 mL，或56% 2甲4氯钠可溶性粉剂100~120 g，或75%苯磺隆干悬剂0.8~1.0 g+20%氯氟吡氧乙酸乳油30~40 mL，或其他含双氟磺草胺或苯磺隆或2甲4氯钠等的复配制剂。

（2）以猪殃殃为主的小麦田：每亩可选用20%氯氟吡氧乙酸乳油50~70 mL，或7.5 g/L氟氯吡啶酯乳油6~7 mL，或10%苄嘧磺隆可湿性粉剂40~50 g，或48%麦草畏水剂15~20 mL，或40%唑草酮干悬浮剂4~5 g，或5.8%双氟・唑嘧胺悬浮剂10~15 mL，或490 g/L双氟・滴辛酯悬乳剂40 mL，或其他含氯氟吡氧乙酸、氟氯吡啶酯、苄嘧磺隆或麦草畏等的复配制剂。

（3）猪殃殃、荠菜、播娘蒿等阔叶杂草混生群落：建议选用复配制剂，如氟氯吡啶酯+双氟磺草胺，或双氟磺草胺+氯氟吡氧乙酸，或双氟磺草胺+唑草酮，或双氟磺草胺+苄嘧磺隆等，可扩大杀草谱，提高防效。

（4）以婆婆纳为优势杂草的地块：每亩可选用75%苯磺隆干悬浮剂1.2~1.5 g，或苯磺隆+唑草酮，苯磺隆+辛酰溴苯腈等含有苯磺隆的复配制剂等，于小麦越冬前使用。

（5）以麦瓶草、麦家公等杂草为主的小麦田：可选用苯磺隆+2甲4氯钠，或苯磺隆+2，4-滴异辛酯，或苯磺隆+氯氟吡氧乙酸，或苯磺隆+辛酰溴苯腈等的复配制剂，于小麦越冬前使用。

（6）春季3月下旬至4月上旬，以猪殃殃、打碗花、萹蓄或葎草等杂草为主的小麦田：每亩可选用20%氯氟吡氧乙酸乳油50~60 mL，或75%苯磺隆干悬浮剂1.2~1.5 g，或二者的复配制剂等。

（7）以抗苯磺隆的播娘蒿、荠菜为优势杂草的麦田：可选用2甲4氯钠、2甲4氯二甲胺盐、2，4-滴异辛酯等药剂。

4.禾本科杂草防除措施

（1）以雀麦为主的小麦田：每亩可选用7.5%啶磺草胺水分散粒剂12.5 g+专用助剂，或70%氟唑磺隆水分散粒剂3~4 g，或3%甲基二磺隆油悬浮剂20~30 mL等。

（2）以野燕麦为主的小麦田：每亩可选用15%炔草酯可湿性粉剂20~30 g，或69 g/L精噁唑禾草灵悬乳剂50~60 g，或50%异丙隆可湿性粉剂100~150 g。野燕麦与阔叶杂草混合发生时，每亩可选用70%苄嘧・异丙隆可湿性粉剂100~120 g，或30%异隆・氯氟吡可湿性粉剂180~210 g，或50%苯磺・异丙隆可湿性粉剂125~150 g，或72%噻磺・异丙隆可湿性粉剂100~120 g等。

（3）以看麦娘、日本看麦娘、硬草为主的小麦田：每亩可选用15%炔草酯可湿性粉剂20~30 g，或69 g/L精噁唑禾草灵悬乳剂50~60 g，或50%异丙隆可湿性粉剂100~150 g，或40%三甲苯草酮水分散粒剂70~80 g，或7.5%啶磺草胺水分散粒剂12~13 g+助剂70~80 mL，或3%甲基二磺隆油悬浮剂20~30 mL+专用助剂，或环吡氟草酮制剂及其复配制剂等。

（4）以菵草为主的小麦田：每亩可选用15%炔草酯可湿性粉剂20~30 g，或69 g/L精噁唑禾草灵悬乳剂50~60 g，或50%异丙隆可湿性粉剂100~150 g，或40%三甲苯草酮水分散粒剂70~80 g等。

（5）以多花黑麦草、野燕麦为主的小麦田：每亩可选用15%炔草酯可湿性粉剂15~20 g，或50 g/L唑啉草酯乳油60~80 mL等。

（6）以多花黑麦草、碱茅或棒头草为优势杂草的地块：每亩可选用15%炔草酯可湿性粉剂20~30 g，或50 g/L唑啉草酯乳油60~80 mL，或7.5%啶磺草胺水分散粒剂12~13 g + 助剂70~80 mL等。

（7）以大穗看麦娘为优势杂草的地块：每亩可选用7.5%啶磺草胺水分散粒剂12~13 g+助剂70~80 mL，或6.9%精噁唑禾草灵浓乳剂80~100 mL，或15%炔草酯可湿性粉剂20~30 g，或3%甲基二磺隆油悬浮剂20~30 mL+专用助剂，或50 g/L唑啉草酯乳油60~80 mL等。

（8）以早熟禾为优势杂草的地块：每亩可选用7.5%啶磺草胺水分散粒剂12~13 g+助剂70~80 mL，或50%异丙隆可湿性粉剂100~150 g，或3%甲基二磺隆油悬浮剂20~30 mL+专用助剂等。

（9）以节节麦为主的小麦田：每亩可选用3%甲基二磺隆油悬浮剂30 mL，或3.6%二磺・甲碘隆水分散粒剂25 g+专用助剂等，于小麦越冬前使用。

（10）以抗精噁唑禾草灵的看麦娘、日本看麦娘为主的小麦田：每亩可选用50%异丙隆可湿性粉剂100~150 g，或7.5%啶磺草胺水分散粒剂12~13 g + 助剂70~80 mL，或3%甲基二磺隆油悬浮剂20~ 30 mL+专用助剂，或环吡氟草酮制剂及其复配制剂等。

5. 阔叶杂草和禾本科杂草混合群落防除措施　阔叶杂草和禾本科杂草混合发生的地块，建议选用复配制剂，选择依据：应参考针对每种杂草的高效药剂对症选择，如以节节麦、雀麦及阔叶杂草混合发生的地块，每亩可选用 3% 甲基二磺隆油悬浮剂 25 mL+ 专用助剂 +70% 氟唑磺隆水分散粒剂 1.5 g+50 g/L 双氟磺草胺悬浮剂 10 g，或甲基二磺隆 + 吡氟酰草胺等的复配制剂，于小麦越冬前施用。

6. 西北春麦区杂草化学防除措施　针对青海东部农业区和柴达木盆地小麦田杂草的发生情况，将防除各种杂草的高效药剂及每种药剂的杀草谱总结如下，详见表 17-1、表 17-2，生产中可根据实际情况选择应用。

表 17-1　柴达木盆地小麦田优势杂草与可选用除草剂简表（魏有海）

杂草名称		可选用除草剂
学名	所属科名	
野燕麦	禾本科	野麦畏、精噁唑禾草灵、禾草灵、甲基二磺隆、炔草酯、啶磺草胺、氟唑磺隆
萹蓄	蓼科	唑草酮、氯氟吡氧乙酸异辛酯、2,4- 滴异辛酯、2 甲 4 氯钠、溴苯腈
苦苣菜	菊科	二氯吡啶酸、唑草酮、苯磺隆、2,4- 滴异辛酯、使阔得
藜	藜科	唑草酮、苯磺隆、2,4- 滴异辛酯、溴苯腈、麦草畏、唑嘧磺草胺
藏蓟	菊科	二氯吡啶酸、唑草酮、苯磺隆、2,4- 滴异辛酯、使阔得
苣荬菜	菊科	二氯吡啶酸、唑草酮、苯磺隆、2,4- 滴异辛酯、使阔得
赖草	禾本科	草甘膦
芦苇	禾本科	草甘膦
早熟禾	禾本科	啶磺草胺、甲基二磺隆
野油菜	十字花科	啶磺草胺、唑草酮、苯磺隆、2,4- 滴异辛酯、溴苯腈、麦草畏、唑嘧磺草胺

表 17-2　小麦田除草剂使用技术简表（魏有海）

除草剂		主要剂型	使用剂量（mL，g/ 亩）	使用时期	防除对象	注意事项
通用名称	商品名称					
野麦畏 triallate	燕麦畏、阿畏达	40% 乳油	200	播前、播后苗前、秋施	野燕麦、看麦娘	施药后及时混土
精噁唑禾草灵 fenoxaporp-P-ethyl	骠马、骠灵	6.9% 浓乳剂	45~55	苗期，杂草 3~4 叶期	野燕麦、看麦娘、狗尾草、日本看麦娘、稗草	
禾草灵 diclofop-methyl	伊洛克桑	28% 乳油	200	苗期，禾本科杂草 3~4 叶期	野燕麦、稗草、毒麦、看麦娘、狗尾草、日本看麦娘	
甲基二磺隆 mesosulfuron-methyl	世玛、Sigma	3% 油悬剂	25	苗期，禾本科杂草 3~4 叶期	硬草、早熟禾、碱茅、棒头草、看麦娘、多花黑麦草、野燕麦、牛繁缕、荠菜、雀麦、毒麦	加液量 0.2%~0.7% 非离子助剂

续表

除草剂		主要剂型	使用剂量（mL, g/亩）	使用时期	防除对象	注意事项
通用名称	商品名称					
唑草酮 carfentra-zone-ethyl	快灭灵	40% 干悬浮剂	4~5	苗期，杂草 2~4 叶期	猪殃殃、播娘蒿、荠菜、泽漆、婆婆纳、田旋花、卷茎蓼、藜、萹蓄、反枝苋、藏蓟、苣荬菜、遏蓝菜、地肤	
苯磺隆 tribenuron-methyl	巨星、阔叶静	10% 可湿性粉剂	10	苗期，杂草 2~4 叶期	猪殃殃、繁缕、野芥菜、反枝苋、酸模叶蓼、藜、密花香薷、龙葵、大巢菜、卷茎蓼、播娘蒿、地肤	
酰嘧磺隆 + 甲基碘磺隆钠盐 amidosulfuron +iodosulfuron-methyl-sodium	使阔得、阔世玛	6.25% 水分散剂	10~20	小麦 3 叶至拔节期，杂草 1~6 叶期	猪殃殃、牛繁缕、婆婆纳、大巢菜、藏蓟、苣荬菜、苦苣菜、藜、蓼、薄蒴草、播娘蒿、独行菜、酸模叶蓼、田旋花	
氯氟吡氧乙酸异辛酯 fluroxypyr	氟草定、使它隆	20% 乳油	50~70	小麦 2 叶至拔节期	藜、滨藜、灰绿藜、蓼、猪殃殃、牛繁缕、大巢菜、播娘蒿、田旋花、萹蓄、遏蓝菜、野芥菜、荠菜	
2,4-D 异辛酯 2,4-D Sooctyl ester	2,4- 滴异辛酯	72% 乳油	40~50	小麦 3~5 叶期	播娘蒿、繁缕、野芥菜、反枝苋、酸模叶蓼、藜、密花香薷、大巢菜、卷茎蓼、藏蓟、苣荬菜、田旋花、萹蓄	防止飘移性药害
2 甲 4 氯钠 MCPA-Na	2 甲 4 氯钠盐、2 甲 4 氯	20% 水剂	200~250	小麦分蘖至拔节前	播娘蒿、野芥菜、荠菜、藜、遏蓝菜、萹蓄	防止飘移性药害
麦草畏 dicamba	百草敌	48% 水剂	20~30	小麦 3 叶至拔节前	猪殃殃、藜、卷茎蓼、牛繁缕、藏蓟、苣荬菜、问荆、密花香薷、荠菜	
溴苯腈 bromoxynil	伴地农	22.5% 乳油	100~150	小麦 3~5 叶期	播娘蒿、藜、滨藜、麦瓶草、薄蒴草、萹蓄、猪毛菜、地肤、野芥菜、卷茎蓼	
唑嘧磺草胺 flumetsulam	阔草清	80% 水分散剂	1.5~2.0	小麦 3~4 叶期	藜、反枝苋、酸模叶蓼、卷茎蓼、苍耳、苣荬菜、密花香薷、繁缕、猪殃殃、毛茛、问荆、地肤	
草甘膦 glyphosate	飞达、农达、农民乐	41% 可湿性粉剂	100~150	免耕冬小麦田播前喷雾	对已出苗各种杂草灭生性除草	对春小麦田苗期芦苇、赖草等采用毛刷等涂抹方法使用
啶磺草胺 flazasulfuron	优先	7.5% 可分散粒剂	12.5	小麦 3~5 叶	看麦娘、繁缕、播娘蒿、野燕麦、荠菜、旱雀麦、野芥菜、薄蒴草、密花香薷、遏蓝菜、苣荬菜、藏蓟	小麦起身拔节后不得施用

续表

除草剂		主要剂型	使用剂量（mL，g/亩）	使用时期	防除对象	注意事项
通用名称	商品名称					
氟唑磺隆 flucarbazone-sodium	彪虎	70% 水分散粒剂	4	小麦 3~5 叶	野燕麦、雀麦、多花黑麦草	
炔草酯 clodinafop-propargyl	麦极	15% 可湿性粉剂	15	小麦 3~5 叶	日本看麦娘、菵草、看麦娘、硬草、早熟禾、棒头草、碱茅、野燕麦	

（五）化学防除注意事项

（1）喷药环境条件：喷药时气温10 ℃以上，无风或微风天气，植株上无露水，喷药后24 h内无降水；注意风向。喷施2，4-滴异辛酯、2甲4氯钠及含有它们的复配制剂时，与阔叶作物的安全间隔距离最好在200 m以上，避免飘移药害的发生，并严格控制施药时间（冬后小麦3叶1心后至拔节前使用）。小麦田土质为沙土、沙壤土时，除草剂宜选用较低剂量，土地应平整，如地面不平，遇到较大雨水或灌溉时，药剂往往随水汇集于低洼处，造成药害。

（2）药剂配制：药剂使用前，要详细阅读药剂标签，特别注意使用剂量及注意事项。施药时，用药量要严格控制，不可随意加大，避免药害发生。配药时，准确计量施药面积。另外，许多药剂要先配制母液，即先在小容器中加少量水溶解药剂，待药剂充分溶解后再加入喷雾器中，加足水，摇匀后喷施。干悬剂、可湿性粉剂尤其要注意。

（3）年度间轮换使用除草剂：治理杂草应因地制宜，针对不同杂草种类选择相对应的药剂。另外，最好是选择不同作用类型的除草剂混用，且每年使用的除草剂应有所不同，即做到不同作用类型除草剂的混用和轮换使用，避免重复使用。单一选择压下，杂草抗药性上升。

（4）器械选择：选择生产中无农药污染的常用喷雾器，带恒压阀的扇形喷头，喷药前应仔细检查药械的开关、接头、喷头等处螺钉是否拧紧，药桶有无渗漏，以免漏药污染；喷施过2，4-滴丁酯、2，4-滴异辛酯及含有它们的复配制剂的喷雾器，最好专用，或用次氯酸钠原液稀释1 000倍浸泡24 h，并反复清洗喷管等。

（5）科学施药：喷头离靶标距离不超过50 cm，要求喷雾均匀、不漏喷、不重喷。

（6）安全防护：在施药期间不得饮酒、抽烟，施药时应戴口罩、穿工作服，或穿长袖上衣、长裤和雨鞋；施药后要用肥皂洗手、洗脸，用净水漱口，药械应清洗干净，以防喷雾器残余除草剂对其他作物产生药害。

参考文献

[1] ANDERSON R L，BARRETT M R. Residual phytotoxicity of chlorsulfuron in two soils [J]. Journal of Environmental Quality，1985，14（1）:111-114.

[2] ASHTON I A，ABULNAJA K O，PALLETT K E，et al. The mechanism of inhibition of fatty acid synthase by the herbicide diflufenican [J].Phytochemistry，1994，35（3）:587-590.

[3] ASHTON I A，ABULNAJA K O，PALLETT K E，et al. Diflufenican，a carotenogenesis inhibitor，also reduces acyl lipid synthesis [J]. Pesticide Biochemistry and Physiology，1992，43（1）:14-21.

[4] AUSKALNIS A，KADZYS A. Effect of timing and dosage in herbicide application on weed biomass in spring wheat [J].Agronomy Research，2006，4（5）:133-136.

[5] BAGHESTANI M A，ZAND E，MESGARAN M B，et al. Control of weed barley species in winter wheat with sulfosulfuron at different rates and times of application [J].Weed Biology and Management，2008，8:181-190.

[6] BAGHESTANI M A，ZAND E，SOUFIZADEH S，et al. Weed control and wheat（Triticum aestivum L.）yield under application of 2，4-D plus carfentrazone-ethyl and florasulam plus flumetsulam: evaluation of the efficacy [J].Crop Protection，2007，26（12）:1759-1764.

[7] BENDING G D，LINCOLN S D，EDMONDSON R N. Spatial variation in the degradation rate of the pesticides isoproturon，azoxystrobin and diflufenican in soil and its relationship with chemical and microbial properties [J].Environmental Pollution，2006，139（2）:279-287.

[8] BLACKSHAW R E，HAMMAN W M. Control of downy brome（Bromus tectorum）in winter wheat（Triticum aestivum）with MON 37500 [J].Weed Technology，1998，12:421-425.

[9] BRAINARD D C，CURRAN W S，BELLINDER R R，et al. Temperature and relative humidity affect weed response to vinegar and clove oil [J].Weed Technology，2013，27（1）:156-164.

[10] CHASE R L，APPLEBY A P. Effects of humidity and moisture stress on glyphosate control of Cyperus rotundus L. [J].Weed Research，1979，19（4）:241-246.

[11] CONTE E，MORALI G，GALLI M，et al. Long-term degradation and potential plant uptake of diflufenican under field conditions [J]. Journal of Agricultural and Food Chemistry，1998，46（11）:4766-4770.

[12] CRAMP M C，GILMOUR J，HATTON L R，et al. Design and synthesis of N-（2，4-difluorophenyl）-2-（3-trifluoromethylphenoxy）-3-pyridinecarboxamide（diflufenican），a novel pre-and early post-emergence herbicide for use in winter cereals [J].Pesticide Science，1987，18（1）:15-28.

[13] DEBOER G J，THORNBURGH S，GILBERT J，et al. The impact of uptake，translocation and metabolism on the differential selectivity between blackgrass and wheat for the herbicide pyroxsulam [J]. Pest Management Science，2011，67:279-286.

[14] DEBOER G J，THORNBURGH S，EHR R J. Uptake，translocation and metabolism of the herbicide florasulam in wheat and broadleaf weeds [J]. Pest Management Science，2006，62（4）:316-324.

[15] DIEHR H. Process for the Preparation of Methyl Dithiocarbazate:DE，3709414 [P].1988-02-18.

[16] DIEHR H J. 2-Alkyl-thio-1，3，4-thia-diazole Derivs Prepn by Reacting Carboxylic Acid with

Dithio Carbazinic Acid Ester in Presence of Phosphoryl Chloride:DE，4003436［P］.1991.

［17］EIZENBERG H，GOLDWASSER Y，ACHDARY G，et al. The potential of Sulfosulfuron to control troublesome weeds in tomato［J］.Weed Technology，2003，17（1）:133-137.

［18］GEIER P W，STAHLMAN P W，PETERSON D E，et al. Pyroxsulam compared with competitive standards for efficacy in winter wheat［J］.Weed Technology，2011，25（3）:316-321.

［19］GEIER P W，STAHLMAN P W. Dose-Responses of weeds and winter wheat（Triticum aestivum）to MON 37500［J］.Weed Technology，1996，10（4）:870-875.

［20］GODDARD M J，WILLIS J B，ASKEW S D. Application placement and relative humidity affects smooth crabgrass and tall fescue response to mesotrione［J］.Weed Science，2010，58（1）:67-72.

［21］GREEN J M. Current state of herbicides in herbicide–resistant crops［J］.Pest Management Science，2014，70（9）:1351-1357.

［22］HAYNES C，KIRKWOOD R C. Studies on the mode of action of diflufenican in selected crop and weed species:basis of selectivity of pre-and early post-emergence applications［J］.Pesticide Science，1992，35（2）:161-165.

［23］HOSSEINI S A，MOHASSEL M H，SPLIID N H，et al. Response of wild barley（Hordeum spontaneum）and winter wheat（Triticum aestivum）to sulfosulfuron:The role of degradation［J］. Weed Biology and Management，2011，11:64-71.

［24］JACKSON R，GHOSH D，PATERSON G. The soil degradation of the herbicide florasulam［J］. Pest Management Science，2000，56（12）:1065-1072.

［25］JOHNSON B C，YOUNG B G. Influence of temperature and relative humidity on the foliar activity of mesotrione［J］.Weed Science，2002，50（2）:157-161.

［26］JOSE L P，EVA H S，SUSANA L，et al. Effects of sulfosulfurosoil residues on barley、sunflower and common vetch［J］.Crop Protection，2002，（21）:1060-1066.

［27］KELLY J P，PEEPER T F. Wheat（Triticum aestivum）and rotational crop response to MON 37500［J］.Weed Technology，2003，17:55-59.

［28］KIELOCH R，ROLA H. Sensitivity of winter wheat cultivars to selected herbicides［J］.Journal of Plant Protection Research，2010，50（1）:35-40.

［29］KIRKWOOD R C. Use and mode of action of adjuvants for herbicides:A review of some current work［J］.Pesticide Science，1993，38:93-102.

［30］KRIEGER M S，YODER R N，GIBSON R. Photolytic degradation of florasulam on soil and in water［J］.Journal of Agricultural and Food Chemistry，2000，48（8）:3710-3717.

［31］LILIA A，MARIA E，TROCONIS，et al. Single drop microextraction and gas chromatography–mass spectrometry for the determination of diflufenican，mepanipyrim，fipronil，and pretilachlor in water samples［J］.Environetal Monitoring and Assessment，2013，185（12）:10225-10233.

［32］MAHESWARI S T，RAMESH A. Adsorption and degradation of sulfosulfuron in soils［J］. Environmental Monitoring and Assessment，2007，127:97-103.

［33］MAURER F，ROHE L，KNOPS H J. Verfahren zur stellung Von N-Alkyl-arylaminen:DE，4003078［P］.1991-08-08.

［34］MAURER F，ROHE L. Preparation of N-Alkyl–arylamines:US，5817876［P］.1998-10-06.

［35］MOHAMMAD A B，ESKANDAR Z，SAEID S，et al. Evaluation of sulfosulfuron for broadleaved and grass weed control in wheat（Triticum aestivum L.）in Iran［J］.Crop Protection，2007，26（9）:1385-1389.

［36］MUKHERJEE S，GOON A，GHOSH B，et al. Persistence behaviour of a mixed formulation

（florasulam 10% + halauxifen methyl 10.4% WG）in wheat［J］.Journal of Crop and Weed，2014，10（2）:414-418.
［37］NEZU Y，SAITO Y，TAKAHASHI S，et al. Development of a New Cotton Herbicide: Pyrithiobac-sodium［J］.Pesticide Science，1999，24（2）:217-229.
［38］OWEN M J，GOGGIN D E，POWLES S B. Non-target-site-based resistance to ALS-inhibiting herbicides in six Bromus rigidus populations from Western Australian cropping fields［J］.Pest management Science，2012，68:1077-1082.
［39］OWEN M J，MARTINEZ N J，POWLES S B. Multiple herbicide-resistant Lolium rigidum（annual ryegrass）now dominates across the Western Australian grain belt［J］.Weed Research，2014，54（3）:314-324.
［40］PATERSON E A，SHENTON Z L，STRASZEWSKI A E. Establishment of the baseline sensitivity and monitoring response of Papaver rhoeas populations to florasulam［J］.Pest Management Science，2002，58（9）:964-966.
［41］PRASAD，VIDYANATHA A. Conversion of N-（4-Fluorophenyl）-2-hydroxy-N-（1-mthylethyl）Acetamide Acetate to N-（4-Fluorophenyl）-2-hydroxy-N-（1-mthylethyl）Acetamide:US，5808153［P］.1978-09-15.
［42］ROUCHAUD J，GUSTIN F，CALLENS D，et al. Effects of recent organic fertilizer treatment on herbicide diflufenican soil metabolism in winter-wheat crops［J］.Toxicological and Environmental Chemistry，1994，42（3/4）:191-198.
［43］ROUCHAUD J，GUSTIN F，VAN HIMME M，et al. Metabolism of the herbicide diflufenican in the soil of field wheat crops［J］.Journal of Agricultural and Food Chemistry，1991，39（5）:968-976.
［44］SHANER D L. Lessons learned from the history of herbicide resistance［J］.Weed Science，2014，62（2）:427-431.
［45］SHINN S L，THILL D C，PRICE W J，et al. Response of Downy Brome（Bromus tectorum）and Rotational Crops to MON 37500［J］.Weed Technology，1998，12（4）:690-698.
［46］SONDHIA S，SINGHAI B. Persistence of Sulfosulfuron Under Wheat Cropping System［J］.Bull Environ Contam Toxicol，2008，80:423-427.
［47］YU Q，NELSON J K，ZHENG M Q，et al. Molecular characterisation of resistance to ALS-inhibiting herbicides in Hordeum leporinum biotypes［J］.Pest management Science，2007，63:918-927.
［48］Zabkiewicz Adjuvants and herbicidal efficacy present status and future prospects［J］.Weed Research，2000，40:139-149.
［49］曹慧，钟永玲．当前小麦市场形势分析及后期展望［J］．农业展望，2011，（5）:7-11.
［50］车晋滇．北京市麦田杂草群落演替与防除技术［J］．杂草科学，2008，（2）:26-30.
［51］陈杰，沈建．氟噻草胺原药的高效液相色谱分析［J］．农药科学与管理，2010，31（9）:46-48.
［52］程玉臣，白全江，张富荣．除草剂防除春小麦田杂草研究［J］．内蒙古农业科技，2006，（3）:27-28.
［53］方忠义，林长福，纪明山，等．吡氟草胺与 2 甲 4 氯钠盐混用的除草活性研究［J］．安徽农业科学，2007，35（8）:2316-2317.
［54］房锋，李美，高兴祥，等．麦田播娘蒿发生动态及其对小麦产量构成因素的影响［J］．中国农业科学，2015，48（13）:2559-2568.
［55］房锋，张朝贤，黄红娟，等．基于 MaxEnt 的麦田恶性杂草节节麦的潜在分布区预测［J］．草业学报，2013，22（2）:62-70.
［56］冯坚．2002 年世界除草剂市场新品种掠影［J］．杂草科学，2003，2:11-14.

[57] 高兴祥，高宗军，房锋，等．磺酰磺隆的室内除草活性及对小麦田杂草田间防除效果[J]．农药，2013，52（3）:219-221.
[58] 高兴祥，李美，房锋，等．山东省小麦田杂草组成及群落特征防除[J]．草业学报，2014，23（5）:92-98.
[59] 高兴祥，李美，房锋，等．大穗看麦娘化学防控田间效果评价[J]．草业学报，2016，25（8）:172-179.
[60] 高兴祥，李美，房锋，等．防除多花黑麦草等4种禾本科杂草的药剂活性测定[J]．草业学报，2014，23（6）:349-354.
[61] 高兴祥，李美，高宗军，等．山东省小麦田播娘蒿对苯磺隆的抗性测定[J]．植物保护学报，2014，41（3）:373-378.
[62] 高兴祥，李美，葛秋岭，等．啶磺草胺等8种除草剂对小麦田8种禾本科杂草的生物活性[J]．植物保护学报，2011，38（6）:557-562.
[63] 高宗军，李美，高兴祥，等．不同耕作方式对冬小麦田杂草群落的影响[J]．草业学报，2011，20（1）:15-21.
[64] 郭栋孺，陈明，陈石金，等．麦家公的发生危害规律及化除技术研究[J]．杂草科学，1991，1:11-13，10.
[65] 郭敏，单正军，石利利，等．三种磺酰脲类除草剂在土壤中的降解及吸附特性[J]．环境科学学报，2012，32（6）:1459-1464.
[66] 郝彦俊，李广阔，王剑，等．几种除草剂对棉田田旋花的防效[J]．农药，2004，43（3）:132-134.
[67] 何凤英．浅谈调解处理2，4-滴丁酯药害纠纷的体会[J]．中国植保导刊，2008，28（8）:35-36.
[68] 侯珍，谢娜，董秀霞，等．双氟磺草胺的除草活性及对不同小麦品种的安全性评价[J]．植物保护学报，2012，39（4）:357-363.
[69] 浑之英，袁立兵，王莎，等．河北省保定市麦田禾本科杂草发生情况调查[J]．河北农业科学，2011，15（1）:41-43，59.
[70] 姜德锋，倪汉文．化学除草对麦田杂草群落结构的影响[J]．植物保护学报，1999，26（4）:367-370.
[71] 姜育田，陈同明，李茂青．氟噻草胺的合成[J]．农药，2007，46（11）:734-736.
[72] 蒋仁棠，谈文瑾，唐吉燕，等．山东省麦田杂草发生及其化学防除策略研究[J]．杂草科学，1991（4）:3-5.
[73] 蒋仁棠，张田田，马士仲，等．吡氟酰草胺2种混配剂防除覆膜蒜田杂草研究[J]．世界农药，2010，32（50）:44-45，52.
[74] 鞠国栋，李正名．25%单嘧·2甲4氯钠盐水剂防除冬小麦田杂草田间试验[J]．农药，2012，51（12）:924-926.
[75] 黎育生，周桂东，沈宜全，等．氟噻草胺的合成[J]．现代农药，2002，1（2）:8-10.
[76] 李秉华，王贵启，魏守辉，等．河北省冬小麦田杂草群落特征[J]．植物保护学报，2013，40（1）:83-88.
[77] 李贵，王晓琳，张朝贤，等．水稻秸秆还田结合炔草酯对禾本科杂草和小麦生长发育的影响[J]．植物保护学报，2015，42（1）:130-137.
[78] 李贵，吴竞仑．江苏省小麦田禾本科杂草发生趋势及防除策略思考[J]．杂草科学，2006，（4）:9-10.
[79] 李健，李品刚，周顺达，等．啶磺草胺WG防除冬小麦田杂草的效果及安全性[J]．杂草科学，

2010（4）:59-61.
［80］李美，高兴祥，房锋，等．氟氯吡啶酯与双氟磺草胺复配的田间除草效果及其对作物安全性评价［J］．植物保护学报，2016，43（3）:514-522.
［81］李美，高兴祥，高宗军，等．双氟磺草胺·2甲4氯联合作用及作物安全性评价［J］．植物保护学报，2013，40（6）:557-563.
［82］李美，高兴祥，高宗军，等．几种除草剂防除猪殃殃效果评价［J］．农药，2007，46（12）:857-859.
［83］李美，高兴祥，高宗军，等．嘧草硫醚对棉花的安全性及除草生物活性测定［J］．农药，2009，48（7）:538-541.
［84］李美，高兴祥，李岩，等．氟氯吡啶酯和啶磺草胺复配制剂不同条件下除草效果评价［J］．山东农业科学，2016，48（8）:120-127.
［85］李美，李岩，高兴祥，等．氟氯吡啶酯与啶磺草胺联合毒力及对小麦安全性评价［J］．麦类作物学报，2016，36（7）:1-6.
［86］李香菊，王贵启，李秉华，等．干旱胁迫对麦田茎叶型除草剂药效的影响［J］．河北农业科学，2003，7（3）:14-18.
［87］刘长令．世界农药大全：除草剂卷［M］．北京：化学工业出版社，2002.
［88］娄远来，薛光，邓渊钰．江苏省稻茬麦田杂草分布与危害［J］．江苏农业科学，1998，（2）:36-37.
［89］路兴涛，吴翠霞，张勇，等．360 g/L 吡氟·氟噻·呋草酮悬浮剂对冬小麦田杂草的防除效果及对后茬作物的安全性［J］．杂草科学，2013，31（4）:42-45.
［90］牛宏波，李香菊，崔海兰，等．助剂对甲基二磺隆防除节节麦的增效作用及增效机制［J］．农药，2013，52（4）:301-303.
［91］彭江涛．吡氟酰草胺10%+噁草酮15%水悬浮乳剂的配方研究［J］．山东化工，2012，41（11）:24-26.
［92］彭学岗，王金信，段敏，等．中国北方部分冬麦区猪殃殃对苯磺隆的抗性水平［J］．植物保护学报，2008，（5）:458-462.
［93］钱希．苏北麦田恶性杂草麦家公的生态习性研究［J］．生态学报，1995，15（4）:453-456.
［94］邱学林，涂鹤龄，辛存岳，等．春麦田除草剂的应用与杂草群落演替［J］．植物保护学报，1997，24（3）:263-268.
［95］苏少泉．除草剂助剂及其应用［J］．农药研究与应用，2007，11（5）:3-7.
［96］苏少泉．除草剂作用靶标与新品种创制［M］．北京：化学工业出版社，2001.
［97］苏少泉．三唑嘧啶磺酰胺类除草剂新品种——双氟磺草胺［J］．世界农药，2001，23（4）:46，53-54.
［98］苏毅，傅凯廉，刘金才．河北中部麦田杂草的发生规律及其化学防除技术研究［J］．河北农业大学学报，1989，12（1）:94-99.
［99］孙健，王金信，张宏军，等．抗苯磺隆猪殃殃乙酰乳酸合成酶的突变研究［J］．中国农业科学，2010，43（5）:972-977.
［100］孙启霞，王胜翔，姜宜飞，等．氟氯吡啶酯·双氟磺草胺20%水分散粒剂的高效液相色谱分析［J］．农药科学与管理，2013，34（2）:43-45.
［101］田国举，朱国家．麦家公生物学特性与发生规律研究初报［J］，杂草科学，1990，4: 3.
［102］田欣欣，薄存瑶，李丽，等．耕作措施对冬小麦田杂草生物多样性及产量的影响［J］．生态学报，2011，31（10）:2768-2775.
［103］涂鹤龄．麦田杂草化学防除［M］．北京：化学工业出版社，2003.

［104］王桂莲．苄嘧磺隆和唑草酮混用防治麦田猪殃殃等杂草试验初报［J］．中国植保导刊，2004，24（8）:33-34.

［105］王金信．山东省麦田杂草发生及其化学防除［J］．农药，1998，37（2）:11-12，19.

［106］王开金，强胜．江苏南部麦田杂草群落发生分布规律的数量分析［J］．生物数学学报，2005，20（1）:107-114.

［107］王开金，强胜．江苏麦田杂草群落的数量分析［J］．草业学报，2007，16（1）:118-126.

［108］王丽英，李耀光，董燕飞．山西省麦田杂草优势种群及其防除技术［J］．中国植保导刊，2013，9:37-38.

［109］王茂云，李蓉荣，刘纯，等．三氟啶磺隆除草活性及对棉花的安全性评价［J］．农药学学报，2014，16（1）:23-28.

［110］魏敬怀，朱秀，祝乐天，等．360 g/L 吡氟酰草胺·氟噻草胺·呋草酮悬浮剂对冬小麦后茬作物棉花的安全性研究［J］．长江大学学报（自然科学版），2014，11（23）:8-9.

［111］魏守辉，强胜，马波，等．不同作物轮作制度对土壤杂草种子库特征的影响［J］．生态学杂志，2005，24（4）:385-389.

［112］魏有海．7.5％啶磺草胺 WG 对春小麦田杂草的防除效果及安全性［J］．湖北农业科学，2011，50（7）:1377-1379.

［113］吴竞仑，李永丰，王一专，等．不同除草剂对稻田杂草群落演替的影响［J］．植物保护学报，2006，33（2）:202-206.

［114］吴明荣，唐伟，陈杰．我国小麦田除草剂应用及杂草抗药性现状［J］．农药，2013，52（6）:457-460.

［115］吴声玉．阔叶净防除麦田恶性杂草麦家公研究初报［J］．河北农业科学，1995，1: 25-27.

［116］吴小虎，王金信，刘伟堂，等．山东省部分市县麦田杂草麦家公 *Lithospermum arvense* 对苯磺隆的抗药性［J］．农药学学报，2011，13（6）:597-602.

［117］许贤，王贵启，樊翠芹，等．河北省境内播娘蒿对苯磺隆抗药性研究［J］．华北农学报，2014，26（S1）:241-247.

［118］许艳丽，李兆林，李春杰．小麦连作、迎茬和轮作对麦田杂草群落的影响［J］．植物保护，2004，30（4）:26-29.

［119］姚万生，雷树武，薛少平．关中地区麦田杂草危害状况及防除对策［J］．干旱地区农业研究，2008，26（4）:121-124，162.

［120］于伟．磺酰磺隆免疫分析化学研究［D］．扬州：扬州大学，2007.

［121］余秀林，刘清瑞，岳永祥．麦田杂草麦家公的发生与防除研究初报［J］．河南职技师院学报，1996，24（2）:27-30.

［122］张朝贤，胡祥恩，钱益新，等．江汉平原麦田杂草调查［J］．植物保护，1998，24（3）:14-16.

［123］张朝贤，李香菊，黄红娟，等．警惕麦田恶性杂草节节麦蔓延危害［J］．植物保护学报，2007，34（1）: 103-106.

［124］张慈忍，朱进勉．阔叶净防除麦家公的效果［J］．杂草科学，1991，3:17-19.

［125］张殿京，陈仁霖．农田杂草化学防除大全［M］．上海：上海科学技术文献出版社，1992.

［126］张毅，徐进，郑余良，等．双氟·滴辛酯 459 g/L 悬乳剂防除麦田阔叶杂草的效果［J］．农药科学与管理，2011，32（8）:56-58.

［127］张玉聚，李洪连，张振臣，等．农业病虫草害防治新技术精解：中国农田杂草防治原色图解［M］．北京：中国农业科学技术出版社，2010.

［128］张兆松，薛光，王永强．3 种除草剂与肥料混施对海滨雀稗及交播黑麦草生长的影响［J］．草业科学，2011，28（9）: 1606-1610.

［129］赵广才．中国小麦种植区划研究（一）［J］．麦类作物学报，2010，30（5）:886-895.
［130］赵广才．中国小麦种植区划研究（二）［J］．麦类作物学报，2010，30（6）:1140-1147.
［131］赵广才．中国小麦种植区域的生态特点［J］．麦类作物学报，2010，30（4）:684-686.
［132］周新建，韩邦友，李梅芳．氟噻草胺的合成工艺改进［J］．南通职业大学学报，2013，27（4）:95-98.
［133］周月根，孔繁蕾．磺酰磺隆的合成［J］．农药，2012，51（10）:717-719.
［134］朱秀，祝乐天，魏敬怀，等．360 g/L 吡氟酰草胺·氟噻草胺·呋草酮悬浮剂对冬小麦田杂草的防除效果［J］．长江大学学报（自然科学版），2014，29（11）:4-6.